TEORIA ELEMENTAR DOS NÚMEROS

Sétima Edição

O GEN | Grupo Editorial Nacional, a maior plataforma editorial no segmento CTP (científico, técnico e profissional), publica nas áreas de saúde, ciências exatas, jurídicas, sociais aplicadas, humanas e de concursos, além de prover serviços direcionados a educação, capacitação médica continuada e preparação para concursos. Conheça nosso catálogo, composto por mais de cinco mil obras e três mil e-books, em www.grupogen.com.br.

As editoras que integram o GEN, respeitadas no mercado editorial, construíram catálogos inigualáveis, com obras decisivas na formação acadêmica e no aperfeiçoamento de várias gerações de profissionais e de estudantes de Administração, Direito, Engenharia, Enfermagem, Fisioterapia, Medicina, Odontologia, Educação Física e muitas outras ciências, tendo se tornado sinônimo de seriedade e respeito.

Nossa missão é prover o melhor conteúdo científico e distribuí-lo de maneira flexível e conveniente, a preços justos, gerando benefícios e servindo a autores, docentes, livreiros, funcionários, colaboradores e acionistas.

Nosso comportamento ético incondicional e nossa responsabilidade social e ambiental são reforçados pela natureza educacional de nossa atividade, sem comprometer o crescimento contínuo e a rentabilidade do grupo.

TEORIA ELEMENTAR DOS NÚMEROS

Sétima Edição

David M. Burton

Professor *Emeritus* do Departamento de Matemática
e Estatística da *University of New Hampshire*

Tradução e Revisão Técnica

Gabriela dos Santos Barbosa
Ph.D. em Educação Matemática pela PUC-SP

O autor e a editora empenharam-se para citar adequadamente e dar o devido crédito a todos os detentores dos direitos autorais de qualquer material utilizado neste livro, dispondo-se a possíveis acertos caso, inadvertidamente, a identificação de algum deles tenha sido omitida.

Não é responsabilidade da editora nem do autor a ocorrência de eventuais perdas ou danos a pessoas ou bens que tenham origem no uso desta publicação.

Apesar dos melhores esforços do autor, da tradutora, do editor e dos revisores, é inevitável que surjam erros no texto. Assim, são bem-vindas as comunicações de usuários sobre correções ou sugestões referentes ao conteúdo ou ao nível pedagógico que auxiliem o aprimoramento de edições futuras. Os comentários dos leitores podem ser encaminhados à **LTC — Livros Técnicos e Científicos Editora** pelo e-mail ltc@grupogen.com.br.

Translation of the Seventh edition in English of
ELEMENTARY NUMBER THEORY
Original edition copyright © 2011 by The McGraw-Hill Companies, Inc. Previous editions © 2007, 2002, and 1998.
All Rights Reserved.
ISBN: 978-0-07-338314-9

Direitos exclusivos para a língua portuguesa
Copyright © 2016 by
LTC — Livros Técnicos e Científicos Editora Ltda.
Uma editora integrante do GEN | Grupo Editorial Nacional

Reservados todos os direitos. É proibida a duplicação ou reprodução deste volume, no todo ou em parte, sob quaisquer formas ou por quaisquer meios (eletrônico, mecânico, gravação, fotocópia, distribuição na internet ou outros), sem permissão expressa da editora.

Travessa do Ouvidor, 11
Rio de Janeiro, RJ – CEP 20040-040
Tels.: 21-3543-0770 / 11-5080-0770
Fax: 21-3543-0896
ltc@grupogen.com.br
www.ltceditora.com.br

Capa de: Studio Montage
Foto de capa: © Tom Grill/Getty Images
Editoração Eletrônica: Imagem Virtual Editoração Ltda.

CIP-BRASIL. CATALOGAÇÃO NA PUBLICAÇÃO
SINDICATO NACIONAL DOS EDITORES DE LIVROS, RJ

B98t
7. ed.

Burton, David M.
Teoria elementar dos números / David M. Burton ; tradução Gabriela dos Santos Barbosa. - 7. ed. - Rio de Janeiro : LTC, 2016.
il. ; 28 cm.

Tradução de: Elementary number theory
Inclui bibliografia e índice

ISBN 978-85-216-2925-2

1. Matemática financeira. I. Título.

15-22943   CDD: 513.93
                CDU: 51-7

PARA MARTHA

SOBRE O AUTOR

David M. Burton cursou o bacharelado na Universidade de Clark e obteve os graus de mestrado e pós-doutorado na University of Rochester. Ele pertence ao corpo docente da University of New Hampshire, onde atualmente é Professor Emérito de Matemática, desde 1959. Sua experiência de ensino também inclui um ano na Yale University, numerosos institutos de verão para professores do ensino médio, e apresentações em reuniões de professores do ensino médio. O Professor Burton também é o autor de *A História da Matemática: Uma Introdução* (McGraw-Hill, Sétima edição, 2009) e cinco livros sobre álgebra abstrata e linear.

Além de seu trabalho em matemática, ele passou 16 anos treinando a equipe feminina de atletismo de uma escola de ensino médio. Quando não está escrevendo, é provável que seja encontrado fazendo *cooper* ou lendo (principalmente história e ficção policial). Ele é casado, tem três filhos adultos e um dobermann marrom.

SUMÁRIO

Prefácio		ix
Nova Edição		xi
1	**Preliminares**	**1**
1.1	Indução Matemática	1
1.2	O Teorema Binomial	7
2	**Teoria de Divisibilidade nos Inteiros**	**13**
2.1	Origem da Teoria dos Números	13
2.2	O Algoritmo da Divisão	16
2.3	O Máximo Divisor Comum	19
2.4	O Algoritmo de Euclides	25
2.5	A Equação Diofantina $ax + by = c$	31
3	**Primos e Sua Distribuição**	**39**
3.1	O Teorema Fundamental da Aritmética	39
3.2	O Crivo de Eratóstenes	44
3.3	A Conjectura de Goldbach	50
4	**A Teoria das Congruências**	**61**
4.1	Carl Friedrich Gauss	61
4.2	Propriedades Básicas da Congruência	63
4.3	Representações Binária e Decimal dos Inteiros	68
4.4	Congruências Lineares e o Teorema Chinês do Resto	75
5	**O Teorema de Fermat**	**85**
5.1	Pierre de Fermat	85
5.2	Pequeno Teorema de Fermat e Pseudoprimos	87
5.3	O Teorema de Wilson	93
5.4	O Método da Fatoração de Fermat-Kraitchik	97
6	**Funções Aritméticas**	**103**
6.1	A Soma e o Número de Divisores	103
6.2	A Fórmula de Inversão de Möbius	112
6.3	A Função Maior Inteiro	117
6.4	Uma Aplicação ao Calendário	122
7	**A Generalização de Euler do Teorema de Fermat**	**127**
7.1	Leonhard Euler	127
7.2	A Função Phi de Euler	129
7.3	O Teorema de Euler	134
7.4	Algumas Propriedades da Função Phi	139

8 Raízes Primitivas e Índices — 145
- 8.1 A Ordem de um Inteiro Módulo n — 145
- 8.2 Raízes Primitivas para Primos — 150
- 8.3 Números Compostos com Raízes Primitivas — 156
- 8.4 A Teoria dos Índices — 161

9 A Lei de Reciprocidade Quadrática — 167
- 9.1 Critério de Euler — 167
- 9.2 O Símbolo de Legendre e Suas Propriedades — 172
- 9.3 Reciprocidade Quadrática — 184
- 9.4 Congruências Quadráticas com Módulo Composto — 190

10 Introdução à Criptografia — 195
- 10.1 Do Código de César à Criptografia de Chave Pública — 195
- 10.2 O Sistema de Criptografia da Mochila — 207
- 10.3 Uma Aplicação das Raízes Primitivas à Criptografia — 212

11 Números de Forma Especial — 217
- 11.1 Marin Mersenne — 217
- 11.2 Números Perfeitos — 219
- 11.3 Primos de Mersenne e Números Amigos — 225
- 11.4 Números de Fermat — 234

12 Certas Equações Diofantinas Não Lineares — 243
- 12.1 A Equação $x^2 + y^2 = z^2$ — 243
- 12.2 Último Teorema de Fermat — 250

13 Representação dos Inteiros como Soma de Quadrados — 259
- 13.1 Joseph Louis Lagrange — 259
- 13.2 Somas de Dois Quadrados — 261
- 13.3 Somas de Mais de Dois Quadrados — 270

14 Números de Fibonacci — 281
- 14.1 Fibonacci — 281
- 14.2 A Sequência de Fibonacci — 282
- 14.3 Certas Identidades Envolvendo Números de Fibonacci — 289

15 Frações Contínuas — 301
- 15.1 Srinivasa Ramanujan — 301
- 15.2 Frações Contínuas Finitas — 304
- 15.3 Frações Contínuas Infinitas — 317
- 15.4 Frações de Farey — 330
- 15.5 Equação de Pell — 334

16 Alguns Desenvolvimentos Modernos — 349
- 16.1 Hardy, Dickson e Erdös — 349
- 16.2 Teste de Primalidade e Fatoração — 353
- 16.3 Uma Aplicação para a Fatoração: Lançamento Aleatório de Uma Moeda — 366
- 16.4 O Teorema do Número Primo e a Função Zeta — 369

Problemas Diversos — 377

Apêndices — 381
- Referências Gerais — 381
- Leituras Sugeridas — 383
- Tabelas — 385
- Respostas de Problemas Selecionados — 401

Índice

PREFÁCIO

Platão disse: "Deus é um geômetra." Jacobi mudou isso, "Deus é um aritmético". Então veio Kronecker e formulou a expressão memorável, "Deus criou os números naturais, e todo o resto é criação do homem".

FELIX KLEIN

O objetivo deste volume é abordar a teoria dos números clássica e mostrar o fundo histórico em que o assunto evoluiu. Embora destinado, principalmente, para cursos de um semestre em nível de graduação, ele é pensado para ser usado em institutos de professores ou como leitura complementar em cursos de pesquisa de matemática. O trabalho é bastante adequado para professores do ensino médio e pode ainda ser particularmente útil para aqueles que têm um pouco de familiaridade com a teoria dos números.

A teoria dos números sempre ocupou uma posição única no mundo da matemática. Isto é devido à importância histórica inquestionável do assunto: é uma das poucas disciplinas que têm resultados demonstráveis que antecedem a própria ideia de uma universidade ou uma academia. Quase todos os séculos desde a antiguidade clássica testemunharam descobertas novas e fascinantes relacionadas com as propriedades dos números: e, em algum momento de suas carreiras, a maioria dos grandes mestres das ciências matemáticas contribuiu para este corpo de conhecimento. Por que a teoria dos números foi um apelo tão irresistível para os maiores matemáticos e para milhares de amadores? Uma resposta está na natureza dos seus problemas. Embora muitas perguntas no campo sejam extremamente difíceis de responder, elas podem ser formuladas em termos simples o suficiente para despertar o interesse e a curiosidade das pessoas com pouca formação matemática. Algumas das perguntas mais simples e conhecidas resistiram às investidas intelectuais por anos e continuam entre os problemas não resolvidos mais evasivos em toda a matemática.

É, portanto, surpreendente que muitos estudantes olhem para a teoria dos números com uma condescendência bem-humorada, considerando-a uma parte mais ordinária da matemática. Isto, sem dúvida, decorre da visão generalizada de que é o ramo mais puro da matemática pura e da suspeita de que ele possa ter poucas aplicações a problemas do mundo real. Uma das principais categorias, quando se trata de celebrar a inutilidade do seu objeto, é a dos teóricos dos números. G. H. Hardy, a figura mais conhecida do Século XX entre os matemáticos britânicos, uma vez escreveu: "Tanto Gauss quanto os matemáticos menores se regozijam de que há uma ciência cujo grande afastamento das atividades humanas ordinárias a mantém limpa e suave."

O papel proeminente que esta ciência "limpa e suave" desempenha nos sistemas de criptografia de chave pública (Seção 10.1) pode servir como uma espécie de resposta a Hardy. Deixando de lado as aplicações práticas, a importância da teoria dos números deriva de sua posição central na matemática; seus conceitos e problemas têm sido fundamentais para a criação de grandes partes da matemática. Poucos ramos da disciplina não têm absolutamente nenhuma conexão com a teoria dos números.

Os últimos anos foram marcados por uma dramática mudança de foco no currículo de graduação das áreas mais abstratas da matemática em direção a matemática aplicada e computacional. Com o aumento das opções de cursos, comumente encontram-se mestres em Matemática que têm pouco ou nenhum conhecimento sobre a teoria dos números. Isto é especialmente lamentável, porque a teoria elementar dos números é um dos temas que pode ser abordado desde cedo numa formação em Matemática. Ele não requer muitos pré-requisitos, o conteúdo é tangível e familiar, e, mais do que em qualquer outra parte da matemática — os métodos de investigação aderem à abordagem científica. O estudante que trabalha no campo deve, em grande medida, combinar métodos de tentativa e erro com a sua própria curiosidade, intuição e criatividade; em nenhuma outra parte da matemática as demonstrações rigorosas são tantas vezes precedidas por tão pacientes e demorados experimentos. Se as coisas de vez em quando se tornam lentas e difíceis, pode-se ter o conforto de saber que quase todos os matemáticos do passado viajaram pelo mesmo caminho árduo.

Há um ditado que diz que quem deseja chegar à raiz de um sujeito deve primeiro estudar a sua história. Endossando isso, tivemos o cuidado de ajustar o material para o quadro histórico mais amplo. Além de realçar o lado teórico do texto, as observações históricas tecidas na apresentação reforçam a ideia de que a teoria dos números não é uma arte morta, mas viva e alimentada pelos esforços de muitos praticantes. Elas revelam que o ramo se desenvolveu pouco a pouco, com o trabalho de cada colaborador construído sobre a investigação de muitos outros: séculos de esforços foram necessários antes de muitos passos significativos. Um estudante que está consciente de como as pessoas trilharam seus caminhos através dos processos criativos para aos poucos obterem seus resultados, é menos propenso a se desencorajar frente aos problemas.

Uma palavra sobre os problemas. A maioria das seções se encerram com um número substancial deles variando em dificuldade do puramente mecânico para questões teóricas desafiadoras. Estes são uma parte integrante do livro e requerem a participação ativa do leitor, pois ninguém pode aprender a teoria dos números, sem resolver problemas. Os exercícios computacionais desenvolvem técnicas básicas e compreensão de conceitos de teste, enquanto os de natureza teórica dão subsídios para a construção de provas.

Além de transmitir informações adicionais sobre o material mencionado anteriormente, os problemas introduzem uma variedade de ideias que não foram tratadas no corpo do texto. Temos, no geral, resistido à tentação de usar os problemas para apresentar resultados que serão necessários posteriormente. Como consequência, o leitor não precisa trabalhar todos os exercícios, a fim de continuar a leitura do resto do livro. Problemas cujas soluções não são simples são frequentemente acompanhados por sugestões.

O texto foi escrito tendo em vista o curso de matemática; mas é igualmente valioso para a educação ou ciência da computação. Muito pouco é exigido na forma de pré-requisitos específicos. Uma parte significativa do livro pode ser lida por pessoas que tiverem cursado o primeiro ano de um curso universitário de matemática. Aqueles que tiverem cursos adicionais estarão geralmente mais bem preparados, devido a sua maturidade matemática avançada. Em particular, não exigimos um conhecimento dos conceitos de álgebra abstrata. Entretanto, quando o livro é utilizado por estudantes que tiveram alguma exposição a esses conceitos, muito dos quatro primeiros capítulos pode ser omitido.

Nossa abordagem está estruturada para uso em uma ampla gama de cursos de teoria dos números, de duração e conteúdo variável. Um olhar breve sobre os conteúdos nos permite afirmar que não há mais material do que o conveniente para ser apresentado em um curso de um semestre introdutório ou, no máximo, para cursos de um ano. Isso proporciona flexibilidade com o público-alvo e permite que os temas sejam selecionados de acordo com seu gosto pessoal. A experiência nos ensinou que um curso de um semestre tendo a Lei de Reciprocidade Quadrática como objetivo pode ser construído com base nos capítulos 1 a 9. É pouco provável que cada seção destes capítulos sejam trabalhadas; alguma ou todas as seções 5.4, 6.2, 6.3, 6.4, 7.4, 8.3, 8.4 e 9.4 podem ser omitidas sem se comprometer a continuidade do desenvolvimento. O texto também é adequado para um curso trimestral, fragmentos de outros capítulos podem ser escolhidos depois de concluir o Capítulo 4 para a construção de algum tema importante da teoria dos números.

Os Capítulos 10 a 16 são quase inteiramente independentes uns dos outros e assim podem ser tomados ou omitidos de acordo com o interesse do professor. (Provavelmente a maioria dos usuários vai querer continuar com apenas partes do Capítulo 10, enquanto o Capítulo 14 sobre números de Fibonacci tem sido uma escolha frequente.) Estes últimos capítulos dão oportunidade para leituras adicionais sobre os assuntos e podem ser avaliados nas apresentações dos alunos em seminários ou projetos.

A teoria dos números é, por natureza, uma disciplina que exige um elevado nível de rigor. Assim, a nossa apresentação tem necessariamente seu aspecto formal, com o cuidado de apresentar argumentos claros e detalhados. Uma compreensão do enunciado de um teorema, não a prova, é a questão importante. Mas um pouco de perseverança na demonstração levará a colher resultados generosos, pois nossa esperança é cultivar a capacidade do leitor de seguir uma cadeia causal de fatos, para fortalecer a intuição com lógica. Infelizmente, é muito fácil para alguns alunos se desencorajarem daquilo que pode ser a sua primeira experiência intensiva em leituras e provas. Um professor pode facilitar o caminho ao abordar os primórdios do livro em um ritmo mais lento, bem como restringindo o desejo de tentar resolver *todos* os problemas interessantes.

NOVA EDIÇÃO

Os leitores familiarizados com a edição anterior vão achar que esta tem a mesma organização geral e conteúdo. No entanto, a preparação desta sétima edição nos proporcionou fazer uma série de pequenas melhorias e várias outras mais significativas.

O advento e a acessibilidade geral a computadores rápidos tiveram um efeito profundo sobre a quase totalidade da teoria dos números. Essa influência foi particularmente sentida nas áreas de teste de primalidade, fatoração de inteiros, e aplicações criptográficas. Por conseguinte, a discussão sobre os sistemas de criptografia de chave pública foi ampliada e decorada com uma ilustração adicional. Também demos mais exemplos do sistema de criptografia da mochila. A diferença mais notável entre a presente edição e a anterior é a inclusão, no Capítulo 15, de uma nova seção que aborda as frações de Farey. A noção fornece um meio simples de aproximar números irracionais por valores racionais. (A sua localização não impede o leitor de voltar-se para outros tópicos.)

Existem outras mudanças menos pronunciadas, mas igualmente notáveis, no texto. O conceito de quadráticos universais é brevemente introduzido no ponto 13.3, e os números de Bernoulli recebem alguma atenção na Seção 16.4. Além disso, a lista sempre crescente de números de Mersenne foi colocada a partir da narrativa do texto na Tabela 6 da seção de Tabelas dos Apêndices.

AGRADECIMENTOS

Eu gostaria de expressar meu profundo agradecimento aos matemáticos que leram o manuscrito para a sétima edição e ofereceram sugestões valiosas que levaram a sua melhoria. O conselho dos seguintes colaboradores foi particularmente útil:

Fred Howard, Wake Forest University
Sheldon Kamienny, The University of Southern California
Christopher Simons, Rowan University
Tara Smith, The University of Cincinnati
John Watkins, Colorado College

Eu permaneço grato àquelas pessoas que serviram como colaboradoras das edições anteriores do livro; suas afiliações acadêmicas no momento da revisão são indicados.

Hubert Barry, Jacksonville State University
L. S. Best, The Open University
Ethan Bolker, University of Massachusetts – Boston
Joseph Bonin, George Washington University
Jack Ceder, University of California at Santa Barbara
Robert A. Chaffer, Central Michigan University
Joel Cohen, University of Maryland
Daniel Drucker, Wayne State University
Martin Erickson, Truman State University
Howard Eves, University of Maine
Davida Fischman, California State University, San Bernardino
Daniel Flath, University of Southern Alabama
Kothandaraman Ganesan, Tennessee State University
Shamita Dutta Gupta, Florida International University
David Hart, Rochester Institute of Technology
Gabor Hetyei, University of North Carolina – Charlotte
Frederick Hoffman, Florida Atlantic University
Corlis Johnson, Mississippi State University
Mikhail Kapranov, University of Toronto
Larry Matthews, Concordia College
Neal McCoy, Smith College
David E. McKay, California State University, Long Beach
David Outcalt, University of California at Santa Barbara
Manley Perkel, Wright Wtate University
Michael Rich, Temple University
David Roeder, Colorado College
Thomas Schulte, California State University at Sacramento
William W. Smith, University of North Carolina
Kenneth Stolarsky, University of Illinois
Virginia Taylor, Lowell Technical Institute
Robert Tubbs, University of Colorado
David Urion, Winona State University
Gang Yu, University of South Carolina
Paul Vicknair, California State University at San Bernardino
Neil M. Wigley, University of Windsor

Também sou grato a Abby Tanenbaum por verificar as respostas numéricas na parte de trás do livro. Uma dívida de gratidão especial deve ir para a minha esposa, Martha, cujo generoso apoio ao livro em todas as fases de seu desenvolvimento foi indispensável.

O autor deve, naturalmente, aceitar a responsabilidade por quaisquer erros ou deficiências que ainda restam.

David M. Burton
Durham, New Hampshire

TEORIA ELEMENTAR DOS NÚMEROS

CAPÍTULO 1

PRELIMINARES

O número nasceu da superstição e envolvido em mistério, ... os números foram a base da religião e da filosofia, e seus artifícios têm tido um efeito maravilhoso sobre as pessoas crédulas.
F. W. Parker

1.1 INDUÇÃO MATEMÁTICA

A Teoria dos Números preocupa-se, pelo menos em seus aspectos elementares, com as propriedades dos inteiros e, mais particularmente, dos inteiros positivos 1, 2, 3,... (também conhecidos como *números naturais*). Esta ênfase remonta aos gregos antigos para quem a palavra *número* significava inteiro positivo, e nada mais. Conhecemos os números naturais há tanto tempo que o matemático Leopold Kronecker uma vez observou, "Deus criou os números naturais, e todo o resto é trabalho do homem". Longe de ser um presente do céu, a Teoria dos Números tem tido uma longa e algumas vezes dolorosa evolução, uma história que é contada nas próximas páginas.

Não faremos nenhuma tentativa de construir os inteiros axiomaticamente, assumindo, em vez disso, que eles já estão dados e que todo leitor deste livro está familiarizado com muitos fatos elementares sobre eles. Entre estes está o Princípio da Boa-Ordenação, colocado a seguir para refrescar a memória.

Princípio da Boa Ordenação. Todo conjunto não vazio S de inteiros não negativos contém um menor elemento; ou seja, existe um inteiro a em S tal que $a \leq b$ para todo b que pertence a S.

Como este princípio desempenha um papel importante nas demonstrações deste e dos próximos capítulos, vamos usá-lo para mostrar que o conjunto dos inteiros positivos tem o que é conhecido como propriedade Arquimediana.

Teorema 1.1 Propriedade Arquimediana. Se a e b são inteiros positivos quaisquer, então existe um inteiro positivo n tal que $na \geq b$.

Demonstração. Admita que o enunciado do teorema não seja verdadeiro, logo para algum par a e b, $na < b$ para todo inteiro positivo n. Então o conjunto

$$S = \{b - na \mid n \text{ um inteiro positivo}\}$$

possui apenas inteiros positivos. Pelo Princípio da Boa Ordenação, S possuirá um menor elemento, por exemplo, $b - ma$. Observe que $b - (m + 1)a$ também está em S, pois S contém todos os inteiros desta forma. Além disso, temos

$$b - (m + 1)a = (b - ma) - a < b - ma$$

o que contraria a escolha de $b - ma$ como o menor inteiro de S. Esta contradição surgiu de nosso pressuposto de que a propriedade Arquimediana não é válida; por isso esta propriedade é verdadeira.

Sendo válido o Princípio da Boa Ordenação, torna-se fácil deduzir o Primeiro Princípio da Indução Finita, que fornece as bases para um método de demonstração chamado *indução matemática*. Grosso modo, o Primeiro Princípio da Indução Finita afirma que se um conjunto de inteiros positivos tem duas propriedades específicas, então ele é o conjunto de todos os inteiros positivos.

Para maior clareza, enunciamos este princípio no Teorema 1.2.

Teorema 1.2 Primeiro Princípio da Indução Finita. Seja S um conjunto de inteiros positivos com as seguintes propriedades:

(a) O inteiro 1 pertence a S.
(b) Sempre que o inteiro k está em S, o próximo inteiro $k + 1$ também está em S.

Então S é o conjunto de todos os inteiros positivos.

Demonstração. Seja T o conjunto de todos os inteiros positivos que não pertencem a S, e admita que T seja não vazio. O Princípio da Boa Ordenação nos diz que T possui um menor elemento, que denotamos por a. Como 1 está em S, certamente $a > 1$, e então $0 < a - 1 < a$. A escolha de a como o menor inteiro positivo em T implica que $a - 1$ não é um elemento de T, ou o que é equivalente, que $a - 1$ pertence a S. Por hipótese, S deve também conter $(a - 1) + 1 = a$, o que contradiz o fato de que a encontra-se em T. Concluímos que o conjunto T é vazio e consequentemente que S contém todos os inteiros positivos.

Aqui está uma típica fórmula que pode ser demonstrada por indução matemática:

$$1^2 + 2^2 + 3^2 + \cdots + n^2 = \frac{n(2n + 1)(n + 1)}{6} \tag{1}$$

para $n = 1, 2, 3, \ldots$. Na perspectiva de usar o Teorema 1.2, vamos denotar por S o conjunto dos inteiros positivos n para os quais a Eq. (1) é verdadeira. Observamos que quando $n = 1$, a fórmula se torna

$$1^2 = \frac{1(2 + 1)(1 + 1)}{6} = 1$$

Isto significa que 1 está em S. Em seguida, admita que k pertence a S (onde k é um inteiro fixo mas não específico) de modo que

$$1^2 + 2^2 + 3^2 + \cdots + k^2 = \frac{k(2k + 1)(k + 1)}{6} \tag{2}$$

Para obter a soma dos $k+1$ primeiros quadrados, nós simplesmente adicionamos o próximo, $(k+1)^2$, aos dois membros da Eq. (2). Isto fornece

$$1^2 + 2^2 + \cdots + k^2 + (k+1)^2 = \frac{k(2k+1)(k+1)}{6} + (k+1)^2$$

Depois da manipulação algébrica, o membro direito se torna

$$(k+1)\left[\frac{k(2k+1) + 6(k+1)}{6}\right] = (k+1)\left[\frac{2k^2 + 7k + 6}{6}\right]$$

$$= \frac{(k+1)(2k+3)(k+2)}{6}$$

o que é, precisamente, o membro direito da Eq. (1) quando $n = k+1$. Nosso raciocínio mostra que o conjunto S contém o inteiro $k+1$ toda vez que ele contém o inteiro k. Pelo Teorema 1.2, S deve conter todos os inteiros positivos, isto é, a fórmula dada é verdadeira para $n = 1, 2, 3, \ldots$

Embora a indução matemática forneça uma técnica padrão para a tentativa de provar enunciados sobre os inteiros positivos, uma desvantagem é que ela não ajuda na formulação de tais enunciados. Obviamente, se podemos fazer inferências sobre a propriedade que acreditamos que pode ser generalizada, então sua validade pode frequentemente ser testada por indução matemática. Considere, por exemplo, a lista de igualdades

$$1 = 1$$
$$1 + 2 = 3$$
$$1 + 2 + 2^2 = 7$$
$$1 + 2 + 2^2 + 2^3 = 15$$
$$1 + 2 + 2^2 + 2^3 + 2^4 = 31$$
$$1 + 2 + 2^2 + 2^3 + 2^4 + 2^5 = 63$$

Buscamos uma regra que forneça os inteiros do lado direito. Depois de uma pequena reflexão, o leitor pode perceber que

$$1 = 2 - 1 \quad 3 = 2^2 - 1 \quad 7 = 2^3 - 1$$
$$15 = 2^4 - 1 \quad 31 = 2^5 - 1 \quad 63 = 2^6 - 1$$

(Como se chega a esta observação é difícil dizer, mas a experiência ajuda.) O padrão emergente destes poucos casos sugere uma fórmula para obter o valor da expressão $1 + 2 + 2^2 + 2^3 + \ldots + 2^{n-1}$, a saber,

$$1 + 2 + 2^2 + 2^3 + \cdots + 2^{n-1} = 2^n - 1 \qquad (3)$$

para todo inteiro positivo n.

Para confirmar se nossa suposição está correta, seja S o conjunto dos inteiros positivos para os quais a Eq. (3) é válida. Para $n = 1$ a Eq. (3) é verdadeira, logo 1 pertence a S. Admitimos que a Eq. (3) é verdadeira para um inteiro fixo k, de modo que para este k

$$1 + 2 + 2^2 + \cdots + 2^{k-1} = 2^k - 1$$

e tentamos provar a validade da fórmula para $k+1$. A adição do termo 2^k aos dois lados da última equação escrita leva a

$$1 + 2 + 2^2 + \cdots + 2^{k-1} + 2^k = 2^k - 1 + 2^k$$
$$= 2 \cdot 2^k - 1 = 2^{k+1} - 1$$

Mas isto assegura que a Eq. (3) é válida quando $n = k+1$, incluindo o inteiro $k+1$ em S de modo que $k+1$ está em S sempre que k está em S. De acordo com o princípio da indução, S deve ser o conjunto dos inteiros positivos.

Observação. Quando realizamos provas por indução, frequentemente encurtamos o argumento pela eliminação de todas as referências ao conjunto *S*, e procedemos para mostrar que o resultado em questão é verdadeiro para o inteiro 1, e, se verdadeiro para o inteiro *k*, é, então, também verdadeiro para *k* + 1.

Neste ponto, alertamos que se deve verificar ambas as condições do Teorema 1.2 antes de se tirar qualquer conclusão; nenhuma é suficiente sozinha. A demonstração da condição (a) é usualmente chamada a *base para a indução*, e a demonstração da (b) é chamada o *passo de indução*. As suposições feitas na realização do passo de indução são conhecidas como *hipóteses de indução*. Comparamos a situação de indução a uma linha infinita de dominós, todos de pé e dispostos de tal forma que, quando um cai, derruba o próximo na linha. Se o dominó não é empurrado (ou seja, não há base para a indução) ou se o espaçamento é muito grande (ou seja, o passo de indução falha), então uma linha completa não cairá.

A validade do passo de indução não depende necessariamente da veracidade do enunciado que estamos nos esforçando para provar. Vamos observar uma fórmula falsa

$$1 + 3 + 5 + \cdots + (2n - 1) = n^2 + 3 \qquad (4)$$

Admita que esta vale para *n* = *k*; em outras palavras,

$$1 + 3 + 5 + \cdots + (2k - 1) = k^2 + 3$$

Sabendo disso, então, obtemos

$$1 + 3 + 5 + \cdots + (2k - 1) + (2k + 1) = k^2 + 3 + 2k + 1$$
$$= (k + 1)^2 + 3$$

que é precisamente a forma que a Eq. (4) tomaria quando *n* = *k* + 1. Assim, se a Eq. (4) vale para um inteiro dado, então ela também vale para o inteiro seguinte. Entretanto, não é possível encontrar um valor de *n* para o qual a fórmula seja verdadeira.

Existe uma variante do princípio da indução que é frequentemente usada quando só o Teorema 1.2 parece ineficaz. Como na primeira versão, o Segundo Princípio da Indução Finita oferece duas condições que asseguram que um determinado conjunto de inteiros positivos é composto por todos os inteiros positivos. O que acontece é o seguinte: mantemos a exigência (a), mas (b) é substituída por

(b′) Se *k* é um inteiro positivo tal que 1, 2, ..., *k* pertencem a *S*, então *k* + 1 também deve estar em *S*.

A demonstração de que *S* é composto por todos os inteiros positivos tem a mesma estrutura que a do Teorema 1.2. Novamente, vamos representar por *T* o conjunto dos inteiros positivos que não pertencem a *S*. Admitindo que *T* é não vazio, escolhemos *n* para ser o menor inteiro em *T*. Então, *n* > 1, pela suposição (a). O fato de *n* ser mínimo nos permite concluir que nenhum dos inteiros 1, 2, ..., *n* – 1 está em *T*, ou, se preferirmos uma afirmação positiva, 1, 2, ..., *n* – 1 pertencem a *S*. A propriedade (b′) então coloca *n* = (*n* – 1) + 1 em *S*, o que é obviamente uma contradição. A consequência disso é considerar *T* vazio.

O Primeiro Princípio da Indução Finita é mais usado que o Segundo; entretanto, há ocasiões em que o Segundo é mais adequado e o leitor deve estar familiarizado com as duas versões. Às vezes acontece de, na tentativa de mostrar que *k* + 1 é um elemento de *S*, precisamos provar o fato de que não só *k*, mas todos os inteiros positivos que precedem *k*, estão em *S*. Nossa formulação destes princípios de indução tem sido para o caso em que a indução começa com 1. Cada forma pode ser generalizada para começar com qualquer inteiro positivo n_0. Nesta circunstância, a conclusão passa a ser "Então *S* é o conjunto de todos os inteiros positivos $n \geq n_0$".

A indução matemática é frequentemente usada tanto como um método de definição quanto como um método de demonstração. Por exemplo, uma maneira comum de introduzir o símbolo $n!$ (pronunciado "n fatorial") é por meio da definição indutiva

(a) $1! = 1$,

(b) $n! = n \cdot (n-1)!$ para $n > 1$.

Este par de condições fornece uma regra segundo a qual o significado de $n!$ está especificado para cada inteiro positivo n. Então, por (a), $1! = 1$; (a) e (b) produzem

$$2! = 2 \cdot 1! = 2 \cdot 1$$

enquanto por (b), novamente,

$$3! = 3 \cdot 2! = 3 \cdot 2 \cdot 1$$

Continuando desta forma, usando a condição (b) repetidamente, os números $1!, 2!, 3!, ...,$ $n!$ são definidos em sucessão até qualquer n escolhido. De fato,

$$n! = n \cdot (n-1) \cdots 3 \cdot 2 \cdot 1$$

A indução mostra que $n!$, como uma função sobre os inteiros positivos, existe e é única, entretanto, não argumentaremos sobre isso.

Será conveniente estender a definição de $n!$ para o caso em que $n = 0$ estabelecendo que $0! = 1$.

Exemplo 1.1. Para ilustrar uma demonstração que utiliza o Segundo Princípio da Indução Finita, considere a chamada *sequência de Lucas*:

$$1, 3, 4, 7, 11, 18, 29, 47, 76, \ldots$$

Com exceção dos dois primeiros termos, cada termo desta sequência é a soma dos dois precedentes, de modo que a sequência pode ser definida indutivamente por

$$a_1 = 1$$
$$a_2 = 3$$
$$a_n = a_{n-1} + a_{n-2} \quad \text{para todo } n \geq 3$$

Consideramos que a desigualdade

$$a_n < (7/4)^n$$

vale para todo inteiro positivo n. O argumento usado é interessante porque no passo de indução, é necessário saber que a desigualdade é verdadeira para dois valores sucessivos de n para provar que ela é verdadeira para o valor seguinte.

Em primeiro lugar, para $n = 1$ e 2, temos

$$a_1 = 1 < (7/4)^1 = 7/4 \quad \text{e} \quad a_2 = 3 < (7/4)^2 = 49/16$$

daí a desigualdade em questão vale nos dois casos. Isto fornece uma base para a indução. Para o passo de indução, escolha um inteiro $k \geq 3$ e assuma que a desigualdade é válida para $n = 1, 2, ..., k-1$. Então, em particular,

$$a_{k-1} < (7/4)^{k-1} \quad \text{e} \quad a_{k-2} < (7/4)^{k-2}$$

Pela maneira como a sequência de Lucas é formada, segue que

$$a_k = a_{k-1} + a_{k-2} < (7/4)^{k-1} + (7/4)^{k-2}$$
$$= (7/4)^{k-2}(7/4 + 1)$$
$$= (7/4)^{k-2}(11/4)$$
$$< (7/4)^{k-2}(7/4)^2 = (7/4)^k$$

Como a desigualdade é verdadeira para $n = k$ sempre que for verdadeira para os inteiros 1, 2, ..., $k-1$, concluímos pelo Segundo Princípio da Indução que $a_n < (7/4)^n$ para todo $n \geq 1$.

Entre outras coisas, este exemplo sugere que se objetos são definidos por indução, então a indução matemática é uma ferramenta importante para a demonstração de propriedades destes objetos.

PROBLEMAS 1.1

1. Demonstre as fórmulas abaixo por indução matemática:
   (a) $1 + 2 + 3 + \cdots + n = \dfrac{n(n+1)}{2}$ para todo $n \geq 1$.
   (b) $1 + 3 + 5 + \cdots + (2n-1) = n^2$ para todo $n \geq 1$.
   (c) $1 \cdot 2 + 2 \cdot 3 + 3 \cdot 4 + \cdots + n(n+1) = \dfrac{n(n+1)(n+2)}{3}$ para todo $n \geq 1$.
   (d) $1^2 + 3^2 + 5^2 + \cdots + (2n-1)^2 = \dfrac{n(2n-1)(2n+1)}{3}$ para todo $n \geq 1$.
   (e) $1^3 + 2^3 + 3^3 + \cdots + n^3 = \left[\dfrac{n(n+1)}{2}\right]^2$ para todo $n \geq 1$.

2. Se $r \neq 1$, mostre que para qualquer inteiro positivo n,
$$a + ar + ar^2 + \cdots + ar^n = \frac{a(r^{n+1} - 1)}{r - 1}$$

3. Use o Segundo Princípio da Indução Finita para mostrar que para todo $n \geq 1$,
$$a^n - 1 = (a-1)(a^{n-1} + a^{n-2} + a^{n-3} + \cdots + a + 1)$$
[*Sugestão*: $a^{n+1} - 1 = (a+1)(a^n - 1) - a(a^{n-1} - 1)$.]

4. Prove que o cubo de qualquer número inteiro pode ser escrito como a diferença de dois quadrados. [*Sugestão*: Note que
$$n^3 = (1^3 + 2^3 + \cdots + n^3) - (1^3 + 2^3 + \cdots + (n-1)^3).]$$

5. (a) Encontre os valores de $n \leq 7$ para os quais $n! + 1$ é um quadrado perfeito (não se sabe se $n! + 1$ é um quadrado para qualquer $n > 7$).
   (b) Verdadeiro ou falso? Para inteiros positivos m e n, $(mn)! = m!n!$ e $(m+n)! = m! + n!$.

6. Prove que $n! > n^2$ para todo inteiro $n \geq 4$, enquanto que $n! > n^3$ para todo inteiro $n \geq 6$.

7. Use a indução matemática para demonstrar a fórmula a seguir para todo $n \geq 1$:
$$1(1!) + 2(2!) + 3(3!) + \cdots + n(n!) = (n+1)! - 1$$

8. (a) Verifique que para todo $n \geq 1$,
$$2 \cdot 6 \cdot 10 \cdot 14 \cdots (4n - 2) = \frac{(2n)!}{n!}$$

(b) Use o item (a) para provar a desigualdade $2^n(n!)^2 \leq (2n)!$ para todo $n \geq 1$.
9. Demonstre a desigualdade de Bernoulli: se $1 + a > 0$, então
$$(1 + a)^n \geq 1 + na$$
para todo $n \geq 1$.
10. Para todo $n \geq 1$, prove os seguintes itens por indução matemática:

(a) $\dfrac{1}{1^2} + \dfrac{1}{2^2} + \dfrac{1}{3^2} + \cdots + \dfrac{1}{n^2} \leq 2 - \dfrac{1}{n}$.

(b) $\dfrac{1}{2} + \dfrac{2}{2^2} + \dfrac{3}{2^3} + \cdots + \dfrac{n}{2^n} = 2 - \dfrac{n+2}{2^n}$.

11. Mostre que a expressão $(2n)!/2^n n!$ é um inteiro para todo $n \geq 0$.
12. Considere a função definida por

$$T(n) = \begin{cases} \dfrac{3n+1}{2} & \text{para } n \text{ ímpar} \\ \dfrac{n}{2} & \text{para } n \text{ par} \end{cases}$$

A conjectura $3n + 1$ é a afirmação de que a partir de qualquer inteiro $n > 1$, a sequência de iterações $T(n), T(T(n)), T(T(T(n))), \ldots$, finalmente atinge o inteiro 1 e, posteriormente, passa pelos valores 1 e 2. Isto foi verificado para todo $n < 10^{16}$. Confirme esta conjectura nos casos em que $n = 21$ e $n = 23$.

13. Suponha que os números a_n são definidos por indução por $a_1 = 1$, $a_2 = 2$, $a_3 = 3$ e $a_n = a_{n-1} + a_{n-2} + a_{n-3}$ para todo $n \geq 4$. Use o Segundo Princípio da Indução Finita para mostrar que $a_n < 2^n$ para todo inteiro positivo n.

14. Se os números a_n são definidos por $a_1 = 11$, $a_2 = 21$ e $a_n = 3a_{n-1} - 2a_{n-2}$ para todo $n \geq 3$, prove que
$$a_n = 5 \cdot 2^n + 1 \qquad n \geq 1$$

1.2 O TEOREMA BINOMIAL

Estreitamente ligados à notação fatorial estão os *coeficientes binomiais* $\binom{n}{k}$. Para todo inteiro positivo n e todo inteiro k tal que $0 \leq k \leq n$, estes são definidos por

$$\binom{n}{k} = \frac{n!}{k!(n-k)!}$$

Cancelando-se $k!$ ou $(n-k)!$, $\binom{n}{k}$ pode ser escrito como

$$\binom{n}{k} = \frac{n(n-1)\cdots(k+1)}{(n-k)!} = \frac{n(n-1)\cdots(n-k+1)}{k!}$$

Por exemplo, com $n = 8$ e $k = 3$, temos

$$\binom{8}{3} = \frac{8!}{3!5!} = \frac{8 \cdot 7 \cdot 6 \cdot 5 \cdot 4}{5!} = \frac{8 \cdot 7 \cdot 6}{3!} = 56$$

Observe também que se $k = 0$ e $k = n$, o número $0!$ aparece no lado direito da definição de $\binom{n}{k}$; como temos considerado $0!$ igual a 1, estes valores especiais de k fornecem

$$\binom{n}{0} = \binom{n}{n} = 1$$

Existem numerosas identidades úteis relacionadas aos coeficientes binomiais. Uma que apresentamos aqui é a *regra de Pascal*:

$$\binom{n}{k} + \binom{n}{k-1} = \binom{n+1}{k} \qquad 1 \leq k \leq n$$

Sua fórmula consiste em multiplicar a identidade

$$\frac{1}{k} + \frac{1}{n-k+1} = \frac{n+1}{k(n-k+1)}$$

por $n!/(k-1)!(n-k)!$ para obter

$$\frac{n!}{k(k-1)!(n-k)!} + \frac{n!}{(k-1)!(n-k+1)(n-k)!}$$
$$= \frac{(n+1)n!}{k(k-1)!(n-k+1)(n-k)!}$$

Voltando à definição de função fatorial, esta afirma que

$$\frac{n!}{k!(n-k)!} + \frac{n!}{(k-1)!(n-k+1)!} = \frac{(n+1)!}{k!(n+1-k)!}$$

do que segue a regra de Pascal.

Esta relação dá origem a uma configuração, conhecida como *triângulo de Pascal*, na qual o coeficiente binomial $\binom{n}{k}$ aparece como $(k+1)$-ésimo número na n-ésima linha:

$$\begin{array}{ccccccccccccc}
 & & & & & 1 & & 1 & & & & & \\
 & & & & 1 & & 2 & & 1 & & & & \\
 & & & 1 & & 3 & & 3 & & 1 & & & \\
 & & 1 & & 4 & & 6 & & 4 & & 1 & & \\
 & 1 & & 5 & & 10 & & 10 & & 5 & & 1 & \\
1 & & 6 & & 15 & & 20 & & 15 & & 6 & & 1 \\
 & & & & & & \cdots & & & & & &
\end{array}$$

A regra de formação pode ser esclarecida. As fronteiras do triângulo são compostas de 1's; um número que não está na fronteira é a soma dos dois números mais próximos a ele na linha imediatamente acima.

O chamado *teorema binomial* é, na verdade, uma fórmula para a expansão completa de $(a+b)^n$, $n \geq 1$, em uma soma de potências de a e b. Esta expressão aparece frequentemente em todas as fases da teoria dos números e vale muito à pena dispensarmos nosso tempo para olhá-la agora. Pela multiplicação direta, é fácil verificar que

$$(a+b)^1 = a + b$$
$$(a+b)^2 = a^2 + 2ab + b^2$$
$$(a+b)^3 = a^3 + 3a^2b + 3ab^2 + b^3$$
$$(a+b)^4 = a^4 + 4a^3b + 6a^2b^2 + 4ab^3 + b^4, \text{ etc.}$$

A questão é como prever os coeficientes. Um indício está na observação de que os coeficientes destas poucas primeiras expansões formam as sucessivas linhas do *triângulo de Pascal*. Isto nos leva a suspeitar de que a expansão binomial geral toma a forma

$$(a+b)^n = \binom{n}{0}a^n + \binom{n}{1}a^{n-1}b + \binom{n}{2}a^{n-2}b^2$$
$$+ \cdots + \binom{n}{n-1}ab^{n-1} + \binom{n}{n}b^n$$

ou, escrito mais resumidamente,

$$(a+b)^n = \sum_{k=0}^{n} \binom{n}{k} a^{n-k} b^k$$

A indução matemática fornece os melhores meios para confirmar esta suposição. Quando $n = 1$, a fórmula conjecturada se reduz a

$$(a+b)^1 = \sum_{k=0}^{1} \binom{1}{k} a^{1-k} b^k = \binom{1}{0} a^1 b^0 + \binom{1}{1} a^0 b^1 = a + b$$

que certamente está correta. Admitindo que a fórmula é válida para algum inteiro fixo m, vamos provar que ela também é válida para $m + 1$. O ponto de partida é notar que

$$(a+b)^{m+1} = a(a+b)^m + b(a+b)^m$$

De acordo com a hipótese de indução

$$a(a+b)^m = \sum_{k=0}^{m} \binom{m}{k} a^{m-k+1} b^k$$

$$= a^{m+1} + \sum_{k=1}^{m} \binom{m}{k} a^{m+1-k} b^k$$

e

$$b(a+b)^m = \sum_{j=0}^{m} \binom{m}{j} a^{m-j} b^{j+1}$$

$$= \sum_{k=1}^{m} \binom{m}{k-1} a^{m+1-k} b^k + b^{m+1}$$

Somando estas expressões, obtemos

$$(a+b)^{m+1} = a^{m+1} + \sum_{k=1}^{m} \left[\binom{m}{k} + \binom{m}{k-1} \right] a^{m+1-k} b^k + b^{m+1}$$

$$= \sum_{k=0}^{m+1} \binom{m+1}{k} a^{m+1-k} b^k$$

que é a fórmula no caso $n = m + 1$. Isto demonstra o teorema binomial por indução.

Antes de encerrarmos estas ideias, ressaltamos que a primeira formulação aceitável do método de indução matemática aparece no tratado *Traité du Triangle Arithmetiqué*, do matemático e filósofo francês do século XVII Blaise Pascal. Este pequeno trabalho foi escrito em 1653, mas não foi publicado até 1665 porque Pascal se afastou da matemática (com a idade de 25 anos) para dedicar seus talentos à religião. Sua análise cuidadosa das propriedades dos coeficientes binomiais lançou as bases da teoria das probabilidades.

PROBLEMAS 1.2

1. (a) Deduza a identidade de Newton

$$\binom{n}{k}\binom{k}{r} = \binom{n}{r}\binom{n-r}{k-r} \qquad n \geq k \geq r \geq 0$$

(b) Use o item (a) para expressar $\binom{n}{k}$ em função de seus precedentes.

$$\binom{n}{k} = \frac{n-k+1}{k}\binom{n}{k-1} \qquad n \geq k \geq 1$$

2. Se $2 \leq k \leq n-2$, mostre que

$$\binom{n}{k} = \binom{n-2}{k-2} + 2\binom{n-2}{k-1} + \binom{n-2}{k} \qquad n \geq 4$$

3. Para $n \geq 1$, prove cada uma das identidades abaixo:

   (a) $\binom{n}{0} + \binom{n}{1} + \binom{n}{2} + \cdots + \binom{n}{n} = 2^n$.

   [*Sugestão*: Considere $a = b = 1$ no teorema binomial.]

   (b) $\binom{n}{0} - \binom{n}{1} + \binom{n}{2} - \cdots + (-1)^n \binom{n}{n} = 0$.

   (c) $\binom{n}{1} + 2\binom{n}{2} + 3\binom{n}{3} + \cdots + n\binom{n}{n} = n2^{n-1}$.

   [*Sugestão*: Depois de expandir $n(1+b)^{n-1}$ pelo teorema binomial, considere $b = 1$; note também que

$$n\binom{n-1}{k} = (k+1)\binom{n}{k+1}.]$$

   (d) $\binom{n}{0} + 2\binom{n}{1} + 2^2\binom{n}{2} + \cdots + 2^n\binom{n}{n} = 3^n$.

   (e) $\binom{n}{0} + \binom{n}{2} + \binom{n}{4} + \binom{n}{6} + \cdots$
   $$= \binom{n}{1} + \binom{n}{3} + \binom{n}{5} + \cdots = 2^{n-1}.$$

   [*Sugestão*: Use os itens (a) e (b).]

   (f) $\binom{n}{0} - \frac{1}{2}\binom{n}{1} + \frac{1}{3}\binom{n}{2} - \cdots + \frac{(-1)^n}{n+1}\binom{n}{n} = \frac{1}{n+1}$.

   [*Sugestão*: O lado esquerdo é igual a

$$\frac{1}{n+1}\left[\binom{n+1}{1} - \binom{n+1}{2} + \binom{n+1}{3} - \cdots + (-1)^n \binom{n+1}{n+1}\right].]$$

4. Prove os itens a seguir para $n \geq 1$:

   (a) $\binom{n}{r} < \binom{n}{r+1}$ se e somente se $0 \leq r < \frac{1}{2}(n-1)$.

   (b) $\binom{n}{r} > \binom{n}{r+1}$ se e somente se $n-1 \geq r > \frac{1}{2}(n-1)$.

   (c) $\binom{n}{r} = \binom{n}{r+1}$ se e somente se n é um inteiro ímpar, e $r = \frac{1}{2}(n-1)$.

5. (a) Para $n \geq 2$, prove que:

$$\binom{2}{2} + \binom{3}{2} + \binom{4}{2} + \cdots + \binom{n}{2} = \binom{n+1}{3}$$

   [*Sugestão*: Use indução e a regra de Pascal.]

(b) Do item (a) e da relação $m^2 = 2\binom{m}{2} + m$ para $m \geq 2$, deduza a fórmula
$$1^2 + 2^2 + 3^2 + \cdots + n^2 = \frac{n(n+1)(2n+1)}{6}$$
(c) Aplique a fórmula no item (a) para obter uma prova que
$$1 \cdot 2 + 2 \cdot 3 + \cdots + n(n+1) = \frac{n(n+1)(n+2)}{3}$$
[*Sugestão*: Observe que $(m-1)m = 2\binom{m}{2}$.]

6. Prove a identidade binomial
$$\binom{2}{2} + \binom{4}{2} + \binom{6}{2} + \cdots + \binom{2n}{2} = \frac{n(n+1)(4n-1)}{6} \qquad n \geq 2$$
[*Sugestão*: Para $m \geq 2$, $\binom{2m}{2} = 2\binom{m}{2} + m^2$.]

7. Para $n \geq 1$, verifique que
$$1^2 + 3^2 + 5^2 + \cdots + (2n-1)^2 = \binom{2n+1}{3}$$

8. Mostre que, para $n \geq 1$,
$$\binom{2n}{n} = \frac{1 \cdot 3 \cdot 5 \cdots (2n-1)}{2 \cdot 4 \cdot 6 \cdots 2n} 2^{2n}$$

9. Demonstre a desigualdade $2^n < \binom{2n}{n} = 2^{2n}$, para $n > 1$.
[*Sugestão*: Faça $x = 2 \cdot 4 \cdot 6 \ldots (2n)$, $y = 1 \cdot 3 \cdot 5 \ldots (2n-1)$ e $z = 1 \cdot 2 \cdot 3 \ldots n$; mostre que $x > y > z$ implica $x^2 > xy > xz$.]

10. Os *números de Catalan*, definidos por
$$C_n = \frac{1}{n+1}\binom{2n}{n} = \frac{(2n)!}{n!(n+1)!} \qquad n = 0, 1, 2, \ldots$$
formam a sequência 1, 1, 2, 5, 14, 42, 132, 429, 1430, 4862, ... Eles apareceram em 1838 quando Eugène Catalan (1814 – 1894) mostrou que existem C_n maneiras de colocarmos os parênteses em um produto não associativo de $n+1$ fatores. [Por exemplo, quando $n = 3$ existem 5 maneiras: $((ab)c)d$, $(a(bc))d, a((bc)d)$, $a(b(cd))$, $(ab)(cd)$.] Para $n \geq 1$, prove que C_n pode ser dado indutivamente por
$$C_n = \frac{2(2n-1)}{n+1} C_{n-1}$$

CAPÍTULO 2

TEORIA DE DIVISIBILIDADE NOS INTEIROS

Números inteiros são a fonte de toda a matemática.
H. Minkowski

2.1 ORIGEM DA TEORIA DOS NÚMEROS

Antes de nos aprofundarmos detalhadamente, devemos dizer algumas palavras sobre a origem da teoria dos números. A teoria dos números é um dos ramos mais antigos da matemática; um entusiasta, esticando um ponto aqui e ali, poderia estender as suas raízes para uma data surpreendentemente remota. Embora seja provável que os gregos tenham ficado em dívida sobre uma gama de informações a respeito das propriedades dos números naturais com os babilônios e com os antigos egípcios, os primeiros rudimentos de uma teoria real são geralmente creditados a Pitágoras e seus discípulos.

Nosso conhecimento sobre a vida de Pitágoras é escasso, e pouco pode ser afirmado com certeza. De acordo com as melhores estimativas, ele nasceu entre 580 e 562 a.C. na ilha do Egeu de Samos. Parece que ele estudou não só no Egito, mas pode até ter ampliado suas viagens, tanto a leste como a Babilônia. Quando Pitágoras reapareceu depois de anos de viagem, ele procurou um lugar favorável para uma escola e acabou ficando com Croton, um assentamento grego próspero na sola da bota italiana. A escola se concentrou em quatro *mathemata*, ou objetos de estudo: *arithmetica* (aritmética, no sentido da teoria dos números, da arte de calcular), *harmonia* (música), *geometria* (geometria) e *astrologia* (astronomia). Essa divisão quádrupla do conhecimento tornou-se conhecida na Idade Média como o *quadrivium*, ao qual foi adicionado o *trivium* da lógica, gramática e retórica. Estas sete artes liberais vieram a ser encaradas como o curso de estudo necessário para a educação de uma pessoa.

Pitágoras dividia aqueles que assistiam suas palestras em dois grupos: os estagiários (ou ouvintes) e os pitagóricos. Depois de três anos na primeira classe, os ouvintes poderiam ser iniciados na segunda classe, a quem eram confidenciadas as principais descobertas da escola. Os pitagóricos eram uma irmandade unida, mantendo todos os bens mundanos em comum e ligados por um juramento de não revelar os segredos do fundador. Diz a lenda que um pitagórico falador foi afogado em um naufrágio, como castigo dos deuses por ostentar publicamente que tinha adicionado o dodecaedro ao número de sólidos regulares enumerados por Pitágoras. Por um tempo, os pitagóricos autocráticos conseguiram dominar o governo local em Croton, mas uma revolta popular em 501 a.C. levou ao assassinato de muitos de seus membros proeminentes, e o próprio Pitágoras foi morto pouco depois. Embora a influência política dos pitagóricos tenha sido, assim, destruída, eles continuaram a existir por mais, pelo menos, dois séculos como uma sociedade filosófica e matemática. Ao final, eles permaneceram uma ordem secreta, sem publicações e, com nobre abnegação, atribuindo todas as suas descobertas ao Mestre.

Os pitagóricos acreditavam que a chave para a explicação do universo estava no número e na forma, sua tese geral é de que "Tudo é Número". (Por número, eles queriam dizer, é claro, um inteiro positivo.) Para a compreensão racional da natureza, eles consideravam suficiente analisar as propriedades de determinados números. Pitágoras "parece ter dado suprema importância para o estudo da aritmética, que expandiu para além do reino de utilidade comercial".

A doutrina pitagórica é uma curiosa mistura entre filosofia cósmica e misticismo numérico, uma espécie de numerologia que atribui a tudo o que é material ou espiritual um inteiro definido. Entre seus escritos, nós encontramos que o número 1 representava a razão, para a razão só se poderia produzir um corpo consistente de verdades; o 2 ficou para o homem e o 3 para a mulher; o 4 era o símbolo pitagórico por justiça, sendo o primeiro número que é o produto de iguais; o 5 foi identificado com o casamento, porque é formado pela união de 2 e 3; e assim por diante. Todos os números pares, após o primeiro, eram capazes de se dividir em outros números, por isso, eles eram prolíficos e foram considerados como femininos e da terra — e um pouco menos apreciados em geral. Sendo uma sociedade predominantemente masculina, os pitagóricos classificaram os números ímpares, após os dois primeiros, como masculinos e divinos.

Embora essas especulações sobre números como modelos de "coisas" pareçam frívolas hoje, deve-se ter em mente que os intelectuais do período clássico grego foram, em grande parte, absorvidos na filosofia e que esses mesmos homens, porque tinham tais interesses intelectuais, também estavam envolvidos na definição das bases para a matemática como um sistema de pensamento. Para Pitágoras e seus seguidores, a matemática foi, em geral, um meio para um fim, sendo a filosofia este fim. Somente com a fundação da Escola de Alexandria que entramos em uma nova fase em que o cultivo de matemática foi exercido por sua própria causa.

Foi em Alexandria, não Atenas, que a ciência dos números separada da filosofia mística começou a se desenvolver. Durante quase mil anos, até a sua destruição pelos árabes em 641 d.C., Alexandria estava no centro cultural e comercial do mundo helenístico. (Depois da queda de Alexandria, a maioria de seus estudiosos migraram para Constantinopla. Durante os 800 anos seguintes, enquanto a aprendizagem formal no Ocidente praticamente desapareceu, este enclave em Constantinopla preservou para nós as obras matemáticas das diversas escolas gregas.) O chamado Museu de Alexandria, um precursor da universidade moderna, reuniu os principais poetas e eruditos da época; adjacente a ele lá foi estabelecida uma enorme biblioteca, com a fama de manter mais de 700.000 volumes — copiado à mão — em seu apogeu. De todos os nomes relacionados com o museu, o de Euclides (fl. c.300 a.C.), fundador da Escola de Matemática, está em uma classe especial. A posteridade chegou a conhecê-lo como o autor dos *Elementos*, o mais antigo tratado grego sobre matemática que chegou até nós na sua totalidade. Os *Elementos* são uma compilação de grande parte do conhecimento matemático disponível naquele tempo, organizados em 13 partes ou livros, como são chamados. O nome de Euclides é muitas vezes associado à geometria, já que se tende a esquecer que três dos Livros — VII, VIII e IX — são dedicados à teoria dos números.

Os *Elementos* constituem um dos maiores sucessos da história da literatura mundial. Dificilmente qualquer outro livro salvo a Bíblia foi mais amplamente divulgado ou estudado. Mais de mil edições dele foram feitas desde a primeira versão impressa em 1482, e, antes da sua impressão, cópias manuscritas dominaram a maior parte do ensino de matemática na Europa Ocidental. Infelizmente, nenhuma cópia do trabalho foi encontrada. As edições modernas são descendentes de uma revisão elaborada por Téon de Alexandria, um comentador do século IV d.C.

PROBLEMAS 2.1

1. Cada um dos números

$$1 = 1, 3 = 1+2, 6 = 1+2+3, 10 = 1+2+3+4, \ldots$$

representa o número de pontos que podem ser organizados uniformemente em um triângulo equilátero:

Isso levou os gregos antigos a chamar um número de *triangular* se ele é a soma de inteiros consecutivos, começando com 1. Prove os seguintes fatos sobre os números triangulares:

(a) Um número é triangular se e somente se é da forma $n(n+1)/2$ para todo $n \geq 1$. (Pitágoras, cerca de 550 a.C.)

(b) O inteiro n é um número triangular se e somente se $8n+1$ é um quadrado perfeito. (Plutarco, cerca de 100 d.C.)

(c) A soma de quaisquer dois números triangulares consecutivos é um quadrado perfeito. (Nicômaco, cerca de 100 d.C.)

(d) Se n é um número triangular, então os números da forma $9n + 1$, $25n + 3$ e $49n + 6$ também são. (Euler, 1775)

2. Se t_n denota o n-ésimo número triangular, prove que em termos de coeficientes binomiais,

$$t_n = \binom{n+1}{2} \qquad n \geq 1$$

3. Deduza a seguinte fórmula para a soma dos números triangulares, atribuída ao matemático Hindu Aryabhata (cerca de 500 d.C.):

$$t_1 + t_2 + t_3 + \cdots + t_n = \frac{n(n+1)(n+2)}{6} \qquad n \geq 1$$

[*Sugestão*: Agrupe os termos do membro esquerdo em pares, observando a identidade $t_{k-1} + t_k = k^2$.]

4. Prove que o quadrado de um número ímpar múltiplo de 3 é a diferença de dois números triangulares; especificamente, que

$$9(2n+1)^2 = t_{9n+4} - t_{3n+1}$$

5. Na sequência de números triangulares, encontre o que segue:

(a) Dois números triangulares cuja soma e a diferença também são números triangulares.

(b) Três números triangulares consecutivos cujo produto é um quadrado perfeito.

(c) Três números triangulares consecutivos cuja soma é um quadrado perfeito.

6. (a) Se o número triangular t_n é um quadrado perfeito, prove que $t_{4n(n+1)}$ também é um quadrado.

   (b) Use o item (a) para obter três exemplos de quadrados que também são números triangulares.

7. Mostre que a diferença entre os quadrados de dois números triangulares consecutivos sempre é um cubo.

8. Mostre que a soma dos inversos dos n primeiros números triangulares é menor que 2; ou seja,
$$\frac{1}{1} + \frac{1}{3} + \frac{1}{6} + \frac{1}{10} + \cdots + \frac{1}{t_n} < 2$$

   [*Sugestão*: Observe que $\frac{2}{n(n+1)} = 2(\frac{1}{n} - \frac{1}{n+1})$.]

9. (a) Considere a identidade $t_x = t_y + t_z$, em que
$$x = \frac{n(n+3)}{2} + 1 \qquad y = n+1 \qquad z = \frac{n(n+3)}{2}$$

   e $n \geq 1$, então prove que existem infinitos números triangulares que são a soma de outros dois números triangulares.

   (b) Encontre três exemplos de números triangulares que são a soma de outros dois números triangulares.

10. Cada um dos números
$$1, 5 = 1+4, 12 = 1+4+7, 22 = 1+4+7+10, \ldots$$

    representa o número de pontos que podem ser organizados uniformemente em um pentágono:

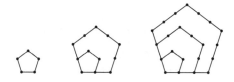

    Os gregos antigos os chamavam números pentagonais. Se p_n denota o n-ésimo número pentagonal, em que $p_n = 1$ e $p_n = p_{n-1} + (3n - 2)$ para $n \geq 2$, prove que
$$p_n = \frac{n(3n-1)}{2}, \qquad n \geq 1$$

11. Para $n \geq 2$, verifique as seguintes relações entre os números pentagonais, quadrados e triangulares:

    (a) $p_n = t_{n-1} + n^2$
    (b) $p_n = 3t_{n-1} + n = 2t_{n-1} + t_n$

2.2 O ALGORITMO DA DIVISÃO

Expusemos as relações entre números inteiros por várias páginas e, por enquanto, nenhuma propriedade de divisibilidade foi apresentada. É hora de resolvermos esta situação. Um teorema, o Algoritmo da Divisão, atua como a pedra fundamental sobre a qual todo o nosso desenvolvimento se alicerça. O resultado é familiar para a maioria das pessoas; em linhas gerais, ele afirma que um número inteiro a pode ser "dividido" por um número inteiro positivo b, de tal maneira que o resto é menor do que b. O enunciado exato desse fato é o Teorema 2.1.

Teorema 2.1 Algoritmo da Divisão. Dados inteiros a e b, com $b > 0$, existem únicos inteiros q e r tais que

$$a = qb + r \qquad 0 \leq r < b$$

Os inteiros q e r são chamados, respectivamente, o *quociente* e o *resto* da divisão de a por b.

Demonstração. Começamos provando que o conjunto

$$S = \{a - xb \mid x \text{ um inteiro}; \, a - xb \geq 0\}$$

é não vazio. Para isso, é suficiente encontrar um valor de x que torne $a - xb$ não negativo. Como o número inteiro $b \geq 1$, temos $|a|b \geq |a|$, e assim

$$a - (-|a|)b = a + |a|b \geq a + |a| \geq 0$$

Escolhendo $x = -|a|$, então, $a - xb$ pertence a S. Isto permite uma aplicação do Princípio da Boa Ordenação (Capítulo 1), a partir do qual podemos inferir que o conjunto S contém um menor inteiro; chame-o r. Pela definição de S, existe um inteiro q tal que

$$r = a - qb \qquad 0 \leq r$$

Supomos que $r < b$. Se isso não fosse verdade, então $r \geq b$ e

$$a - (q+1)b = (a - qb) - b = r - b \geq 0$$

A consequência é que o inteiro $a - (q+1)b$ pertence ao conjunto S. Mas $a - (q+1)b = r - b < r$ contraria a escolha de r como o menor elemento de S. Assim, $r < b$.

A seguir voltamos à tarefa de mostrar a unicidade de q e r. Suponha que a tenha duas representações, quer dizer,

$$a = qb + r = q'b + r'$$

na qual $0 \leq r < b$, $0 \leq r' < b$. Então $r' - r = b(q - q')$ e, devido ao fato de o valor absoluto de um produto ser igual ao produto dos valores absolutos dos seus fatores,

$$|r' - r| = b|q - q'|$$

Adicionando as duas desigualdades $-b < -r \leq 0$ e $0 \leq r' < b$, obtemos $-b < r' - r < b$ ou, em termos equivalentes $|r' - r| < b$. Então, $b|q - q'| < b$, o que produz

$$0 \leq |q - q'| < 1$$

Como $|q - q'|$ é um número inteiro não negativo, a única possibilidade é $|q - q'| = 0$, consequentemente $q = q'$, o que, por sua vez, fornece $r = r'$, concluindo a demonstração.

Uma versão mais geral do Algoritmo da Divisão é obtida quando se substitui a restrição que b tem de ser positivo pela simples condição que $b \neq 0$.

Corolário. Se a e b são inteiros, com $b \neq 0$, então existem únicos inteiros q e r tais que

$$a = qb + r \qquad 0 \leq r < |b|$$

Demonstração. É suficiente considerar o caso em que b é negativo. Então $|b| > 0$, e pelo Teorema 2.1, existem únicos inteiros q' e r tais que

$$a = q'|b| + r \qquad 0 \leq r < |b|$$

Observando que $|b|=-b$, podemos tomar $q=-q'$ para chegar a $a = qb + r$, com $0 \leq r < |b|$.

Para ilustrarmos o Algoritmo da Divisão quando $b < 0$, vamos tomar $b = -7$. Então, escolhendo $a = 1, -2, 61$ e -59, obtemos as expressões

$$1 = 0(-7) + 1$$
$$-2 = 1(-7) + 5$$
$$61 = (-8)(-7) + 5$$
$$-59 = 9(-7) + 4$$

Queremos concentrar nossa atenção nas aplicações do Algoritmo da Divisão, e não apenas no algoritmo em si. Como uma primeira ilustração, observe que com $b = 2$ os restos possíveis são $r = 0$ e $r = 1$. Quando $r = 0$, o inteiro a tem a forma $a = 2q$ e é chamado *par*; quando $r = 1$, o inteiro a tem a forma $a = 2q + 1$ e é chamado *ímpar*. Agora ou a^2 é da forma $(2q)^2 = 4k$ ou é da forma $(2q+1)^2 = 4(q^2+q)+1 = 4k+1$. O ponto a ser destacado é que o quadrado de um número inteiro deixa resto 0 ou 1 na divisão por 4.

Podemos também mostrar o seguinte: o quadrado de um inteiro ímpar é da forma $8k + 1$. Pelo Algoritmo da Divisão, todo inteiro pode ser representado por uma das quatro formas: $4q, 4q + 1, 4q + 2, 4q + 3$. Nesta classificação, apenas os inteiros das formas $4q + 1$ e $4q + 3$ são ímpares. Quando estes últimos são elevados ao quadrado, encontramos que

$$(4q+1)^2 = 8(2q^2 + q) + 1 = 8k + 1$$

e similarmente

$$(4q+3)^2 = 8(2q^2 + 3q + 1) + 1 = 8k + 1$$

Como exemplos, o quadrado do inteiro ímpar 7 é $7^2 = 49 = 8 \cdot 6 + 1$, e o quadrado de 13 é $13^2 = 169 = 8 \cdot 21 + 1$.

Como estas observações indicam, a vantagem do Algoritmo da Divisão é que nos permite provar afirmações sobre todos os números inteiros, considerando apenas um número finito de casos. Vamos ilustrar isto com um exemplo final.

Exemplo 2.1. A proposta é mostrar que a expressão $a(a^2 + 2)/3$ é um inteiro para todo $a \geq 1$. De acordo com o Algoritmo da Divisão, todo a é da forma $3q, 3q + 1$, ou $3q + 2$. Admita o primeiro destes casos. Então

$$\frac{a(a^2+2)}{3} = q(9q^2 + 2)$$

o que claramente é um inteiro. Similarmente, se $a = 3q + 1$, então

$$\frac{(3q+1)((3q+1)^2+2)}{3} = (3q+1)(3q^2 + 2q + 1)$$

e $a(a^2 + 2)/3$ é um inteiro nesta instância também. Finalmente, para $a = 3q + 2$, obtemos

$$\frac{(3q+2)((3q+2)^2+2)}{3} = (3q+2)(3q^2 + 4q + 2)$$

um inteiro mais uma vez. Consequentemente nosso resultado está provado em todos os casos.

PROBLEMAS 2.2

1. Prove que se a e b são inteiros com $b > 0$, então existem únicos inteiros q e r tais que $a = qb + r$, em que $2b \leq r < 3b$.

2. Mostre que todo inteiro da forma $6k + 5$ é da forma $3j + 2$, mas a recíproca não é verdadeira.
3. Use o Algoritmo da Divisão para provar o que segue:
   (a) O quadrado de um número inteiro é da forma $3k$ ou $3k + 1$.
   (b) O cubo de um número tem uma das formas: $9k$, $9k + 1$, ou $9k + 8$.
   (c) A quarta potência de um inteiro é da forma $5k$ ou $5k + 1$.
4. Prove que $3a^2 - 1$ nunca é um quadrado perfeito.
   [*Sugestão*: Problema 3(a).]
5. Para $n \geq 1$, prove que $n(n + 1)(2n + 1)/6$ é um inteiro.
   [*Sugestão*: Pelo Algoritmo da Divisão, n tem uma das formas $6k, 6k + 1, \ldots, 6k + 5$; verifique o resultado em cada um dos seis casos.]
6. Mostre que o cubo de um inteiro é da forma $7k$ ou $7k \pm 1$.
7. Obtenha a seguinte versão do Algoritmo da Divisão: Para inteiros a e b, com $b \neq 0$, existem únicos inteiros q e r que satisfazem $a = qb + r$, em que $-\frac{1}{2}|b| < r \leq \frac{1}{2}|b|$.
   [*Sugestão*: Primeiro escreva $a = q'b + r'$, em que $0 \leq r' < |b|$. Quando $0 \leq r' \leq \frac{1}{2}|b|$, faça $r = r'$ e $q = q'$; quando $\frac{1}{2}|b| < r' < |b|$, faça $r = r' - |b|$ e $q = q' + 1$ se $b > 0$ ou $q = q' - 1$ se $b < 0$.]
8. Prove que nenhum inteiro da sequência a seguir é um quadrado perfeito:

   $$11, 111, 1111, 11111, \ldots$$

   [*Sugestão*: Um típico termo $111 \ldots 111$ pode ser escrito como

   $$111 \cdots 111 = 111 \cdots 108 + 3 = 4k + 3.]$$

9. Verifique que se um inteiro é simultaneamente um quadrado e um cubo (como é o caso do $64 = 8^2 = 4^3$), então ou ele é da forma $7k$ ou $7k + 1$.
10. Para $n \geq 1$, prove que o inteiro $n(7n^2 + 5)$ é da forma $6k$.
11. Se n é um inteiro ímpar, mostre que $n^4 + 4n^2 + 11$ é da forma $16k$.

2.3 O MÁXIMO DIVISOR COMUM

De especial importância é o caso em que o resto no Algoritmo da Divisão é zero. Vamos nos ater a esta situação agora.

Definição 2.1. Um inteiro b é divisível por um inteiro $a \neq 0$, simbolicamente $a \mid b$, se existe um inteiro c tal que $b = ac$. Escrevemos $a \nmid b$ para indicar que b não é divisível por a.

Assim, por exemplo, -12 é divisível por 4, pois $-12 = 4(-3)$. Entretanto, 10 não é divisível por 3, porque não existe nenhum inteiro c que torne a sentença $10 = 3c$ verdadeira.

Há outra representação para expressar a relação de divisibilidade $a \mid b$. Podemos dizer que a é um *divisor* de b, que a é um *fator* de b, ou que b é um *múltiplo* de a. Note que na Definição 2.1 há uma restrição para o divisor a: quando a notação $a \mid b$ é empregada, está entendido que a é diferente de zero.

Se a é um divisor de b, então b é também divisível por $-a$ (de fato, $b = ac$ implica que $b = (-a)(-c)$, de modo que os divisores de um inteiro sempre ocorrem aos pares. Para encontrar todos os divisores de um inteiro dado, é suficiente obter os divisores positivos e então juntar a eles os correspondentes inteiros negativos. Por essa razão frequentemente nos limitamos a considerar os divisores positivos.

É útil listar algumas consequências imediatas da Definição 2.1. (Lembramos novamente ao leitor que, embora não seja declarado, os divisores são sempre diferentes de zero.)

Teorema 2.2. Para inteiros a, b, c, é válido que:

(a) $a \mid 0$, $1 \mid a$, $a \mid a$.
(b) $a \mid 1$ se e somente se $a = \pm 1$.
(c) Se $a \mid b$ e $c \mid d$, então $ac \mid bd$.
(d) Se $a \mid b$ e $b \mid c$, então $a \mid c$.
(e) $a \mid b$ e $b \mid a$ se e somente se $a = \pm b$.
(f) Se $a \mid b$ e $b \neq 0$, então $\mid a \mid \le \mid b \mid$.
(g) Se $a \mid b$ e $a \mid c$, então $a \mid (bx + cy)$ para quaisquer inteiros x e y.

Demonstração. Provaremos as propriedades (f) e (g), deixando as outras como exercício. Se $a \mid b$, então existe um inteiro c tal que $b = ac$; além disso, $b \neq 0$ implica que $c \neq 0$. Tomando em valores absolutos, temos $\mid b \mid = \mid ac \mid = \mid a \mid \mid c \mid$. Como $c \neq 0$, segue que $\mid c \mid \ge 1$, e $\mid b \mid = \mid a \mid \mid c \mid \ge \mid a \mid$.

Quanto ao item (g), as relações $a \mid b$ e $a \mid c$ garantem que $b = ar$ e $c = as$ para inteiros r e s adequados. Mas, então, qualquer que seja a escolha de x e y,

$$bx + cy = arx + asy = a(rx + sy)$$

Como $rx + sy$ é um inteiro, isto assegura que $a \mid (bx + cy)$, como queríamos demonstrar.

É importante ressaltar que a propriedade (g) do Teorema 2.2 se estende por indução para somas com mais de duas parcelas. Ou seja, se $a \mid b_k$ para $k = 1, 2, \ldots, n$, então

$$a \mid (b_1 x_1 + b_2 x_2 + \cdots + b_n x_n)$$

para todos os inteiros $x_1, x_2, \ldots, x_n$. Os poucos detalhes necessários para a prova são tão simples e diretos que vamos omiti-los.

Se a e b são inteiros quaisquer, o inteiro d é um *divisor comum* de a e b se $d \mid a$ e $d \mid b$. Como 1 é divisor de todo inteiro, 1 é um *divisor comum* de a e b; consequentemente o conjunto dos divisores comuns positivos de a e b é não vazio. Além disso, todo inteiro divide zero, de modo que se $a = b = 0$, todo inteiro é um divisor comum de a e b. Neste caso, o conjunto dos divisores comuns positivos de a e b é infinito. Entretanto, quando ao menos um deles é diferente de zero, existe um número finito de divisores comuns positivos. Entre estes, há um que é o maior, chamado máximo divisor comum de a e b. Formalizamos isso na Definição 2.2.

Definição 2.2. Sejam a e b inteiros dados, com ao menos um deles diferente de zero. O *máximo divisor comum* de a e b, denotado por $\mathrm{mdc}(a, b)$, é um inteiro positivo d que satisfaz:

(a) $d \mid a$ e $d \mid b$.
(b) Se $c \mid a$ e $c \mid b$, então $c \le d$.

Exemplo 2.2. Os divisores positivos de -12 são 1, 2, 3, 4, 6, 12, enquanto os de 30 são 1, 2, 3, 5, 6, 10, 15, 30; consequentemente os divisores comuns positivos de -12 e 30 são 1, 2, 3, 6. Como 6 é o maior destes inteiros, segue que $\mathrm{mdc}(-12, 30) = 6$. Do mesmo modo, podemos mostrar que

$$\mathrm{mdc}(-5, 5) = 5 \quad \mathrm{mdc}(8, 17) = 1 \quad \mathrm{mdc}(-8, -36) = 4$$

O próximo teorema afirma que o $\mathrm{mdc}(a, b)$ pode ser representado como uma combinação linear de a e b. (Por *combinação linear* de a e b, queremos dizer uma expressão da forma $ax + by$, onde x e y são inteiros.) Isto está ilustrado, por exemplo,

$$\mathrm{mdc}(-12, 30) = 6 = (-12)2 + 30 \cdot 1$$

ou
$$\text{mdc}(-8, -36) = 4 = (-8)4 + (-36)(-1)$$

Agora o teorema.

Teorema 2.3. Dados os inteiros a e b, não sendo ambos zero, existem inteiros x e y tais que

$$\text{mdc}(a, b) = ax + by$$

Demonstração. Considere o conjunto S de todas as combinações lineares positivas de a e b:

$$S = \{au + bv \mid au + bv > 0; u, v \text{ inteiros}\}$$

Observe inicialmente que S é não vazio. Por exemplo, se $a \neq 0$, então o inteiro $\mid a \mid = au + b \cdot 0$ pertence a S, onde escolhemos $u = 1$ ou $u = -1$ de acordo com a ser positivo ou negativo. Devido ao Princípio da Boa Ordenação, S deve conter um menor elemento d. Então, da própria definição de S, existem inteiros x e y para os quais $d = ax + by$. Nós afirmamos que $d = \text{mdc}(a, b)$.

Com base no Algoritmo da Divisão, podemos obter inteiros q e r tais que $a = qd + r$, em que $0 \leq r < d$. Então r pode ser escrito na forma

$$\begin{aligned} r &= a - qd = a - q(ax + by) \\ &= a(1 - qx) + b(-qy) \end{aligned}$$

Se r fosse positivo, então esta representação implicaria que r é um elemento de S, contradizendo o fato de d ser o menor inteiro em S (relembre que $r < d$). Portanto $r = 0$, e assim $a = qd$, ou de modo equivalente, $d \mid a$. Por motivo semelhante, $d \mid b$.

Agora se d é um divisor comum positivo de qualquer dos inteiros a e b, então o item (g) do Teorema 2.2 nos leva a concluir que $c \mid ax + by$, ou seja, $c \mid d$. Pelo item (f) do mesmo teorema, $c = \mid c \mid \leq \mid d \mid = d$, de modo que d é maior que todo divisor comum positivo de a e b. Juntando estas informações, podemos dizer que $d = \text{mdc}(a, b)$.

Deve-se notar que o argumento mencionado acima é apenas uma demonstração da "existência" e não fornece um método prático para encontrarmos os valores de x e y. Isto será retomado posteriormente.

Uma leitura da demonstração do Teorema 2.3 revela que o máximo divisor comum de a e b pode ser descrito como o menor inteiro positivo da forma $ax + by$.

Considere o caso em que $a = 6$ e $b = 15$. Aqui o conjunto S é

$$\begin{aligned} S &= \{6(-2) + 15 \cdot 1, 6(-1) + 15 \cdot 1, 6 \cdot 1 + 15 \cdot 0, \ldots\} \\ &= \{3, 9, 6, \ldots\} \end{aligned}$$

Observamos que 3 é o menor elemento de S, por isso $3 = \text{mdc}(6, 15)$.

A natureza dos elementos de S apresentados neste exemplo sugere outro resultado, que descrevemos no próximo corolário.

Corolário: Se a e b são inteiros dados, de modo que, pelo menos, um deles é diferente de zero, então o conjunto

$$T = \{ax + by \mid x, y \text{ são inteiros}\}$$

é precisamente o conjunto de todos os múltiplos de $d = \text{mdc}(a, b)$.

Demonstração. Como $d \mid a$ e $d \mid b$, sabemos que $d \mid ax + by$, para todos os inteiros x, y. Então todo elemento de T é um múltiplo de d. Reciprocamente, d pode ser escrito como

$d = ax_0 + by_0$ para inteiros adequados x_0 e y_0, de modo que qualquer múltiplo nd de d é da forma

$$nd = n(ax_0 + by_0) = a(nx_0) + b(ny_0)$$

Consequentemente, nd é uma combinação linear de a e b e, por definição, pertence a T.

Pode acontecer de 1 e –1 serem os únicos divisores comuns de um dado par de inteiros a e b, consequentemente mdc$(a, b) = 1$. Por exemplo:

$$\text{mdc}(2, 5) = \text{mdc}(-9, 16) = \text{mdc}(-27, -35) = 1$$

Esta situação ocorre com frequência suficiente para incentivar uma definição.

Definição 2.3. Dois inteiros a e b, não sendo ambos iguais a zero, são ditos *primos relativos* quando mdc$(a, b) = 1$.

O teorema a seguir caracteriza inteiros primos relativos em termos de combinações lineares.

Teorema 2.4. Sejam a e b inteiros, não sendo ambos iguais a zero. Então a e b são primos relativos se e somente se existem inteiros x e y tais que $1 = ax + by$.

Demonstração. Se a e b são primos relativos de modo que mdc$(a, b) = 1$, então o Teorema 2.3 garante a existência de inteiros x e y que satisfaçam $1 = ax + by$. Reciprocamente, suponha que $1 = ax + by$ para alguma escolha de x e y, e que $d = $ mdc(a, b). Como $d \mid a$ e $d \mid b$, o Teorema 2.2 assegura que $d \mid ax + by$, ou $d \mid 1$. Uma vez que d é um inteiro positivo, esta última condição de divisibilidade força d a ser igual a 1 (o item (b) do Teorema 2.2 é empregado aqui), e chegamos à conclusão pretendida.

Este resultado conduz a uma observação que é útil em certas situações; a saber,

Corolário 1. Se o mdc$(a, b) = d$, então o mdc$(a / d, b / d) = 1$.

Demonstração. Antes de começarmos a demonstração, gostaríamos de observar que embora a / d e b / d tenham aparência de frações, na verdade eles são inteiros porque d é um divisor de a e de b. Agora, sabendo que mdc$(a, b) = d$, é possível encontrar inteiros x e y tais que $d = ax + by$. Dividindo cada lado desta equação por d, obtemos a expressão

$$1 = \left(\frac{a}{d}\right)x + \left(\frac{b}{d}\right)y$$

Como a / d e b / d são inteiros, um apelo ao teorema é legítimo. A conclusão é que a / d e b / d são primos relativos.

Para uma ilustração deste último corolário, vamos observar que o mdc$(-12, 30) = 6$ e que
$$\text{mdc}(-12/6, 30/6) = \text{mdc}(-2, 5) = 1$$
como deveria ser.

Não é verdade, sem adicionarmos uma condição extra, que $a \mid c$ e $b \mid c$ forneçam juntos $ab \mid c$. Por exemplo, $6 \mid 24$ e $8 \mid 24$, mas $6 \cdot 8 \nmid 24$. Se 6 e 8 fossem primos relativos, evidentemente, esta situação não aconteceria. Isto nos traz o Corolário 2.

Corolário 2. Se $a \mid c$ e $b \mid c$, com mdc$(a, b) = 1$, então $ab \mid c$.

Demonstração. Na medida em que $a \mid c$ e $b \mid c$, podemos encontrar inteiros r e s tais que $c = ar = bs$. Agora mdc$(a, b) = 1$ nos permite escrever $1 = ax + by$ para alguma escolha de inteiros x e y. Multiplicando a última equação por c, surge

$$c = c \cdot 1 = c(ax + by) = acx + bcy$$

Se as substituições apropriadas forem feitas no lado direito, então

$$c = a(bs)x + b(ar)y = ab(sx + ry)$$

ou, como a divisibilidade assegura, $ab \mid c$.

Nosso próximo resultado parece simples, mas é de fundamental importância.

Teorema 2.5 Lema de Euclides. Se $a \mid bc$, com mdc$(a, b) = 1$, então $a \mid c$.

Demonstração. Começamos novamente do Teorema 2.3, escrevendo $1 = ax + by$, em que x e y são inteiros. A multiplicação dos dois membros desta igualdade por c produz

$$c = 1 \cdot c = (ax + by)c = acx + bcy$$

Como $a \mid ac$ e $a \mid bc$, segue que $a \mid (acx + bcy)$, o que pode ser entendido como $a \mid c$.

Se a e b não são primos relativos, então a conclusão do lema de Euclides pode falhar. Aqui está um exemplo específico: $12 \mid 9 \cdot 8$, mas $12 \nmid 9$ e $12 \nmid 8$.

O teorema a seguir frequentemente serve como uma definição para o mdc(a, b). A vantagem de usá-lo como uma definição é que ele não envolve relação de ordem. Então ele pode ser usado em sistemas algébricos que não têm relação de ordem.

Teorema 2.6. Sejam a e b inteiros, não sendo ambos iguais a zero. Para um inteiro positivo d, $d = $ mdc(a, b) se e somente se

(a) $d \mid a$ e $d \mid b$.
(b) Sempre que $c \mid a$ e $c \mid b$, então $c \mid d$.

Demonstração. Para começar, suponha que $d = $ mdc(a, b). Certamente $d \mid a$ e $d \mid b$, de modo que a é válida. De acordo com o Teorema 2.3, d pode ser expresso como $d = ax + by$ para alguns inteiros x e y. Assim, se $c \mid a$ e $c \mid b$, então $c \mid (ax + by)$, ou melhor, $c \mid d$. Em resumo, a condição (b) é válida. Reciprocamente, seja d um inteiro positivo que satisfaça às condições estabelecidas. Dado qualquer divisor comum c de a e b, temos que $c \mid d$ pela hipótese (b). Isto implica que $d \geq c$, e consequentemente d é o máximo divisor comum de a e b.

PROBLEMAS 2.3

1. Se $a \mid b$, mostre que $(-a) \mid b$, $a \mid (-b)$, e $(-a) \mid (-b)$.
2. Dados os inteiros a, b, c, d, verifique que:
   (a) Se $a \mid b$, então $a \mid bc$.
   (b) Se $a \mid b$, e $a \mid c$, então $a^2 \mid bc$.
   (c) $a \mid b$ se e somente se $ac \mid bc$, em que $c \neq 0$.
   (d) Se $a \mid b$ se e $c \mid d$, então $ac \mid bd$.
3. Prove ou conteste: Se $a \mid (b + c)$, então ou $a \mid b$ ou $a \mid c$.
4. Para $n \geq 1$, use o princípio da indução matemática para provar cada afirmação de divisibilidade a seguir:

(a) $8 \mid 5^{2n} + 7$.

[*Sugestão*: $5^{2(k+1)} + 7 = 5^2(5^{2k} + 7) + (7 - 5^2 \cdot 7)$.]

(b) $15 \mid 2^{4n} - 1$.

(c) $5 \mid 3^{3n+1} + 2^{n+1}$.

(d) $21 \mid 4^{n+1} + 5^{2n-1}$.

(e) $24 \mid 2 \cdot 7^n + 3 \cdot 5^n - 5$.

5. Prove que para todo inteiro a, um dos inteiros a, $a + 2$, $a + 4$ é divisível por 3.

6. Para um inteiro arbitrário a, verifique o que segue:

   (a) $2 \mid a(a+1)$ e $3 \mid a(a+1)(a+2)$.

   (b) $3 \mid a(2a^2 + 7)$.

   (c) Se a é ímpar, então $32 \mid (a^2 + 3)(a^2 + 7)$.

7. Prove que se a e b são números inteiros ímpares, então $16 \mid a^4 + b^4 - 2$.

8. Prove que:

   (a) A soma dos quadrados de dois números inteiros ímpares não pode ser um quadrado perfeito.

   (b) O produto de quatro inteiros consecutivos possui uma unidade a menos que um quadrado perfeito.

9. Verifique que a diferença de dois cubos consecutivos nunca é divisível por 2.

10. Para um inteiro diferente de zero a, mostre que $\mathrm{mdc}(a, 0) = |a|$, $\mathrm{mdc}(a, a) = |a|$, e $\mathrm{mdc}(a, 1) = 1$.

11. Se a e b são números inteiros tais que, pelo menos um deles é diferente de zero, verifique que

$$\mathrm{mdc}(a, b) = \mathrm{mdc}(-a, b) = \mathrm{mdc}(a, -b) = \mathrm{mdc}(-a, -b)$$

12. Prove que para algum inteiro positivo n e para todo inteiro a, $\mathrm{mdc}(a, a + n)$ divide n; consequentemente $\mathrm{mdc}(a, a + 1) = 1$.

13. Dados os inteiros a e b, prove que:

    (a) Existem inteiros x e y tais que $c = ax + by$ se e somente se $\mathrm{mdc}(a, b) \mid c$.

    (b) Se existem inteiros x e y tais que $ax + by = \mathrm{mdc}(a, b)$, então $\mathrm{mdc}(x, y) = 1$.

14. Para todo inteiro a, mostre que:

    (a) $\mathrm{mdc}(2a + 1, 9a + 4) = 1$

    (b) $\mathrm{mdc}(5a + 2, 7a + 3) = 1$

    (c) Se a é ímpar, então $\mathrm{mdc}(3a, 3a + 2) = 1$.

15. Se a e b são números inteiros tais que, pelo menos um deles é diferente de zero, prove que $\mathrm{mdc}(2a - 3b, 4a - 5b)$ divide b; consequentemente, $\mathrm{mdc}(2a + 3, 4a + 5) = 1$.

16. Dado um inteiro ímpar a, verifique que

$$a^2 + (a+2)^2 + (a+4)^2 + 1$$

é divisível por 12.

17. Prove que a expressão $(3n)!/(3!)^n$ é um inteiro para todo $n \geq 0$.

18. Prove: O produto de três inteiros consecutivos quaisquer é divisível por 6; o produto de quatro inteiros consecutivos quaisquer é divisível por 24; o produto de cinco inteiros consecutivos quaisquer é divisível por 120.

    [*Sugestão*: Veja o Corolário 2 do Teorema 2.4.]

19. Verifique cada uma das afirmativas a seguir:

    (a) Se a é um inteiro qualquer, então $6 \mid a(a^2 + 11)$.

(b) Se a é um inteiro ímpar, então $24 \mid a(a^2 - 1)$.

[*Sugestão*: O quadrado de um inteiro ímpar é da forma $8k + 1$.]

(c) Se a e b são inteiros ímpares, então $8 \mid (a^2 - b^2)$.

(d) Se a é um inteiro que não é divisível por 2 nem por 3, então $24 \mid (a^2 + 23)$.

(e) Se a é um inteiro qualquer, então $360 \mid a^2(a^2 - 1)(a^2 - 4)$.

20. Verifique as seguintes propriedades do máximo divisor comum:

    (a) Se mdc$(a, b) = 1$, e mdc$(a, c) = 1$, então mdc$(a, bc) = 1$.

    [*Sugestão*: Como $1 = ax + by = au + cv$ para algum x, y, u, v, $1 = (ax + by)(au + cv) = a(aux + cvx + byu) + bc(yv)$.]

    (b) Se mdc$(a, b) = 1$, e $c \mid a$, então mdc$(b, c) = 1$.

    (c) Se mdc$(a, b) = 1$, então mdc$(ac, b) = $ mdc(c, b).

    (d) Se mdc$(a, b) = 1$, e $c \mid a + b$, então mdc$(a, c) = $ mdc$(b, c) = 1$.

    [*Sugestão*: Seja $d = $ mdc(a, c). Então $d \mid a$, $d \mid c$ implica que $d \mid (a + b) - a$, ou $d \mid b$.]

    (e) Se mdc$(a, b) = 1$, $d \mid ac$, e $d \mid bc$, então $d \mid c$.

    (f) Se mdc$(a, b) = 1$, então mdc$(a^2, b^2) = 1$.

    [*Sugestão*: Inicialmente mostre que mdc$(a, b^2) = $ mdc$(a^2, b) = 1$.]

21. (a) Mostre que se $d \mid n$, então $2^d - 1 \mid 2^n - 1$.

    [*Sugestão*: Use a identidade
    $$x^k - 1 = (x - 1)(x^{k-1} + x^{k-2} + \cdots + x + 1).]$$

    (b) Verifique que $2^{35} - 1$ é divisível por 31 e 127.

22. Seja t_n o n-ésimo número triangular. Para que valores de n t_n divide a soma $t_1 + t_2 + \ldots + t_n$?

    [*Sugestão*: Veja o problema 1(c), Seção 1.1.]

23. Se $a \mid bc$, mostre que $a \mid$ mdc(a, b) mdc(b, c).

2.4 O ALGORITMO DE EUCLIDES

O máximo divisor comum de dois inteiros pode ser encontrado ao listarmos todos os seus divisores positivos e escolhermos o maior comum aos dois, mas isto é embaraçoso para números maiores. Um processo mais eficiente, envolvendo aplicações repetidas do Algoritmo da Divisão, é dado no sétimo livro dos *Elementos*. Embora haja evidências históricas de que este método é anterior a Euclides, hoje ele é apresentado como o Algoritmo de Euclides.

O Algoritmo de Euclides pode ser descrito da seguinte maneira: Sejam a e b dois inteiros dos quais se deseja obter o máximo divisor comum. Como mdc$(\mid a \mid, \mid b \mid) = $ mdc(a, b), não há nenhum dano se assumirmos que $a \geq b > 0$. O primeiro passo é aplicar o Algoritmo da Divisão para a e b para obter

$$a = q_1 b + r_1 \quad 0 \leq r_1 < b$$

Se $r_1 = 0$, então $b \mid a$ e o mdc$(a, b) = b$. Quando $r_1 \neq 0$, divida b por r_1 para encontrar inteiros q_2 e r_2 que satisfaçam

$$b = q_2 r_1 + r_2 \quad 0 \leq r_2 < r_1$$

Se $r_2 = 0$, então paramos; caso contrário, procedemos como antes para obter

$$r_1 = q_3 r_2 + r_3 \quad 0 \leq r_3 < r_2$$

Este processo de divisão continua até que algum resto zero apareça, por exemplo, na $(n + 1)$-ésima etapa em que r_{n-1} é dividido por r_n (o resto zero ocorre mais cedo ou mais tarde porque a sequência decrescente $b > r_1 > r_2 > \ldots \geq 0$ não pode conter mais que b inteiros).

O resultado é o seguinte sistema de equações:

$$a = q_1 b + r_1 \qquad 0 < r_1 < b$$
$$b = q_2 r_1 + r_2 \qquad 0 < r_2 < r_1$$
$$r_1 = q_3 r_2 + r_3 \qquad 0 < r_3 < r_2$$
$$\vdots$$
$$r_{n-2} = q_n r_{n-1} + r_n \qquad 0 < r_n < r_{n-1}$$
$$r_{n-1} = q_{n+1} r_n + 0$$

Argumentamos que r_n, o último resto diferente de zero que aparece desta maneira, é igual ao mdc(a, b). Nossa demonstração é baseada no lema a seguir.

Lema. Se $a = qb + r$, então mdc(a, b) = mdc(b, r).

Demonstração. Se $d =$ mdc(a, b), então as relações $d \mid a$, e $d \mid b$ implicam que $d \mid (a - qb)$, e $d \mid r$. Logo d é um divisor comum de b e de r. Por outro lado, se c é um divisor comum qualquer de b e r, então $c \mid (qb - r)$, consequentemente $c \mid a$. Isto faz c um divisor comum de a e b, e $c \leq d$. Agora segue da definição de mdc(b, r) que $d =$ mdc(b, r).

Usando o resultado deste lema, trabalhamos abaixo no sistema de equações apresentado, obtendo

$$\text{mdc}(a, b) = \text{mdc}(b, r_1) = \cdots = \text{mdc}(r_{n-1}, r_n) = \text{mdc}(r_n, 0) = r_n$$

como desejado.

O Teorema 2.3 afirma que o mdc(a, b) pode ser expresso na forma $ax + by$, mas a demonstração do teorema não dá nenhuma dica de como se determinam os inteiros x e y. Por isso, nós voltamos ao Algoritmo de Euclides. Começando da última equação resultante do algoritmo, escrevemos

$$r_n = r_{n-2} - q_n r_{n-1}$$

Agora resolva a equação precedente no algoritmo para r_{n-1} e substitua para obter

$$r_n = r_{n-2} - q_n(r_{n-3} - q_{n-1} r_{n-2})$$
$$= (1 + q_n q_{n-1}) r_{n-2} + (-q_n) r_{n-3}$$

Isto representa r_n como uma combinação linear de r_{n-2} e r_{n-3}. Continuando a voltar no sistema de equações, sucessivamente eliminamos os restos $r_{n-1}, r_{n-2}, \ldots, r_2, r_1$ até atingir a etapa em que $r_n =$ mdc(a, b) é expresso como combinação linear de a e b.

Exemplo 2.3. Vamos ver como o Algoritmo de Euclides funciona em um caso concreto para calcular, por exemplo, o mdc(12378, 3054). As aplicações adequadas do Algoritmo da Divisão fornecem as equações

$$12378 = 4 \cdot 3054 + 162$$
$$3054 = 18 \cdot 162 + 138$$
$$162 = 1 \cdot 138 + 24$$
$$138 = 5 \cdot 24 + 18$$
$$24 = 1 \cdot 18 + 6$$
$$18 = 3 \cdot 6 + 0$$

Nossa discussão anterior nos diz que o último resto diferente de zero que aparece nestas equações, ou seja, o inteiro 6, é o máximo divisor comum de 12378 e 3054:

$$6 = \mathrm{mdc}(12378, 3054)$$

Para representar 6 como combinação linear dos inteiros 12378 e 3054, começamos com a última das equações apresentadas e sucessivamente eliminamos os restos 18, 24, 138 e 162:

$$\begin{aligned}
6 &= 24 - 18 \\
&= 24 - (138 - 5 \cdot 24) \\
&= 6 \cdot 24 - 138 \\
&= 6(162 - 138) - 138 \\
&= 6 \cdot 162 - 7 \cdot 138 \\
&= 6 \cdot 162 - 7(3054 - 18 \cdot 162) \\
&= 132 \cdot 162 - 7 \cdot 3054 \\
&= 132(12378 - 4 \cdot 3054) - 7 \cdot 3054 \\
&= 132 \cdot 12378 + (-535)3054
\end{aligned}$$

Então, temos

$$6 = \mathrm{mdc}(12378, 3054) = 12378x + 3054y$$

em que $x = 132$ e $y = -535$. Note que esta não é a única maneira de expressarmos o inteiro 6 como combinação linear de 12378 e 3054; entre outras possibilidades, poderíamos adicionar e subtrair $3054 \cdot 12378$ para obter

$$\begin{aligned}
6 &= (132 + 3054)12378 + (-535 - 12378)3054 \\
&= 3186 \cdot 12378 + (-12913)3054
\end{aligned}$$

O matemático francês Gabriel Lamé (1795–1870) provou que o número de passos necessários no Algoritmo de Euclides é no máximo cinco vezes o número de dígitos do menor número. No Exemplo 2.3, o menor inteiro (ou seja, 3054) tem quatro dígitos, logo o número total de divisões não pode ser maior que 20; na realidade apenas seis divisões foram necessárias. Outra observação interessante é que para cada $n > 0$, é possível encontrar inteiros a_n e b_n tais que são necessários exatamente n divisões para calcular $\mathrm{mdc}(a_n, b_n)$ pelo Algoritmo de Euclides. Provaremos este fato no Capítulo 14.

É necessária mais uma observação. O número de passos do Algoritmo de Euclides geralmente é reduzido selecionando-se restos r_{k+1} tais que $|r_{k+1}| < r_k / 2$, isto é, trabalhando-se com os restos de menor valor absoluto nas divisões. Assim, repetindo o Exemplo 2.3, é mais eficaz escrever

$$\begin{aligned}
12378 &= 4 \cdot 3054 + 162 \\
3054 &= 19 \cdot 162 - 24 \\
162 &= 7 \cdot 24 - 6 \\
24 &= (-4)(-6) + 0
\end{aligned}$$

Como mostrado por esse conjunto de equações, este esquema fornece o oposto do máximo divisor comum dos dois inteiros (o último resto diferente de zero é -6), em vez do próprio máximo divisor comum.

Uma importante consequência do Algoritmo de Euclides é o teorema a seguir.

Teorema 2.7. Se $k > 0$, então $\mathrm{mdc}(ka, kb) = k\,\mathrm{mdc}(a, b)$.

Demonstração. Se cada uma das equações obtidas no Algoritmo de Euclides para a e b (veja página 28) for multiplicada por k, obtemos

$$ak = q_1(bk) + r_1k \qquad 0 < r_1k < bk$$
$$bk = q_2(r_1k) + r_2k \qquad 0 < r_2k < r_1k$$
$$\vdots$$
$$r_{n-2}k = q_n(r_{n-1}k) + r_nk \qquad 0 < r_nk < r_{n-1}k$$
$$r_{n-1}k = q_{n+1}(r_nk) + 0$$

Mas este é claramente o Algoritmo de Euclides aplicado para os inteiros ak e bk, logo o máximo divisor comum deles é o último resto diferente de zero r_nk; ou seja,

$$\text{mdc}(ka, kb) = r_nk = k\,\text{mdc}(a, b)$$

como enunciado no teorema.

Corolário. Para todo inteiro $k \neq 0$, mdc(ka, kb) = $|k|$ mdc(a, b).

Demonstração. É suficiente considerar o caso em que $k < 0$. Então $-k = |k| > 0$ e, pelo Teorema 2.7,

$$\begin{aligned}\text{mdc}(ak, bk) &= \gcd(-ak, -bk)\\ &= \gcd(a\,|k|, b\,|k|)\\ &= |k|\gcd(a, b)\end{aligned}$$

Uma demonstração alternativa para o Teorema 2.7 pode ser feita rapidamente como segue: o mdc(ka, kb) é o menor inteiro positivo da forma $(ak)x + (bk)y$, o que, por sua vez, é igual a k vezes o menor inteiro positivo da forma $ax + by$; ou seja, é igual a k mdc(a, b).

Para ilustrarmos o Teorema 2.7, vemos que

$$\text{mdc}(12, 30) = 3\,\text{mdc}(4, 10) = 3 \cdot 2\,\text{mdc}(2, 5) = 6 \cdot 1 = 6$$

Há um conceito paralelo ao máximo divisor comum de dois inteiros, conhecido como mínimo múltiplo comum; mas nós não teremos muita oportunidade de fazer uso dele. Um inteiro c é dito um *múltiplo comum* de dois inteiros diferentes de zero a e b quando $a\mid c$ e $b\mid c$. Evidentemente, zero é um múltiplo comum de a e b. Para ver que existem múltiplos comuns que não são triviais, observe apenas que o produto ab e $-(ab)$ são múltiplos comuns de a e b, e um deles é positivo. Pelo Princípio da Boa Ordenação, o conjunto dos múltiplos comuns de a e b deve conter um menor inteiro; ele é chamado o mínimo múltiplo comum de a e b.

Para constar, aqui está a definição oficial.

Definição 2.4. O *mínimo múltiplo comum* de dois inteiros diferentes de zero a e b, denotado por mmc(a, b), é o inteiro positivo m que satisfaz às seguintes condições:

(a) $a\mid m$ e $b\mid m$.
(b) Se $a\mid c$ e $b\mid c$, com $c > 0$, então $m \leq c$.

Como exemplo, os múltiplos comuns positivos dos inteiros -12 e 30 são $60, 120, 180,\ldots$; logo mmc($-12, 30$) = 60.

Resulta de nossa discussão a observação de que dados inteiros a e b diferentes de zero, o mmc(a, b) sempre existe e mmc(a, b) $\leq |ab|$.

Falta-nos uma relação entre o máximo divisor comum e o mínimo divisor comum. Esta lacuna é preenchida pelo Teorema 2.8.

Teorema 2.8. Para inteiros positivos a e b

$$\text{mdc}(a, b)\text{mmc}(a, b) = ab$$

Demonstração. Para começar, faça $d = \text{mdc}(a, b)$ e escreva $a = dr$ e $b = ds$ para inteiros r e s. Se $m = ab / d$, então $m = as = rb$, o que torna m um múltiplo positivo de a e b.

Agora seja c um inteiro positivo qualquer que é um múltiplo positivo de a e b, ou seja, por definição, $c = au = bv$. Como sabemos, existem inteiros x e y que satisfazem $d = ax + by$. Consequentemente,

$$\frac{c}{m} = \frac{cd}{ab} = \frac{c(ax+by)}{ab} = \left(\frac{c}{b}\right)x + \left(\frac{c}{a}\right)y = vx + uy$$

Esta equação afirma que $m \mid c$, levando-nos a concluir que $m \leq c$. Logo, de acordo com a Definição 2.4, $m = \text{mmc}(a, b)$; ou seja

$$\text{mmc}(a, b) = \frac{ab}{d} = \frac{ab}{\text{mdc}(a, b)}$$

que é o que nós começamos a demonstrar.

O Teorema 2.8 tem um corolário que vale ser enunciado separadamente.

Corolário. Para quaisquer inteiros positivo a e b, $\text{mmc}(a, b) = ab$ se e somente se $\text{mdc}(a, b) = 1$.

Talvez a principal vantagem do Teorema 2.8 é que ele torna o cálculo do mínimo múltiplo comum de dois inteiros dependente apenas de seu máximo divisor comum, que, por sua vez, pode ser calculado pelo Algoritmo de Euclides. Quando consideramos os inteiros positivos 3054 e 12378, por exemplo, encontramos que $\text{mdc}(3054, 12378) = 6$; logo

$$\text{mmc}(3054, 12378) = \frac{3054 \cdot 12378}{6} = 6300402$$

Antes de seguirmos para outras questões, vamos observar que a noção de máximo divisor comum pode ser estendida para mais de dois inteiros obviamente. No caso de três inteiros a, b, c, nem todos nulos, o $\text{mdc}(a, b, c)$ é definido como o inteiro positivo d que tem as seguintes propriedades:

(a) d é um divisor de a, b, c.
(b) Se e divide os inteiros a, b, c então $e \leq d$.

Citamos dois exemplos:

$$\text{mdc}(39, 42, 54) = 3 \quad \text{e} \quad \text{mdc}(49, 210, 350) = 7$$

Alertamos o leitor de que é possível que três números inteiros sejam primos relativos (em outras palavras, $\text{mdc}(a, b, c) = 1$), ainda que não o sejam quando tomados dois a dois; isto pode ser evidenciado pelos inteiros 6, 10 e 15.

PROBLEMAS 2.4

1. Encontre $\text{mdc}(143, 227)$, $\text{mdc}(306, 657)$, e $\text{mdc}(272, 1479)$.
2. Use o Algoritmo de Euclides para obter inteiros x e y que satisfaçam o que se segue:
   (a) $\text{mdc}(56, 72) = 56x + 72y$.

(b) mdc(24, 138) = 24x + 138y.

(c) mdc(119, 272) = 119x + 272y.

(d) mdc(1769, 2378) = 1769x + 2378y.

3. Prove que se d é um divisor comum de a e b, então $d = \text{mdc}(a, b)$ se e somente se mdc(a/d, b/d) = 1.

[*Sugestão*: Use o Teorema 2.7.]

4. Sendo mdc(a, b) = 1, prove o que segue:

(a) mdc($a + b, a - b$) = 1 ou 2.

[*Sugestão*: Considere $d = \text{mdc}(a + b, a - b)$ e mostre que $d \mid 2a$, $d \mid 2b$, e consequentemente $d \leq \text{mdc}(2a, 2b) = 2\,\text{mdc}(a, b)$.]

(b) mdc($2a + b, a + 2b$) = 1 ou 3.

(c) mdc($a + b, a^2 + b^2$) = 1 ou 2.

[*Sugestão*: $a^2 + b^2 = (a + b)(a - b) + 2b^2$.]

(d) mdc($a + b, a^2 - ab + b^2$) = 1 ou 3.

[*Sugestão*: $a^2 - ab + b^2 = (a + b)^2 - 3ab$.]

5. Para $n \geq 1$, e inteiros positivos a e b, mostre que:

(a) Se mdc(a, b) = 1, então mdc(a^n, b^n) = 1.

[*Sugestão*: Veja o problema 20(a), Seção 2.2.]

(b) A relação $a^n \mid b^n$ implica que $a \mid b$.

[*Sugestão*: Faça $d = \text{mdc}(a, b)$ e escreva $a = rd$, $b = sd$, em que mdc(r, s) = 1. Pelo item (a), mdc(r^n, s^n) = 1. Mostre que $r = 1$, daí $a = d$.]

6. Prove que se mdc(a, b) = 1, então mdc($a + b, ab$) = 1.

7. Para inteiros a e b diferentes de zero, verifique que as seguintes condições são equivalentes:

(a) $a \mid b$.

(b) mdc(a, b) = $|a|$.

(c) mmc(a, b) = $|b|$.

8. Encontre mmc(143, 227), mmc(306, 657), e mmc(272, 1479).

9. Mostre que o maior divisor comum de dois inteiros positivos divide seu mínimo múltiplo comum.

10. Dados inteiros a e b diferentes de zero, verifique os seguintes fatos concernentes ao mmc(a, b):

(a) mdc(a, b) = mmc(a, b) se e somente se $a = \pm b$.

(a) Se $k > 0$, então mmc(ka, kb) = k mmc(a, b).

(a) Se m é um múltiplo comum de a e b, então mmc(a, b) $\mid m$.

[*Sugestão*: Faça $t = \text{mmc}(a, b)$ e use o Algoritmo da Divisão para escrever $m = qt + r$, em que $0 \leq r < t$. Mostre que r é um múltiplo comum de a e b.]

11. Sejam a, b, c inteiros tais que, pelo menos dois deles são diferentes de zero, e $d = \text{mdc}(a, b, c)$. Mostre que

$$d = \text{mdc}(\text{mdc}(a, b), c) = \text{mdc}(a, \text{mdc}(b, c)) = \text{mdc}(\text{mdc}(a, c), b)$$

12. Encontre inteiros x, y e z que satisfaçam

$$\text{mdc}(198, 288, 512) = 198x + 288y + 512z$$

[*Sugestão*: Faça $d = \text{mdc}(198, 288)$. Como mdc(198, 288, 512) = mdc(d, 512), encontre primeiro os inteiros u e v tais que mdc(d, 512) = $du + 512v$.]

2.5 A EQUAÇÃO DIOFANTINA $ax + by = c$

Agora vamos mudar um pouco o foco e nos dedicar ao estudo das equações Diofantinas. O nome de honra é o do matemático Diofanto, que iniciou o estudo de tais equações. Praticamente nada é conhecido sobre Diofanto, salvo que ele viveu em Alexandria por volta de 250 d.C. A única prova positiva quanto à data de suas atividades é que o bispo de Laodiceia, que começou seu episcopado em 270, dedicou um livro sobre cálculo egípcio para seu amigo Diofanto. Embora o trabalho de Diofanto tenha sido escrito em grego e ele tenha mostrado a genialidade grega para a abstração teórica, ele era mais provavelmente da Babilônia Helenística. Os únicos dados pessoais que temos de sua carreira vêm da redação de um problema-epigrama (aparentemente datando do século IV): sua infância durou 1/6 da sua vida; sua barba cresceu após 1/12; depois de 1/7 ele se casou, e seu filho nasceu 5 anos mais tarde; o filho viveu a metade da idade de seu pai e o pai morreu 4 anos depois do filho. Se x foi a idade com que Diofanto morreu, estes dados nos levam à seguinte equação:

$$\frac{1}{6}x + \frac{1}{12}x + \frac{1}{7}x + 5 + \frac{1}{2}x + 4 = x$$

com solução $x = 84$. Então, ele deve ter chegado aos 84 anos, mas em qual ano ou mesmo em qual século não há certeza.

A grande obra sobre a qual a reputação de Diofanto repousa é sua *Arithmetica*, que pode ser descrita como o mais antigo tratado sobre álgebra. É na *Arithmetica* que encontramos o primeiro uso sistemático da notação matemática, embora os símbolos empregados fossem abreviações das palavras em vez de símbolos algébricos no sentido que empregamos hoje. Símbolos especiais são introduzidos para representar conceitos que ocorrem com frequência, tais como valores desconhecidos em uma equação e as diferentes potências de um valor desconhecido até a sexta; Diofanto também tinha um símbolo para expressar a subtração, e outro para igualdade.

A parte da *Arithmetica* que chegou até nós, consiste em cerca de 200 problemas, os quais podemos agora expressar como equações, juntamente com suas soluções desenvolvidas para números específicos. Uma atenção considerável foi dada a problemas que envolvem cubos e quadrados. Mesmo para os problemas com infinitas soluções, Diofanto se contentava em encontrar apenas uma. Frequentemente as soluções eram dadas com números racionais positivos, algumas vezes admitindo inteiros positivos; naquela época não havia a noção de número negativo como ente matemático.

Embora a *Arithmetica* não se enquadre nos domínios da Teoria dos Números, a qual envolve propriedades dos inteiros, ela deu um grande impulso ao posterior desenvolvimento europeu do assunto. Em meados do século XVII, o matemático francês Pierre de Fermat adquiriu uma tradução latina dos livros redescobertos do tratado de Diofanto. Fermat embarcou em um estudo cuidadoso de suas técnicas de solução, à procura de soluções inteiras para substituir as racionais de Diofanto e abrindo novos caminhos que a *Arithmetica* apenas sugeriu. Como exemplo, um problema propunha encontrar quatro números tais que o produto de quaisquer dois, aumentado de 1, fosse quadrado. O método de Diofanto o conduziu ao conjunto $\frac{1}{16}, \frac{33}{16}, \frac{68}{16}, \frac{105}{16}$; mas Fermat obteve os quatro inteiros positivos 1, 3, 8, 120. (Outro conjunto é 3, 8, 21, 2081.)

A *Arithmetica* tornou-se um tesouro para os teóricos dos números posteriores. Através dos anos, os matemáticos foram intrigados por esses problemas, ampliando e generalizando-os de uma forma ou de outra. Considere-se, por exemplo, o problema de Diofanto de encontrar três números tais que o produto de quaisquer dois, aumentado da soma dos mesmos dois números, seja um quadrado. No século XVIII, Leonhard Euler abordou o mesmo problema com quatro números, e, recentemente, um conjunto de cinco números com a propriedade indicada foi encontrado. Até hoje a *Arithmetica* continua a ser uma fonte de inspiração para os teóricos dos números.

É comum se aplicar o termo *equação Diofantina* a toda equação em uma ou mais incógnitas que deve ser resolvida nos números inteiros. O tipo mais simples de equação Diofantina que devemos considerar é a equação Diofantina linear em duas incógnitas:

$$ax + by = c$$

em que a, b, c são inteiros dados e a, b não são ambos zero. Uma solução dessa equação é um par de inteiros x_0, y_0 que, quando substituído na equação, satisfaça-a, ou seja, $ax_0 + by_0 = c$. Curiosamente, a equação linear não aparece nas obras existentes de Diofanto (a teoria necessária para a sua solução deve ser encontrada nos *Elementos* de Euclides), possivelmente porque ele a via como trivial; a maioria de seus problemas lida com encontrar quadrados ou cubos com certas propriedades.

Uma dada equação linear Diofantina pode ter mais de uma solução, como é o caso de $3x + 6y = 18$, em que

$$3 \cdot 4 + 6 \cdot 1 = 18$$
$$3(-6) + 6 \cdot 6 = 18$$
$$3 \cdot 10 + 6(-2) = 18$$

Por outro lado, não há solução para a equação $2x + 10y = 17$. De fato, o lado esquerdo é um inteiro par qualquer que seja a escolha de x e y, enquanto o lado direito não é. Diante disso, é razoável indagar sobre as circunstâncias em que uma solução é possível e, quando existe solução, se podemos determinar todas as soluções de forma explícita.

A condição para que haja solução é fácil de compreender: A equação linear Diofantina $ax + by = c$ admite solução, se e somente se $d \mid c$, em que $d = \text{mdc}(a, b)$. Sabemos que existem inteiros r e s para os quais $a = dr$ e $b = ds$. Se uma solução de $ax + by = c$ existe de modo que $ax_0 + by_0 = c$ para x_0 e y_0 apropriados, então

$$c = ax_0 + by_0 = drx_0 + dsy_0 = d(rx_0 + sy_0)$$

o que simplesmente diz que $d \mid c$. Por outro lado, suponha que $d \mid c$, isto é, $c = dt$. Pelo Teorema 2.3, inteiros x_0 e y_0 que satisfaçam $d = ax_0 + by_0$ podem ser encontrados. Quando esta relação é multiplicada por t, obtemos

$$c = dt = (ax_0 + by_0)t = a(tx_0) + b(ty_0)$$

Assim a equação Diofantina $ax + by = c$ tem $x = tx_0$ e $y = ty_0$ como uma solução particular. Isto prova parte de nosso próximo teorema.

Teorema 2.9. A equação Diofantina linear $ax + by = c$ tem solução se e somente se $d \mid c$, em que $d = \text{mdc}(a, b)$. Se x_0, y_0 é uma solução particular desta equação, então todas as outras soluções são dadas por

$$x = x_0 + \left(\frac{b}{d}\right)t \qquad y = y_0 - \left(\frac{a}{d}\right)t$$

em que t é um inteiro qualquer.

Demonstração: Para verificarmos a segunda parte do teorema, vamos supor que a solução x_0, y_0 da equação dada é conhecida. Se x', y' é outra solução, então

$$ax_0 + by_0 = c = ax' + by'$$

o que é equivalente a

$$a(x' - x_0) = b(y_0 - y')$$

Pelo corolário do Teorema 2.4, existem primos relativos r e s tais que $a = dr$ e $b = ds$. Substituindo estes valores na última equação escrita e cancelando o fator comum d, encontramos

$$r(x' - x_0) = s(y_0 - y')$$

A situação agora é: $r \mid s(y_0 - y')$, com mdc$(r, s) = 1$. Usando o lema de Euclides, este é o caso em que $r \mid (y_0 - y')$; ou, em outras palavras, $y_0 - y' = rt$ para algum inteiro t. Substituindo, obtemos

$$x' - x_0 = st$$

Isto nos leva às fórmulas

$$x' = x_0 + st = x_0 + \left(\frac{b}{d}\right)t$$
$$y' = y_0 - rt = y_0 - \left(\frac{a}{d}\right)t$$

É fácil ver que estes valores satisfazem a equação Diofantina, independentemente da escolha do inteiro t; em

$$ax' + by' = a\left[x_0 + \left(\frac{b}{d}\right)t\right] + b\left[y_0 - \left(\frac{a}{d}\right)t\right]$$
$$= (ax_0 + by_0) + \left(\frac{ab}{d} - \frac{ab}{d}\right)t$$
$$= c + 0 \cdot t$$
$$= c$$

Assim, há um número infinito de soluções para a equação dada, uma para cada valor de t.

Exemplo 2.4. Considere a equação Diofantina linear

$$172x + 20y = 1000$$

Aplicando o Algoritmo de Euclides para o cálculo do mdc(172, 20), encontramos que

$$172 = 8 \cdot 20 + 12$$
$$20 = 1 \cdot 12 + 8$$
$$12 = 1 \cdot 8 + 4$$
$$8 = 2 \cdot 4$$

logo mdc(172, 20) = 4. Como 4 | 1000, a equação possui solução. Para escrever o inteiro 4 como combinação linear de 172 e 20, voltamos nos cálculos anteriores, como segue:

$$4 = 12 - 8$$
$$= 12 - (20 - 12)$$
$$= 2 \cdot 12 - 20$$
$$= 2(172 - 8 \cdot 20) - 20$$
$$= 2 \cdot 172 + (-17)20$$

Após multiplicarmos esta relação por 250, chegamos a

$$1000 = 250 \cdot 4 = 250[2 \cdot 172 + (-17)20]$$
$$= 500 \cdot 172 + (-4250)20$$

consequentemente $x = 500$ e $y = -4250$ é uma solução para a equação Diofantina em questão. Todas as outras soluções são expressas por

$$x = 500 + (20/4)t = 500 + 5t$$
$$y = -4250 - (172/4)t = -4250 - 43t$$

para todo inteiro t.

Um esforço maior fornece as soluções inteiras positivas, se elas existirem. Para isso, t deve ser escolhido de modo que satisfaça simultaneamente as desigualdades

$$5t + 500 > 0 \qquad -43t - 4250 > 0$$

ou, o que equivale a

$$-98\frac{36}{43} > t > -100$$

Como t deve ser inteiro, somos levados a concluir que $t = -99$. Assim, nossa equação Diofantina tem uma única solução positiva $x = 5$, $y = 7$, correspondente ao valor $t = -99$.

É útil recordar a forma que o Teorema 2.9 toma quando os coeficientes são inteiros primos relativos.

Corolário. Se mdc$(a, b) = 1$ e se x_0, y_0 é uma solução particular da equação Diofantina $ax + by = c$, então todas as soluções são dadas por

$$x = x_0 + bt \qquad y = y_0 - at$$

para valores inteiros de t.

Aqui está um exemplo. A equação $5x + 22y = 18$ tem $x_0 = 8$ e $y_0 = -1$ como uma solução; pelo corolário, a solução completa é dada por $x = 8 + 22t$ e $y = -1 - 5t$ para todo t.

As equações Diofantinas frequentemente surgem na resolução de certos tipos de problemas tradicionais, como mostra o Exemplo 2.5.

Exemplo 2.5. Um freguês comprou uma dúzia de frutas, entre maçãs e laranjas, por \$1,32. Se uma maçã custa 3 centavos a mais do que uma laranja e foram compradas mais maçãs do que laranjas, quantas frutas de cada tipo foram compradas?

Para modelar este problema com uma equação Diofantina, seja x o número de maçãs e y o número de laranjas compradas; além disso, seja z o custo (em centavos) de uma laranja. Então as condições do problema conduzem a

$$(z + 3)x + zy = 132$$

ou de modo equivalente

$$3x + (x + y)z = 132$$

Como $x + y = 12$, a equação anterior pode ser substituída por

$$3x + 12z = 132$$

que, por sua vez, pode ser simplificada para $x + 4z = 44$.

Essencialmente, o objetivo é encontrar x e z que satisfaçam a equação Diofantina

$$x + 4z = 44 \tag{1}$$

Uma vez que mdc$(1, 4) = 1$ é um divisor de 44, existe uma solução para esta equação. Multiplicando a igualdade $1 = 1(-3) + 4 \cdot 1$ por 44, obtemos

$$44 = 1(-132) + 4 \cdot 44$$

segue que $x_0 = -132$ e $z_0 = 44$ é uma solução. Todas as outras soluções da Eq. (1) são da forma

$$x = -132 + 4t \qquad z = 44 - t$$

em que t é um inteiro.

Nem todas as escolhas para t fornecem a solução do problema original. Apenas valores de t que garantam $12 \geq x > 6$ podem ser considerados. Isto requer a obtenção daqueles valores de t tais que

$$12 \geq -132 + 4t > 6$$

Agora $12 \geq -132 + 4t$ implica $t \leq 36$, enquanto $-132 + 4t > 6$ dá $t \geq 34\frac{1}{2}$. Os únicos valores inteiros que satisfazem as duas desigualdades são $t = 35$ e $t = 36$. Então há duas compras possíveis: uma dúzia de maçãs custando 11 centavos cada uma (o caso em que $t = 36$), ou 8 maçãs a 12 centavos cada e 4 laranjas a 9 centavos cada (o caso em que $t = 35$).

Problemas lineares indeterminados como estes têm uma longa história, que ocorre desde o 1º século na literatura matemática chinesa. Devido à falta de simbolismo algébrico, eles muitas vezes apareceram na forma retórica ou de enigmas.

Os conteúdos do *Clássico Aritmético*, de Chang Ch' iu-chien (século VI), atestam as habilidades algébricas dos estudiosos chineses. Este tratado elaborado contém um dos problemas mais famosos em equações indeterminadas, transmitido a outras sociedades — o problema das "cem aves". O problema indaga:

Se um galo vale 5 moedas, uma galinha 3 moedas, e três pintinhos juntos uma moeda, quantos galos, galinhas e pintinhos, no total de 100 aves, podem ser comprados por 100 moedas?

Na linguagem algébrica, o problema pode ser escrito (se x é o número de galos, y o número de galinhas, z o número de pintinhos):

$$5x + 3y + \frac{1}{3}z = 100 \qquad x + y + z = 100$$

Eliminando uma das incógnitas, ficamos com uma equação Diofantina de duas incógnitas. Especificamente, como a quantidade $z = 100 - x - y$, temos $5x + 3y + \frac{1}{3}(100 - x - y) = 100$, ou

$$7x + 4y = 100$$

Esta equação tem a solução geral $x = 4t$, $y = 25 - 7t$, e, consequentemente, $z = 75 + 3t$, em que t é um inteiro qualquer. Chang deu as seguintes respostas:

$$x = 4 \qquad y = 18 \qquad z = 78$$
$$x = 8 \qquad y = 11 \qquad z = 81$$
$$x = 12 \qquad y = 4 \qquad z = 84$$

Com um pouco mais de esforço, chegamos a todas as soluções nos inteiros positivos. Para isso, t deve ser escolhido para satisfazer as inequações

$$4t > 0 \qquad 25 - 7t > 0 \qquad 75 + 3t > 0$$

As duas últimas destas são equivalentes à condição $-25 < t < 3\frac{4}{7}$. Como t deve ter valor positivo, concluímos que $t = 1, 2, 3$, conduzindo aos valores obtidos por Chang.

PROBLEMAS 2.5

1. Quais das equações Diofantinas a seguir não possuem solução?
   (a) $6x + 51y = 22$.
   (b) $33x + 14y = 115$.
   (c) $14x + 35y = 93$.

2. Determine todas as soluções inteiras das seguintes equações Diofantinas:
   (a) $56x + 72y = 40$.
   (b) $24x + 138y = 18$.
   (c) $221x + 35y = 11$.

3. Determine todas as soluções inteiras e positivas das seguintes equações Diofantinas:
   (a) $18x + 5y = 48$.
   (b) $54x + 21y = 906$.
   (c) $123x + 360y = 99$.
   (d) $158x - 57y = 7$.

4. Se a e b são inteiros positivos primos entre si, prove que a equação diofantina $ax - by = c$ possui infinitas soluções inteiras positivas.

   [*Sugestão*: Existem inteiros x_0 e y_0 tais que $ax_0 + by_0 = c$. Para todo inteiro t, maior que $|x_0|/b$ e $|y_0|/a$, uma solução da equação dada é $x = x_0 + bt, y = -(y_0 - at)$.]

5. (a) Um homem possui $4,55 composto apenas por moedas de 10 e 25 centavos. Quais são o maior e o menor número de moedas que ele pode ter? É possível o número de moedas de 10 centavos ser igual ao número de moedas de 25 centavos?

   (b) Um teatro cobra $1,80 pelo ingresso de um adulto e $0,75 por criança. Em uma determinada noite foram arrecadados $90. Admitindo que o número de adultos foi maior que o de crianças, quantas pessoas compareceram?

   (c) Certas quantidades de seis e noves são adicionadas para dar um total de 126; se as quantidades de seis e noves forem invertidas, a nova soma é 114. Quantos de cada havia inicialmente?

6. Um fazendeiro adquiriu 100 cabeças de gado ao custo total de $4000. Os preços foram: bezerros, $120 cada; cordeiros, $50 cada; leitão, $25 cada. Se o fazendeiro obteve ao menos um animal de cada tipo, quantos de cada ele comprou?

7. Quando o sr. Smith descontou um cheque em seu banco, o caixa confundiu o número de centavos com o número de dólares e vice-versa. Sem saber disso, o sr. Smith gastou 68 centavos e, em seguida, para sua surpresa, percebeu que ele tinha o dobro do montante do cheque original. Determine o menor valor com o qual o cheque poderia ter sido preenchido.

   [*Sugestão*: Se x é o número de dólares e y é o número de centavos do cheque, então $100y + x - 68 = 2(100x + y)$.]

8. Resolva cada um dos problemas-enigma a seguir:

   (a) Alcuin de York, 775. 100 sacas de grãos são distribuídas entre 100 pessoas de modo que cada homem recebe 3 sacas, cada mulher 2 sacas, e cada criança ½ saca. Quantos homens, mulheres e crianças há?

   (b) Mahaviracarya, 850. Havia 63 pencas de banana iguais junto a 7 bananas. Elas foram divididas igualmente entre 23 viajantes. Qual é o número de bananas em cada penca?

   [*Sugestão*: Considere a equação diofantina $63x + 7 = 23y$.]

(c) Yen Kung, 1372. Temos um número desconhecido de moedas. Se você fizer fileiras com 77 moedas em cada, sobrará uma fileira mais curta com 50 moedas; mas se você fizer fileiras com 78 moedas, não restará nada. Quantas moedas temos?

[*Sugestão*: Se N é o número de moedas, então $N = 77x + 27 = 78y$ para inteiros x e y.]

(d) Christoff Rudolff, 1526. Encontre o número de homens, mulheres e crianças em um grupo de 20 pessoas se juntas elas pagam 20 moedas, cada homem pagando 3, cada mulher 2, e cada criança ½.

(e) Euler, 1770. Divida 100 em duas parcelas tais que uma seja divisível por 7 e a outra por 11.

CAPÍTULO 3

PRIMOS E SUA DISTRIBUIÇÃO

Poderosos são os números, tornaram-se uma arte irresistível.
Eurípedes

3.1 O TEOREMA FUNDAMENTAL DA ARITMÉTICA

Essencial para tudo que se discute aqui — na verdade, essencial para todos os aspectos da teoria dos números — é a noção de número primo. Observamos previamente que qualquer inteiro $a > 1$ é divisível por ± 1 e $\pm a$; se estes são todos os divisores de a, então dizemos que a é um número primo. Na Definição 3.1 afirmamos isto de uma maneira um pouco diferente.

Definição 3.1. Um número inteiro $p > 1$ é chamado de *número primo*, ou, simplesmente *primo*, se seus únicos divisores positivos são 1 e p. Um número inteiro maior do que 1 que não é um número primo é denominado *composto*.

Entre os 10 primeiros números inteiros positivos, 2, 3, 5, 7 são primos e 4, 6, 8, 9, 10 são números compostos. Note que o número inteiro 2 é o único primo par, e de acordo com a nossa definição, o inteiro 1 desempenha um papel especial, não sendo nem primo nem composto.

No restante deste livro, as letras p e q serão reservadas, sempre que possível, para primos.

A Proposição 14 do Livro IX dos *Elementos* de Euclides incorpora o resultado que mais tarde se tornou conhecido como o Teorema Fundamental da Aritmética, ou seja, que cada número inteiro maior que 1 pode, exceto pela ordem dos fatores, ser representado como um produto de números primos de uma e somente uma maneira. Para citar a própria proposição: "Se um número for o menor que é medido por números primos, ele não vai ser medido por nenhum outro número exceto por aqueles que originalmente o mediram." Como cada número $a > 1$ ou é um primo ou, pelo Teorema Fundamental, pode ser decomposto em fatores primos de maneira única, os primos servem como blocos de construção com os quais todos os outros números inteiros podem ser obtidos. Assim, os números primos têm intrigado os matemáticos através dos tempos, e apesar de uma série de teoremas notáveis relativos à sua distribuição na sequência dos inteiros positivos ter sido provada, ainda mais notável é o que permanece sem demonstração. As questões abertas podem ser contadas entre os problemas notáveis não resolvidos em toda a matemática.

Para começar com uma nota simples, observamos que o primo 3 divide o inteiro 36, e 36 pode ser escrito como qualquer um dos produtos

$$6 \cdot 6 = 9 \cdot 4 = 12 \cdot 3 = 18 \cdot 2$$

Em cada caso, 3 divide, pelo menos, um dos fatores envolvidos no produto. Isto pode ser generalizado, o enunciado preciso segue no Teorema 3.1.

Teorema 3.1. Se p é um número primo e $p \mid ab$, então $p \mid a$ ou $p \mid b$.

Demonstração. Se $p \mid a$, então não há o que provar, por isso, vamos supor que $p \nmid a$. Como os únicos divisores positivos de p são 1 e o próprio p, segue que $\mathrm{mdc}(p, a) = 1$. (Em geral, $\mathrm{mdc}(p, a) = p$ ou $\mathrm{mdc}(p, a) = 1$ de acordo com $p \mid a$ ou $p \nmid a$.) Assim, citando o lema de Euclides, obtemos $p \mid b$.

Este teorema facilmente se estende aos produtos de mais de dois termos.

Corolário 1. Se p é primo e $p \mid a_1 a_2 \ldots a_n$, então $p \mid a_k$ para algum k, em que $1 \leq k \leq n$.

Demonstração. Provamos por indução sobre n, o número de fatores. Quando $n = 1$, a conclusão é óbvia e quando $n = 2$, o resultado é o conteúdo do Teorema 3.1. Suponhamos, como hipótese de indução, que $n > 2$, e que quando p divide um produto de menos de n fatores, ele divide, pelo menos, um dos fatores. Assim $p \mid a_1 a_2 \ldots a_n$. Do Teorema 3.1, ou $p \mid a_n$ ou $p \mid a_1 a_2 \ldots a_{n-1}$. Se $p \mid a_n$, então a demonstração está encerrada. Relativamente ao caso em que $p \mid a_1 a_2 \ldots a_{n-1}$, a hipótese de indução assegura que $p \mid a_k$ para algum k, com $1 \leq k \leq n - 1$. Em todo caso, p divide um dos inteiros $a_1, a_2, \ldots, a_n$.

Corolário 2. Se $p, q_1, q_2, \ldots, q_n$ são todos primos e $p \mid q_1 q_2 \ldots q_n$, então $p = q_k$ para algum k, em que $1 \leq k \leq n$.

Demonstração. Do Corolário 1, sabemos que $p \mid a_k$ para algum k, com $1 \leq k \leq n$. Sendo um número primo, q_k não é divisível por nenhum outro número inteiro positivo que não seja 1 ou ele próprio. Como $p > 1$, somos forçados a concluir que $p = q_k$.

Com esta preparação por fora, chegamos a um dos pilares do nosso desenvolvimento, o Teorema Fundamental da Aritmética. Como indicado anteriormente, este teorema afirma que todo número inteiro maior que 1 pode ser decomposto em fatores primos de essencialmente uma maneira; a ambiguidade linguística *essencialmente* significa que $2 \cdot 3 \cdot 2$ não é considerada uma decomposição para o 12 diferente de $2 \cdot 2 \cdot 3$. Afirmamos isto precisamente no Teorema 3.2.

Teorema 3.2. Teorema Fundamental da Aritmética. Todo inteiro positivo $n > 1$ ou é um número primo ou é um produto de números primos; esta representação é única, fora a ordem na qual os fatores ocorrem.

Demonstração. Ou n é primo ou n é composto. No primeiro caso, não há mais o que provar. Se n é composto, então existe um inteiro d tal que $d \mid n$ e $1 < d < n$. Entre todos os inteiros d, escolha p_1 para ser o menor (isto é possível pelo princípio da Boa Ordenação). Então p_1 deve ser um número primo. Caso contrário, ele teria um divisor q tal que $1 < q < p_1$; mas então $q \mid p_1$ e $p_1 \mid n$ implica que $q \mid n$, o que contradiz a escolha de p_1 como menor divisor positivo de n diferente de 1. Portanto, podemos escrever $n = p_1 n_1$, em que p_1 é um número primo e $1 < n_1 < n$. Se n_1 for primo, então temos nossa representação. Caso contrário, o argumento é repetido para produzir um segundo número primo p_2 tal que $n_1 = p_2 n_2$; ou seja,

$$n = p_1 p_2 n_2 \qquad 1 < n_2 < n_1$$

Se n_2 for primo, então não é necessário ir além. Caso contrário, escreve-se $n_2 = p_3 n_3$, com p_3 um primo:

$$n = p_1 p_2 p_3 n_3 \qquad 1 < n_3 < n_2$$

A sequência decrescente

$$n > n_1 > n_2 > \cdots > 1$$

não pode continuar indefinidamente, de modo que depois de um número finito de etapas n_{k-1} é um primo, chame-o p_k. Isto conduz à decomposição em primos

$$n = p_1 p_2 \cdots p_k$$

Para a segunda parte da demonstração — a unicidade da fatoração em primos — vamos supor que o inteiro n pode ser representado como um produto de primos de dois modos; a saber,

$$n = p_1 p_2 \cdots p_r = q_1 q_2 \cdots q_s \qquad r \leq s$$

em que p_i e q_j são todos primos, escritos em ordem crescente de modo que

$$p_1 \leq p_2 \leq \cdots \leq p_r \qquad q_1 \leq q_2 \leq \cdots \leq q_s$$

Como $p_1 \mid q_1 q_2 \ldots q_s$, o Corolário 2 do Teorema 3.1 nos diz que $p_1 = q_k$ para algum k; mas então $p_1 \geq q_1$. O raciocínio análogo nos fornece $q_1 \geq p_1$, por isso $p_1 = q_1$. Podemos cancelar este fator comum e obter

$$p_2 p_3 \cdots p_r = q_2 q_3 \cdots q_s$$

Agora repetimos o processo para obter $p_2 = q_2$ e, por sua vez,

$$p_3 p_4 \cdots p_r = q_3 q_4 \cdots q_s$$

Continuamos desta forma. Se a desigualdade $r < s$ fosse válida, eventualmente chegaríamos a

$$1 = q_{r+1} q_{r+2} \cdots q_s$$

o que é absurdo, porque cada $q_j > 1$. Assim $r = s$ e

$$p_1 = q_1 \qquad p_2 = q_2, \ldots, p_r = q_r$$

tornando as duas fatorações de n idênticas. A demonstração está agora completa.

Obviamente vários dos números primos que aparecem na fatoração de um iteiro positivo dado podem ser repetidos, como é o caso de $360 = 2 \cdot 2 \cdot 2 \cdot 3 \cdot 3 \cdot 5$. Agrupando os primos e substituindo-os por um único fator, podemos reescrever o Teorema 3.2 como um corolário.

Corolário. Um inteiro positivo $n > 1$ pode ser escrito de maneira única na *forma canônica*

$$n = p_1^{k_1} p_2^{k_2} \cdots p_r^{k_r}$$

em que, para $i = 1, 2, \ldots, r$, cada k_i é um inteiro positivo e cada p_i é um primo, com $p_1 < p_2 < \ldots < p_r$.

Para ilustrar, a forma canônica do inteiro 360 é $360 = 2^3 \cdot 3^2 \cdot 5$. Como exemplos adicionais citamos

$$4725 = 3^3 \cdot 5^2 \cdot 7 \quad \text{e} \quad 17460 = 2^3 \cdot 3^2 \cdot 5 \cdot 7^2$$

As decomposições em fatores primos fornecem outros meios para calcular o máximo divisor comum. Suponha que $p_1, p_2, \ldots, p_n$ sejam primos distintos que dividem ou a ou b. Utilizando expoentes nulos, podemos escrever

$$a = p_1^{k_1} p_2^{k_2} \cdots p_n^{k_n}, \quad b = p_1^{j_1} p_2^{j_2} \cdots p_n^{j_n}$$

então

$$\text{mdc}(a, b) = p_1^{r_1} p_2^{r_2} \cdots p_n^{r_n}$$

em que $r_i = \min(k_i, j_i)$, o menor dos dois expoentes associados a p_i nas duas representações. No caso $a = 4725$ e $b = 17640$, teríamos

$$4725 = 2^0 \cdot 3^3 \cdot 5^2 \cdot 7, \quad 7460 = 2^3 \cdot 3^2 \cdot 5 \cdot 7^2$$

então

$$\text{mdc}(4725, 17460) = 2^0 \cdot 3^2 \cdot 5 \cdot 7 = 315$$

Este é um momento oportuno para introduzir um famoso resultado de Pitágoras. A Matemática como ciência teve início com Pitágoras (569–500 a.C.), e muitos dos conteúdos dos *Elementos* de Euclides se devem a Pitágoras e sua escola. Os pitagóricos merecem o crédito por serem os primeiros a classificar os números em pares e ímpares, primos e compostos.

Teorema 3.3 Pitágoras. O número $\sqrt{2}$ é irracional.

Demonstração. Suponha, contrariamente, que $\sqrt{2}$ seja um número racional, isto é, $\sqrt{2} = a/b$, em que a e b são ambos inteiros com $\text{mdc}(a, b) = 1$. Elevando ao quadrado os dois membros, obtemos $a^2 = 2b^2$, logo $b \mid a^2$. Se $b > 1$, então o Teorema Fundamental da Aritmética garante a existência de um primo p tal que $p \mid b$. Segue que $p \mid a^2$ e, pelo Teorema 3.1, que $p \mid a$; assim, $\text{mdc}(a, b) \geq p$. Chegamos, portanto, a uma contradição, a menos que $b = 1$. Mas se isso acontece, então $a^2 = 2$, o que é impossível (assumimos que o leitor aceita que nenhum número inteiro pode ser multiplicado por si mesmo e dar 2). Nossa suposição de que $\sqrt{2}$ é um número racional é insustentável, e então $\sqrt{2}$ deve ser irracional.

Existe uma variação interessante da demonstração do Teorema 3.3. Se $\sqrt{2} = a/b$ com mdc$(a, b) = 1$, existem inteiros r e s tais que $ar + bs = 1$. Como um resultado,

$$\sqrt{2} = \sqrt{2}(ar + bs) = (\sqrt{2}a)r + (\sqrt{2}b)s = 2br + as$$

Esta representação de $\sqrt{2}$ nos leva a concluir que $\sqrt{2}$ é um inteiro, uma impossibilidade óbvia.

PROBLEMAS 3.1

1. Conjectura-se que existe uma infinidade de números primos da forma $n^2 - 2$. Identifique 5 destes primos.

2. Dê um exemplo para mostrar que a seguinte conjectura não é verdadeira: Todo inteiro positivo pode ser escrito na forma $p + a^2$, em que p ou é um primo ou é igual a 1, e $a \geq 0$.

3. Prove cada uma das afirmativas a seguir:
   (a) Um primo da forma $3n + 1$ é também da forma $6m + 1$.
   (b) Cada inteiro da forma $3n + 2$ tem um fator primo desta forma.
   (c) O único primo da forma $n^3 - 1$ é 7.
   [*Sugestão*: Escreva $n^3 - 1$ como $(n - 1)(n^2 + n + 1)$.]
   (d) O único primo p para o qual $3p + 1$ é um quadrado perfeito é $p = 5$.
   (e) O único primo da forma $n^2 - 4$ é 5.

4. Se $p \geq 5$ é um número primo, mostre que $p^2 + 2$ é composto.
   [*Sugestão*: p assume uma das formas $6k + 1$ ou $6k + 5$.]

5. (a) Dado que p é primo e $p \mid a^n$, prove que $p^n \mid a^n$.
   (b) Se mdc$(a, b) = p$, um primo, quais são os possíveis valores para mdc(a^2, b^2), mdc(a^2, b) e mdc(a^3, b^2)?

6. Prove cada uma das afirmativas:
   (a) Todo inteiro da forma $n^4 + 4$, com $n > 1$, é composto.
   [*Sugestão*: Escreva $n^4 + 4$ como um produto de dois fatores quadráticos.]
   (b) Se $n > 4$ é composto, então n divide $(n - 1)!$.
   (c) Todo inteiro da forma $8^n + 1$, em que $n \geq 1$, é composto.
   [*Sugestão*: $2^n + 1 \mid 2^{3n} + 1$.]
   (d) Todo inteiro $n > 11$ pode ser escrito como a soma de dois números compostos.
   [*Sugestão*: Se n é par, isto é, $n = 2k$, então $n - 6 = 2(k - 3)$; para n ímpar, considere o inteiro $n - 9$.]

7. Encontre todos os números primos que dividem $50!$.

8. Se $p \geq q \geq 5$ e p e q são primos, prove que $24 \mid p^2 - q^2$.

9. (a) Uma questão que ainda não foi respondida é se existe uma infinidade de primos que tenham uma unidade a mais que uma potência de 2, tal como $5 = 2^2 + 1$. Encontre mais dois destes primos.
   (b) Uma conjectura mais geral é que existe uma infinidade de primos da forma $n^2 + 1$; por exemplo, $257 = 16^2 + 1$. Obtenha mais 5 primos deste tipo.

10. Se $p \neq 5$ é um primo ímpar, prove que ou $p^2 - 1$ ou $p^2 + 1$ é divisível por 10.

11. Outra conjectura que ainda não foi demonstrada é que existe uma infinidade de primos que possuem uma unidade a menos que uma potência de 2, tal como $3 = 2^2 - 1$.
    (a) Encontre mais 4 destes primos.

(b) Se $p = 2^k - 1$ é primo, mostre que k é um inteiro ímpar, exceto quando $k = 2$.

[*Sugestão*: $3 \mid 4^n - 1$ para todo $n \geq 1$.]

12. Encontre a decomposição em fatores primos dos inteiros 1234, 10140, e 36000.

13. Se $n > 1$ não é um inteiro da forma $6k + 3$, mostre que $n^2 + 2^n$ é composto.

    [*Sugestão*: Mostre que ou 2 ou 3 divide $n^2 + 2^n$.]

14. Conjectura-se que todo inteiro par pode ser escrito como a diferença de dois primos consecutivos em uma infinidade de maneiras. Por exemplo,

    $$6 = 29 - 23 = 137 - 131 = 599 - 593 = 1019 - 1013 = \cdots$$

    Expresse o inteiro 10 como a diferença de dois primos consecutivos de 15 modos.

15. Prove que um inteiro positivo $a > 1$ é um quadrado se e somente se na forma canônica de a todos os expoentes de primos são inteiros pares.

16. Um inteiro é chamado *livre de quadrados* se não é divisível pelo quadrado de nenhum número inteiro maior que 1. Prove o seguinte:

    (a) Um inteiro $n > 1$ é livre de quadrados se e somente se pode ser decomposto em um produto de primos distintos.

    (b) Todo inteiro $n > 1$ é o produto de um inteiro livre de quadrados e um quadrado perfeito.

    [*Sugestão*: Se $n = p_1^{k_1} p_2^{k_2} \ldots p_s^{k_s}$ é a fatoração canônica de n, então escreva $k_i = 2q_i + r_i$, em que $r_i = 0$ ou 1 de acordo com k_i ser par ou ímpar.]

17. Verifique que um inteiro n pode ser expresso como $n = 2^k m$, em que $k \geq 0$ e m é um inteiro ímpar.

18. Há evidências numéricas de que exite uma infinidade de números primos p tais que $p + 50$ também é primo. Liste 15 destes primos.

19. Um inteiro positivo n é chamado *potência quadrada completa*, ou *número potente*, se $p^2 \mid n$ para todo fator primo p de n (existem 992 potências quadradas menores que 250.000). Se n é uma potência quadrada, mostre que ele pode ser escrito na forma $n = a^2 b^3$, com a e b inteiros positivos.

3.2 O CRIVO DE ERATÓSTENES

Dado um inteiro, como podemos determinar se ele é primo ou composto e, neste último caso, como podemos encontrar um divisor não trivial? A abordagem mais óbvia consiste em dividir sucessivamente o número inteiro em questão por cada um dos seus antecessores; se nenhum deles (exceto 1) for um divisor, então o número inteiro é primo. Embora este método seja muito simples de descrever, não pode ser considerado como útil na prática. Pois mesmo se não nos intimidarmos por grandes cálculos, a quantidade de tempo e trabalho envolvidos podem ser um impeditivo.

Há uma propriedade dos números compostos que nos permite reduzir significativamente os cálculos, mas o processo ainda continua pesado. Se um inteiro $a > 1$ é composto, então ele pode ser escrito como $a = bc$, em que $1 < b < a$ e $1 < c < a$. Supondo que $b \leq c$, obtemos $b^2 \leq bc = a$, e assim $b \leq \sqrt{a}$. Como $b > 1$, o Teorema 3.2 garante que b tem pelo menos um fator primo p. Logo $p \leq b \leq \sqrt{a}$; além disso, como $p \mid b$ e $b \mid a$, segue-se que $p \mid a$. A ideia é simplesmente esta: um número composto a sempre vai possuir um divisor primo p satisfazendo $p \leq \sqrt{a}$.

Para testar a primalidade de um inteiro específico $a > 1$, é, portanto, suficiente dividir a por esses números primos menores ou iguais a $\sqrt{a}$ (presumindo-se, obviamente, a disponibilidade de uma lista de números primos até $\sqrt{a}$). Isto pode ser esclarecido se considerarmos o número inteiro $a = 509$. Na medida em que $22 < \sqrt{509} < 23$, só precisamos testar os primos que são menores do que 22 como possíveis divisores, ou seja, os números primos 2, 3, 5, 7, 11, 13, 17, 19. Dividindo 509 por cada um deles, por sua vez, descobrimos que nenhum serve como um divisor 509. A conclusão é que 509 é um número primo.

Exemplo 3.1. A técnica anterior fornece um meio prático para determinar a forma canônica de um inteiro, por exemplo $a = 2093$. Como $45 < \sqrt{2093} < 46$, é suficiente examinar os números primos 2, 3, 5, 7, 11, 13, 17, 19, 23, 29, 31, 37, 41, 43. Por tentativa, o primeiro destes a dividir 2093 é 7, e $2093 = 7 \cdot 299$. Quanto ao número inteiro 299, os sete primos que são menos do que 18 (note que $17 < \sqrt{299} < 18$) são 2, 3, 5, 7, 11, 13, 17. O primeiro divisor primo de 299 é 13 e, efetuando a divisão necessária, obtemos $299 = 13 \cdot 23$. Mas 23 é um número primo, e por isso 2093 tem exatamente três fatores primos, 7, 13 e 23:

$$2093 = 7 \cdot 13 \cdot 23$$

Outro matemático grego, cujo trabalho na teoria dos números continua a ser significativo é Eratóstenes de Cirene (276–194 a.C.). Embora a posteridade se recorde dele principalmente como diretor da biblioteca mundialmente famosa de Alexandria, Eratóstenes tinha grande talento para todas as áreas de conhecimento. Se, em seu tempo, não figurava como o melhor em nenhuma delas, diz-se que era, ao menos, o segundo melhor em todas, o que fez com que recebesse a alcunha de "Beta". Talvez o feito mais impressionante de Eratóstenes tenha sido a medida exata da circunferência da Terra por uma simples aplicação da geometria euclidiana.

Vimos que, se um inteiro $a > 1$ não é divisível por qualquer $p \leq \sqrt{a}$, então a é necessariamente um primo. Eratóstenes usou este fato como base de uma técnica inteligente, o chamado Crivo de Eratóstenes, para encontrar todos os números primos menores que um determinado número inteiro n. O esquema convida a escrever os números inteiros de 2 a n em sua ordem natural e, em seguida, eliminar sistematicamente todos os números compostos riscando todos os múltiplos $2p, 3p, 4p, 5p, \ldots$ dos primos $p \leq \sqrt{n}$. Os números inteiros que são deixados na lista — aqueles que não caíram com o "crivo" — são primos.

Para ver um exemplo de como isso funciona, suponha que queiramos encontrar todos os números primos que não excedem 100. Considere a sequência de números inteiros consecutivos 2, 3, 4, ..., 100. Reconhecendo que 2 é um número primo, começamos riscando os inteiros pares de nossa lista, exceto o 2. O primeiro dos inteiros restantes é 3, que é um primo. Mantemos o 3, mas eliminamos todos os múltiplos mais elevados de 3, de modo que 9, 15, 21, ... são agora removidos (os múltiplos pares de 3 já foram removidos no passo anterior). O menor número inteiro depois do 3 que ainda não foi excluído é 5. Não é divisível nem por 2 nem por 3 — caso contrário, ele teria sido eliminado — por isso também é um primo. Sendo todos os múltiplos de 5 números compostos, removeremos 10, 15, 20, ... (alguns deles já estão, é claro, riscados), mantendo-se o 5. O primeiro inteiro sobrevivente 7 é um número primo, pois não é divisível por 2, 3 ou 5, os únicos números primos que o precedem. Depois de eliminar os múltiplos de 7, o maior primo menor que $\sqrt{100} = 10$, todos os números inteiros compostos na sequência 2, 3, 4, ..., 100 terão caído através do crivo. Os números inteiros positivos que permanecem, a saber, 2, 3, 5, 7, 11, 13, 17, 19, 23, 29, 31, 37, 41, 43, 47, 53, 59, 61, 67, 71, 73, 79, 83, 89, 97, são todos os primos inferiores a 100.

A tabela que se segue representa o resultado do crivo completo. Os múltiplos de 2 são riscados com \; os múltiplos de 3 são riscados com /; os múltiplos de 5 são riscados com —; os múltiplos de 7 são riscados com ~.

Até este ponto, uma pergunta óbvia deve ter ocorrido ao leitor. Existe um maior número primo, ou a sequência dos números primos é infinita? A resposta pode ser encontrada em uma demonstração extremamente simples dada por Euclides no Livro IX de seus *Elementos*. O argumento de Euclides é universalmente considerado como modelo de elegância matemática. Guardadas as devidas proporções, é assim: Dada qualquer lista finita de números primos, sempre se pode encontrar um primo que não está na lista, daí os números primos são infinitos. Os detalhes aparecem abaixo.

Teorema 3.4 Euclides. Existe um número infinito de primos.

Demonstração. A demonstração de Euclides é por contradição. Sejam $p_1 = 2, p_2 = 3, p_3 = 5, p_4 = 7, \ldots$ primos em ordem crescente, e suponha que exista um último primo chamado p_n. Agora considere o inteiro positivo

$$P = p_1 p_2 \cdots p_n + 1$$

Como $P > 1$, podemos aplicar o Teorema 3.2 e concluir que P é divisível por algum primo p. Mas $p_1, p_2, \ldots, p_n$ são os únicos números primos, então p deve ser igual a um de $p_1, p_2, \ldots, p_n$. Combinando a relação de divisibilidade $p \mid p_1 p_2 \ldots p_n$ com $p \mid P$, chegamos a $p \mid P - p_1 p_2 \ldots p_n$, ou, o que é equivalente, $p \mid 1$. O único divisor positivo do inteiro 1 é o próprio 1 e, como $p > 1$, chegamos a uma contradição. Assim, nenhuma lista finita de números primos é completa, e o número de primos é infinito.

Para um primo p, define-se $p^\#$ o produto de todos os primos que são menores ou iguais a p. Os números da forma $p^\# + 1$ são chamados *números euclidianos*, porque eles aparecem no esquema de Euclides para provar a infinitude dos primos. É interessante notar que na lista destes inteiros, os cinco primeiros, a saber,

$$2^\# + 1 = 2 + 1 = 3$$
$$3^\# + 1 = 2 \cdot 3 + 1 = 7$$
$$5^\# + 1 = 2 \cdot 3 \cdot 5 + 1 = 31$$
$$7^\# + 1 = 2 \cdot 3 \cdot 5 \cdot 7 + 1 = 211$$
$$11^\# + 1 = 2 \cdot 3 \cdot 5 \cdot 7 \cdot 11 + 1 = 2311$$

são todos primos. Entretanto,

$$13^\# + 1 = 59 \cdot 509$$
$$17^\# + 1 = 19 \cdot 97 \cdot 277$$
$$19^\# + 1 = 347 \cdot 27953$$

não são primos. Uma questão cuja resposta é desconhecida é se existem infinitos primos p para os quais $p^\# + 1$ também é primo. Aliás, existem infinitos compostos da forma $p^\# + 1$?

Atualmente, 22 primos da forma $p^\# + 1$ foram identificados. Os primeiros correspondem a valores de $p = 2, 3, 5, 7, 11, 31, 379, 1019, 1021, 2657, 3229$. O vigésimo segundo é obtido quando $p = 392113$ e consiste em 169966 dígitos. Ele foi encontrado em 2001.

O Teorema de Euclides é muito importante para nos contentarmos com uma única demonstração. Aqui está uma variação no raciocínio: Forme uma sequência infinita de inteiros positivos

$$n_1 = 2$$
$$n_2 = n_1 + 1$$
$$n_3 = n_1 n_2 + 1$$
$$n_4 = n_1 n_2 n_3 + 1$$
$$\vdots$$
$$n_k = n_1 n_2 \cdots n_{k-1} + 1$$
$$\vdots$$

Como $n_k > 1$, cada um destes inteiros é divisível por um primo. Mas não há dois n_k que podem ter o mesmo divisor. Para vermos isso, seja $d = \text{mdc}(n_i, n_k)$, e suponha $i < k$. Então d divide n_i e, ainda, deve dividir $n_1 n_2 \ldots n_{k-1}$. Como $d \mid n_k$, o Teorema 2.2 (g) nos diz que $d \mid n_k - n_1 n_2 \ldots n_{k-1}$ ou $d \mid 1$. Isto implica que $d = 1$, e então os inteiros n_k ($k = 1, 2, \ldots$) são aos pares relativamente primos. O ponto que desejamos frisar é que existem tantos primos distintos quanto existem inteiros n_k, ou seja, existem infinitamente muitos deles.

Seja p_n o n-ésimo dos números primos em sua ordem natural. A demonstração de Euclides mostra que a expressão $p_1 p_2 \ldots p_n + 1$ é divisível por pelo menos um primo. Se houver vários desses divisores primos, então p_{n+1} não pode exceder o menor deles de modo que $p_{n+1} \leq p_1 p_2 \cdots p_n + 1$ para $n \geq 1$. Outra maneira de dizer a mesma coisa é

$$p_n \leq p_1 p_2 \cdots p_{n-1} + 1 \qquad n \geq 2$$

Com uma ligeira modificação no raciocínio de Euclides, essa desigualdade pode ser melhorada para dar

$$p_n \leq p_1 p_2 \cdots p_{n-1} - 1 \qquad n \geq 3$$

Por exemplo, quando $n = 5$, isto nos diz que

$$11 = p_5 \leq 2 \cdot 3 \cdot 5 \cdot 7 - 1 = 209$$

Podemos ver que a estimativa é um pouco exagerada. A limitação mais acentuada no tamanho de p_n é dada pela *desigualdade de Bonse*, que afirma que

$$p_n^2 < p_1 p_2 \cdots p_{n-1} \qquad n \geq 5$$

Essa desigualdade fornece $p_5^2 < 210$, ou $p_5 \leq 14$. Uma estimativa melhor para p_5 vem da desigualdade

$$p_{2n} \leq p_2 p_3 \cdots p_n - 2 \qquad n \geq 3$$

Aqui, obtemos

$$p_5 < p_6 \leq p_2 p_3 - 2 = 3 \cdot 5 - 2 = 13$$

Para aproximar o tamanho de p_n a partir destas fórmulas, é necessário conhecer os valores de $p_1, p_2, \ldots p_{n-1}$. Para um limite em que os primos anteriores não figuram, temos o seguinte teorema.

Teorema 3.5. Se p_n é o n-ésimo número primo, então $p_n \leq 2^{2^{n-1}}$.

Demonstração. Vamos usar indução sobre n, sendo a desigualdade afirmada claramente verdadeira quando $n = 1$. Como hipótese de indução, assumimos que $n > 1$ e que o resultado é válido para todos os inteiros até n. Então

$$\begin{aligned} p_{n+1} &\leq p_1 p_2 \cdots p_n + 1 \\ &\leq 2 \cdot 2^2 \cdots 2^{2^{n-1}} + 1 = 2^{1+2+2^2+\cdots+2^{n-1}} + 1 \end{aligned}$$

Recordando a identidade $1 + 2 + 2^2 + \ldots + 2^{n-1} = 2^n - 1$, obtemos

$$p_{n+1} \leq 2^{2^n - 1} + 1$$

Entretanto $1 \le 2^{2^n-1}$ para todo n; daí

$$p_{n+1} \le 2^{2^n-1} + 2^{2^n-1}$$
$$= 2 \cdot 2^{2^n-1} = 2^{2^n}$$

completando o passo de indução, e o argumento.

Existe um corolário do Teorema 3.5 que é interessante.

Corolário. Para $n \ge 1$, existem ao menos $n+1$ primos menores que 2^{2^n}.

Demonstração. Do teorema, sabemos que $p_1, p_2, ..., p_{n+1}$ são todos menores que 2^{2^n}.

Podemos fazer muito melhor do que é indicado pelo Teorema 3.5. Em 1845, Joseph Bertrand conjecturou que os números primos são bem distribuídos de modo que entre $n \ge 2$ e $2n$ existe pelo menos um primo. Ele não foi capaz de provar sua conjectura, mas a verificou para todo $n \le 3.000.000$ (uma maneira de conseguir isso é considerar uma sequência de números primos 3, 5, 7, 13, 23, 43, 83, 163, 317, 631, 1259, 2503, 5003, 9973, 19937, 39869, 79699, 159389, ... na qual cada termo é menor do que o dobro do anterior). Como é preciso um esforço considerável para demonstrar esta famosa conjectura, vamos nos contentar em dizer que a prova foi realizada pelo matemático russo P.L. Tchebycheff em 1852. Admitindo este resultado, não é difícil mostrar que

$$p_n < 2^n \qquad n \ge 2$$

e como uma consequência direta, $p_{n+1} < 2 p_n$ para $n \ge 2$. Em particular

$$11 = p_5 < 2 \cdot p_4 = 14$$

Para ver que $p_n < 2^n$, usamos indução em n. Claramente, $p_2 = 3 < 2^2$, de modo que a desigualdade é verdadeira aqui. Agora vamos supor que a desigualdade seja válida para um inteiro n, consequentemente $p_n < 2^n$. Recorrendo à conjectura de Bertrand, existe um número primo p tal que $2^n < p < 2^{n+1}$, isto é, $p_n < p$. Isto imediatamente leva à conclusão de que $p_{n+1} \le p < 2^{n+1}$, o que completa a indução e a demonstração.

Primos de formas especiais têm sido de interesse frequente. Entre estes, os primos repunidades são impressionantes por sua simplicidade. Uma *repunidade* é um inteiro escrito (em notação decimal) como uma sequência de 1's, tais como 11, 111, ou 1111. Cada inteiro deve ter a forma $(10^n - 1)/9$. Usamos o símbolo R_n para denotar a repunidade que consiste em n 1's consecutivos. Uma característica peculiar destes números é a escassez aparente de primos entre eles. Até agora, apenas $R_2, R_{19}, R_{23}, R_{317}, R_{1031}, R_{49081}, R_{86453}, R_{109297}$ e R_{270343} foram identificados como números primos (o último foi em 2007). Sabe-se que os únicos primos repunidades possíveis R_n para todo $n \le 49000$ são os nove números já indicados. Não há conjecturas sobre a existência de quaisquer outros. Para uma repunidade R_n ser primo, o índice n deve ser primo; que isso não é uma condição suficiente é mostrado por

$$R_5 = 11111 = 41 \cdot 271 \qquad R_7 = 1111111 = 239 \cdot 4649$$

PROBLEMAS 3.2

1. Determine se o inteiro 701 é primo testando todos os primos $p \le \sqrt{701}$ como possíveis divisores. Faça o mesmo para o inteiro 1009.
2. Empregando o Crivo de Eratóstenes, obtenha todos os primos entre 100 e 200.

3. Dado que $p \nmid n$ para todo primo $p \leq \sqrt[3]{n}$, mostre que $n > 1$ ou é um primo ou é um produto de dois primos.

4. Verifique os seguintes fatos:
   (a) $\sqrt{p}$ é irracional para todo primo p.
   (b) Se a é um inteiro positivo e $\sqrt[n]{a}$ é racional, então $\sqrt[n]{a}$ é um inteiro.
   (c) Para $n \geq 2$, $\sqrt[n]{n}$ é irracional.
   [*Sugestão*: Use o fato de que $2^n > n$.]

5. Mostre que todo número inteiro composto de três dígitos tem um fator primo menor ou igual a 31.

6. Preencha todos os detalhes que faltam neste esboço da demonstração da infinitude dos primos: Suponha que há apenas um número finito de primos, isto é, $p_1, p_2, \ldots, p_n$. Seja A o produto de r destes primos e faça $B = p_1 p_2 \ldots p_n / A$. Então cada p_k divide ou A ou B, mas nunca os dois. Como $A + B > 1$, $A + B$ tem um divisor primo diferente de todo p_k, o que é uma contradição.

7. Modifique a demonstração de Euclides de que existe uma infinidade de números primos admitindo a existência de um maior primo p e usando o inteiro $N = p! + 1$ para chegar à contradição.

8. Dê outra demonstração da infinitude dos primos admitindo que existe um número finito de primos, a saber $p_1, p_2, \ldots, p_n$, e usando o seguinte inteiro para chegar à contradição:
$$N = p_2 p_3 \cdots p_n + p_1 p_3 \cdots p_n + \cdots + p_1 p_2 \cdots p_{n-1}$$

9. (a) Prove que se $n \geq 2$, então existe um primo p que satisfaz $n < p < n!$.
   [*Sugestão*: Se $n! - 1$ não é primo, então ele tem um divisor primo p; e $p \leq n$ implica $p \mid n!$, levando à contradição.]
   (b) Para $n > 1$, mostre que todo divisor primo de $n! + 1$ é um inteiro ímpar maior que n.

10. Seja q_n o menor primo que é estritamente maior que $P_n = p_1 p_2 \ldots p_n + 1$. Conjectura-se que a diferença $q_n - (p_1 p_2 \ldots p_n)$ é sempre um primo. Confirme isto para os cinco primeiros valores de n.

11. Se p_n representa o n-ésimo número primo, faça $d_n = p_{n+1} - p_n$. Uma questão em aberto é se a equação $d_n = d_{n+1}$ tem um número infinito de soluções. Dê cinco soluções.

12. Admitindo que p_n é o n-ésimo número primo, prove cada uma das seguintes afirmações:
    (a) $p_n > 2n - 1$ para $n \geq 5$.
    (b) Nenhum dos inteiros $P_n = p_1 p_2 \ldots p_n + 1$ é um quadrado perfeito.
    [*Sugestão*: Cada P_n é da forma $4k + 3$ para $n > 1$.]
    (c) A soma
$$\frac{1}{p_1} + \frac{1}{p_2} + \cdots + \frac{1}{p_n}$$
    nunca é um inteiro.

13. Para as repunidades R_n, verifique as afirmações a seguir:
    (a) Se $n \mid m$, então $R_n \mid R_m$.
    [*Sugestão*: Se $m = kn$, considere a identidade
$$x^m - 1 = (x^n - 1)(x^{(k-1)n} + x^{(k-2)n} + \cdots + x^n + 1).]$$
    (b) Se $d \mid R_n$, e $d \mid R_m$, então $d \mid R_{n+m}$.

[*Sugestão*: Mostre que $R_{n+m} = R_n 10^m + R_m$.]
(c) Se mdc(n, m) = 1, então mdc(R_n, R_m) = 1.

14. Use o problema anterior para obter os fatores primos da repunidade R_{10}.

3.3 A CONJECTURA DE GOLDBACH

Embora haja uma infinidade de números primos, a sua distribuição dentro dos inteiros positivos é mais mistificadora. Repetidas vezes em sua distribuição, encontramos indícios ou, por assim dizer, as sombras de um padrão; no entanto, um padrão real passível de descrição precisa permanecer indefinido. A diferença entre números primos consecutivos pode ser pequena, como acontece com os pares 11 e 13, 17 e 19, ou 1000000000061 e 1000000000063. Ao mesmo tempo existem intervalos arbitrariamente longos na sequência de números inteiros que são totalmente desprovidos de quaisquer números primos.

É uma pergunta sem resposta se há um número infinito de pares de números *primos gêmeos*, isto é, pares de sucessivos inteiros ímpares p e $p + 2$, que são os dois números primos. Evidências numéricas levam até a suspeitar de uma conclusão afirmativa. Computações eletrônicas descobriram 152.891 pares de primos gêmeos menores que 30000000 e 20 pares entre 10^{12} e $10^{12} + 10000$, o que aponta para a sua crescente escassez conforme os números inteiros positivos aumentam sua magnitude. Muitos exemplos de gêmeos imensos são conhecidos. Os maiores gêmeos até o momento, cada um com 100355 dígitos

$$65516468355 \cdot 2^{333333} \pm 1$$

foram descobertos em 2009.

Primos consecutivos não só podem estar juntos, mas também podem estar muito distantes, ou seja, lacunas arbitrariamente grandes podem ocorrer entre primos consecutivos. Afirmado precisamente: Dado um inteiro positivo n, existem n inteiros consecutivos compostos. Para provar isto, precisamos simplesmente considerar os inteiros

$$(n+1)! + 2, (n+1)! + 3, \ldots, (n+1)! + (n+1)$$

em que $(n+1)! = (n+1) \cdot n \ldots 3 \cdot 2 \cdot 1$. É evidente que existem n inteiros listados, e eles são consecutivos. O que é importante é que cada número inteiro é composto. Com efeito, $(n+1)! + 2$ é divisível por 2, $(n+1)! + 3$ é divisível por 3, e assim por diante.

Por exemplo, se desejamos uma sequência de quatro números inteiros compostos consecutivos, então o argumento anterior produz 122, 123, 124 e 125:

$$5! + 2 = 122 = 2 \cdot 61$$
$$5! + 3 = 123 = 3 \cdot 41$$
$$5! + 4 = 124 = 4 \cdot 31$$
$$5! + 5 = 125 = 5 \cdot 25$$

É claro que podemos encontrar outros conjuntos de quatro consecutivos compostos, tais como 24, 25, 26, 27 ou 32, 33, 34, 35.

Como esse exemplo sugere, o nosso procedimento para a construção de espaços entre dois primos consecutivos dá uma superestimativa bruta de onde eles ocorrem entre os números inteiros. As primeiras ocorrências de intervalos entre primos de comprimentos específicos, onde todos os intermediários inteiros são compostos, têm sido objeto de pesquisas computacionais. Por exemplo, há um intervalo de comprimento 778 (isto é, $p_n + 1 - p_n = 778$), após o primo 42842283925351. Não existe nenhum intervalo deste tamanho entre dois primos menores. O maior intervalo efetivamente apurado entre números primos consecutivos tem comprimento 1442, com uma sequência de 1441 compostos, imediatamente depois do primo

804212830686677669

Curiosamente, os pesquisadores computacionais não identificaram intervalos de cada comprimento possível até 1442. O menor tamanho de intervalo que falta é 796. A conjectura é que existe um intervalo primo (uma sequência de $2k - 1$ compostos consecutivos entre dois primos) para todo inteiro par $2k$.

Isso nos leva a outro problema não resolvido sobre os números primos, a conjectura de Goldbach. Em uma carta a Leonhard Euler no ano de 1742, Christian Goldbach arriscou o palpite de que cada número inteiro par é a soma de dois números que são ou primos ou 1. Uma formulação um pouco mais geral é que cada número inteiro par maior que 4 pode ser escrito como uma soma de dois números primos ímpares. Isto é fácil de verificar até mesmo nos primeiros inteiros:

$$2 = 1 + 1$$
$$4 = 2 + 2 = 1 + 3$$
$$6 = 3 + 3 = 1 + 5$$
$$8 = 3 + 5 = 1 + 7$$
$$10 = 3 + 7 = 5 + 5$$
$$12 = 5 + 7 = 1 + 11$$
$$14 = 3 + 11 = 7 + 7 = 1 + 13$$
$$16 = 3 + 13 = 5 + 11$$
$$18 = 5 + 13 = 7 + 11 = 1 + 17$$
$$20 = 3 + 17 = 7 + 13 = 1 + 19$$
$$22 = 3 + 19 = 5 + 17 = 11 + 11$$
$$24 = 5 + 19 = 7 + 17 = 11 + 13 = 1 + 23$$
$$26 = 3 + 23 = 7 + 19 = 13 + 13$$
$$28 = 5 + 23 = 11 + 17$$
$$30 = 7 + 23 = 11 + 19 = 13 + 17 = 1 + 29$$

Embora pareça que Euler nunca tenha tentado provar o resultado, ao escrever para Goldbach em uma data posterior, Euler respondeu com uma conjectura de sua autoria: Qualquer número inteiro par (≥ 6) da forma $4n + 2$ é a soma de dois números cada um sendo ou um primo da forma $4n + 1$ ou 1.

Os dados numéricos que sugerem a verdade da conjectura de Goldbach são esmagadores. Verificou-se por computadores para todos os inteiros pares menores que $4 \cdot 10^{14}$. À medida que os números inteiros tornam-se maiores, o número de formas diferentes em que $2n$ pode ser expresso como a soma de dois primos aumenta. Por exemplo, existem 291400 tais representações para o número inteiro par 100000000. Embora isto reforce a impressão de que Goldbach estava correto em sua conjectura, está longe de ser uma prova matemática, e todas as tentativas de obter uma prova foram completamente infrutíferas. Um dos mais famosos teóricos dos números do século passado, G. H. Hardy, em seu discurso na Sociedade de Matemática de Copenhague em 1921, afirmou que a conjectura de Goldbach pareceu "provavelmente tão difícil quanto qualquer um dos problemas não resolvidos na matemática". Atualmente, sabe-se que cada número inteiro par é a soma de seis ou menos primos.

Observamos que, se a conjectura de Goldbach for verdadeira, então cada número ímpar maior do que 7 deve ser a soma de três primos ímpares. Para verificar isto, considere n um número inteiro ímpar maior que 7, logo $n - 3$ é par e maior que 4; se $n - 3$ pudesse ser expresso como a soma de dois primos ímpares, então n seria a soma de três.

O primeiro progresso real sobre a conjectura em quase 200 anos foi feito por Hardy e Littlewood em 1922. Com base em uma dada hipótese não provada, a chamada hipótese generalizada de Riemann, eles mostraram que todo número ímpar suficientemente grande é a soma de três primos ímpares. Em 1937, o matemático russo I. M. Vinogradov foi capaz de remover a dependência da hipótese generalizada de Riemann, dando assim uma prova incondicional deste resultado, ou seja, ele provou que todos os inteiros ímpares maiores do que algum n_0 efetivamente computável pode ser escrito como a soma de três primos ímpares.

$$n = p_1 + p_2 + p_3 \qquad (n \text{ ímpar}, n \text{ suficientemente grande})$$

Vinogradov não conseguiu decidir quão grande n_0 deveria ser, mas Borozdkin (1956) provou que $n_0 < 3^{3^{15}}$. Em 2002, o limite superior de n_0 foi reduzido para 10^{1346}. Daí resulta imediatamente que todo número inteiro par, a partir de certo ponto é a soma de dois ou quatro números primos. Assim, é suficiente responder a pergunta para cada inteiro ímpar n no intervalo $9 \leq n \leq n_0$, o que, para um determinado número inteiro, torna-se uma questão de tediosa computação (infelizmente, n_0 é tão grande que excede as capacidades dos computadores mais modernos).

Devido à forte evidência em favor da famosa conjectura de Goldbach, nós prontamente nos convencemos de que ela é verdadeira. No entanto, pode ser falsa. Vinogradov mostrou que, se $A(x)$ é o número de inteiros pares $n \leq x$ que não são a soma de dois números primos, então

$$\lim_{x \to \infty} A(x)/x = 0$$

Isso nos permite dizer que "quase todos" os inteiros pares satisfazem a conjectura. Como Edmund Landau tão bem colocou, "A conjectura de Goldbach é falsa para, no máximo, 0% de todos os inteiros pares; este *no máximo* 0% não exclui, evidentemente, a possibilidade de que há um número infinito de exceções."

Afastando-nos um pouco, vamos observar que de acordo com o Algoritmo da Divisão, todo inteiro positivo pode ser escrito exclusivamente em uma das formas:

$$4n \qquad 4n+1 \qquad 4n+2 \qquad 4n+3$$

para algum $n \geq 0$ apropriado. Evidentemente, os números inteiros $4n$ e $4n + 2 = 2(2n + 1)$ são pares. Assim, todos os inteiros ímpares se enquadram em duas progressões: uma contendo os inteiros da forma $4n + 1$, e outra contendo os inteiros da forma $4n + 3$.

A questão que surge é como esses dois tipos de números primos são distribuídos dentro do conjunto de números inteiros positivos. Vamos apresentar os primeiros números primos ímpares em ordem crescente, colocando os primos $4n + 3$ na linha superior e os $4n + 1$ abaixo deles:

$$\begin{array}{cccccccccccc} 3 & 7 & 11 & 19 & 23 & 31 & 43 & 47 & 59 & 67 & 71 & 79 & 83 \\ 5 & 13 & 17 & 29 & 37 & 41 & 53 & 61 & 73 & 89 & & & \end{array}$$

Neste ponto, pode-se ter a impressão geral de que primos da forma $4n + 3$ são mais abundantes do que os da forma $4n + 1$. Para obter informações mais precisas, recorremos à função $\pi_{a,b}(x)$, que conta o número de primos da forma $p = an + b$ que não excedem x. Nossa pequena tabela, por exemplo, indica que $\pi_{4,1}(89) = 10$ e $\pi_{4,3}(89) = 13$.

Em uma famosa carta escrita em 1853, Tchebycheff observou que $\pi_{4,1}(x) < \pi_{4,3}(x)$ para pequenos valores de x. Ele também deu a entender que tinha uma prova de que a desigualdade sempre ocorre. Em 1914, J. E. Littlewood mostrou que a desigualdade falha muitas vezes, mas seu método não deu nenhuma indicação do valor de x para o qual isto acontece pela primeira vez. Este valor acabou por ser bastante difícil de encontrar. Até que em 1957 foi feita uma pesquisa computacional que revelou que $x = 26861$ é o menor primo para o qual $\pi_{4,1}(x) > \pi_{4,3}(x)$; neste caso, $\pi_{4,1}(x) = 1473$ e $\pi_{4,3}(x) = 1472$. Esta é uma situação isolada, pois o próximo primo para o qual ocorre uma inversão é $x = 616841$. Surpreendentemente, $\pi_{4,1}(x) > \pi_{4,3}$ para os 410 milhões de números inteiros sucessores x situados entre 18540000000 e 18950000000.

O comportamento dos números primos da forma $3n \pm 1$ proporcionou mais um desafio computacional: a desigualdade $\pi_{3,1}(x) < \pi_{3,2}(x)$ é válida para todo x até se atingir $x = 608981813029$.

Isso nos dá uma oportunidade agradável para repetirmos o método de Euclides para provar a existência de uma infinidade de números primos. Uma ligeira modificação no seu argumento revela que há um número infinito de primos da forma $4n + 3$. Abordamos a prova através de um lema simples.

Lema. O produto de dois ou mais números inteiros da forma $4n + 1$ é desta mesma forma.

Demonstração. É suficiente considerar o produto de apenas dois números inteiros. Tomemos $k = 4n + 1$ e $k' = 4m + 1$. Multiplicando-os, obtemos

$$kk' = (4n + 1)(4m + 1)$$
$$= 16nm + 4n + 4m + 1 = 4(4nm + n + m) + 1$$

que é da mesma forma.

Isso abre o caminho para o Teorema 3.6.

Teorema 3.6. Há um número infinito de primos da forma $4n + 3$.

Demonstração. Na expectativa de uma contradição, vamos supor que existe apenas um número finito de primos da forma $4n + 3$; que chamamos $q_1, q_2, \ldots, q_s$. Considere o número inteiro positivo

$$N = 4q_1 q_2 \cdots q_s - 1 = 4(q_1 q_2 \cdots q_s - 1) + 3$$

e seja $N = r_1 r_2 \ldots r_t$ sua decomposição em fatores primos. Como N é um inteiro ímpar, temos $r_k \neq 2$ para todo k, de modo que r_k ou é da forma $4n + 1$ ou é da forma $4n + 3$. Pelo lema, o produto de quaisquer números primos da forma $4n + 1$ é um número inteiro desta mesma forma. Para N tomar a forma $4n + 3$, o que claramente acontece, N deve conter ao menos um fator primo r_i da forma $4n + 3$. Mas r_i não pode ser encontrado na lista $q_1, q_2, \ldots, q_s$, o que levaria à contradição que $r_i \mid 1$. A única conclusão possível é que existem infinitos números primos da forma $4n + 3$.

Tendo acabado de ver que existem infinitos números primos da forma $4n + 3$, podemos razoavelmente perguntar: O número de primos da forma $4n + 1$ também é infinito? Esta resposta também é positiva, mas a demonstração deve aguardar o desenvolvimento das ferramentas matemáticas necessárias. Ambos os resultados são casos especiais de um teorema notável de P. G. L. Dirichlet sobre números primos em progressões aritméticas, demonstrado em 1837. A prova é muito difícil para incluirmos aqui, de forma que temos de nos contentar com a mera afirmação.

Teorema 3.7 Dirichlet. Se a e b são números inteiros positivos relativamente primos, então a progressão aritmética

$$a, a + b, a + 2b, a + 3b, \ldots$$

contém uma infinidade de números primos.

O Teorema de Dirichlet nos diz, por exemplo, que existem infinitos números primos que terminam em 999, como 1999, 100999, 1000999, ... pois estes aparecem na progressão aritmética definida por $1000n + 999$, onde $\mathrm{mdc}(1000, 999) = 1$.

Não há progressão aritmética $a, a + b, a + 2b, \ldots$ que contenha unicamente números primos. Para ver isso, suponha que $a + nb = p$, onde p é um primo. Se fizermos $n_k = n + kp$ para $k = 1, 2, 3, \ldots$, então o n_k-ésimo termo da progressão é

$$a + n_k b = a + (n + kp)b = (a + nb) + kpb = p + kpb$$

Como cada termo no lado direito é divisível por p, $a + n_k b$ também é. Em outras palavras, a progressão deve conter um número infinito de compostos.

Foi provado em 2008 que existem progressões aritméticas finitas mas arbitrariamente longas constituídas apenas por números primos (não necessariamente primos consecutivos). A maior progressão encontrada até hoje é formada por 23 números primos:

$$56211383760397 + 44546738095860n \quad 0 \leq n \leq 22$$

A fatoração em primos da diferença entre os termos é

$$2^2 \cdot 3 \cdot 5 \cdot 7 \cdot 11 \cdot 13 \cdot 17 \cdot 19 \cdot 23 \cdot 99839$$

que é divisível por 9699690, o produto dos números primos menores que 23. Isso ocorre de acordo com o Teorema 3.8.

Teorema 3.8. Se todos os $n > 2$ termos da progressão aritmética

$$p, p + d, p + 2d, \ldots, p + (n-1)d$$

são números primos, então a diferença d é divisível por todo primo $q < n$.

Demonstração. Considere um número primo $q < n$ e assuma que contrariamente $q \nmid d$. Afirmamos que os primeiros q termos da progressão

$$p, p + d, p + 2d, \ldots, p + (q-1)d \tag{1}$$

deixarão restos diferentes quando divididos por q. Caso contrário, existem inteiros j e k, com $0 \leq j < k \leq q - 1$, tais que os números $p + jd$ e $p + kd$ produzem o mesmo resto na divisão por q. Então q divide sua diferença $(k - j)d$. Mas $\mathrm{mdc}(q, d) = 1$, e assim o lema de Euclides conduz a $q \mid k - j$, o que é um absurdo, tendo em conta a desigualdade $k - j \leq q - 1$.

Como os q restos diferentes produzidos a partir da Eq. (1) são retirados dos q inteiros $0, 1, \ldots, q - 1$, um desses restos deve ser zero. Isso significa que $q \mid p + td$ para algum t que satisfaz $0 \leq t \leq q - 1$. Da desigualdade $q < n \leq p + td$, somos forçados a concluir que $p + td$ é composto. (Se p fosse menor que n, um dos termos da progressão seria $p + pd = p(1 + d)$.) Com esta contradição, a prova de que $q \mid d$ está completa.

Especula-se que existem progressões aritméticas de comprimento finito (mas de outra forma arbitrária), compostas de números primos consecutivos. Exemplos de tais progressões contendo três e quatro números primos, respectivamente, são 47, 53, 59, e 251, 257, 263, 269.

Mais recentemente uma sequência de 10 primos consecutivos na qual cada termo excede o antecessor em 210 foi descoberta. O menor destes primos tem 93 dígitos. Provavelmente encontrar uma progressão aritmética composta de 11 números primos consecutivos esteja fora do alcance por algum tempo. Sem a restrição de que os números primos envolvidos sejam consecutivos, uma série de progressões aritméticas de 11 termos primos é facilmente localizada. Uma dessas é

$$110437 + 13860n \quad 0 \leq n \leq 10$$

Complementando, podemos mencionar outro problema famoso que, até agora, tem resistido aos mais determinados ataques. Durante séculos, os matemáticos têm procurado uma fórmula simples que forneça todos os números primos, ou, na sua falta, uma fórmula que forneça apenas números primos. À primeira vista, o desejo parece bastante modesto: encontrar uma função $f(n)$ cujo domínio é, por exemplo, os inteiros não negativos e cuja imagem é um subconjunto infinito do conjunto de todos os primos. Acreditou-se amplamente durante anos que a função polinomial quadrática

$$f(n) = n^2 + n + 41$$

assumisse apenas valores primos. Euler mostrou que isso é falso em 1772. Como evidenciado pela tabela a seguir, a afirmação é correta para $n = 0, 1, 2, \ldots, 39$.

n	$f(n)$	n	$f(n)$	n	$f(n)$
0	41	14	251	28	853
1	43	15	281	29	911
2	47	16	313	30	971
3	53	17	347	31	1033
4	61	18	383	32	1097
5	71	19	421	33	1163
6	83	20	461	34	1231
7	97	21	503	35	1301
8	113	22	547	36	1373
9	131	23	593	37	1447
10	151	24	641	38	1523
11	173	25	691	39	1601
12	197	26	743		
13	223	27	797		

No entanto, esta conjectura provocadora é destruída nos casos $n = 40$ e $n = 41$, em que há um fator de 41:

$$f(40) = 40 \cdot 41 + 41 = 41^2$$

e

$$f(41) = 41 \cdot 42 + 41 = 41 \cdot 43$$

O próximo valor $f(42) = 1847$ é um primo mais uma vez. Na verdade, para os primeiros 100 valores inteiros de n, o chamado polinômio de Euler representa 86 primos. Embora ela comece muito bem na produção de números primos, há outras quadráticas como

$$g(n) = n^2 + n + 27941$$

que começam a melhorar $f(n)$ conforme os valores de n se tornam maiores. Por exemplo, $g(n)$ é primo para 286129 valores de $0 \leq n \leq 10^6$, enquanto o seu famoso adversário produziu 261081 primos neste intervalo.

Demonstrou-se que nenhum polinômio da forma $n^2 + n + q$ com q um primo, pode ser melhor do que o polinômio de Euler fornecendo primos para valores sucessivos de n. De fato, até bem recentemente nenhum outro polinômio quadrático de qualquer tipo era conhecido por produzir mais de 40 valores primos consecutivos. O polinômio

$$h(n) = 103n^2 - 3945n + 34381$$

encontrado em 1988, produz 43 valores primos distintos para $n = 0, 1, 2, \ldots, 42$. O recorde atual, a este respeito

$$k(n) = 36n^2 - 810n + 2753$$

é um pouco melhor, fornecendo uma sequência de 45 valores primos.

O fracasso das funções anteriores para serem produtoras de primos não é por acaso, pois é fácil provar que não existe nenhuma função polinomial não constante $f(n)$ com coeficientes inteiros que assuma apenas valores primos para inteiros $n \geq 0$. Supomos que tal polinômio $f(n)$ realmente exista e argumentamos até chegar a uma contradição. Seja

$$f(n) = a_k n^k + a_{k-1} n^{k-1} + \cdots + a_2 n^2 + a_1 n + a_0$$

em que todos os coeficientes $a_0, a_1, \ldots, a_k$ são inteiros, e $a_k \neq 0$. Para um valor fixado de (n_0), $p = f(n_0)$ é um número primo. Agora, para todo inteiro t, consideramos a seguinte expressão:

$$\begin{aligned} f(n_0 + tp) &= a_k(n_0 + tp)^k + \cdots + a_1(n_0 + tp) + a_0 \\ &= (a_k n_0^k + \cdots + a_1 n_0 + a_0) + pQ(t) \\ &= f(n_0) + pQ(t) \\ &= p + pQ(t) = p(1 + Q(t)) \end{aligned}$$

em que $Q(t)$ é um polinômio em t com coeficientes inteiros. O nosso raciocínio mostra que $p \mid f(n_0 + tp)$; assim, do nosso pressuposto de que $f(n)$ assume apenas valores primos, $f(n_0 + tp) = p$ para todo inteiro t. Como um polinômio de grau k não pode assumir o mesmo valor mais de k vezes, chegamos à contradição necessária.

Nos últimos anos houve certo sucesso na busca de funções produtoras de primos. W. H. Mills provou (1947) que existe um número real positivo r tal que a expressão $f(n) = [r^{3^n}]$ é primo para $n = 1, 2, 3, \ldots$ (os colchetes indicam a função maior inteiro). É desnecessário dizer que este é estritamente um teorema da existência e nada se sabe sobre o real valor de r. A função de Mills não produz todos os números primos.

Existem muitas célebres, ainda não resolvidas, conjecturas sobre primos. Uma colocada por G. H. Hardy e J. E. Littlewood, em 1922, questiona se existem infinitos números primos que podem ser representados na forma $n^2 + 1$. Algo mais próximo de uma resposta, até agora, ocorreu em 1978, quando ficou provado que existem infinitos valores de n para os quais $n^2 + 1$ ou é um primo ou é o produto de apenas dois números primos. Pode-se começar a ver isso para valores menores

$$\begin{array}{lll} 2^2 + 1 = 5 & 5^2 + 1 = 2 \cdot 13 & 9^2 + 1 = 2 \cdot 41 \\ 3^2 + 1 = 2 \cdot 5 & 6^2 + 1 = 37 & 10^2 + 1 = 101 \\ 4^2 + 1 = 17 & 8^2 + 1 = 5 \cdot 31 & \end{array}$$

PROBLEMAS 3.3

1. Verifique que os inteiros 1949 e 1951 são primos gêmeos.
2. (a) Se 1 é adicionado ao produto de primos gêmeos, prove que sempre se obtém um quadrado prefeito.

   (b) Mostre que a soma de primos gêmeos p e $p + 2$ é divisível por 12, dado que $p > 3$.
3. Encontre os pares de primos p e q tais que $p - q = 3$.
4. Sylvester (1896) reformulou a conjectura de Goldbach: Todo inteiro par $2n$ maior que 4 é a soma de dois primos, um maior que $n/2$ e o outro menor que $3n/2$. Verifique esta versão da conjectura para todo inteiro par entre 6 e 76.

5. Em 1752, Goldbach submeteu a seguinte conjectura a Euler: Todo inteiro ímpar pode ser escrito na forma $p + 2a^2$, em que p ou é um primo ou é igual a 1 e $a \geq 0$. Mostre que o inteiro 5777 contraria esta conjectura.

6. Prove que a conjectura de Goldbach de que todo inteiro par maior que 2 é a soma de dois primos é equivalente à afirmação de que todo inteiro maior que 5 é a soma de três primos.

   [*Sugestão*: Se $2n - 2 = p_1 + p_2$, então $2n = p_1 + p_2 + 2$ e $2n + 1 = p_1 + p_2 + 3$.]

7. A conjectura de Lagrange (1775) afirma que todo inteiro ímpar maior que 5 pode ser escrito como a soma $p_1 + 2p_2$, em que p_1, p_2 são primos. Confirme isto para todo número ímpar até 75.

8. Dado um inteiro positivo n, mostra-se que existe um inteiro par a que pode ser representado como uma soma de dois primos ímpares de n diferentes maneiras. Confirme que os inteiros 60, 78 e 84 podem ser escritos como a soma de dois primos de seis, sete e oito maneiras, respectivamente.

9. (a) Para $n > 3$, mostre que os inteiros $n, n + 2, n + 4$ não podem ser todos primos.

   (b) Três inteiros primos $p, p + 2$ e $p + 6$ formam o que é chamado de *trio primo*. Encontre cinco conjuntos formados por trios primos.

10. Mostre que a sequência

    $$(n + 1)! - 2, (n + 1)! - 3, \ldots, (n + 1)! - (n + 1)$$

    produz n inteiros consecutivos compostos para $n > 2$.

11. Encontre o menor inteiro positivo n para o qual a função $f(n) = n^2 + n + 17$ gera um número composto. Faça o mesmo para as funções $g(n) = n^2 + 21n + 1$ e $h(n) = 3n^2 + 3n + 23$.

12. Seja p_n o n-ésimo número primo. Para $n \geq 3$, prove que $p_{n+3}^2 < p_n p_{n+1} p_{n+2}$.

    [*Sugestão*: Note que $p_{n+3}^2 < 4p_{n+2}^2 < 8p_{n+1}p_{n+2}$.]

13. Empregue o mesmo método da demonstração do Teorema 3.6 para mostrar que existem infinitos primos da forma $6n + 5$.

14. Encontre um divisor primo do inteiro $N = 4(3 \cdot 7 \cdot 11) - 1$ da forma $4n + 3$. Faça o mesmo para $N = 4(3 \cdot 7 \cdot 11 \cdot 15) - 1$.

15. Outra questão sem demonstração é se existe um número infinito de conjuntos de 5 inteiros ímpares consecutivos dos quais 4 são primos. Encontre cinco destes conjuntos de inteiros.

16. Seja a sequência de números primos, acrescida do número 1, denotada por $p_0 = 1, p_1 = 2, p_2 = 3, p_3 = 5, \ldots$. Para cada $n \geq 1$, sabe-se que existe uma escolha adequada de coeficientes $e_k = \pm 1$ tal que

    $$p_{2n} = p_{2n-1} + \sum_{k=0}^{2n-2} \epsilon_k p_k \qquad p_{2n+1} = 2p_{2n} + \sum_{k=0}^{2n-1} \epsilon_k p_k$$

    Para ilustrar:

    $$13 = 1 + 2 - 3 - 5 + 7 + 11$$

    e

    $$17 = 1 + 2 - 3 - 5 + 7 - 11 + 2 \cdot 13$$

    Determine representações similares para os primos 23, 29, 31 e 37.

17. Em 1848, Alphonse de Polignac afirmou que todo inteiro ímpar é a soma de um primo com uma potência de 2. Por exemplo, $55 = 47 + 2^3 = 23 + 2^5$. Mostre que os inteiros 509 e 877 contrariam esta afirmação.

18. (a) Se p é um primo e $p \nmid b$, mostre que na progressão aritmética

$$a, a+b, a+2b, a+3b, \ldots$$

Todo p-ésimo termo é divisível por p.

[*Sugestão*: Como $\mathrm{mdc}(p, b) = 1$, existem inteiros r e s tais que $pr + bs = 1$. Faça $n_k = kp - as$ para $k = 1, 2, \ldots$ e mostre que $p \mid (a + bn_k)$.]

(b) Do item anterior, conclua que se b é um inteiro ímpar, todos os outros termos da progressão indicada é par.

19. Em 1950, provou-se que qualquer inteiro $n > 9$ pode ser escrito como a soma de números primos ímpares distintos. Expresse os inteiros 25, 69, 81 e 125 desta maneira.

20. Se p e $p^2 + 8$ são ambos números primos, prove que $p^3 + 4$ também é primo.

21. (a) Para todo inteiro $k > 0$, prove que a progressão aritmética

$$a+b, a+2b, a+3b, \ldots$$

onde $\mathrm{mdc}(a, b) = 1$, contém k termos consecutivos que são compostos.

[*Sugestão*: Faça $n = (a+b)(a+2b) \ldots (a+kb)$ e considere os k termos $a + (n+1)b$, $a + (n+2)b, \ldots, a + (n+k)b$.]

(b) Encontre cinco termos compostos consecutivos na progressão aritmética

$$6, 11, 16, 21, 26, 31, 36, \ldots$$

22. Mostre que 13 é o maior primo que pode dividir dois inteiros consecutivos da forma $n^2 + 3$.

23. (a) O meio aritmético dos primos gêmeos 5 e 7 é o número triangular 6. Existem outros números primos gêmeos com um meio triangular?

(b) O meio aritmético dos primos gêmeos 3 e 5 é o quadro perfeito 4. Existem outros números primos gêmeos com um meio quadrado?

24. Determine os primos gêmeos p e $q = p + 2$ para os quais $pq - 2$ também é primo.

25. Se p_n o n-ésimo número primo. Para $n > 3$, mostre que

$$p_n < p_1 + p_2 + \cdots + p_{n-1}$$

[*Sugestão*: Use introdução e a conjectura de Bertrand.]

26. Verifique o seguinte:

(a) Existe uma infinidade de números primos terminados em 33, tais como 233, 433, 733, 1033, ...

[*Sugestão*: Empregue o Teorema de Dirichlet.]

(b) Existe uma infinidade de números primos que não pertencem a nenhum par de primos gêmeos.

[*Sugestão*: Considere a progressão aritmética $21k + 5$ para $k = 1, 2, \ldots$]

(c) Existe um primo terminado em tantos 1's consecutivos quanto desejado.

[*Sugestão*: Para obter um primo terminado com n 1's consecutivos, considere a progressão aritmética $10^n k + R_n$ para $k = 1, 2, \ldots$]

(d) Existe uma infinidade de números que contêm mas não terminam em um bloco de dígitos 123456789.

[*Sugestão*: Considere a progressão aritmética $10^{11}k + 1234567891$ para $k = 1, 2, \ldots$.]

27. Prove que para todo $n \geq 2$, existe um primo p tal que $n \leq p < 2n$.

    [*Sugestão*: Sendo $n = 2k + 1$, então pela conjectura de Bertrand existe um primo p tal que $k \leq p < 2k$.]

28. (a) Se $n > 1$, mostre que $n!$ Nunca é um quadrado perfeito.

    (b) Encontre os valores de $n \geq 1$ para os quais

    $$n! + (n+1)! + (n+2)!$$

    é um quadrado perfeito.

    [*Sugestão*: Note que $n! + (n+1)! + (n+2)! = n!(n+2)^2$.]

CAPÍTULO 4

A TEORIA DAS CONGRUÊNCIAS

Gauss uma vez disse "A Matemática é a rainha das ciências, e a teoria dos números é a rainha da Matemática". Se isso for verdade, podemos acrescentar que a Disquisitiones *é a Carta Magna da teoria dos números.*
M. Cantor

4.1 CARL FRIEDRICH GAUSS

Outra abordagem para questões de divisibilidade é pela aritmética dos restos, ou *pela teoria das congruências*, como é conhecida comumente. O conceito, e a notação que fazem com que seja uma ferramenta tão poderosa, foram introduzidos pela primeira vez pelo matemático alemão Carl Friedrich Gauss (1777–1855) em sua *Disquisitiones Arithmeticae*; esta obra monumental, que apareceu em 1801, quando Gauss tinha 24 anos, lançou as bases da teoria dos números moderna. Diz a lenda que grande parte da *Disquisitiones Arithmeticae* tinha sido apresentada como livro de memórias para a Academia Francesa no ano anterior e tinha sido rejeitado de uma forma que, mesmo que o trabalho fosse tão inútil quanto os avaliadores acreditavam, teria sido imperdoável. (Em uma tentativa de esclarecer este conto difamatório, os oficiais da academia fizeram uma pesquisa exaustiva de seus registros permanentes em 1935 e concluíram que a *Disquisitiones* nunca foi apresentada, e muito menos rejeitada.) "É realmente surpreendente", disse Kronecker, "pensar que um homem solteiro de tão pouca idade foi capaz de trazer à luz uma tal riqueza de resultados, e acima de tudo apresentar um tratamento tão profundo e bem organizado de uma disciplina inteiramente nova."

Carl Friedrich Gauss
(1777–1855)

(*Publicações Dover, Inc.*)

Gauss foi um desses prodígios infantis notáveis cuja aptidão natural para a matemática logo se tornou evidente. Quando criança com 3 anos de idade, de acordo com uma história confirmada, ele corrigiu um erro no cálculo da folha de pagamento de seu pai. Seus poderes aritméticos oprimiam tanto seus professores que, no momento em que Gauss tinha 7 anos de idade, eles admitiram que não havia mais nada que pudessem ensinar ao menino. Diz-se que, em sua primeira aula de aritmética, Gauss surpreendeu o professor, resolvendo de imediato o que estava destinado a ser um "trabalho pesado": encontrar a soma de todos os números de 1 a 100. O jovem Gauss mais tarde confessou ter reconhecido o padrão

$$1 + 100 = 101, 2 + 99 = 101, 3 + 98 = 101, \ldots, 50 + 51 = 101$$

Como há 50 pares de números, cada um dos quais com soma 101, a soma dos números deve ser $50 \cdot 101 = 5050$. Esta técnica fornece outro caminho para obtermos a fórmula

$$1 + 2 + 3 + \cdots + n = \frac{n(n+1)}{2}$$

para a soma dos n primeiros inteiros positivos. É necessário apenas exibir os números inteiros consecutivos de 1 a n em duas linhas da seguinte forma:

$$\begin{array}{cccccc} 1 & 2 & 3 & \cdots & n-1 & n \\ n & n-1 & n-2 & \cdots & 2 & 1 \end{array}$$

A adição das colunas produz n termos, cada um dos quais é igual a $n + 1$; quando esses termos são adicionados, obtemos o valor de $n(n + 1)$. Como a mesma soma é obtida na adição das linhas, o que ocorre é a fórmula $n(n + 1) = 2(1 + 2 + 3 + \cdots + n)$.

Gauss passou a uma sucessão de triunfos, cada nova descoberta seguindo no encalço de uma anterior. O problema da construção de polígonos regulares com apenas "ferramentas euclidianas", isto é, com régua e compasso exclusivamente, havia sido deixado de lado, na crença de que os antigos tivessem esgotado todas as possíveis construções. Em 1796, Gauss mostrou que o polígono regular de 17 lados é construtível, o primeiro avanço na área desde os tempos de Euclides. A tese de doutorado de Gauss de 1799 forneceu uma prova rigorosa do Teorema Fundamental da Álgebra, que tinha sido formulado pela primeira vez por Girard, em 1629 e, em seguida, provado de forma imperfeita por D'Alembert (1746), e mais tarde por Euler (1749). O teorema (ele afirma que uma equação polinomial de grau n tem exatamente n raízes complexas) foi sempre um dos favoritos de Gauss, e ele deu, ao todo, quatro demonstrações distintas do mesmo. A publicação da *Disquisitiones Arithmeticae* em 1801 de uma só vez colocou Gauss na linha de frente dos matemáticos.

A realização mais extraordinária de Gauss foi, principalmente, no domínio da astronomia teórica, mais do que da matemática. Na noite de abertura do século XIX, 1º de janeiro de 1801, o astrônomo italiano Piazzi descobriu o primeiro dos chamados planetas menores (planetoides ou asteroides), mais tarde chamado Ceres. Mas após o curso deste corpo recém-encontrado — visível somente por telescópio — ter passado pelo sol, nem Piazzi, nem qualquer outro astrônomo poderia localizá-lo novamente. As observações de Piazzi se estenderam por um período de 41 dias, durante o qual a órbita varreu um ângulo de apenas nove graus. A partir dos escassos dados disponíveis, Gauss foi capaz de calcular a órbita de Ceres com precisão incrível, e o planeta indescritível foi redescoberto no final do ano quase exatamente na posição que ele havia previsto. Esse sucesso trouxe para Gauss fama mundial e levou à sua nomeação como diretor do Observatório Göttingen.

Em meados do século XIX, a matemática tinha se transformado em uma enorme e pesada estrutura, dividida em um grande número de campos em que só o especialista sabia seu caminho. Gauss foi o último matemático completo, e não é exagero dizer que ele estava em algum grau conectado com quase todos os aspectos do assunto. Seus contemporâneos o consideravam como Princeps Mathematicorum (Príncipe dos Matemáticos), no mesmo nível de Arquimedes e Isaac Newton. Isto é revelado em um pequeno incidente: ao ser perguntado sobre quem era o maior matemático na Alemanha, Laplace respondeu: "Ora, Pfaff." Quando o entrevistador comentou que ele teria pensado que era Gauss, Laplace respondeu: "Pfaff é de longe o maior na Alemanha, mas Gauss é o maior em toda a Europa."

Embora Gauss tenha adornado cada ramo da matemática, ele sempre manteve a teoria dos números em alta estima e afeto. Ele insistiu que "A matemática é a rainha das ciências, e a teoria dos números é a rainha da Matemática".

4.2 PROPRIEDADES BÁSICAS DA CONGRUÊNCIA

No primeiro capítulo da *Disquisitiones Arithmeticae*, Gauss introduz o conceito de congruência e a notação que a torna uma técnica tão poderosa (ele explica que foi induzido a adotar o símbolo $\equiv$ por causa da estreita analogia com a igualdade algébrica). De acordo com Gauss, "se um número n mede a diferença entre dois números a e b, então a e b são ditos ser congruentes com relação a n, se não, incongruentes". Colocando isto na forma de uma definição, temos a Definição 4.1.

Definição 4.1. Seja n um inteiro positivo dado. Diz-se que os inteiros positivos a e b são *congruentes módulo n*, simbolizado por

$$a \equiv b \pmod{n}$$

se n divide a diferença $a - b$, ou seja, desde que $a - b = kn$ para algum inteiro k.

Para fixar a noção, considere $n = 7$. É habitual verificar que

$$3 \equiv 24 \pmod{7} \qquad -31 \equiv 11 \pmod{7} \qquad -15 \equiv -64 \pmod{7}$$

pois, $3 - 24 = (-3)7, -31 - 11 = (-6)7$, e $-15 - (-64) = 7 \cdot 7$. Quando $n \nmid (a - b)$, dizemos que *a é incongruente a b módulo n*, e neste caso escrevemos $a \not\equiv b \pmod{n}$. Para um simples exemplo: $25 \not\equiv 12 \pmod{7}$, pois 7 não divide $25 - 12 = 13$.

Note que quaisquer dois inteiros são congruentes módulo 1, ao passo que dois inteiros são congruentes módulo 2 quando ambos são pares ou ambos são ímpares. Na medida em que a congruência módulo 1 não é interessante, uma prática usual é assumir que $n > 1$.

Dado um número inteiro a, sejam q e r seus quociente e resto da divisão por n, logo

$$a = qn + r \qquad 0 \leq r < n$$

Então, pela definição de congruência $a \equiv r \pmod{n}$. Como há n escolhas para r, vemos que todo inteiro é congruente módulo n a exatamente um dos valores $0, 1, 2, \ldots, n-1$; em particular, $a \equiv 0 \pmod{n}$ se e somente se $n \mid a$. O conjunto dos n inteiros $0, 1, 2, \ldots, n-1$ é chamado o conjunto dos *menores resíduos não negativos módulo n*.

Em geral, diz-se que um conjunto de n inteiros $a_1, a_2, \ldots, a_n$ forma um *conjunto completo de resíduos* (ou um *sistema completo de resíduos*) *módulo n* se cada inteiro é congruente módulo n a um e apenas um dos a_k. Dito de outra maneira, $a_1, a_2, \ldots, a_n$ são congruentes módulo n a $0, 1, 2, \ldots, n-1$, tomada em alguma ordem. Por exemplo,

$$-12, -4, 11, 13, 22, 82, 91$$

constituem um conjunto completo de resíduos módulo 7; aqui, temos

$$-12 \equiv 2 \quad -4 \equiv 3 \quad 11 \equiv 4 \quad 13 \equiv 6 \quad 22 \equiv 1 \quad 82 \equiv 5 \quad 91 \equiv 0$$

todos módulo 7. Uma observação importante é que quaisquer n inteiros formam um conjunto completo de resíduos módulo n se e somente se não há dois dos inteiros que sejam congruentes módulo n. Vamos precisar desse fato mais tarde.

Nosso primeiro teorema fornece uma caracterização útil de congruência módulo n em função dos restos da divisão por n.

Teorema 4.1. Para inteiros arbitrários a e b, $a \equiv b \pmod{n}$ se e somente se a e b deixam o mesmo resto não negativo quando divididos por n.

Demonstração. Primeiro tome $a \equiv b \pmod{n}$, logo $a = b + kn$ para algum número inteiro k. Após a divisão por n, b deixa um resto r; ou seja, $b = qn + r$, onde $0 \leq r < n$. Portanto,

$$a = b + kn = (qn + r) + kn = (q + k)n + r$$

o que indica que a tem o mesmo resto que b.

Por outro lado, suponha que podemos escrever $a = q_1 n + r$ e $b = q_2 n + r$, com o mesmo resto r ($0 \leq r < n$). Então

$$a - b = (q_1 n + r) - (q_2 n + r) = (q_1 - q_2)n$$

Logo $n \mid a - b$. Em linguagem de congruências, temos $a \equiv b \pmod{n}$.

Exemplo 4.1. Como os inteiros -56 e -11 podem ser expressos na forma

$$-56 = (-7)9 + 7 \qquad -11 = (-2)9 + 7$$

com o mesmo resto 7, o Teorema 4.1 nos diz que $-56 \equiv -11 \pmod{9}$. Indo em outra direção, a congruência $-31 \equiv 11 \pmod{7}$ implica que -31 e 11 têm o mesmo resto quando divididos por 7; isto fica claro nas relações

$$-31 = (-5)7 + 4 \qquad 11 = 1 \cdot 7 + 4$$

A congruência pode ser vista como uma forma generalizada da igualdade, no sentido de que o seu comportamento em relação à adição e multiplicação é uma reminiscência da igualdade comum. Algumas propriedades elementares da igualdade que são transferidas para congruências aparecerão no próximo teorema.

Teorema 4.2. Seja $n > 1$ um inteiro fixo e a, b, c, d inteiros arbitrários. Então as seguintes propriedades são válidas:

a) $a \equiv a \pmod{n}$.
b) Se $a \equiv b \pmod{n}$, então $b \equiv a \pmod{n}$.
c) Se $a \equiv b \pmod{n}$ e $b \equiv c \pmod{n}$, então $a \equiv c \pmod{n}$.
d) Se $a \equiv b \pmod{n}$ e $c \equiv d \pmod{n}$, então $a + c \equiv b + d \pmod{n}$ e $ac \equiv bd \pmod{n}$.
e) Se $a \equiv b \pmod{n}$, então $a + c \equiv b + c \pmod{n}$ e $ac \equiv bc \pmod{n}$.
f) Se $a \equiv b \pmod{n}$, então $a^k \equiv b^k \pmod{n}$ para todo inteiro positivo k.

Demonstração. Para qualquer inteiro a, temos $a - a = 0 \cdot n$, de modo que $a \equiv a \pmod{n}$. Agora, se $a \equiv b \pmod{n}$, então $a - b = kn$ para algum número inteiro k. Assim, $b - a = -(kn) = (-k)n$ e como $-k$ é um número inteiro, isto nos dá a propriedade (b).

A propriedade (c) é um pouco menos óbvia: suponha que $a \equiv b \pmod{n}$ e também que $b \equiv c \pmod{n}$. Então existem inteiros h e k satisfazendo $a - b = hn$ e $b - c = kn$. Daqui resulta que

$$a - c = (a - b) + (b - c) = hn + kn = (h + k)n$$

que é $a \equiv c \pmod{n}$ em notação de congruência.

Na mesma linha, se $a \equiv b \pmod{n}$ e $c \equiv d \pmod{n}$, então estamos certos de que $a - b = k_1 n$ e $c - d = k_2 n$ para alguma escolha de k_1 e k_2. Somando essas equações, obtemos

$$(a + c) - (b + d) = (a - b) + (c - d)$$
$$= k_1 n + k_2 n = (k_1 + k_2)n$$

ou, como a congruência afirma, $a + c \equiv b + d \pmod{n}$. Quanto à segunda afirmação da propriedade (d), note que

$$ac = (b + k_1 n)(d + k_2 n) = bd + (bk_2 + dk_1 + k_1 k_2 n)n$$

Como $bk_2 + dk_1 + k_1 k_2 n$ é um inteiro, isto nos diz que $ac - bd$ é divisível por n, logo $ac \equiv bd \pmod{n}$.

A demonstração da propriedade (e) está fundamentada na propriedade (d) e no fato de que $c \equiv c \pmod{n}$. Por fim, obtemos a propriedade (f), usando um argumento de indução. A afirmativa certamente é válida para $k = 1$, e vamos assumir que é válida para algum k fixo. A partir de (d), sabemos que $a \equiv b \pmod{n}$ e $a^k \equiv b^k \pmod{n}$ juntos implicam que $aa^k \equiv bb^k \pmod{n}$, ou equivalentemente $a^{k+1} \equiv b^{k+1} \pmod{n}$. Esta é a forma que a afirmativa toma para $k + 1$, e assim o passo de indução está completo.

Antes de prosseguir, devemos ilustrar que as congruências podem ser uma grande ajuda na realização de certos tipos de cálculos.

Exemplo 4.2 Esforcemo-nos para mostrar que 41 divide $2^{20} - 1$. Começamos observando que $2^5 \equiv -9 \pmod{41}$, donde $(2^5)^4 \equiv (-9)^4 \pmod{41}$ pelo Teorema 4.2(f); em outras palavras, $2^{20} \equiv 81 \cdot 81 \pmod{41}$. Mas $81 \equiv -1 \pmod{41}$, e por isso $81 \cdot 81 \equiv 1 \pmod{41}$. Usando as partes (b) e (e) do Teorema 4.2, finalmente chegamos a

$$2^{20} - 1 \equiv 81 \cdot 81 - 1 \equiv 1 - 1 \equiv 0 \pmod{41}$$

Então $41 \mid 2^{20} - 1$, como desejado.

Exemplo 4.3. Para outro exemplo com o mesmo espírito, suponha que queremos encontrar o resto obtido na divisão da soma

$$1! + 2! + 3! + 4! + \cdots + 99! + 100!$$

por 12. Sem a ajuda das congruências isso seria um cálculo incrível. A observação inicial é que $4! \equiv 24 \equiv 0 \pmod{12}$; assim, para $k \geq 4$,

$$k! \equiv 4! \cdot 5 \cdot 6 \cdots k \equiv 0 \cdot 5 \cdot 6 \cdots k \equiv 0 \pmod{12}$$

Desta forma, encontramos que

$$1! + 2! + 3! + 4! + \cdots + 100!$$
$$\equiv 1! + 2! + 3! + 0 + \cdots + 0 \equiv 9 \pmod{12}$$

Assim, a soma em questão deixa resto 9, quando dividida por 12.

No Teorema 4.1 vimos que se $a \equiv b \pmod{n}$, então $ca \equiv cb \pmod{n}$ para qualquer inteiro c. A recíproca, porém, não é válida. Como um exemplo, talvez bastante simples, note que $2 \cdot 4 \equiv 2 \cdot 1 \pmod 6$, enquanto $4 \not\equiv 1 \pmod 6$. Em resumo: não se pode cancelar irrestritamente um fator comum na aritmética de congruências.

Com as devidas precauções, o cancelamento pode ser feito; um passo importante nessa direção é fornecido pelo teorema a seguir.

Teorema 4.3. Se $ca \equiv cb \pmod{n}$, então $a \equiv b \pmod{n/d}$, em que $d = \mathrm{mdc}(c, n)$.

Demonstração. Por hipótese, podemos escrever

$$c(a - b) = ca - cb = kn$$

para algum inteiro k. Sabendo que $\mathrm{mdc}(c, n) = d$, existem primos relativos r e s satisfazendo $c = dr$, $n = ds$. Quando esses valores são substituídos na equação exibida e o fator comum d cancelado, o resultado final é

$$r(a - b) = ks$$

Assim, $s \mid r(a - b)$ e $\mathrm{mdc}(r, s) = 1$. O lema de Euclides garante que $s \mid a - b$, o que pode ser reformulado $a \equiv b \pmod{s}$; em outras palavras $a \equiv b \pmod{n/d}$.

O Teorema 4.3 obtém sua força máxima quando a exigência de que $\mathrm{mdc}(c, n) = 1$ é adicionada, para, em seguida, o cancelamento poder ser feito sem uma mudança no módulo.

Corolário 1. Se $ca \equiv cb \pmod{n}$ e $\mathrm{mdc}(c, n) = 1$, então $a \equiv b \pmod{n}$.

Tomamos um momento para registrar um caso especial do Corolário 1 que teremos oportunidades frequentes para usar, a saber, o Corolário 2.

Corolário 2. Se $ca \equiv cb \pmod{p}$ e $p \nmid c$, em que p é um número primo, então $a \equiv b \pmod{p}$.

Demonstração. A condição $p \nmid c$ e p um número primo implicam que $\mathrm{mdc}(c, p) = 1$.

Exemplo 4.4. Considere a congruência $33 \equiv 15 \pmod 9$ ou, se preferir, $3 \cdot 11 \equiv 3 \cdot 5 \pmod 9$. Como $\mathrm{mdc}(3, 9) = 3$, o Teorema 4.3 leva a concluir que $11 \equiv 5 \pmod 3$. Uma ilustração adicional é dada pela congruência $-35 \equiv 45 \pmod 8$, que é o mesmo que $5 \cdot (-7) \equiv 5 \cdot 9 \pmod 8$. Como os inteiros 5 e 8 são primos relativos, podemos cancelar o fator 5 para obter a congruência $-7 \equiv 9 (\mod 8)$.

Vamos chamar a atenção para o fato de que, no Teorema 4.3, não é necessário estabelecer que $c \not\equiv 0 \pmod{n}$. De fato, se $c \equiv 0 \pmod{n}$, então mdc(c, n) = n e a conclusão do teorema garantiria que $a \equiv b \pmod{1}$; mas, tal como referido anteriormente, isto é trivialmente válido para todos os inteiros a e b.

Há outra situação curiosa que pode surgir com as congruências: o produto de dois números inteiros, nenhum dos quais congruente a zero, pode vir a ser congruente a zero. Por exemplo, $4 \cdot 3 \equiv 0 \pmod{12}$, mas $4 \not\equiv 0 \pmod{12}$ e $3 \not\equiv 0 \pmod{12}$. É simples mostrar que se $ab \equiv 0 \pmod{n}$ e mdc(a, n) = 1, então $b \equiv 0 \pmod{n}$: o Corolário 1 nos permite legitimamente cancelar o fator a de ambos os lados da congruência $ab \equiv a \cdot 0 \pmod{n}$. Uma variação nisso ocorre quando $ab \equiv 0 \pmod{p}$, com p primo, então ou $a \equiv 0 \pmod{p}$ ou $b \equiv 0 \pmod{p}$.

PROBLEMAS 4.2

1. Prove cada afirmativa a seguir:
   (a) Se $a \equiv b \pmod{n}$ e $m \mid n$, então $a \equiv b \pmod{m}$.
   (b) Se $a \equiv b \pmod{n}$ e $c > 0$, então $ca \equiv cb \pmod{cn}$.
   (c) Se $a \equiv b \pmod{n}$ e os inteiros a, b, n são divisíveis por $d > 0$, então $a/d \equiv b/d \pmod{n/d}$.

2. Dê um exemplo para mostrar que $a^2 \equiv b^2 \pmod{n}$ não necessariamente implica que $a \equiv b \pmod{n}$.

3. Se $a \equiv b \pmod{n}$, prove que mdc(a, n) = mdc(b, n).

4. (a) Encontre os restos da divisão de 2^{50} e 41^{65} por 7.
   (b) Qual é o resto da divisão da soma a seguir por 4?
   $$1^5 + 2^5 + 3^5 + \cdots + 99^5 + 100^5$$

5. Prove que o inteiro $53^{103} + 103^{53}$ é divisível por 39, e que $111^{333} + 333^{111}$ é divisível por 7.

6. Para $n \geq 1$, use a teoria das congruências para provar cada uma das sentenças:
   (a) $7 \mid 5^{2n} + 3 \cdot 2^{5n-2}$.
   (b) $13 \mid 3^{n+2} + 4^{2n+1}$.
   (c) $27 \mid 2^{5n+1} + 5^{n+2}$.
   (d) $43 \mid 6^{n+2} + 7^{2n+1}$.

7. Para $n \geq 1$, mostre que
   $$(-13)^{n+1} \equiv (-13)^n + (-13)^{n-1} \pmod{181}$$
   [*Sugestão:* Note que $(-13)^2 \equiv -13 + 1 \pmod{181}$; use indução sobre n.]

8. Prove as seguintes afirmações:
   (a) Se a é um inteiro ímpar, então $a^2 \equiv 1 \pmod{8}$.
   (b) Para todo inteiro a, $a^3 \equiv 0, 1$, ou $6 \pmod{7}$.
   (c) Para todo inteiro a, $a^4 \equiv 0$ ou $1 \pmod{5}$.
   (d) Se o inteiro a não é divisível nem por 2 nem por 3, então $a^2 \equiv 1 \pmod{24}$.

9. Se p é um primo tal que $n < p < 2n$, mostre que
   $$\binom{2n}{n} \equiv 0 \pmod{p}$$

10. Se $a_1, a_2, \ldots, a_n$ é um conjunto completo de resíduos módulo n e mdc$(a, n) = 1$, prove que $aa_1, aa_2, \ldots, aa_n$ também é um conjunto completo de resíduos módulo n.
    [*Sugestão*: É suficiente mostrar que os números em questão não são congruentes módulo n.]

11. Verifique que $0, 1, 2, 2^2, 2^3, \ldots, 2^9$ formam um conjunto completo de resíduos módulo 11, mas que $0, 1^2, 2^2, 3^2, \ldots, 10^2$ não formam.

12. Prove as seguintes afirmações:

    (a) Se mdc$(a, n) = 1$, então os inteiros

    $$c, c + a, c + 2a, c + 3a, \ldots, c + (n-1)a$$

    formam um conjunto completo de resíduos módulo n para todo c.

    (b) Quaisquer n inteiros consecutivos formam um conjunto completo de resíduos módulo n.
    [*Sugestão*: Use o item (a).]

    (c) O produto de quaisquer n inteiros consecutivos é divisível por n.

13. Verifique que se $a \equiv b \pmod{n_1}$ e $a \equiv b \pmod{n_2}$, então $a \equiv b \pmod{n}$, em que o inteiro $n = \text{mmc}(n_1, n_2)$. Assim, quando n_1 e n_2 são primos relativos, $a \equiv b \pmod{n_1 n_2}$.

14. Dê um exemplo para mostrar que $a^k \equiv b^k \pmod{n}$ e $k \equiv j \pmod{n}$ não implica necessariamente que $a^j \equiv b^j \pmod{n}$.

15. Prove que se a é um inteiro ímpar, então para todo $n \geq 1$

    $$a^{2^n} \equiv 1 \pmod{2^{n+2}}$$

    [*Sugestão*: Use indução sobre n.]

16. Use o teorema das congruências para provar que

    $$89 \mid 2^{44} - 1 \quad \text{e} \quad 97 \mid 2^{48} - 1$$

17. Prove que sempre que $ab \equiv cd \pmod{n}$ e $b \equiv d \pmod{n}$, com mdc$(b, n) = 1$, então $a \equiv c \pmod{n}$.

18. Se $a \equiv b \pmod{n_1}$ e $a \equiv c \pmod{n_2}$, prove que $b \equiv c \pmod{n}$, em que $n = $ mdc(n_1, n_2).

4.3 REPRESENTAÇÕES BINÁRIA E DECIMAL DOS INTEIROS

Uma das aplicações mais interessantes da teoria das congruências envolve encontrar critérios especiais sob os quais um determinado número inteiro é divisível por outro número inteiro. Em sua essência, estes testes de divisibilidade dependem do sistema de numeração usados para registrar os inteiros e, mais particularmente, do fato de que 10 é a base para o nosso sistema de numeração. Vamos, portanto, começar mostrando que, dado um inteiro $b > 1$, qualquer inteiro positivo N pode ser escrito exclusivamente em função de potências de b como

$$N = a_m b^m + a_{m-1} b^{m-1} + \cdots + a_2 b^2 + a_1 b + a_0$$

em que os coeficientes a_k podem ser tomados entre b diferentes valores $0, 1, 2, \ldots, b-1$. Do algoritmo da divisão obtém-se inteiros q_1 e a_0 que satisfazem

$$N = q_1 b + a_0 \qquad 0 \leq a_0 < b$$

Se $q_1 \geq b$, podemos dividir mais uma vez, obtendo

$$q_1 = q_2 b + a_1 \qquad 0 \leq a_1 < b$$

Agora substituímos q_1 na equação anterior para obter

$$N = (q_2 b + a_1)b + a_0 = q_2 b^2 + a_1 b + a_0$$

Se $q_2 \geq b$, podemos continuar da mesma forma. Indo mais um passo; $q_2 = q_3 b + a_2$, em que $0 \leq a_2 \leq b$; assim

$$N = q_3 b^3 + a_2 b^2 + a_1 b + a_0$$

Como $N > q_1 > q_2 > \cdots \geq 0$ é uma sequência estritamente decrescente de números inteiros, este processo deve finalmente terminar, digamos, na $(m-1)$-ésima etapa, em que

$$q_{m-1} = q_m b + a_{m-1} \qquad 0 \leq a_{m-1} < b$$

e $0 \leq q_m < b$. Fixando $a_m = q_m$, chegamos à representação

$$N = a_m b^m + a_{m-1} b^{m-1} + \cdots + a_1 b + a_0$$

que era nosso objetivo.

Para mostrar a unicidade, vamos supor que N tenha duas representações distintas, digamos,

$$N = a_m b^m + \cdots + a_1 b + a_0 = c_m b^m + \cdots + c_1 b + c_0$$

com $0 \leq a_i < b$ para cada i e $0 \leq c_j < b$ para cada j (podemos usar o mesmo m simplesmente adicionando termos com coeficientes $a_i = 0$ ou $c_j = 0$, se necessário). Subtraindo a segunda representação da primeira, temos a equação

$$0 = d_m b^m + \cdots + d_1 b + d_0$$

em que $d_i = a_i - c_i$ para $i = 0, 1, \ldots, m$. Como assumimos que as duas representações para N são diferentes, temos que ter $d_i \neq 0$ para algum valor de i. Seja k o menor índice para o qual $d_k \neq 0$. Então

$$0 = d_m b^m + \cdots + d_{k+1} b^{k+1} + d_k b^k$$

e, consequentemente, depois de dividir por b^k,

$$d_k = -b(d_m b^{m-k-1} + \cdots + d_{k+1})$$

Isto nos diz que $b \mid d_k$. Agora as desigualdades $0 \leq a_k < b$ e $0 \leq c_k < b$ nos conduzem a $-b < a_k - c_k < b$, ou $|d_k| < b$. A única maneira de contemplarmos as condições $b \mid d_k$ e $|d_k| < b$ é termos $d_k = 0$, o que é impossível. Desta contradição concluímos que a representação de N é única.

O essencial de tudo isto é que o número inteiro N é completamente determinado pela sequência ordenada $a_m, a_{m-1}, \ldots, a_1, a_0$ dos coeficientes, com os sinais de mais e as potências de b sendo supérfluos. Assim, o número

$$N = a_m b^m + a_{m-1} b^{m-1} + \cdots + a_2 b^2 + a_1 b + a_0$$

pode ser substituído pelo símbolo simples

$$N = (a_m a_{m-1} \cdots a_2 a_1 a_0)_b$$

(o lado direito não deve ser interpretado como um produto, mas apenas como uma abreviação para *N*). Chamamos isso de *notação valor-lugar na base b para N*.

Valores pequenos de *b* dão origem a uma longa representação dos números, mas têm a vantagem de exigir menos opções para os coeficientes. O caso mais simples ocorre quando a base $b = 2$, e o sistema de numeração resultante é chamado *sistema de numeração binário* (do Latim *binarius*, dois). O fato de, quando um número está escrito no sistema binário, apenas os números inteiros 0 e 1 podem aparecer como coeficientes significa que cada número inteiro positivo pode ser expresso de maneira única como soma de potências distintas de 2. Por exemplo, o número inteiro 105 pode ser escrito como

$$105 = 1 \cdot 2^6 + 1 \cdot 2^5 + 0 \cdot 2^4 + 1 \cdot 2^3 + 0 \cdot 2^2 + 0 \cdot 2 + 1$$
$$= 2^6 + 2^5 + 2^3 + 1$$

ou, de forma abreviada,

$$105 = (1101001)_2$$

Em outra direção, $(1001111)_2$ se traduz

$$1 \cdot 2^6 + 0 \cdot 2^5 + 0 \cdot 2^4 + 1 \cdot 2^3 + 1 \cdot 2^2 + 1 \cdot 2 + 1 = 79$$

O sistema binário é o mais conveniente para a utilização em máquinas modernas de computação eletrônica, porque os números binários são representados por sequências de zeros e uns; 0 e 1 podem ser expressos na máquina por um interruptor (ou um dispositivo eletrônico similar) sendo ligado ou desligado.

Frequentemente desejamos calcular o valor de $a^k \pmod{n}$, quando *k* é grande. Existe uma maneira mais eficiente de se obter o menor resíduo positivo do que a multiplicação de *a* por si mesmo *k* vezes antes de reduzir módulo *n*? Tal procedimento, chamado *algoritmo exponencial binário*, se baseia em quadraturas sucessivas, com uma redução módulo *n* depois de cada quadratura. Mais especificamente, o expoente *k* é escrito na forma binária, como $k = (a_m a_{m-1} \ldots a_2 a_1 a_0)_2$, e os valores $a^{2^j} \pmod{n}$ são calculados para as potências de 2, que correspondem aos 1's da representação binária. Estes resultados parciais são multiplicados para dar a resposta final.

Uma ilustração esclarece este processo.

Exemplo 4.5. Para calcular $5^{110} \pmod{131}$, primeiro note que o expoente 110 pode ser expresso na forma binária como

$$110 = 64 + 32 + 8 + 4 + 2 = (1101110)_2$$

Assim, obtemos as potências $5^{2^j} \pmod{131}$ para $0 \leq j \leq 6$ por quadraturas repetidas enquanto em cada etapa reduzimos cada resultado módulo 131:

$$\begin{array}{ll} 5^2 \equiv 25 \pmod{131} & 5^{16} \equiv 27 \pmod{131} \\ 5^4 \equiv 101 \pmod{131} & 5^{32} \equiv 74 \pmod{131} \\ 5^8 \equiv 114 \pmod{131} & 5^{64} \equiv 105 \pmod{131} \end{array}$$

Quando os resultados parciais adequados — aqueles que correspondem aos 1's na expansão binária de 110 — são multiplicados, vemos que

$$\begin{aligned} 5^{110} &= 5^{64+32+8+4+2} \\ &= 5^{64} \cdot 5^{32} \cdot 5^8 \cdot 5^4 \cdot 5^2 \\ &\equiv 105 \cdot 74 \cdot 114 \cdot 101 \cdot 25 \equiv 60 \pmod{131} \end{aligned}$$

Com uma pequena variação no procedimento, pode-se calcular, módulo 131, as potências 5, 5^2, 5^3, 5^6, 5^{12}, 5^{24}, 5^{48}, 5^{96} para chegar a

$$5^{110} = 5^{96} \cdot 5^{12} \cdot 5^2 \equiv 41 \cdot 117 \cdot 25 \equiv 60 \pmod{131}$$

o que exigiria menos duas multiplicações.

Nós, normalmente, escrevemos números no sistema decimal de notação, em que $b = 10$, omitindo o índice 10 subscrito que especifica a base. Por exemplo, o símbolo 1492 representa a expressão

$$1 \cdot 10^3 + 4 \cdot 10^2 + 9 \cdot 10 + 2$$

Os números inteiros 1, 4, 9 e 2 são chamados os dígitos do número dado, sendo 1 o dígito dos milhares, 4 o dígito das centenas, 9 o dígito das dezenas, e 2 o dígito das unidades. Em linguagem técnica nos referimos à representação dos números inteiros positivos como somas de potências de 10, com coeficientes, no máximo, 9, como a sua *representação decimal* (do Latim *decem*, dez).

Estamos quase prontos para deduzir critérios para determinar se um inteiro é divisível por 9 ou 11, sem realizar a divisão. Para isso, precisamos de um resultado que tem a ver com congruências envolvendo polinômios com coeficientes inteiros.

Teorema 4.4. Seja $P(x) = \sum_{k=0}^{m} c_k x^k$ uma função polinomial de x com coeficientes inteiros c_k. Se $a \equiv b \pmod{n}$, então $P(a) \equiv P(b) \pmod{n}$.

Demonstração. Como $a \equiv b \pmod{n}$, a parte (f) do Teorema 4.2 pode ser empregada para dar $a^k \equiv b^k \pmod{n}$ para $k = 0, 1, \ldots, m$. Portanto,

$$c_k a^k \equiv c_k b^k \pmod{n}$$

para todo k. Adicionando estas $m + 1$ congruências, concluímos que

$$\sum_{k=0}^{m} c_k a^k \equiv \sum_{k=0}^{m} c_k b^k \pmod{n}$$

ou, em notação diferente, $P(a) \equiv P(b) \pmod{n}$.

Se $P(x)$ é uma função polinomial com coeficientes inteiros, dizemos que a é uma solução da congruência $P(x) \equiv 0 \pmod{n}$ se $P(a) \equiv 0 \pmod{n}$.

Corolário. Se a é uma solução de $P(x) \equiv 0 \pmod{n}$ e $a \equiv b \pmod{n}$, então b também é uma solução.

Demonstração. Do último teorema, sabe-se que $P(a) \equiv P(b) \pmod{n}$. Assim, se a é uma solução de $P(x) \equiv 0 \pmod{n}$, então $P(b) \equiv P(a) \equiv 0 \pmod{n}$ faz de b uma solução.

Um teste de divisibilidade que temos em mente é o seguinte. Um número inteiro positivo é divisível por 9 se e somente se a soma dos algarismos de sua representação decimal é divisível por 9.

Teorema 4.5. Seja $N = a_m 10^m + a_{m-1} 10^{m-1} + \cdots + a_1 10 + a_0$ a expansão decimal do inteiro positivo N, $0 \leq a_k < 10$, e seja $S = a_0 + a_1 + \cdots + a_m$. Então $9 \mid N$ se e somente se $9 \mid S$.

Demonstração. Considere $P(x) = \sum_{k=0}^{m} c_k x^k$ uma função polinomial com coeficientes inteiros. A observação fundamental é que $10 \equiv 1 \pmod{9}$, daí pelo Teorema 4.4, $P(10) \equiv P(1) \pmod{9}$. Mas $P(10) = N$ e $P(1) = a_0 + a_1 + \cdots + a_m = S$, logo $N \equiv S \pmod{9}$. Segue-se que $N \equiv 0 \pmod{9}$ se e somente se $S \equiv 0 \pmod{9}$, que é o que queríamos provar.

O Teorema 4.4 também serve como base para o teste bem conhecido de divisibilidade por 11: um número inteiro é divisível por 11 se e somente se a soma alternada dos seus dígitos é divisível por 11. Afirmamos isso mais precisamente pelo Teorema 4.6.

Teorema 4.6. Seja $N = a_m 10^m + a_{m-1} 10^{m-1} + \cdots + a_1 10 + a_0$ a expansão decimal do inteiro positivo N, $0 \le a_k < 10$, e seja $T = a_0 - a_1 + a_2 - \cdots + (-1)^m a_m$. Então $11 \mid N$ se e somente se $11 \mid T$.

Demonstração. Como na demonstração do Teorema 4.5, faça $P(x) = \sum_{k=0}^{m} a_k x^k$. Como $10 \equiv -1 \pmod{11}$, obtemos $P(10) \equiv P(-1) \pmod{11}$. Mas $P(10) = N$ enquanto $P(-1) = a_0 - a_1 + a_2 - \cdots + (-1)^m a_n = T$, logo $N \equiv T \pmod{11}$. A implicação é que ou N e T são divisíveis por 11 ou nenhum dos dois é divisível por 11.

Exemplo 4.6. Para ver uma ilustração destes dois últimos resultados, considere o inteiro $N = 1571724$. Como a soma

$$1 + 5 + 7 + 1 + 7 + 2 + 4 = 27$$

é divisível por 9, o Teorema 4.5 garante que 9 divide N. Ele também pode ser dividido por 11; pois a soma alternada

$$4 - 2 + 7 - 1 + 7 - 5 + 1 = 11$$

é divisível por 11.

A Teoria das congruências é frequentemente usada para acrescentar um dígito de verificação extra para números de identificação, a fim de reconhecer os erros de transmissão ou falsificações. Números de identificação pessoal de algum tipo aparecem nos passaportes, cartões de crédito, contas bancárias e uma variedade de outras situações.

Alguns bancos usam um número de identificação de oito dígitos $a_1 a_2 \ldots a_8$ juntamente com um dígito final do cheque a_9. O dígito do cheque geralmente é obtido multiplicando-se os dígitos a_i ($1 \le i \le 8$) por certos "pesos" e calculando-se a soma dos produtos ponderados módulo 10. Por exemplo, o dígito do cheque pode ser escolhido para satisfazer

$$a_9 \equiv 7a_1 + 3a_2 + 9a_3 + 7a_4 + 3a_5 + 9a_6 + 7a_7 + 3a_8 \pmod{10}$$

O número de identificação 81504216 teria então o dígito do cheque

$$a_9 \equiv 7 \cdot 8 + 3 \cdot 1 + 9 \cdot 5 + 7 \cdot 0 + 3 \cdot 4 + 9 \cdot 2 + 7 \cdot 1 + 3 \cdot 6 \equiv 9 \pmod{10}$$

de modo que 815042169 seria impresso no cheque.

Este sistema de ponderação para atribuir dígitos de verificação detecta qualquer erro de um dígito no número de identificação. Suponhamos que o dígito a_i seja substituído por um a_i' diferente. Pela maneira como o dígito do cheque é calculado, a diferença entre o a_9 correto e o novo a_9' é

$$a_9 - a_9' \equiv k(a_i - a_i') \pmod{10}$$

em que k é 7, 3 ou 9 dependendo da posição de a_i'. Como $k(a_i - a_i') \not\equiv 0 \pmod{10}$, segue-se que $a_9 \ne a_9'$ e o erro é evidenciado. Assim, se o número válido 81504216 fosse inserido incorretamente como 81504316 em um computador programado para calcular dígitos de cheque, um 8 viria em vez do 9 esperado.

A abordagem módulo 10 não é totalmente eficaz, pois nem sempre detecta o erro comum de transpor entradas adjacentes distintas a e b dentro da sequência de dígitos. Para ilustrar: os números de identificação 81504216 e 81504261 têm o mesmo dígito 9, quando os pesos de nosso exemplo são usados. (O problema ocorre quando $|a - b| = 5$.) Métodos mais sofisticados estão disponíveis, com módulos de maiores dimensões e pesos diferentes, o que preveniria este possível erro.

PROBLEMAS 4.3

1. Use o algoritmo da exponenciação binária para calcular 19^{53} (mod 503) e 141^{47} (mod 1537).
2. Prove as seguintes afirmações:
   (a) Para todo inteiro a, o dígito das unidades de a^2 é 0, 1, 4, 5, 6 ou 9.
   (b) Qualquer um dos inteiros 0, 1, 2, 3, 4, 5, 6, 7, 8, 9 pode ser o dígito das unidades de a^3.
   (c) Para todo inteiro a, o dígito das unidades de a^4 é 0, 1, 5 ou 6.
   (d) O dígito das unidades de um número triangular é 0, 1, 3, 5, 6 ou 8.
3. Encontre os dois últimos dígitos do número 9^{9^9}.
   [*Sugestão*: $9^9 \equiv 9 \pmod{10}$; daí, $9^{9^9} = 9^{9+10k}$; note que $9^9 \equiv 89 \pmod{100}$.]
4. Sem efetuar as divisões, determine se os inteiros 176521221 e 149235678 são divisíveis por 9 ou 11.
5. (a) Obtenha a seguinte generalização do Teorema 4.6: se um inteiro N é representado na base b por

   $$N = a_m b^m + \cdots + a_2 b^2 + a_1 b + a_0 \qquad 0 \le a_k \le b - 1$$

   então $b - 1 \mid N$ se e somente se $b - 1 \mid (a_m + \cdots + a_2 + a_1 + a_0)$.
   (b) Dê um critério de divisibilidade de N por 3 e por 8 que dependa dos dígitos de N quando escrito na base 9.
   (c) O inteiro $(447836)_9$ é divisível por 3 e por 8?
6. Trabalhando módulo 9 ou 11, encontre os dígitos que estão faltando nos cálculos a seguir:
   (a) $51840 \cdot 273581 = 1418243x040$.
   (b) $2x99561 = [3(523 + x)]^2$.
   (c) $2784x = x \cdot 5569$.
   (d) $512 \cdot 1x53125 = 1000000000$.
7. Prove os seguintes critérios de divisibilidade:
   (a) Um inteiro é divisível por 2 se e somente se seu dígito das unidade for 0, 2, 4, 6 ou 8.
   (b) Um inteiro é divisível por 3 se e somente se a soma de seus dígitos for divisível por 3.
   (c) Um inteiro é divisível por 4 se e somente se o número formado pelos seus dígitos das dezenas e das unidades for divisível por 4.
   [*Sugestão*: $10^k \equiv 0 \pmod 4$ para $k \ge 2$.]
   (d) Um inteiro é divisível por 5 se e somente se seu dígito das unidade for 0 ou 5.
8. Para todo inteiro a, mostre que $a^2 - a + 7$ termina em 3, 7 ou 9.
9. Encontre o resto da divisão de 4444^{4444} por 9.
   [*Sugestão*: Observe que $2^3 \equiv -1 \pmod 9$.]
10. Prove que nenhum inteiro cujos dígitos somam 15 pode ser um quadrado ou um cubo.
    [*Sugestão*: Para todo inteiro a, $a^3 \equiv 0, 1$ ou $8 \pmod 9$.]
11. Admitindo que 495 divide $273x49y5$, obtenha os dígitos x e y.

12. Determine os três últimos dígitos do número 7^{999}.
    [*Sugestão*: $7^{4n} \equiv (1+400)^n \equiv 1+400n \pmod{1000}$.]

13. Se t_n é o n-ésimo número triangular, mostre que $t_{n+2k} \equiv t_n \pmod{k}$; consequentemente t_n e t_{n+20} têm o mesmo último dígito.

14. Para todo $n \geq 1$, prove que existe um primo com ao menos n de seus dígitos iguais a 0.
    [*Sugestão*: Considere a progressão aritmética $10^{n+1}k + 1$ para $k = 1, 2, \ldots$.]

15. Encontre os valores de $n \geq 1$ para os quais $1! + 2! + 3! + \cdots + n!$ é um quadrado perfeito.
    [*Sugestão*: Problema 2(a).]

16. Mostre que 2^n divide um inteiro N se e somente se 2^n divide o número formado pelos últimos n dígitos de N.
    [*Sugestão*: $10^k = 2^k 5^k \equiv 0 \pmod{2^n}$ para $k \geq n$.]

17. Seja $N = a_m 10^m + \cdots + a_2 10^2 + a_1 10 + a_0$, em que $0 \leq a_k \leq 9$, a expansão decimal do inteiro positivo N.
    (a) Prove que 7, 11 e 13 dividem N se e somente se 7, 11 e 13 dividem o inteiro
    $$M = (100a_2 + 10a_1 + a_0) - (100a_5 + 10a_4 + a_3) + (100a_8 + 10a_7 + a_6) - \cdots$$
    [*Sugestão*: Se n é par, então $10^{3n} \equiv 1$, $10^{3n+1} \equiv 10$, $10^{3n+2} \equiv 100 \pmod{1001}$; se n é ímpar, então $10^{3n} \equiv -1$, $10^{3n+1} \equiv -10$, $10^{3n+2} \equiv -100 \pmod{1001}$.]
    (b) Prove que 6 divide N se e somente se 6 divide o inteiro
    $$M = a_0 + 4a_1 + 4a_2 + \cdots + 4a_m$$

18. Sem efetuar as divisões, determine se o inteiro 1010908899 é divisível por 7, 11 e 13.

19. (a) Dado um inteiro N, seja M o inteiro formado pela inversão da ordem dos dígitos de N (por exemplo, se $N = 6923$, então $M = 3296$). Verifique que $N - M$ é divisível por 9.
    (b) Um palíndromo é um número que se lê da mesma forma da frente para trás e de trás para a frente (por exemplo, 373 e 521125 são palíndromos). Prove que todo palíndromo com um número par de dígitos é divisível por 11.

20. Dada uma repunidade R_n, mostre que
    (a) $9 \mid R_n$ se e somente se $9 \mid n$.
    (b) $11 \mid R_n$ se e somente se n é par.

21. Fatore a repunidade $R_6 = 111111$ num produto de primos.
    [*Sugestão*: Problema 17 (a).]

22. Explique por que razão os seguintes cálculos curiosos se realizam:
$$1 \cdot 9 + 2 = 11$$
$$12 \cdot 9 + 3 = 111$$
$$123 \cdot 9 + 4 = 1111$$
$$1234 \cdot 9 + 5 = 11111$$
$$12345 \cdot 9 + 6 = 111111$$
$$123456 \cdot 9 + 7 = 1111111$$
$$1234567 \cdot 9 + 8 = 11111111$$
$$12345678 \cdot 9 + 9 = 111111111$$
$$123456789 \cdot 9 + 10 = 1111111111$$

[*Sugestão*: Mostre que
$$(10^{n-1} + 2 \cdot 10^{n-2} + 3 \cdot 10^{n-3} + \cdots + n)(10 - 1)$$
$$+(n+1) = \frac{10^{n+1} - 1}{9}.]$$

23. Uma nota fiscal velha e um pouco ilegível mostra que 72 presuntos enlatados foram comprados por \$*x*67.9*y*. Encontre os dígitos que estão faltando.

24. Se 792 divide o inteiro 13*xy*45*z*, encontre os dígitos *x*, *y* e *z*.
    [*Sugestão*: Pelo Problema 17, 8 | 45*z*.]

25. Para todo primo *p* > 3, prove que 13 divide $10^{2p} - 10^p + 1$.

26. Considere a identificação bancária de oito dígitos $a_1 a_2 \ldots a_8$, que são seguidos por um nono dígito de controle escolhido para satisfazer a congruência

    $$a_9 \equiv 7a_1 + 3a_2 + 9a_3 + 7a_4 + 3a_5 + 9a_6 + 7a_7 + 3a_8 \pmod{10}$$

    (a) Obtenha os dígitos de controle que seriam acrescentados aos números 55382006 e 81372439.

    (b) A identificação bancária $237a_4 18538$ tem o quarto dígito ilegível. Determine o valor deste dígito não identificado.

27. O International Standard Book Number (ISBN) usado em muitas livrarias consiste em nove dígitos $a_1 a_2 \ldots a_9$ seguidos de um décimo dígito de controle a_{10} que satisfaz

    $$a_{10} \equiv \sum_{k=1}^{9} k a_k \pmod{11}$$

    Determine se cada um dos ISBNs a seguir está correto

    (a) 0-07-232569-0 (Estados Unidos).

    (b) 91-7643-497-5 (Suécia).

    (c) 1-56947-303-10 (Inglaterra).

28. Quando impresso o ISBN $a_1 a_2 \ldots a_9$, dois dígitos diferentes foram transpostos. Mostre que o dígito de controle detectou este erro.

4.4 CONGRUÊNCIAS LINEARES E O TEOREMA CHINÊS DO RESTO

Este é um momento conveniente no nosso desenvolvimento da teoria dos números para investigar a teoria das congruências lineares: uma equação da forma $ax \equiv b \pmod{n}$ é chamada *congruência linear*, e uma solução de tal equação é um inteiro x_0 para o qual $ax_0 \equiv b \pmod{n}$. Por definição, $ax_0 \equiv b \pmod{n}$ se e somente se $n \mid ax_0 - b$ ou, o que equivale à mesma coisa, se e somente se $ax_0 - b = ny_0$ para algum inteiro y_0. Assim, o problema de encontrar todos os números inteiros que satisfarão a congruência linear $ax \equiv b \pmod{n}$ é idêntico ao da obtenção de todas as soluções da equação diofantina linear $ax - ny = b$. Isto nos permite retomar os resultados do Capítulo 2.

É conveniente tratar duas soluções de $ax \equiv b \pmod{n}$ que são congruentes módulo n como sendo "iguais", mesmo que elas não sejam iguais no sentido usual. Por exemplo, $x = 3$ e $x = -9$ satisfazem à congruência $3x \equiv 9 \pmod{12}$; como $3 \equiv -9 \pmod{12}$, elas não contam como soluções diferentes. Em suma: quando nos referimos ao número de soluções de $ax \equiv b \pmod{n}$, queremos dizer o número de inteiros incongruentes que satisfazem esta congruência.

Com estas observações em mente, o principal resultado é fácil de enunciar.

Teorema 4.7. A congruência linear $ax \equiv b \pmod{n}$ possui solução se e somente se $d \mid b$, em que $d = \text{mdc}(a, n)$. Se $d \mid b$, então há d soluções mutuamente incongruentes módulo n.

Demonstração. Nós já observamos que a congruência dada é equivalente à equação diofantina $ax - ny = b$. Do Teorema 2.9, sabe-se que a última equação pode ser resolvida se e somente se $d \mid b$; além disso, se possui solução e x_0, y_0 é uma solução específica, então qualquer outra solução tem a forma

$$x = x_0 + \frac{n}{d}t \qquad y = y_0 + \frac{a}{d}t$$

para alguma escolha de t.

Entre os vários inteiros que satisfazem estas fórmulas, considere aqueles que ocorrem quando t assume os valores sucessivos $t = 0, 1, 2, \ldots, d - 1$;

$$x_0, x_0 + \frac{n}{d}, x_0 + \frac{2n}{d}, \ldots, x_0 + \frac{(d-1)n}{d}$$

Afirmamos que esses inteiros são incongruentes módulo n, e todos os outros inteiros x são congruentes com algum deles. Se acontecesse que

$$x_0 + \frac{n}{d}t_1 \equiv x_0 + \frac{n}{d}t_2 \pmod{n}$$

em que $0 \leq t_1 < t_2 \leq d - 1$, então teríamos

$$\frac{n}{d}t_1 \equiv \frac{n}{d}t_2 \pmod{n}$$

Agora $\mathrm{mdc}(n/d, n) = n/d$, e então pelo Teorema 4.3 o fator n/d pode ser cancelado para se chegar à congruência

$$t_1 \equiv t_2 \pmod{d}$$

o que significa que $d \mid t_2 - t_1$. Mas isto é impossível em vista da desigualdade $0 < t_2 - t_1 < d$. Resta argumentar que qualquer outra solução $x_0 + (n/d)t$ é congruente módulo n a um dos d inteiros listados acima. O Algoritmo da Divisão nos permite escrever t como $t = qd + r$, em que $0 \leq r \leq d - 1$. Assim

$$x_0 + \frac{n}{d}t = x_0 + \frac{n}{d}(qd + r)$$
$$= x_0 + nq + \frac{n}{d}r$$
$$\equiv x_0 + \frac{n}{d}r \pmod{n}$$

com $x_0 + (n/d)r$ sendo uma de nossas d soluções. Isto conclui a demonstração.

O argumento que nós demos no Teorema 4.7 traz um ponto que vale a pena declarar explicitamente: se x_0 é qualquer solução de $ax \equiv b \pmod{n}$, então as $d = \mathrm{mdc}(a, n)$ soluções incongruentes são dadas por

$$x_0, x_0 + \frac{n}{d}, x_0 + 2\left(\frac{n}{d}\right), \ldots, x_0 + (d-1)\left(\frac{n}{d}\right)$$

Para a conveniência do leitor, vamos também registrar a forma que o Teorema 4.7 admite no caso especial em que a e n são considerados primos relativos.

Corolário. Se mdc(a, n) = 1, então a congruência linear $ax \equiv b \pmod{n}$ possui uma única solução módulo n.

Dados inteiros primos relativos a e n, a congruência $ax \equiv 1 \pmod{n}$ tem uma única solução. Esta solução é às vezes chamada de inverso (multiplicativo) de a módulo n.
Vamos agora fazer uma pausa para olhar para dois exemplos concretos.

Exemplo 4.7. Primeiro considere a congruência linear $18x \equiv 30 \pmod{42}$. Como mdc(18, 42) = 6 e 6 certamente divide 30, o Teorema 4.7 garante a existência de exatamente seis soluções, que são incongruentes módulo 42. Por verificação, uma solução encontrada é $x = 4$. Nossa análise nos diz que as seis soluções são as seguintes:

$$x \equiv 4 + (42/6)t \equiv 4 + 7t \pmod{42} \qquad t = 0, 1, \ldots, 5$$

ou, enumeradas completamente,

$$x \equiv 4, 11, 18, 25, 32, 39 \pmod{42}$$

Exemplo 4.8. Vamos resolver a congruência linear $9x \equiv 21 \pmod{30}$. Inicialmente, como mdc(9, 30) = 3 e 3 | 21, sabemos que deve haver três soluções incongruentes.

Uma maneira de encontrar essas soluções é dividir a congruência dada por 3, substituindo-a, assim, pela congruência equivalente $3x \equiv 7 \pmod{10}$. O fato de 3 e 10 serem primos relativos implica que esta última congruência admite uma solução única módulo 10. Embora não seja o método mais eficiente, poderíamos testar os inteiros 0, 1, 2, ..., 9 até a solução ser obtida. Uma maneira melhor é: multiplicar ambos os lados da congruência $3x \equiv 7 \pmod{10}$ por 7 para obter

$$21x \equiv 49 \pmod{10}$$

que reduz a $x \equiv 9 \pmod{10}$. (Esta simplificação não é por acaso, pois os múltiplos $0 \cdot 3$, $1 \cdot 3$, $2 \cdot 3$, ..., $9 \cdot 3$ formam um conjunto completo de resíduos módulo 10; portanto, um deles é necessariamente congruente a 1 módulo 10.) Mas a congruência original foi dada módulo 30, de modo a que as suas soluções incongruentes são procuradas entre os números inteiros 0, 1, 2, ..., 29. Tomando $t = 0, 1, 2$, na fórmula

$$x = 9 + 10t$$

obtemos 9, 19, 29, daí

$$x \equiv 9 \pmod{30} \qquad x \equiv 19 \pmod{30} \qquad x \equiv 29 \pmod{30}$$

são as três soluções desejadas de $9x \equiv 21 \pmod{30}$.

Uma abordagem diferente para o problema é a utilização do método que é sugerido na demonstração do Teorema 4.7. Como a congruência $9x \equiv 21 \pmod{30}$ é equivalente à equação diofantina linear

$$9x - 30y = 21$$

começamos por expressar 3 = mdc(9, 30) como uma combinação linear de 9 e 30. Verifica-se, seja por inspeção ou usando o algoritmo de Euclides, que $3 = 9 \cdot (-3) + 30 \cdot 1$, de modo que

$$21 = 7 \cdot 3 = 9(-21) - 30(-7)$$

Assim, $x = -21$, $y = -7$ satisfazem à equação diofantina e, em consequência, todas as soluções da congruência em questão são encontradas a partir da fórmula

$$x = -21 + (30/3)t = -21 + 10t$$

Os inteiros $x = -21 + 10t$, em que $t = 0, 1, 2$, são incongruentes módulo 30 (mas todos são congruentes módulo 10); assim, nós terminamos acima com as soluções incongruentes

$$x \equiv -21 \pmod{30} \qquad x \equiv -11 \pmod{30} \qquad x \equiv -1 \pmod{30}$$

ou, se preferirmos números positivos, $x \equiv 9, 19, 29 \pmod{30}$.

Tendo considerado uma única congruência linear, é natural se voltar para o problema de resolver um sistema de congruências lineares simultâneas:

$$a_1 x \equiv b_1 \pmod{m_1}, a_2 x \equiv b_2 \pmod{m_2}, \ldots, a_r x \equiv b_r \pmod{m_r}$$

Vamos supor que os módulos m_k são em pares primos relativos. Evidentemente, o sistema não irá admitir nenhuma solução a não ser que cada congruência, individualmente, possua solução; isto é, a menos que $d_k \mid b_k$ para cada k, onde $d_k = \mathrm{mdc}(a_k, m_k)$. Quando estas condições são satisfeitas, o fator d_k pode ser cancelado na k-ésima congruência para produzir um novo sistema que tenha o mesmo conjunto de soluções que o original:

$$a'_1 x \equiv b'_1 \pmod{n_1}, a'_2 x \equiv b'_2 \pmod{n_2}, \ldots, a'_r x \equiv b'_r \pmod{n_r}$$

em que $n_k = m_k / d_k$ e $\mathrm{mdc}(n_i, n_j) = 1$ para $i \neq j$; além disso, $\mathrm{mdc}(a'_i, n_i) = 1$. As soluções das congruencias individuais assumem a forma

$$x \equiv c_1 \pmod{n_1}, x \equiv c_2 \pmod{n_2}, \ldots, x \equiv c_r \pmod{n_r}$$

Assim, o problema é reduzido a encontrar uma solução simultânea para um sistema de congruências deste tipo mais simples.

O tipo de problema que pode ser resolvido por congruências simultâneas tem uma longa história, que aparece na literatura chinesa, logo no século 1dC. Sun-Tsu propôs: encontre um número que deixa os restos 2, 3, 2, quando dividido por 3, 5, 7, respectivamente. (Tais enigmas matemáticos não são de modo algum confinados a uma única esfera cultural; na verdade, o mesmo problema ocorre no *Introductio Arithmeticae* do matemático grego Nicômaco, por volta de 100 dC.) Em honra de suas primeiras contribuições, a regra para a obtenção de uma solução geral passa pelo nome do Teorema Chinês do Resto.

Teorema 4.8. Teorema Chinês do Resto. Sejam $n_1, n_2, \ldots, n_r$ inteiros positivos tais que $\mathrm{mdc}(n_i, n_j) = 1$ para $i \neq j$. Então o sistema de congruências lineares

$$x \equiv a_1 \pmod{n_1}$$
$$x \equiv a_2 \pmod{n_2}$$
$$\vdots$$
$$x \equiv a_r \pmod{n_r}$$

possui uma solução simultânea, que é único módulo do inteiro $n_1 n_2 \cdots n_r$.

Demonstração. Começamos pela formação do produto $n = n_1 n_2 \cdots n_r$. Para $k = 1, 2, \ldots, r$ seja

$$N_k = \frac{n}{n_k} = n_1 \cdots n_{k-1} n_{k+1} \cdots n_r$$

Em outras palavras, N_k é o produto de todos os inteiros n_i com o fator n_k omitido. Por hipótese, os n_i são em pares primos relativos, de modo que $\mathrm{mdc}(N_k, n_k) = 1$. De acordo com a teoria de uma única congruência linear, por isso, é possível resolver a congruência $N_k x \equiv 1 \pmod{n_k}$; chame de x_k a solução única. Nosso objetivo é provar que o inteiro

$$\bar{x} = a_1 N_1 x_1 + a_2 N_2 x_2 + \cdots + a_r N_r x_r$$

é uma solução simultânea do sistema dado.

Primeiro observe que $N_i \equiv 0 \pmod{n_k}$ para $i \neq k$, pois, neste caso, $n_k \mid N_i$. O resultado é

$$\bar{x} = a_1 N_1 x_1 + \cdots + a_r N_r x_r \equiv a_k N_k x_k \pmod{n_k}$$

Mas o inteiro x_k foi escolhido para satisfazer a congruência $N_k x \equiv 1 \pmod{n_k}$, o que força

$$\bar{x} \equiv a_k \cdot 1 \equiv a_k \pmod{n_k}$$

Isto mostra que a solução para o sistema de congruências dado existe.

Quanto à unicidade, suponha que x' seja qualquer outro número inteiro que satisfaz estas congruências. Então

$$\bar{x} \equiv a_k \equiv x' \pmod{n_k} \qquad k = 1, 2, \ldots, r$$

e logo $n_k \mid \bar{x} - x'$ para cada valor de k. Como $\mathrm{mdc}(n_i, n_j) = 1$, o Corolário 2 do Teorema 2.4 nos fornece o ponto crucial que $n_1 n_2 \cdots n_r \mid \bar{x} - x'$; daí $\bar{x} \equiv x' \pmod{n}$. Com isso, o Teorema Chinês do Resto está provado.

Exemplo 4.9. O problema colocado por Sun-Tsu corresponde ao sistema de três congruências

$$x \equiv 2 \pmod{3}$$
$$x \equiv 3 \pmod{5}$$
$$x \equiv 2 \pmod{7}$$

Na notação do Teorema 4.8, temos $n = 3 \cdot 5 \cdot 7 = 105$ e

$$N_1 = \frac{n}{3} = 35 \qquad N_2 = \frac{n}{5} = 21 \qquad N_3 = \frac{n}{7} = 15$$

Agora as congruências

$$35x \equiv 1 \pmod{3} \qquad 21x \equiv 1 \pmod{5} \qquad 15x \equiv 1 \pmod{7}$$

são satisfeitas por $x_1 = 2$, $x_2 = 1$, $x_3 = 1$, respectivamente. Assim, uma solução do sistema é dada por

$$x = 2 \cdot 35 \cdot 2 + 3 \cdot 21 \cdot 1 + 2 \cdot 15 \cdot 1 = 233$$

Módulo 105, obtemos a solução única $x = 233 \equiv 23 \pmod{105}$.

Exemplo 4.10. Para uma segunda ilustração, vamos resolver a congruência linear

$$17x \equiv 9 \pmod{276}$$

Como $276 = 3 \cdot 4 \cdot 23$, isto é equivalente a encontrar uma solução para o sistema de congruências

$$17x \equiv 9 \pmod{3} \quad \text{ou} \quad x \equiv 0 \pmod{3}$$
$$17x \equiv 9 \pmod{4} \quad\quad\quad x \equiv 1 \pmod{4}$$
$$17x \equiv 9 \pmod{23} \quad\quad 17x \equiv 9 \pmod{23}$$

Notemos que, se $x \equiv 0 \pmod{3}$, então $x = 3k$ para qualquer número inteiro k. Nós substituímos na segunda congruência do sistema e obtemos

$$3k \equiv 1 \pmod{4}$$

A multiplicação de ambos os lados desta congruência por 3 nos dá

$$k \equiv 9k \equiv 3 \pmod{4}$$

de modo que $k = 3 + 4j$, em que j é um número inteiro. Então

$$x = 3(3 + 4j) = 9 + 12j$$

Para x satisfazer a última congruência, devemos ter

$$17(9 + 12j) \equiv 9 \pmod{23}$$

ou $204j \equiv -144 \pmod{23}$, que se reduz a $3j \equiv 6 \pmod{23}$; consequentemente, $j \equiv 2 \pmod{23}$. Isso gera $j = 2 + 23t$, com t um número inteiro, de onde

$$x = 9 + 12(2 + 23t) = 33 + 276t$$

Ao todo, $x \equiv 33 \pmod{276}$ fornece uma solução para o sistema de congruência e, por sua vez, uma solução de $17x \equiv 9 \pmod{276}$.

Devemos dizer algumas palavras sobre congruências lineares em duas variáveis; isto é, as congruências da forma

$$ax + by \equiv c \pmod{n}$$

Analogamente ao Teorema 4.7, tal congruência tem uma solução, se e somente se mdc(a, b, n) divide c. A condição para que haja solução é mdc(a, n) = 1 ou mdc(b, n) = 1. Digamos que mdc(a, n) = 1. Quando a congruência é expressa como

$$ax \equiv c - by \pmod{n}$$

o corolário do Teorema 4.7 garante uma única solução x para cada um dos n valores incongruentes de y. Tomemos como uma simples ilustração $7x + 4y \equiv 5 \pmod{12}$, que seria tratado como $7x \equiv 5 - 4y \pmod{12}$. A substituição de $y \equiv 5 \pmod{12}$ fornece $7x \equiv -15 \pmod{12}$; mas isto é equivalente a $-5x \equiv -15 \pmod{12}$ de modo que $x \equiv 3 \pmod{12}$. Segue-se que $x \equiv 3 \pmod{12}$, $y \equiv 5 \pmod{12}$ é uma das 12 soluções incongruentes de $7x + 4y \equiv 5 \pmod{12}$. Outra solução que tem o mesmo valor de x é $x \equiv 3 \pmod{12}$, $y \equiv 8 \pmod{12}$.

O foco da nossa preocupação aqui é a forma de resolver um sistema de duas congruências lineares em duas variáveis com o mesmo módulo. A demonstração do próximo teorema adota o procedimento familiar de eliminar uma das incógnitas.

Teorema 4.9. O sistema de congruências lineares

$$ax + by \equiv r \pmod{n}$$
$$cx + dy \equiv s \pmod{n}$$

tem uma solução única módulo n sempre que mdc($ad - bc$, n) = 1.

Demonstração. Vamos multiplicar a primeira congruência do sistema por d, a segunda congruência por b, e subtrair o resultado debaixo do resultado do de cima. Estes cálculos produzem

$$(ad - bc)x \equiv dr - bs \pmod{n}$$

O pressuposto de que $(ad - bc, n) = 1$ garante que a congruência

$$(ad - bc)z \equiv 1 \pmod{n}$$

possua uma solução única; denote a solução por t. Quando a congruência (1) é multiplicada por t, obtemos

$$x \equiv t(dr - bs) \pmod{n}$$

Um valor para y é encontrado com um processo de eliminação. Ou seja, multiplicar a primeira congruência do sistema por c, a segunda por a, e subtrair para acabar com

$$(ad - bc)y \equiv as - cr \pmod{n}$$

A multiplicação desta congruência por t conduz a

$$y \equiv t(as - cr) \pmod{n}$$

A solução do sistema está agora estabelecida.

Fechamos esta seção com um exemplo ilustrando o Teorema 4.9.

Exemplo 4.11. Considere o sistema

$$7x + 3y \equiv 10 \pmod{16}$$
$$2x + 5y \equiv 9 \pmod{16}$$

Como $\text{mdc}(7 \cdot 5 - 2 \cdot 3, 16) = \text{mdc}(29,16) = 1$, existe uma solução. Ela é obtida pelo método desenvolvido na demonstração do Teorema 4.9. Multiplicando a primeira congruência por 5, a segunda por 3 e subtraindo, chegamos a

$$29x \equiv 5 \cdot 10 - 3 \cdot 9 \equiv 23 \pmod{16}$$

ou, o que é a mesma coisa, $13x \equiv 7 \pmod{16}$. A multiplicação desta congruência por 5 (observe que $5 \cdot 13 \equiv 1 \pmod{16}$) produz $x \equiv 35 \equiv 3 \pmod{16}$. Quando a variável x é eliminada do sistema de congruências de forma semelhante, encontra-se

$$29y \equiv 7 \cdot 9 - 2 \cdot 10 \equiv 43 \pmod{16}$$

Mas então $13y \equiv 11 \pmod{16}$, que por meio da multiplicação por 5, resulta em $y \equiv 55 \equiv 7 \pmod{16}$. A solução única de nosso sistema acaba por ser

$$x \equiv 3 \pmod{16} \qquad y \equiv 7 \pmod{16}$$

PROBLEMAS 4.4

1. Resolva as seguintes congruências lineares:
   (a) $25x \equiv 15 \pmod{29}$.
   (b) $5x \equiv 2 \pmod{26}$.
   (c) $6x \equiv 15 \pmod{21}$.
   (d) $36x \equiv 8 \pmod{102}$.
   (e) $34x \equiv 60 \pmod{98}$.
   (f) $140x \equiv 133 \pmod{301}$.
   [*Sugestão*: mdc(140, 301) = 7.]

2. Usando congruências, resolva as equações diofantinas a seguir:
   (a) $4x + 51y = 9$.
   [*Sugestão*: $4x \equiv 9 \pmod{51}$ fornece $x = 15 + 51t$, enquanto $51y \equiv 9 \pmod 4$ fornece $y = 3 + 4s$. Encontre a relação entre s e t.]
   (b) $12x + 25y = 331$.
   (c) $5x - 53y = 17$.

3. Encontre todas as soluções da congruência linear $3x - 7y \equiv 11 \pmod{13}$.

4. Resolva cada um dos seguintes conjuntos de congruências simultâneas:
   (a) $x \equiv 1 \pmod 3$, $x \equiv 2 \pmod 5$, $x \equiv 3 \pmod 7$.
   (b) $x \equiv 5 \pmod{11}$, $x \equiv 14 \pmod{29}$, $x \equiv 15 \pmod{31}$.
   (c) $x \equiv 5 \pmod 6$, $x \equiv 4 \pmod{11}$, $x \equiv 3 \pmod{17}$.
   (d) $2x \equiv 1 \pmod 5$, $3x \equiv 9 \pmod 6$, $4x \equiv 1 \pmod 7$, $5x \equiv 9 \pmod{11}$.

5. Resolva a congruência linear $17x \equiv 3 \pmod{2 \cdot 3 \cdot 5 \cdot 7}$ pela solução do sistema

   $17x \equiv 3 \pmod 2 \qquad 17x \equiv 3 \pmod 3$
   $17x \equiv 3 \pmod 5 \qquad 17x \equiv 3 \pmod 7$

6. Encontre o menor inteiro $a > 2$ tal que

   $2 \mid a, \; 3 \mid a+1, \; 4 \mid a+2, \; 5 \mid a+3, \; 6 \mid a+4$

7. (a) Obtenha três números inteiros consecutivos, cada um tendo um fator quadrado.
   [*Sugestão*: Encontre um inteiro a tal que $2^2 \mid a$, $3^2 \mid a+1$, $5^2 \mid a+2$.]
   (b) Obtenha três números inteiros consecutivos, o primeiro deles divisível por um quadrado, o segundo por um cubo, e o terceiro por uma quarta potência.

8. (Brahmagupta, século VII d.C.) Quando os ovos de uma cesta são removidos de 2 em 2, 3 em 3, 4 em 4, 5 em 5, 6 em 6, lá permanecem, respectivamente, 1, 2, 3, 4, 5 ovos. Quando eles são retirados de 7 em 7, não sobra nenhum. Encontre o menor número de ovos que poderia estar contido na cesta.

9. O problema de cesta de ovos é frequentemente escrito da seguinte forma: um ovo sobra quando os ovos são removidos da cesta de 2 em 2, 3 em 3, 4 em 4, 5 em 5, 6 em 6, mas nenhum ovo sobra se eles forem removidos de 7 em 7. Encontre o menor número de ovos que poderia estar na cesta.

10. (Antigo Problema Chinês) Um grupo de 17 piratas roubou um saco de moedas de ouro. Quando eles foram tentar dividir a fortuna em partes iguais, sobraram 3 moedas. Na briga que se seguiu sobre quem deveria ficar com as moedas extras, um pirata foi morto. A riqueza foi redistribuída, mas desta vez a divisão igualitária deixou restar 10 moedas. Pela mesma razão anterior, outro pirata foi morto. Mas agora a riqueza total foi distribuída igualmente entre os sobreviventes. Qual era o menor número de moedas que poderia ter sido roubado?

11. Prove que as congruências

$$x \equiv a \pmod{n} \quad \text{e} \quad x \equiv b \pmod{m}$$

admite uma solução simultânea se e somente se mdc$(n, m) \mid a - b$; se existe uma solução, mostre que ela é única módulo mmc(n, m).

12. Use o Problema 11 para mostrar que o seguinte sistema não possui solução:

$$x \equiv 5 \pmod 6 \quad \text{e} \quad x \equiv 7 \pmod{15}$$

13. Se $x \equiv a \pmod{n}$, prove que $x \equiv a \pmod{2n}$ ou $x \equiv a + n \pmod{2n}$.

14. Certo inteiro entre 1 e 1200 deixa restos 1, 2, 6 quando dividido por 9, 11, 13, respectivamente. Qual é o inteiro?

15. (a) Encontre um inteiro que tem restos 1, 2, 5, 5 quando dividido por 2, 3, 6, 12 respectivamente. (Yih-hing, morto em 717).

    (b) Encontre um inteiro que tem restos 2, 3, 4, 5 quando dividido por 3, 4, 5, 6 respectivamente. (Bhaskara, nascido em 1114).

    (c) Encontre um inteiro que tem restos 3, 11, 15 quando dividido por 10, 13, 17 respectivamente. (Regiomontanus, 1436–1476).

16. Se t_n é o n-ésimo número triangular, para que valores de n t_n divide

$$t_1^2 + t_2^2 + \cdots + t_n^2$$

[*Sugestão*: Como $t_1^2 + t_2^2 + \cdots + t_n^2 = t_n(3n^3 + 12n^2 + 13n + 2)/30$, é suficiente determinar aqueles valores de n que satisfazem $3n^3 + 12n^2 + 13n + 2 \equiv 0 \pmod{2 \cdot 3 \cdot 5}$.]

17. Encontre as soluções do sistema de congruências

$$3x + 4y \equiv 5 \pmod{13}$$
$$2x + 5y \equiv 7 \pmod{13}$$

18. Obtenha duas soluções incongruentes módulo 210 do sistema

$$2x \equiv 3 \pmod 5$$
$$4x \equiv 2 \pmod 6$$
$$3x \equiv 2 \pmod 7$$

19. Obtenha as oito soluções incongruentes da congruência linear $3x + 4y \equiv 5 \pmod 8$

20. Encontre as soluções de cada um dos seguintes sistemas de congruência:

    (a) $5x + 3y \equiv 1 \pmod 7$
         $3x + 2y \equiv 4 \pmod 7$.
    (b) $7x + 3y \equiv 6 \pmod{11}$
         $4x + 2y \equiv 9 \pmod{11}$.
    (c) $11x + 5y \equiv 7 \pmod{20}$
         $6x + 3y \equiv 8 \pmod{20}$.

CAPÍTULO 5

O TEOREMA DE FERMAT

E talvez a posteridade me agradeça por ter mostrado que os antigos não souberam tudo.
P. DE FERMAT

5.1 PIERRE DE FERMAT

O que o mundo antigo tinha conhecido foi em grande parte esquecido durante o torpor intelectual da Idade das Trevas, e foi só depois do século XII que a Europa Ocidental tornou-se novamente consciente da matemática. O renascimento da erudição clássica foi estimulado por traduções latinas do grego e, mais especialmente, do árabe. A latinização de versões em árabe do grande tratado de Euclides, os *Elementos*, apareceu pela primeira vez em 1120. A tradução não foi uma cópia fiel dos *Elementos*, tendo sofrido sucessivas traduções imprecisas do grego — primeiro para o árabe, em seguida, para o castelhano e, finalmente, para o latim — feitas por copistas não versados no conteúdo da obra. No entanto, esta cópia muito usada, com seu acúmulo de erros, serviu de base para todas as edições conhecidas na Europa até 1505, quando o texto grego foi recuperado.

Com a queda de Constantinopla para os turcos em 1453, os eruditos bizantinos que serviram como os principais guardiões da matemática trouxeram as antigas obras-primas da aprendizagem grega para o Ocidente. Relata-se que uma cópia do que sobreviveu da *Arithmetica* de Diofanto foi encontrada na biblioteca do Vaticano em torno de 1462 por Johannes Müller (mais conhecido como Regiomontanus, do nome latino de sua cidade natal, Königsberg). Provavelmente, ela tinha sido trazida para Roma pelos refugiados de Bizâncio. Regiomontanus observou: "Nesses livros a flor de toda a aritmética está

CAPÍTULO 5

Pierre de Fermat
(1601–1665)

(*Coleção David Eugene Smith, Livros Raros e Manuscritos, Universidade de Columbia.*)

escondida", e tentou para outros fins traduzi-la. Apesar da atenção que foi dada ao trabalho, ele manteve-se praticamente um livro fechado até 1572, quando a primeira tradução e edição impressa foi trazida pelo professor alemão Wilhelm Holzmann, que escreveu seu nome em grego, Xylander. A *Arithmetica* tornou-se plenamente acessível para os matemáticos europeus quando Claude Bachet — tomando emprestado de Xylander — publicou (1621) o texto original grego, juntamente com uma tradução para o latim, contendo notas e comentários. A edição de Bachet provavelmente tem a distinção de ser a primeira obra que dirigiu a atenção de Fermat para os problemas da teoria dos números.

Poucos ou nenhum período foi tão frutífero para a matemática como foi o século XVII; o Norte da Europa sozinho produziu tantos homens de habilidade notável quanto tinha aparecido durante o milênio anterior. Em uma época em que nomes como Desargues, Descartes, Pascal, Wallis, Bernoulli, Leibniz e Newton foram se tornando famosos, um certo servo francês civil Pierre de Fermat (1601–1665), manteve-se como mais um entre esses estudiosos brilhantes. Fermat, o "Príncipe dos Amadores", foi o último grande matemático a perseguir o assunto em paralelo numa carreira não científica. Através da profissão de advogado e magistrado ligado ao parlamento provincial em Toulouse, ele buscou refúgio das controvérsias profissionais na abstração matemática. Fermat, evidentemente, não tinha formação matemática particular e não evidenciou interesse em seu estudo até os 30 anos; para ele, era apenas um *hobby* para ser cultivado nas horas de lazer. Ainda que não fosse sua prática diária, fez grandes descobertas e contribuiu mais para o avanço da disciplina: um dos inventores da geometria analítica (o próprio termo foi inventado no início do século XIX), ele estabeleceu as bases técnicas do cálculo diferencial e integral e, com Pascal, estabeleceu as diretrizes conceituais da teoria das probabilidades. O verdadeiro amor de Fermat na matemática foi, sem dúvida, a teoria dos números, que ele resgatou do reino da superstição e do ocultismo onde esteve aprisionada por muito tempo. Suas contribuições aqui ofuscam todo o resto; pode-se muito bem dizer que o renascimento do interesse pelo lado abstrato da teoria dos números começou com Fermat.

Fermat preferiu o prazer que deriva da própria investigação matemática a qualquer prestígio que ela poderia ter lhe proporcionado; de fato, ele publicou apenas um grande manuscrito durante sua vida, cinco anos antes de sua morte, usando as iniciais M.P.E.A.S. que ocultavam seu nome. Inflexivelmente se recusando a colocar o seu trabalho numa forma finalizada, ele frustrou os esforços de várias pessoas para colocar os resultados disponíveis em versão impressa e em seu nome. Como uma compensação parcial de sua falta de interesse por publicações, Fermat trocou volumosas correspondências com matemáticos contemporâneos. Muito do que pouco sabemos sobre suas investigações é encontrada nas cartas aos amigos com quem ele trocou problemas e para quem ele relatou seus sucessos. Eles fizeram o máximo para divulgar os talentos de Fermat, passando estas cartas de mão em mão ou fazendo cópias, que eram despachadas por todo o continente.

Como suas funções parlamentares exigiam cada vez maior parte de seu tempo, Fermat passou a fazer anotações nas margens de qualquer livro que estivesse usando. A cópia pessoal de Fermat da edição que Bachet fez de Diofanto guarda em suas margens muitos de seus teoremas famosos na teoria dos números. Elas foram descobertas por seu filho Samuel cinco anos após sua morte. Seu filho trouxe uma nova edição da *Arithmetica* incorporando as margens célebres de Fermat. Como havia pouco espaço disponível, o hábito de Fermat foi anotar alguns resultados e omitir todos os passos que conduziam a eles. A posteridade desejou muitas vezes que as margens da *Arithmetica* tivessem sido mais amplas ou que Fermat tivesse sido um pouco menos reservado sobre seus métodos.

5.2 PEQUENO TEOREMA DE FERMAT E PSEUDOPRIMOS

O mais significativo correspondente de Fermat na teoria dos números foi Bernhard Frénicle de Bessy (1605-1675), um funcionário da Casa da Moeda francesa, que era conhecido por seu dom de manipular grandes números. (A facilidade de Frénicle em cálculo numérico é revelada pelo seguinte incidente: Ao ouvir que Fermat tinha proposto o problema de encontrar cubos que quando aumentados de seus divisores próprios se tornam quadrados, como é o caso de $7^3 + (1 + 7 + 7^2) = 20^2$, ele imediatamente deu quatro soluções diferentes e forneceu mais seis no dia seguinte.) Apesar de não ser de modo algum um matemático como Fermat, apenas Frénicle entre seus contemporâneos poderia desafiar Fermat na teoria dos números, e os desafios da Frénicle tiveram a distinção de persuadir Fermat a revelar alguns de seus segredos cuidadosamente guardados. Um dos mais marcantes é o teorema que afirma: Se p é primo e a é um número inteiro não divisível por p, então p divide $a^{p-1} - 1$. Fermat comunicou o resultado em uma carta a Frénicle de 18 de outubro de 1640, junto com o comentário: "Gostaria de enviar-lhe a demonstração, se eu não temesse ser muito longa." Este teorema desde então se tornou conhecido como "Pequeno Teorema de Fermat", ou apenas "o Teorema de Fermat", para distingui-lo do "Grande" ou "Último Teorema", de Fermat, que é o assunto do Capítulo 12. Quase 100 anos se passaram até Euler publicar a primeira demonstração do teorema em 1736. Leibniz, no entanto, parece não ter recebido sua cota de reconhecimento, pois ele deixou um argumento idêntico em um manuscrito inédito de pouco antes de 1683.

Passamos agora a uma demonstração do teorema de Fermat.

Teorema 5.1 Teorema de Fermat. Seja p um primo e suponha que $p \nmid a$. Então $a^{p-1} \equiv 1 \pmod{p}$.

Demonstração. Começamos considerando os $p - 1$ primeiros múltiplos positivos de a, ou seja, os inteiros

$$a, 2a, 3a, \ldots, (p-1)a$$

Nenhum destes números é congruente módulo p a qualquer outro, nem há nenhum congruente a zero. De fato, se fosse verdade que

$$ra \equiv sa \pmod{p} \qquad 1 \leq r < s \leq p - 1$$

então a poderia ser cancelado para gerar $r \equiv s \pmod{p}$, o que é impossível. Portanto, o conjunto anterior de inteiros deve ser congruente módulo p a 1, 2, 3, ..., $p - 1$, tomados em alguma ordem. Multiplicando todas estas congruências, descobrimos que

$$a \cdot 2a \cdot 3a \cdots (p-1)a \equiv 1 \cdot 2 \cdot 3 \cdots (p-1) \pmod{p}$$

em que

$$a^{p-1}(p-1)! \equiv (p-1)! \pmod{p}$$

Uma vez que $(p-1)!$ será cancelado de ambos os lados da congruência anterior (isto é possível porque $p \nmid (p-1)!$), a nossa linha de raciocínio se conclui com a afirmação de que $a^{p-1} \equiv 1 \pmod{p}$, que é o teorema de Fermat.

Este resultado pode ser enunciado de uma forma um pouco mais geral em que a exigência de que $p \nmid a$ é descartada.

Corolário. Se p é um primo, então $a^p \equiv a \pmod{p}$ para todo inteiro a.

Demonstração. Quando $p \mid a$, a afirmação, obviamente, é válida; consequentemente, nesse contexto, $a^p \equiv 0 \equiv a \pmod{p}$. Se $p \nmid a$, então de acordo com o teorema de Fermat, temos $a^{p-1} \equiv 1 \pmod{p}$. Quando esta congruência é multiplicada por a, a conclusão $a^p \equiv a \pmod{p}$ segue.

Há uma demonstração diferente para o fato de que $a^p \equiv a \pmod{p}$, envolvendo a indução sobre a. Se $a = 1$, a afirmação é que $1^p \equiv 1 \pmod{p}$, o que claramente é verdade, como é o caso $a = 0$. Supondo que o resultado seja válido para a, devemos confirmar a sua validade por $a + 1$. À luz do teorema binomial,

$$(a+1)^p = a^p + \binom{p}{1}a^{p-1} + \cdots + \binom{p}{k}a^{p-k} + \cdots + \binom{p}{p-1}a + 1$$

onde o coeficiente $\binom{p}{k}$ é dado por

$$\binom{p}{k} = \frac{p!}{k!(p-k)!} = \frac{p(p-1)\cdots(p-k+1)}{1 \cdot 2 \cdot 3 \cdots k}$$

Nosso argumento depende da observação de que $\binom{p}{k} \equiv 0 \pmod{p}$ para $1 \leq k \leq p-1$. Para ver isso, notemos que

$$k!\binom{p}{k} = p(p-1)\cdots(p-k+1) \equiv 0 \pmod{p}$$

em virtude de $p \mid k!$ ou $p \mid \binom{p}{k}$. Mas $p \mid k!$ implica que $p \mid j$ para algum j que satisfaz $1 \leq j \leq k \leq p-1$, um absurdo. Portanto, $p \mid \binom{p}{k}$, ou, convertendo para congruência,

$$\binom{p}{k} \equiv 0 \pmod{p}$$

O ponto que desejamos frisar é que

$$(a+1)^p \equiv a^p + 1 \equiv a + 1 \pmod{p}$$

onde a congruência da direita usa a nossa hipótese de indução. Assim, a conclusão desejada é válida para $a + 1$ e, em consequência, para todo $a \geq 0$. Se a for um número inteiro negativo, não há problema: como $a \equiv r \pmod{p}$ para algum r, em que $0 \leq r \leq p - 1$, obtemos $a^p \equiv r^p \equiv r \equiv a \pmod{p}$.

O teorema de Fermat tem muitas aplicações e é central para muito do que é feito em teoria dos números. No mínimo, pode ser um dispositivo de economia de trabalho em certos cálculos. Se for solicitado verificar que $5^{38} \equiv 4 \pmod{11}$, por exemplo, tomamos a congruência $5^{10} \equiv 1 \pmod{11}$ como ponto de partida. Sabendo disso,

$$5^{38} = 5^{10\cdot 3+8} = (5^{10})^3(5^2)^4$$
$$\equiv 1^3 \cdot 3^4 \equiv 81 \equiv 4 \pmod{11}$$

como desejado.

Outro uso do teorema de Fermat é como uma ferramenta para testar a primalidade de um dado inteiro n. Se puder ser mostrado que a congruência

$$a^n \equiv a \pmod{n}$$

não é válida para algum a, então n é necessariamente composto. Como exemplo dessa abordagem, vamos observar $n = 117$. O cálculo é simples, se selecionarmos um inteiro pequeno para a, digamos, $a = 2$. Como 2^{117} pode ser escrito como

$$2^{117} = 2^{7\cdot 16+5} = (2^7)^{16}2^5$$

e $2^7 = 128 \equiv 11 \pmod{117}$, temos

$$2^{117} \equiv 11^{16} \cdot 2^5 \equiv (121)^8 2^5 \equiv 4^8 \cdot 2^5 \equiv 2^{21} \pmod{117}$$

Mas $2^{21} = (2^7)^3$, o que leva a

$$2^{21} \equiv 11^3 \equiv 121 \cdot 11 \equiv 4 \cdot 11 \equiv 44 \pmod{117}$$

Combinando estas congruências, finalmente obtemos

$$2^{117} \equiv 44 \not\equiv 2 \pmod{117}$$

de modo que 117 deve ser composto; na verdade, $117 = 13 \cdot 9$.

Vale à pena dar um exemplo que ilustra que a recíproca do teorema de Fermat não é válida, em outras palavras, que mostra que se $a^{n-1} \equiv 1 \pmod{n}$ para algum inteiro a, então n não é necessariamente um primo. Como pré-requisito precisamos de um lema técnico.

Lema. Se p e q são números primos distintos com $a^p \equiv a \pmod{q}$ e $a^q \equiv a \pmod{p}$, então $a^{pq} \equiv a \pmod{pq}$.

Demonstração. O último corolário nos diz que $\left(a^q\right)^p \equiv a^q \pmod{p}$, enquanto que $a^q \equiv a \pmod{p}$ é válida por hipótese. Combinando estas congruências, obtemos $a^{pq} \equiv a \pmod{p}$, ou, em outros termos, $p \mid a^{pq} - a$. De forma inteiramente semelhante, $q \mid a^{pq} - a$. O Corolário 2 do Teorema 2.4 agora fornece $pq \mid a^{pq} - a$, o que pode ser reformulado como $a^{pq} \equiv a \pmod{pq}$.

Nosso argumento é que $2^{340} \equiv 1 \pmod{341}$, onde $341 = 11 \cdot 31$. Trabalhando nessa direção, observe que $2^{10} = 1024 = 31 \cdot 33 + 1$. Assim,

$$2^{11} = 2 \cdot 2^{10} \equiv 2 \cdot 1 \equiv 2 \pmod{31}$$

e

$$2^{31} = 2(2^{10})^3 \equiv 2 \cdot 1^3 \equiv 2 \pmod{11}$$

Empregando o lema,

$$2^{11\cdot 31} \equiv 2 \pmod{11 \cdot 31}$$

ou $2^{341} \equiv 2 \pmod{341}$. Depois de cancelar um fator 2, passamos a

$$2^{340} \equiv 1 \pmod{341}$$

de modo que a recíproca do teorema de Fermat é falsa.

O interesse histórico por números da forma $2^n - 2$ se deve à alegação feita pelos matemáticos chineses ao longo de 25 séculos atrás, de que n é primo se e somente se $n \mid 2^n - 2$ (na verdade, este critério é confiável para todos os inteiros $n \leq 340$). O nosso exemplo, em que $341 \mid 2^{341} - 2$, embora $341 = 11 \cdot 31$, coloca de lado a conjectura; isso foi descoberto no ano de 1819.

A situação em que $n \mid 2^n - 2$ ocorre com frequência suficiente para merecer um nome, assim: um inteiro composto n é chamado *pseudoprimo* sempre que $n \mid 2^n - 2$. Pode-se mostrar que existe uma infinidade de pseudoprimos, sendo 341, 561, 645 e 1105 os quatro menores. O Teorema 5.2 nos permite construir uma sequência crescente de pseudoprimos.

Teorema 5.2 Se n é um pseudoprimo ímpar, então $M_n = 2^n - 1$ é um pseudoprimo maior que n.

Demonstração. Como n é um número composto, podemos escrever $n = rs$, com $1 < r \leq s < n$. Em seguida, de acordo com o Problema 21, Seção 2.3, $2^r - 1 \mid 2^n - 1$, ou o que é equivalente $2^r - 1 \mid M_n$, tornando M_n composto. Pela nossa hipótese, $2^n \equiv 2 \pmod{n}$; portanto, $2^n - 2 = kn$ para algum inteiro k. Daqui resulta que

$$2^{M_n - 1} = 2^{2^n - 2} = 2^{kn}$$

Isto fornece

$$\begin{aligned}
2^{M_n - 1} - 1 &= 2^{kn} - 1 \\
&= (2^n - 1)(2^{n(k-1)} + 2^{n(k-2)} + \cdots + 2^n + 1) \\
&= M_n(2^{n(k-1)} + 2^{n(k-2)} + \cdots + 2^n + 1) \\
&\equiv 0 \pmod{M_n}
\end{aligned}$$

Vemos imediatamente que $2^{M_n} - 2 \equiv 0 \pmod{M_n}$, em função do que M_n é um pseudoprimo.

De modo geral, um inteiro composto n tal que $a^n \equiv a \pmod{n}$ é chamado *pseudoprimo na base a*. (Quando $a = 2$, n é dito simplesmente um pseudoprimo.) Por exemplo, 91 é o menor pseudoprimo na base 3, ao passo que 217 é o menor na base 5. Provou-se (1903) que existe uma infinidade de pseudoprimos para qualquer base dada.

Estes "primos falsos" são muito mais raros do que os primos reais. Na verdade, existem apenas 247 pseudoprimos menores do que um milhão, em comparação com 78498 primos. O primeiro exemplo de um pseudoprimo par, a saber, o número

$$161038 = 2 \cdot 73 \cdot 1103$$

foi encontrado em 1950.

Existem números compostos n que são pseudoprimos em qualquer base a; isto é, $a^{n-1} \equiv 1 \pmod{n}$ para todo inteiro a com $\mathrm{mdc}(a, n) = 1$. O menor é 561. Estes números especiais são chamados *pseudoprimos absolutos* ou *números de Carmichael*, em homenagem a R. D. Carmichael, que foi o primeiro a perceber a existência deles. Em seu primeiro artigo sobre o assunto, publicado em 1910, Carmichael indicou quatro pseudoprimos absolutos, incluindo o conhecido $561 = 3 \cdot 11 \cdot 17$. Os outros são $1105 = 5 \cdot 13 \cdot 17$, $2821 = 7 \cdot 13 \cdot 31$ e $15841 = 7 \cdot 31 \cdot 73$. Dois anos depois, ele apresentou mais 11 tendo três fatores primos e descobriu um pseudoprimo absoluto com quatro fatores, especificamente, $16046641 = 13 \cdot 37 \cdot 73 \cdot 457$.

Para vermos que $561 = 3 \cdot 11 \cdot 17$ é um pseudoprimo absoluto, observemos que $\mathrm{mdc}(a, 561) = 1$ implica

$$\mathrm{mdc}(a, 3) = \mathrm{mdc}(a, 11) = \mathrm{mdc}(a, 17) = 1$$

Uma aplicação do Teorema de Fermat conduz às congruências

$$a^2 \equiv 1 \pmod{3} \qquad a^{10} \equiv 1 \pmod{11} \qquad a^{16} \equiv 1 \pmod{17}$$

e, por sua vez, a

$$a^{560} \equiv (a^2)^{280} \equiv 1 \pmod{3}$$
$$a^{560} \equiv (a^{10})^{56} \equiv 1 \pmod{11}$$
$$a^{560} \equiv (a^{16})^{35} \equiv 1 \pmod{17}$$

Estas dão origem à simples congruência $a^{560} \equiv 1 \pmod{561}$, em que mdc($a$, 561) = 1. Mas então $a^{561} \equiv a \pmod{561}$ para todo a, mostrando que 561 é um pseudoprimo absoluto.

Todo pseudoprimo absoluto é livre de quadrados. Isto é fácil de provar. Suponhamos que $a^n \equiv a \pmod{n}$ para todo inteiro a, mas $k^2 \mid n$ para algum $k > 1$. Se fizermos $a = k$, então $k^n \equiv k \pmod{n}$. Como $k^2 \mid n$, esta última congruência é válida módulo k^2; ou seja, $k \equiv k^n \equiv 0 \pmod{k^2}$, daí $k^2 \mid k$, que é impossível. Assim, n deve ser livre de quadrados.

Em seguida apresentamos um teorema que fornece um meio para a produção de pseudoprimos absolutos.

Teorema 5.3. Seja n um número inteiro composto livre de quadrados, digamos, $n = p_1 p_2 \ldots p_r$, em que o p_i são primos distintos. Se $p_i - 1 \mid n - 1$ para $i = 1, 2, \ldots, r$, então n é um pseudoprimo absoluto.

Demonstração. Suponhamos que a é um número inteiro que satisfaz mdc(a, n) = 1, de modo que mdc(a, p_i) = 1 para cada i. Então, o teorema de Fermat garante que $p_i \mid a^{p_i-1} - 1$. A partir da hipótese de divisibilidade $p_i - 1 \mid n - 1$, temos $p_i \mid a^{n-1} - 1$, e, por conseguinte, $p_i \mid a^n - a$ para todo a e $i = 1, 2, \ldots, r$. Como resultado do Corolário 2 do Teorema 2.4, concluímos com $n \mid a^n - a$, o que faz com que n seja um pseudoprimo absoluto.

Exemplos de inteiros que satisfazem as condições do Teorema 5.3 são

$$1729 = 7 \cdot 13 \cdot 19 \qquad 6601 = 7 \cdot 23 \cdot 41 \qquad 10.585 = 5 \cdot 29 \cdot 73$$

Foi provado em 1994 que existe uma infinidade de pseudoprimos absolutos, mas que eles são bastante raros. Há apenas 43 deles menores do que um milhão e 105.212 menores que 10^{15}.

PROBLEMAS 5.2

1. Use o teorema de Fermat para verificar que 17 divide $11^{104} + 1$.
2. (a) Se mdc(a, 35) = 1, mostre que $a^{12} \equiv 1 \pmod{35}$.
   [*Sugestão*: Do teorema de Fermat $a^6 \equiv 1 \pmod 7$ e $a^4 \equiv 1 \pmod 5$.]
   (b) Se mdc(a, 42) = 1, mostre que $168 = 3 \cdot 7 \cdot 8$ divide $a^6 - 1$.
   (c) Se mdc(a, 133) = mdc(b, 133) = 1, mostre que $133 \mid a^{18} - b^{18}$.
3. Do teorema de Fermat deduza que, para qualquer inteiro $n \geq 0$, $13 \mid 11^{12n+6} + 1$.
4. Prove cada uma das seguintes congruências:
   (a) $a^{21} \equiv a \pmod{15}$ para todo a.
   [*Sugestão*: Pelo teorema de Fermat $a^5 \equiv a \pmod 5$.]
   (b) $a^7 \equiv a \pmod{42}$ para todo a.
   (c) $a^{13} \equiv a \pmod{3 \cdot 7 \cdot 13}$ para todo a.
   (d) $a^9 \equiv a \pmod{30}$ para todo a.
5. Se mdc(a, 30) = 1, mostre que 60 divide $a^4 + 59$.

6. (a) Encontre o dígito das unidades de 3^{100} usando o teorema de Fermat.

   (b) Para todo inteiro a, verifique que a^5 e a têm o mesmo dígito das unidades.

7. Se $7 \nmid a$, prove que ou $a^3 + 1$ ou $a^3 - 1$ é divisível por 7.

8. As três mais recentes aparições do cometa Halley foram nos anos 1835, 1910 e 1986; a próxima ocorrência será em 2061. Prove que
$$1835^{1910} + 1986^{2061} \equiv 0 \pmod{7}$$

9. (a) Seja p um primo e mdc$(a, p) = 1$. Use o teorema de Fermat para verificar que $x \equiv a^{p-2}b \pmod{p}$ é uma solução da congruência linear $ax \equiv b \pmod{p}$.

   (b) Aplicando o item (a), resolva as congruências $2x \equiv 1 \pmod{31}$, $6x \equiv 5 \pmod{11}$, e $3x \equiv 17 \pmod{29}$.

10. Admitindo que a e b são inteiros não divisíveis pelo primo p, prove que:

    (a) Se $a^p \equiv b^p \pmod{p}$, então $a \equiv b \pmod{p}$.

    (b) Se $a^p \equiv b^p \pmod{p}$, então $a^p \equiv b^p \pmod{p^2}$.

    [*Sugestão*: Por (a), $a = b + pk$ para algum k, de modo que $a^p - b^p = (b + pk)^p - b^p$; agora mostre que p^2 divide a última expressão.]

11. Empregue o teorema de Fermat para provar que, se p é um primo ímpar, então

    (a) $1^{p-1} + 2^{p-1} + 3^{p-1} + \ldots + (p-1)^{p-1} \equiv -1 \pmod{p}$.

    (b) $1^p + 2^p + 3^p + \ldots + (p-1)^p \equiv 0 \pmod{p}$.

    [*Sugestão*: $1 + 2 + 3 + \ldots + (p-1) = p(p-1)/2$.]

12. Prove que se p é um primo ímpar e k é um inteiro que satisfaz $1 \le k \le p - 1$, então o coeficiente binomial
$$\binom{p-1}{k} \equiv (-1)^k \pmod{p}$$

13. Admita que p e q são primos ímpares distintos tais que $p - 1 \mid q - 1$. Se mdc$(a, pq) = 1$, mostre que $a^{q-1} \equiv 1 \pmod{pq}$.

14. Se p e q são primos distintos, prove que
$$p^{q-1} + q^{p-1} \equiv 1 \pmod{pq}$$

15. Prove as seguintes afirmações:

    (a) Se o número $M_p = 2^p - 1$ é composto, em que p é um primo, então M_p é um pseudoprimo.

    (b) Todo número composto $F_n = 2^{2^n} + 1$ é um pseudoprimo ($n = 0, 1, 2, \ldots$).

    [*Sugestão*: Pelo Problema 21, Seção 2.3, $2^{n+1} \mid 2^{2^n}$ implica que $2^{2^{n+1}} - 1 \mid 2^{F_n - 1} - 1$; mas $F_n \mid 2^{2^{n+1}} - 1$.]

16. Confirme que os inteiros a seguir são pseudoprimos absolutos:

    (a) $1105 = 5 \cdot 13 \cdot 17$.

    (b) $2821 = 7 \cdot 13 \cdot 31$.

    (c) $2465 = 5 \cdot 17 \cdot 29$.

17. Mostre que o menor pseudoprimo 341 não é um pseudoprimo absoluto mostrando que $11^{341} \not\equiv 11 \pmod{341}$.

    [*Sugestão*: $31 \nmid 11^{341} - 11$.]

18. (a) Quando $n = 2p$, em que p é um primo ímpar, prove que $a^{n-1} \equiv a \pmod{n}$ para todo inteiro a.

    (b) Para $n = 195 = 3 \cdot 5 \cdot 13$, verifique que $a^{n-2} \equiv a \pmod{n}$ para todo inteiro a.

19. Prove que todo inteiro da forma

$$n = (6k + 1)(12k + 1)(18k + 1)$$

é um pseudoprimo absoluto se os três fatores forem primos; consequentemente $1729 = 7 \cdot 13 \cdot 19$ é um pseudoprimo absoluto.

20. Mostre que $561 \mid 2^{561} - 2$ e $561 \mid 3^{561} - 3$. É uma pergunta sem resposta se existe um número infinito de compostos n com a propriedade que $n \mid 2^n - 2$ e $n \mid 3^n - 3$;

21. Prove a congruência

$$2222^{5555} + 5555^{2222} \equiv 0 \pmod{7}$$

[*Sugestão*: Primeiramente avalie 1111 módulo 7.]

5.3 O TEOREMA DE WILSON

Passamos agora para mais um marco no desenvolvimento da teoria dos números. Em sua obra *Meditationes Algebraicae* de 1770, o matemático Inglês Edward Waring (1734-1798) enunciou vários teoremas novos. O primeiro deles é uma propriedade interessante dos números primos relatada a ele por um de seus ex-alunos, um certo John Wilson. A propriedade é a seguinte: Se p é um número primo, então p divide $(p - 1)! + 1$. Wilson parece ter imaginado isso com base em cálculos numéricos; de qualquer forma, nem ele nem Waring souberam como provar. Confessando a sua incapacidade de fornecer uma demonstração, Waring acrescentou, "Teoremas deste tipo serão muito difíceis de provar, por causa da ausência de uma notação para expressar números primos." (Lendo a passagem, Gauss fez soar o seu comentário revelador sobre "notationes versus notiones", implicando que em questões dessa natureza era a noção que realmente importava, não a notação.) Apesar da previsão pessimista de Waring, logo depois Lagrange (1771) deu uma demonstração do que na literatura é chamado de "teorema de Wilson" e observou que a recíproca também é válida. Talvez fosse mais justo enunciar o teorema após Leibniz, pois há evidências de que ele estava ciente do resultado quase um século antes, mas não publicou nada sobre o assunto.

Agora vamos dar uma demonstração do teorema de Wilson.

Teorema 5.4 Wilson. Se p é um número primo, então $(p-1)! \equiv -1 \pmod{p}$.

Demonstração. Descartando os casos $p = 2$ e $p = 3$ por serem evidentes, vamos tomar $p > 3$. Suponha que a é qualquer um dos $p - 1$ inteiros positivos

$$1, 2, 3, \ldots, p - 1$$

e considere a congruência linear $ax \equiv 1 \pmod{p}$. Então $\mathrm{mdc}(a, p) = 1$. Pelo Teorema 4.7, esta congruência admite uma única solução módulo p;, portanto, existe um único número inteiro a', com $1 \leq a' \leq p - 1$, que satisfaz $aa' \equiv 1 \pmod{p}$.

Como p é primo, $a = a'$ se e somente se $a = 1$ ou $a = p - 1$. De fato, a congruência $a^2 \equiv 1 \pmod{p}$ é equivalente a $(a-1)(a+1) \equiv 0 \pmod{p}$. Assim, ou $(a-1) \equiv 0 \pmod{p}$, caso em que $a = 1$, ou $(a+1) \equiv 0 \pmod{p}$, caso em que $a = p - 1$.

Se omitirmos os números 1 e $p - 1$, o efeito é agrupar os inteiros restantes 2, 3, ..., $p - 2$ em pares, a, a', em que $a \neq a'$, de tal forma que o produto $aa' \equiv 1 \pmod{p}$. Quando estas $(p - 3)/2$ congruências são multiplicadas em conjunto e os fatores rearranjados, obtemos

$$2 \cdot 3 \cdots (p - 2) \equiv 1 \pmod{p}$$

ou melhor

$$(p - 2)! \equiv 1 \pmod{p}$$

Agora multiplicamos por $p - 1$ para obter a congruência

$$(p - 1)! \equiv p - 1 \equiv -1 \pmod{p}$$

como queríamos demonstrar.

Exemplo 5.1. Um exemplo concreto deve ajudar a esclarecer a demonstração do teorema de Wilson. Especificamente, vamos tomar $p = 13$. É possível dividir os inteiros 2, 3, ..., 11 em $(p - 3)/2 = 5$ pares, cujo produto é congruente a 1 módulo 13. Escrevendo estas congruências mais explicitamente:

$$2 \cdot 7 \equiv 1 \pmod{13}$$
$$3 \cdot 9 \equiv 1 \pmod{13}$$
$$4 \cdot 10 \equiv 1 \pmod{13}$$
$$5 \cdot 8 \equiv 1 \pmod{13}$$
$$6 \cdot 11 \equiv 1 \pmod{13}$$

A multiplicação destas congruências fornece o resultado

$$11! = (2 \cdot 7)(3 \cdot 9)(4 \cdot 10)(5 \cdot 8)(6 \cdot 11) \equiv 1 \pmod{13}$$

e então

$$12! \equiv 12 \equiv -1 \pmod{13}$$

Assim, $(p-1)! \equiv -1 \pmod{p}$, com $p = 13$.

A recíproca do teorema de Wilson também é verdadeira. Se $(n-1)! \equiv -1 \pmod{n}$, então n deve ser primo. Pois, se n não é primo, então n tem um divisor d com $1 < d < n$. Além disso, como $d \leq n - 1$, d é um dos fatores de $(n - 1)!$, consequentemente $d \mid (n - 1)!$. Agora, estamos assumindo que $n \mid (n - 1)! + 1$, e assim $d \mid (n - 1)! + 1$, também. A conclusão é que $d \mid 1$, o que é absurdo.

Juntos, o teorema de Wilson e sua recíproca fornecem uma condição necessária e suficiente para determinar a primalidade; ou seja, um número inteiro $n > 1$ é primo se e somente se $(n-1)! \equiv -1 \pmod{n}$. Infelizmente, este teste é mais teórico do que de interesse prático, porque à medida que n aumenta, $(n - 1)!$ rapidamente torna-se incontrolável em tamanho.

Gostaríamos de encerrar este capítulo com uma aplicação do teorema de Wilson ao estudo de congruências quadráticas. [Entende-se que a *congruência quadrática* é uma congruência da forma $ax^2 + bx + c \equiv 0 \pmod{n}$, com $a \not\equiv 0 \pmod{n}$.] Este é o conteúdo do Teorema 5.5.

Teorema 5.5. A congruência quadrática $x^2 + 1 \equiv 0 \pmod{p}$, em que p é um primo ímpar, tem solução se e somente se $p \equiv 1 \pmod{4}$.

Demonstração. Seja a uma solução qualquer de $x^2 + 1 \equiv 0 \pmod{p}$, de modo a que $a^2 \equiv -1 \pmod{p}$. Como $p \nmid a$, o resultado da aplicação do teorema de Fermat é

$$1 \equiv a^{p-1} \equiv (a^2)^{(p-1)/2} \equiv (-1)^{(p-1)/2} \pmod{p}$$

Não há possibilidade de $p = 4k + 3$ para algum k. Se assim fosse, teríamos

$$(-1)^{(p-1)/2} = (-1)^{2k+1} = -1$$

portanto, $1 \equiv -1 \pmod{p}$. O resultado disso é que $p \mid 2$, o que é obviamente falso. Logo p deve ser da forma $4k + 1$.

Agora na direção contrária. No produto

$$(p-1)! = 1 \cdot 2 \cdots \frac{p-1}{2} \cdot \frac{p+1}{2} \cdots (p-2)(p-1)$$

temos as congruências

$$p - 1 \equiv -1 \pmod{p}$$
$$p - 2 \equiv -2 \pmod{p}$$
$$\vdots$$
$$\frac{p+1}{2} \equiv -\frac{p-1}{2} \pmod{p}$$

A reorganização dos fatores produz

$$(p-1)! \equiv 1 \cdot (-1) \cdot 2 \cdot (-2) \cdots \frac{p-1}{2} \cdot \left(-\frac{p-1}{2}\right) \pmod{p}$$
$$\equiv (-1)^{(p-1)/2} \left(1 \cdot 2 \cdots \frac{p-1}{2}\right)^2 \pmod{p}$$

porque existem $(p-1)/2$ sinais de menos envolvidos. É neste ponto que o teorema de Wilson pode fazer a diferença; como $(p-1)! \equiv -1 \pmod{p}$, consequentemente,

$$-1 \equiv (-1)^{(p-1)/2} \left[\left(\frac{p-1}{2}\right)!\right]^2 \pmod{p}$$

Se assumirmos que p é da forma $4k + 1$, então $(-1)^{(p-1)/2} = 1$, deixando-nos com a congruência

$$-1 \equiv \left[\left(\frac{p-1}{2}\right)!\right]^2 \pmod{p}$$

A conclusão é que o inteiro $[(p-1)/2]!$ satisfaz a congruência quadrática $x^2 + 1 \equiv 0 \pmod{p}$.

Vamos dar uma olhada em um exemplo real, digamos, o caso $p = 13$, que é um primo da forma $4k + 1$. Aqui, temos $(p-1)/2 = 6$, e é fácil de ver que

$$6! = 720 \equiv 5 \pmod{13}$$

e

$$5^2 + 1 = 26 \equiv 0 \pmod{13}$$

Assim, a afirmativa de que $\left[((p-1)/2)!\right]^2 + 1 \equiv 0 \pmod{p}$ está correta para $p = 13$.

O teorema de Wilson implica que existe uma infinidade de números compostos de forma $n! + 1$. Por outro lado, é uma questão aberta se $n! + 1$ é primo para um número infinito de valores de n. Os únicos valores de n no intervalo $1 \leq n \leq 100$ para os quais se sabe que $n! + 1$ é um número primo são $n = 1, 2, 3, 11, 27, 37, 41, 73$ e 77. Atualmente, o maior primo da forma $n! + 1$ é $6380! + 1$, descoberto no ano 2000.

PROBLEMAS 5.3

1. (a) Encontre o resto da divisão de 15! por 17.
   (b) Encontre o resto da divisão de 2(26)! por 29.
2. Determine se 17 é um primo decidindo se $16! \equiv -1 \pmod{17}$.
3. Organize os inteiros 2, 3, 4, ..., 21 em pares a e b que satisfaçam $ab \equiv 1 \pmod{23}$.

4. Mostre que $18! \equiv -1 \pmod{437}$.
5. (a) Prove que um inteiro $n > 1$ é primo se e somente se $(n-2)! \equiv 1 \pmod{n}$.
   (b) Se n é um inteiro composto, mostre que $(n-1)! \equiv 0 \pmod{n}$, exceto quando $n = 4$.
6. Dado um número primo p, prove a congruência
$$(p-1)! \equiv p - 1 \pmod{1 + 2 + 3 + \cdots + (p-1)}$$
7. Se p é um primo, prove que para todo inteiro a,
$$p \mid a^p + (p-1)!a \qquad \text{e} \qquad p \mid (p-1)!a^p + a$$
   [*Sugestão*: Pelo teorema de Wilson, $a^p + (p-1)!a \equiv a^p - a \pmod{p}$.]
8. Encontre os primos ímpares $p \leq 13$ para os quais a congruência $(p-1)! \equiv -1 \pmod{p^2}$ é válida.
9. Usando o teorema de Wilson, prove que para todo primo ímpar p,
$$1^2 \cdot 3^2 \cdot 5^2 \cdots (p-2)^2 \equiv (-1)^{(p+1)/2} \pmod{p}$$
   [*Sugestão*: Como $k \equiv -(p-k) \pmod{p}$, segue-se que
$$2 \cdot 4 \cdot 6 \cdots (p-1) \equiv (-1)^{(p-1)/2} 1 \cdot 3 \cdot 5 \cdots (p-2) \pmod{p}.]$$
10. (a) Para um primo p da forma $4k + 3$, prove que ou
$$\left(\frac{p-1}{2}\right)! \equiv 1 \pmod{p} \qquad \text{ou} \qquad \left(\frac{p-1}{2}\right)! \equiv -1 \pmod{p}$$
consequentemente, $[(p-1)/2]!$ satisfaz a congruência quadrática $x^2 \equiv 1 \pmod{p}$.
    (b) Use o item (a) para mostrar que se $p = 4k + 3$ é primo, então o produto de todos os inteiros pares menores que p é congruente módulo p para 1 ou -1.
    [*Sugestão*: O teorema de Fermat implica que $2^{(p-1)/2} \equiv \pm 1 \pmod{p}$.]
11. Aplique o Teorema 5.5 para obter duas soluções para as congruências quadráticas $x^2 \equiv -1 \pmod{29}$ e $x^2 \equiv -1 \pmod{37}$.
12. Mostre que se $p = 4k + 3$ é primo e $a^2 + b^2 \equiv 0 \pmod{p}$, então $a \equiv b \equiv 0 \pmod{p}$.
    [*Sugestão*: Se $a \not\equiv 0 \pmod{p}$, então existe um inteiro c tal que $ac \equiv 1 \pmod{p}$; use este fato para contradizer o Teorema 5.5.]
13. Dê os detalhes que faltam na seguinte demonstração da irracionalidade de $\sqrt{2}$: Suponha que $\sqrt{2} = a/b$, com mdc$(a, b) = 1$. Então $a^2 = 2b^2$, de modo que $a^2 + b^2 = 3b^2$. Mas $3 \mid (a^2 + b^2)$ implica que $3 \mid a$ e $3 \mid b$, uma contradição.
14. Prove que os divisores primos ímpares do inteiro $n^2 + 1$ são da forma $4k + 1$.
    [*Sugestão*: Teorema 5.5.]
15. Verifique que $4(29!) + 5!$ é divisível por 31.
16. Para um primo p e $0 \leq k \leq p - 1$, mostre que $k!(p-k-1)! \equiv (-1)^{k+1} \pmod{p}$.
17. Se p e q são primos distintos, prove que para todo inteiro a,
$$pq \mid a^{pq} - a^p - a^q + a$$
18. Prove que se p e $p + 2$ são um par de primos gêmeos, então
$$4((p-1)! + 1) + p \equiv 0 \pmod{p(p+2)}$$

5.4 O MÉTODO DA FATORAÇÃO DE FERMAT-KRAITCHIK

Em um fragmento de uma carta, escrita muito provavelmente ao Padre Marin Mersenne em 1643, Fermat descreveu uma técnica sua para fatorar números grandes. Isto representou a primeira melhoria real em relação ao método clássico de tentar encontrar um fator de n dividindo-o por todos os primos que não excedem $\sqrt{n}$. O esquema de fatoração de Fermat tem na sua essência a observação de que a busca por fatores de um número inteiro ímpar n (como as potências de 2 são facilmente reconhecíveis e podem ser excluídas logo no início, não há nenhuma perda em assumir que n é ímpar) é equivalente à obtenção das soluções inteiras x e y da equação

$$n = x^2 - y^2$$

Se n é a diferença entre dois quadrados, então é evidente que n pode ser fatorado como

$$n = x^2 - y^2 = (x+y)(x-y)$$

Por outro lado, quando n tem a fatoração $n = ab$, com $a \geq b \geq 1$, então podemos escrever

$$n = \left(\frac{a+b}{2}\right)^2 - \left(\frac{a-b}{2}\right)^2$$

Além disso, como n é um número inteiro ímpar, a e b são ímpares; portanto, $(a+b)/2$ e $(a-b)/2$ serão inteiros não negativos.

Começa-se a busca por possíveis x e y que satisfazem a equação $n = x^2 - y^2$, ou o que é o mesmo, a equação

$$x^2 - n = y^2$$

primeiramente determinando o menor inteiro k para o qual $k^2 \geq n$. Agora observe sucessivamente os números

$$k^2 - n, (k+1)^2 - n, (k+2)^2 - n, (k+3)^2 - n, \ldots$$

até um valor de $m \geq \sqrt{n}$ ser encontrado fazendo $m^2 - n$ um quadrado. O processo não pode continuar indefinidamente, porque finalmente se chega a

$$\left(\frac{n+1}{2}\right)^2 - n = \left(\frac{n-1}{2}\right)^2$$

a representação de n que corresponde à fatoração trivial $n = n \cdot 1$. Se isto for alcançado sem uma diferença entre quadrados ter sido descoberta antes, então n não tem outros fatores além de n e 1, caso em que ele é primo.

Fermat utilizou o procedimento descrito acima para fatorar

$$2027651281 = 44021 \cdot 46061$$

em apenas 11 etapas, em comparação com fazer 4580 divisões pelos números primos ímpares até 44021. Este foi provavelmente um caso favorável elaborado com o propósito de mostrar a principal virtude de seu método: Ele não requer que se saiba todos os números primos menores que $\sqrt{n}$ para encontrar fatores de n.

Exemplo 5.2. Para ilustrar a aplicação do método de Fermat, vamos fatorar o inteiro $n = 119143$. A partir de uma tabela de quadrados, descobrimos que $345^2 < 119143 < 346^2$; assim, basta considerar valores de $k^2 - 119143$ para aqueles k que satisfazem a desigualdade $346 \leq k < (119143 + 1)/2 = 59572$. Os cálculos começam como se segue:

$$346^2 - 119143 = 119716 - 119143 = 573$$
$$347^2 - 119143 = 120409 - 119143 = 1266$$
$$348^2 - 119143 = 121104 - 119143 = 1961$$
$$349^2 - 119143 = 121801 - 119143 = 2658$$
$$350^2 - 119143 = 122500 - 119143 = 3357$$
$$351^2 - 119143 = 123201 - 119143 = 4058$$
$$352^2 - 119143 = 123904 - 119143 = 4761 = 69^2$$

Esta última linha exibe a fatoração

$$119143 = 352^2 - 69^2 = (352 + 69)(352 - 69) = 421 \cdot 283$$

os dois fatores sendo primos. Em apenas sete etapas, obtivemos a fatoração em primos do número 119143. É claro que, nem sempre se é tão feliz; pode demorar muitas etapas antes de uma diferença ser um quadrado.

O método de Fermat é mais eficaz quando os dois fatores de n são valores muito próximos, no presente caso um quadrado apropriado aparece rapidamente. Para ilustrar, vamos fatorar $n = 23449$. O menor quadrado que excede n é 154^2, de modo que a sequência $k^2 - n$ começa com

$$154^2 - 23449 = 23716 - 23449 = 267$$
$$155^2 - 23449 = 24025 - 23449 = 576 = 24^2$$

consequentemente, os fatores de 23449 são

$$23449 = (155 + 24)(155 - 24) = 179 \cdot 131$$

Quando examinamos as diferenças $k^2 - n$ como possíveis quadrados, muitos valores podem ser imediatamente excluídos pela inspeção dos dígitos finais. Sabemos, por exemplo, que um quadrado deve terminar em um dos seis dígitos 0, 1, 4, 5, 6, 9 (Problema 2(a), Seção 4.3). Isso nos permite excluir todos os valores no Exemplo 5.2, exceto 1266, 1961 e 4761. Calculando os quadrados dos números inteiros de 0 a 99 módulo 100, vemos ainda que, para um quadrado, os dois últimos dígitos são limitados às seguintes 22 possibilidades:

00	21	41	64	89
01	24	44	69	96
04	25	49	76	
09	29	56	81	
16	36	61	84	

O número inteiro 1266 pode ser eliminado a partir desta consideração. Como 61 está entre os dois últimos dígitos permitidos em um quadrado, é necessário apenas observar os números de 1961 e 4761; o primeiro não é um quadrado, mas $4761 = 69^2$.

Existe uma generalização do método de fatoração de Fermat que tem sido utilizado com algum sucesso. Aqui, nós procuramos inteiros distintos x e y tal que $x^2 - y^2$ é um múltiplo de n em vez do próprio n; isto é,

$$x^2 \equiv y^2 \pmod{n}$$

Tendo obtido esses números inteiros, $d = \text{mdc}(x - y, n)$ (ou $d = \text{mdc}(x + y, n)$) pode ser calculado por meio do Algoritmo de Euclides. Claramente, d é um divisor de n, mas é um divisor não trivial? Em outras palavras, temos $1 < d < n$?

Na prática, geralmente n é o produto de dois números primos p e q, com $p < q$, de modo a que d é igual a $1, p, q$, ou pq. Agora, a congruência $x^2 \equiv y^2 \pmod{n}$ se traduz em $pq \mid (x-y)(x+y)$. O lema de Euclides nos diz que p e q devem dividir um dos fatores. Se acontecesse de $p \mid x-y$ e $q \mid x-y$, então $pq \mid x-y$, ou expresso como uma congruência $x \equiv y \pmod{n}$. Além disso, $p \mid x+y$ e $q \mid x+y$ fornecem $x \equiv -y \pmod{n}$. Procurando inteiros x e y que satisfaçam $x^2 \equiv y^2 \pmod{n}$, em que $x \not\equiv \pm y \pmod{n}$, estas duas situações são descartadas. O resultado de tudo isso é que d é p ou q, dando-nos um divisor não trivial de n.

Exemplo 5.3. Suponha que queremos fatorar o inteiro positivo $n = 2189$ e acontece de você perceber que $579^2 \equiv 18^2 \pmod{2189}$. Em seguida, calculamos

$$\mathrm{mdc}(579 - 18, 2189) = \mathrm{mdc}(561, 2189) = 11$$

usando o Algoritmo de Euclides:

$$2189 = 3 \cdot 561 + 506$$
$$561 = 1 \cdot 506 + 55$$
$$506 = 9 \cdot 55 + 11$$
$$55 = 5 \cdot 11$$

Isso leva ao divisor primo 11 de 2189. O outro fator, ou seja, 199, pode ser obtido pela observação de que

$$\mathrm{mdc}(579 + 18, 2189) = \mathrm{mdc}(597, 2189) = 199$$

O leitor pode se perguntar como nós já chegamos a um número, como 579, cujo quadrado módulo 2189 também é um quadrado perfeito. Na procura de quadrados próximos de múltiplos de 2189, observou-se que

$$81^2 - 3 \cdot 2189 = -6 \quad \text{e} \quad 155^2 - 11 \cdot 2189 = -54$$

que se traduz em

$$81^2 \equiv -2 \cdot 3 \pmod{2189} \quad \text{e} \quad 155^2 \equiv -2 \cdot 3^3 \pmod{2189}$$

Quando estas congruências são multiplicadas, elas produzem

$$(81 \cdot 155)^2 \equiv (2 \cdot 3^2)^2 \pmod{2189}$$

Como o produto $81 \cdot 155 = 12555 \equiv -579 \pmod{2189}$, terminamos com a congruência $579^2 \equiv 18^2 \pmod{2189}$.

A base de nossa abordagem é encontrar vários x_i tendo a propriedade de que cada x_i^2 é, módulo n, o produto de potências de primo pequenas, e de tal forma que o quadrado do seu produto é congruente a um quadrado perfeito.

Quando n tem mais de dois fatores primos, o nosso algoritmo de fatoração ainda pode ser aplicado; no entanto, não há garantias de que uma solução particular da congruência $x^2 \equiv y^2 \pmod{n}$, em que $x \not\equiv \pm y \pmod{n}$ irá resultar em um divisor não trivial de n. É claro que quanto mais soluções desta congruência estiverem disponíveis, maior a chance de se encontrar os fatores de n desejados.

Nosso próximo exemplo fornece uma variante muito mais eficiente deste último método de fatoração. Foi introduzido por Maurice Kraitchik na década de 1920 e tornou-se a base de tais métodos modernos como o algoritmo peneira quadrado.

Exemplo 5.4. Seja $n = 12499$ o número inteiro a ser fatorado. O primeiro quadrado maior que n é $112^2 = 12544$. Assim, começamos por considerar a sequência de números $x^2 - n$ para $x = 112$, 113, ... Como antes, o nosso interesse é a obtenção de um conjunto de valores $x_1, x_2, ..., x_k$ em que o produto $(x_i - n) \ldots (x_k - n)$ é um quadrado, digamos, y^2. Então $(x_1 \ldots x_k)^2 \equiv y^2 \pmod{n}$, o que pode levar a um fator não trivial de n.

Uma breve pesquisa revela que

$$112^2 - 12499 = 45$$
$$117^2 - 12499 = 1190$$
$$121^2 - 12499 = 2142$$

ou, escrito como congruências,

$$112^2 \equiv 3^2 \cdot 5 \pmod{12499}$$
$$117^2 \equiv 2 \cdot 5 \cdot 7 \cdot 17 \pmod{12499}$$
$$121^2 \equiv 2 \cdot 3^2 \cdot 7 \cdot 17 \pmod{12499}$$

A multiplicação destas resulta na congruência

$$(112 \cdot 117 \cdot 121)^2 \equiv (2 \cdot 3^2 \cdot 5 \cdot 7 \cdot 17)^2 \pmod{12499}$$

ou seja,

$$1585584^2 \equiv 10710^2 \pmod{12499}$$

Mas estamos sem sorte com esta combinação de quadrados. Como

$$1585584 \equiv 10710 \pmod{12499}$$

apenas um divisor trivial de 12499 será encontrado. Para sermos específicos

$$\text{mdc}(1585584 + 10710, 12499) = 1$$
$$\text{mdc}(1585584 - 10710, 12499) = 12499$$

Depois de mais cálculo, percebemos que

$$113^2 \equiv 2 \cdot 5 \cdot 3^3 \pmod{12499}$$
$$127^2 \equiv 2 \cdot 3 \cdot 5 \cdot 11^2 \pmod{12499}$$

o que dá origem à congruência

$$(113 \cdot 127)^2 \equiv (2 \cdot 3^2 \cdot 5 \cdot 11)^2 \pmod{12499}$$

Isto se reduz módulo 12499 a

$$1852^2 \equiv 990^2 \pmod{12499}$$

e, felizmente, $1852 \not\equiv \pm 990 \pmod{12499}$. Calculando

$$\text{mdc}(1852 - 990, 12499) = \text{mdc}(862, 12499) = 431$$

produz a fatoração $12499 = 29 \cdot 431$.

PROBLEMAS 5.4

1. Use o método de Fermat para fatorar cada um dos seguintes números:
   (a) 2279.
   (b) 10541.
   (c) 340663 [*Sugestão*: O menor quadrado que excede 340663 é 584^2.]

2. Prove que um quadrado perfeito deve terminar em um dos seguintes pares de dígitos: 00, 01, 04, 09, 16, 21, 24, 25, 29, 36, 41, 44, 49, 56, 61, 64, 69, 76, 81, 84, 89, 96.
   [*Sugestão*: Como $x^2 \equiv (50+x)^2 \pmod{100}$ e $x^2 \equiv (50-x)^2 \pmod{100}$, é suficiente examinar os dígitos finais de x^2 para os 26 valores $x = 0, 1, 2, ..., 25$.]

3. Fatore o número $2^{11} - 1$ pelo método de fatoração de Fermat.

4. Em 1647, Mersenne notou que quando um número pode ser escrito como a soma de dois quadrados primos relativos de duas maneiras distintas, ele é composto e pode ser fatorado como segue: se $n = a^2 + b^2 = c^2 + d^2$, então
$$n = \frac{(ac+bd)(ac-bd)}{(a+d)(a-d)}$$
   Use este resultado para fatorar os números
$$493 = 18^2 + 13^2 = 22^2 + 3^2$$
   e
$$38025 = 168^2 + 99^2 = 156^2 + 117^2$$

5. Empregue o método de Fermat generalizado para fatorar cada um dos seguintes números:
   (a) 2911 [*Sugestão*: $138^2 \equiv 67^2 \pmod{2911}$.]
   (b) 4573 [*Sugestão*: $177^2 \equiv 92^2 \pmod{4573}$.]
   (c) 6923 [*Sugestão*: $208^2 \equiv 93^2 \pmod{6923}$.]

6. Fatore o número 13561 com a ajuda das congruências
$$233^2 \equiv 3^2 \cdot 5 \pmod{13561} \quad \text{e} \quad 1281^2 \equiv 2^4 \cdot 5 \pmod{13561}$$

7. (a) Fatore o número 4537 procurando x tal que
$$x^2 - k \cdot 4537$$
   é o produto de potências de primos pequenos.
   (b) Use o procedimento indicado no item (a) para fatorar 14429.
   [*Sugestão*: $120^2 - 14429 = -29$ e $3003^2 - 625 \cdot 14429 = -116$.]

8. Use o método de Kraitchik para fatorar o número 20437.

CAPÍTULO 6

FUNÇÕES ARITMÉTICAS

Os matemáticos são como os franceses: o que você lhes diz, eles traduzem em sua própria língua e imediatamente se torna algo completamente diferente.
GOETHE

6.1 A SOMA E O NÚMERO DE DIVISORES

Algumas funções são consideradas de especial importância na conexão com o estudo dos divisores de um inteiro. Qualquer função cujo domínio de definição é o conjunto de inteiros positivos é uma *função aritmética* (ou *número teórico*). Embora o valor de uma função aritmética não seja obrigatoriamente um inteiro positivo nem mesmo um inteiro, a maioria das funções aritméticas que vamos encontrar assume valores inteiros. Entre as mais fáceis de manipular, e mais usadas, estão as funções τ e σ.

Definição 6.1. Dado um número inteiro positivo n, denotamos $\tau(n)$ o número de divisores positivos de n e $\sigma(n)$ a soma destes divisores.

Para um exemplo de tais noções, considere $n = 12$. Como 12 tem os divisores positivos 1, 2, 3, 4, 6, 12, concluímos que

$$\tau(12) = 6 \qquad \text{e} \qquad \sigma(12) = 1 + 2 + 3 + 4 + 6 + 12 = 28$$

Para os primeiros números inteiros positivos,

$$\tau(1) = 1 \quad \tau(2) = 2 \quad \tau(3) = 2 \quad \tau(4) = 3 \quad \tau(5) = 2 \quad \tau(6) = 4, \ldots$$

e

$$\sigma(1)=1, \sigma(2)=3, \sigma(3)=4, \sigma(4)=7, \sigma(5)=6, \sigma(6)=12,\ldots$$

Não é difícil ver que $\tau(n)=2$ se e somente se n é um número primo; e também que $\sigma(n)=n+1$ se e somente se n é primo.

Antes de estudarmos as funções τ e σ mais detalhadamente, queremos introduzir a notação que vai esclarecer uma série de situações mais tarde. Costuma-se interpretar o símbolo

$$\sum_{d\mid n} f(d)$$

para representar, "a soma dos valores $f(d)$ quando d assume todos os divisores positivos do inteiro positivo n". Por exemplo, temos

$$\sum_{d\mid 20} f(d) = f(1)+f(2)+f(4)+f(5)+f(10)+f(20)$$

Com isso, τ e σ podem ser expressas sob a forma

$$\tau(n)=\sum_{d\mid n} 1 \qquad \sigma(n)=\sum_{d\mid n} d$$

A notação $\sum_{d\mid n} 1$, em particular, diz que temos que somar tantos números 1's quantos forem os divisores positivos de n. Para ilustrar: o inteiro 10 tem quatro divisores positivos 1, 2, 5, 10, consequentemente

$$\tau(10)=\sum_{d\mid 10} 1 = 1+1+1+1 = 4$$

e

$$\sigma(10)=\sum_{d\mid 10} d = 1+2+5+10 = 18$$

Nosso primeiro teorema torna mais fácil obter os divisores positivos de um número inteiro positivo n uma vez que sua decomposição em fatores primos é conhecida.

Teorema 6.1. Se $n=p_1^{k_1}p_2^{k_2}\cdots p_r^{k_r}$ é a decomposição em fatores primos de $n>1$, então os divisores positivos de n são precisamente aqueles inteiros d da forma

$$d=p_1^{a_1}p_2^{a_2}\cdots p_r^{a_r}$$

onde $0 \leq a_i \leq k_i$ ($i=1, 2, \ldots, r$).

Demonstração. Notemos que o divisor $d=1$ é obtido quando $a_1=a_2=\cdots=a_r=0$, e o próprio n ocorre quando $a_1=k_1, a_2=k_2, \ldots, a_r=k_r$. Suponhamos que d é um divisor não trivial de n; digamos, $n=dd'$, onde $d>1, d'>1$. Vamos representar d e d' como o produto de primos (não necessariamente distintos):

$$d=q_1q_2\cdots q_s \qquad d'=t_1t_2\cdots t_u$$

com q_i, t_j primos. Então

$$p_1^{k_1}p_2^{k_2}\cdots p_r^{k_r} = q_1\cdots q_s t_1\cdots t_u$$

são duas fatorações em primos do inteiro positivo n. Pela unicidade da fatoração em primos, cada primo q_i deve ser um p_j. Organizando os primos iguais em uma única potência inteira, obtemos

$$d = q_1 q_2 \cdots q_s = p_1^{a_1} p_2^{a_2} \cdots p_r^{a_r}$$

o que torna possível $a_i = 0$.

Por outro lado, todos os números $d = p_1^{a_1} p_2^{a_2} \cdots p_r^{a_r}$ para ($0 \leq a_i \leq k_i$) são divisores de n. Por isso podemos escrever

$$\begin{aligned} n &= p_1^{k_1} p_2^{k_2} \cdots p_r^{k_r} \\ &= \left(p_1^{a_1} p_2^{a_2} \cdots p_r^{a_r}\right)\left(p_1^{k_1-a_1} p_2^{k_2-a_2} \cdots p_r^{k_r-a_r}\right) \\ &= dd' \end{aligned}$$

com $d' = p_1^{k_1-a_1} p_2^{k_2-a_2} \cdots p_r^{k_r-a_r}$ e $k_i - a_i \geq 0$ para cada i. Assim $d' > 0$ e $d \mid n$.

Colocamos um teorema que envolve as duas funções.

Teorema 6.2. Se $n = p_1^{k_1} p_2^{k_2} \cdots p_r^{k_r}$ é a fatoração em primos de $n > 1$, então

(a) $\tau(n) = (k_1 + 1)(k_2 + 1) \cdots (k_r + 1)$, e

(b) $\sigma(n) = \dfrac{p_1^{k_1+1} - 1}{p_1 - 1} \dfrac{p_2^{k_2+1} - 1}{p_2 - 1} \cdots \dfrac{p_r^{k_r+1} - 1}{p_r - 1}$.

Demonstração. De acordo com o Teorema 6.1, os divisores positivos de n são precisamente aqueles inteiros

$$d = p_1^{a_1} p_2^{a_2} \cdots p_r^{a_r}$$

onde $0 \leq a_i \leq k_i$. Existem $k_1 + 1$ escolhas para o expoente a_1; $k_2 + 1$ escolhas para a_2, ...; e $k_r + 1$ escolhas para a_r. Assim, há

$$(k_1 + 1)(k_2 + 1) \cdots (k_r + 1)$$

possíveis divisores de n.

Para avaliar $\sigma(n)$, considere o produto

$$\left(1 + p_1 + p_1^2 + \cdots + p_1^{k_1}\right)\left(1 + p_2 + p_2^2 + \cdots + p_2^{k_2}\right) \\ \cdots \left(1 + p_r + p_r^2 + \cdots + p_r^{k_r}\right)$$

Cada divisor positivo de n aparece uma vez e apenas uma vez como um termo na expansão deste produto, de modo que

$$\sigma(n) = \left(1 + p_1 + p_1^2 + \cdots + p_1^{k_1}\right) \cdots \left(1 + p_r + p_r^2 + \cdots + p_r^{k_r}\right)$$

Aplicando a fórmula da soma de uma série geométrica finita ao i-ésimo fator do lado direito, obtemos

$$1 + p_i + p_i^2 + \cdots + p_i^{k_i} = \frac{p_i^{k_i+1} - 1}{p_i - 1}$$

Segue que

$$\sigma(n) = \frac{p_1^{k_1+1} - 1}{p_1 - 1} \frac{p_2^{k_2+1} - 1}{p_2 - 1} \cdots \frac{p_r^{k_r+1} - 1}{p_r - 1}$$

Correspondente à notação Σ para somas, a notação de produtos pode ser definida usando ∏, a letra maiúscula grega pi. A restrição delimitando os números com os quais o produto deve ser feito é geralmente colocada sob o signo ∏. São exemplos

$$\prod_{1 \le d \le 5} f(d) = f(1)f(2)f(3)f(4)f(5)$$

$$\prod_{d \mid 9} f(d) = f(1)f(3)f(9)$$

$$\prod_{\substack{p \mid 30 \\ p \text{ primo}}} f(p) = f(2)f(3)f(5)$$

Com essa convenção, a conclusão do Teorema 6.2 toma a forma compacta: se $n = p_1^{k_1} p_2^{k_2} \cdots p_r^{k_r}$ é a fatoração em primos de $n > 1$, então

$$\tau(n) = \prod_{1 \le i \le r} (k_i + 1)$$

e

$$\sigma(n) = \prod_{1 \le i \le r} \frac{p_i^{k_i+1} - 1}{p_i - 1}$$

Exemplo 6.1. O número $180 = 2^2 \cdot 3^2 \cdot 5$ possui

$$\tau(180) = (2+1)(2+1)(1+1) = 18$$

divisores positivos. Estes são números inteiros da forma

$$2^{a_1} \cdot 3^{a_2} \cdot 5^{a_3}$$

em que $a_1 = 0, 1, 2$; $a_2 = 0, 1, 2$; e $a_3 = 0, 1$. Especificamente, obtemos

1, 2, 3, 4, 5, 6, 9, 10, 12, 15, 18, 20, 30, 36, 45, 60, 90, 180

A soma desses inteiros é

$$\sigma(180) = \frac{2^3 - 1}{2 - 1} \frac{3^3 - 1}{3 - 1} \frac{5^2 - 1}{5 - 1} = \frac{7}{1} \frac{26}{2} \frac{24}{4} = 7 \cdot 13 \cdot 6 = 546$$

Uma das propriedades mais interessantes da função divisor τ é que o produto dos divisores positivos de um número $n > 1$ é igual a $n^{\tau(n)/2}$. Não é difícil chegar a esse fato: Seja d um divisor positivo arbitrário de n, de modo que $n = dd'$ para algum d'. Como d varia sobre todos os $\tau(n)$ divisores positivos de n, $\tau(n)$ equações ocorrem. Multiplicando estas, obtemos

$$n^{\tau(n)} = \prod_{d \mid n} d \cdot \prod_{d' \mid n} d'$$

Mas, como d percorre os divisores de n, então d' também percorre; daí $\prod_{d \mid n} d = \prod_{d' \mid n} d'$. A situação agora é a seguinte:

$$n^{\tau(n)} = \left(\prod_{d\mid n} d\right)^2$$

ou o que é equivalente

$$n^{\tau(n)/2} = \prod_{d\mid n} d$$

O leitor pode (ou, pelo menos, deveria) ter uma dúvida persistente sobre esta equação. Pois não é de modo algum evidente que o lado esquerdo é sempre um número inteiro. Se $\tau(n)$ é par, certamente não há problema. Quando $\tau(n)$ é ímpar, n é um quadrado perfeito (Problema 7, Seção 6.1), ou seja, $n = m^2$; assim $n^{\tau(n)/2} = m^{\tau(n)}$, liquidando todas as suspeitas.

Para um exemplo numérico, o produto dos cinco divisores de 16 (a saber, 1, 2, 4, 8, 16) é

$$\prod_{d\mid 16} d = 16^{\tau(16)/2} = 16^{5/2} = 4^5 = 1024$$

As funções multiplicativas surgem naturalmente no estudo da decomposição em fatores primos de um número inteiro. Antes de apresentar a definição, observamos que

$$\tau(2 \cdot 10) = \tau(20) = 6 \neq 2 \cdot 4 = \tau(2) \cdot \tau(10)$$

Ao mesmo tempo,

$$\sigma(2 \cdot 10) = \sigma(20) = 42 \neq 3 \cdot 18 = \sigma(2) \cdot \sigma(10)$$

Estes cálculos realçam o fato desagradável de que, em geral, não necessariamente é verdade que

$$\tau(mn) = \tau(m)\tau(n) \quad \text{e} \quad \sigma(mn) = \sigma(m)\sigma(n)$$

O aspecto positivo é que a igualdade é válida sempre que m e n forem primos relativos. Esta circunstância é o que leva à Definição 6.2.

Definição 6.2. Uma função aritmética f é *multiplicativa* se

$$f(mn) = f(m)f(n)$$

sempre que mdc$(m, n) = 1$.

Para ilustrações simples de funções multiplicativas, basta considerar apenas as funções dadas por $f(n) = 1$ e $g(n) = n$ para todo $n \geq 1$. Segue por indução que se f é multiplicativa e $n_1, n_2, \ldots, n_r$ são inteiros positivos que são primos relativos quando tomados aos pares, então

$$f(n_1 n_2 \cdots n_r) = f(n_1)f(n_2)\cdots f(n_r)$$

Funções multiplicativas têm uma grande vantagem para nós: elas ficam completamente determinadas quando seus valores de potências de primo são conhecidos. De fato, se $n > 1$ é um inteiro positivo dado, então escrevemos $n = p_1^{k_1} p_2^{k_2} \cdots p_r^{k_r}$ na forma canônica; como os $p_i^{k_i}$ são primos relativos quando tomados aos pares, a propriedade multiplicativa garante que

$$f(n) = f(p_1^{k_1})f(p_2^{k_2})\cdots f(p_r^{k_r})$$

Se f é uma função multiplicativa que não é identicamente nula, então existe um inteiro n tal que $f(n) \neq 0$. Mas

$$f(n) = f(n \cdot 1) = f(n)f(1)$$

Sendo diferente de zero, $f(n)$ pode ser cancelado de ambos os lados desta equação para dar $f(1) = 1$. O ponto para o qual queremos chamar a atenção é que $f(1) = 1$ para qualquer função multiplicativa que não seja identicamente nula.

Vamos agora provar que τ e σ têm a propriedade multiplicativa.

Teorema 6.3. As funções τ e σ são funções multiplicativas.

Demonstração. Sejam m e n inteiros primos relativos. Como o resultado é trivial se m ou n for igual a 1, vamos supor que $m > 1$ e $n > 1$. Se

$$m = p_1^{k_1} p_2^{k_2} \cdots p_r^{k_r} \quad \text{e} \quad n = q_1^{j_1} q_2^{j_2} \cdots q_s^{j_s}$$

são as fatorações em primos de m e n, então como mdc(m, n) = 1, nenhum p_i pode ocorrer entre os q_j. Segue-se que a fatoração em primos do produto mn é dada por

$$mn = p_1^{k_1} \cdots p_r^{k_r} q_1^{j_1} \cdots q_s^{j_s}$$

Aplicando o Teorema 6.2, obtemos

$$\tau(mn) = [(k_1 + 1) \cdots (k_r + 1)][(j_1 + 1) \cdots (j_s + 1)]$$
$$= \tau(m)\tau(n)$$

De forma semelhante, o Teorema 6.2 dá

$$\sigma(mn) = \left[\frac{p_1^{k_1+1} - 1}{p_1 - 1} \cdots \frac{p_r^{k_r+1} - 1}{p_r - 1}\right]\left[\frac{q_1^{j_1+1} - 1}{q_1 - 1} \cdots \frac{q_s^{j_s+1} - 1}{q_s - 1}\right]$$
$$= \sigma(m)\sigma(n)$$

Assim, τ e σ são funções multiplicativas.

Continuamos nosso programa, provando um resultado geral para as funções multiplicativas. Isso requer um lema preparatório.

Lema. Se mdc(m, n) = 1, então o conjunto de divisores positivos de mn é formado por todos os produtos $d_1 d_2$, onde $d_1 \mid m$, $d_2 \mid n$ e mdc(d_1, d_2) = 1; além disso, estes produtos são todos distintos.

Demonstração. É inofensivo assumir que $m > 1$ e $n > 1$; sejam $m = p_1^{k_1} p_2^{k_2} \ldots p_r^{k_r}$ e $n = q_1^{j_1} q_2^{j_2} \ldots q_s^{j_s}$ suas respectivas decomposições em fatores primos. Na medida em que os primos $p_1, \ldots, p_r$, $q_1, \ldots, q_s$ são todos distintos, a fatoração em primos de mn é

$$mn = p_1^{k_1} \cdots p_r^{k_r} q_1^{j_1} \cdots q_s^{j_s}$$

Assim, qualquer divisor positivo d de mn será representado exclusivamente na forma

$$d = p_1^{a_1} \cdots p_r^{a_r} q_1^{b_1} \cdots q_s^{b_s} \qquad 0 \leq a_i \leq k_i, 0 \leq b_i \leq j_i$$

Isso nos permite escrever d como $d = d_1 d_2$, onde $d_1 = p_1^{a_1} p_2^{a_2} \ldots p_r^{a_r}$ divide m e $d_2 = q_1^{b_1} \ldots q_s^{b_s}$ divide n. Como nenhum p_i é igual a algum q_j, certamente $\mathrm{mdc}(d_1, d_2) = 1$.

A pedra fundamental em muito do nosso trabalho subsequente é o Teorema 6.4.

Teorema 6.4. Se f é uma função multiplicativa e F é definida por

$$F(n) = \sum_{d \mid n} f(d)$$

então F também é multiplicativa.

Demonstração. Sejam m e n inteiros positivos primos relativos. Então

$$F(mn) = \sum_{d \mid mn} f(d)$$
$$= \sum_{\substack{d_1 \mid m \\ d_2 \mid n}} f(d_1 d_2)$$

pois todo divisor d de mn pode ser escrito de maneira única como um produto de um divisor d_1 de m e um divisor d_2 de n, onde $\mathrm{mdc}(d_1, d_2) = 1$. Pela definição de função multiplicativa,

$$f(d_1 d_2) = f(d_1) f(d_2)$$

Daqui resulta que

$$F(mn) = \sum_{\substack{d_1 \mid m \\ d_2 \mid n}} f(d_1) f(d_2)$$
$$= \left(\sum_{d_1 \mid m} f(d_1) \right) \left(\sum_{d_2 \mid n} f(d_2) \right)$$
$$= F(m) F(n)$$

Pode ser útil para poupar tempo demonstrar o Teorema 6.4 em um caso concreto. Sendo $m = 8$ e $n = 3$, temos

$$\begin{aligned}
F(8 \cdot 3) &= \sum_{d \mid 24} f(d) \\
&= f(1) + f(2) + f(3) + f(4) + f(6) + f(8) + f(12) + f(24) \\
&= f(1 \cdot 1) + f(2 \cdot 1) + f(1 \cdot 3) + f(4 \cdot 1) + f(2 \cdot 3) \\
&\quad + f(8 \cdot 1) + f(4 \cdot 3) + f(8 \cdot 3) \\
&= f(1)f(1) + f(2)f(1) + f(1)f(3) + f(4)f(1) + f(2)f(3) \\
&\quad + f(8)f(1) + f(4)f(3) + f(8)f(3) \\
&= [f(1) + f(2) + f(4) + f(8)][f(1) + f(3)] \\
&= \sum_{d \mid 8} f(d) \cdot \sum_{d \mid 3} f(d) = F(8) F(3)
\end{aligned}$$

O Teorema 6.4 fornece uma maneira enganosamente curta de chegar à conclusão de que τ e σ são multiplicativas.

Corolário. As funções τ e σ são funções multiplicativas.

Demonstração. Já mencionamos que a função constante $f(n) = 1$ e a função identidade $f(n) = n$ são multiplicativas. Como τ e σ podem ser representadas na forma

$$\tau(n) = \sum_{d \mid n} 1 \quad \text{e} \quad \sigma(n) = \sum_{d \mid n} d$$

o resultado indicado segue imediatamente do Teorema 6.4.

PROBLEMAS 6.1

1. Sejam m e n inteiros positivos e $p_1, p_2, \ldots, p_r$ primos distintos que dividem ao menos um de m e n. Então m e n podem ser escritos na forma

$$m = p_1^{k_1} p_2^{k_2} \cdots p_r^{k_r} \quad \text{com } k_i \geq 0 \text{ para } i = 1, 2, \ldots, r$$

$$n = p_1^{j_1} p_2^{j_2} \cdots p_r^{j_r} \quad \text{com } j_i \geq 0 \text{ para } i = 1, 2, \ldots, r$$

Prove que

$$\text{mdc}(m, n) = p_1^{u_1} p_2^{u_2} \cdots p_r^{u_r} \quad \text{mmc}(m, n) = p_1^{v_1} p_2^{v_2} \cdots p_r^{v_r}$$

onde $u_i = \min[k_i, j_i]$, o menor de k_i e j_i; $v_i = \max[k_i, j_i]$, o maior de k_i e j_i.

2. Use o resultado do Problema 1 para calcular mdc(12378, 3054) e mmc(12378, 3054).
3. Deduza do Problema 1 que $\text{mdc}(m, n)\,\text{mmc}(m, n) = mn$ para m e n inteiros positivos.
4. Na notação do Problema 1, mostre que $\text{mdc}(m, n) = 1$ se e somente se $k_i j_i = 0$ para $i = 1, 2, \ldots, r$.
5. (a) Verifique que $\tau(n) = \tau(n+1) = \tau(n+2) = \tau(n+3)$ é válida para $n = 3655$ e 4503.
   (b) Quando $n = 14, 206$ e 957, mostre que $\sigma(n) = \sigma(n+1)$.
6. Para todo inteiro $n \geq 1$, prove a desigualdade $\tau(n) \leq 2\sqrt{n}$.
   [*Sugestão*: Se $d \mid n$, então ou d ou n/d é menor ou igual a $\sqrt{n}$.]
7. Prove o que segue:
   (a) $\tau(n)$ é um inteiro ímpar se e somente se n é um quadrado perfeito.
   (b) $\sigma(n)$ é um inteiro ímpar se e somente se n é um quadrado perfeito ou o dobro de um quadrado perfeito.
   [*Sugestão*: Se p é um primo ímpar, então $1 + p + p^2 + \cdots + p^k$ é ímpar somente quando k é par.]
8. Mostre que $\sum_{d \mid n} 1/d = \sigma(n)/n$ para todo inteiro positivo n.
9. Se n é um inteiro livre de quadrados, prove que $\tau(n) = 2^r$, onde r é o número de divisores primos de n.
10. Prove as afirmativas a seguir:
    (a) Se $n = p_1^{k_1} p_2^{k_2} \cdots p_r^{k_r}$ é a decomposição em fatores primos de $n > 1$, então

    $$1 > \frac{n}{\sigma(n)} > \left(1 - \frac{1}{p_1}\right)\left(1 - \frac{1}{p_2}\right) \cdots \left(1 - \frac{1}{p_r}\right)$$

    (b) Para qualquer inteiro positivo n,

    $$\frac{\sigma(n!)}{n!} \geq 1 + \frac{1}{2} + \frac{1}{3} + \cdots + \frac{1}{n}$$

[*Sugestão*: Veja o Problema 8.]

(c) Se $n > 1$ é um número composto, então $\sigma(n) > n + \sqrt{n}$.
[*Sugestão*: Seja $d \mid n$, onde $1 < d < n$, logo $1 < n/d < n$. Se $d \leq \sqrt{n}$, então $n/d \geq \sqrt{n}$.

11. Dado um inteiro positivo $k > 1$, mostre que existem infinitos inteiros n para os quais $\tau(n) = k$, mas um número finito n com $\sigma(n) = k$.
[*Sugestão*: Use o Problema 10(a).]

12. (a) Encontre a forma de todos os inteiros n que satisfazem $\tau(n) = 10$. Qual é o menor inteiro positivo para o qual isso é verdadeiro?
    (b) Mostre que não existem inteiros positivos n que satisfazem $\sigma(n) = 10$.
    [*Sugestão*: Note que para $n > 1$, $\sigma(n) > n$.]

13. Prove que existem infinitos pares de inteiros m e n com $\sigma(m^2) = \sigma(n^2)$.
    [*Sugestão*: Escolha k tal que $\mathrm{mdc}(k, 10) = 1$ e considere os inteiros $m = 5k$, $n = 4k$.]

14. Para $k \geq 2$, mostre o que segue:
    (a) $n = 2^{k-1}$ satisfaz a equação $\sigma(n) = 2n - 1$.
    (b) Se $2^k - 1$ é primo, então $n = 2^{k-1}(2^k - 1)$ satisfaz a equação $\sigma(n) = 2n$.
    (c) Se $2^k - 3$ é primo, então $n = 2^{k-1}(2^k - 3)$ satisfaz a equação $\sigma(n) = 2n + 2$.
    Não se sabe se existem inteiros n para os quais $\sigma(n) = 2n + 1$.

15. Se n e $n+2$ formam um par de primos gêmeos, prove que $\sigma(n+2) = \sigma(n) + 2$; isto também é válido para $n = 434$ e 8575.

16. (a) Para todo inteiro $n > 1$, prove que existem inteiros n_1 e n_2 para os quais $\tau(n_1) + \tau(n_2) = n$.
    (b) Prove que a conjectura de Goldbach implica que para cada inteiro par $2n$ existem inteiros n_1 e n_2 com $\sigma(n_1) + \sigma(n_2) = 2n$.

17. Para um inteiro fixo k, mostre que a função f definida por $f(n) = n^k$ é multiplicativa.

18. Sejam f e g funções multiplicativas que não são identicamente nulas e têm a propriedade $f(p^k) = g(p^k)$ para cada primo p e $k \geq 1$. Prove que $f = g$.

19. Prove que se f e g funções multiplicativas, então seu produto fg e seu quociente f/g (sempre que esta última função estiver definida) também são.

20. Seja $\omega(n)$ o número de divisores primos distintos de $n > 1$, com $\omega(1) = 0$. Por exemplo, $\omega(360) = \omega(2^3 \cdot 3^2 \cdot 5) = 3$.
    (a) Mostre que $2^{\omega(n)}$ é uma função multiplicativa.
    (b) Para um inteiro positivo n, prove a fórmula
    $$\tau(n^2) = \sum_{d \mid n} 2^{\omega(d)}$$

21. Para todo inteiro positivo n, prove que $\sum_{d \mid n} \tau(d)^3 = (\sum_{d \mid n} \tau(d))^2$.
    [*Sugestão*: Ambos os lados da equação em questão são funções multiplicativas de n, logo é suficiente considerar o caso $n = p^k$, onde p é primo.]

22. Dado $n \geq 1$, seja $\sigma_s(n)$ a soma das s-ésimas potências dos divisores positivos de n; ou seja,
    $$\sigma_s(n) = \sum_{d \mid n} d^s$$

    Verifique o que segue:
    (a) $\sigma_0 = \tau$ e $\sigma_1 = \sigma$.
    (b) σ_s é uma função multiplicativa.
    [*Sugestão*: A função f, definida por $f(n) = n^s$, é multiplicativa.]
    (c) Se $n = p_1^{k_1} p_2^{k_2} \cdots p_r^{k_r}$ é a decomposição em fatores primos de n, então

$$\sigma_s(n) = \left(\frac{p_1^{s(k_1+1)} - 1}{p_1^s - 1}\right)\left(\frac{p_2^{s(k_2+1)} - 1}{p_2^s - 1}\right) \cdots \left(\frac{p_r^{s(k_r+1)} - 1}{p_r^s - 1}\right)$$

23. Para todo inteiro positivo n, mostre que:
   (a) $\sum_{d\mid n} \sigma(d) = \sum_{d\mid n}(n/d)\tau(d)$.
   (b) $\sum_{d\mid n}(n/d)\sigma(d) = \sum_{d\mid n} d\,\tau(d)$.

[*Sugestão*: Como as funções

$$F(n) = \sum_{d\mid n} \sigma(d) \qquad \text{e} \qquad G(n) = \sum_{d\mid n} \frac{n}{d}\tau(d)$$

são multiplicativas, é suficiente provar que $F(p^k) = G(p^k)$ para qualquer primo p.]

6.2 A FÓRMULA DE INVERSÃO DE MÖBIUS

Introduzimos outra função, definida naturalmente nos inteiros positivos, a função μ de Möbius.

Definição 6.3. Para um inteiro positivo n, definimos μ pelas leis

$$\mu(n) = \begin{cases} 1 & \text{se } n = 1 \\ 0 & \text{se } p^2 \mid n \text{ para algum primo } p \\ (-1)^r & \text{se } n = p_1 p_2 \cdots p_r, \text{ onde } p_i \text{ são primos distintos} \end{cases}$$

Colocada de maneira diferente, a Definição 6.3 afirma que $\mu(n) = 0$ se n não é um número inteiro livre de quadrados, enquanto $\mu(n) = (-1)^r$ se n é livre de quadrados com r fatores primos. Por exemplo: $\mu(30) = \mu(2 \cdot 3 \cdot 5) = (-1)^3 = -1$. Os primeiros valores de μ são

$$\mu(1) = 1 \quad \mu(2) = -1 \quad \mu(3) = -1 \quad \mu(4) = 0 \quad \mu(5) = -1 \quad \mu(6) = 1, \ldots$$

Se p é um número primo, é claro que $\mu(p) = -1$; além disso, $\mu(p^k) = 0$ para $k \geq 2$.

Como o leitor já pode ter percebido, a função μ de Möbius é multiplicativa. Este é o conteúdo do Teorema 6.5.

Teorema 6.5. *A função μ é uma função multiplicativa.*

Demonstração. Queremos mostrar que $\mu(mn) = \mu(m)\mu(n)$, sempre que m e n são primos relativos. Se $p^2 \mid m$ ou $p^2 \mid n$, p um primo, então $p^2 \mid mn$; daí, $\mu(mn) = 0 = \mu(m)\mu(n)$, e a fórmula é válida trivialmente. Portanto, podemos supor que m e n são números inteiros livres de quadrados. Digamos, $m = p_1 p_2 \cdots p_r$ e $n = q_1 q_2 \cdots q_s$, com todos os primos p_i e q_j distintos. Então

$$\mu(mn) = \mu(p_1 \cdots p_r q_1 \cdots q_s) = (-1)^{r+s}$$
$$= (-1)^r(-1)^s = \mu(m)\mu(n)$$

o que completa a demonstração.

Vamos ver o que acontece se $\mu(d)$ é calculada para todos os divisores positivos d de um número n e os resultados são adicionados. No caso em que $n = 1$, a resposta é fácil; aqui,

$$\sum_{d\mid 1} \mu(d) = \mu(1) = 1$$

Suponha que $n > 1$ e faça

$$F(n) = \sum_{d \mid n} \mu(d)$$

Para preparar o terreno, primeiro calculamos $F(n)$ para a potência de um primo, digamos, $n = p^k$. Os divisores positivos de p^k são apenas os $k+1$ inteiros $1, p, p^2, \ldots, p^k$, de modo que

$$F(p^k) = \sum_{d \mid p^k} \mu(d) = \mu(1) + \mu(p) + \mu(p^2) + \cdots + \mu(p^k)$$
$$= \mu(1) + \mu(p) = 1 + (-1) = 0$$

Como sabemos que μ é uma função multiplicativa, podemos aplicar o Teorema 6.4; este resultado garante que F também é multiplicativa. Assim, se a fatoração canônica de n é $n = p_1^{k_1} p_2^{k_2} \cdots p_r^{k_r}$, então $F(n)$ é o produto dos valores assumidos por F para as potências de primo nesta representação:

$$F(n) = F(p_1^{k_1}) F(p_2^{k_2}) \cdots F(p_r^{k_r}) = 0$$

Registramos este resultado no Teorema 6.6.

Teorema 6.6. Para cada inteiro positivo $n \geq 1$,

$$\sum_{d \mid n} \mu(d) = \begin{cases} 1 & \text{se } n = 1 \\ 0 & \text{se } n > 1 \end{cases}$$

onde d percorre todos os divisores positivos de n.

Para uma ilustração deste último teorema, considere $n = 10$. Os divisores positivos de 10 são 1, 2, 5, 10 e a soma desejada é

$$\sum_{d \mid 10} \mu(d) = \mu(1) + \mu(2) + \mu(5) + \mu(10)$$
$$= 1 + (-1) + (-1) + 1 = 0$$

O pleno significado da função μ de Möbius vai ficar evidente com o teorema a seguir.

Teorema 6.7 Fórmula de inversão de Möbius. Sejam F e f duas funções aritméticas definidas pela fórmula

$$F(n) = \sum_{d \mid n} f(d)$$

Então

$$f(n) = \sum_{d \mid n} \mu(d) F\left(\frac{n}{d}\right) = \sum_{d \mid n} \mu\left(\frac{n}{d}\right) F(d)$$

Demonstração. As duas somas mencionadas na conclusão do teorema são idênticas substituindo-se o índice geral d por $d' = n/d$; como d varia passando por todos os divisores positivos de n, d' também varia.

Realizando o cálculo necessário, obtemos

$$\sum_{d\mid n} \mu(d) F\left(\frac{n}{d}\right) = \sum_{d\mid n}\left(\mu(d) \sum_{c\mid (n/d)} f(c)\right)$$
$$= \sum_{d\mid n}\left(\sum_{c\mid (n/d)} \mu(d) f(c)\right) \tag{1}$$

É fácil verificar que $d \mid n$ e $c \mid (n/d)$ se e só se $c \mid n$ e $d \mid (n/c)$. Devido a isso, a última expressão da Eq. (1) torna-se

$$\sum_{d\mid n}\left(\sum_{c\mid (n/d)} \mu(d) f(c)\right) = \sum_{c\mid n}\left(\sum_{d\mid (n/c)} f(c)\mu(d)\right)$$
$$= \sum_{c\mid n}\left(f(c) \sum_{d\mid (n/c)} \mu(d)\right) \tag{2}$$

De acordo com o Teorema 6.6, a soma $\sum_{d\mid (n/c)} \mu(d)$ deve desaparecer exceto quando $n/c = 1$ (isto é, quando $n = c$), caso em que é igual a 1; o resultado é que o lado direito da Eq. (2) é simplificado para

$$\sum_{c\mid n}\left(f(c) \sum_{d\mid (n/c)} \mu(d)\right) = \sum_{c=n} f(c) \cdot 1$$
$$= f(n)$$

dando-nos o resultado enunciado.

Vamos usar novamente $n = 10$ para ilustrar como a soma dupla da Eq. (2) se transformou. Neste exemplo, vemos que

$$\sum_{d\mid 10}\left(\sum_{c\mid (10/d)} \mu(d) f(c)\right) = \mu(1)[f(1) + f(2) + f(5) + f(10)]$$
$$+ \mu(2)[f(1) + f(5)] + \mu(5)[f(1) + f(2)]$$
$$+ \mu(10) f(1)$$
$$= f(1)[\mu(1) + \mu(2) + \mu(5) + \mu(10)]$$
$$+ f(2)[\mu(1) + \mu(5)] + f(5)[\mu(1) + \mu(2)]$$
$$+ f(10)\mu(1)$$
$$= \sum_{c\mid 10}\left(\sum_{d\mid (10/c)} f(c)\mu(d)\right)$$

Para ver como a fórmula de inversão de Möbius se aplica em um caso particular, lembramos ao leitor que as funções τ e σ podem ser descritas como "funções de soma":

$$\tau(n) = \sum_{d\mid n} 1 \qquad \text{e} \qquad \sigma(n) = \sum_{d\mid n} d$$

O Teorema 6.7 nos diz que essas fórmulas podem ser invertidas para dar

$$1 = \sum_{d\mid n} \mu\left(\frac{n}{d}\right) \tau(d) \qquad \text{e} \qquad n = \sum_{d\mid n} \mu\left(\frac{n}{d}\right) \sigma(d)$$

que são válidas para todo $n \geq 1$.

O Teorema 6.4 garante que se f é uma função multiplicativa, então $F(n) = \sum_{d \mid n} f(d)$. Voltando à situação, pode-se perguntar se a natureza multiplicativa de F força a de f. Surpreendentemente, isto é exatamente o que acontece.

Teorema 6.8. Se F é uma função multiplicativa e

$$F(n) = \sum_{d \mid n} f(d)$$

então f também é multiplicativa.

Demonstração. Sejam m e n inteiros positivos primos relativos. Lembramos que qualquer divisor d de mn pode ser escrito de maneira única como $d = d_1 d_2$, onde $d_1 \mid m$, $d_2 \mid n$ e mdc $(d_1, d_2) = 1$. Então, usando a fórmula de inversão,

$$\begin{aligned} f(mn) &= \sum_{d \mid mn} \mu(d) F\left(\frac{mn}{d}\right) \\ &= \sum_{\substack{d_1 \mid m \\ d_2 \mid n}} \mu(d_1 d_2) F\left(\frac{mn}{d_1 d_2}\right) \\ &= \sum_{\substack{d_1 \mid m \\ d_2 \mid n}} \mu(d_1)\mu(d_2) F\left(\frac{m}{d_1}\right) F\left(\frac{n}{d_2}\right) \\ &= \sum_{d_1 \mid m} \mu(d_1) F\left(\frac{m}{d_1}\right) \sum_{d_2 \mid n} \mu(d_2) F\left(\frac{n}{d_2}\right) \\ &= f(m)f(n) \end{aligned}$$

que é a afirmação do teorema. É desnecessário dizer que o caráter multiplicativo de μ e de F é crucial para o cálculo anterior.

Para $n \geq 1$, definimos a soma

$$M(n) = \sum_{k=1}^{n} \mu(k)$$

Então $M(n)$ é a diferença entre o número de inteiros positivos livres de quadrados $k \leq n$ com um número par de fatores primos e aqueles com um número ímpar de fatores primos. Por exemplo, $M(9) = 2 - 4 = -2$. Em 1897, Franz Mertens (1840–1927) publicou um artigo com uma tábua de 50 páginas com valores de $M(n)$ para $n = 1, 2, \ldots, 10000$. Com base no que mostrava o quadro, Mertens concluiu que a desigualdade

$$|M(n)| < \sqrt{n} \qquad n > 1$$

é "muito provável." (No exemplo anterior, $|M(9)| = 2 < \sqrt{9}$.) Esta conclusão mais tarde se tornou conhecida como a conjectura de Mertens. Uma pesquisa computacional realizada em 1963 verificou a conjectura para todo n até 10 bilhões. Mas em 1984, Andrew Odlyzko e Herman te Riele mostraram que a conjectura de Mertens é falsa. A sua prova, que envolveu a utilização de um computador, foi indireta e não produziu nenhum valor específico de n para o qual $|M(n)| \geq \sqrt{n}$; tudo o que foi demonstrado é que tal número n deve existir em algum lugar. Posteriormente foi mostrado que existe um contraexemplo para a conjectura Mertens para pelo menos um $n \leq (3{,}21)\, 10^{64}$.

PROBLEMAS 6.2

1. (a) Para cada inteiro positivo n, mostre que:
$$\mu(n)\mu(n+1)\mu(n+2)\mu(n+3) = 0$$
   (b) Para todo inteiro positivo $n \geq 3$, mostre que $\sum_{k=1}^{n} \mu(k!) = 1$.

2. A *função de Mangoldt* Λ é definida por
$$\Lambda(n) = \begin{cases} \log p & \text{se } n = p^k, \text{ onde } p \text{ é um primo e } k \geq 1 \\ 0 & \text{caso contrário} \end{cases}$$
   Prove que $\Lambda(n) = \sum_{d \mid n} \mu(n/d) \log d = -\sum_{d \mid n} \mu(d) \log d$.
   [*Sugestão*: Primeiro mostre que $\sum_{d \mid n} \Lambda(d) = \log n$ e então aplique a fórmula de inversão de Möbius.]

3. Seja $n = p_1^{k_1} p_2^{k_2} \cdots p_r^{k_r}$ a decomposição em fatores primos do inteiro $n > 1$. Se f é uma função multiplicativa que não é identicamente nula, prove que
$$\sum_{d \mid n} \mu(d) f(d) = (1 - f(p_1))(1 - f(p_2)) \cdots (1 - f(p_r))$$
   [*Sugestão*: Pelo Teorema 6.4, a função F definida por $F(n) = \sum_{d \mid n} \mu(d) f(d)$ é multiplicativa; consequentemente, $F(n)$ é o produto dos valores $F\left(p_i^{k_i}\right)$.]

4. Se o inteiro $n > 1$ tem a decomposição em fatores primos $n = p_1^{k_1} p_2^{k_2} \cdots p_r^{k_r}$, use o Problema 3 para provar que:
   (a) $\sum_{d \mid n} \mu(d) \tau(d) = (-1)^r$.
   (b) $\sum_{d \mid n} \mu(d) \sigma(d) = (-1)^r p_1 p_2 \cdots p_r$.
   (c) $\sum_{d \mid n} \mu(d)/d = (1 - 1/p_1)(1 - 1/p_2) \cdots (1 - 1/p_r)$.
   (d) $\sum_{d \mid n} d\mu(d) = (1 - p_1)(1 - p_2) \cdots (1 - p_r)$.

5. Seja $S(n)$ o número de divisores livres de quadrados de n. Prove que
$$S(n) = \sum_{d \mid n} |\mu(d)| = 2^{\omega(n)}$$
   onde $\omega(n)$ é o número de divisores primos distintos de n.
   [*Sugestão*: S é uma função multiplicativa.]

6. Encontre fórmulas para $\sum_{d \mid n} \mu^2(d)/\tau(d)$ e $\sum_{d \mid n} \mu^2(d)/\sigma(d)$ em função da decomposição em fatores primos de n.

7. A *λ-função de Liouville* é definida por $\lambda(1) = 1$ e $\lambda(n) = (-1)^{k_1 + k_2 + \cdots + k_r}$, se a decomposição em fatores primos de $n > 1$ for $n = p_1^{k_1} p_2^{k_2} \cdots p_r^{k_r}$. Por exemplo,
$$\lambda(360) = \lambda(2^3 \cdot 3^2 \cdot 5) = (-1)^{3+2+1} = (-1)^6 = 1$$
   (a) Prove que λ é uma função multiplicativa.
   (b) Dado um inteiro positivo n, verifique que
$$\sum_{d \mid n} \lambda(d) = \begin{cases} 1 & \text{se } n = m^2 \text{ para algum inteiro } m \\ 0 & \text{caso contrário} \end{cases}$$

8. Para um inteiro $n \geq 1$, verifique as seguintes fórmulas:
   (a) $\sum_{d \mid n} \mu(d)\lambda(d) = 2^{\omega(n)}$.
   (b) $\sum_{d \mid n} \lambda(n/d) 2^{\omega(d)} = 1$.

6.3 A FUNÇÃO MAIOR INTEIRO

A função maior inteiro ou função "colchete" é especialmente adequada para o tratamento de problemas de divisibilidade. Embora não seja estritamente uma função aritmética, o seu estudo tem lugar neste capítulo.

Definição 6.4. Para um número real arbitrário x, denotamos por $[x]$ o maior número inteiro menor ou igual a x; ou seja, $[x]$ é o único inteiro satisfazendo $x - 1 < [x] \leq x$.

À título de ilustração, [ ] assume os valores particulares

$$[-3/2] = -2 \quad [\sqrt{2}] = 1 \quad [1/3] = 0 \quad [\pi] = 3 \quad [-\pi] = -4$$

A observação importante a ser feita é que a igualdade $[x] = x$ é válida se e somente se x um inteiro. A Definição 6.4 também deixa claro que qualquer número real x pode ser escrito como

$$x = [x] + \theta$$

para uma escolha adequada de θ, com $0 \leq \theta < 1$.

Agora planejamos investigar quantas vezes um primo particular p aparece em $n!$. Por exemplo, se $p = 3$ e $n = 9$, então,

$$9! = 1 \cdot 2 \cdot 3 \cdot 4 \cdot 5 \cdot 6 \cdot 7 \cdot 8 \cdot 9$$
$$= 2^7 \cdot 3^4 \cdot 5 \cdot 7$$

de modo que a potência exata de 3 que divide 9! é 4. É desejável ter uma fórmula que forneça esta conta, sem a necessidade de sempre escrever $n!$ na forma canônica. Isto é possível pelo Teorema 6.9.

Teorema 6.9. Se n é um inteiro positivo e p um primo, então o expoente da maior potência de p que divide $n!$ é

$$\sum_{k=1}^{\infty} \left[\frac{n}{p^k}\right]$$

onde a série é finita, pois $[n/p^k] = 0$ para $p^k > n$.

Demonstração. Entre os n primeiros números inteiros positivos, aqueles divisíveis por p são $p, 2p, \ldots, tp$, onde t é o maior número inteiro tal que $tp \leq n$; em outras palavras, t é o maior inteiro menor ou igual a n/p (o que quer dizer $t = [n/p]$). Assim, existem exatamente $[n/p]$ múltiplos de p que ocorrem no produto que define $n!$, nomeadamente,

$$p, 2p, \ldots, \left[\frac{n}{p}\right] p \tag{1}$$

O expoente de p na fatoração em primos de $n!$ é obtido adicionando-se ao número de inteiros na Eq. (1), o número de números inteiros entre 1, 2, ..., n divisíveis por p^2, e, em seguida, o número de divisíveis por p^3, e assim por diante. Raciocinando como no primeiro parágrafo, os inteiros entre 1 e n que são divisíveis por p^2 são

$$p^2, 2p^2, \ldots, \left[\frac{n}{p^2}\right] p^2 \tag{2}$$

que são $[n/p^2]$ no número. Destes, $[n/p^3]$ são novamente divisíveis por p:

$$p^3, 2p^3, \ldots, \left[\frac{n}{p^3}\right] p^3 \tag{3}$$

Depois de um número finito de repetições deste processo, somos levados a concluir que o número total de vezes que p divide $n!$ é

$$\sum_{k=1}^{\infty}\left[\frac{n}{p^k}\right]$$

Este resultado pode ser apresentado como a seguinte equação, que geralmente aparece sob o nome de fórmula de Legendre:

$$n! = \prod_{p \leq n} p^{\sum_{k=1}^{\infty}[n/p^k]}$$

Exemplo 6.2. Queremos encontrar o número de zeros com que a representação decimal de 50! termina. Na determinação do número de vezes que 10 entra no produto 50!, é suficiente encontrar os expoentes de 2 e 5 na fatoração em primos de 50!, e então selecionar o menor.

Por cálculo direto, vemos que

$$[50/2] + [50/2^2] + [50/2^3] + [50/2^4] + [50/2^5]$$
$$= 25 + 12 + 6 + 3 + 1$$
$$= 47$$

O Teorema 6.9 nos diz que 2^{47} divide 50!, mas 2^{48} não divide. Da mesma forma,

$$[50/5] + [50/5^2] = 10 + 2 = 12$$

e assim a maior potência de 5 que divide 50! é 12. Isso significa que 50! termina com 12 zeros.

Não podemos deixar de usar o Teorema 6.9 para provar o seguinte fato.

Teorema 6.10. Se n e r são inteiros positivos com $1 \leq r < n$, então o coeficiente binomial

$$\binom{n}{r} = \frac{n!}{r!(n-r)!}$$

é também um número inteiro.

Demonstração. O argumento se baseia na observação de que, se a e b são números reais arbitrários, então $[a + b] \geq [a] + [b]$. Em particular, para cada fator primo p de $r!(n-r)!$,

$$\left[\frac{n}{p^k}\right] \geq \left[\frac{r}{p^k}\right] + \left[\frac{(n-r)}{p^k}\right] \qquad k = 1, 2, \ldots$$

Somando essas desigualdades, obtemos

$$\sum_{k \geq 1}\left[\frac{n}{p^k}\right] \geq \sum_{k \geq 1}\left[\frac{r}{p^k}\right] + \sum_{k \geq 1}\left[\frac{(n-r)}{p^k}\right] \qquad (1)$$

O lado esquerdo da Eq. (1) fornece o expoente da maior potência do primo p que divide $n!$, enquanto o lado direito é igual à maior potência deste primo contida em $r!(n-r)!$. Assim, p aparece no numerador de $n!/r!(n-r)!$ pelo menos tantas vezes quanto ele ocorre no denominador. Como isso é válido para todo divisor primo do denominador, $r!(n-r)!$ deve dividir $n!$, fazendo com que $n!/r!(n-r)!$ seja um inteiro.

Corolário. Para todo inteiro positivo r, o produto de quaisquer r inteiros positivos consecutivos é divisível por $r!$.

Demonstração. O produto de r inteiros positivos consecutivos, sendo n o maior, é

$$n(n-1)(n-2)\cdots(n-r+1)$$

Agora temos

$$n(n-1)\cdots(n-r+1) = \left(\frac{n!}{r!(n-r)!}\right)r!$$

Como $n!/r!(n-r)!$ é um número inteiro, pelo teorema, segue-se que $r!$ deve dividir o produto $n(n-1)\ldots(n-r+1)$.

Tendo introduzido a função maior inteiro, vamos ver o que ela tem a ver com o estudo das funções aritméticas. Sua relação é trazida pelo Teorema 6.11.

Teorema 6.11. Sejam F e f funções aritméticas tais que

$$F(n) = \sum_{d\mid n} f(d)$$

Então, para qualquer inteiro positivo N,

$$\sum_{n=1}^{N} F(n) = \sum_{k=1}^{N} f(k)\left[\frac{N}{k}\right]$$

Demonstração. Começamos observando que

$$\sum_{n=1}^{N} F(n) = \sum_{n=1}^{N} \sum_{d\mid n} f(d) \qquad (1)$$

A estratégia é reunir termos com valores de $f(d)$ iguais nesta soma dupla. Para um inteiro positivo $k \leq N$ fixo, o termo $f(k)$ aparece em $\sum_{d\mid n} f(d)$ se e somente se k é um divisor de n. (Como cada inteiro é divisor de si mesmo, o lado direito da Eq. (1) inclui $f(k)$, pelo menos uma vez.) Agora, para calcular o número de somas $\sum_{d\mid n} f(d)$ em que $f(k)$ é um termo, é suficiente encontrar o número de inteiro entre $1, 2, \ldots, N$, que são divisíveis por k. Existem exatamente $[N/k]$ deles:

$$k, 2k, 3k, \ldots, \left[\frac{N}{k}\right]k$$

Assim, para cada k tal que $1 \leq k \leq N$, $f(k)$ é um termo de soma $\sum_{d\mid n} f(d)$ para $[N/k]$ inteiros positivos diferentes menores ou iguais a N. Sabendo disso, podemos reescrever a soma dupla na Eq. (1) como

$$\sum_{n=1}^{N} \sum_{d\mid n} f(d) = \sum_{k=1}^{N} f(k)\left[\frac{N}{k}\right]$$

e a nossa tarefa está concluída.

Como uma aplicação imediata do Teorema 6.11, deduzimos o Coralário 1.

Corolário 1. Se N é um número inteiro positivo, então

$$\sum_{n=1}^{N} \tau(n) = \sum_{n=1}^{N} \left[\frac{N}{n}\right]$$

Demonstração. Observando que $\tau(n) = \sum_{d|n} 1$, podemos escrever τ por F e assumir f como a função constante $f(n) = 1$ para todo n.

Da mesma forma, a relação $\sigma(n) = \sum_{d|n} d$ fornece o Corolário 2.

Corolário 2. Se N é um número inteiro positivo, então

$$\sum_{n=1}^{N} \sigma(n) = \sum_{n=1}^{N} n \left[\frac{N}{n}\right]$$

Estes dois últimos corolários podem ser esclarecidos com um exemplo.

Exemplo 6.3. Considere o caso $N = 6$. A definição de τ nos diz que

$$\sum_{n=1}^{6} \tau(n) = 14$$

Do Corolário 1,

$$\sum_{n=1}^{6} \left[\frac{6}{n}\right] = [6] + [3] + [2] + [3/2] + [6/5] + [1]$$
$$= 6 + 3 + 2 + 1 + 1 + 1$$
$$= 14$$

como deveria. No presente caso, também temos

$$\sum_{n=1}^{6} \sigma(n) = 33$$

e um cálculo simples conduz a

$$\sum_{n=1}^{6} n \left[\frac{6}{n}\right] = 1[6] + 2[3] + 3[2] + 4[3/2] + 5[6/5] + 6[1]$$
$$= 1 \cdot 6 + 2 \cdot 3 + 3 \cdot 2 + 4 \cdot 1 + 5 \cdot 1 + 6 \cdot 1$$
$$= 33$$

PROBLEMAS 6.3

1. Dados inteiros a e $b > 0$, mostre que existe um único inteiro r com $0 \leq r < b$ que satisfaz $a = [a/b]b + r$.

2. Sejam x e y números reais. Prove que a função maior inteiro satisfaz às seguintes propriedades:

   (a) $[x + n] = [x] + n$ para todo inteiro n.

   (b) $[x] + [-x] = 0$ ou -1, se x for um inteiro ou não.

   [*Sugestão*: Escreva $x = [x] + \theta$, com $0 \leq \theta < 1$, logo $-x = -[x] - 1 + (1 - \theta)$.]

   (c) $[x] + [y] \leq [x + y]$ e, quando x e y são positivos, $[x][y] \leq [xy]$.

   (d) $[x/n] = [[x]/n]$ para todo inteiro positivo n.

   [*Sugestão*: Seja $x/n = [x/n] + \theta$, onde $0 \leq \theta < 1$; então $[x] = n[x/n] + [n\theta]$.]

   (e) $[nm/k] \geq n[m/k]$ para inteiros positivos n, m, k.

   (f) $[x] + [y] + [x + y] \leq [2x] + [2y]$.

   [*Sugestão*: Seja $x = [x] + \theta$, onde $0 \leq \theta < 1$, e $y = [y] + \theta'$, com $0 \leq \theta' < 1$. Considere os casos em que nenhum, um ou ambos entre θ e θ' são maiores ou iguais a $\frac{1}{2}$.]

3. Encontre a potência mais elevada de 5 que divide 1000! e a potência mais elevada de 7 que divide 2000!.

4. Para um inteiro $n \geq 0$, mostre que $[n/2] - [-n/2] = n$.

5. (a) Verifique que 1000! termina em 249 zeros.

   (b) Para que valores de n $n!$ termina em 37 zeros?

6. Se $n \geq 1$ e p um primo, prove que

   (a) $(2n)!/(n!)^2$ é um inteiro par.

   [*Sugestão*: Use o Teorema 6.10.]

   (b) O expoente da maior potência de p que divide $(2n)!/(n!)^2$ é

   $$\sum_{k=1}^{\infty}\left(\left[\frac{2n}{p^k}\right] - 2\left[\frac{n}{p^k}\right]\right)$$

   (c) Na decomposição em fatores primos de $(2n)!/(n!)^2$ o expoente de qualquer primo p tal que $n < p < 2n$ é igual a 1.

7. Seja o inteiro positivo n escrito em função de potências do primo p de modo que temos $n = a_k p^k + \cdots + a_2 p^2 + a_1 p + a_0$, onde $0 \leq a_i < p$. Mostre que o expoente da maior potência de p que aparece na decomposição em fatores primos de $n!$ é

   $$\frac{n - (a_k + \cdots + a_2 + a_1 + a_0)}{p - 1}$$

8. (a) Usando o Problema 7, mostre que o expoente da maior potência de p que divide $(p^k - 1)!$ é $[p^k - (p-1)k - 1]/(p-1)$.

   [*Sugestão*: Relembre a identidade $p^k - 1 = (p-1)(p^{k-1} + \ldots + p^2 + p + 1)$.]

   (b) Determine a maior potência de 3 que divide 80! e a maior potência de 7 que divide 2400!.

   [*Sugestão*: $2400 = 7^4 - 1$.]

9. Encontre o inteiro $n \geq 1$ tal que a maior potência de 5 contida em $n!$ é 100.

   [*Sugestão*: Como a soma dos coeficientes das potências de 5 necessárias para expressar n na base 5 é no mínimo 1, comece por considerar a equação $(n-1)/4 = 100$.]

10. Dado um inteiro positivo N, mostre que:

    (a) $\sum_{n=1}^{N} \mu(n)[N/n] = 1$.

    (b) $|\sum_{n=1}^{N} \mu(n)/n| \leq 1$.

11. Ilustre o Problema 10 no caso em que $N = 6$.

12. Verifique que a fórmula

    $$\sum_{n=1}^{N} \lambda(n)\left[\frac{N}{n}\right] = \left[\sqrt{N}\right]$$

    é válida para qualquer inteiro positivo N.

    [*Sugestão*: Aplique o Teorema 6.11 para a função multiplicativa $F(n) = \sum_{d|n} \lambda(d)$, observando que existem $\left[\sqrt{n}\right]$ quadrados perfeitos que não excedem n.]

13. Se N é um inteiro positivo, prove que:

    (a) $N = \sum_{n=1}^{2N} \tau(n) - \sum_{n=1}^{N}[2N/n]$.

    (b) $\tau(N) = \sum_{n=1}^{N}([N/n] - [(N-1)/n])$.

6.4 UMA APLICAÇÃO AO CALENDÁRIO

Nosso calendário familiar, o calendário gregoriano, remonta a segunda metade do século XVI. O calendário juliano anterior, introduzido por Júlio César, foi baseado em um ano de $365\frac{1}{4}$ dias, com um ano bissexto a cada quatro anos. Esta não era uma medida bastante precisa, porque o comprimento de um ano solar — tempo necessário para a Terra completar uma órbita ao redor do sol — é aparentemente 365.2422 dias. O pequeno erro fazia com que o calendário juliano recuasse um dia de sua norma astronômica a cada 128 anos.

Por volta do século XVI, a imprecisão acumulada fez com que o equinócio primaveril (o primeiro dia da primavera) caísse no dia 11 de março, em vez do dia adequado que era 21 de março. A imprecisão do calendário persistiu, naturalmente, ao longo do ano e isso significava que a festa da Páscoa era celebrada no tempo astronômico errado. O Papa Gregório XIII corrigiu a discrepância em um novo calendário, imposto aos países predominantemente católicos da Europa. Ele decretou que 10 dias seriam omitidos do ano de 1582, sendo 15 de outubro o dia seguinte de 4 de outubro naquele ano. Ao mesmo tempo, o matemático jesuíta Cristóvão Clavius alterou o regime para os anos bissextos: estes seriam os anos divisíveis por 4, exceto para os séculos terminados em 00. Anos destes séculos seriam anos bissextos somente se fossem divisíveis por 400. (Por exemplo, os anos 1600 e 2000 são anos bissextos, mas 1700, 1800, 1900, e 2100 não são.)

Como o decreto veio de Roma, a Inglaterra protestante e suas colônias — incluindo a colônia americana resistiram. Eles não adotaram oficialmente o calendário gregoriano até 1752. Até então, era necessário pular 11 dias em setembro no calendário juliano. Tanto acontecia assim que George Washington, que nasceu em 11 de fevereiro de 1732, celebrava seu aniversário em 22 de fevereiro. Outras nações gradualmente adotaram o calendário reformado: a Rússia em 1918, e a China, mais tarde, em 1949.

Nosso objetivo na presente seção é determinar o dia da semana de uma determinada data após o ano de 1600 no calendário gregoriano. Como o dia do ano bissexto é adicionado no final de fevereiro, vamos admitir convenientemente que cada ano termina no final de fevereiro. De acordo com este procedimento, no ano gregoriano Y março e abril são contados como primeiro e segundo meses. Janeiro e fevereiro do ano gregoriano $Y + 1$ são, por conveniência, contados como décimo primeiro e décimo segundo meses.

Outra conveniência é designar os dias da semana, de domingo a sábado, pelos números 0, 1, ..., 6:

Dom	Seg	Ter	Qua	Qui	Sex	Sáb
0	1	2	3	4	5	6

O número de dias em um ano comum é $365 \equiv 1 \pmod{7}$, enquanto em anos bissextos há $366 \equiv 2 \pmod{7}$ dias. Como 28 de fevereiro é o 365° dia do ano, e $365 \equiv 1 \pmod{7}$, 28 de fevereiro sempre cai no mesmo dia da semana que o 1° de março anterior. Assim, se o 1° de março segue imediatamente um determinado 28 de fevereiro, o seu número de semana será uma unidade a mais, módulo 7, que o número da semana do 1° de março anterior. Mas se ele segue um dia de ano bissexto, 29 de fevereiro, seu número de dia da semana será aumentado em duas unidades.

Por exemplo, se D_{1600} é o número do dia da semana de 1° de março de 1600, então 1° de março nos anos de 1601, 1602, e 1603 têm números congruentes módulo 7 a $D_{1600} + 1$, $D_{1600} + 2$, e $D_{1600} + 3$, respectivamente; mas o número correspondente a 1° de março de 1604 é $D_{1600} + 5 \pmod{7}$.

Podemos resumir o seguinte: o número do dia da semana D_y para 1° de março de qualquer ano $Y > 1600$ satisfará à congruência

$$D_Y \equiv D_{1600} + (Y - 1600) + L \pmod{7} \tag{1}$$

onde L é o número de anos bissextos entre 1° de março de 1600, e 1° de março do ano Y.

Vamos primeiro encontrar L, o número de anos bissexto entre 1600 e o ano Y. Para isso, contamos os anos que são divisíveis por 4, retiramos a quantidade de anos que terminam em 00, e, em seguida, adicionamos a quantidade de anos que são divisíveis por 400. Segundo o Problema 2(a) da Seção 6.3, $[x - a] = [x] - a$ sempre que a é um inteiro. Portanto, o número de anos no intervalo $1600 < n \le Y$ que é divisível por 4 é dado por

$$\left[\frac{Y-1600}{4}\right] = \left[\frac{Y}{4} - 400\right] = \left[\frac{Y}{4}\right] - 400$$

Da mesma forma, o número de anos do século decorrido é

$$\left[\frac{Y-1600}{100}\right] = \left[\frac{Y}{100} - 16\right] = \left[\frac{Y}{100}\right] - 16$$

enquanto entre eles há

$$\left[\frac{Y-1600}{400}\right] = \left[\frac{Y}{400} - 4\right] = \left[\frac{Y}{400}\right] - 4$$

anos do século que são divisíveis por 400. Tomadas em conjunto, essas afirmações fornecem

$$L = \left(\left[\frac{Y}{4}\right] - 400\right) - \left(\left[\frac{Y}{100}\right] - 16\right) + \left(\left[\frac{Y}{400}\right] - 4\right)$$
$$= \left[\frac{Y}{4}\right] - \left[\frac{Y}{100}\right] + \left[\frac{Y}{400}\right] - 388$$

Vamos obter, para um exemplo típico, o número de anos bissextos entre 1600 e 1995. Calculamos:

$$L = [1995/4] - [1995/100] + [1995/400] - 388$$
$$= 498 - 19 + 4 - 388 = 95$$

Juntamente com a congruência (1), isto nos permite encontrar um valor para D_{1600}. Os dias e as datas dos últimos anos ainda podem ser lembrados; podemos facilmente identificar o dia da semana (quarta-feira) de 1º de março de 1995. Ou seja, $D_{1995} = 3$. Então, a partir de (1),

$$3 \equiv D_{1600} + (1995 - 1600) + 95 \equiv D_{1600} \pmod{7}$$

e assim 1º de março de 1600 também ocorreu em uma quarta-feira. A congruência que dá o dia da semana para 1º de março de qualquer ano Y pode agora ser reformulada como

$$D_Y \equiv 3 + (Y - 1600) + L \pmod{7} \qquad (2)$$

Uma fórmula alternativa para L vem da escrita do ano Y como

$$Y = 100c + y \qquad 0 \le y < 100$$

onde c denota o número de séculos e y o número de anos dentro do século. Após a substituição, a expressão anterior para L torna-se

$$L = \left[25c + \frac{y}{4}\right] - \left[c + \frac{y}{100}\right] + \left[\frac{c}{4} + \frac{y}{400}\right] - 388$$
$$= 24c + \left[\frac{y}{4}\right] + \left[\frac{c}{4}\right] - 388$$

(Note que $[y/100] = 0$ e $y/400 < \frac{1}{4}$.) Então a congruência para D_y aparece como

$$D_Y \equiv 3 + (100c + y - 1600) + 24c + \left[\frac{y}{4}\right] + \left[\frac{c}{4}\right] - 388 \pmod 7$$

que se reduz para

$$D_Y \equiv 3 - 2c + y + \left[\frac{c}{4}\right] + \left[\frac{y}{4}\right] \pmod 7 \qquad (3)$$

Exemplo 6.4 Podemos usar a última congruência para calcular o dia da semana em que 1º de março de 1990 caiu. Para este ano, $c = 19$ e $y = 90$, de modo que (3) fornece

$$D_{1990} \equiv 3 - 38 + 90 + [19/4] + [90/4]$$
$$\equiv 55 + 4 + 22 \equiv 4 \pmod 7$$

1º de março foi uma quinta-feira em 1990.

Passamos para a determinação do dia da semana em que o primeiro dia de cada mês do ano caiu. Como $30 \equiv 2 \pmod 7$, o primeiro dia de um mês que segue um mês de 30 dias avança dois dias em relação ao dia da semana que iniciou o referido mês de 30 dias. No caso de um mês seguinte a um mês de 31 dias, este avanço é de 3 dias. Assim, por exemplo, o dia da semana em que cairá o dia 1º de junho estará sempre $3 + 2 + 3 \equiv 1 \pmod 7$ à frente do dia da semana em que tiver caído o dia 1º de março anterior porque março, abril, maio e são meses de 31, 30 e 31 dias, respectivamente. A tabela abaixo dá o valor que deve ser adicionado ao dia 1º de março até chegar ao primeiro dia de cada mês em qualquer ano Y.

Março	0	Setembro	2
Abril	3	Outubro	4
Maio	5	Novembro	0
Junho	1	Dezembro	2
Julho	3	Janeiro	5
Agosto	6	Fevereiro	1

Para $m = 1, 2, \ldots, 12$, a expressão

$$[(2{,}6)m - 0{,}2] - 2 \pmod 7$$

produz os mesmos aumentos mensais, conforme indicado pela tabela. Assim, o número do primeiro dia do m-ésimo mês do ano Y é dado por

$$D_Y + [(2{,}6)m - 0{,}2] - 2 \pmod 7$$

Tomando 1º de dezembro de 1990, como um exemplo, temos

$$D_{1990} + [(2{,}6)10 - 0{,}2] - 2 \equiv 4 + 25 - 2 \equiv 6 \pmod 7$$

isto é, 1º de dezembro de 1990 caiu em um sábado.

Finalmente, o número w do dia d, do mês m, do ano $Y = 100c + y$ é determinado a partir de congruência

$$w \equiv (d - 1) + D_Y + [(2{,}6)m - 0{,}2] - 2 \pmod 7$$

Podemos usar a Eq. (3) para reformular:

$$w \equiv d + [(2{,}6)m - 0{,}2] - 2c + y + \left[\frac{c}{4}\right] + \left[\frac{y}{4}\right] \pmod 7 \qquad (4)$$

Resumimos os resultados desta seção no seguinte teorema.

Teorema 6.12. A data com mês m, dia d, ano $Y = 100c + y$ onde $c \geq 16$ e $0 \leq y < 100$, tem o número do dia da semana

$$w \equiv d + [(2,6)m - 0,2] - 2c + y + \left[\frac{c}{4}\right] + \left[\frac{y}{4}\right] \pmod{7}$$

desde que março seja considerado o primeiro mês do ano e janeiro e fevereiro sejam considerados décimo primeiro e décimo segundo meses do ano anterior.

Vamos dar um exemplo usando a fórmula do calendário.

Exemplo 6.5. Em que dia da semana será 14 de janeiro de 2020?

Em nossa convenção, janeiro de 2020 é tratado como o décimo primeiro mês do ano de 2019. O número da semana correspondente ao seu décimo quarto dia é calculado como

$$w \equiv 14 + [(2,6)11 - 0,2] - 40 + 19 + [20/4] + [19/4]$$
$$\equiv 14 + 28 - 40 + 19 + 5 + 4 \equiv 2 \pmod{7}$$

Concluímos que 14 de janeiro de 2020 cairá numa terça-feira.

Uma questão interessante para se colocar sobre o calendário é se a cada ano contém uma sexta-feira caindo no dia 13. Dito de forma diferente, a congruência

$$5 \equiv 13 + [(2,6)m - 0,2] - 2c + y + \left[\frac{c}{4}\right] + \left[\frac{y}{4}\right] \pmod{7}$$

é válida para cada ano $Y = 100c + y$? Notemos que a expressão $[(2,6) m - 0,2]$ assume, módulo 7, cada um dos valores 0, 1, ..., 6, quando os valores de m variam de 3 a 9 – valores correspondentes aos meses de maio a novembro. Assim haverá sempre um mês para o qual a congruência indicada é satisfeita: na verdade, sempre haverá uma sexta-feira no décimo terceiro dia durante estes sete meses de qualquer ano. Para o ano de 2022, como exemplo, a décima terceira congruência da sexta-feira se reduz para

$$0 \equiv [(2,6)m - 0,2] \pmod{7}$$

que é válida quando $m = 3$. Em 2022, há uma sexta-feira no dia 13 de maio.

PROBLEMAS 6.4

1. Encontre o número n de anos bissextos tais que $1600 < n < Y$, quando
   (a) $Y = 1825$.
   (b) $Y = 1950$.
   (c) $Y = 2075$.
2. Determine o dia da semana no qual você nasceu.
3. Encontre o dia da semana das importantes datas a seguir:
   (a) 19 de novembro de 1863 (Discurso de Gettysburg de Lincoln).
   (b) 18 de abril de 1906 (terremoto de São Francisco).
   (c) 11 de novembro de 1918 (fim da Grande Guerra).
   (d) 24 de outubro de 1929 (Dia Negro na bolsa de valores de Nova Yorque).
   (e) 6 de junho de 1944 (Aliados desembarcam na Normandia).
   (f) 15 de fevereiro de 1898 (Encouraçado *Maine* explodiu).

4. Mostre que dias com data de calendário idêntica nos anos de 1999 e 1915 caem no mesmo dia da semana.

   [*Sugestão*: Se W_1 e W_2 são os números dos dias da semana para a mesma data em 1999 e 1915, respectivamente, verifique que $W_1 \equiv W_2 \pmod{7}$.]

5. Para o ano de 2010, determine:

   (a) as datas do calendário em que ocorrerão as segundas-feiras de março.

   (b) os meses nos quais o dia treze cairá numa sexta-feira.

6. Encontre os anos na década de 2000 a 2009 em que 29 de novembro é um domingo.

CAPÍTULO 7

A GENERALIZAÇÃO DE EULER DO TEOREMA DE FERMAT

*Euler calculou sem aparentar esforço, assim como os homens respiram,
como águias se sustentam no ar.*
Arago

7.1 LEONHARD EULER

A importância do trabalho de Fermat não está tanto em suas contribuições para a matemática da época em que viveu, mas sim em seu efeito motivador para as gerações posteriores de matemáticos. Talvez a maior frustração da carreira de Fermat tenha sido sua incapacidade de despertar o interesse dos outros por sua nova teoria dos números. Um século se passou até que um matemático de primeira classe, Leonhard Euler (1707–1783), entendesse e apreciasse o seu significado. Muitos dos teoremas enunciados sem prova por Fermat contribuíram para que Euler desenvolvesse suas habilidades, e é provável que os argumentos elaborados por ele não sejam substancialmente diferentes daqueles que Fermat dizia possuir.

A figura-chave na matemática do século XVIII, Euler era o filho de um pastor luterano que morava nas proximidades de Basileia, na Suíça. Seu pai desejava muito que ele entrasse para o ministério e o enviou, com a idade de 13 anos, para a Universidade de Basileia para estudar teologia. Lá, o jovem Euler conheceu Johann Bernoulli — então um dos principais matemáticos da Europa — e fez amizade com seus dois filhos — Nicolaus e Daniel. Dentro de um curto espaço de tempo, Euler interrompeu os estudos teológicos que havia selecionado para dedicar-se exclusivamente à matemática. Ele concluiu o mestrado em 1723, e em 1727, com 19 anos de idade, ele ganhou um prêmio da Academia de Ciências de Paris por um tratado sobre o arranjo mais eficiente de mastros de navios.

Enquanto o século XVII foi uma época de grandes matemáticos amadores, o século XVIII foi quase que exclusivamente uma era de profissionais — professores universitários e membros de academias científicas. Muitos dos monarcas se orgulhavam de atuar como

Leonhard Euler
(1707–1783)

(*Publicações Dover, Inc.*)

patronos da aprendizagem, e os acadêmicos serviram como joias da coroa intelectual das cortes reais. Embora os motivos desses governantes possam não ter sido totalmente filantrópicos, a verdade é que as sociedades científicas constituíram agências importantes para a promoção da ciência. Eles pagavam os salários dos ilustres estudiosos, publicavam regularmente revistas de artigos científicos, e ofereciam prêmios monetários para as descobertas científicas. Euler foi em épocas diferentes associado a duas das academias, a Academia Imperial de São Petersburgo (1727–1741; 1766–1783) e a Academia Real de Berlim (1741–1766). Em 1725, Pedro, o Grande, fundou a Academia de São Petersburgo e atraiu muitos dos principais matemáticos para a Rússia, incluindo Nicolaus e Daniel Bernoulli. Segundo recomendação deles, um lugar especial foi garantido para Euler. Por ser jovem, ele havia perdido um cargo de professor de Física da Universidade de Basileia e estava muito disposto a aceitar o convite da Academia. Em São Petersburgo, ele logo entrou em contato com o estudioso versátil Christian Goldbach (da famosa conjectura), um homem que, posteriormente, passou de professor de matemática a ministro dos Negócios Estrangeiros russo. Dado os seus interesses, parece provável que Goldbach foi quem primeiro chamou a atenção de Euler para o trabalho de Fermat sobre a teoria dos números.

Finalmente, cansado da repressão política na Rússia, Euler aceitou o chamado de Frederico, o Grande, para se tornar membro da Academia de Berlim. Conta a história que, durante uma recepção na corte, Euler foi gentilmente recebido pela rainha-mãe que perguntou por que um estudioso tão distinto como ele, é tão tímido e reticente; ele respondeu: "Madame, é porque acabo de vir de um país onde, quando uma pessoa fala, ela é enforcada." Entretanto, lisonjeado com o calor do sentimento russo para com ele e insuportavelmente ofendido com a frieza contrastante de Frederico e sua corte, Euler retornou a São Petersburgo em 1766 para viver o resto de seus dias. Dois ou três anos após seu retorno, Euler ficou completamente cego.

Porém, não permitiu que a cegueira retardasse seu trabalho científico; auxiliado por uma memória fenomenal, seus escritos atingiram proporções tão grandes que se tornaram praticamente incontroláveis. Ele escreveu ou ditou mais de 700 livros e artigos em sua vida e deixou muito material inédito que a Academia de São Petersburgo, até 47 anos após sua morte, ainda não havia terminado de imprimir todos os seus manuscritos. A publicação das obras completas de Euler foi iniciada pela Sociedade Suíça de Ciências Naturais em 1911: estima-se que mais de 75 grandes volumes serão necessários para a conclusão deste projeto monumental. A melhor prova da qualidade desses trabalhos é o fato de que em 12 ocasiões, eles ganharam o cobiçado prêmio bienal da Academia Francesa, em Paris.

Durante a sua estada em Berlim, Euler adquiriu o hábito de escrever memórias, formando pilhas de manuscritos. Sempre que era necessário material para a revista da Academia, os editores pegavam papéis do topo das pilhas. Como a altura das pilhas aumentou mais rapidamente do que as exigências feitas sobre ele, as memórias que estavam nas bases das pilhas tenderam a permanecer no local por muito tempo. Isso explica o fato de vários artigos de Euler terem sido publicados, quando as extensões e melhorias do material contido neles já haviam sido divulgadas com o seu nome. Podemos também acrescentar que a maneira pela qual Euler tornou público o seu trabalho contrasta com o habitual sigilo da época de Fermat.

7.2 A FUNÇÃO PHI DE EULER

Este capítulo trata da parte da teoria decorrente do resultado conhecido como generalização de Euler para o Teorema de Fermat. Em poucas palavras, Euler estendeu o teorema de Fermat, que diz respeito a congruências com módulos primos, para módulos arbitrários. Enquanto fez isso, ele introduziu uma importante função aritmética, descrita na Definição 7.1.

Definição 7.1. Para $n \geq 1$, denotamos $\phi(n)$ o número de inteiros positivos não superior a n que são primos relativos com n.

Como ilustração da definição, observamos que $\phi(30) = 8$; pois, entre os números inteiros positivos que não excedem 30, há oito que são primos relativos com 30; especificamente:

$$1, 7, 11, 13, 17, 19, 23, 29$$

De forma similar, para os primeiros números inteiros positivos, o leitor pode verificar que

$$\phi(1) = 1, \phi(2) = 1, \phi(3) = 2, \phi(4) = 2, \phi(5) = 4,$$
$$\phi(6) = 2, \phi(7) = 6, \ldots$$

Notemos que $\phi(1) = 1$, porque mdc$(1, 1) = 1$. No caso $n > 1$, então mdc$(n, n) = n \neq 1$, de modo que $\phi(n)$ pode ser caracterizado como o número de inteiros menores que n que são primos relativos com ele. A função ϕ é geralmente chamada *função phi de Euler* (por vezes, o *indicador* ou *totiente*) homenagem ao seu criador, a notação funcional $\phi(n)$, no entanto, é creditada a Gauss.

Se n é um número primo, então cada número inteiro menor que n é primo relativo com ele; assim, $\phi(n) = n - 1$. Por outro lado, se $n > 1$ é composto, então n tem um divisor d tal que $1 < d < n$. Segue-se que existem pelo menos dois números inteiros entre 1, 2, 3, ..., n, que não são primos relativos com n, ou seja, d e o próprio n. Como resultado, $\phi(n) \leq n - 2$. Isto prova que para $n > 1$,

$$\phi(n) = n - 1 \quad \text{se e somente se } n \text{ é primo}$$

O primeiro ponto é obter uma fórmula que nos permita calcular o valor de $\phi(n)$ diretamente da fatoração em primos de n. Um grande passo nessa direção provém do Teorema 7.1.

Teorema 7.1. Se p é primo e $k > 0$, então

$$\phi(p^k) = p^k - p^{k-1} = p^k\left(1 - \frac{1}{p}\right)$$

Demonstração. Claramente, mdc$(n, p^k) = 1$ se e somente se $p \nmid n$. Há p^{k-1} números inteiros entre 1 e p^k divisíveis por p, ou seja,

$$p, 2p, 3p, \ldots, (p^{k-1})p$$

Assim, o conjunto $\{1, 2, \ldots, p^k\}$ contém exatamente $p^k - p^{k-1}$ números inteiros que são primos relativos com p^k, e assim pela definição da função phi, $\phi(p^k) = p^k - p^{k-1}$.

Por exemplo, temos

$$\phi(9) = \phi(3^2) = 3^2 - 3 = 6$$

os seis inteiros e menores e primos relativos com 9 sendo 1, 2, 4, 5, 7, 8. Para dar uma segunda ilustração, há 8 inteiros que são menores que 16 anos e primos relativos com ele; eles são 1, 3, 5, 7, 9, 11, 13, 15. O Teorema 7.1 produz a mesma contagem:

$$\phi(16) = \phi(2^4) = 2^4 - 2^3 = 16 - 8 = 8$$

Agora sabemos como avaliar a função phi para potências de primos, e nosso objetivo é a obtenção de uma fórmula para $\phi(n)$ com base na fatoração de n como produto de números primos. O que falta é óbvio: mostrar que ϕ é uma função multiplicativa. Abrimos o caminho com um lema fácil.

Lema. Dado inteiros a, b, c, mdc(a, bc) = 1 se e somente se mdc(a, b) = 1 e mdc(a, c) = 1.

Demonstração. Primeiro suponha que mdc(a, bc) = 1, e faça d = mdc(a, b). Então $d \mid a$ e $d \mid b$, e consequentemente $d \mid a$ e $d \mid bc$. Isto implica que mdc(a, bc) $\geq d$, que força $d = 1$. Um raciocínio análogo dá origem à afirmação de que mdc(a, c) = 1.

Por outro lado, tome mdc(a, b) = 1 = mdc(a, c) e admita que mdc(a, bc) = $d_1 > 1$. Então d_1 deve ter um divisor primo p. Como $d_1 \mid bc$, segue-se que $p \mid bc$; em consequência, $p \mid b$ ou $p \mid c$. Se $p \mid b$, então (em virtude de $p \mid a$) temos mdc(a, b) $\geq p$, uma contradição. Da mesma forma, a condição $p \mid c$ leva à conclusão igualmente falsa de que mdc(a, c) $\geq p$. Assim, $d_1 = 1$ e o lema está provado.

Teorema 7.2. A função ϕ é uma função multiplicativa.

Demonstração. É necessário mostrar que $\phi(mn) = \phi(m)\phi(n)$, onde m e n não possuem fator comum. Como $\phi(1) = 1$, o resultado, obviamente, é válido se m ou n é igual a 1. Assim, podemos assumir que $m > 1$ e $n > 1$. Disponha os inteiros de 1 a mn em m colunas de n inteiros cada uma, como segue:

$$\begin{array}{ccccc}
1 & 2 & \cdots & r & \cdots & m \\
m+1 & m+2 & & m+r & & 2m \\
2m+1 & 2m+2 & & 2m+r & & 3m \\
\vdots & \vdots & & \vdots & & \vdots \\
(n-1)m+1 & (n-1)m+2 & & (n-1)m+r & & nm
\end{array}$$

Sabemos que $\phi(mn)$ é igual ao número de elementos dessa matriz que são primos relativos com mn; de acordo com o lema, este é o número de inteiros que são primos relativos com m e n.

Antes de entrarmos em detalhes, vale à pena comentar sobre as estratégias a serem adotadas: como mdc($qm + r$, m) = mdc(r, m), os números da r-ésima coluna são primos relativos com m se e somente se r é primo relativo com m. Portanto, apenas $\phi(m)$ colunas contêm inteiros primos relativos com m, e cada termo na coluna será primo relativo com m. O problema é mostrar que em cada uma dessas $\phi(m)$ colunas há exatamente $\phi(n)$ inteiros que são primos relativos com n, para, em seguida, completar que há $\phi(m)\phi(n)$ números na tabela que são primos relativos a m e n.

Agora, os termos da r-ésima coluna (onde mdc(r, m) = 1) são

$$r, m+r, 2m+r, \ldots, (n-1)m+r$$

Existem n números inteiros nesta sequência e nenhum par deles é congruente módulo n. De fato, se

$$km + r \equiv jm + r \pmod{n}$$

com $0 \le k < j < n$, deveria seguir que $km \equiv jm \pmod{n}$. Como $\mathrm{mdc}(m, n) = 1$, podemos cancelar m de ambos os lados desta congruência para chegar à contradição $k \equiv j \pmod{n}$. Assim, os números da r-ésima coluna são congruentes módulo n a $0, 1, 2, \ldots, n-1$, em alguma ordem. Mas se $s \equiv t \pmod{n}$, então $\mathrm{mdc}(s, n) = 1$ se e somente se $\mathrm{mdc}(t, n) = 1$. A consequência é que a r-ésima coluna contém tantos números inteiros primos relativos com n quanto o conjunto $\{0, 1, 2, \ldots, n-1\}$, ou seja, $\phi(n)$ números inteiros. Portanto, o número total de termos na matriz que são primos relativos com m e n é $\phi(m)\phi(n)$. Isto conclui a demonstração do teorema.

Com estas preliminares em mãos, podemos agora provar o Teorema 7.3.

Teorema 7.3. Se o inteiro $n > 1$ tem a fatoração em primos $n = p_1^{k_1} p_2^{k_2} \cdots p_r^{k_r}$, então

$$\phi(n) = \left(p_1^{k_1} - p_1^{k_1-1}\right)\left(p_2^{k_2} - p_2^{k_2-1}\right) \cdots \left(p_r^{k_r} - p_r^{k_r-1}\right)$$
$$= n\left(1 - \frac{1}{p_1}\right)\left(1 - \frac{1}{p_2}\right) \cdots \left(1 - \frac{1}{p_r}\right)$$

Demonstração. Vamos usar a indução sobre r, o número de fatores primos distintos de n. Pelo Teorema 7.1, o resultado é verdadeiro para $r = 1$. Suponha que seja válido para $r = i$. Como

$$\mathrm{mdc}\left(p_1^{k_1} p_2^{k_2} \cdots p_i^{k_i}, p_{i+1}^{k_{i+1}}\right) = 1$$

a definição de função multiplicativa dá

$$\phi\left(\left(p_1^{k_1} \cdots p_i^{k_i}\right) p_{i+1}^{k_{i+1}}\right) = \phi\left(p_1^{k_1} \cdots p_i^{k_i}\right) \phi\left(p_{i+1}^{k_{i+1}}\right)$$
$$= \phi\left(p_1^{k_1} \cdots p_i^{k_i}\right)\left(p_{i+1}^{k_{i+1}} - p_{i+1}^{k_{i+1}-1}\right)$$

Trazendo a hipótese de indução, o primeiro fator no lado direito torna-se

$$\phi\left(p_1^{k_1} p_2^{k_2} \cdots p_i^{k_i}\right) = \left(p_1^{k_1} - p_1^{k_1-1}\right)\left(p_2^{k_2} - p_2^{k_2-1}\right) \cdots \left(p_i^{k_i} - p_i^{k_i-1}\right)$$

e isto serve para completar o passo de indução e com ele a demonstração.

Exemplo 7.1. Vamos calcular o valor $\phi(360)$, por exemplo. A decomposição em potências de primos de 360 é $2^3 \cdot 3^2 \cdot 5$, e o Teorema 7.3 nos diz que

$$\phi(360) = 360\left(1 - \frac{1}{2}\right)\left(1 - \frac{1}{3}\right)\left(1 - \frac{1}{5}\right)$$
$$= 360 \cdot \frac{1}{2} \cdot \frac{2}{3} \cdot \frac{4}{5} = 96$$

O leitor atento deve ter notado que, salvo $\phi(1)$ e $\phi(2)$, os valores de $\phi(n)$ em nossos exemplos são sempre pares. Isto não é por acaso, como mostra o próximo teorema.

Teorema 7.4. Para $n > 2$, $\phi(n)$ é um inteiro par.

Demonstração. Primeiro, suponha que n é uma potência de 2, digamos que $n = 2^k$, com $k \ge 2$. Pelo Teorema 7.3,

$$\phi(n) = \phi(2^k) = 2^k\left(1 - \frac{1}{2}\right) = 2^{k-1}$$

é um inteiro par. Se n não for uma potência de 2, então é divisível por um primo ímpar p; que, portanto podemos escrever n como $n = p^k m$, onde $k \geq 1$ e mdc$(p^k, m) = 1$. Explorando a natureza multiplicativa da função phi, obtemos

$$\phi(n) = \phi(p^k)\phi(m) = p^{k-1}(p-1)\phi(m)$$

que novamente é par porque $2 \mid p - 1$.

Podemos provar o teorema de Euclides sobre a infinitude dos números primos no novo caminho a seguir. Como antes, admita que há apenas uma quantidade finita de números primos. Chame-os $p_1, p_2, ..., p_r$, e considere o inteiro $n = p_1 p_2 ... p_r$. Argumentamos que se $1 < a \leq n$, então mdc$(a, n) \neq 1$. Pois, o Teorema Fundamental da Aritmética nos diz que a tem um divisor primo q. Como $p_1, p_2, ..., p_r$ são os únicos números primos, q deve ser um destes p_i, onde $q \mid n$; em outras palavras, mdc$(a, n) \geq q$. A consequência de tudo isto é que $\phi(n) = 1$, o que claramente é impossível pelo Teorema 7.4.

PROBLEMAS 7.2

1. Calcule $\phi(1001)$, $\phi(5040)$ e $\phi(36000)$.
2. Verifique que a igualdade $\phi(n) = \phi(n+1) = \phi(n+2)$ é válida quando $n = 5186$.
3. Mostre que os inteiros $m = 3^k \cdot 568$ e $n = 3^k \cdot 638$, onde $k \geq 0$, satisfazem simultaneamente

$$\tau(m) = \tau(n), \quad \sigma(m) = \sigma(n) \text{ e} \quad \phi(m) = \phi(n)$$

4. Prove cada uma das seguintes afirmativas:
   (a) Se n é um inteiro ímpar, então $\phi(2n) = \phi(n)$.
   (b) Se n é um inteiro par, então $\phi(2n) = 2\phi(n)$.
   (c) $\phi(3n) = 3\phi(n)$ se e somente se $3 \mid n$.
   (d) $\phi(3n) = 2\phi(n)$ se e somente se $3 \nmid n$.
   (e) $\phi(n) = n/2$ se e somente se $n = 2^k$ para algum $k \geq 1$.
   [*Sugestão*: Escreva $n = 2^k N$, onde N é ímpar, e use a condição $\phi(n) = n/2$ para mostrar que $N = 1$.]
5. Prove que a equação $\phi(n) = \phi(n+2)$ é satisfeita por $n = 2(2p - 1)$ sempre que p e $2p - 1$ forem primos ímpares.
6. Mostre que existe uma infinidade de inteiros n para os quais $\phi(n)$ é um quadrado perfeito.
   [*Sugestão*: Considere os inteiros $n = 2^{k+1}$ para $k = 1, 2, ...$]
7. Verifique o que segue:
   (a) Para todo inteiro positivo n, $\frac{1}{2}\sqrt{n} \leq \phi(n) \leq n$.
   [*Sugestão*: Escreva $n = 2^{k_0} p_1^{k_1} \cdots p_r^{k_r}$, logo $\phi(n) = 2^{k_0-1} p_1^{k_1-1} \cdots p_r^{k_r-1}(p_1-1)\cdots(p_r-1)$. Agora use as desigualdades $p - 1 > \sqrt{p}$ e $k - \frac{1}{2} \geq k/2$ para obter $\phi(n) \geq 2^{k_0-1} p_1^{k_1/2} \cdots p_r^{k_r/2}$.]
   (b) Se o inteiro $n > 1$ tem r fatores primos distintos, então $\phi(n) \geq n/2^r$.
   (c) Se $n > 1$ é um número composto, então $\phi(n) \leq n - \sqrt{n}$
   [*Sugestão*: Seja p o menor divisor primo de n, logo $p \leq \sqrt{n}$. Então $\phi(n) \leq n(1 - 1/p)$.]
8. Prove que se o inteiro n tem r fatores primos distintos, então $2^r \mid \phi(n)$.
9. Prove o que segue:

(a) Se n e $n + 2$ são um par de primos gêmeos, então $\phi(n+2) = \phi(n)+2$; isto também é válido para $n = 12$, 14 e 20.

(b) Se p e $2p + 1$ são primos ímpares, então $n = 4p$ satisfaz $\phi(n+2) = \phi(n)+2$.

10. Se todo primo que divide n também divide m, prove que $\phi(nm) = n\phi(m)$; em particular, $\phi(n^2) = n\phi(n)$ para todo inteiro positivo n.

11. (a) Se $\phi(n) \mid n-1$, prove que n é um inteiro livre de quadrados.
[*Sugestão*: Admita que n tem a decomposição em fatores primos $n = p_1^{k_1} p_2^{k_2} \cdots p_r^{k_r}$, onde $k_1 \geq 2$. Assim $p_1 \mid \phi(n)$, e consequentemente $p_1 \mid n-1$, o que conduz a uma contradição.]
(b) Mostre que se $n = 2^k$ ou $2^k 3^j$, com k e j inteiros positivos, então $\phi(n) \mid n$.

12. Se $n = p_1^{k_1} p_2^{k_2} \cdots p_r^{k_r}$, deduza as seguintes desigualdades:
(a) $\sigma(n)\phi(n) \geq n^2 (1-1/p_1^2)(1-1/p_2^2)\cdots(1-1/p_r^2)$.
(b) $\tau(n)\sigma(n) \geq n$.
[*Sugestão*: Mostre que $\tau(n)\sigma(n) \geq 2^r \cdot n(1/2)^r$.]

13. Admitindo que $d \mid n$, prove que $\phi(d) \mid \phi(n)$.
[*Sugestão*: Utilize as decomposições em fatores primos de d e n.]

14. Obtenhas as seguintes generalizações do Teorema 7.2:
(a) Para inteiros positivos m e n, onde $d = \text{mdc}(m, n)$,
$$\phi(m)\phi(n) = \phi(mn)\frac{\phi(d)}{d}$$
(b) Para inteiros positivos m e n,
$$\phi(m)\phi(n) = \phi(\text{mdc}(m,n))\phi(\text{mmc}(m,n))$$

15. Prove o que segue:
(a) Existe uma infinidade de inteiros n para os quais $\phi(n) = n/3$.
[*Sugestão*: Considere $n = 2^k 3^j$, com k e j inteiros positivos.]
(b) Não existe inteiro n para o qual $\phi(n) = n/4$.

16. Mostre que a conjectura de Goldbach garante que para cada inteiro par $2n$ existem inteiros n_1 e n_2 tais que $\phi(n_1) + \phi(n_2) = 2n$.

17. Dado um inteiro positivo k, mostre o que segue:
(a) Há, no máximo, um número finito de inteiros n para os quais $\phi(n) = k$.
(b) Se a equação $\phi(n) = k$ possui uma única solução, a saber $n = n_0$, então $4 \mid n_0$.
[Veja os problemas 4(a) e 4(b).]
Uma famosa conjectura de R. D. Carmichael (1906) é que não existe k para que a equação $\phi(n) = k$ tenha exatamente uma solução; provou-se que qualquer contraexemplo n deve exceder $10^{10000000}$.

18. Encontre todas as soluções de $\phi(n) = 16$ e $\phi(n) = 24$.
[*Sugestão*: Se $n = p_1^{k_1} p_2^{k_2} \cdots p_r^{k_r}$ satisfaz $\phi(n) = k$, então $n = [k/\Pi(p_i - 1)]\Pi p_i$. Desta forma os inteiros $d_i = p_i - 1$ podem ser determinados pelas condições (1) $d_i \mid k$, (2) $d_i + 1$ é primo, e (3) $k/\Pi d_i$ não contém nenhum fator primo em Πp_i.]

19. (a) Prove que a equação $\phi(n) = 2p$, onde p é um número primo e $2p + 1$ é composto não possui solução.
(b) Prove que a equação $\phi(n) = 14$ não possui solução e que 14 é o menor inteiro par (positivo) com esta propriedade.

20. Se p é um primo e $k \geq 2$, mostre que $\phi(\phi(p^k)) = p^{k-2}\phi((p-1)^2)$.

21. Verifique que $\phi(n)\sigma(n)$ é um quadrado perfeito quando $n = 63457 = 23 \cdot 31 \cdot 89$.

7.3 O TEOREMA DE EULER

Como observado anteriormente, a primeira demonstração do teorema de Fermat (a saber, $a^{p-1} \equiv 1 \pmod{p}$ se $p \nmid a$) foi dada por Euler em 1736. Um pouco mais tarde, em 1760, ele conseguiu generalizar o teorema de Fermat do caso de um primo p para um inteiro positivo arbitrário n. Este resultado que é um marco histórico afirma: se mdc$(a, n) = 1$, então $a^{\phi(n)} \equiv 1 \pmod{n}$.

Por exemplo, fazendo $n = 30$ e $a = 11$, temos

$$11^{\phi(30)} \equiv 11^8 \equiv (11^2)^4 \equiv (121)^4 \equiv 1^4 \equiv 1 \pmod{30}$$

Para a nossa demonstração da generalização do teorema de Fermat feita por Euler, precisamos de um lema preliminar.

Lema. Seja $n > 1$ e mdc$(a, n) = 1$. Se $a_1, a_2, \ldots, a_{\phi(n)}$ são os números inteiros positivos menores que n e primos relativos com n, então

$$aa_1, aa_2, \ldots, aa_{\phi(n)}$$

são congruentes módulo n a $a_1, a_2, \ldots, a_{\phi(n)}$ em alguma ordem.

Demonstração. Observe que nenhum par de inteiros escolhidos entre $a_1, a_2, \ldots, a_{\phi(n)}$ são congruentes módulo n. Pois se $aa_i \equiv aa_j \pmod{n}$, com $1 \leq i < j \leq \phi(n)$, então a lei do cancelamento produz $a_i \equiv a_j \pmod{n}$ e, portanto, $a_i = a_j$, uma contradição. Além disso, como mdc$(a_i, n) = 1$ para todo i e mdc$(a, n) = 1$, o lema precedente do Teorema 7.2 garante que cada um dos aa_i é primo relativo com n.

Fixando um aa_i particular, existe um único número inteiro b, onde $0 \leq b < n$, para o qual $aa_i \equiv b \pmod{n}$. Como

$$\text{mdc}(b, n) = \text{mdc}(aa_i, n) = 1$$

b deve ser um dos números inteiros $a_1, a_2, \ldots, a_{\phi(n)}$. Isso prova que os números $aa_1, aa_2, \ldots, aa_{\phi(n)}$ e os números $a_1, a_2, \ldots, a_{\phi(n)}$ são idênticos (módulo n) em uma determinada ordem.

Teorema 7.5 Euler. Se $n \geq 1$ e mdc$(a, n) = 1$, então $a^{\phi(n)} \equiv 1 \pmod{n}$.

Demonstração. Não há mal nenhum em tomar $n > 1$. Sejam $a_1, a_2, \ldots, a_{\phi(n)}$ os inteiros positivos menores que n e primos relativos com n. Como mdc$(a, n) = 1$, segue do lema que $aa_1, aa_2, \ldots, aa_{\phi(n)}$ são congruentes, não necessariamente nessa ordem, a $a_1, a_2, \ldots, a_{\phi(n)}$. Assim

$$aa_1 \equiv a'_1 \pmod{n}$$
$$aa_2 \equiv a'_2 \pmod{n}$$
$$\vdots \qquad \vdots$$
$$aa_{\phi(n)} \equiv a'_{\phi(n)} \pmod{n}$$

onde $a'_1, a'_2, \ldots, a'_{\phi(n)}$ são os inteiros $a_1, a_2, \ldots, a_{\phi(n)}$ em alguma ordem. Ao tomarmos o produto destas $\phi(n)$ congruências, obtemos

$$(aa_1)(aa_2)\cdots(aa_{\phi(n)}) \equiv a'_1 a'_2 \cdots a'_{\phi(n)} \pmod{n}$$
$$\equiv a_1 a_2 \cdots a_{\phi(n)} \pmod{n}$$

e então

$$a^{\phi(n)}(a_1 a_2 \cdots a_{\phi(n)}) \equiv a_1 a_2 \cdots a_{\phi(n)} \pmod{n}$$

Como mdc(a_i, n) = 1 para cada i, o lema precedente do Teorema 7.2 implica que $\text{mdc}(a_1 a_2 \ldots a_{\phi(n)}, n) = 1$. Portanto, podemos dividir ambos os lados da congruência exposta pelo fator comum $a_1 a_2 \ldots a_{\phi(n)}$, deixando-nos com

$$a^{\phi(n)} \equiv 1 \pmod{n}$$

Essa demonstração pode ser melhor ilustrada se realizada com alguns números específicos. Seja $n = 9$, por exemplo. Os números inteiros positivos menores que e primos relativos com 9 são

$$1, 2, 4, 5, 7, 8$$

Estes desempenham o papel dos inteiros $a_1, a_2, \ldots, a_{\phi(n)}$ na demonstração do Teorema 7.5. Se $a = -4$, então os inteiros aa_i são

$$-4, -8, -16, -20, -28, -32$$

onde, módulo 9,

$$-4 \equiv 5 \quad -8 \equiv 1 \quad -16 \equiv 2 \quad -20 \equiv 7 \quad -28 \equiv 8 \quad -32 \equiv 4$$

Quando as congruências acima são multiplicadas, obtemos

$$(-4)(-8)(-16)(-20)(-28)(-32) \equiv 5 \cdot 1 \cdot 2 \cdot 7 \cdot 8 \cdot 4 \pmod{9}$$

o que se torna

$$(1 \cdot 2 \cdot 4 \cdot 5 \cdot 7 \cdot 8)(-4)^6 \equiv (1 \cdot 2 \cdot 4 \cdot 5 \cdot 7 \cdot 8) \pmod{9}$$

Sendo primos relativos com 9, os seis números inteiros 1, 2, 4, 5, 7, 8 podem ser cancelados sucessivamente para dar

$$(-4)^6 \equiv 1 \pmod{9}$$

A validade desta última congruência é confirmada pelo cálculo

$$(-4)^6 \equiv 4^6 \equiv (64)^2 \equiv 1^2 \equiv 1 \pmod{9}$$

Observe que o Teorema 7.5 faz de fato a generalização de algo creditado a Fermat, que provamos anteriormente. Pois, se p é primo, então $\phi(p) = p - 1$; portanto, quando mdc(a, p) = 1, obtemos

$$a^{p-1} \equiv a^{\phi(p)} \equiv 1 \pmod{p}$$

e por isso temos o seguinte corolário.

Corolário Fermat. Se p é primo e $p \nmid a$, então, $a^{p-1} \equiv 1 \pmod{p}$.

Exemplo 7.2. O teorema de Euler é útil na redução de potências módulo n. Para citar um exemplo típico, vamos encontrar os dois últimos dígitos da representação decimal de 3^{256}. Isto é equivalente a obter o menor inteiro não negativo para o qual 3^{256} é congruente módulo 100. Como mdc(3.100) = 1 e

$$\phi(100) = \phi(2^2 \cdot 5^2) = 100\left(1 - \frac{1}{2}\right)\left(1 - \frac{1}{5}\right) = 40$$

o teorema de Euler produz

$$3^{40} \equiv 1 \pmod{100}$$

Pelo algoritmo de divisão, $256 = 6 \cdot 40 + 16$; daí

$$3^{256} \equiv 3^{6 \cdot 40 + 16} \equiv (3^{40})^6 3^{16} \equiv 3^{16} \pmod{100}$$

e nosso problema se reduz a avaliar 3^{16}, módulo 100. O método das quadraturas sucessivas produz as congruências

$$3^2 \equiv 9 \pmod{100} \qquad 3^8 \equiv 61 \pmod{100}$$
$$3^4 \equiv 81 \pmod{100} \qquad 3^{16} \equiv 21 \pmod{100}$$

Há outro caminho para o teorema de Euler, que requer o uso do teorema de Fermat.

Segunda Demonstração do Teorema de Euler. Para começar, argumentamos por indução que se $p \nmid a$ (p um primo), então

$$a^{\phi(p^k)} \equiv 1 \pmod{p^k} \qquad k > 0 \tag{1}$$

Quando $k = 1$, esta afirmação se reduz ao enunciado do teorema de Fermat. Supondo que a Eq. (1) seja verdadeira para um valor fixo de k, queremos mostrar que é verdadeira também com k substituído por $k + 1$.

Como admitimos que Eq. (1) é válida, podemos escrever

$$a^{\phi(p^k)} = 1 + qp^k$$

para algum inteiro q. Note também que

$$\phi(p^{k+1}) = p^{k+1} - p^k = p(p^k - p^{k-1}) = p\phi(p^k)$$

Usando estes fatos, juntamente com o teorema binomial, obtemos

$$a^{\phi(p^{k+1})} = a^{p\phi(p^k)}$$
$$= (a^{\phi(p^k)})^p$$
$$= (1 + qp^k)^p$$
$$= 1 + \binom{p}{1}(qp^k) + \binom{p}{2}(qp^k)^2 + \cdots$$
$$\quad + \binom{p}{p-1}(qp^k)^{p-1} + (qp^k)^p$$
$$\equiv 1 + \binom{p}{1}(qp^k) \pmod{p^{k+1}}$$

Mas $p \mid \binom{p}{1}$, e então $p^{k+1} \mid \binom{p}{1}(qp^k)$. Assim, a última congruência escrita fica

$$a^{\phi(p^{k+1})} \equiv 1 \pmod{p^{k+1}}$$

completando o passo de indução.

Considere que $\mathrm{mdc}(a, n) = 1$ e que n tem a fatoração em potências de primos $n = p_1^{k_1} p_2^{k_2} \cdots p_r^{k_r}$. Em vista do que já foi provado, cada uma das congruências

$$a^{\phi(p_i^{k_i})} \equiv 1 \pmod{p_i^{k_i}} \qquad i = 1, 2, \ldots, r \tag{2}$$

é válida. Observando que $\phi(n)$ é divisível por $\phi\left(p_i^{k_i}\right)$, podemos elevar ambos os lados da Eq. (2) à potência $\phi(n)/\phi\left(p_i^{k_i}\right)$ e chegar a

$$a^{\phi(n)} \equiv 1 \pmod{p_i^{k_i}} \qquad i = 1, 2, \ldots, r$$

Na medida em que os módulos são primos relativos, isto nos leva à relação

$$a^{\phi(n)} \equiv 1 \pmod{p_1^{k_1} p_2^{k_2} \cdots p_r^{k_r}}$$

ou $a^{\phi(n)} \equiv 1 \pmod{n}$.

O teorema de Euler é bastante útil na teoria dos números. Ele nos leva, por exemplo, a uma prova diferente do Teorema do Resto Chinês. Em outras palavras, buscamos provar que, se mdc(n_i, n_j) = 1 para $i \neq j$, então o sistema de congruências lineares

$$x \equiv a_i \pmod{n_i} \qquad i = 1, 2, \ldots, r$$

admite uma solução simultânea. Seja $n = n_1 n_2 \ldots n_r$ e $N_i = n / n_i$ para $n = 1, 2, \ldots, r$. Então, o número inteiro

$$x = a_1 N_1^{\phi(n_1)} + a_2 N_2^{\phi(n_2)} + \cdots + a_r N_r^{\phi(n_r)}$$

satisfaz nossas exigências. Para ver isto, primeiro note que $N_j \equiv 0 \pmod{n_i}$ sempre $i \neq j$; daí,

$$x \equiv a_i N_i^{\phi(n_i)} \pmod{n_i}$$

Mas como mdc(N_i, n_i) = 1, temos

$$N_i^{\phi(n_i)} \equiv 1 \pmod{n_i}$$

e assim $x \equiv a_i \pmod{n_i}$ para cada i.

Como uma segunda aplicação do teorema de Euler, vamos mostrar que, se n é um inteiro ímpar, que não é múltiplo de 5, então n divide um inteiro cujos dígitos são todos iguais a 1 (por exemplo, 7 | 111111). Como mdc(n, 10) = 1 e mdc(9, 10) = 1, temos mdc(9n, 10) = 1. Citando o Teorema 7.5, mais uma vez,

$$10^{\phi(9n)} \equiv 1 \pmod{9n}$$

Isto diz que $10^{\phi(9n)} - 1 = 9nk$ para algum inteiro k ou, o que equivale ao mesmo,

$$kn = \frac{10^{\phi(9n)} - 1}{9}$$

O lado direito desta expressão é um número inteiro cujos dígitos são todos iguais a 1, sendo cada dígito do numerador claramente igual a 9.

PROBLEMAS 7.3

1. Use o teorema de Euler para provar o que segue:
   (a) Para todo inteiro a, $a^{37} \equiv a \pmod{1729}$.
   [*Sugestão*: 1729 = 7 · 13 · 19.]
   (b) Para todo inteiro a, $a^{13} \equiv a \pmod{2730}$.
   [*Sugestão*: 2730 = 2 · 3 · 5 · 7 · 13.]

(c) Para todo inteiro a, $a^{33} \equiv a \pmod{4080}$.

[*Sugestão*: $4080 = 15 \cdot 16 \cdot 17$.]

2. Use o teorema de Euler para confirmar que, para qualquer inteiro $n \geq 0$,
$$51 \mid 10^{32n+9} - 7$$

3. Prove que $2^{15} - 2^3$ divide $a^{15} - a^3$ para qualquer inteiro a.

[*Sugestão*: $2^{15} - 2^3 = 5 \cdot 7 \cdot 8 \cdot 9 \cdot 13$.]

4. Mostre que se $\mathrm{mdc}(a, n) = \mathrm{mdc}(a-1, n) = 1$, então
$$1 + a + a^2 + \cdots + a^{\phi(n)-1} \equiv 0 \pmod{n}$$

[*Sugestão*: Lembre-se de que $a^{\phi(n)} - 1 = (a-1)\left(a^{\phi(n)-1} + \ldots + a^2 + a + 1\right)$.]

5. Se m e n são inteiros positivos primos relativos, prove que
$$m^{\phi(n)} + n^{\phi(m)} \equiv 1 \pmod{mn}$$

6. Preencha todos os detalhes que faltam na demonstração do teorema de Euler: Seja p um divisor primo de n e $\mathrm{mdc}(a, p) = 1$. Pelo teorema de Fermat $a^{p-1} \equiv 1 \pmod{p}$, de modo que $a^{p-1} = 1 + tp$ para algum t. Portanto $a^{p(p-1)} = (1+tp)^p = 1 + \binom{p}{1}(tp) + \cdots + (tp)^p \equiv 1 \pmod{p^2}$ e, por indução, $a^{p^{k-1}(p-1)} \equiv 1 \pmod{p^k}$, onde $k = 1, 2, \ldots$. Eleve ambos os lados desta congruência à potência $\phi(n)/p^{k-1}(p-1)$ para obter $a^{\phi(n)} \equiv 1 \pmod{p^k}$. Assim, $a^{\phi(n)} \equiv 1 \pmod{n}$.

7. Encontre o algarismo das unidades de 3^{100} usando o teorema de Euler.

8. (a) Se $\mathrm{mdc}(a, n) = 1$, mostre que a congruência linear $ax \equiv b \pmod{n}$ possui a solução $x \equiv ba^{\phi(n)-1} \pmod{n}$.

(b) Use o item (a) para resolver as congruências lineares $3x \equiv 5 \pmod{26}$, $13x \equiv 2 \pmod{40}$ e $10x \equiv 21 \pmod{49}$.

9. Use o teorema de Euler para calcular $2^{100000} \pmod{77}$.

10. Para todo inteiro a, mostre que a e a^{4n+1} têm o mesmo último dígito.

11. Para todo primo p, prove cada uma das seguintes afirmativas:

(a) $\tau(p!) = 2\tau((p-1)!)$.

(b) $\sigma(p!) = (p+1)\sigma((p-1)!)$.

(c) $\phi(p!) = (p-1)\phi((p-1)!)$.

12. Dado $n \geq 1$, um conjunto de inteiros $\phi(n)$ que são primos relativos com n e que são incongruentes módulo n é chamado de um *conjunto reduzido de resíduos módulo n* (ou seja, um conjunto reduzido de resíduos são aqueles elementos de um conjunto completo de resíduos módulo n que são primos relativos com n). Verifique o seguinte:

(a) Os inteiros $-31, -16, -8, 13, 25, 80$ formam um conjunto reduzido de resíduos módulo 9.

(b) Os inteiros $3, 3^2, 3^3, 3^4, 3^5, 3^6$ formam um conjunto reduzido de resíduos módulo 14.

(c) Os inteiros $2, 2^2, 2^3, \ldots, 3^{18}$ formam um conjunto reduzido de resíduos módulo 27.

13. Se p é um primo ímpar, mostre que os inteiros
$$-\frac{p-1}{2}, \ldots, -2, -1, 1, 2, \ldots, \frac{p-1}{2}$$

formam um conjunto reduzido de resíduos módulo p.

7.4 ALGUMAS PROPRIEDADES DA FUNÇÃO PHI

O próximo teorema aponta uma característica curiosa da função phi; a saber, que a soma dos valores de $\phi(d)$, quando d varia ao longo dos divisores positivos de n, é igual ao próprio n. Isto foi observado pela primeira vez por Gauss.

Teorema 7.6 Gauss. Para cada inteiro positivo $n \geq 1$,

$$n = \sum_{d \mid n} \phi(d)$$

a soma estendida para todos os divisores positivos de n.

Demonstração. Os números inteiros entre 1 e n podem ser separados em classes da seguinte forma: Se d é um divisor positivo de n, colocamos o inteiro m na classe S_d desde que mdc(m, n) = d. Representado com símbolos,

$$S_d = \{m \mid \mathrm{mdc}(m, n) = d; 1 \leq m \leq n\}$$

Agora mdc(m, n) = d se e somente se mdc(m/d, n/d) = 1. Assim, o número de inteiros na classe S_d é igual ao número de inteiros positivos não superiores a n/d que são primos relativos com n/d; em outras palavras, é igual a $\phi(n/d)$. Como cada um dos n inteiros do conjunto {1, 2, ..., n} se encontra em exatamente uma classe S_d, obtemos a fórmula

$$n = \sum_{d \mid n} \phi\left(\frac{n}{d}\right)$$

Mas, como d percorre todos os divisores positivos de n, o mesmo acontece com n/d; assim,

$$\sum_{d \mid n} \phi\left(\frac{n}{d}\right) = \sum_{d \mid n} \phi(d)$$

o que prova o teorema.

Exemplo 7.3. Um exemplo numérico simples do que acabamos de dizer é fornecido por n = 10. Aqui, as classes S_d são

$$S_1 = \{1, 3, 7, 9\}$$
$$S_2 = \{2, 4, 6, 8\}$$
$$S_5 = \{5\}$$
$$S_{10} = \{10\}$$

Estas contêm $\phi(10) = 4$, $\phi(5) = 4$, $\phi(2) = 1$ e $\phi(1) = 1$ inteiros, respectivamente. Portanto,

$$\sum_{d \mid 10} \phi(d) = \phi(10) + \phi(5) + \phi(2) + \phi(1)$$
$$= 4 + 4 + 1 + 1 = 10$$

Uma segunda prova do Teorema 7.6 depende de ϕ ser multiplicativa. Os detalhes são como se segue. Se $n = 1$, então claramente

$$\sum_{d \mid n} \phi(d) = \sum_{d \mid 1} \phi(d) = \phi(1) = 1 = n$$

Assumindo que $n > 1$, vamos considerar a função aritmética

$$F(n) = \sum_{d \mid n} \phi(d)$$

Como sabemos que ϕ é uma função multiplicativa, o Teorema 6.4 afirma que F também é multiplicativa. Assim, se $n = p_1^{k_1} p_2^{k_2} \cdots p_r^{k_r}$ é a fatoração em primos de n, então

$$F(n) = F(p_1^{k_1})F(p_2^{k_2})\cdots F(p_r^{k_r})$$

Para cada valor de i,

$$\begin{aligned}F(p_i^{k_i}) &= \sum_{d \mid p_i^{k_i}} \phi(d) \\ &= \phi(1) + \phi(p_i) + \phi(p_i^2) + \phi(p_i^3) + \cdots + \phi(p_i^{k_i}) \\ &= 1 + (p_i - 1) + (p_i^2 - p_i) + (p_i^3 - p_i^2) + \cdots + (p_i^{k_i} - p_i^{k_i - 1}) \\ &= p_i^{k_i}\end{aligned}$$

pois os termos na expressão anterior se cancelam mutuamente, salvo o termo $p_i^{k_i}$. Sabendo disso, vamos acabar com

$$F(n) = p_1^{k_1} p_2^{k_2} \cdots p_r^{k_r} = n$$

e então

$$n = \sum_{d \mid n} \phi(d)$$

como desejado.

Devemos mencionar, de passagem, que há uma outra identidade interessante que envolve a função phi.

Teorema 7.7. Para $n > 1$, a soma dos números inteiros positivos menores que n e primos relativos com n é $\frac{1}{2}n\phi(n)$.

Demonstração. Seja $a_1, a_2, \ldots, a_{\phi(n)}$ inteiros positivos menores que n e primos relativos com n. Agora como $\mathrm{mdc}(a, n) = 1$ se e somente se $\mathrm{mdc}(n - a, n) = 1$, os números $n - a_1, n - a_2, \ldots, n - a_{\phi(n)}$ são iguais em alguma ordem a $a_1, a_2, \ldots, a_{\phi(n)}$. Assim,

$$\begin{aligned}a_1 + a_2 + \cdots + a_{\phi(n)} &= (n - a_1) + (n - a_2) + \cdots + (n - a_{\phi(n)}) \\ &= \phi(n)n - (a_1 + a_2 + \cdots + a_{\phi(n)})\end{aligned}$$

consequentemente,

$$2(a_1 + a_2 + \cdots + a_{\phi(n)}) = \phi(n)n$$

levando à conclusão apresentada.

Exemplo 7.4. Considere o caso em que $n = 30$. Os $\phi(30) = 8$ números inteiros que são menores que 30 e primos relativos com ele são

$$1, 7, 11, 13, 17, 19, 23, 29$$

Neste conjunto, a soma desejada é

$$1 + 7 + 11 + 13 + 17 + 19 + 23 + 29 = 120 = \frac{1}{2} \cdot 30 \cdot 8$$

Observe também os pares

$$1 + 29 = 30 \qquad 7 + 23 = 30 \qquad 11 + 19 = 30 \qquad 13 + 17 = 30$$

Este é um bom ponto para apresentarmos uma aplicação da fórmula de inversão de Möbius.

Teorema 7.8. Para qualquer inteiro positivo n,

$$\phi(n) = n \sum_{d \mid n} \frac{\mu(d)}{d}$$

Demonstração. A demonstração é enganosamente simples. Se aplicarmos a fórmula de inversão para

$$F(n) = n = \sum_{d \mid n} \phi(d)$$

o resultado é

$$\phi(n) = \sum_{d \mid n} \mu(d) F\left(\frac{n}{d}\right)$$

$$= \sum_{d \mid n} \mu(d) \frac{n}{d}$$

Vamos novamente ilustrar a situação em que $n = 10$. Como pode ser facilmente visto,

$$10 \sum_{d \mid 10} \frac{\mu(d)}{d} = 10 \left[\mu(1) + \frac{\mu(2)}{2} + \frac{\mu(5)}{5} + \frac{\mu(10)}{10} \right]$$

$$= 10 \left[1 + \frac{(-1)}{2} + \frac{(-1)}{5} + \frac{(-1)^2}{10} \right]$$

$$= 10 \left[1 - \frac{1}{2} - \frac{1}{5} + \frac{1}{10} \right] = 10 \cdot \frac{2}{5} = 4 = \phi(10)$$

Começando com o Teorema 7.8, é uma tarefa fácil determinar o valor da função phi para qualquer inteiro positivo n. Suponha que a decomposição de n em potências de primos seja $n = p_1^{k_1} p_2^{k_2} \ldots p_r^{k_r}$, e considere o produto

$$P = \prod_{p_i \mid n} \left(\mu(1) + \frac{\mu(p_i)}{p_i} + \cdots + \frac{\mu(p_i^{k_i})}{p_i^{k_i}} \right)$$

Multiplicando, obtemos uma soma de termos da forma

$$\frac{\mu(1)\mu(p_1^{a_1})\mu(p_2^{a_2}) \cdots \mu(p_r^{a_r})}{p_1^{a_1} p_2^{a_2} \cdots p_r^{a_r}} \qquad 0 \leq a_i \leq k_i$$

ou, como sabemos que μ é multiplicativa,

$$\frac{\mu(p_1^{a_1} p_2^{a_2} \cdots p_r^{a_r})}{p_1^{a_1} p_2^{a_2} \cdots p_r^{a_r}} = \frac{\mu(d)}{d}$$

onde o somatório é sobre o conjunto dos divisores $d = p_1^{a_1} p_2^{a_2} \ldots p_r^{a_r}$ de n. Assim, $P = \sum_{d \mid n} \mu(d)/d$. Segue do Teorema 7.8 que

$$\phi(n) = n \sum_{d \mid n} \frac{\mu(d)}{d} = n \prod_{p_i \mid n} \left(\mu(1) + \frac{\mu(p_i)}{p_i} + \cdots + \frac{\mu(p_i^{k_i})}{p_i^{k_i}} \right)$$

Mas $\mu\left(p_i^{a_i}\right) = 0$ se $a_i \geq 2$. Como resultado, a última equação escrita se reduz a

$$\phi(n) = n \prod_{p_i \mid n} \left(\mu(1) + \frac{\mu(p_i)}{p_i} \right) = n \prod_{p_i \mid n} \left(1 - \frac{1}{p_i} \right)$$

que está de acordo com a fórmula demonstrada anteriormente com raciocínio diferente. O que é significativo sobre esse argumento é que nenhuma suposição é feita sobre o caráter multiplicativo da função phi, apenas de μ.

PROBLEMAS 7.4

1. Para um inteiro positivo n, prove que
$$\sum_{d \mid n}(-1)^{n/d}\phi(d) = \begin{cases} 0 & \text{se } n \text{ é par} \\ -n & \text{se } n \text{ é ímpar} \end{cases}$$

   [*Sugestão*: Se $n = 2^k N$, onde N é ímpar, então
$$\sum_{d \mid n}(-1)^{n/d}\phi(d) = \sum_{d \mid 2^{k-1}N} \phi(d) - \sum_{d \mid N} \phi(2^k d).]$$

2. Confirme que $\sum_{d \mid 36} \phi(d) = 36$ e $\sum_{d \mid 36}(-1)^{36/d}\phi(d) = 0$.

3. Para um inteiro positivo n, prove que $\sum_{d \mid n} \mu^2(d)/\phi(d) = n/\phi(n)$.

   [*Sugestão*: Ambos os membros da equação são funções multiplicativas.]

4. Use o Problema 4(c), Seção 6.2, para provar que $\sum_{d \mid n} \mu(d)/d = \phi(n)$.

5. Se o inteiro $n > 1$ tem a decomposição em fatores primos $n = p_1^{k_1} p_2^{k_2} \cdots p_r^{k_r}$, prove cada item a seguir:

   (a) $\displaystyle\sum_{d \mid n} \mu(d)\phi(d) = (2 - p_1)(2 - p_2)\cdots(2 - p_r)$.

   (b) $\displaystyle\sum_{d \mid n} d\phi(d) = \left(\frac{p_1^{2k_1+1} + 1}{p_1 + 1}\right)\left(\frac{p_2^{2k_2+1} + 1}{p_2 + 1}\right)\cdots\left(\frac{p_r^{2k_r+1} + 1}{p_r + 1}\right)$.

   (c) $\displaystyle\sum_{d \mid n} \frac{\phi(d)}{d} = \left(1 + \frac{k_1(p_1 - 1)}{p_1}\right)\left(1 + \frac{k_2(p_2 - 1)}{p_2}\right)\cdots\left(1 + \frac{k_r(p_r - 1)}{p_r}\right)$.

   [*Sugestão*: Para o item (a), use o Problema 3, Seção 6.2.]

6. Prove a fórmula $\sum_{d=1}^{n} \phi(d)[n/d] = n(n + 1)/2$ para todo inteiro positivo n.

   [*Sugestão*: Esta é uma aplicação direta dos Teoremas 6.11 e 7.6.]

7. Se n é um inteiro livre de quadrados, prove que $\sum_{d \mid n} \sigma(d^{k-1})\phi(d) = n^k$, para todo inteiro $k \geq 2$.

8. Para um inteiro livre de quadrados $n > 1$, mostre que $\tau(n^2) = n$ se e somente se $n = 3$.

9. Prove que $3 \mid \sigma(3n+2)$ e $4 \mid \sigma(4n+3)$ para todo inteiro positivo n.

10. (a) Dado $k > 0$, prove que existe uma sequência de k inteiros consecutivos $n + 1, n + 2, \ldots, n + k$ que satisfaz
$$\mu(n + 1) = \mu(n + 2) = \cdots = \mu(n + k) = 0$$

    [*Sugestão*: Considere o seguinte sistema de congruências lineares, onde p_k é o k-ésimo número primo:
$$x \equiv -1 \pmod{4}, x \equiv -2 \pmod{9}, \ldots, x \equiv -k \pmod{p_k^2}.]$$

    (b) Encontre quatro inteiros consecutivos para os quais $\mu(n) = 0$.

11. Modifique a demonstração do teorema de Gauss para provar que

$$\sum_{k=1}^{n} \mathrm{mdc}(k, n) = \sum_{d \mid n} d\phi\left(\frac{n}{d}\right)$$

$$= n \sum_{d \mid n} \frac{\phi(d)}{d} \quad \text{para } n \geq 1$$

12. Para $n > 2$, prove a desigualdade $\phi(n^2) + \phi((n+1)^2) \leq 2n^2$.
13. Dado um inteiro n, prove que existe ao menos um k tal que $n \mid \phi(k)$.
14. Mostre que se n é um produto de primos gêmeos, ou seja $n = p(p+2)$, então

$$\phi(n)\sigma(n) = (n+1)(n-3)$$

15. Prove que $\sum_{d \mid n} \sigma(d)\phi(n/d) = n\tau(n)$ e $\sum_{d \mid n} \tau(d)\phi(n/d) = \sigma(n)$.
16. Se $a_1, a_2, \ldots, a_{\phi(n)}$ é um conjunto reduzido de resíduos módulo n, mostre que

$$a_1 + a_2 + \cdots + a_{\phi(n)} \equiv 0 \,(\mathrm{mod}\, n) \quad \text{para } n > 2$$

CAPÍTULO

8

RAÍZES PRIMITIVAS E ÍNDICES

...demonstrações matemáticas, como diamantes, são tão difíceis quanto claras, e serão abordadas com nada mais que o raciocínio rigoroso.

JOHN LOCKE

8.1 A ORDEM DE UM INTEIRO MÓDULO n

De acordo com o teorema de Euler, sabemos que $a^{\phi(n)} \equiv 1 \pmod{n}$, sempre que mdc$(a, n) = 1$. No entanto, há, frequentemente, potências de a menores que $a^{\phi(n)}$ que são congruentes a 1 módulo n. Isso nos leva à seguinte definição.

Definição 8.1. Seja $n > 1$ e mdc$(a, n) = 1$. A *ordem de a módulo n* (em terminologia mais antiga: *o expoente a que pertence módulo n*) é o menor inteiro positivo k tal que $a^k \equiv 1 \pmod{n}$.

Considere as potências sucessivas de 2 módulo 7. Para este módulo, obtemos as congruências

$$2^1 \equiv 2,\ 2^2 \equiv 4,\ 2^3 \equiv 1,\ 2^4 \equiv 2,\ 2^5 \equiv 4,\ 2^6 \equiv 1, \ldots$$

das quais resulta que o número inteiro 2 tem ordem 3 módulo 7.

Observe que, se dois inteiros são congruentes módulo n, então eles têm a mesma ordem módulo n. Pois, se $a \equiv b \pmod{n}$ e $a^k \equiv 1 \pmod{n}$, o Teorema 4.2 implica que $a^k \equiv b^k \pmod{n}$, daí $b^k \equiv 1 \pmod{n}$.

Deve-se ressaltar que a nossa definição de ordem módulo n diz respeito apenas a números inteiros tais que mdc$(a, n) = 1$. De fato, se mdc$(a, n) > 1$, então sabemos pelo Teorema 4.7 que a congruência linear $ax \equiv 1 \pmod{n}$ não tem solução; daí, a relação

$$a^k \equiv 1 \pmod{n} \qquad k \geq 1$$

não é válida, pois isso faria com que $x = a^{k-1}$ fosse uma solução de $ax \equiv 1 \pmod{n}$. Assim, sempre que houver referência à ordem de a módulo n, deve-se supor que mdc$(a, n) = 1$, mesmo se isso não estiver explicitamente indicado.

No exemplo dado anteriormente, temos $2^k \equiv 1 \pmod 7$ sempre que k for um múltiplo de três, em que 3 é a ordem de 2 módulo 7. Nosso primeiro teorema mostra que isto pode ser generalizado.

Teorema 8.1. Seja a um inteiro que tem ordem k módulo n. Então, $a^h \equiv 1 \pmod{n}$ se e somente se $k \mid h$; em particular, $k \mid \phi(n)$.

Demonstração. Suponha que comecemos com $k \mid h$, de modo que $h = jk$ para algum inteiro j. Como $a^k \equiv 1 \pmod{n}$, o Teorema 4.2 produz $(a^k)^j \equiv 1^j \pmod{n}$ ou $a^h \equiv 1 \pmod{n}$.

Por outro lado, seja h um inteiro positivo que satisfaz $a^h \equiv 1 \pmod{n}$. Pelo algoritmo de divisão, existem q e r tais que $h = qk + r$, em que $0 \leq r < k$. Consequentemente,

$$a^h = a^{qk+r} = (a^k)^q a^r$$

Por hipótese, $a^h \equiv 1 \pmod{n}$ e $a^k \equiv 1 \pmod{n}$, o que implica $a^r \equiv 1 \pmod{n}$. Como $0 \leq r < k$, acabamos com $r = 0$; caso contrário, a escolha de k como o menor inteiro positivo tal que $a^k \equiv 1 \pmod{n}$ é contrariada. Assim, $h = qk$, e $k \mid h$.

O Teorema 8.1 acelera os cálculos quando tentamos encontrar a ordem de um inteiro a módulo n; em vez de considerarmos todas as potências de a, os expoentes podem ser restritos aos divisores de $\phi(n)$. Vamos obter, para ilustrar, a ordem de 2 módulo 13. Como $\phi(13) = 12$, a ordem de 2 deve ser um dos números inteiros 1, 2, 3, 4, 6, 12. De

$$2^1 \equiv 2 \quad 2^2 \equiv 4 \quad 2^3 \equiv 8 \quad 2^4 \equiv 3 \quad 2^6 \equiv 12 \quad 2^{12} \equiv 1 \pmod{13}$$

vê-se que 2 tem ordem 12 módulo 13.

Para um divisor d de $\phi(n)$ selecionado arbitrariamente, nem sempre é verdade que existe um inteiro a tendo ordem d módulo n. Um exemplo é $n = 12$. Aqui $\phi(12) = 4$, ainda não há nenhum número inteiro que é de ordem 4 módulo 12; de fato, descobrimos que

$$1^1 \equiv 5^2 \equiv 7^2 \equiv 11^2 \equiv 1 \pmod{12}$$

e, portanto, a única opção para a ordem é 1 ou 2.

A seguir está um outro fato básico a respeito da ordem de um inteiro.

Teorema 8.2. Se o inteiro a tem uma ordem k módulo n, então $a^i \equiv a^j \pmod{n}$ se e somente se $i \equiv j \pmod{k}$.

Demonstração. Primeiro, suponha que $a^i \equiv a^j \pmod{n}$, em que $i \geq j$. Como a é primo relativo com n, podemos cancelar uma potência de a para obter $a^{i-j} \equiv 1 \pmod{n}$. De acordo com o Teorema 8.1, esta última congruência é válida se e somente se $k \mid i - j$, que é apenas outra maneira de dizer que $i \equiv j \pmod{k}$.

Por outro lado, seja $i \equiv j \pmod{k}$. Então temos $i = j + qk$ para algum inteiro q. Pela definição de k, $a^k \equiv 1 \pmod{n}$, de modo que

$$a^i \equiv a^{j+qk} \equiv a^j (a^k)^q \equiv a^j \pmod{n}$$

que é a conclusão desejada.

Corolário. Se a tem ordem k módulo n, então os números inteiros $a, a^2, \ldots, a^k$ são incongruentes módulo n.

Demonstração. Se $a^i \equiv a^j \pmod{n}$ para $1 \leq i \leq j \leq k$, então o teorema garante que $i \equiv j \pmod{k}$. Mas isso é impossível, a menos que $i = j$.

Uma pergunta bastante natural se apresenta: É possível expressar a ordem de qualquer potência inteira de a em função da ordem de a? A resposta está no Teorema 8.3.

Teorema 8.3. Se o inteiro a tem ordem k módulo n e $h > 0$, então a^h tem ordem $k/\mathrm{mdc}(h, k)$ módulo n.

Demonstração. Seja $d = \mathrm{mdc}(h, k)$. Então podemos escrever $h = h_1 d$ e $h > k = k_1 d$, com $\mathrm{mdc}(h_1, k_1) = 1$. Claramente,

$$(a^h)^{k_1} = (a^{h_1 d})^{k/d} = (a^k)^{h_1} \equiv 1 \pmod{n}$$

Se assumimos que a^h tem ordem r módulo n, então o Teorema 8.1 afirma que $r \mid k_1$. Por outro lado, como a tem ordem k módulo n, a congruência

$$a^{hr} \equiv (a^h)^r \equiv 1 \pmod{n}$$

indica que $k \mid hr$; em outras palavras, $k_1 d \mid h_1 dr$ ou $k_1 \mid h_1 r$. Mas $\mathrm{mdc}(h_1, k_1) = 1$, e, portanto, $k_1 \mid r$. Esta relação de divisibilidade, quando combinada com outras obtidas anteriormente, dá

$$r = k_1 = \frac{k}{d} = \frac{k}{\mathrm{mdc}(h, k)}$$

provando o teorema.

O teorema anterior tem um corolário para o qual o leitor pode fornecer uma demonstração.

Corolário. Suponhamos que a tem ordem k módulo n. Então, a^h também tem ordem k se e somente se $\mathrm{mdc}(h, k) = 1$.

Vamos ver como tudo isso funciona em uma situação específica.

Exemplo 8.1. A tabela a seguir apresenta as ordens módulo 13 dos inteiros positivos menores que 13:

Inteiro	1	2	3	4	5	6	7	8	9	10	11	12
Ordem	1	12	3	6	4	12	12	4	3	6	12	2

Observamos que a ordem de 2 módulo 13 é 12, enquanto que as ordens de 2^2 e 2^3 são 6 e 4, respectivamente; é fácil verificar que

$$6 = \frac{12}{\mathrm{mdc}(2, 12)} \qquad \text{e} \qquad 4 = \frac{12}{\mathrm{mdc}(3, 12)}$$

de acordo com o Teorema 8.3. Os inteiros, que também têm ordem 12 módulo 13 são as potências 2^k para as quais $\mathrm{mdc}(k, 12) = 1$; ou seja,

$$2^1 \equiv 2 \quad 2^5 \equiv 6 \quad 2^7 \equiv 11 \quad 2^{11} \equiv 7 \pmod{13}$$

Se um inteiro a tem a maior ordem possível, então vamos chamá-lo de raiz primitiva de n.

Definição 8.2. Se mdc$(a, n) = 1$ e a é da ordem $\phi(n)$ módulo n, então a é uma *raiz primitiva* do inteiro n.

Dito de outra forma, n tem a como uma raiz primitiva se $a^{\phi(n)} \equiv 1 \pmod{n}$, mas $a^k \not\equiv 1 \pmod{n}$ para todos os inteiros positivos $k < \phi(n)$.

É fácil de ver que 3 é uma raiz primitiva de 7, pois

$$3^1 \equiv 3 \quad 3^2 \equiv 2 \quad 3^3 \equiv 6 \quad 3^4 \equiv 4 \quad 3^5 \equiv 5 \quad 3^6 \equiv 1 \pmod{7}$$

Mais geralmente, podemos provar que existem raízes primitivas para qualquer módulo primo, que é um resultado importantíssimo. Embora seja possível existir uma raiz primitiva de n quando n não é primo (por exemplo, 2 é uma raiz primitiva de 9), não há razão para esperar que todo inteiro n possua uma raiz primitiva; de fato, a existência de raízes primitivas é mais frequentemente a exceção do que a regra.

Exemplo 8.2. Vamos mostrar que se $F_n = 2^{2^n} + 1$, $n > 1$, é primo, então 2 não é uma raiz primitiva de F_n. (Obviamente, 2 é uma raiz primitiva de $5 = F_1$.) Da fatoração $2^{2^{n+1}} - 1 = (2^{2^n} + 1)(2^{2^n} - 1)$, temos

$$2^{2^{n+1}} \equiv 1 \pmod{F_n}$$

o que implica que a ordem de 2 módulo F_n não excede 2^{n+1}. Mas se admitimos que F_n é primo, então

$$\phi(F_n) = F_n - 1 = 2^{2^n}$$

e, por indução, confirmamos que $2^{2^n} > 2^{n+1}$, sempre que $n > 1$ Assim, a ordem de 2 módulo F_n é menor que $\phi(F_n)$; referindo-nos à Definição 8.2, vemos que 2 não pode ser uma raiz primitiva de F_n.

Uma das principais vantagens das raízes primitivas encontra-se em nosso próximo teorema.

Teorema 8.4. Seja mdc$(a, n) = 1$ e $a_1, a_2, \ldots, a_{\phi(n)}$ os números inteiros positivos menores que n e primos relativos com n. Se a é uma raiz primitiva de n, então

$$a, a^2, \ldots, a^{\phi(n)}$$

são congruentes a $a_1, a_2, \ldots, a_{\phi(n)}$ módulo n em alguma ordem.

Demonstração. Como a é primo relativo com n, o mesmo vale para todos as potências de a; assim, cada a^k é congruente módulo n a algum a_i. Os $\phi(n)$ números do conjunto $\{a, a^2, \ldots, a^{\phi(n)}\}$ são incongruentes pelo corolário do Teorema 8.2; assim, essas potências devem representar (não necessariamente na ordem em que aparecem) os inteiros $a_1, a_2, \ldots, a_{\phi(n)}$.

Uma consequência do que acaba de ser provado é que, nos casos em que há uma raiz primitiva, podemos afirmar exatamente quantas são elas.

Corolário. Se n possui uma raiz primitiva, então, que possui exatamente $\phi(\phi(n))$ delas.

Demonstração. Suponhamos que a é uma raiz primitiva de n. Pelo teorema, qualquer outra raiz primitiva de n se encontra entre os elementos do conjunto $\{a, a^2, ..., a^{\phi(n)}\}$. Mas o número de potências a^k, $1 \leq k \leq \phi(n)$, que têm a ordem $\phi(n)$ é igual ao número de inteiros k para os quais mdc$(k, \phi(n)) = 1$; existem $\phi(\phi(n))$ desses números inteiros, portanto $\phi(\phi(n))$ raízes primitivas de n.

O Teorema 8.4 pode ser ilustrado tomando $a = 2$ e $n = 9$. Como $\phi(9) = 6$, as primeiras seis potências de 2 devem ser congruentes módulo 9, em alguma ordem, para os inteiros positivos menores que 9 e primos relativos com ele. Agora os inteiros menores que e primos relativos com 9 são 1, 2, 4, 5, 7, 8, e podemos ver que

$$2^1 \equiv 2 \quad 2^2 \equiv 4 \quad 2^3 \equiv 8 \quad 2^4 \equiv 7 \quad 2^5 \equiv 5 \quad 2^6 \equiv 1 \pmod{9}$$

Pelo corolário, há exatamente $\phi(\phi(9)) = \phi(6) = 2$ raízes primitivas de 9, sendo estas os inteiros 2 e 5.

PROBLEMAS 8.1

1. Encontre a ordem dos inteiros 2, 3 e 5:
   (a) módulo 17.
   (b) módulo 19.
   (c) módulo 23.
2. Prove cada sentença a seguir:
   (a) Se a tem ordem hk módulo n, então a^h tem ordem k módulo n.
   (b) Se a tem ordem $2k$ módulo o primo ímpar p, então $a^k \equiv -1 \pmod{p}$.
   (c) Se a tem ordem $n-1$ módulo n, então n é um número primo.
3. Prove que $\phi(2^n - 1)$ é um múltiplo de n para todo $n > 1$.
   [*Sugestão*: O inteiro 2 tem ordem n módulo $2^n - 1$.]
4. Admita que a ordem de a módulo n é h e a ordem de b módulo n é k. Mostre que a ordem de ab módulo n divide hk; em particular, se mdc$(h, k) = 1$, então ab tem ordem hk.
5. Dado que a tem ordem 3 módulo p, sendo p um primo ímpar, mostre que $a + 1$ deve ter ordem 6 módulo p.
   [*Sugestão*: De $a^2 + a + 1 \equiv 0 \pmod{p}$, segue que $(a+1)^2 \equiv a \pmod{p}$ e $(a+1)^3 \equiv -1 \pmod{p}$.]
6. Verifique as seguintes afirmativas:
   (a) Os divisores primos ímpares do inteiro $n^2 + 1$ são da forma $4k + 1$.
   [*Sugestão*: $n^2 \equiv -1 \pmod{p}$, sendo p um primo ímpar, implica que $4 \mid \phi(p)$ pelo Teorema 8.1.]
   (b) Os divisores primos ímpares do inteiro $n^4 + 1$ são da forma $8k + 1$.
   (c) Os divisores primos ímpares do inteiro $n^2 + n + 1$ que são diferentes de 3 são da forma $6k + 1$.
7. Prove que existem infinitos primos das formas $4k + 1$, $6k + 1$ e $8k + 1$.
   [*Sugestão*: Admita que existe apenas uma quantidade finita de primos da forma $4k + 1$; chame-os $p_1, p_2, ..., p_r$. Considere o inteiro $(2p_1p_2...p_r)^2 + 1$ e aplique o resultado do problema anterior.]

8. (a) Prove que se p e q são números primos ímpares e $q \mid a^p - 1$, então ou $q \mid a - 1$ ou $q = 2kp + 1$ para algum inteiro k.

    [*Sugestão*: Como $a^p \equiv 1 \pmod{q}$, a ordem de a módulo q ou é 1 ou é p; no último caso $p \mid \phi(q)$.]

    (b) Use o item (a) para mostrar que se p é um número primo ímpar, então os divisores primos de $2^p - 1$ são da forma $2kp + 1$.

    (c) Encontre os menores divisores primos dos inteiros $2^{17} - 1$ e $2^{29} - 1$.

9. (a) Verifique que 2 é uma raiz primitiva de 19, mas não é de 17.

    (b) Mostre que 15 não possui raiz primitiva pelo cálculo das ordens de 2, 4, 7, 8, 11, 13, e 14 módulo 15.

10. Seja r uma raiz primitiva do inteiro n. Prove que r^k é uma raiz primitiva de n se e somente se mdc$(k, \phi(n)) = 1$.

11. (a) Encontre duas raízes primitivas de 10.

    (b) Use a informação de que 3 é uma raiz primitiva de 17 para obter as oito raízes primitivas de 17.

12. (a) Prove que se p e $q > 3$ são números primos ímpares e $q \mid R_p$, então $q = 2kp + 1$ para algum inteiro k.

    (b) Encontre os menores divisores primos das repunidades $R_5 = 11111$ e $R_7 = 1111111$.

13. (a) Seja $p > 5$ primo. Se R_n é a menor repunidade para a qual $p \mid R_n$, prove que $n \mid p - 1$. Por exemplo, R_8 é a menor repunidade divisível por 73, e $8 \mid 72$.

    [*Sugestão*: A ordem de 10 módulo p é n.]

    (b) Encontre a menor R_n divisível por 13.

8.2 RAÍZES PRIMITIVAS PARA PRIMOS

Como as raízes primitivas desempenham um papel fundamental em muitas investigações teóricas, um problema importante é o de descrever todos os inteiros que possuem raízes primitivas. Vamos, ao longo das próximas páginas, provar a existência de raízes primitivas para todos os números primos. Antes de fazer isso, vamos desviar nossa atenção rapidamente para demonstrar o teorema de Lagrange, que lida com o número de soluções de uma congruência polinomial.

Teorema 8.5 Lagrange. Se p é primo e

$$f(x) = a_n x^n + a_{n-1} x^{n-1} + \cdots + a_1 x + a_0 \qquad a_n \not\equiv 0 \pmod{p}$$

é um polinômio de grau $n \geq 1$, com coeficientes inteiros, então a congruência

$$f(x) \equiv 0 \pmod{p}$$

tem no máximo n soluções incongruentes módulo p.

Demonstração. Procedemos por indução sobre n, o grau de $f(x)$. Se $n = 1$, então nosso polinômio é da forma

$$f(x) = a_1 x + a_0$$

Como mdc$(a_1, p) = 1$, o Teorema 4.7 afirma que a congruência $a_1 x \equiv -a_0 \pmod{p}$ possui uma única solução módulo p. Assim, o teorema vale para $n = 1$.

Agora vamos supor indutivamente que o teorema é válido para polinômios de grau $k - 1$, e considerar o caso em que $f(x)$ tem grau k. Ou a congruência $f(x) \equiv 0 \pmod{p}$ não possui soluções (e então acabamos), ou tem pelo menos uma solução, chame-a de a. Se $f(x)$ for dividido por $x - a$, o resultado é

$$f(x) = (x - a)q(x) + r$$

no qual $q(x)$ é um polinómio de grau $k - 1$ com coeficientes inteiros e r é um número inteiro. Substituindo $x = a$, obtemos

$$0 \equiv f(a) = (a - a)q(a) + r = r \pmod{p}$$

e, por conseguinte, $f(x) \equiv (x-a)q(x) \pmod{p}$.

Se b é outra das soluções incongruentes de $f(x) \equiv 0 \pmod{p}$, então,

$$0 \equiv f(b) \equiv (b - a)q(b) \pmod{p}$$

Como $b - a \not\equiv 0 \pmod{p}$, podemos cancelar para concluir que $q(b) \equiv 0 \pmod{p}$; em outras palavras, qualquer solução de $f(x) \equiv 0 \pmod{p}$ que é diferente de a deve satisfazer $q(x) \equiv 0 \pmod{p}$. Pela nossa hipótese de indução, a última congruência pode possuir no máximo $k - 1$ soluções incongruentes. Isso completa o passo de indução e a demonstração.

A partir deste teorema, podemos passar facilmente para o corolário.

Corolário. Se p é um número primo e $d \mid p - 1$, então, a congruência

$$x^d - 1 \equiv 0 \pmod{p}$$

possui exatamente d soluções.

Demonstração. Como $d \mid p - 1$, temos $p - 1 = dk$ para algum k. Então

$$x^{p-1} - 1 = (x^d - 1)f(x)$$

onde o polinômio $f(x) = x^{d(k-1)} + x^{d(k-2)} + \ldots + x^d + 1$ tem coeficientes inteiros e é de grau $d(k-1) = p - 1 - d$. Pelo teorema de Lagrange, a congruência $f(x) \equiv 0 \pmod{p}$ tem no máximo $p - 1 - d$ soluções. Sabemos também do teorema de Fermat que $x^{p-1} - 1 \equiv 0 \pmod{p}$ possui precisamente $p - 1$ soluções incongruentes; ou seja, os números inteiros $1, 2, \ldots, p - 1$.

Agora, qualquer solução $x \equiv a \pmod{p}$ de $x^{p-1} - 1 \equiv 0 \pmod{p}$, que não é uma solução de $f(x) \equiv 0 \pmod{p}$ deve satisfazer $x^d - 1 \equiv 0 \pmod{p}$. Pois

$$0 \equiv a^{p-1} - 1 = (a^d - 1)f(a) \pmod{p}$$

com $p \nmid f(a)$, implica que $p \mid a^d - 1$. Segue-se que $x^d - 1 \equiv 0 \pmod{p}$ deve ter pelo menos

$$p - 1 - (p - 1 - d) = d$$

soluções. Esta última congruência não pode possuir mais do que as d soluções (o teorema de Lagrange é usado de novo) e, portanto, possui exatamente d soluções.

Aproveitamos imediatamente deste corolário uma maneira diferente de demonstrar o teorema de Wilson: dado um primo p, definimos o polinômio $f(x)$ por

$$f(x) = (x-1)(x-2)\cdots(x-(p-1)) - (x^{p-1}-1)$$
$$= a_{p-2}x^{p-2} + a_{p-3}x^{p-3} + \cdots + a_1 x + a_0$$

que é de grau $p-2$. O teorema de Fermat implica que os $p-1$ inteiros $1, 2, \ldots, p-1$ são soluções incongruentes da congruência

$$f(x) \equiv 0 \pmod{p}$$

Mas isso contradiz o teorema de Lagrange, a menos que

$$a_{p-2} \equiv a_{p-3} \equiv \cdots \equiv a_1 \equiv a_0 \equiv 0 \pmod{p}$$

Daqui resulta que, para qualquer escolha do inteiro x,

$$(x-1)(x-2)\cdots(x-(p-1)) - (x^{p-1}-1) \equiv 0 \pmod{p}$$

Agora substituímos $x = 0$ para obter

$$(-1)(-2)\cdots(-(p-1)) + 1 \equiv 0 \pmod{p}$$

ou $(-1)^{p-1}(p-1)! + 1 \equiv 0 \pmod{p}$. Ou $p-1$ é par ou $p=2$, caso em que $-1 \equiv 1 \pmod{p}$; de qualquer modo, temos

$$(p-1)! \equiv -1 \pmod{p}$$

O Teorema de Lagrange nos permitiu dar os primeiros passos. Estamos agora em condições de provar que, para qualquer primo p, existem inteiros com a ordem correspondente a cada divisor de $p-1$. Afirmamos isso mais precisamente no Teorema 8.6.

Teorema 8.6. Se p é um número primo e $d \mid p-1$, então há exatamente $\phi(d)$ inteiros incongruentes tendo ordem d módulo p.

Demonstração. Considere que $d \mid p-1$ e seja $\psi(d)$ o número de inteiros k, $1 \leq k \leq p-1$, que tem a ordem d módulo p. Como cada inteiro entre 1 e $p-1$ tem ordem d para algum $d \mid p-1$,

$$p-1 = \sum_{d \mid p-1} \psi(d)$$

Ao mesmo tempo, o teorema de Gauss nos diz que

$$p-1 = \sum_{d \mid p-1} \phi(d)$$

e, portanto, juntando,

$$\sum_{d \mid p-1} \psi(d) = \sum_{d \mid p-1} \phi(d) \tag{1}$$

O nosso objetivo é mostrar que $\psi(d) \leq \phi(d)$ para cada divisor d de $p-1$, pois isto, em conjunto com a Eq. (1), iria produzir a igualdade $\psi(d) = \phi(d) \neq 0$ (por outro lado, a primeira soma seria estritamente menor que a segunda).

Dado um divisor arbitrário d de $p - 1$, há duas possibilidades: ou temos $\psi(d)=0$, ou $\psi(d)>0$. Se $\psi(d)=0$, então certamente $\psi(d) \leq \phi(d)$. Suponhamos que $\psi(d)>0$, de modo que existe um número inteiro a ordem d. Então os d inteiros $a, a^2, ..., a^d$ são incongruentes módulo p e cada um deles satisfaz a congruência polinomial

$$x^d - 1 \equiv 0 \pmod{p} \qquad (2)$$

pois, $\left(a^k\right)^d \equiv \left(a^d\right)^k \equiv 1 \pmod{p}$. Pelo corolário do teorema de Lagrange, não pode haver outras soluções da Eq. (2). Segue-se que qualquer número inteiro que tem ordem d módulo p deve ser congruente a um entre $a, a^2, ..., a^d$. Mas, entre as potências que acabamos de mencionar, apenas $\phi(d)$ tem ordem d, ou seja, apenas aqueles a^k para os quais o expoente k tem a propriedade mdc(k, d) = 1 têm ordem d. Assim, na situação presente, $\psi(d) = \phi(d)$, e a quantidade de números inteiros que tem ordem d módulo p é igual a $\phi(d)$. Isto prova o resultado proposto.

Tomando $d = p - 1$ no Teorema 8.6, chegamos ao seguinte corolário.

Corolário. Se p é primo, então existem exatamente $\phi(p-1)$ raízes primitivas incongruentes de p.

Temos uma ilustração com o primo $p = 13$. Para este módulo, 1 tem ordem 1; 12 tem ordem 2; 3 e 9 têm ordem 3; 5 e 8 têm ordem 4; 4 e 10 têm ordem 6; e quatro inteiros, ou seja, 2, 6, 7, 11, têm ordem 12. Assim,

$$\sum_{d \mid 12} \psi(d) = \psi(1) + \psi(2) + \psi(3) + \psi(4) + \psi(6) + \psi(12)$$
$$= 1 + 1 + 2 + 2 + 2 + 4 = 12$$

como deveria. Note também que

$$\psi(1) = 1 = \phi(1) \qquad \psi(4) = 2 = \phi(4)$$
$$\psi(2) = 1 = \phi(2) \qquad \psi(6) = 2 = \phi(6)$$
$$\psi(3) = 2 = \phi(3) \qquad \psi(12) = 4 = \phi(12)$$

Aliás, há uma maneira de provar que $\psi(d) = \phi(d)$ para cada $d \mid p - 1$, mais curta e mais elegante. Nós simplesmente enfocamos a fórmula de inversão de Möebius $d = \sum_{c \mid d} \psi(c)$ para deduzir que

$$\psi(d) = \sum_{c \mid d} \mu(c) \frac{d}{c}$$

De acordo com o Teorema 7.8, o lado direito da equação anterior é igual a $\phi(d)$. Obviamente, a validade deste argumento depende do corolário do Teorema de 8.5 para mostrar que $d = \sum_{c \mid d} \psi(c)$.

Podemos usar este último teorema para dar mais uma demonstração para o fato de que, se p é um primo da forma $4k + 1$, então a congruência $x^2 \equiv -1 \pmod{p}$ admite uma solução. Como $4 \mid p - 1$, o Teorema 8.6 nos diz que existe um inteiro a que tem ordem 4 módulo p; em outras palavras,

$$a^4 \equiv 1 \pmod{p}$$

ou de modo equivalente,

$$(a^2 - 1)(a^2 + 1) \equiv 0 \pmod{p}$$

Como p é primo, segue-se que ou

$$a^2 - 1 \equiv 0 \pmod{p} \quad \text{ou} \quad a^2 + 1 \equiv 0 \pmod{p}$$

Se a primeira congruência fosse verdadeira, então a teria ordem menor ou igual a 2, uma contradição. Consequentemente, $a^2 + 1 \equiv 0 \pmod{p}$, tornando o inteiro a uma solução para a congruência $x^2 \equiv -1 \pmod{p}$.

O Teorema 8.6, como ficou provado, tem uma desvantagem óbvia; embora, de fato, ele garanta a existência de raízes primitivas para um dado primo p, a prova não é construtiva. Para encontrar uma raiz primitiva, geralmente devemos ou prosseguir pela força bruta ou recorrer a tabelas extensas que já foram construídas. A tabela que segue lista a menor raiz primitiva positiva para cada primo abaixo de 200.

Primo	Menor raiz primitiva positiva	Primo	Menor raiz primitiva positiva
2	1	89	3
3	2	97	5
5	2	101	2
7	3	103	5
11	2	107	2
13	2	109	6
17	3	113	3
19	2	127	3
23	5	131	2
29	2	137	3
31	3	139	2
37	2	149	2
41	6	151	6
43	3	157	5
47	5	163	2
53	2	167	5
59	2	173	2
61	2	179	2
67	2	181	2
71	7	191	19
73	5	193	5
79	3	197	2
83	2	199	3

Se $\chi(p)$ designa a menor raiz primitiva positiva do primo p, então a tabela apresentada mostra que $\chi(p) \leq 19$ para todo $p < 200$. Na verdade, $\chi(p)$ se torna arbitrariamente grande conforme p cresce. A tabela indica que, embora a resposta ainda não seja conhecida, existe um número infinito de primos p para os quais $\chi(p) = 2$.

Na maioria dos casos $\chi(p)$ é muito pequena. Entre os 78498 primos ímpares até 10^6, $\chi(p) \leq 6$ é válida para cerca de 80 % desses números primos; $\chi(p) = 2$ ocorre para 29841 primos ou aproximadamente 37 % do total, enquanto que $\chi(p) = 3$ acontece para 17814 primos, ou 22 %.

Em sua *Disquisitiones Arithmeticae*, Gauss conjecturou que existem infinitos números primos que têm 10 como uma raiz primitiva. Em 1927, Emil Artin generalizada esta questão não resolvida da seguinte forma: para a diferente de 1, – 1, ou um quadrado perfeito, existem infinitos números primos que tenham a como uma raiz primitiva? Embora não haja dúvida de que esta última conjectura seja verdadeira, ela ainda tem que ser provada. Um trabalho recente mostrou que há infinitos a's para os quais a conjectura de Artin é verdadeira, e no máximo dois primos para os quais ela falha.

As restrições na conjectura de Artin são justificadas como segue. Seja a um quadrado perfeito, digamos $a = x^2$, e seja p um primo ímpar com mdc$(a, p) = 1$. Se $p \nmid x$, então o teorema de Fermat fornece $x^{p-1} \equiv 1 (\bmod p)$, de onde

$$a^{(p-1)/2} \equiv (x^2)^{(p-1)/2} \equiv 1 \pmod p$$

Assim, a não pode servir como uma raiz primitiva de p [se $p \mid x$, então $p \mid a$ e certamente $a^{p-1} \not\equiv 1 \pmod p$]. Além disso, como $(-1)^2 = 1$, -1 não é uma raiz primitiva de p quando $p - 1 > 2$.

Exemplo 8.3. Vamos empregar as várias técnicas desta seção para encontrar os $\phi(6) = 2$ inteiros que têm ordem 6 módulo 31. Para começar, sabemos que existem

$$\phi(\phi(31)) = \phi(30) = 8$$

raízes primitivas de 31. A obtenção de uma delas é uma questão de tentativa e erro. Como $2^5 \equiv 1 (\bmod 31)$, o número inteiro 2 é claramente descartado. Não precisamos procurar muito longe, porque 3 acaba sendo uma raiz primitiva de 31. Observe-se que, no cálculo das potências inteiras de 3, não é necessário ir além de 3^{15}; pois a ordem de 3 deve dividir $\phi(31) = 30$ e o cálculo

$$3^{15} \equiv (27)^5 \equiv (-4)^5 \equiv (-64)(16) \equiv -2(16) \equiv -1 \not\equiv 1 \pmod{31}$$

mostra que sua ordem é maior do que 15.

Como 3 é uma raiz primitiva de 31, qualquer número inteiro que seja primo relativo com 31 é congruente módulo 31 com um número inteiro da forma 3^k, em que $1 \leq k \leq 30$. O Teorema 8.3 afirma que a ordem de 3^k é 30/mdc$(k, 30)$; isto será igual a 6 se e somente se mdc$(k, 30) = 5$. Os valores de k para os quais a última igualdade é válida são $k = 5$ e $k = 25$. Assim nosso problema agora se reduz a avaliar 3^5 e 3^{25} módulo 31. Um cálculo simples dá

$$3^5 \equiv (27)9 \equiv (-4)9 \equiv -36 \equiv 26 \pmod{31}$$
$$3^{25} \equiv (3^5)^5 \equiv (26)^5 \equiv (-5)^5 \equiv (-125)(25) \equiv -1(25) \equiv 6 \pmod{31}$$

de modo que 6 e 26 são os únicos números inteiros que têm ordem 6 módulo 31.

PROBLEMAS 8.2

1. Se p é um primo ímpar, prove o seguinte:
   (a) As únicas soluções incongruentes de $x^2 \equiv 1 (\bmod p)$ são 1 e $p - 1$.
   (b) A congruência $x^{p-2} + \ldots + x^2 + x + 1 \equiv 0 (\bmod p)$ tem exatamente $p - 2$ soluções incongruentes, e elas são os inteiros $2, 3, \ldots, p - 1$.
2. Verifique que cada uma das congruências $x^2 \equiv 1 (\bmod 15)$, $x^2 \equiv -1 (\bmod 65)$, e $x^2 \equiv -2 (\bmod 33)$ tem quatro soluções incongruentes; portanto, o teorema de Lagrange não é necessariamente válido se o módulo for um número composto.
3. Determine todas as raízes primitivas dos primos $p = 11, 19,$ e 23, expressando cada uma como uma potência de algumas das raízes.
4. Dado que 3 é uma raiz primitiva de 63, encontre o seguinte:
   (a) Todos os inteiros positivos menores que 43 que têm ordem 6 módulo 43.
   (b) Todos os inteiros positivos menores que 43 que têm ordem 21 módulo 43.
5. Encontre todos os inteiros positivos menores que 61 que têm ordem 4 módulo 61.

6. Admitindo que r é uma raiz primitiva do primo ímpar p, prove os seguintes fatos:
   (a) A congruência $r^{(p-1)/2} \equiv -1 \pmod{p}$ é verdadeira.
   (b) Se r' é qualquer outra raiz primitiva de p, então rr' não é uma raiz primitiva de p.
   [*Sugestão*: Do item (a), $(rr')^{(p-1)/2} \equiv 1 \pmod{p}$.]
   (c) Se o inteiro r' é tal que $rr' \equiv 1 \pmod{p}$, então r' é uma raiz primitiva de p.

7. Para todo primo $p > 3$, prove que as raízes primitivas de p ocorrem em pares incongruentes r, r', em que $rr' \equiv 1 \pmod{p}$.
   [*Sugestão*: Se r é uma raiz primitiva de p, considere o inteiro $r' = r^{p-2}$.]

8. Seja r uma raiz primitiva do primo ímpar p. Prove o seguinte:
   (a) Se $p \equiv 1 \pmod{4}$, então $-r$ também é uma raiz primitiva de p.
   (b) Se $p \equiv 3 \pmod{4}$, então $-r$ tem ordem $(p-1)/2$ módulo p.

9. Dê uma demonstração diferente para o Teorema 5.5 mostrando que se r é uma raiz primitiva do primo $p \equiv 1 \pmod{4}$, então $r^{(p-1)/4}$ satisfaz a congruência quadrática $x^2 + 1 \equiv 0 \pmod{p}$.

10. Use o fato de que cada primo p tem uma raiz primitiva para dar uma demonstração diferente para o Teorema de Wilson.
    [*Sugestão*: Se p tem uma raiz primitiva r, então o Teorema 8.4 implica que $(p-1)! \equiv r^{1+2+\ldots+(p-1)} \pmod{p}$.]

11. Se p é um primo, mostre que o produto de $\phi(p-1)$ raízes primitivas de p é congruente módulo p com $(-1)^{\phi(p-1)}$.
    [*Sugestão*: Se r é uma raiz primitiva de p, então o inteiro r^k é uma raiz primitiva de p contanto que mdc($k, p-1$) = 1; agora use o Teorema 7.7.]

12. Para qualquer primo ímpar p, verifique que a soma

$$1^n + 2^n + 3^n + \cdots + (p-1)^n \equiv \begin{cases} 0 \pmod{p} & \text{se}\,(p-1) \nmid n \\ -1 \pmod{p} & \text{se}\,(p-1) \mid n \end{cases}$$

[*Sugestão*: Se $(p-1) \nmid n$, e r é uma raiz primitiva de p, então a soma indicada é congruente módulo p com

$$1 + r^n + r^{2n} + \cdots + r^{(p-2)n} = \frac{r^{(p-1)n} - 1}{r^n - 1}.]$$

8.3 NÚMEROS COMPOSTOS COM RAÍZES PRIMITIVAS

Vimos anteriormente que 2 é uma raiz primitiva de 9, de modo que os números compostos também podem possuir raízes primitivas. O próximo passo em nosso programa é determinar todos os números compostos para os quais não existem raízes primitivas. Algumas informações estão disponíveis nos dois resultados negativos a seguir.

Teorema 8.7. *Para $k \geq 3$, o inteiro 2^k não possui raízes primitivas.*

Demonstração. Por questões que ficarão claras mais tarde, começamos por mostrar que, se a é um inteiro ímpar, então para $k \geq 3$

$$a^{2^{k-2}} \equiv 1 \pmod{2^k}$$

Se $k = 3$, esta congruência fica $a^2 \equiv 1 \pmod{8}$, que é certamente verdadeira (de fato, $1^2 \equiv 3^2 \equiv 5^2 \equiv 7^2 \equiv 1 \pmod{8}$). Para $k > 3$, procedemos por indução sobre k. Suponha que a congruência afirmada valha para o inteiro k; ou seja, $a^{2^{k-2}} \equiv 1 \pmod{2^k}$. Isto é equivalente à equação

$$a^{2^{k-2}} = 1 + b2^k$$

em que b é um inteiro. Elevando ao quadrado ambos os lados, obtemos

$$a^{2^{k-1}} = (a^{2^{k-2}})^2 = 1 + 2(b2^k) + (b2^k)^2$$
$$= 1 + 2^{k+1}(b + b^2 2^{k-1})$$
$$\equiv 1 \pmod{2^{k+1}}$$

de modo que a congruência afirmada é válida para $k + 1$ e, consequentemente, para todo $k \geq 3$.

Agora, os números inteiros que são primos relativos com 2^k são precisamente os inteiros ímpares, de modo que $\phi(2^k) = 2^{k-1}$. Pelo que já foi provado, se a é um inteiro ímpar e $k \geq 3$,

$$a^{\phi(2^k)/2} \equiv 1 \pmod{2^k}$$

e, consequentemente, não há raízes primitivas de 2^k.

Outro teorema neste mesmo espírito é o Teorema 8.8.

Teorema 8.8. Se mdc(m, n) = 1, em que $m > 2$ e $n > 2$, então o número inteiro mn não possui raízes primitivas.

Demonstração. Considere um número inteiro qualquer a para o qual mdc(a, mn) = 1; então mdc(a, m) = 1 e mdc(a, n) = 1. Faça $h = \text{mmc}(\phi(m), \phi(n))$ e $d = \text{mdc}(\phi(m), \phi(n))$.

Como $\phi(m)$ e $\phi(n)$ são ambos pares (Teorema 7.4), certamente $d \geq 2$. Em consequência,

$$h = \frac{\phi(m)\phi(n)}{d} \leq \frac{\phi(mn)}{2}$$

Agora o teorema de Euler afirma que $a^{\phi(m)} \equiv 1 \pmod m$. Elevando esta congruência à potência $\phi(n)/d$, obtemos

$$a^h = (a^{\phi(m)})^{\phi(n)/d} \equiv 1^{\phi(n)/d} \equiv 1 \pmod{m}$$

Um raciocínio semelhante leva a $a^h \equiv 1 \pmod n$. Juntamente com a hipótese de que mdc(m, n) = 1, estas congruências forçam a conclusão de que

$$a^h \equiv 1 \pmod{mn}$$

O ponto que desejamos frisar é que a ordem de qualquer inteiro primo relativo com mn não excede $\phi(mn)/2$, daí não pode haver raízes primitivas para mn.

Alguns casos especiais do Teorema 8.8 são de particular interesse, e listamos estes abaixo.

Corolário. O inteiro n deixa de ter uma raiz primitiva se ou

(a) n é divisível por dois primos ímpares, ou
(b) n é a forma de $n = 2^m p^k$, em que p é um número primo ímpar e $m \geq 2$.

A característica significativa desta última série de resultados é que eles restringem nossa busca por raízes primitivas para os inteiros 2, 4, p^k e $2p^k$, em que p é um primo ímpar. Nesta seção, provamos que cada um dos números que acabamos de mencionar tem uma raiz primitiva, sendo a tarefa principal a demonstração da existência de raízes primitivas de potências de um primo ímpar. O argumento é um pouco cansativo, mas por outro lado rotineiro; por uma questão de clareza, é dividido em várias etapas.

Lema 1. Se p é um primo ímpar, então existe uma raiz primitiva r de p tal que $r^{p-1} \not\equiv 1$ (mod p^2).

Demonstração. Do Teorema 8.6, sabe-se que p tem raízes primitivas. Escolha uma, e chame-a de r. Se $r^{p-1} \not\equiv 1$ (mod p^2), então concluímos. Caso contrário, substitua r por $r' = r + p$, que também é uma raiz primitiva de p. Então, empregando o teorema binomial,

$$(r')^{p-1} \equiv (r+p)^{p-1} \equiv r^{p-1} + (p-1)pr^{p-2} \pmod{p^2}$$

Mas assumimos que $r^{p-1} \equiv 1 \pmod{p^2}$; consequentemente,

$$(r')^{p-1} \equiv 1 - pr^{p-2} \pmod{p^2}$$

Como r é uma raiz primitiva de p, mdc(r, p) = 1, e, portanto, $p \nmid r^{p-2}$. O resultado de tudo isto é que $(r')^{p-1} \not\equiv 1$ (mod p^2), o que prova o lema.

Corolário. Se p é um primo ímpar, então p^2 tem uma raiz primitiva; de fato, para uma raiz primitiva r de p, ou r ou $r + p$ (ou ambos) é uma raiz primitiva de p^2.

Demonstração. A afirmação é quase óbvia: se r é uma raiz primitiva de p, então a ordem de r módulo p^2 ou é $p - 1$ ou é $p(p - 1) = \phi(p^2)$. A demonstração anterior mostra que, se r tem ordem $p - 1$ módulo p^2, então $r + p$ é uma raiz primitiva de p^2.

Como ilustração deste corolário, observamos que 3 é uma raiz primitiva de 7, e que 3 e 10 são raízes primitivas de 7^2. Além disso, 14 é uma raiz primitiva de 29, mas não de 29^2.

Para alcançar nosso objetivo, outro lema um pouco técnico é necessário.

Lema 2. Seja p um primo ímpar e seja r uma raiz primitiva de p com a propriedade de que $r^{p-1} \not\equiv 1$ (mod p^2). Então, para cada inteiro positivo $k \geq 2$,

$$r^{p^{k-2}(p-1)} \not\equiv 1 \pmod{p^k}$$

Demonstração. A demonstração prossegue por indução sobre k. Por hipótese, a afirmação é válida para $k = 2$. Vamos supor que ela seja verdadeira para algum $k \geq 2$ e mostrar que ela é verdadeira para $k + 1$. Como mdc(r, p^{k-1}) = mdc(r, p^k) = 1, o teorema de Euler indica que

$$r^{p^{k-2}(p-1)} = r^{\phi(p^{k-1})} \equiv 1 \pmod{p^{k-1}}$$

Assim, existe um inteiro a que satisfaz

$$r^{p^{k-2}(p-1)} = 1 + ap^{k-1}$$

onde $p \nmid a$ pela nossa hipótese de indução. Elevando ambos os lados desta última equação a p-ésima potência e expandindo, obtemos

$$r^{p^{k-1}(p-1)} = (1+ap^{k-1})^p \equiv 1 + ap^k \pmod{p^{k+1}}$$

Como o inteiro a não é divisível por p, temos

$$r^{p^{k-1}(p-1)} \not\equiv 1 \pmod{p^{k+1}}$$

Isso completa o passo de indução, provando assim o lema.

O trabalho duro, no momento, é longo. Agora temos que juntar as etapas para provar que as potências de qualquer primo ímpar têm uma raiz primitiva.

Teorema 8.9. Se p é um número primo ímpar e $k \geq 1$, então existe uma raiz primitiva de p^k.

Demonstração. Os dois lemas anteriores nos permitem escolher uma raiz primitiva r de p para a qual $r^{p^{k-2}(p-1)} \not\equiv 1 \pmod{p^k}$; de fato, qualquer inteiro r que satisfaz à condição $r^{p-1} \not\equiv 1 \pmod{p^2}$ servirá. Argumentamos que r serve como uma raiz primitiva de todas as potências de p.

Seja n a ordem de r módulo p^k. De acordo com o Teorema 8.1, n deve dividir $\phi(p^k) = p^{k-1}(p-1)$. Como $r^n \equiv 1 \pmod{p^k}$ fornece $r^n \equiv 1 \pmod{p}$, também temos que $p-1 \mid n$. (O Teorema 8.1 é útil novamente.) Por conseguinte, n assume a forma $n = p^m(p-1)$, em que $0 \leq m \leq k-1$. Se $n \neq p^{k-1}(p-1)$, então $p^{k-2}(p-1)$ seria divisível por n e chegaríamos a

$$r^{p^{k-2}(p-1)} \equiv 1 \pmod{p^k}$$

contradizendo a maneira como r foi inicialmente escolhido. Consequentemente, $n = p^{k-1}(p-1)$ e r é uma raiz primitiva de p^k.

Isso deixa apenas o caso $2p^k$ para a nossa consideração.

Corolário. Existem raízes primitivas para $2p^k$, em que p é um primo ímpar e $k \geq 1$.

Demonstração. Seja r uma raiz primitiva de p^k. Não há mal nenhum em assumirmos que r é um inteiro ímpar; pois, se for par, então $r + p^k$ é ímpar e ainda é uma raiz primitiva de p^k. Então, mdc$(r, 2p^k) = 1$. A ordem n de r módulo $2p^k$ deve dividir

$$\phi(2p^k) = \phi(2)\phi(p^k) = \phi(p^k)$$

Mas $r^n \equiv 1 \pmod{2p^k}$ implica que $r^n \equiv 1 \pmod{p^k}$, e, portanto, $\phi(p^k) \mid n$. Juntas, essas condições de divisibilidade levam a $n = \phi(2p^k)$, tornando r uma raiz primitiva de $2p^k$.

O primo 5 tem $\phi(4) = 2$ raízes primitivas, ou seja, os inteiros 2 e 3. Como

$$2^{5-1} \equiv 16 \not\equiv 1 \pmod{25} \qquad \text{e} \qquad 3^{5-1} \equiv 6 \not\equiv 1 \pmod{25}$$

estes também servem como raízes primitivas para 5^2 e, consequentemente, para todas as potências superiores de 5. A demonstração deste último corolário garante que 3 é uma raiz primitiva de todos os números da forma $2 \cdot 5^k$.

No Teorema 8.10, resumimos o que foi feito.

Teorema 8.10. Um inteiro $n > 1$ tem uma raiz primitiva se e somente se

$$n = 2, 4, p^k \text{ ou } 2p^k$$

em que p é um primo ímpar.

Demonstração. Em virtude dos teoremas 8.7 e 8.8, os únicos números inteiros positivos com raízes primitivas são aqueles mencionados no nosso teorema. Podemos verificar que 1 é uma raiz primitiva para 2, e 3 é uma raiz primitiva de 4. Acabamos de provar que existem raízes primitivas para qualquer potência de um primo ímpar e para o dobro de cada potência.

Parece ser o momento oportuno para mencionar que Euler deu uma demonstração essencialmente correta (embora incompleta) em 1773 da existência de raízes primitivas para qualquer primo p e listou todas as raízes primitivas para $p \le 37$. Legendre, usando o teorema de Lagrange, conseguiu reparar a deficiência e mostrou (1985) que existem $\phi(d)$ números inteiros de ordem d para cada $d \mid (p-1)$. Os maiores avanços neste sentido foram feitos por Gauss, quando, em 1801, ele publicou uma prova de que existem raízes primitivas de n se e somente se $n = 2, 4, p^k$ e $2p^k$, em que p é um primo ímpar.

PROBLEMAS 8.3

1. (a) Encontre as quatro raízes primitivas de 26 e as oito raízes primitivas de 25.
   (b) Determine todas as raízes primitivas de 3^2, 3^3 e 3^4.
2. Para todo primo ímpar p, prove os seguintes fatos:
   (a) As raízes primitivas de $2p^n$ são tantas quanto as de p^n.
   (b) Toda raiz primitiva de p^n também é raiz primitiva de p.
   [*Sugestão*: Considere que r tem ordem k módulo p. Mostre que $r^{pk} \equiv 1 \pmod{p^2}$,..., $r^{p^{n-1}k} \equiv 1 \pmod{p^n}$, e, assim, $\phi(p^n) \mid p^{n-1}k$.]
   (a) Toda raiz primitiva de p^2 também é raiz primitiva de p^n para $n \ge 2$.
3. Se r é uma raiz primitiva de p^2, com p um primo ímpar, mostre que as soluções da congruência $x^{p-1} \equiv 1 \pmod{p^2}$ são exatamente os inteiros $r^p, r^{2p}, \ldots, r^{(p-1)p}$.
4. (a) Prove que 3 é uma raiz primitiva de todos os inteiros da forma de 7^k e $2 \cdot 7^k$.
   (b) Encontre uma raiz primitiva para todo inteiro da forma 17^k.
5. Obtenha todas as raízes primitivas de 41 e 82.
6. (a) Prove que uma raiz primitiva r de p^k, em que p é um primo ímpar, é uma raiz primitiva de $2p^k$ se e somente se r é um inteiro ímpar.
   (b) Verifique que 3, 3^3, 3^5, e 3^9 são raízes primitivas de $578 = 2 \cdot 17^2$, mas que 3^4 e 3^{17} não são.
7. Admita que r é uma raiz primitiva do primo ímpar p e que $(r + tp)^{p-1} \not\equiv 1 \pmod{p^2}$. Mostre que $r + tp$ é uma raiz primitiva de p^k para todo $k \ge 1$.
8. Se $n = 2^{k_0} p_1^{k_1} p_2^{k_2} \ldots p_r^{k_r}$ é a decomposição em fatores primos de $n > 1$, defina o *expoente universal* $\lambda(n)$ de n como

$$\lambda(n) = \operatorname{mmc}(\lambda(2^{k_0}), \phi(p_1^{k_1}), \ldots, \phi(p_r^{k_r}))$$

em que $\lambda(2) = 1$, $\lambda(2^2) = 2$ e $\lambda(2^k) = 2^{k-2}$ para $k \ge 3$. Prove as seguintes afirmativas referentes ao expoente universal:
(a) Para $n = 2, 4, p^k, 2p^k$, em que p é um primo ímpar, $\lambda(n) = \phi(n)$.
(b) Se $\operatorname{mdc}(a, 2^k) = 1$, então $a^{\lambda(2^k)} \equiv 1 \pmod{2^k}$.

[*Sugestão*: Para $k \geq 3$, use indução sobre k e o fato de que $\lambda(2^{k+1}) = 2\lambda(2^k)$.]

(c) Se mdc$(a, n) = 1$, então $a^{\lambda(n)} \equiv 1 \pmod{n}$.

[*Sugestão*: Para cada potência de primo p^k que ocorre em n, $a^{\lambda(n)} \equiv 1 \pmod{p^k}$.]

9. Verifique que, para $5040 = 2^4 \cdot 3^2 \cdot 5 \cdot 7$, $\lambda(5040) = 12$ e $\phi(5040) = 1152$.

10. Use o Problema 8 para mostrar que se $n \neq 2, 4, p^k, 2p^k$, em que p é um primo ímpar, então n não possui raízes primitivas.

    [*Sugestão*: Exceto para os casos $2, 4, p^k, 2p^k$, temos $\lambda(n) \mid \frac{1}{2}\phi(n)$; consequentemente mdc$(a, n) = 1$ implica que $a^{\phi(n)/2} \equiv 1 \pmod{n}$.]

11. (a) Prove que se mdc$(a, n) = 1$, então a congruência linear $ax \equiv b \pmod{n}$ tem a solução $x \equiv ba^{\lambda(n)-1} \pmod{n}$.

    (b) Use o item (a) para resolver as congruências $13x \equiv 2 \pmod{40}$ e $3x \equiv 13 \pmod{77}$.

8.4 A TEORIA DOS ÍNDICES

O restante deste capítulo se preocupa com uma ideia nova, o conceito de índice. Este foi introduzido por Gauss em sua *Disquisitiones Arithmeticae*.

Seja n um número inteiro qualquer que admite uma raiz primitiva r. Como sabemos, as primeiras $\phi(n)$ potências de r,

$$r, r^2, \ldots, r^{\phi(n)}$$

são congruentes módulo n, em alguma ordem, àqueles inteiros menores que n e primos relativos com ele. Assim, se a é um número inteiro arbitrário primo relativo com n, então, a pode ser expresso na forma

$$a \equiv r^k \pmod{n}$$

para uma escolha apropriada de k, em que $1 \leq k \leq \phi(n)$. Isto nos permite enunciar a seguinte definição.

Definição 8.3. Seja r uma raiz primitiva de n. Se mdc$(a, n) = 1$, então o menor inteiro positivo k tal que $a \equiv r^k \pmod{n}$ é chamado o *índice de a relativo a r*.

Habitualmente, denotamos o índice de a relativo a r por ind$_r a$ ou, se não ocorrer nenhuma confusão, por ind a. Claramente, $1 \leq \text{ind}_r a \leq \phi(n)$ e

$$r^{\text{ind}_r a} \equiv a \pmod{n}$$

A notação ind$_r a$ tem sentido se e somente se mdc$(a, n) = 1$; futuramente, isso vai ser tacitamente assumido.

Por exemplo, o inteiro 2 é uma raiz primitiva de 5 e

$$2^1 \equiv 2 \quad 2^2 \equiv 4 \quad 2^3 \equiv 3 \quad 2^4 \equiv 1 \pmod{5}$$

Daqui resulta que

$$\text{ind}_2 1 = 4 \quad \text{ind}_2 2 = 1 \quad \text{ind}_2 3 = 3 \quad \text{ind}_2 4 = 2$$

Observe que os índices dos inteiros que são congruentes módulo n são iguais. Assim, na criação de tabelas de valores para ind a, basta considerarmos apenas os inteiros a menores que e primos relativos módulo n. Para ver isto, seja $a \equiv b \pmod{n}$, em que a e b são primos relativos com n. Como $r^{\text{ind } a} \equiv a \pmod{n}$ e $r^{\text{ind } b} \equiv b \pmod{n}$, temos

$$r^{\text{ind } a} \equiv r^{\text{ind } b} \pmod{n}$$

Recorrendo ao Teorema 8.2, podemos concluir que ind $a \equiv$ ind $b \pmod{\phi(n)}$. Mas, por causa das restrições quanto ao tamanho de ind a e ind b, isso só é possível quando ind $a =$ ind b.

Índices obedecem a regras que lembram aquelas dos logaritmos, com a raiz primitiva desempenhando um papel análogo ao da base para o logaritmo.

Teorema 8.11. Se n tem uma raiz primitiva r e ind a denota o índice de a relativo a r, então as seguintes propriedades são válidas:

(a) ind $(ab) \equiv$ ind $a +$ ind $b \pmod{\phi(n)}$.
(b) ind $a^k \equiv k$ ind $a \pmod{\phi(n)}$ para $k > 0$.
(c) ind $1 \equiv 0 \pmod{\phi(n)}$, ind $r \equiv 1 \pmod{\phi(n)}$.

Demonstração. Pela definição de índice, $r^{\text{ind } a} \equiv a \pmod{n}$ e $r^{\text{ind } b} \equiv b \pmod{n}$. Multiplicando estas congruências, obtemos

$$r^{\text{ind } a + \text{ind } b} \equiv ab \pmod{n}$$

Mas $r^{\text{ind } ab} \equiv ab \pmod{n}$, de modo que

$$r^{\text{ind } a + \text{ind } b} \equiv r^{\text{ind}(ab)} \pmod{n}$$

Pode muito bem acontecer de ind $a +$ ind b exceder $\phi(n)$. Isto não apresenta nenhum problema, pois o Teorema 8.2 garante que a última equação é válida se e somente se os expoentes são congruentes módulo $\phi(n)$; ou seja,

$$\text{ind } a + \text{ind } b \equiv \text{ind } (ab) \pmod{\phi(n)}$$

que é a propriedade (a).

A demonstração da propriedade (b) segue a mesma linha. Como temos $r^{\text{ind } a^k} \equiv a^k \pmod{n}$, e pelas leis dos expoentes, $r^{k \text{ ind } a} = \left(r^{\text{ind } a}\right)^k \equiv a^k \pmod{n}$; consequentemente,

$$r^{\text{ind } a^k} \equiv r^{k \text{ ind } a} \pmod{n}$$

Como dito acima, a implicação é que ind $a^k \equiv k$ ind $a \pmod{\phi(n)}$. As duas partes da propriedade (c) são bastante semelhantes.

A teoria dos índices pode ser utilizada para resolver certos tipos de congruência. Por exemplo, considere a congruência binomial

$$x^k \equiv a \pmod{n} \qquad k \geq 2$$

em que n é um inteiro positivo que tem uma raiz primitiva e mdc$(a, n) = 1$. Pelas propriedades (a) e (b) do Teorema 8.11, esta congruência é inteiramente equivalente à congruência linear

$$k \text{ ind } x \equiv \text{ ind } a \pmod{\phi(n)}$$

no desconhecido ind x. Se $d =$ mdc$(k, \phi(n))$ e $d \nmid$ ind a, não há solução. Mas, se $d \mid$ ind a, então há exatamente d valores de ind x que irão satisfazer esta última congruência; portanto, há d soluções incongruentes de $x^k \equiv a \pmod{n}$.

O caso em que $k = 2$ e $n = p$, com p um primo ímpar, é particularmente importante. Como mdc$(2, p - 1) = 2$, as observações anteriores implicam que a congruência quadrática $x^2 \equiv a \pmod{p}$ tem uma solução se e somente se $2 \mid$ ind a; quando esta condição é cumprida, há exatamente duas soluções. Se r é uma raiz primitiva de p, então $r^k (1 \leq k \leq p - 1)$ percorre módulo p os inteiros $1, 2, \ldots, p-1$, em alguma ordem. As potências pares de r produzem os valores de a para os quais a congruência $x^2 \equiv a \pmod{p}$ tem solução; há precisamente $(p-1)/2$ tais escolhas para a.

Exemplo 8.4. Para uma ilustração dessas ideias, vamos resolver a congruência

$$4x^9 \equiv 7 \pmod{13}$$

Uma tabela de índices pode ser construída uma vez que uma raiz primitiva de 13 é fixada. Usando a raiz primitiva 2, nós simplesmente calculamos as potências de $2, 2^2, \ldots, 2^{12}$ módulo 13. Aqui,

$$\begin{array}{lll} 2^1 \equiv 2 & 2^5 \equiv 6 & 2^9 \equiv 5 \\ 2^2 \equiv 4 & 2^6 \equiv 12 & 2^{10} \equiv 10 \\ 2^3 \equiv 8 & 2^7 \equiv 11 & 2^{11} \equiv 7 \\ 2^4 \equiv 3 & 2^8 \equiv 9 & 2^{12} \equiv 1 \end{array}$$

todas as congruências sendo módulo 13; portanto, a nossa tabela é

a	1	2	3	4	5	6	7	8	9	10	11	12
$\text{ind}_2 a$	12	1	4	2	9	5	11	3	8	10	7	6

Tomando os índices, a congruência $4x^9 \equiv 7 \pmod{13}$ tem uma solução se e somente se

$$\text{ind}_2 4 + 9\, \text{ind}_2 x \equiv \text{ind}_2 7 \pmod{12}$$

A tabela apresenta os valores $\text{ind}_2 4 = 2$ e $\text{ind}_2 7 = 11$, de modo que a última congruência se torna $9\,\text{ind}_2 x \equiv 11 - 2 \equiv 9 \pmod{12}$, que, por sua vez, é equivalente a termos $\text{ind}_2 x \equiv 1 \pmod 4$. Daqui resulta que

$$\text{ind}_2 x = 1, 5 \text{ ou } 9$$

Consultando a tabela de índices, mais uma vez, vemos que a congruência original $4x^9 \equiv 7 \pmod{13}$ possui as três soluções

$$x \equiv 2, 5 \text{ e } 6 \pmod{13}$$

Se uma raiz primitiva diferente for escolhida, nós, obviamente, obtemos um valor diferente para o índice de a; mas para fins de resolver a congruência dada, realmente não importa qual tabela de índice está disponível. As $\phi(\phi(13)) = 4$ raízes primitivas de 13 são obtidas a partir das potências 2^k ($1 \leq k \leq 12$), em que

$$\text{mdc}(k, \phi(13)) = \text{mdc}(k, 12) = 1$$

Estas são

$$2^1 \equiv 2 \quad 2^5 \equiv 6 \quad 2^7 \equiv 11 \quad 2^{11} \equiv 7 \pmod{13}$$

A tabela de índice para, por exemplo, a raiz primitiva 6 é apresentada a seguir:

a	1	2	3	4	5	6	7	8	9	10	11	12
$\text{ind}_6 a$	12	5	8	10	9	1	7	3	4	2	11	6

Empregando esta tabela, a congruência $4x^9 \equiv 7 \pmod{13}$ pode ser substituída por

$$\text{ind}_6 4 + 9\, \text{ind}_6 x \equiv \text{ind}_6 7 \pmod{12}$$

ou melhor,

$$9\, \text{ind}_6 x \equiv 7 - 10 \equiv -3 \equiv 9 \pmod{12}$$

Assim, $\text{ind}_6 x = 1, 5$ ou 9, o que conduz às soluções

$$x \equiv 2, 5 \text{ e } 6 \pmod{13}$$

como antes.

O seguinte critério para a existência ou não de solução é frequentemente útil.

Teorema 8.12. Seja n um número inteiro que possui uma raiz primitiva e seja $\text{mdc}(a, n) = 1$. Então a congruência $x^k \equiv a \pmod{n}$ possui uma solução se e somente se

$$a^{\phi(n)/d} \equiv 1 \pmod{n}$$

em que $d = \text{mdc}(k, \phi(n))$; se ela tiver uma solução, há exatamente d soluções módulo n.

Demonstração. Tomando os índices, a congruência $a^{\phi(n)/d} \equiv 1 \pmod{n}$ é equivalente a

$$\frac{\phi(n)}{d} \text{ ind } a \equiv 0 \pmod{\phi(n)}$$

que, por sua vez, é verdadeira se e somente se $d \mid \text{ind } a$. Mas acabamos de ver que a última é uma condição necessária e suficiente para que a congruência $x^k \equiv a \pmod{n}$ tenha solução.

Corolário. Seja p um número primo e $\text{mdc}(a, p) = 1$. Então a congruência $x^k \equiv a \pmod{p}$ tem uma solução se e somente se $a^{(p-1)/d} \equiv 1 \pmod{p}$, em que $d = \text{mdc}(k, p-1)$.

Exemplo 8.5. Vamos considerar a congruência

$$x^3 \equiv 4 \pmod{13}$$

Neste contexto, $d = \text{mdc}(3, \phi(13)) = \text{mdc}(3, 12) = 3$, e, portanto, $\phi(13)/d = 4$. Como $4^4 \equiv 9 \not\equiv 1 \pmod{13}$, o Teorema 8.12 afirma que a congruência dada não tem solução.

Por outro lado, o mesmo teorema garante que

$$x^3 \equiv 5 \pmod{13}$$

possui uma solução (de fato, existem três soluções incongruentes módulo 13); pois, neste caso, $5^4 \equiv 625 \equiv 1 \pmod{13}$. Estas soluções podem ser encontradas por meio dos cálculos de índices do seguinte modo; a congruência $x^3 \equiv 5 \pmod{13}$ é equivalente a

$$3\, \text{ind}_2 x \equiv 9 \pmod{12}$$

que se torna

$$\text{ind}_2 x \equiv 3 \pmod{4}$$

Esta última congruência admite três soluções incongruentes módulo 12, a saber,

$$\text{ind}_2 x = 3, 7 \text{ ou } 11$$

Os inteiros correspondentes a estes índices são, respectivamente, 8, 11 e 7, de modo que as soluções da congruência $x^3 \equiv 5 \pmod{13}$ são

$$x \equiv 7, 8 \text{ e } 11 \pmod{13}$$

PROBLEMAS 8.4

1. Encontre o expoente de 5 relativo a cada uma das raízes primitivas de 13.
2. Usando a tabela de índices para qualquer raiz primitiva de 11, resolva as seguintes congruências:
   (a) $7x^3 \equiv 3 \pmod{11}$.
   (b) $3x^4 \equiv 5 \pmod{11}$.
   (c) $x^8 \equiv 10 \pmod{11}$.
3. A seguir está a tabela de índices para o primo 17 relativos à raiz primitiva 3:

a	1	2	3	4	5	6	7	8	9	10	11	12	13	14	15	16
$\text{ind}_3 a$	16	14	1	12	5	15	11	10	2	3	7	13	4	9	6	8

   Com a ajuda desta tabela, resolva as seguintes congruências:
   (a) $x^{12} \equiv 13 \pmod{17}$.
   (b) $8x^5 \equiv 10 \pmod{17}$.
   (c) $9x^8 \equiv 8 \pmod{17}$.
   (d) $7^x \equiv 7 \pmod{17}$.
4. Encontre o resto quando $3^{24} \cdot 5^{13}$ é dividido por 17.
   [*Sugestão*: Use a teoria dos índices.]
5. Se r e r' são raízes primitivas do primo ímpar p, mostre que, para mdc$(a, p) = 1$

   $$\text{ind}_{r'} a \equiv (\text{ind}_r a)(\text{ind}_{r'} r) \pmod{p-1}$$

   Isto corresponde à regra de mudança de base dos logaritmos.
6. (a) Construa uma tabela de índices para o primo 17 relativos à raiz primitiva 5.

   [*Sugestão*: Pelo problema anterior, $\text{ind}_5 a \equiv 13(\text{ind}_3 a) \pmod{16}$.]
   (b) Resolva as congruências do Problema 3, usando a tabela do item (a).
7. Se r é uma raiz primitiva do primo ímpar p, verifique que

   $$\text{ind}_r (-1) = \text{ind}_r (p-1) = \frac{1}{2}(p-1)$$

8. (a) Determine os inteiros $a(1 \leq a \leq 12)$ tais que a congruência $ax^4 \equiv b \pmod{13}$ tenha solução para $b = 2, 5$ e 6.
   (b) Determine os inteiros $a(1 \leq a \leq p-1)$ tais que a congruência $x^4 \equiv a \pmod{p}$ tenha solução para $p = 7, 11$ e 13.
9. Empregue o corolário do Teorema 8.12 para provar que se p é um primo ímpar, então
   (a) $x^2 \equiv -1 \pmod{p}$ possui solução se e somente se $p \equiv 1 \pmod{4}$.
   (b) $x^4 \equiv -1 \pmod{p}$ possui solução se e somente se $p \equiv 1 \pmod{8}$.

10. Dada a congruência $x^3 \equiv a(\bmod p)$, em que $p \geq 5$ é primo e mdc$(a, p) = 1$, prove o seguinte:

    (a) Se $p \equiv 1(\bmod 6)$ então ou a congruência não possui solução ou possui três soluções incongruentes módulo p.

    (b) Se $p \equiv 5(\bmod 6)$, então a congruência possui uma única solução módulo p.

11. Mostre que a congruência $x^3 \equiv 3(\bmod 19)$ não possui solução, enquanto $x^3 \equiv 11(\bmod 19)$ possui três soluções incongruentes.

12. Determine se as congruências $x^5 \equiv 13(\bmod 23)$ e $x^7 \equiv 15(\bmod 29)$ possuem solução.

13. Se p é primo e mdc$(k, p - 1) = 1$, prove que os inteiros

$$1^k, 2^k, 3^k, \ldots, (p-1)^k$$

formam um conjunto reduzido de resíduos módulo p.

14. Seja r uma raiz primitiva do primo ímpar p, e seja $d = $ mdc$(k, p - 1)$. Prove que os valores de k para os quais a congruência $x^k \equiv a(\bmod p)$ possui solução são $r^d, r^{2d}, \ldots, r^{[(p-1)/d]d}$.

15. Se r é uma raiz primitiva do primo ímpar p, mostre que

$$\text{ind}_r\,(p - a) \equiv \text{ind}_r\,a + \frac{(p-1)}{2} \,(\bmod\ p - 1)$$

e, consequentemente, que apenas metade de uma tabela de índices precisa ser calculada para completá-la.

16. (a) Seja r uma raiz primitiva do primo ímpar p. Prove que a congruência exponencial

$$a^x \equiv b\,(\bmod\ p)$$

possui solução se e somente se $d\ |\ \text{ind}_r\,b$, onde o inteiro $d = $ mdc$(\text{ind}_r\,a, p - 1)$; neste caso, há d soluções incongruentes módulo $p - 1$.

    (b) Resolva as congruências exponenciais $4^x \equiv 13(\bmod 17)$ e $5^x \equiv 4(\bmod 19)$.

17. Para que valores de b a congruência exponencial $9^x \equiv b(\bmod 13)$ possui solução?

CAPÍTULO 9

A LEI DE RECIPROCIDADE QUADRÁTICA

O poder comovente da invenção matemática não é o raciocínio, mas a imaginação.
A. DeMorgan

9.1 CRITÉRIO DE EULER

Como o título sugere, o presente capítulo tem como objetivo outra grande contribuição de Gauss: a Lei de Reciprocidade Quadrática. Para aqueles que consideram a teoria dos números "A Rainha da Matemática", esta é uma das joias da sua coroa. A beleza intrínseca da Lei de Reciprocidade Quadrática há muito tempo exerceu um estranho fascínio para os matemáticos. Desde a época de Gauss, mais de uma centena de provas dela, todas mais ou menos diferentes, têm sido publicadas (na verdade, o próprio Gauss eventualmente concebeu sete). Entre os matemáticos eminentes do século XIX que contribuíram com suas provas aparecem os nomes de Cauchy, Jacobi, Dirichlet, Eisenstein, Kronecker e Dedeking.

Grosso modo, a Lei de Reciprocidade Quadrática trata da solvabilidade de congruências quadráticas. Portanto, parece apropriado começarmos por considerar a congruência

$$ax^2 + bx + c \equiv 0 \pmod{p} \qquad (1)$$

onde p é um primo ímpar e $a \not\equiv 0 \pmod{p}$; isto é, mdc$(a, p) = 1$. A suposição de que p é um número primo ímpar implica que mdc$(4a, p) = 1$. Assim, a congruência quadrática da Eq. (1) é equivalente a

$$4a(ax^2 + bx + c) \equiv 0 \pmod{p}$$

Utilizando-se a identidade

$$4a(ax^2 + bx + c) = (2ax + b)^2 - (b^2 - 4ac)$$

a última congruência quadrática escrita pode ser expressa como

$$(2ax + b)^2 \equiv (b^2 - 4ac) \pmod{p}$$

Agora faça $y = 2ax + b$ e $d = b^2 - 4ac$ para obter

$$y^2 \equiv d \pmod{p} \qquad (2)$$

Se $x \equiv x_0 \pmod{p}$ é uma solução da congruência quadrática da Eq. (1), então o número inteiro $y \equiv 2ax_0 + b \pmod{p}$ satisfaz a congruência quadrática na Eq. (2). Por outro lado, se $y \equiv y_0 \pmod{p}$ é uma solução da congruência quadrática da Eq. (2), então $2ax \equiv y_0 - b \pmod{p}$ pode ser resolvida para se obter uma solução da Eq. (1).

Assim, o problema de encontrar uma solução para a congruência quadrática da Eq. (1) é equivalente ao de encontrar uma solução para uma congruência linear e uma congruência quadrática da forma

$$x^2 \equiv a \pmod{p} \qquad (3)$$

Se $p \mid a$, então a congruência quadrática da Eq. (3) possui $x \equiv 0 \pmod{p}$ como sua única solução. Para evitar trivialidades, vamos assumir doravante que $p \nmid a$.

Aceitando isso, sempre que $x^2 \equiv a \pmod{p}$ admite uma solução $x = x_0$, existe também uma segunda solução $x = p - x_0$. Esta segunda solução não é congruente com a primeira. Pois $x_0 \equiv p - x_0 \pmod{p}$ implica que $2x_0 \equiv 0 \pmod{p}$, ou $x_0 \equiv 0 \pmod{p}$, o que é impossível. Pelo teorema de Lagrange, estas duas soluções esgotam as soluções incongruentes de $x^2 \equiv a \pmod{p}$. Em suma: $x^2 \equiv a \pmod{p}$ tem exatamente duas soluções ou nenhuma solução.

Um exemplo numérico simples do que acabamos de dizer é fornecido pela congruência quadrática

$$5x^2 - 6x + 2 \equiv 0 \pmod{13}$$

Para se obter a solução, substituímos esta congruência pela mais simples

$$y^2 \equiv 9 \pmod{13}$$

com soluções $y \equiv 3, 10 \pmod{13}$. Em seguida, resolvemos as congruências lineares

$$10x \equiv 9 \pmod{13} \qquad 10x \equiv 16 \pmod{13}$$

Não é difícil ver que $x \equiv 10, 12 \pmod{13}$ satisfazem essas equações e, por nossas observações anteriores, também a congruência quadrática original.

O maior esforço nesta apresentação é direcionada para obter um teste para a existência de soluções da congruência quadrática

$$x^2 \equiv a \pmod{p} \qquad \text{mdc}(a, p) = 1 \qquad (4)$$

Em outras palavras, queremos identificar os inteiros a que são quadrados perfeitos módulo p.

Uma terminologia adicional nos ajudará a discutir esta situação de forma concisa.

Definição 9.1. Seja p um primo ímpar e mdc(a, p) = 1. Se a congruência quadrática $x^2 \equiv a \pmod{p}$ tem uma solução, então a é dito um *resíduo quadrático de p*. Caso contrário, a é chamado um *não resíduo quadrático de p*.

Deve-se ter em mente que, se $a \equiv b \pmod{p}$, então a é um resíduo quadrático de p se e somente se b é um resíduo quadrático de p. Assim, só precisamos determinar o caráter quadrático dos inteiros positivos menores que p para determinar o de qualquer inteiro.

Exemplo 9.1. Considere o caso do primo $p = 13$. Para descobrir quantos dos inteiros 1, 2, 3, ..., 12 são resíduos quadráticos de 13, temos que saber qual das congruências

$$x^2 \equiv a \pmod{13}$$

podem ser resolvidas quando a assume todos os valores do conjunto {1, 2, ..., 12}. Módulo 13, os quadrados dos inteiros 1, 2, 3, ..., 12 são

$$\begin{aligned} 1^2 &\equiv 12^2 \equiv 1 \\ 2^2 &\equiv 11^2 \equiv 4 \\ 3^2 &\equiv 10^2 \equiv 9 \\ 4^2 &\equiv 9^2 \equiv 3 \\ 5^2 &\equiv 8^2 \equiv 12 \\ 6^2 &\equiv 7^2 \equiv 10 \end{aligned}$$

Consequentemente, os resíduos quadráticos de 13 são 1, 3, 4, 9, 10, 12, e os não resíduos são 2, 5, 6, 7, 8, 11. Observe-se que os números inteiros entre 1 e 12 são divididos igualmente entre os resíduos quadráticos e os não resíduos; isto é típico da situação geral.

Para $p = 13$, existem dois pares de resíduos quadráticos consecutivos, os pares 3, 4 e 9, 10. Pode-se demonstrar que, para qualquer primo p existem $\frac{1}{4}(p - 4 - (-1)^{(p-1)/2})$ pares consecutivos.

Euler desenvolveu um critério simples para decidir se um inteiro a é um resíduo quadrático de um dado primo p.

Teorema 9.1. Critério de Euler. Seja p um primo ímpar e mdc(a, p) = 1. Então a é um resíduo quadrático de p se e somente se $a^{(p-1)/2} \equiv 1 \pmod{p}$.

Demonstração. Suponhamos que a seja um resíduo quadrático de p, de modo que $x^2 \equiv a \pmod{p}$ admita uma solução, vamos chamá-la de x_1. Como mdc(a, p) = 1, evidentemente mdc(x_1, p) = 1. Podemos, portanto, recorrer ao teorema de Fermat para obter

$$a^{(p-1)/2} \equiv \left(x_1^2\right)^{(p-1)/2} \equiv x_1^{p-1} \equiv 1 \pmod{p}$$

Na direção oposta, assumimos que a congruência $a^{(p-1)/2} \equiv 1 \pmod{p}$ seja válida e seja r uma raiz primitiva de p. Então $a \equiv r^k \pmod{p}$ para algum inteiro k, com $1 \leq k \leq p - 1$. Segue-se que

$$r^{k(p-1)/2} \equiv a^{(p-1)/2} \equiv 1 \pmod{p}$$

Pelo Teorema 8.1, a ordem de r (ou seja, $p - 1$) deve dividir o expoente $k(p - 1)/2$. A implicação é que k é um inteiro par, isto é, $k = 2j$. Por isso

$$(r^j)^2 = r^{2j} = r^k \equiv a \pmod{p}$$

fazendo com que o inteiro r^j seja uma solução da congruência $x^2 \equiv a \pmod{p}$. Isso prova que a é um resíduo quadrático do primo p.

Agora, se p (como sempre) é um primo ímpar e mdc(a, p) = 1, então

$$(a^{(p-1)/2} - 1)(a^{(p-1)/2} + 1) = a^{p-1} - 1 \equiv 0 \pmod{p}$$

a última congruência sendo justificada pelo teorema de Fermat. Consequentemente, ou

$$a^{(p-1)/2} \equiv 1 \pmod{p} \quad \text{ou} \quad a^{(p-1)/2} \equiv -1 \pmod{p}$$

mas não ambos. Pois, se ambas as congruências fossem válidas simultaneamente, então teríamos $1 \equiv -1 \pmod{p}$, ou equivalentemente, $p \mid 2$, que entra em conflito com a nossa hipótese. Como um não resíduo quadrático de p não satisfaz a $a^{(p-1)/2} \equiv 1 \pmod{p}$, ele deve, portanto, satisfazer a $a^{(p-1)/2} \equiv -1 \pmod{p}$. Esta observação fornece uma formulação alternativa do critério de Euler: o inteiro a é um não resíduo quadrático do primo p se e somente se $a^{(p-1)/2} \equiv -1 \pmod{p}$.

Unindo as várias partes, nos deparamos com o seguinte corolário.

Corolário. Seja p um primo ímpar e mdc(a, p) = 1. Então, a é um resíduo ou não resíduo quadrático de p se

$$a^{(p-1)/2} \equiv 1 \pmod{p} \quad \text{ou} \quad a^{(p-1)/2} \equiv -1 \pmod{p}$$

Exemplo 9.2. Quando $p = 13$, vemos que

$$2^{(13-1)/2} = 2^6 = 64 \equiv 12 \equiv -1 \pmod{13}$$

Assim, em virtude do último corolário, o inteiro 2 é um não resíduo quadrático de 13. Como

$$3^{(13-1)/2} = 3^6 = (27)^2 \equiv 1^2 \equiv 1 \pmod{13}$$

o mesmo resultado indica que 3 é um resíduo quadrático de 13 e então a congruência $x^2 \equiv 3 \pmod{13}$ possui solução; de fato, suas duas soluções incongruentes são $x \equiv 4$ e $9 \pmod{13}$.

Há uma prova alternativa do critério de Euler (devida a Dirichlet), que é mais longa, mas talvez mais esclarecedora. O raciocínio procede como segue. Seja a um não resíduo quadrático de p e seja c qualquer um dos inteiros $1, 2, ..., p-1$. Pela teoria das congruências lineares, existe uma solução c' de $cx \equiv a \pmod{p}$, com c' também pertencente ao conjunto $\{1, 2, ..., p-1\}$. Note-se que $c' \neq c$; caso contrário, teríamos $c^2 \equiv a \pmod{p}$, o que contradiz o que assumimos. Assim, os inteiros entre 1 e $p-1$ podem ser divididos por $(p-1)/2$ pares, c, c', onde $cc' \equiv a \pmod{p}$. Isto nos leva $(p-1)/2$ congruências,

$$c_1 c'_1 \equiv a \pmod{p}$$
$$c_2 c'_2 \equiv a \pmod{p}$$
$$\vdots$$
$$c_{(p-1)/2} c'_{(p-1)/2} \equiv a \pmod{p}$$

Multiplicando-as e observando-se que o produto

$$c_1 c'_1 c_2 c'_2 \cdots c_{(p-1)/2} c'_{(p-1)/2}$$

é simplesmente um rearranjo de $1 \cdot 2 \cdot 3 \ldots (p-1)$, obtemos

$$(p-1)! \equiv a^{(p-1)/2} \pmod{p}$$

Neste ponto, o teorema de Wilson entra em cena; pois $(p-1)! \equiv -1 \pmod{p}$, de modo que

$$a^{(p-1)/2} \equiv -1 \pmod{p}$$

que é o critério de Euler quando a é um não resíduo quadrático de p.

A seguir, examinamos o caso em que a é um resíduo quadrático de p. Neste cenário a congruência $x^2 \equiv a \pmod{p}$ admite duas soluções $x = x_1$ e $x = p - x_1$, para algum x_1 satisfazendo $1 \leq x_1 \leq p - 1$. Se x_1 e $p - x_1$ pertencem ao conjunto $\{1, 2, \ldots, p-1\}$, então os $p - 3$ inteiros restantes podem ser agrupados em pares c, c' (onde $c \neq c'$) de tal modo que $cc' \equiv a \pmod{p}$. A estas $(p-3)/2$ congruências, adicione a congruência

$$x_1(p - x_1) \equiv -x_1^2 \equiv -a \pmod{p}$$

Após tomar o produto de todas as congruências envolvidas, chegamos à relação

$$(p-1)! \equiv -a^{(p-1)/2} \pmod{p}$$

O teorema de Wilson pode ser empregado mais uma vez para produzir

$$a^{(p-1)/2} \equiv 1 \pmod{p}$$

Em resumo, demonstramos que $a^{(p-1)/2} \equiv 1 \pmod{p}$ ou $a^{(p-1)/2} \equiv -1 \pmod{p}$ de acordo com a ser um resíduo ou um não resíduo quadrático de p.

O critério de Euler não é um teste prático para determinar se um inteiro é ou não é um resíduo quadrático; os cálculos envolvidos são demasiado pesados, a menos que o módulo seja pequeno. Mas, como um critério nítido, facilmente trabalhado para fins teóricos, deixa pouco a desejar. Um método de cálculo mais eficaz está consubstanciado na Lei de Reciprocidade Quadrática, que provaremos mais adiante neste capítulo.

PROBLEMAS 9.1

1. Resolva as seguintes congruências quadráticas:
   (a) $x^2 + 7x + 10 \equiv 0 \pmod{11}$.
   (b) $3x^2 + 9x + 7 \equiv 0 \pmod{13}$.
   (c) $5x^2 + 6x + 1 \equiv 0 \pmod{23}$.

2. Prove que a congruência quadrática $6x^2 + 5x + 1 \equiv 0 \pmod{p}$ possui solução para todo primo p, embora a equação $6x^2 + 5x + 1 = 0$ não possua solução nos inteiros.

3. (a) Para um primo ímpar p, prove que os resíduos quadráticos de p são congruentes módulo p com os inteiros

$$1^2, 2^2, 3^2, \ldots, \left(\frac{p-1}{2}\right)^2$$

   (b) Verifique que os resíduos quadráticos de 17 são 1, 2, 4, 8, 9, 13, 15, 16.

4. Mostre que 3 é um resíduo quadrático de 23, mas não é de 31.

5. Dado que a é um resíduo quadrático de um primo ímpar p, prove o seguinte:

(a) a não é uma raiz primitiva de p.

(b) O inteiro $p - a$ é ou não é um resíduo quadrático de p de acordo com $p \equiv 1 \pmod 4$ ou $p \equiv 3 \pmod 4$.

(c) Se $p \equiv 3 \pmod 4$, então $x \equiv \pm a^{(p+1)/4} \pmod p$ são as soluções da congruência $x^2 \equiv a \pmod p$.

6. Seja p um primo ímpar e mdc$(a, p) = 1$. Prove que a congruência quadrática $ax^2 + bx + c \equiv 0 \pmod p$ possui solução se e somente se $b^2 - 4ac$ ou é zero ou é um resíduo quadrático de p.

7. Se $p = 2^k + 1$ é primo, verifique que todo não resíduo quadrático de p é uma raiz primitiva de p.

   [*Sugestão*: Aplique o critério de Euler.]

8. Admita que o inteiro r é uma raiz primitiva do primo p, onde $p \equiv 1 \pmod 8$.

   (a) Mostre que as soluções da congruência quadrática $x^2 \equiv 2 \pmod p$ são dadas por

   $$x \equiv \pm(r^{7(p-1)/8} + r^{(p-1)/8}) \pmod p$$

   [*Sugestão*: Inicialmente verifique que $r^{3(p-1)/2} \equiv -1 \pmod p$.]

   (b) Use o item (a) para encontrar todas as soluções das congruências $x^2 \equiv 2 \pmod{17}$ e $x^2 \equiv 2 \pmod{41}$.

9. (a) Se $ab \equiv r \pmod p$, onde r é um resíduo quadrático do primo ímpar p, prove que ou a e b são ambos resíduos quadráticos de p ou ambos não são.

   (b) Se a e b são ambos resíduos quadráticos do primo ímpar p ou se nenhum dos dois é resíduo, mostre que a congruência $ax^2 \equiv b \pmod p$ possui solução.

   [*Sugestão*: Multiplique a congruência dada por a' onde $aa' \equiv 1 \pmod p$.]

10. Seja p um primo ímpar e mdc$(a, p) = $ mdc$(b, p) = 1$. Prove que ou as três congruências quadráticas

    $$x^2 \equiv a \pmod p \qquad x^2 \equiv b \pmod p \qquad x^2 \equiv ab \pmod p$$

    possuem solução ou exatamente uma delas admite solução.

11. (a) Sabendo que 2 é uma raiz primitiva de 19, encontre todos os resíduos quadráticos de 19.

    [*Sugestão*: Veja a demonstração do Teorema 9.1.]

    (b) Encontre os resíduos quadráticos de 29 e 31.

12. Se $n > 2$ e mdc$(a, n) = 1$, então n é chamado um resíduo quadrático de a quando existir um inteiro x tal que $x^2 \equiv a \pmod n$. Prove que se a é um resíduo quadrático de $n > 2$, então $a^{\phi(n)/2} \equiv 1 \pmod n$.

13. Mostre que o resultado do problema anterior não fornece uma condição suficiente para a existência de um resíduo quadrático de n; em outras palavras, encontre inteiros primos relativos a e n, com $a^{\phi(n)/2} \equiv 1 \pmod n$, para os quais a congruência $x^2 \equiv a \pmod n$ não possui solução.

9.2 O SÍMBOLO DE LEGENDRE E SUAS PROPRIEDADES

Os estudos de Euler sobre resíduos quadráticos foram desenvolvidos mais tarde pelo matemático francês Adrien Marie Legendre (1752–1833). A memória de Legendre "Recherches d'Analyse Indéterminée" (1785), contém um relato da Lei de Reciprocidade Quadrática e suas muitas aplicações, um esboço de uma teoria para representação de um inteiro como a soma de três quadrados, e o enunciado de um teorema que mais tarde se tornaria famoso: Toda progressão aritmética $ax + b$, onde mdc$(a, b) = 1$, contém um número infinito de primos. Os temas abordados nas "Recherches" foram retomados de forma mais completa e sistemática em seu *Essai sur la Théorie des Nombres*, que apareceu em 1798. Isso representou o primeiro tratado "moderno" dedicado exclusivamente à teoria dos números, antes dele só havia as traduções ou comentários sobre Diofanto. O *Essai* de Legendre foi posteriormente expandido em sua *Théorie des Nombres*. Os resultados de seus trabalhos de pesquisa posteriores, inspirados em grande parte por Gauss, foram incluídos em 1830 no volume dois da terceira edição da *Théorie des Nombres*. Esta manteve-se, junto com a *Disquisitiones Arithmeticae* de Gauss, como uma obra de referência sobre o assunto por muitos anos. Embora Legendre não tenha feito grandes inovações na teoria dos números, ele levantou questões frutíferas que forneceram temas de investigação para os matemáticos do século XIX.

Antes de encerrarmos os comentários sobre as contribuições matemáticas de Legendre, temos o dever de mencionar que ele também é conhecido por seu trabalho sobre integrais elípticas e por seus *Éléments de Géométrie* (1794). Neste último trabalho, ele tentou uma melhoria pedagógica dos *Elementos de Euclides*, reorganizando e simplificando muitas das provas sem diminuir o rigor do tratamento antigo. O resultado foi recebido tão favoravelmente que se tornou um dos livros de maior sucesso já escritos, dominando a instrução da geometria por mais de um século por meio de suas numerosas edições e traduções. Uma tradução para o inglês foi feita em 1824 pelo famoso ensaísta e historiador escocês Thomas Carlyle, que estava no início da carreira de professor de matemática; a tradução de Carlyle teve 33 edições americanas, sendo a última datada de pouco antes de 1890. De fato, a revisão de Legendre foi utilizada na Universidade de Yale até 1885, quando os *Elementos* de Euclides foram finalmente abandonados como um texto.

Os nossos esforços futuros serão muito simplificados pela utilização do símbolo (a/p); esta notação foi introduzida por Legendre em seu *Essai* e é chamada, naturalmente, o símbolo de Legendre.

Definição 9.2. Seja p um primo ímpar e mdc$(a, p) = 1$. O *símbolo de Legendre* (a/p) é definido por

$$(a/p) = \begin{cases} 1 & \text{se } a \text{ é um resíduo quadrático de } p \\ -1 & \text{se } a \text{ é um não resíduo quadrático de } p \end{cases}$$

Por falta de melhor terminologia, vamos nos referir a a como o *numerador* e p como o *denominador* do símbolo (a/p). Outra notação padrão para o símbolo de Legendre é $\left(\frac{a}{p}\right)$, ou $(a \mid p)$.

Exemplo 9.3. Vejamos o primo $p = 13$, em particular. Usando o símbolo de Legendre, os resultados de um exemplo anterior podem ser expressos como

$$(1/13) = (3/13) = (4/13) = (9/13) = (10/13) = (12/13) = 1$$

e

$$(2/13) = (5/13) = (6/13) = (7/13) = (8/13) = (11/13) = -1$$

Observação. Para $p \mid a$, deixamos propositadamente o símbolo (a/p) indefinido. Alguns autores consideram conveniente expandir a definição de Legendre para este caso, definindo $(a/p) = 0$. Uma vantagem disto é que o número de soluções de $x^2 \equiv a \pmod{p}$ pode então ser determinado pela simples fórmula $1 + (a/p)$.

O próximo teorema estabelece certos fatos elementares sobre o símbolo de Legendre.

Teorema 9.2. Seja p um primo ímpar e sejam a e b inteiros que são primos relativos com p. Então, o símbolo de Legendre tem as seguintes propriedades:

(a) Se $a \equiv b \pmod{p}$, então $(a/p) = (b/p)$.
(b) $(a^2/p) = 1$.
(c) $(a/p) \equiv a^{(p-1)/2} \pmod{p}$.
(d) $(ab/p) = (a/p)(b/p)$.
(e) $(1/p) = 1$ e $(-1/p) = (-1)^{(p-1)/2}$.

Demonstração. Se $a \equiv b \pmod{p}$, então as duas congruências $x^2 \equiv a \pmod{p}$ e $x^2 \equiv b \pmod{p}$ têm exatamente as mesmas soluções, se elas existirem. Assim, ou $x^2 \equiv a \pmod{p}$ e $x^2 \equiv b \pmod{p}$ são solucináveis, ou nenhuma das duas tem uma solução. Isto se reflete na afirmação de que $(a/p) = (b/p)$.

Quanto à propriedade (b), observe-se que o inteiro a satisfaz trivialmente a congruência $x^2 \equiv a^2 \pmod{p}$; portanto, $(a^2/p) = 1$. A propriedade (c) é apenas o corolário do Teorema 9.1 reformulado em termos do símbolo de Legendre. Usamos (c) para provar a propriedade (d):

$$(ab/p) \equiv (ab)^{(p-1)/2} \equiv a^{(p-1)/2} b^{(p-1)/2} \equiv (a/p)(b/p) \pmod{p}$$

Agora, o símbolo Legendre assume apenas os valores 1 ou –1. Se $(ab/p) \neq (a/p)(b/p)$, teríamos $1 \equiv -1 \pmod{p}$ ou $2 \equiv 0 \pmod{p}$; isto não pode ocorrer, pois $p > 2$. Daqui resulta que

$$(ab/p) = (a/p)(b/p)$$

Finalmente, observamos que a primeira igualdade na propriedade (e) é um caso especial da propriedade (b), enquanto a segunda é obtida a partir da propriedade (c) quando fazemos $a = -1$. Como os números $(-1/p)$ e $(-1)^{(p-1)/2}$ são 1 ou –1, a congruência resultante

$$(-1/p) \equiv (-1)^{(p-1)/2} \pmod{p}$$

implica que $(-1/p) = (-1)^{(p-1)/2}$.

Das partes (b) e (d) do Teorema 9.2, também podemos abstrair a relação

(f) $(ab^2/p) = (a/p)(b^2/p) = (a/p)$

Em outras palavras, um fator quadrado que é primo relativo com p pode ser excluído do numerador do símbolo de Legendre sem afetar o seu valor.

Como $(p-1)/2$ é par para um primo p da forma $4k + 1$ e ímpar para p de forma $4k + 3$, a equação $(-1/p) = (-1)^{(p-1)/2}$ nos permite adicionar um pequeno corolário suplementar ao Teorema 9.2.

Corolário. Se p é um primo ímpar, então

$$(-1/p) = \begin{cases} 1 & \text{se } p \equiv 1 \pmod{4} \\ -1 & \text{se } p \equiv 3 \pmod{4} \end{cases}$$

Este corolário pode ser entendido como a afirmação de que a congruência quadrática $x^2 \equiv -1 \pmod{p}$ tem uma solução para um primo p ímpar se e somente se p é da forma $4k + 1$. O resultado não é novo, é claro; apenas fornecemos ao leitor um caminho diferente para o Teorema 5.5.

Exemplo 9.4. Vamos verificar se a congruência $x^2 \equiv -46 \pmod{17}$ possui solução. Isto pode ser feito através da avaliação do símbolo de Legendre $(-46/17)$. Nós primeiro apelamos para as propriedades (d) e (e) do Teorema 9.2 para escrever

$$(-46/17) = (-1/17)(46/17) = (46/17)$$

Como $46 \equiv 12 \pmod{17}$, segue-se que

$$(46/17) = (12/17)$$

Agora a propriedade (f) dá

$$(12/17) = (3 \cdot 2^2/17) = (3/17)$$

Mas

$$(3/17) \equiv 3^{(17-1)/2} \equiv 3^8 \equiv (81)^2 \equiv (-4)^2 \equiv -1 \pmod{17}$$

onde fazemos o uso adequado da propriedade (c) do Teorema 9.2; portanto, $(3/17) = -1$. Na medida em que $(-46/17) = -1$, a congruência quadrática $x^2 \equiv -46 \pmod{17}$ não admite solução.

O corolário do Teorema 9.2 conduz a uma aplicação da distribuição dos números primos.

Teorema 9.3. Existem infinitos números primos da forma $4k + 1$.

Demonstração. Suponhamos que haja um número finito de primos desta forma; vamos chamá-los de $p_1, p_2, ..., p_n$ e considerar o inteiro

$$N = (2p_1 p_2 \cdots p_n)^2 + 1$$

Claramente N é ímpar, de modo que existe algum primo ímpar p tal que $p \mid N$. Dito de outra forma,

$$(2p_1 p_2 \cdots p_n)^2 \equiv -1 \pmod{p}$$

ou, se preferirmos expressar isso usando o símbolo de Legendre, $(-1/p) = 1$. Mas a relação $(-1/p) = 1$ é válida somente se p é da forma $4k + 1$. Assim, p é um dos primos p_i, o que implica que p_i divide $N - (2p_1 p_2 ... p_n)^2$, ou $p_i \mid 1$, o que é uma contradição. Concluímos, então, que existe um número infinito de primos da forma $4k + 1$.

Nós aprofundamos as propriedades dos resíduos quadráticos com o Teorema 9.4.

Teorema 9.4. Se p é um primo ímpar, então

$$\sum_{a=1}^{p-1}(a/p) = 0$$

Assim, há precisamente $(p-1)/2$ resíduos quadráticos e $(p-1)/2$ não resíduos quadráticos de p.

Demonstração. Seja r uma raiz primitiva de p. Sabemos que, módulo p, as potências $r, r^2, ..., r^{p-1}$ são apenas uma permutação dos inteiros $1, 2, ..., p-1$. Assim, para qualquer a que se encontra entre 1 e $p-1$, inclusive, existe um único inteiro positivo k ($1 \leq k \leq p-1$), tal que $a \equiv r^k \pmod{p}$. Com o uso adequado de critério de Euler, temos

$$(a/p) = (r^k/p) \equiv (r^k)^{(p-1)/2} = (r^{(p-1)/2})^k \equiv (-1)^k \pmod{p}$$

onde, como r é uma raiz primitiva de p, $r^{(p-1)/2} \equiv -1 \pmod{p}$. Mas (a/p) e $(-1)^k$ são iguais a 1 ou -1, de modo que a igualdade é válida na Eq. (1). Agora somamos os símbolos de Legendre em questão para obter

$$\sum_{a=1}^{p-1}(a/p) = \sum_{k=1}^{p-1}(-1)^k = 0$$

que é a conclusão desejada.

A demonstração do Teorema 9.4 serve para trazer o ponto seguinte, que registramos como corolário.

Corolário. Os resíduos quadráticos de um primo ímpar p são congruentes módulo p às potências pares de uma raiz primitiva r de p; os não resíduos quadráticos são congruentes às potências ímpares de r.

Para uma ilustração da ideia que acabamos de lançar, voltamos mais uma vez ao primo $p = 13$. Como 2 é uma raiz primitiva de 13, os resíduos quadráticos de 13 são dados pelas potências pares de 2, ou seja,

$$2^2 \equiv 4 \quad\quad 2^8 \equiv 9$$
$$2^4 \equiv 3 \quad\quad 2^{10} \equiv 10$$
$$2^6 \equiv 12 \quad\quad 2^{12} \equiv 1$$

todas as congruências sendo módulo 13. Analogamente, os não resíduos ocorrem como as potências ímpares de 2:

$$2^1 \equiv 2 \quad\quad 2^7 \equiv 11$$
$$2^3 \equiv 8 \quad\quad 2^9 \equiv 5$$
$$2^5 \equiv 6 \quad\quad 2^{11} \equiv 7$$

A maioria das demonstrações da Lei de Reciprocidade Quadrática, bem como a nossa, se baseiam, em última análise, no que é conhecido como Lema de Gauss. Embora este lema dê o caráter quadrático de um número inteiro, ele é mais útil do ponto de vista teórico do que como um dispositivo de cálculo. Vamos enunciá-lo e demonstrá-lo abaixo.

Teorema 9.5. Lema de Gauss. Seja p um primo ímpar e $\mathrm{mdc}(a, p) = 1$. Se n representa o número de inteiros do conjunto

$$S = \left\{a, 2a, 3a, ..., \left(\frac{p-1}{2}\right)a\right\}$$

cujos restos da divisão por p excedem $p/2$, então,

$$(a/p) = (-1)^n$$

Demonstração. Como mdc$(a, p) = 1$, nenhum dos $(p-1)/2$ inteiros em S é congruente a zero e nenhum par é congruente entre si módulo p. Sejam $r_1, ..., r_m$ os restos da divisão por p tais que $0 < r_i < p/2$, e sejam $s_1, ..., s_n$ os restos tais que $p > s_i > p/2$. Então, $m + n = (p-1)/2$, e os inteiros

$$r_1, \ldots, r_m \qquad p - s_1, \ldots, p - s_n$$

são todos positivos e menores que $p/2$.

Para provar que esses inteiros são todos distintos, basta mostrar que nenhum $p - s_i$ é igual a algum r_j. Suponhamos, contrariamente, que

$$p - s_i = r_j$$

para alguma escolha de i e j. Então existem inteiros u e v, com $1 \leq u, v \leq (p-1)/2$, que satisfazem $s_i \equiv ua \pmod{p}$ e $r_j \equiv va \pmod{p}$. Assim,

$$(u + v)a \equiv s_i + r_j = p \equiv 0 \pmod{p}$$

o que nos diz que $u + v \equiv 0 \pmod{p}$. Mas a última congruência não pode ocorrer, pois $1 < u + v \leq p - 1$.

O ponto que queremos realçar é que os $(p-1)/2$ números

$$r_1, \ldots, r_m \qquad p - s_1, \ldots, p - s_n$$

são simplesmente os inteiros $1, 2, ..., (p-1)/2$, não necessariamente na ordem que aparecem. Assim, seu produto é $[(p-1)/2]!$:

$$\left(\frac{p-1}{2}\right)! = r_1 \cdots r_m (p - s_1) \cdots (p - s_n)$$
$$\equiv r_1 \cdots r_m (-s_1) \cdots (-s_n) \pmod{p}$$
$$\equiv (-1)^n r_1 \cdots r_m s_1 \cdots s_n \pmod{p}$$

Mas sabemos que $r_1, ..., r_m, s_1, ..., s_n$ são congruentes módulo p a $a, 2a, ..., [(p-1)/2]a$, em alguma ordem, de modo que

$$\left(\frac{p-1}{2}\right)! \equiv (-1)^n a \cdot 2a \cdots \left(\frac{p-1}{2}\right) a \pmod{p}$$
$$\equiv (-1)^n a^{(p-1)/2} \left(\frac{p-1}{2}\right)! \pmod{p}$$

Como $[(p-1)/2]!$ é primo relativo com p, ele pode ser cancelado de ambos os lados desta congruência para dar

$$1 \equiv (-1)^n a^{(p-1)/2} \pmod{p}$$

ou, após a multiplicação por $(-1)^n$,

$$a^{(p-1)/2} \equiv (-1)^n \pmod{p}$$

O uso do critério de Euler agora completa o argumento:

$$(a/p) \equiv a^{(p-1)/2} \equiv (-1)^n \pmod{p}$$

o que implica que

$$(a/p) = (-1)^n$$

A título de ilustração, seja $p = 13$ e $a = 5$. Então $(p-1)/2 = 6$, de modo que

$$S = \{5, 10, 15, 20, 25, 30\}$$

Módulo 13, os elementos de S são os mesmos que os inteiros

$$5, 10, 2, 7, 12, 4$$

Três destes são maiores do que $13/2$; portanto, $n = 3$, e o Teorema 9.5 nos diz que

$$(5/13) = (-1)^3 = -1$$

O lema de Gauss nos permite chegar a uma variedade de resultados interessantes. Por um lado, ele fornece um meio para determinar quais primos têm 2 como um resíduo quadrático.

Teorema 9.6. Se p é um primo ímpar, então

$$(2/p) = \begin{cases} 1 & \text{se } p \equiv 1 \pmod 8 \text{ ou } p \equiv 7 \pmod 8 \\ -1 & \text{se } p \equiv 3 \pmod 8 \text{ ou } p \equiv 5 \pmod 8 \end{cases}$$

Demonstração. De acordo com o Lema de Gauss, $(2/p) = (-1)^n$, onde n é o número de inteiros do conjunto

$$S = \left\{1 \cdot 2, 2 \cdot 2, 3 \cdot 2, \ldots, \left(\frac{p-1}{2}\right) \cdot 2\right\}$$

que, depois da divisão por p, têm os restos maiores do que $p/2$. Os elementos de S são todos menores do que p, de modo que basta contar o número que excede $p/2$. Para $1 \leq k \leq (p-1)/2$, temos $2k < p/2$, se e somente se $k < p/4$. Se $[\,]$ denota a função maior inteiro, então há $[p/4]$ inteiros em S menores que $p/2$; assim,

$$n = \frac{p-1}{2} - \left[\frac{p}{4}\right]$$

é o número de inteiros maiores que $p/2$.

Agora temos quatro possibilidades, pois qualquer primo ímpar tem uma das formas $8k + 1$, $8k + 3$, $8k + 5$ ou $8k + 7$. Um cálculo simples mostra que

$$\text{se } p = 8k + 1, \text{ então } n = 4k - \left[2k + \frac{1}{4}\right] = 4k - 2k = 2k$$

$$\text{se } p = 8k + 3, \text{ então } n = 4k + 1 - \left[2k + \frac{3}{4}\right] = 4k + 1 - 2k = 2k + 1$$

$$\text{se } p = 8k + 5, \text{ então } n = 4k + 2 - \left[2k + 1 + \frac{1}{4}\right]$$

$$= 4k + 2 - (2k + 1) = 2k + 1$$

$$\text{se } p = 8k + 7, \text{ então } n = 4k + 3 - \left[2k + 1 + \frac{3}{4}\right]$$

$$= 4k + 3 - (2k + 1) = 2k + 2$$

Assim, quando p é da forma $8k + 1$ ou $8k + 7$, n é par e $(2/p) = 1$; por outro lado, quando p assume a forma $8k + 3$ ou $8k + 5$, n é ímpar e $(2/p) = -1$.

Observe que, se o primo p é da forma $8k \pm 1$ (de modo equivalente, $p \equiv 1 \pmod 8$ ou $p \equiv 7 \pmod 8$), então

$$\frac{p^2 - 1}{8} = \frac{(8k \pm 1)^2 - 1}{8} = \frac{64k^2 \pm 16k}{8} = 8k^2 \pm 2k$$

que é um inteiro par; nesta situação, $(-1)^{(p^2-1)/8} = 1 = (2/p)$. Por outro lado, se p é da forma $8k \pm 3$ (de modo equivalente, $p \equiv 3 \pmod 8$ ou $p \equiv 5 \pmod 8$), então

$$\frac{p^2 - 1}{8} = \frac{(8k \pm 3)^2 - 1}{8} = \frac{64k^2 \pm 48k + 8}{8} = 8k^2 \pm 6k + 1$$

que é ímpar; aqui, temos $(-1)^{(p^2-1)/8} = -1 = (2/p)$. Estas observações são incorporadas no enunciado do seguinte corolário do Teorema 9.6.

Corolário. Se p é um primo ímpar, então

$$(2/p) = (-1)^{(p^2-1)/8}$$

Este é o momento adequado para um outro olhar para as raízes primitivas. Como já observamos, não existe uma técnica geral para a obtenção de uma raiz primitiva de um primo ímpar p; o leitor pode, no entanto, encontrar no próximo teorema algo útil para este fim.

Teorema 9.7. Se p e $2p + 1$ são ambos primos ímpares, então o inteiro $(-1)^{(p-1)/2} 2$ é uma raiz primitiva de $2p + 1$.

Demonstração. Para facilitar a discussão, vamos fazer $q = 2p + 1$. Podemos distinguir dois casos: $p \equiv 1 \pmod 4$ e $p \equiv 3 \pmod 4$.

Se $p \equiv 1 \pmod 4$, então $(-1)^{(p-1)/2} 2 = 2$. Como $\phi(q) = q - 1 = 2p$, a ordem de 2 módulo q é um dos números 1, 2, p, ou $2p$. Usando a propriedade (c) do Teorema 9.2, temos

$$(2/q) \equiv 2^{(q-1)/2} = 2^p \pmod q$$

Mas, nesse contexto, $q \equiv 3 \pmod 8$; consequentemente, o símbolo Legendre $(2/q) = -1$. Daqui resulta que $2^p \equiv -1 \pmod q$, e, portanto, 2 não pode ter ordem p módulo q. Como a ordem de 2 não pode ser nem 1, nem 2 ($2^2 \equiv 1 \pmod q$ implica que $q \mid 3$, que é uma impossibilidade), nem p, somos forçados a concluir que a ordem de 2 módulo q é $2p$. Isso faz com que 2 seja uma raiz primitiva de q.

Vamos agora lidar com o caso $p \equiv 3 \pmod 4$. Desta vez, $(-1)^{(p-1)/2} 2 = -2$ e

$$(-2)^p \equiv (-2/q) = (-1/q)(2/q) \pmod q$$

Como $q \equiv 7 \pmod 8$, o corolário do Teorema 9.2 afirma que $(-1/q) = -1$, enquanto mais uma vez temos $(2/q) = 1$. Isso conduz à congruência $(-2)^p \equiv -1 \pmod q$. A partir daí, o argumento duplica o resultado do último parágrafo. Sem analisar mais, decidimos: -2 é uma raiz primitiva do primo q.

O Teorema 9.7 indica, por exemplo, que os números primos 11, 59, 107 e 179 têm 2 como uma raiz primitiva. Da mesma forma, o número inteiro -2 serve como uma raiz primitiva para 7, 23, 47 e 167.

Antes de finalizar, devemos mencionar outro resultado do mesmo tipo: se ambos p e $4p + 1$ são primos, então 2 é uma raiz primitiva de $4p + 1$. Assim, na lista de números primos que têm 2 como uma raiz primitiva, poderíamos acrescentar, por exemplo, 13, 29, 53 e 173.

Um primo ímpar p tal que $2p + 1$ também é um número primo é chamado de primo de Germain, após o teórico dos números francês Sophie Germain (1776–1831). Um problema não resolvido é determinar se existem infinitos números primos de Germain. O maior exemplo conhecido hoje é $p = 48047305725 \cdot 2^{172403} - 1$, que tem 51910 dígitos.

Há uma prova interessante da infinitude dos números primos da forma $8k - 1$ que se baseia no Teorema 9.6.

Teorema 9.8. Existem infinitos números primos da forma $8k - 1$.

Demonstração. Como de costume, vamos supor que há apenas um número finito de tais números primos. Sejam eles $p_1, p_2, ..., p_n$ e consideremos o inteiro

$$N = (4p_1 p_2 \cdots p_n)^2 - 2$$

Existe pelo menos um divisor primo ímpar p de N, de modo que

$$(4p_1 p_2 \cdots p_n)^2 \equiv 2 \pmod p$$

ou seja, $(2/p) = 1$. Tendo em vista o Teorema 9.6, $p \equiv \pm 1 \pmod 8$. Se todos os divisores primos ímpares de N fossem da forma $8k + 1$, então N seria da forma $8a + 1$; isto é claramente impossível, porque N é da forma $16a - 2$. Assim, N deve ter um divisor primo q da forma $8k - 1$. Mas $q \mid N$, e $q \mid (4p_1 p_2 ... p_n)^2$ leva à contradição que $q \mid 2$.

O próximo resultado, que nos permite efetuar a passagem do lema de Gauss para a Lei de Reciprocidade Quadrática (Teorema 9.9), tem um interesse independente.

Lema. Se p é um primo ímpar e a é um inteiro ímpar, com mdc$(a, p) = 1$, então

$$(a/p) = (-1)^{\sum_{k=1}^{(p-1)/2} [ka/p]}$$

Demonstração. Vamos empregar a mesma notação usada na demonstração do Lema de Gauss. Considere o conjunto de números inteiros

$$S = \left\{a, 2a, \ldots, \left(\frac{p-1}{2}\right)a\right\}$$

Dividimos cada um destes múltiplos de a por p para obter

$$ka = q_k p + t_k \qquad 1 \leq t_k \leq p-1$$

Então $ka/p = q_k + t_k/p$, de modo que $[ka/p] = q_k$. Assim, para $1 \leq k \leq (p-1)/2$, podemos escrever ka na forma

$$ka = \left[\frac{ka}{p}\right]p + t_k \tag{1}$$

Se o resto $t_k < p/2$, então ele é um dos inteiros $r_1, \ldots, r_m$; por outro lado, se $t_k > p/2$, então ele é um dos inteiros $s_1, \ldots, s_n$.

Tomando a soma das $(p-1)/2$ equações na Eq. (1), obtemos a relação

$$\sum_{k=1}^{(p-1)/2} ka = \sum_{k=1}^{(p-1)/2}\left[\frac{ka}{p}\right]p + \sum_{k=1}^{m} r_k + \sum_{k=1}^{n} s_k \tag{2}$$

Sabe-se da demonstração do lema de Gauss que os $(p-1)/2$ números

$$r_1, \ldots, r_m \qquad p - s_1, \ldots, p - s_n$$

apenas um rearranjo dos inteiros $1, 2, \ldots, (p-1)/2$. Por isso

$$\sum_{k=1}^{(p-1)/2} k = \sum_{k=1}^{m} r_k + \sum_{k=1}^{n}(p - s_k) = pn + \sum_{k=1}^{m} r_k - \sum_{k=1}^{n} s_k \tag{3}$$

Subtraindo a Eq. (3) da Eq. (2) obtemos

$$(a-1)\sum_{k=1}^{(p-1)/2} k = p\left(\sum_{k=1}^{(p-1)/2}\left[\frac{ka}{p}\right] - n\right) + 2\sum_{k=1}^{n} s_k \tag{4}$$

Vamos usar o fato de que $p \equiv a \equiv 1 \pmod{2}$ e transformar esta última equação numa congruência módulo 2:

$$0 \cdot \sum_{k=1}^{(p-1)/2} k \equiv 1 \cdot \left(\sum_{k=1}^{(p-1)/2}\left[\frac{ka}{p}\right] - n\right) \pmod{2}$$

ou

$$n \equiv \sum_{k=1}^{(p-1)/2}\left[\frac{ka}{p}\right] \pmod{2}$$

O restante segue do lema de Gauss; pois,

$$(a/p) = (-1)^n = (-1)^{\sum_{k=1}^{(p-1)/2}[ka/p]}$$

como queríamos demonstrar.

Para um exemplo deste último resultado, vamos considerar novamente $p = 13$ e $a = 5$. Como $(p-1)/2 = 6$, é necessário calcular $[ka/p]$ para $k = 1, \ldots, 6$:

$$[5/13] = [10/13] = 0$$
$$[15/13] = [20/13] = [25/13] = 1$$
$$[30/13] = 2$$

Pelo lema já provado, temos

$$(5/13) = (-1)^{1+1+1+2} = (-1)^5 = -1$$

confirmando o que foi visto anteriormente.

PROBLEMAS 9.2

1. Encontre os valores dos seguintes símbolos de Legendre:
   (a) $(19/23)$.
   (b) $(-23/59)$.
   (c) $(20/31)$.
   (d) $(18/43)$.
   (e) $(-72/131)$.

2. Use o lema de Gauss para calcular cada um dos símbolos de Legendre a seguir (ou seja, em cada caso obtenha o inteiro n para o qual $(a/p) = (-1)^n$):
   (a) $(8/11)$.
   (b) $(7/13)$.
   (c) $(5/19)$.
   (d) $(11/23)$.
   (e) $(6/31)$.

3. Para um primo ímpar p, prove que existem $(p-1)/2 - \phi(p-1)$ não resíduos quadráticos de p que não são raízes primitivas de p.

4. (a) Seja p um primo ímpar. Mostre que a equação Diofantina

$$x^2 + py + a = 0 \quad \text{mdc}(a, p) = 1$$

possui uma solução inteira se e somente se $(-a/p) = 1$.

(b) Três inteiros primos p, $p+2$ e $p+6$ formam o que é chamado de *trio primo*. Encontre cinco conjuntos formados por trios primos.

5. Prove que 2 não é raiz primitiva de nenhum primo da forma $p = 3 \cdot 2^n + 1$, exceto quando $p = 13$.

   [*Sugestão*: Use o Teorema 9.6.]

6. (a) Se p é um primo ímpar e $\text{mdc}(ab, p) = 1$, prove que ao menos um entre a, b, ou ab é um resíduo quadrático de p.

   (b) Dado um primo p, mostre que, para alguma escolha de $n > 0$, p divide

$$(n^2 - 2)(n^2 - 3)(n^2 - 6)$$

7. Se p é um primo ímpar, mostre que

$$\sum_{a=1}^{p-2}(a(a+1)/p) = -1$$

[*Sugestão*: Se a' é definido por $aa' \equiv 1 \pmod{p}$, então $(a(a+1)/p) = ((1+a')/p)$. Note que $1 + a'$ percorre um conjunto completo de resíduos módulo p, exceto para o inteiro 1.]

8. Prove as sentenças a seguir:

   (a) Se p e $q = 2p + 1$ são primos ímpares, então -4 é uma raiz primitiva de q.

   (b) Se $p \equiv 1 \pmod{4}$ é um primo, então -4 e $(p-1)/4$ são resíduos quadráticos de p.

9. Para um primo $p \equiv 7 \pmod{8}$, mostre que $p \mid 2^{(p-1)/2} - 1$.

   [*Sugestão*: Use o Teorema 9.6.]

10. Use o Problema 9 para confirmar que os números $2^n - 1$ são compostos para $n = 11, 23, 83, 131, 179, 183, 239, 251$.

11. Dado que p e $q = 4p + 1$ são primos, prove o seguinte:

    (a) Qualquer não resíduo quadrático de q ou é uma raiz primitiva de q ou tem ordem 4 módulo p.

    [*Sugestão*: Se a é um não resíduo quadrático de q, então $-1 = (a/q) \equiv a^{2p} \pmod{q}$; consequentemente, a tem ordem 1, 2, 4, p, $2p$ ou $4p$ módulo q.]

    (b) O inteiro 2 é uma raiz primitiva de q; em particular, 2 é uma raiz primitiva dos primos 13, 29, 53 e 173.

12. Se r é uma raiz primitiva do primo ímpar p, prove que o produto dos resíduos quadráticos de p é congruente módulo p a $r^{(p^2-1)/4}$ e o produto de não resíduos de p é congruente módulo p a $r^{(p-1)^2/4}$.

    [*Sugestão*: Aplique o corolário do Teorema 9.4.]

13. Prove que o produto dos resíduos quadráticos do primo ímpar p é congruente módulo p a 1 ou -1 de acordo com $p \equiv 3 \pmod{4}$ ou $p \equiv 1 \pmod{4}$.

    [*Sugestão*: Use o Problema 12 e o fato de que $r^{(p-1)/2} \equiv -1 \pmod{p}$. Ou o problema 3(a) da Seção 9.1 e a demonstração do Teorema 5.5.]

14. (a) Se $p > 3$ é primo, mostre que p divide a soma de seus resíduos quadráticos.

    (b) Se $p > 5$ é primo, mostre que p divide a soma dos quadrados de seus resíduos não quadráticos.

15. Prove que para todo primo $p > 5$ existem inteiros $1 \leq a, b \leq p - 1$ para os quais

    $$(a/p) = (a+1/p) = 1 \quad \text{e} \quad (b/p) = (b+1/p) = -1$$

    ou seja, existem resíduos quadráticos consecutivos de p e não resíduos quadráticos consecutivos.

16. (a) Seja p um primo ímpar e $\mathrm{mdc}(a, p) = \mathrm{mdc}(k, p) = 1$. Mostre que se a equação $x^2 - ay^2 = kp$ admite solução, então $(a/p) = 1$; $(2/7) = 1$, porque $6^2 - 2 \cdot 2^2 = 4 \cdot 7$.

    [*Sugestão*: Se x_0, y_0 satisfazem a equação dada, então $\left(x_0 y_0^{p-2}\right)^2 \equiv a \pmod{p}$.]

    (b) Considerando a equação $x^2 + 5y^2 = 7$, mostre que a recíproca do resultado do item (a) não é necessariamente verdadeira.

    (c) Mostre que, para um primo $p \equiv \pm 3 \pmod{8}$, a equação $x^2 - 2y^2 = p$ não possui solução.

17. Mostre que os divisores primos ímpares p dos inteiros $9^n + 1$ são da forma $p \equiv 1 \pmod 4$.

18. Para um primo $p \equiv 1 \pmod 4$, verifique que a soma dos resíduos quadráticos de p é igual a $p(p-1)/4$.

    [*Sugestão*: Se $a_1, \ldots, a_r$ são resíduos quadráticos de p menores que $p/2$, então $p - a_1, \ldots, p - a_r$ são maiores que $p/2$.]

9.3 RECIPROCIDADE QUADRÁTICA

Sejam p e q primos ímpares distintos, de modo que ambos os símbolos de Legendre (p/q) e (q/p) estejam definidos. É natural questionar se o valor de (p/q) pode ser determinado sendo conhecido o de (q/p). Para colocar a questão de forma mais geral, há alguma conexão entre os valores destes dois símbolos? A relação básica foi conjecturada experimentalmente por Euler, em 1783, e imperfeitamente provada por Legendre dois anos depois. Usando o seu símbolo, Legendre enunciou esta relação de forma elegante, que desde então se tornou conhecida como a Lei de Reciprocidade Quadrática:

$$(p/q)(q/p) = (-1)^{\frac{p-1}{2}\frac{q-1}{2}}$$

Legendre errou ao assumir um resultado que é tão difícil de provar quanto a própria lei, isto é, que para qualquer primo ímpar $p \equiv 1 \pmod 8$ existe outro primo $q \equiv 3 \pmod 4$ para o qual p é um resíduo quadrático. Destemido, ele tentou mais uma prova em seu *Essai sur Théorie des Normbres* (1798); esta também continha uma lacuna, porque Legendre tinha como certo que há um número infinito de primos em certas progressões aritméticas (um fato eventualmente provado por Dirichlet em 1837, usando no processo argumentos muito sutis da teoria das variáveis complexas).

Aos 18 anos, Gauss (em 1795), aparentemente sem saber de nenhum trabalho de Euler ou Legendre, redescobriu esta lei de reciprocidade e, após um ano de trabalho incessante, obteve a primeira demonstração completa. "Ela me torturou", disse Gauss, "durante o ano todo e exigiu os meus esforços mais vigorosos até, finalmente, eu ter a demonstração detalhada na quarta seção do *Disquisitiones Arithmeticae*". No *Disquisitiones Arithmeticae* — que foi publicado em 1801, apesar de concluído em 1798 — Gauss atribuiu a Lei de Reciprocidade Quadrática a si mesmo, tendo em vista que um teorema pertence a quem dá a primeira demonstração rigorosa. Indignado, Legendre reclamou: "Esta imprudência excessiva é inacreditável em um homem que tem mérito pessoal suficiente para não ter a necessidade de se apropriar das descobertas dos outros." Toda a discussão entre os dois foi inútil; porque cada um agarrado à justeza da sua posição, nem dava atenção ao outro. Gauss publicou cinco manifestações diferentes do que ele chamou "a joia da aritmética superior", e outra foi encontrada entre seus papéis. A versão apresentada a seguir, uma variante dos argumentos do próprio Gauss, se deve ao seu aluno, Ferdinand Eisenstein (1823–1852). A demonstração é um desafio (e talvez não seja razoável esperar por uma demonstração fácil), mas a ideia subjacente é bastante simples.

Teorema 9.9. Lei de Reciprocidade Quadrática. Se p e q são primos ímpares distintos, então

$$(p/q)(q/p) = (-1)^{\frac{p-1}{2}\frac{q-1}{2}}$$

Demonstração. Vamos considerar o retângulo no plano xy cujos vértices são $(0, 0)$, $(p/2, 0)$, $(0, q/2)$ e $(p/2, q/2)$. Vamos denotar por R a região interna deste retângulo, sem incluir nenhuma das linhas delimitadoras. A estratégia geral de ataque é a contagem do número de pontos da malha (isto é, os pontos dentro de R cujas coordenadas são números inteiros) de duas maneiras diferentes. Como p e q são ímpares, os pontos da malha em R são todos os pontos (n, m), onde $1 \leq n \leq (p-1)/2$ e $1 \leq m \leq (q-1)/2$; claramente, o total destes pontos é

$$\frac{p-1}{2}\cdot\frac{q-1}{2}$$

Agora, a diagonal D de $(0, 0)$ a $(p/2, q/2)$ tem equação $y = (q/p)x$, ou de modo equivalente, $py = qx$. Como $\text{mdc}(p, q) = 1$, nenhum dos pontos da malha que estão em R vai pertencer a D. Dado que p deve dividir a coordenada x do ponto da malha na reta $py = qx$, e q deve dividir sua coordenada y; não existem tais pontos em R. Suponhamos que T_1 seja a porção de R que está abaixo da diagonal D, e T_2 a porção de cima. Pelo que acabamos de ver, basta contar os pontos da malha dentro de cada um desses triângulos.

O número de inteiros no intervalo de $0 < y < kq/p$ é igual a $[kq/p]$. Assim, para $1 \le k \le (p-1)/2$, há precisamente $[kq/p]$ pontos da malha em T_1 diretamente acima do ponto $(k, 0)$ e abaixo de D; em outras palavras, contidos no segmento de reta vertical que liga $(k, 0)$ a $(k, kq/p)$. Segue-se que o número total de pontos da malha contidos em T_1 é

$$\sum_{k=1}^{(p-1)/2} \left[\frac{kq}{p}\right]$$

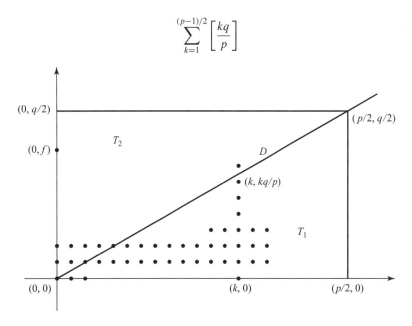

Um cálculo semelhante, com os papéis de p e de q invertidos, mostra que o número de pontos da malha dentro de T_2 é

$$\sum_{j=1}^{(q-1)/2} \left[\frac{jp}{q}\right]$$

Isto fornece todos os pontos da malha dentro de R, de modo que

$$\frac{p-1}{2}\cdot\frac{q-1}{2} = \sum_{k=1}^{(p-1)/2}\left[\frac{kq}{p}\right] + \sum_{j=1}^{(q-1)/2}\left[\frac{jp}{q}\right]$$

Pelo lema de Gauss:

$$(p/q)(q/p) = (-1)^{\sum_{j=1}^{(q-1)/2}[jp/q]} \cdot (-1)^{\sum_{k=1}^{(p-1)/2}[kq/p]}$$
$$= (-1)^{\sum_{j=1}^{(q-1)/2}[jp/q]+\sum_{k=1}^{(p-1)/2}[kq/p]}$$
$$= (-1)^{\frac{p-1}{2}\frac{q-1}{2}}$$

E a demonstração da Lei de Reciprocidade Quadrática está concluída.

Uma consequência imediata disso é o Corolário 1.

Corolário 1. Se p e q são primos ímpares distintos, então

$$(p/q)(q/p) = \begin{cases} 1 & \text{se } p \equiv 1 \pmod 4 \text{ ou } q \equiv 1 \pmod 4 \\ -1 & \text{se } p \equiv q \equiv 3 \pmod 4 \end{cases}$$

Demonstração. O número $(p-1)/2 \cdot (q-1)/2$ é par, se e somente se, pelo menos um dos p e q é de forma $4k+1$; se ambos são da forma $4k+3$, então o produto $(p-1)/2 \cdot (q-1)/2$ é ímpar.

Multiplicando cada lado da equação da Lei de Reciprocidade Quadrática por (q/p) e utilizando o fato de que $(q/p)^2 = 1$, podemos também formular isto como Corolário 2.

Corolário 2. Se p e q são primos ímpares distintos, então

$$(p/q) = \begin{cases} (q/p) & \text{se } p \equiv 1 \pmod 4 \text{ ou } q \equiv 1 \pmod 4 \\ -(q/p) & \text{se } p \equiv q \equiv 3 \pmod 4 \end{cases}$$

Vamos ver o que esta última série de resultados permite. Façamos p um primo ímpar e $a \neq \pm 1$ um inteiro não divisível por p. Suponhamos ainda que a tem a fatoração

$$a = \pm 2^{k_0} p_1^{k_1} p_2^{k_2} \cdots p_r^{k_r}$$

onde os p_i são primos ímpares distintos. Como o símbolo de Legendre é multiplicativo,

$$(a/p) = (\pm 1/p)(2/p)^{k_0}(p_1/p)^{k_1} \cdots (p_r/p)^{k_r}$$

Para avaliar (a/p), temos apenas que calcular cada um dos símbolos $(-1/p)$, $(2/p)$, e (p_i/p). Os valores de $(-1/p)$ e $(2/p)$ foram discutidos anteriormente, de modo que o obstáculo é (p_i/p), onde p_i e p são primos ímpares distintos; é neste ponto que a Lei de Reciprocidade Quadrática entra. Pois o Corolário 2 nos leva a substituir (p_i/p) por um símbolo de Legendre novo que tem um denominador menor. Por meio de inversão e divisão contínuas, o cálculo pode se restringir aos números já conhecidos

$$(-1/q) \qquad (1/q) \qquad (2/q)$$

Isso tudo é um tanto vago, é claro, então vamos olhar para um exemplo concreto.

Exemplo 9.5. Considere o símbolo de Legendre $(29/53)$. Como $29 \equiv 1 \pmod 4$ e $53 \equiv 1 \pmod 4$, vemos que

$$(29/53) = (53/29) = (24/29) = (2/29)(3/29)(4/29) = (2/29)(3/29)$$

Com base no Teorema 9.6, $(2/29) = -1$, enquanto invertendo novamente

$$(3/29) = (29/3) = (2/3) = -1$$

onde utilizamos a congruência $29 \equiv 2 \pmod 3$. O efeito final é que

$$(29/53) = (2/29)(3/29) = (-1)(-1) = 1$$

A Lei de Reciprocidade Quadrática fornece uma resposta muito satisfatória para o problema de encontrar primos ímpares $p \neq 3$ para os quais 3 é um resíduo quadrático. Como $3 \equiv 3 \pmod 4$, o Corolário 2 do Teorema 9.9 implica que

$$(3/p) = \begin{cases} (p/3) & \text{se } p \equiv 1 \pmod 4 \\ -(p/3) & \text{se } p \equiv 3 \pmod 4 \end{cases}$$

Agora $p \equiv 1 \pmod 3$ ou $p \equiv 2 \pmod 3$. Pelos Teoremas 9.2 e 9.6,

$$(p/3) = \begin{cases} 1 & \text{se } p \equiv 1 \pmod 3 \\ -1 & \text{se } p \equiv 2 \pmod 3 \end{cases}$$

cuja implicação é que $(3/p) = 1$ se e somente se

$$p \equiv 1 \pmod 4 \quad \text{e} \quad p \equiv 1 \pmod 3 \tag{1}$$

ou

$$p \equiv 3 \pmod 4 \quad \text{e} \quad p \equiv 2 \pmod 3 \tag{2}$$

As restrições nas congruências da Eq. (1) são equivalentes à exigência de que $p \equiv 1 \pmod{12}$ enquanto as congruências da Eq. (2) são equivalentes a $p \equiv 11 \equiv -1 \pmod{12}$. O resultado de tudo isso é o Teorema 9.10.

Teorema 9.10. Se $p \neq 3$ é um primo ímpar, então

$$(3/p) = \begin{cases} 1 & \text{se } p \equiv \pm 1 \pmod{12} \\ -1 & \text{se } p \equiv \pm 5 \pmod{12} \end{cases}$$

Exemplo 9.6. Para um exemplo de solução de uma congruência quadrática com um módulo composto, considere

$$x^2 \equiv 196 \pmod{1357}$$

Como $1357 = 23 \cdot 59$, a congruência dada tem solução se e somente se ambos

$$x^2 \equiv 196 \pmod{23} \quad \text{e} \quad x^2 \equiv 196 \pmod{59}$$

possuem solução. Nosso procedimento é encontrar os valores dos símbolos de Legendre (196/23) e (196/59).

A avaliação de (196/23) exige a utilização do Teorema 9.10:

$$(196/23) = (12/23) = (3/23) = 1$$

Assim, a congruência $x^2 \equiv 196 \pmod{23}$ admite solução. Quanto ao símbolo (196/59), a Lei de Reciprocidade Quadrática nos permite escrever

$$(196/59) = (19/59) = -(59/19) = -(2/19) = -(-1) = 1$$

Portanto, é possível resolver $x^2 \equiv 196 \pmod{59}$ e, em consequência, a congruência $x^2 \equiv 196 \pmod{1357}$ também.

Para chegarmos a uma solução, devemos notar que a congruência $x^2 \equiv 196 \equiv 12 \pmod{23}$ é satisfeita por $x \equiv 9, 14 \pmod{23}$, e $x^2 \equiv 196 \equiv 19 \pmod{59}$ tem solução $x \equiv 14, 45 \pmod{59}$.

Podemos agora usar o Teorema Chinês do Resto para obter as soluções simultâneas dos quatro sistemas:

$$x \equiv 14 \pmod{23} \quad \text{e} \quad x \equiv 14 \pmod{59}$$
$$x \equiv 14 \pmod{23} \quad \text{e} \quad x \equiv 45 \pmod{59}$$
$$x \equiv 9 \pmod{23} \quad \text{e} \quad x \equiv 14 \pmod{59}$$
$$x \equiv 9 \pmod{23} \quad \text{e} \quad x \equiv 45 \pmod{59}$$

Os valores resultantes $x \equiv 14, 635, 722, 1343 \pmod{1357}$ são as soluções desejadas da congruência original $x^2 \equiv 196 \pmod{1357}$.

Exemplo 9.7. Voltemo-nos para uma aplicação bem diferente dessas ideias. Em uma fase anterior, observou-se que, se $F_n = 2^{2^n} + 1$, $n > 1$, é um primo, então 2 não é uma raiz primitiva de F_n. Temos agora os meios para mostrar que o número inteiro 3 serve como uma raiz primitiva de qualquer primo deste tipo.

Como um primeiro passo nessa direção, note que qualquer F_n é da forma $12k + 5$. Um argumento de indução simples confirma que $4^m \equiv 4 \pmod{12}$ para $m = 1, 2, ...$; portanto, devemos ter

$$F_n = 2^{2^n} + 1 = 2^{2m} + 1 = 4^m + 1 \equiv 5 \pmod{12}$$

Se F_n for primo, então o Teorema 9.10 nos permite concluir que

$$(3/F_n) = -1$$

ou, utilizando-se o critério de Euler,

$$3^{(F_n-1)/2} \equiv -1 \pmod{F_n}$$

Substituindo pela função-phi, a última congruência nos diz que

$$3^{\phi(F_n)/2} \equiv -1 \pmod{F_n}$$

A partir disto, podemos inferir que 3 tem ordem $\phi(F_n)$ módulo F_n, e, por conseguinte, 3 é uma raiz primitiva de F_n. Pois se a ordem de 3 fosse um divisor próprio de

$$\phi(F_n) = F_n - 1 = 2^{2^n}$$

então também dividiria $\phi(F_n)/2$, que conduz à contradição

$$3^{\phi(F_n)/2} \equiv 1 \pmod{F_n}$$

PROBLEMAS 9.3

1. Avalie os seguintes símbolos de Legendre:
   (a) (71/73).
   (b) (−219/383).
   (c) (461/773).
   (d) (1234/4567).
   (e) (3658/12703).
   [*Sugestão*: $3658 = 2 \cdot 31 \cdot 59$.]

2. Prove que 3 é um não resíduo quadrático de todos os primos da forma $2^{2n} + 1$ e também de todos os primos da forma $2^p - 1$ onde p é um primo ímpar.
   [*Sugestão*: Para todo n, $4^n \equiv 4 \pmod{12}$.]

3. Determine quais das seguintes congruências quadráticas possuem solução:
   (a) $x^2 \equiv 219 \pmod{419}$.
   (b) $3x^2 + 6x + 5 \equiv 0 \pmod{89}$.
   (c) $2x^2 + 5x - 9 \equiv 0 \pmod{101}$.

4. Verifique que se p é um primo ímpar, então
$$(-2/p) = \begin{cases} 1 & \text{se } p \equiv 1 \pmod{8} \text{ ou } p \equiv 3 \pmod{8} \\ -1 & \text{se } p \equiv 5 \pmod{8} \text{ ou } p \equiv 7 \pmod{8} \end{cases}$$

5. (a) Prove que se $p > 3$ é um primo ímpar, então
$$(-3/p) = \begin{cases} 1 & \text{se } p \equiv 1 \pmod{6} \\ -1 & \text{se } p \equiv 5 \pmod{6} \end{cases}$$

   (b) Usando o item (a), mostre que existem infinitos primos da forma $6k + 1$.
   [*Sugestão*: Admita que $p_1, p_2, ..., p_r$ são primos da forma $6k + 1$ e considere o inteiro $N = (2p_1 p_2 ... p_r)^2 + 3$.]

6. Use o Teorema 9.2 e os problemas 4 e 5 para determinar quais primos podem dividir os inteiros das formas $n^2 + 1$, $n^2 + 2$ ou $n^2 + 3$ para algum valor de n.

7. Prove que existem infinitos primos da forma $8k + 3$.
   [*Sugestão*: Admita que exista apenas um número finito de primos da forma $8k + 3$, digamos $p_1, p_2, ..., p_r$ e considere o inteiro $N = (2p_1 p_2 ... p_r)^2 + 2$.]

8. Encontre um número primo p que possa ser expresso simultaneamente por $x^2 + y^2$, $u^2 + 2v^2$ e $r^2 + 3s^2$.
   [*Sugestão*: $(-1/p) = (-2/p) = (-3/p) = 1$.]

9. Se p e q são primos ímpares que satisfazem $p = q + 4a$ para algum a, prove que
$$(a/p) = (a/q)$$
   e, em particular, que $(6/37) = (6/13)$.
   [*Sugestão*: Observe que $(a/p) = (1 - q/p)$ e use a Lei de Reciprocidade Quadrática.]

10. Prove cada uma das seguintes afirmativas:
    (a) $(5/p) = 1$ se e somente se $p \equiv 1, 9, 11$ ou $19 \pmod{20}$.
    (b) $(6/p) = 1$ se e somente se $p \equiv 1, 5, 19$ ou $23 \pmod{24}$.
    (c) $(7/p) = 1$ se e somente se $p \equiv 1, 3, 9, 19, 25$ ou $27 \pmod{28}$.

11. Prove que existem infinitos primos da forma $5k - 1$.
    [*Sugestão*: Para todo $n > 1$, o inteiro $5(n!)^2 - 1$ tem um divisor primo $p > n$ que não é da forma $5k + 1$; consequentemente, $(5/p) = 1$.]

12. Verifique o que segue:
    (a) Os divisores primos $p \neq 3$ do inteiro $n^2 - n + 1$ são da forma $6k + 1$.
    [*Sugestão*: Se $p \mid n^2 - n + 1$, então $(2n - 1)^2 \equiv -3 \pmod{p}$.]
    (b) Os divisores primos $p \neq 5$ do inteiro $n^2 + n - 1$ são da forma $10k + 1$ ou $10k + 9$.
    (c) Os divisores primos p do inteiro $2n(n + 1) + 1$ são da forma $p \equiv 1 \pmod{4}$.
    [*Sugestão*: Se $p \mid 2n(n + 1) + 1$, então $(2n + 1)^2 \equiv -1 \pmod{p}$.]
    (d) Os divisores primos p do inteiro $3n(n + 1) + 1$ são da forma $p \equiv 1 \pmod{6}$.

13. (a) Mostre que se p é um divisor primo de $839 = 38^2 - 5 \cdot 11^2$, então $(5/p) = 1$. Use este fato para concluir que 839 é um número primo.
    [*Sugestão*: É suficiente considerar os primos $p < 29$.]
    (b) Prove que $397 = 20^2 - 3$ e $733 = 29^2 - 3 \cdot 6^2$ são primos.
14. Resolva a congruência quadrática $x^2 \equiv 11 \pmod{35}$.
    [*Sugestão*: Depois de resolver $x^2 \equiv 11 \pmod 5$ e $x^2 \equiv 11 \pmod 7$, use o Teorema Chinês do Resto.]
15. Prove que 7 é uma raiz primitiva de qualquer primo da forma $p = 2^{4n} + 1$.
    [*Sugestão*: Como $p \equiv 3$ ou $5 \pmod 7$, $(7/p) = (p/7) = -1$.]
16. Sejam a e $b > 1$ inteiros primos relativos, com b ímpar. Se $b = p_1, p_2, ..., p_r$ é a decomposição de b em primos ímpares (não necessariamente distintos) então o *símbolo de Jacobi* (a/b) é definido por

    $$(a/b) = (a/p_1)(a/p_2)\cdots(a/p_r)$$

    onde os símbolos do lado direito da igualdade são símbolos de Legendre. Avalie os símbolos de Jacobi

    $$(21/221) \quad (215/253) \quad (631/1099)$$

17. Sob a hipótese do problema anterior, mostre que se a é um resíduo quadrático de b, então $(a/b) = 1$; mas, a recíproca é falsa.
18. Prove que as seguintes propriedades do símbolo de Jacobi são válidas: Se b e b' são inteiros ímpares positivos e $\mathrm{mdc}(aa', bb') = 1$, então
    (a) $a \equiv a' \pmod b$ implica que $(a/b) = (a'/b')$.
    (b) $(aa'/b) = (a/b)(a'/b)$.
    (c) $(a/bb') = (a/b)(a/b')$.
    (d) $(a^2/b) = (a/b^2) = 1$.
    (e) $(1/b) = 1$.
    (f) $(-1/b) = (-1)^{(b-1)/2}$.
    [*Sugestão*: Sempre que u e v são inteiros ímpares, $(u-1)/2 + (v-1)/2 \equiv (uv-1)/2 \pmod 2$.]
    (g) $(2/b) = (-1)^{(b^2-1)/8}$.
    [*Sugestão*: Sempre que u e v são inteiros ímpares, $(u^2-1)/8 + (v^2-1)/8 \equiv [(uv)^2 - 1]/8 \pmod 2$.]
19. Deduza a Lei de Reciprocidade Quadrática Generalizada: Se a e b são inteiros positivos ímpares primos relativos, maiores que 1, então

    $$(a/b)(b/a) = (-1)^{\frac{a-1}{2}\frac{b-1}{2}}$$

    [*Sugestão*: Veja a sugestão no Problema 18(f).]
20. Usando a Lei de Reciprocidade Quadrática Generalizada, determine se a congruência $x^2 \equiv 231 \pmod{1105}$ possui solução.

9.4 CONGRUÊNCIAS QUADRÁTICAS COM MÓDULO COMPOSTO

Até agora, nos processos apresentados, as congruências quadráticas com módulo primo (ímpar) foram de suma importância. Os restantes teoremas alargam o horizonte por permitirem um módulo composto. Para começar, vamos considerar a situação em que o módulo é uma potência de um primo.

Teorema 9.11. Se p é um primo ímpar e mdc$(a, p) = 1$, então a congruência

$$x^2 \equiv a \pmod{p^n} \qquad n \geq 1$$

tem solução se e somente se $(a/p) = 1$.

Demonstração. Como é comum com muitos teoremas "se e somente se", metade da demonstração é trivial enquanto a outra metade exige um esforço considerável: Se $x^2 \equiv a \pmod{p^n}$ tem uma solução, então o mesmo acontece com $x^2 \equiv a \pmod{p}$ – na verdade, a mesma solução – daí $(a/p) = 1$.

Para a recíproca, suponhamos que $(a/p) = 1$. Argumentamos que $x^2 \equiv a \pmod{p^n}$ possui solução por indução em n. Se $n = 1$, não há realmente nada a provar; na verdade, $(a/p) = 1$ é apenas outra maneira de dizer que $x^2 \equiv a \pmod{p}$ possui solução. Suponhamos que o resultado é válido para $n = k \geq 1$, de modo que $x^2 \equiv a \pmod{p^k}$ admite uma solução x_0. Então

$$x_0^2 = a + bp^k$$

para uma escolha adequada de b. Na passagem de k para $k + 1$, usaremos x_0 e b para escrever explicitamente uma solução para a congruência $x^2 \equiv a \pmod{p^{k+1}}$.

Para este fim, primeiro resolvemos a congruência linear

$$2x_0 y \equiv -b \pmod{p}$$

obtendo uma única solução y_0 módulo p (isso é possível porque mdc$(2x_0, p) = 1$). Em seguida, consideremos o inteiro

$$x_1 = x_0 + y_0 p^k$$

Elevando-o ao quadrado, obtemos

$$(x_0 + y_0 p^k)^2 = x_0^2 + 2x_0 y_0 p^k + y_0^2 p^{2k}$$
$$= a + (b + 2x_0 y_0) p^k + y_0^2 p^{2k}$$

Mas $p \mid (b + 2x_0 y_0)$, de onde segue-se que

$$x_1^2 = (x_0 + y_0 p^k)^2 \equiv a \pmod{p^{k+1}}$$

Assim, a congruência $x^2 \equiv a \pmod{p^k}$ tem uma solução para $n = k + 1$ e, por indução, para todos os inteiros positivos n.

Vejamos um exemplo detalhado. O primeiro passo para a obtenção de uma solução da congruência quadrática

$$x^2 \equiv 23 \pmod{7^2}$$

é resolver $x^2 \equiv 23 \pmod{7}$, o que equivale à congruência

$$x^2 \equiv 2 \pmod{7}$$

Como $(2/7) = 1$, certamente existe uma solução; na verdade, $x_0 = 3$ é uma escolha óbvia. Agora x_0^2 pode ser representado como

$$3^2 = 9 = 23 + (-2)7$$

de modo que $b = -2$ (no nosso caso especial, o inteiro 23 desempenha o papel de a). Seguindo a demonstração do Teorema 9.11, dando sequência, determinamos y de modo que

$$6y \equiv 2 \pmod 7$$

ou seja, $3y \equiv 1 \pmod 7$. Esta congruência linear é satisfeita por $y_0 = 5$. Assim,

$$x_0 + 7y_0 = 3 + 7 \cdot 5 = 38$$

serve como uma solução para a congruência inicial $x^2 \equiv 23 \pmod{49}$. Podemos notar que $-38 \equiv 11 \pmod{49}$ é a única outra solução.

Se, ao invés dessa, fosse proposto solucionar a congruência

$$x^2 \equiv 23 \pmod{7^3}$$

começaríamos com

$$x^2 \equiv 23 \pmod{7^2}$$

obtendo a solução $x_0 = 38$. Como

$$38^2 = 23 + 29 \cdot 7^2$$

o inteiro $b = 29$. Nós, então, encontraríamos a solução única $y_0 = 1$ da congruência linear

$$76y \equiv -29 \pmod 7$$

Então $x^2 \equiv 23 \pmod{7^3}$ é satisfeita por

$$x_0 + y_0 \cdot 7^2 = 38 + 1 \cdot 49 = 87$$

bem como $-87 \equiv 256 \pmod{7^3}$.

Tendo nos habituado com números primos ímpares, vamos agora assumir o caso $p = 2$. O próximo teorema fornece as informações pertinentes.

Teorema 9.12. Seja a um inteiro ímpar. Então temos o seguinte:

(a) $x^2 \equiv a \pmod 2$ sempre tem uma solução.
(b) $x^2 \equiv a \pmod 4$ tem uma solução, se somente se $a \equiv 1 \pmod 4$.
(c) $x^2 \equiv a \pmod{2^n}$, para $n \geq 3$, tem uma solução, se e somente $a \equiv 1 \pmod 8$.

Demonstração. A primeira afirmação é óbvia. A segunda depende da observação de que o quadrado de qualquer número inteiro ímpar é congruente a 1 módulo 4. Consequentemente, $x^2 \equiv a \pmod 4$ pode ser resolvida apenas quando a é da forma $4k + 1$; neste caso, existem duas soluções módulo 4, a saber, $x = 1$ e $x = 3$.

Agora consideremos o caso em que $n \geq 3$. Como o quadrado de qualquer número inteiro ímpar é congruente a 1 módulo 8, vemos que para a congruência $x^2 \equiv a \pmod{2^n}$ ter solução a deve ser da forma $8k + 1$. Por outro lado, vamos supor que $a \equiv 1 \pmod 8$ e proceder por indução sobre o expoente n. Quando $n = 3$, a congruência $x^2 \equiv a\pmod{2^n}$ certamente possui solução; de fato, cada um dos números inteiros 1, 3, 5, 7 satisfaz $x^2 \equiv 1\pmod 8$. Fixamos um valor de $n \geq 3$ e assumimos, pela hipótese de indução, que a congruência $x^2 \equiv a\pmod{2^n}$ admite uma solução x_0. Então existe um inteiro b para o qual

$$x_0^2 = a + b2^n$$

Como a é ímpar, então é o inteiro x_0. Por conseguinte, é possível encontrar uma solução única y_0 para a congruência linear

$$x_0 y \equiv -b \pmod 2$$

Argumentamos que o número inteiro

$$x_1 = x_0 + y_0 2^{n-1}$$

satisfaz a congruência $x^2 \equiv a\pmod{2^{n+1}}$. Elevando ao quadrado, obtemos

$$(x_0 + y_0 2^{n-1})^2 = x_0^2 + x_0 y_0 2^n + y_0^2 2^{2n-2}$$
$$= a + (b + x_0 y_0) 2^n + y_0^2 2^{2n-2}$$

Pela forma como y_0 foi escolhido, $2 \mid (b + x_0 y_0)$; assim,

$$x_1^2 = (x_0 + y_0 2^{n-1})^2 \equiv a \pmod{2^{n+1}}$$

(também usamos o fato de que $2n - 2 = n + 1 + (n - 3) \geq n + 1$). Assim, a congruência $x^2 \equiv a\pmod{2^{n+1}}$ possui solução, completando o passo de indução e a demonstração.

Para ilustrar: a congruência quadrática $x^2 \equiv 5\pmod 4$ tem uma solução, mas $x^2 \equiv 5\pmod 8$ não tem; por outro lado, $x^2 \equiv 17\pmod{16}$ e $x^2 \equiv 17\pmod{32}$ possuem solução.

Em teoria, podemos agora resolver completamente a questão de quando existe um inteiro x tal que

$$x^2 \equiv a \pmod n \qquad \text{mdc}(a, n) = 1 \qquad n > 1$$

Suponhamos que n tem a decomposição em fatores primos

$$n = 2^{k_0} p_1^{k_1} p_2^{k_2} \cdots p_r^{k_r} \qquad k_0 \geq 0, k_i \geq 0$$

onde os p_i são primos ímpares distintos. Uma vez que resolver a congruência quadrática $x^2 \equiv a\pmod n$ é equivalente a resolver o sistema de congruências

$$x^2 \equiv a \pmod{2^{k_0}}$$
$$x^2 \equiv a \pmod{p_1^{k_1}}$$
$$\vdots$$
$$x^2 \equiv a \pmod{p_r^{k_r}}$$

nossos dois últimos resultados podem ser combinados para gerar a seguinte conclusão geral.

Teorema 9.13. Seja $n = 2^{k_0} p_1^{k_1} p_2^{k_2} \ldots p_r^{k_r}$ a decomposição em fatores primos de $n > 1$ e seja mdc $(a, n) = 1$. Então $x^2 \equiv a \pmod{n}$ tem solução se e somente se

(a) $(a/p_i) = 1$ para $i = 1, 2, \ldots, r$;
(b) $a \equiv 1 \pmod 4$ se $4 \mid n$, mas $8 \nmid n$; $a \equiv 1 \pmod 8$ se $8 \mid n$.

PROBLEMAS 9.4

1. (a) Mostre que 7 e 18 são as únicas soluções incongruentes de $x^2 \equiv -1 \pmod{5^2}$.
   (b) Use o item (a) para encontrar as soluções de $x^2 \equiv -1 \pmod{5^3}$.

2. Resolva as seguintes congruências quadráticas:
   (a) $x^2 \equiv 7 \pmod{3^3}$.
   (b) $x^2 \equiv 14 \pmod{5^3}$.
   (c) $x^2 \equiv 2 \pmod{7^3}$.

3. Resolva a congruência $x^2 \equiv 31 \pmod{11^4}$.

4. Encontre as soluções de $x^2 + 5x + 6 \equiv 0 \pmod{5^3}$ e $x^2 + x + 3 \equiv 0 \pmod{3^3}$.

5. Prove que se a congruência $x^2 \equiv a \pmod{2^n}$, onde a é ímpar e $n \geq 3$, possui solução, então possui exatamente quatro soluções incongruentes.
   [*Sugestão*: Se x_0 é uma solução, então os quatro inteiros $x_0, -x_0, x_0 + 2^{n-1}, -x_0 + 2^{n-1}$ são incongruentes módulo 2^n e correspondem a todas as soluções.]

6. A partir de $23^2 \equiv 17 \pmod{2^7}$, encontre as outras três soluções da congruência quadrática $x^2 \equiv 17 \pmod{2^7}$.

7. Inicialmente, determine os valores de a para os quais as congruências a seguir possuem solução e, em seguida, encontre as soluções destas congruências:
   (a) $x^2 \equiv a \pmod{2^4}$.
   (b) $x^2 \equiv a \pmod{2^5}$.
   (c) $x^2 \equiv a \pmod{2^6}$.

8. Fixado $n > 1$, mostre que todas as congruências $x^2 \equiv a \pmod{n}$, com mdc$(a, n) = 1$, que possuem solução têm o mesmo número de soluções.

9. (a) Sem encontrá-las, determine o número de soluções das congruências $x^2 \equiv 3 \pmod{11^2 \cdot 23^2}$ e $x^2 \equiv 9 \pmod{2^3 \cdot 3 \cdot 5^2}$.
   (b) Resolva a congruência $x^2 \equiv 9 \pmod{2^3 \cdot 3 \cdot 5^2}$.

10. (a) Para um primo ímpar p, prove que a congruência $2x^2 + 1 \equiv 0 \pmod{p}$ possui solução se e somente se $p \equiv 1$ ou $3 \pmod 8$.
    (b) Resolva a congruência $2x^2 + 1 \equiv 0 \pmod{11^2}$.
    [*Sugestão*: Considere os inteiros da forma $x_0 + 11k$, onde x_0 é uma solução de $2x^2 + 1 \equiv 0 \pmod{11}$.]

CAPÍTULO

10

INTRODUÇÃO À CRIPTOGRAFIA

Eu estou bastante familiarizado com todas as formas de escrita secreta e eu mesmo sou o autor de um manuscrito trivial sobre o assunto.
SIR ARTHUR CONAN DOYLE

10.1 DO CÓDIGO DE CÉSAR À CRIPTOGRAFIA DE CHAVE PÚBLICA

Classicamente, a produção e quebra de códigos secretos tem sido identificada com as práticas diplomáticas e militares. Com a quantidade crescente de dados digitais armazenados e transmitidos por sistemas eletrônicos de processamento de dados, as organizações dos setores públicos e comerciais têm sentido a necessidade de proteger suas informações contra invasões indesejadas. De fato, o uso generalizado de transferências de fundos eletrônicas tornou a privacidade uma preocupação urgente na maioria das transações financeiras. Portanto, é recente o aumento do interesse de matemáticos e cientistas da computação pela *criptografia* (do grego *kryptos* significa *oculto* e *graphein* significa *escrita*), a ciência de fazer comunicações ininteligíveis para todos, exceto para partes autorizadas. A criptografia é apenas o meio prático conhecido para proteger as informações transmitidas através de redes públicas de comunicações, tais como aquelas que usam linhas telefônicas, micro-ondas ou satélites.

Na linguagem da criptografia, na qual os códigos são chamados *cifras*, a informação a ser ocultada é chamada *texto claro*. Após sua transformação em uma forma secreta, uma mensagem é chamada *texto cifrado*. O processo de conversão de texto claro para texto cifrado é chamado *criptografia* (ou *codificação*), enquanto o processo inverso de mudança do texto cifrado para o texto claro é chamado *descriptografia* (ou *decodificação*).

Um dos primeiros sistemas de criptografia foi utilizado pelo grande imperador romano Júlio César cerca de 50 a.C. César escreveu para Marcus Cícero usando um código de substituição rudimentar, em que cada letra do alfabeto é substituída por outra que se apresenta três posições abaixo dela no alfabeto, com as três últimas letras voltando para as três primeiras. Se escrevermos o texto cifrado equivalente debaixo do texto claro, o alfabeto de substituição para a *cifra de César* é dado por

Texto claro: A B C D E F G H I J K L M N O P Q R S T U V W X Y Z
Texto cifrado: D E F G H I J K L M N O P Q R S T U V W X Y Z A B C

Por exemplo, o texto claro da mensagem

CÉSAR FOI GRANDE

é transformado no texto cifrado

FHVDU IRL JUDQGH

A cifra de César pode ser descrita facilmente usando a teoria das congruências. Qualquer texto claro é expresso primeiro numericamente pela conversão dos caracteres do texto em dígitos por meio de alguma correspondência, como a seguinte:

A	B	C	D	E	F	G	H	I	J	K	L	M
00	01	02	03	04	05	06	07	08	09	10	11	12
N	O	P	Q	R	S	T	U	V	W	X	Y	Z
13	14	15	16	17	18	19	20	21	22	23	24	25

Se P é o dígito equivalente a uma letra do texto claro e C é o dígito equivalente a uma letra do texto cifrado correspondente, então

$$C \equiv P + 3 \pmod{26}$$

Assim, por exemplo, as letras da mensagem que apresentamos inicialmente (CÉSAR FOI GRANDE) são convertidas para seus equivalentes:

02 04 18 00 17 05 14 08 06 17 00 13 03 04

Usando a congruência $C \equiv P + 3 \pmod{26}$, o texto cifrado fica

05 07 21 03 20 08 17 11 09 20 03 16 06 07

Para voltar ao texto claro, o processo é simplesmente invertido por meio da congruência

$$P \equiv C - 3 \equiv C + 23 \pmod{26}$$

A cifra de César é muito simples e extremamente insegura. O próprio César logo abandonou este esquema — não só por causa da sua insegurança, mas também porque ele não confiava em Cícero, com quem necessariamente havia compartilhado o segredo da cifra.

Um esquema de criptografia em que cada letra da mensagem original é substituída por outra letra no texto cifrado de forma constante é conhecido como uma *cifra monoalfabética*. Tais sistemas de criptografia são extremamente vulneráveis a métodos estatísticos de ataque, porque eles preservam a frequência, ou o caráter comum das letras do texto claro. Em uma *cifra polialfabética*, uma letra do texto claro tem mais de uma letra equivalente no texto cifrado: a letra E, por exemplo, pode ser representada por J, Q ou X, dependendo de onde ela ocorre na mensagem.

A fascinação geral pela criptografia teve seu impulso inicial com o conto *O Escaravelho de Ouro*, publicado em 1843 pelo escritor americano Edgar Allan Poe. É um conto fictício do uso de uma tabela de frequências de letras para decifrar as indicações para encontrar o tesouro enterrado do Capitão Kidd. Poe imaginava-se um criptologista muito além do comum. Escrevendo para o *Alexander's Weekly*, um jornal da Filadélfia, uma vez ele alegou que poderia resolver "imediatamente" qualquer cifra de substituição monoalfabética enviada pelos leitores. O desafio foi aceito por G. W. Kulp, que apresentou 43 palavras cifradas à mão. Poe mostrou na coluna seguinte que o material apresentado não era um texto codificado genuinamente, mas sim um "jargão de caracteres aleatórios não tendo significado algum". Quando a cifra de Kulp finalmente foi decodificada em 1975 a razão da dificuldade de Poe se tornou clara: a apresentação continha um grande erro da parte de Kulp, juntamente com 15 erros menores, que eram, provavelmente, erros de leitura da escrita comum de Kulp.

O exemplo mais famoso de uma cifra polialfabética foi publicado pelo criptógrafo francês Blaise de Vigenère (1523–1596) no seu *Traicté de Chiffres* de 1586. Para implementar este sistema, as partes que se comunicam concordam com uma palavra ou frase lembrada facilmente. Com o alfabeto padrão numerado de A = 00 a Z = 25, o dígito equivalente desta palavra-chave é repetido quantas vezes forem necessárias abaixo da mensagem do texto claro. A mensagem é então cifrada pela adição, módulo 26, dos números imediatamente abaixo de cada letra do texto claro. O processo pode ser ilustrado com a palavra-chave READY*, cuja versão numérica é 17 04 00 03 24. Repetições desta sequência são dispostas abaixo do texto numérico referente ao texto claro da mensagem

ATTACK AT ONCE

para produzir a matriz

00 19 19 00 02 10   00 19   14 13 02 04
17 04 00 03 24 17   04 00   03 24 17 04

Quando as colunas são adicionadas módulo 26, a mensagem do texto claro é criptografada como

17 23 19 03 00 01   04 19   17 11 19 08

ou, convertida em letras,

RXTDAB ET RLTI

Notemos que uma determinada letra do texto claro é representada por diferentes letras no texto cifrado. O duplo T na palavra ATTACK não aparece mais como uma letra dupla quando cifrado, enquanto, no texto cifrado, R corresponde primeiro a A e, em seguida, a O na mensagem original.

Em geral, qualquer sequência de *n* letras com equivalentes numéricos $b_1, b_2, \cdots, b_n$ (00 < b_i < 25) servirá como palavra-chave. A mensagem do texto claro é expressa como blocos sucessivos $P_1 P_2 \cdots P_n$ de *n* inteiros de dois dígitos P_i e, então, convertida em blocos de texto cifrado $C_1 C_2 \cdots C_n$ por meio das congruências

$$C_i \equiv P_i + b_i \pmod{26} \quad 1 \leq i \leq n$$

A decodificação é realizada usando as relações

$$P_i \equiv C_i - b_i \pmod{26} \quad 1 \leq i \leq n$$

Uma fraqueza na abordagem de Vigenère é que uma vez que o comprimento da palavra-chave seja determinado, a mensagem codificada pode ser considerada como um número de cifras monoalfabéticas separadas, sujeitas à análise de frequência simples. Uma variação para a repetição continuada da palavra-chave é o que é chamado de *chave de execução*, uma atribuição aleatória de letras do texto cifrado para letras do texto claro.

---

* Doravante optamos por não traduzir os exemplos a fim de preservarmos as especificidades do texto original. (N.T.)

Um procedimento adequado para a geração de tais chaves é usar o texto de um livro, em que tanto o emissor quanto o receptor conhecem o título do livro e um ponto de partida apropriado. Como a cifra da chave de execução obscurece completamente a estrutura subjacente da mensagem original, podemos pensar que o sistema é seguro. Mas não é, como a *Scientifc American* afirmou certa vez, produzem-se textos cifrados que são de "impossível tradução".

Uma modificação inteligente que Vigenère planejou para sua cifra polialfabética é atualmente chamada de autochave ("chave automática"). Essa abordagem faz uso da própria mensagem do texto claro na construção da chave de criptografia. A ideia é a de iniciar a palavra-chave com uma pequena semente ou iniciador (geralmente uma única letra) seguida pelo texto claro, cujo fim é truncado pelo comprimento da semente. A cifra com autochave teve popularidade considerável nos séculos XVI e XVII, uma vez que tudo o que exigia de um par legítimo de usuários era lembrar a semente, que poderia ser facilmente alterada.

Vamos dar um exemplo simples do método.

Exemplo 10.1. Suponha que a mensagem

ONE IF BY DAWN

terá que ser codificada. Tomando a letra K como a semente, a palavra-chave passa a ser

KONEIFBYDAW

Quando tanto o texto claro quanto a palavra-chave são convertidos para a forma numérica, obtém-se a matriz

$$\begin{array}{ccccccccccc} 14 & 13 & 04 & 08 & 05 & 01 & 24 & 03 & 00 & 22 & 13 \\ 10 & 14 & 13 & 04 & 08 & 05 & 01 & 24 & 03 & 00 & 22 \end{array}$$

A adição dos números inteiros em posições correspondentes módulo 26 produz o texto cifrado

$$24 \quad 01 \quad 17 \quad 12 \quad 13 \quad 06 \quad 25 \quad 01 \quad 03 \quad 22 \quad 09$$

ou, voltando para as letras:

YBR MN GZ BDWJ

A decodificação é obtida quando voltamos o texto claro e seu texto cifrado para a forma numérica. Suponhamos que o texto claro tenha equivalentes digitais $P_1 P_2 \cdots P_n$ e o texto cifrado $C_1 C_2 \cdots C_n$. Se S indica a semente, então o primeiro número de texto claro é

$$P_1 = C_1 - S = 24 - 10 \equiv 14 \pmod{26}$$

Assim, a transformação que decifra a mensagem fica sendo

$$P_k = C_k - P_{k-1} \pmod{26}, 2 \leq k \leq n$$

Isto recupera, por exemplo, os números inteiros

$$P_2 \equiv 01 - 14 = -13 \equiv 13 \pmod{26}$$
$$P_3 \equiv 17 - 13 \equiv 4 \pmod{26}$$

em que, para manter o formato de dois dígitos, o 4 deve ser escrito 04.

Uma forma de garantir uma maior segurança em cifras de substituição alfabéticas foi criada em 1929 por Lester Hill, um professor assistente de matemática no Hunter College. O método de Hill consiste em dividir a mensagem do texto claro em blocos de n letras (possivelmente preenchendo o último bloco, acrescentando letras "fictícias", como X) e então criptografar bloco por bloco usando um sistema de n congruências lineares em n variáveis. Na sua forma mais simples, quando $n = 2$, o procedimento toma duas letras sucessivas e transforma seus equivalentes numéricos P_1P_2 em um bloco de números de texto cifrado C_1C_2, através do par de congruências

$$C_1 \equiv aP_1 + bP_2 \pmod{26}$$
$$C_2 \equiv cP_1 + dP_2 \pmod{26}$$

Para permitir a decodificação, os quatro coeficientes a, b, c, d devem ser selecionados de modo que mdc$(ad - bc, 26) = 1$.

Exemplo 10.2. Para ilustrar a cifra de Hill, vamos usar as congruências

$$C_1 \equiv 2P_1 + 3P_2 \pmod{26}$$
$$C_2 \equiv 5P_1 + 8P_2 \pmod{26}$$

para codificar a mensagem BUY NOW. O primeiro bloco de duas letras BU é numericamente equivalente a 01 20. Este é substituído por

$$2(01) + 3(20) \equiv 62 \equiv 10 \pmod{26}$$
$$5(01) + 8(20) \equiv 165 \equiv 09 \pmod{26}$$

Continuando duas letras de cada vez, descobrimos que o texto cifrado completo é

$$10 \ 09 \quad 09 \ 16 \quad 16 \ 12$$

que, com letras do alfabeto, pode ser expresso como KJJ QQM.

A decodificação requer a solução do sistema original de congruências para P_1 e P_2 em função de C_1 e C_2. Resulta da demonstração do Teorema 4.9 que o bloco de texto claro P_1P_2 pode ser recuperado a partir do bloco do texto cifrado C_1C_2 por meio das congruências

$$P_1 \equiv 8C_1 - 3C_2 \pmod{26}$$
$$P_2 \equiv -5C_1 + 2C_2 \pmod{26}$$

Para o bloco 10 09 do texto cifrado, calculamos

$$P_1 \equiv 8(10) - 3(09) \equiv 53 \equiv 01 \pmod{26}$$
$$P_2 \equiv -5(10) + 2(09) \equiv -32 \equiv 20 \pmod{26}$$

que é o mesmo que o par de letras BU. O restante do texto claro pode ser restaurado de uma maneira semelhante.

Uma cifra não alfabética influente foi criada por Gilbert S. Verman, em 1917, enquanto ele era empregado de Companhia de Telefone e Telégrafo Americana (AT & T). Verman estava interessado em proteger as informações enviadas pelo telégrafo recém-desenvolvido. Naquele tempo, as mensagens codificadas através de fios eram transmitidas no código Baudot, um código nomeado em homenagem ao seu inventor francês J. M. E. Baudot. Baudot representou cada letra do alfabeto por uma sequência de cinco elementos de dois tipos de símbolo. Se adotarmos 1 e 0 para os dois símbolos, então a tabela completa é dada por

A = 11000	J = 11010	S = 10100
B = 10011	K = 11110	T = 00001
C = 01110	L = 01001	U = 11100
D = 10010	M = 00111	V = 01111
E = 10000	N = 00110	W = 11001
F = 10110	O = 00011	X = 10111
G = 01011	P = 01101	Y = 10101
H = 00101	Q = 11101	Z = 10001
I = 01100	R = 01010	

Uma mensagem de texto claro tal como

ACT NOW

seria primeiro transformada na sequência de dígitos binários

11000011100000100110000111001

A inovação de Verman foi tomar como chave de criptografia uma sequência arbitrária de 1's e 0's com o mesmo comprimento do equivalente digital do texto claro. Uma chave típica pode ser

10100101110010001000111001011

onde os dígitos poderiam ser escolhidos por meio do lançamento de uma moeda com a cara correspondendo ao 1 e a coroa ao 0. Finalmente, o texto cifrado é formado pela adição módulo 2 dos dígitos que ocupam lugares equivalentes nas duas cadeias binárias. O resultado neste exemplo é

01100110010010101110111110010

Um ponto crucial é que o destinatário deve possuir antecipadamente a chave de criptografia, para, então, poder reconstruir a representação numérica do texto claro pela adição módulo 2 dos dígitos correspondentes do texto cifrado e da chave de criptografia.

Nas primeiras aplicações da cifra de telégrafo de Verman, as chaves eram escritas em folhas de papel numeradas e, em seguida, encadernadas com suas correspondentes decodificações. Após a primeira utilização da chave, a folha era arrancada e destruída. Por esta razão, o método de cifragem em Verman ficou conhecido como o sistema de uma só vez ou o bloco de uma só vez. A força criptográfica do método de cifragem de Verman possivelmente residia no comprimento extremo da chave de criptografia e na ausência de qualquer padrão interno. A garantia de segurança foi atrativa para os serviços militares ou diplomáticos de vários países. Em 1963, por exemplo, uma linha direta foi estabelecida entre Washington e Moscou usando uma fita de uma só vez.

Na década de 1970, os sistemas criptográficos que envolvem a exponenciação modular (isto é, encontrar o menor resíduo positivo de $a^k \pmod{n}$, onde, a, k, n são inteiros positivos) tornaram-se cada vez mais promissores. Em contraste com os sistemas criptográficos convencionais, tais como a cifra de César na qual o emissor e o receptor da mensagem compartilham o mesmo código secreto, os sistemas exponenciais requerem duas chaves distintas. Uma chave criptografa; a outra descriptografa. Estes sistemas de chaves assimétricas não são difíceis de implementar. Um usuário que queira esconder informações pode começar selecionando um (grande) primo p para servir como o módulo de cifragem, e um inteiro positivo $2 \leq k \leq p - 2$, o expoente de criptografia. Módulo e expoente, ambos mantidos em segredo, devem satisfazer $\mathrm{mdc}(k, p - 1) = 1$.

O processo de criptografia começa com a conversão da mensagem para a forma numérica M por meio de um "alfabeto digital" em que cada letra do texto claro é substituída por um número inteiro de dois dígitos. Um procedimento padrão é a utilização da seguinte correspondência

$$
\begin{array}{llll}
A = 00 & H = 07 & O = 14 & V = 21 \\
B = 01 & I = 08 & P = 15 & W = 22 \\
C = 02 & J = 09 & Q = 16 & X = 23 \\
D = 03 & K = 10 & R = 17 & Y = 24 \\
E = 04 & L = 11 & S = 18 & Z = 25 \\
F = 05 & M = 12 & T = 19 & \\
G = 06 & N = 13 & U = 20 &
\end{array}
$$

com 26 sendo utilizado para indicar um espaço vazio entre as palavras. Neste esquema, a mensagem

THE BROWN FOX IS QUICK

seria transformada na sequência numérica

1907242601171422132605142326081826162008 0210

Supõe-se que o número M do texto claro seja menor que o módulo de cifragem p; caso contrário, seria impossível distinguir M de um número inteiro maior e congruente a ele módulo p. Quando a mensagem é muito longa para ser representada por um único inteiro $M < p$, ela deve ser dividida em blocos de dígitos $M_1, M_2, ..., M_s$, em que cada bloco tem o mesmo número de dígitos. (Uma orientação útil é que, quando $2525 < p < 15500$, cada bloco contenha quatro dígitos.) Pode ser necessário preencher o último bloco, acrescentando um ou mais 23's, que corresponde ao X.

Em seguida, o emissor troca o número M do texto claro pelo número r do texto cifrado, elevando M à potência k e reduzindo o resultado módulo p

$$M^k \equiv r \pmod{p}$$

Do outro lado, o receptor decifra a comunicação transmitida pela determinação do inteiro $2 \leq j \leq p - 2$, o expoente de recuperação, para o qual

$$kj \equiv 1 \pmod{p - 1}$$

Isto pode ser obtido pela utilização do algoritmo de Euclides para expressar j como uma solução x para a equação

$$kx + (p - 1)y = 1$$

O receptor pode agora recuperar M a partir de r, calculando o valor de $r^j \pmod{p}$. Pois, sabendo que $kj = 1 + (p - 1)t$ para algum t, o teorema de Fermat levará a

$$r^j \equiv (M^k)^j \equiv M^{1+(p-1)t}$$
$$\equiv M(M^{p-1})^t \equiv M \cdot 1^t \pmod{p}$$

Os números p e k devem ser mantidos em segredo de todos, exceto do receptor da mensagem, que precisa deles para chegar ao valor j. Isto é, o par (p, k) forma a chave de criptografia do emissor.

Exemplo 10.3. Vamos ilustrar o procedimento de criptografar com um exemplo simples: ou seja, com a mensagem

SEND MONEY

Nós selecionamos o primo $p = 2609$ para o módulo de cifragem e o inteiro positivo $k = 19$ para o expoente de cifragem. As letras da mensagem são substituídas por seus equivalentes numéricos, produzindo o número de texto claro

$$18041303261214130424$$

Esta sequência é dividida em blocos de quatro dígitos:

$$1804 \quad 1303 \quad 2612 \quad 1413 \quad 0424$$

Blocos sucessivos são criptografados, elevando-se cada um à décima nona potência e, em seguida, reduzindo o resultado módulo 2609. O método de fazer quadraturas repetidas pode ser usado para tornar mais prático o processo de exponenciação. Por exemplo, no caso do bloco de 1804

$$1804^2 \equiv 993 \pmod{2609}$$
$$1804^4 \equiv 993^2 \equiv 2456 \pmod{2609}$$
$$1804^8 \equiv 2456^2 \equiv 2537 \pmod{2609}$$
$$1804^{16} \equiv 2537^2 \equiv 2575 \pmod{2609}$$

e então

$$1804^{19} = 1804^{1+2+16} \equiv 1804 \cdot 993 \cdot 2575 \equiv 457 \pmod{2609}$$

Toda a mensagem criptografada consiste na lista de números

$$0457 \quad 0983 \quad 1538 \quad 2041 \quad 0863$$

Dado que mdc(19, 2608) = 1, o trabalho de volta pelas equações do algoritmo de Euclides produz

$$1 = 4 \cdot 2608 + (-549)19$$

Mas $-549 \equiv 2059 \pmod{2608}$, de modo que $1 \equiv 2059 \cdot 19 \pmod{2608}$, tornando 2059 o expoente de recuperação. Com efeito, $457^{2059} \equiv 1804 \pmod{2609}$.

O sistema criptográfico exponencial que acabamos de descrever (o chamado sistema de Pohlig-Hellman) tem inconvenientes quando utilizados em uma rede de comunicação com muitos usuários. O grande problema é a entrega segura da chave de criptografia, pois ela deve ser fornecida antes de uma mensagem de texto cifrado para que a chave de decodificação seja calculada. Também há a desvantagem de se ter que fazer mudanças frequentes na chave de criptografia — talvez uma chave para cada mensagem — para evitar que algum bisbilhoteiro a decubra. O conceito de criptografia de chave pública foi introduzido para contornar essas dificuldades. Ele também utiliza duas chaves distintas, mas não existe um método fácil para se deduzir a chave de decodificação a partir da chave de criptografia. Na verdade, a chave de criptografia pode seguramente ser tornada pública; a chave de decodificação é secreta e é de propriedade exclusiva do receptor da mensagem. A vantagem de um sistema de criptografia de chave pública é clara: não é necessário que emissor e receptor partilhem uma chave, ou mesmo a conheçam, antes de se comunicarem.

Whitfield Diffie e Martin Hellman estabeleceram o referencial teórico da criptografia de chave pública em 1976 no artigo "Novas Direções da Criptografia". Pouco tempo depois, eles desenvolveram um sistema viável, cuja segurança se baseava em um problema de computação célebre conhecido como o problema da mochila. O sistema de chave pública usado hoje foi mais amplamente proposto em 1978 por Ronald Rivest, Adi Shamir e Leonard Adleman e é chamado RSA, suas iniciais. A segurança deste sistema se fundamenta no pressuposto de que, no estado atual da tecnologia da computação, a fatoração de números compostos que envolvem grandes números primos é muito demorada.

Para iniciar a comunicação, um usuário típico do sistema RSA escolhe primos distintos p e q suficientemente grandes e efetua seu produto $n = pq$, o módulo de cifragem, para além das atuais capacidades computacionais. Por exemplo, p e q podem ter 200 dígitos cada um de modo que n teria cerca de 400 dígitos. Tendo obtido n, o usuário toma para expoente de cifragem um número inteiro aleatório $1 < k < \phi(n)$ com $\mathrm{mdc}(k, \phi(n)) = 1$. O par (n, k) é colocado em um arquivo público, análogo a uma lista telefônica, para servir como chave de criptografia pessoal do usuário. Isso permite que qualquer outra pessoa na rede transmita uma mensagem cifrada para o indivíduo. Observe que, enquanto o número n é revelado abertamente, a chave pública listada não menciona os dois fatores de n.

Uma pessoa que pretenda se corresponder de modo privado com o usuário deve proceder da maneira indicada anteriormente. A mensagem literal é convertida primeiro no número referente ao texto claro, que depois é dividido em blocos de tamanho adequado de dígitos. O emissor olha a chave de criptografia do usuário (n, k) no diretório público e converte o bloco $M < n$, calculando

$$M^k \equiv r \pmod{n}$$

O processo de decodificação é realizado utilizando o algoritmo de Euclides para obter o inteiro $1 < j < \phi(n)$ que satisfaz $kj \equiv 1 \pmod{\phi(n)}$; j existe por causa da exigência $\mathrm{mdc}(k, \phi(n)) = 1$. A generalização de Euler do teorema de Fermat desempenha um papel fundamental na confirmação de que a congruência $r^j \equiv M \pmod{n}$ é válida. De fato, se $kj = 1 + \phi(n)t$ para algum inteiro j, segue-se que

$$r^j \equiv (M^k)^j \equiv M^{1+\phi(n)t}$$
$$\equiv M(M^{\phi(n)})^t \equiv M \cdot 1^t \equiv M \pmod{n}$$

O expoente de recuperação j só pode ser determinado por alguém que tenha conhecimento dos valores de k e $\phi(n) = (p-1)(q-1)$ e, consequentemente, deve conhecer os fatores primos p e q de n. Isso faz com que j esteja seguro de terceiros indesejados, que sabem somente a chave pública (n, k). A terna (p, q, j) pode ser vista como a chave privada do usuário.

Exemplo 10.4. Para uma ilustração do algoritmo de chave pública RSA, vamos fazer um exemplo envolvendo primos de um tamanho exageradamente pequeno. Suponha que uma mensagem deva ser enviada para um indivíduo cuja chave pública listada é (2701, 47). A chave foi obtida pela seleção dos dois primos $p = 37$ e $q = 73$, que, por sua vez, levam ao módulo de cifragem $n = 37 \cdot 73 = 2701$ e $\phi(n) = 36 \cdot 72 = 2592$. Como mdc(47, 2592) = 1, o inteiro $k = 47$ foi tomado como expoente de cifragem.

A mensagem a ser encriptada e enviada é

NO WAY TODAY

Ela é traduzida primeiro para um equivalente digital usando as substituições de letra previamente indicadas para se tornar

$$M = 13142622002426191403 0024$$

Este número é, posteriormente, expresso como blocos de quatro dígitos

$$1314 \quad 2622 \quad 0024 \quad 2619 \quad 1403 \quad 0024$$

Os números do texto cifrado correspondente são obtidos elevando-se cada bloco à 47ª potência e os resultados reduzidos módulo 2701. No primeiro bloco, as quadraturas repetidas produzem o valor

$$1314^{47} \equiv 1241 \pmod{2701}$$

A criptografia completa da mensagem é a lista

$$1241 \quad 1848 \quad 0873 \quad 1614 \quad 2081 \quad 0873$$

Para decifrar, o receptor utiliza o algoritmo de Euclides para obter a equação $47 \cdot 1103 + 2592(-20) = 1$, que é equivalente a $47 \cdot 1103 \equiv 1 \pmod{2592}$. Assim, $j = 1103$ é o expoente de recuperação. Daqui resulta que

$$1241^{1103} \equiv 1314 \pmod{2701}$$

e assim por diante.

Para o sistema de criptografia RSA ser seguro, não deve ser computacionalmente viável recuperar o texto original M a partir de uma informação conhecida por terceiros, ou seja, a chave pública listada (n, k). O método direto de ataque seria tentar fatorar n, um número inteiro de enorme magnitude, pois uma vez que os fatores são determinados, o expoente de recuperação j pode ser calculado a partir de $\phi(n) = (p-1)(q-1)$ e k. Nossa confiança no sistema RSA se deve ao que é conhecido como fator trabalho, a quantidade de tempo esperada para que o computador fatore o produto de dois números primos grandes. Fatorar é computacionalmente mais difícil do que a distinguir primos e compostos. Atualmente, nos computadores mais rápidos, o teste de primalidade de um número de 200 dígitos leva menos de 20 segundos, enquanto o tempo de funcionamento necessário para decompor um número composto do mesmo tamanho é incalculável. Estima-se que o algoritmo de fatoração mais rápido conhecido pode usar aproximadamente $(1,2) 10^{23}$ operações de computador para decompor um inteiro com 200 dígitos em fatores primos. Supondo que cada operação que leva um nanossegundo (10^{-9} segundo), o tempo de fatoração seria por volta de $(3,8)10^6$ anos. Se houvesse tempo ilimitado de computação e algum algoritmo de fatoração inimaginavelmente eficiente, o sistema de criptografia RSA poderia ser quebrado, mas para o presente ele parece ser bastante seguro. Tudo o que precisamos fazer é escolher números primos grandes p e q para os módulos de cifragem, sempre ficando à frente do atual estado da arte de fatorar inteiros.

A maior ameaça é feita através da utilização de redes de ampla distribuição de computadores, trabalhando simultaneamente em partes de dados necessários para a fatoração e comunicando os resultados para o site central. Isto é visto na fatoração do RSA-129, um dos problemas mais famosos em criptografia.

Para demonstrar que o seu sistema de criptografia poderia resistir a qualquer ataque contra a segurança, os três inventores apresentaram uma mensagem de texto cifrada na *Scientific American*, com uma oferta 100 dólares para quem pudesse decodificá-la. A mensagem dependia de um módulo de cifragem de 129 dígitos que foi o produto de dois números primos de aproximadamente a mesma magnitude. Este número imenso adquiriu o nome RSA-129. Levando-se em conta os métodos computacionais de fatoração mais poderosos e mais rápidos disponíveis na época, foi estimado que pelo menos 40 quatrilhões de anos seriam necessários para quebrar a RSA-129 e decifrar a mensagem. No entanto, aumentando a potência dos computadores destinados à tarefa, a fatoração foi obtida em 1994. Uma rede mundial de cerca de 600 voluntários participou do projeto, processando 1600 computadores por um período de 8 meses. O que parecia totalmente fora de alcance, em 1977, foi realizado apenas 17 anos depois. A mensagem do texto claro é a frase

"The magic words are squeamish ossifrage."

(Um *ossifrage**, por sinal, é um tipo de falcão).

Redigidos em 1991, os 42 números da Lista de Desafios RSA servem como uma espécie de teste para os recentes avanços nos métodos de fatoração. O mais recente sucesso de fatoração mostrou que o número de 193 dígitos (640 dígitos binários) RSA-640 pode ser escrito como o produto de dois números primos com 95 dígitos cada. O desafio foi desativado em 2007.

PROBLEMAS 10.1

1. Codifique a mensagem *RETURN HOME* usando a cifra de César.
2. Se a cifra de César gerou *KDSSB ELUWKGDB*, qual era a mensagem de texto?
3. (a) Uma cifra linear é definida pela congruência $C \equiv aP + b \pmod{26}$, onde a e b são inteiros com MDC$(a, 26) = 1$. Mostre que a congruência decodificadora correspondente é $P \equiv a'(C - b) \pmod{26}$, onde o inteiro a' satisfaz $aa' \equiv 1 \pmod{26}$.
   (b) Usando a cifra linear $C \equiv 5P + 11 \pmod{26}$, codifique a mensagem *NUMBER THEORY IS EASY*.
   (c) Decodifique a mensagem *RXQTGU HOZTKGH FJKTMMTG*, que foi produzida usando a cifra linear $C \equiv 3P + 7 \pmod{26}$.
4. Em uma longa mensagem de texto, originalmente em inglês, codificada, enviada com a cifra linear $C \equiv aP + b \pmod{26}$, a letra que ocorre mais frequentemente é Q e a segunda mais frequente é J.
   (a) Quebre a cifra determinando os valores de a e b.
   [*Sugestão*: A letra usada mais frequentemente num texto em inglês é E, seguida pelo T.]
   (b) Escreva o texto original para a mensagem interceptada *WCPQ JZQO MX*.
5. (a) Codifique a mensagem *HAVE A NICE TRIP* usando a cifra de Vigenère com a palavra-chave *MATH*.
   (b) O texto cifrado *BS FMX KFSGR JAPWL* é resultado da cifra de Vigenère cuja palavra-chave é *YES*. Obtenha as congruências decodificadoras e leia a mensagem.
6. (a) Codifique a mensagem *HAPPY DAYS ARE HERE*, usando a cifra de autochave com semente Q.
   (b) Decifre a mensagem BBOT XWBZ AWUVGK, que foi produzida pela cifra de autochave com semente RX.

---
* Em português, *ossifrage* é conhecido por "quebrantosso" (Bíblia) ou "águia-barbada", animal que deixa os ossos de suas presas caírem de grandes alturas para que se quebrem e, assim, conseguir extrair o tutano. (N.E.)

7. (a) Use a cifra de Hill

$$C_1 \equiv 5P_1 + 2P_2 \pmod{26}$$

$$C_2 \equiv 3P_1 + 4P_2 \pmod{26}$$

para codificar a mensagem *GIVE THEM TIME*.

(b) O texto *ALXWU VADCOJO* foi codificado com a cifra

$$C_1 \equiv 4P_1 + 11P_2 \pmod{26}$$

$$C_2 \equiv 3P_1 + 8P_2 \pmod{26}$$

Deduza o texto original.

8. Uma longa sequência de texto codificada pela cifra de Hill

$$C_1 \equiv aP_1 + bP_2 \pmod{26}$$

$$C_2 \equiv cP_1 + dP_2 \pmod{26}$$

revelou que os blocos de duas letras que ocorreram com mais frequência foram *HO* e *PP*, nesta ordem.

(a) Encontre os valores de a, b, c, e d.

[*Sugestão*: Os blocos de duas letras mais comuns na língua inglesa são *TH*, seguido por *HE*.]

(b) Qual é o texto original para a mensagem codificada *PPIH HOG HAPVT*?

9. Suponha que a mensagem GO SOX tenha sido codificada com a cifra telegráfica de Verman.

(a) Expresse a mensagem na cifra de Baudot.

(b) Se a chave de codificação é

01110101111010101001110010

obtenha a forma alfabética do texto codificado.

10. A mensagem original expressa na cifra de Baudot foi convertida pela cifra de Verman na sequência

11000111000011101010010111111

Se é sabido que a chave usada na codificação foi

01110101100101111000100110101010

recupere a mensagem em sua forma alfabética.

11. Codifique a mensagem GOOD CHOICE usando uma cifra exponencial com módulo $p = 2609$ e expoente $k = 7$.

12. O texto cifrado obtido de uma cifra exponencial com módulo $p = 2551$ e expoente de codificação $k = 43$ é

1518 2175 1249 0823 2407

Determine a mensagem original.

13. Codifique a mensagem original GOOD MEDAL usando o algoritmo RSA com chave (2561,3).

14. A mensagem cifrada pelo algoritmo RSA com chave $(n, k) = (2573, 1013)$ é

$$0464\ 1472\ 0636\ 1262\ 2111$$

Determine a mensagem original. [*Sugestão*: O algoritmo de Euclides fornece $1013 \cdot 17 \equiv (\bmod\, 2573)$.]

15. Decodifique a mensagem

$$1030\ 1511\ 0744\ 1237\ 1719$$

que foi cifrada pelo algoritmo RSA com chave $(n, k) = (2623, 869)$. [*Sugestão*: O expoente de recuperação é $j = 29$.]

10.2 O SISTEMA DE CRIPTOGRAFIA DA MOCHILA

Um sistema de criptografia de chave pública pode ser baseado também em um problema clássico de combinatória conhecido como o *problema da mochila*, ou o problema da soma dos subconjuntos. Este problema pode ser expresso da seguinte forma: Dada uma mochila de volume V e n itens de vários volumes $a_1, a_2, ..., a_n$, podemos encontrar um subconjunto desses itens que preencha completamente a mochila? Existe uma formulação alternativa: Para inteiros positivos $a_1, a_2, ..., a_n$, e uma soma V, resolva a equação

$$V = a_1 x_2 + a_2 x_2 + \cdots + a_n x_n$$

onde $x_i = 0$ ou 1 para $i = 1, 2, ..., n$.

Pode não haver solução ou pode haver mais de uma solução para o problema, dependendo da escolha da sequência $a_1, a_2, ..., a_n$ e do número inteiro V. Por exemplo, o problema da mochila

$$22 = 3x_1 + 7x_2 + 9x_3 + 11x_4 + 20x_5$$

não possui solução; mas

$$27 = 3x_1 + 7x_2 + 9x_3 + 11x_4 + 20x_5$$

tem duas soluções distintas, a saber

$$x_2 = x_3 = x_4 = 1 \qquad x_1 = x_5 = 0$$

e

$$x_2 = x_5 = 1 \qquad x_1 = x_3 = x_4 = 0$$

Encontrar uma solução para um problema da mochila escolhido aleatoriamente é notoriamente difícil. Nenhum dos métodos conhecidos para atacar o problema são substancialmente menos demorados que realizar uma busca exaustiva direta, ou seja, testar todas as 2^n possibilidades para $x_1, x_2, ..., x_n$. Isto é computacionalmente inviável para n maior do que 100.

No entanto, se a sequência de inteiros $a_1, a_2, ..., a_n$ tiver algumas propriedades especiais, o problema da mochila se torna muito mais fácil de resolver. Chamamos uma sequência $a_1, a_2, ..., a_n$ *superaumentada* quando cada a_i é maior do que a soma de todos os seus anteriores; isto é,

$$a_i > a_1 + a_2 + \cdots + a_{i-1} \qquad i = 2, 3, \ldots, n$$

Uma ilustração simples de uma sequência superaumentada é 1, 2, 4, 8, ..., 2^n, em que $2^i > 2^i - 1 = 1 + 2 + 4 + \cdots + 2^{i-1}$. Para o problema da mochila correspondente,

$$V = x_1 + 2x_2 + 4x_3 + \cdots + 2^n x_n \qquad V < 2^{n+1}$$

As incógnitas x^i são apenas os dígitos na expansão binária de V.

Problemas da mochila baseados em sequências superaumentadas possuem solução única sempre que forem solucionáveis, como nosso próximo exemplo mostra.

Exemplo 10.5. Vamos resolver o problema da mochila superaumentada

$$28 = 3x_1 + 5x_2 + 11x_3 + 20x_4 + 41x_5$$

Começamos com o maior coeficiente desta equação, notadamente 41. Como 41 > 28, ele não pode fazer parte do nosso subconjunto soma; daí $x_5 = 0$. O próximo maior coeficiente é 20, com 20 < 28. Agora, a soma dos coeficientes anteriores é 3 + 5 + 11 < 28, de modo que eles não podem encher a mochila; portanto 20 deve ser incluído na soma, e assim $x_4 = 1$.

Conhecendo-se os valores de x_4 e x_5, o problema original pode ser reescrito como

$$8 = 3x_1 + 5x_2 + 11x_3$$

Uma repetição de nosso raciocínio agora determina se 11 deveria estar na soma da nossa mochila. De fato, a desigualdade 11 > 8 nos força a tomar $x_3 = 0$. Para finalizar, estamos reduzidos a resolver a equação $8 = 3x_1 + 5x_2$, que tem a solução óbvia $x_1 = x_2 = 1$. Isso evidencia que o subconjunto 3, 5, 11, 20, 41 tem a soma desejada:

$$28 = 3 + 5 + 20$$

Não é difícil ver como o procedimento descrito no Exemplo 10.5 funciona. Suponha que queremos resolver o seguinte problema da mochila

$$V = a_1 x_1 + a_2 x_2 + \cdots + a_n x_n$$

onde $a_1, a_2, ..., a_n$ é uma sequência superaumentada de números inteiros. Admita que V pode ser obtido usando um subconjunto da sequência, de modo que V não é maior que a soma $a_1 + a_2 + ... + a_n$. Trabalhando da direita para a esquerda em nossa sequência, começamos fazendo $x_n = 1$ se $V \geq a_n$ e $x_n = 0$ se $V < a_n$. Então obtemos $x_{n-1}, x_{n-2}, ... x_1$, por sua vez, escolhendo

$$x_i = \begin{cases} 1 & \text{se } V - (a_{i+1}x_{i+1} + \cdots + a_n x_n) \geq a_i \\ 0 & \text{se } V - (a_{i+1}x_{i+1} + \cdots + a_n x_n) < a_i \end{cases}$$

Com esse algoritmo, os problemas da mochila que usam sequências superaumentadas podem ser facilmente resolvidos.

Um sistema de criptografia de chave pública baseado no problema da mochila foi concebido por R. Merkle e M. Hellman em 1978. Ele funciona da seguinte maneira. Um usuário do sistema começa escolhendo uma sequência superaumentada $a_1, a_2, ..., a_n$. Depois seleciona um módulo $m > 2a_n$ e um multiplicador a, com $0 < a < m$ e mdc$(a, m) = 1$. Isso garante que a congruência $ax \equiv 1 \pmod{m}$ tem uma única solução, digamos, $x \equiv c \pmod{m}$. Finalmente, forma a sequência de números inteiros $b_1, b_2, ..., b_n$ definida por

$$b_i \equiv aa_i \pmod{m} \qquad i = 1, 2, \ldots, n$$

onde $0 < b_i < m$. Realizar esta última transformação geralmente destrói a propriedade superaumentada gozada pelos a_i.

O usuário mantém em segredo a sequência $a_1, a_2, ..., a_n$ e os números m e a, mas publica $b_1, b_2, ..., b_n$ em um diretório público. Qualquer pessoa que queira enviar uma mensagem para o usuário emprega a sequência disponível publicamente como chave de criptografia.

O emissor começa pela conversão da mensagem de texto claro numa sequência M de 0's e 1's usando o equivalente binário das letras:

Letra	Equivalente binário	Letra	Equivalente binário
A	00000	N	01101
B	00001	O	01110
C	00010	P	01111
D	00011	Q	10000
E	00100	R	10001
F	00101	S	10010
G	00110	T	10011
H	00111	U	10100
I	01000	V	10101
J	01001	W	10110
K	01010	X	10111
L	01011	Y	11000
M	01100	Z	11001

Por exemplo, a mensagem

First Place

seria convertida na representação numérica

$$M = 00101 \quad 01000 \quad 10001 \quad 10010 \quad 10011 \quad 01111 \quad 01011 \quad 00000$$
$$00010 \quad 00100$$

A sequência é então dividida em blocos de n dígitos binários, com o último bloco sendo preenchido com 1's até o final, se necessário. A sequência pública de criptografia $b_1, b_2, ..., b_n$ é em seguida usada para transformar um dado bloco do texto claro, digamos $x_1, x_2, ..., x_n$, na soma

$$S = b_1x_1 + b_2x_2 + \cdots + b_nx_n$$

O número S é a informação oculta que o emissor transmite através de um canal de comunicação, que se presume ser inseguro.

Observe que como cada x_i é 0 ou 1, o problema da recriação do bloco de texto claro a partir de S é equivalente a resolver um problema da mochila aparentemente difícil ("difícil" porque a sequência $b_1, b_2, ..., b_n$ não é necessariamente superaumentada). À primeira vista, o receptor e qualquer intruso se deparam com a mesma tarefa. No entanto, com o auxílio da chave de decodificação privada, o destinatário pode alterar o problema da mochila, tornando-o fácil. Ninguém sem a chave privada pode fazer essa alteração.

Conhecendo c e m, o receptor calcula

$$S' \equiv cS \pmod{m} \qquad 0 \leq S' < m$$

ou, expandindo isso,

$$S' \equiv cb_1x_1 + cb_2x_2 + \cdots + cb_nx_n \pmod{m}$$
$$\equiv caa_1x_1 + caa_2x_2 + \cdots + caa_nx_n \pmod{m}$$

Agora $ca \equiv 1 \pmod{m}$, de modo que a congruência anterior se torna

$$S' \equiv a_1x_1 + a_2x_2 + \cdots + a_nx_n \pmod{m}$$

Como m foi inicialmente escolhido para satisfazer $m > 2a_n > a_1 + a_2 + \cdots + a_n$, obtemos $a_1x_1 + a_2x_2 + \cdots + a_nx_n < m$. Em função da condição $0 < S' < m$, a igualdade

$$S' = a_1x_1 + a_2x_2 + \cdots + a_nx_n$$

é válida. A solução para este problema da mochila superaumentada fornece a solução para o problema difícil, e o bloco de texto claro $x_1, x_2, \cdots, x_n$ de n dígitos é assim recuperado a partir de S.

Para ajudar a tornar mais clara a técnica, consideramos um exemplo de pequeno porte com $n = 5$.

Exemplo 10.6. Suponha que um usuário deste sistema criptográfico selecione como chave secreta a sequência superaumentada 3, 5, 11, 20, 41, o módulo $m = 85$, e o multiplicador $a = 44$. Cada elemento da sequência superaumentada é multiplicado por 44 e reduzido módulo 85 para produzir 47, 50, 59, 30, 19. Esta é a chave de criptografia que o usuário submete ao diretório público.

Alguém que queira enviar uma mensagem de texto claro para o usuário, tal como

HELP US

primeiro o converte para a sequência de 0's e 1's:

$$M = 00111 \quad 00100 \quad 01011 \quad 01111 \quad 10100 \quad 10010$$

A sequência é então dividida em blocos de dígitos, neste caso blocos de comprimento 5. Usando a chave pública de criptografia listada, o emissor transforma os blocos sucessivos em

$$108 = 47 \cdot 0 + 50 \cdot 0 + 59 \cdot 1 + 30 \cdot 1 + 19 \cdot 1$$
$$59 = 47 \cdot 0 + 50 \cdot 0 + 59 \cdot 1 + 30 \cdot 0 + 19 \cdot 0$$
$$99 = 47 \cdot 0 + 50 \cdot 1 + 59 \cdot 0 + 30 \cdot 1 + 19 \cdot 1$$
$$158 = 47 \cdot 0 + 50 \cdot 1 + 59 \cdot 1 + 30 \cdot 1 + 19 \cdot 1$$
$$106 = 47 \cdot 1 + 50 \cdot 0 + 59 \cdot 1 + 30 \cdot 0 + 19 \cdot 0$$
$$77 = 47 \cdot 1 + 50 \cdot 0 + 59 \cdot 0 + 30 \cdot 1 + 19 \cdot 0$$

O texto cifrado transmitido consiste na sequência de inteiros positivos

$$108 \quad 59 \quad 99 \quad 158 \quad 106 \quad 77$$

Para ler a mensagem, o receptor primeiro resolve a congruência $44x \equiv 1 \pmod{85}$, produzindo $x \equiv 29 \pmod{85}$. Em seguida, cada número do texto cifrado é multiplicado por 29 e reduzido módulo 85, para produzir um problema da mochila superaumentada. Por exemplo, 108 é convertido em 72, porque $108 \cdot 29 \equiv 72 \pmod{85}$, o que corresponde ao problema da mochila

$$72 = 3x_1 + 5x_2 + 11x_3 + 20x_4 + 41x_5$$

O procedimento para o tratamento de problemas da mochila superaumentada produz rapidamente a solução $x_1 = x_2 = 0, x_3 = x_4 = x_5 = 1$. Desta forma, o primeiro bloco 00111 do equivalente binário do texto claro é recuperado.

O tempo necessário para decifrar uma mensagem de texto cifrado da mochila parece crescer exponencialmente com o número de itens na mochila. Para um alto nível de segurança, a mochila deve conter pelo menos 250 itens para serem escolhidos. Como uma segunda ilustração de como este sistema de criptografia funciona, vamos observar o efeito de expansão para $n = 10$ do Exemplo 10.6.

Exemplo 10.7. Suponha que o usuário emprega a sequência superaumentada

$$3, 5, 11, 20, 41, 83, 179, 344, 690, 1042$$

Tomando $m = 2618$ e $a = 929$, cada item da mochila é multiplicado por a e reduzido módulo m para produzir a chave de cifragem listada publicamente

$$169, 2027, 2365, 254, 1437, 1185, 1357, 180, 2218, 1976$$

Se a mensagem NOT NOW deve ser encaminhada, seu equivalente binário pode ser dividido em blocos de dez dígitos como

$$0110101110 \quad 1001101101 \quad 0111010110$$

Tal bloco é criptografado pela soma dos números da chave de criptografia cujas localizações correspondem aos 1's do bloco. Isto irá produzir o texto cifrado

$$9584 \; 5373 \; 8229$$

com valores maiores do que aqueles do Exemplo 10.6.

O receptor recupera a mensagem escondida pela multiplicação de cada número do texto cifrado pela solução da congruência $929x \equiv 1 \pmod{2618}$; ou seja, por 31 (mod 2618). Por exemplo, $9584 \cdot 31 \equiv 1270 \pmod{2618}$, onde 1270 pode ser expresso em função de uma sequência superaumentada como

$$1270 = 5 + 11 + 41 + 179 + 344 + 690$$

A localização de cada número inteiro do lado direito da mochila, em seguida, se traduz em 0110101110, o bloco binário inicial.

O sistema de criptografia Merkle-Hellman despertou e interesse quando foi proposto pela primeira vez, porque foi baseado em um problema comprovadamente difícil. No entanto, em 1982, A. Shamir inventou um algoritmo razoavelmente rápido para resolver problemas da mochila que envolvem as sequências $b_1, b_2, ..., b_n$, onde $b_i \equiv aa_i \pmod{m}$ e $a_1, a_2, ..., a_n$ é superaumentada. A fraqueza do sistema é que a chave pública de criptografia $b_1, b_2, ..., b_n$ é muito especial; a multiplicação por a e a redução módulo m não disfarça totalmente a sequência $a_1, a_2, ..., a_n$. O sistema pode ser um pouco mais seguro se feito pela iteração do método de multiplicação modular com diferentes valores de a e m, de modo que as sequências públicas e privadas difiram por várias transformações. Mas mesmo esta construção foi quebrada com sucesso em 1985. Embora a maioria das variações do esquema Merkle-Hellman seja insegura, há algumas que têm, até agora, resistido a ataques.

PROBLEMAS 10.2

1. Obtenha todas as soluções do problema da mochila

$$21 = 2x_1 + 3x_2 + 5x_3 + 7x_4 + 9x_5 + 11x_6$$

2. Determine quais das sequências a seguir são superaumentadas:
   (a) 3, 13, 20, 37, 81.
   (b) 5, 13, 25, 42, 90.
   (c) 7, 27, 47, 97, 197, 397.

3. Encontre a solução única de cada um dos seguintes problemas de mochilas superaumentadas:
   (a) $118 = 4x_1 + 5x_2 + 10x_3 + 20x_4 + 41x_5 + 99x_6$.
   (b) $51 = 3x_1 + 5x_2 + 9x_3 + 18x_4 + 37x_5$.
   (c) $54 = x_1 + 2x_2 + 5x_3 + 9x_4 + 18x_5 + 40x_6$.

4. Considere a sequência de inteiros positivos $a_1, a_2, \ldots, a_n$, onde $a_{i+1} > 2a_i$ para $i = 1, 2, \ldots, n-1$. Mostre que a sequência é superaumentada.

5. Um usuário do sistema de criptografia da mochila tem a sequência 49, 32, 30, 43 como uma chave de codificação. Se a chave privada do usuário envolve o módulo $m = 50$ e multiplicador $a = 33$, determine a sequência superaumentada secreta.

6. A mensagem cifrada pelo sistema de criptografia da mochila emprega a sequência superaumentada 1, 3, 5, 11, 35, módulo $m = 73$, e multiplicador $a = 5$ é 55, 15, 124, 109, 25, 34. Obtenha a mensagem original.
   [*Sugestão*: Note que $5 \cdot 44 \equiv 1 \pmod{73}$.]

7. Um usuário do sistema de criptografia da mochila tem uma chave privada que consiste na sequência superaumentada 2, 3, 7, 13, 27, com módulo $m = 60$ e multiplicador $a = 7$.
   (a) Encontre a chave pública do usuário.
   (b) Com a ajuda da chave pública, codifique a mensagem *SEND MONEY*.

10.3 UMA APLICAÇÃO DAS RAÍZES PRIMITIVAS À CRIPTOGRAFIA

A maioria dos esquemas de criptografia modernos conta com a dificuldade presumida de resolver alguns problemas especiais da teoria dos números dentro de um período razoável de tempo. Por exemplo, a segurança subjacente do sistema de criptografia RSA amplamente discutida na Seção 10.1 se baseia no enorme esforço necessário para fatorar números grandes. Em 1985, Taher ElGamal introduziu um método de criptografar mensagens com base em uma versão do chamado problema do logaritmo discreto: ou seja, o problema de encontrar a potência $0 < x < \phi(n)$, se ela existir, que satisfaça a congruência $r^x \equiv y \pmod{n}$ para r, y e n dados. O expoente x é o logaritmo discreto de y para a base r, módulo n. A vantagem da base r ser uma raiz primitiva do primo n é a garantia de que y sempre terá um logaritmo discreto bem definido. O logaritmo poderia ser encontrado pela busca exaustiva; isto é, por meio do cálculo das potências sucessivas de r até $y \equiv r^x \pmod{n}$ ser alcançado. É claro que isso não seria prático para um grande módulo n de várias centenas de dígitos.

O Exemplo 8.4 indica que o logaritmo discreto de 7 para a base 2 módulo 13 é 11; dito de outra forma, 11 é o menor inteiro positivo x para o qual $2^x \equiv 7 \pmod{13}$. Nesse exemplo, usamos a notação clássica $11 \equiv \text{ind}_2 7 \pmod{13}$ e dissemos que 11 era o índice de 7, ao invés da terminologia mais empregada atualmente.

O sistema de criptografia ElGamal, como o sistema RSA, requer que cada usuário possua uma chave pública e uma chave privada (secreta). Os meios necessários para transmitir uma mensagem cifrada entre as partes é anunciado abertamente, publicado em um diretório. No entanto, a decodificação pode ser feita apenas pelo receptor que usa uma chave privada. Como o conhecimento da chave pública e do método de criptografia não é suficiente para descobrir a outra chave, informações confidenciais podem ser comunicadas através de um canal inseguro.

Um usuário deste sistema começa pela seleção de um número primo p e uma de suas raízes primitivas r. Em seguida, um inteiro k, onde $2 \leq k \leq p - 2$ é escolhido aleatoriamente para servir como a chave secreta; depois disso,

$$a \equiv r^k \pmod{p} \quad 0 \leq a \leq p - 1$$

é calculado. A terna de inteiros (p, r, a) torna-se a chave pública da pessoa, disponibilizada a todos para fins de criptografia. O valor do expoente k nunca é revelado. Para uma pessoa não autorizada descobrir k seria necessário resolver um problema do logaritmo discreto. Isso seria quase intratável para grandes valores de a e p.

Antes de nos voltarmos para o processo de cifragem, ilustramos a seleção da chave pública.

Exemplo 10.8. Suponha que um indivíduo comece por escolher o primo $p = 113$ e sua menor raiz primitiva $r = 3$. A escolha de $k = 37$ é então feita para satisfazer $2 \leq k \leq 111$. Resta calcular $a \equiv 3^{37} \pmod{113}$. A potenciação pode ser facilmente realizada por meio da técnica da quadratura repetida, reduzindo módulo 113 a cada passo:

$$\begin{array}{ll} 3^1 \equiv 3 \pmod{113} & 3^8 \equiv 7 \pmod{113} \\ 3^2 \equiv 9 \pmod{113} & 3^{16} \equiv 49 \pmod{113} \\ 3^4 \equiv 81 \pmod{113} & 3^{32} \equiv 28 \pmod{113} \end{array}$$

E então

$$a = 3^{37} = 3^1 \cdot 3^4 \cdot 3^{32} \equiv 3 \cdot 81 \cdot 28 \equiv 6304 \equiv 24 \pmod{113}$$

A terna (113, 3, 24) serve como a chave pública, enquanto o número inteiro 37 torna-se a chave de decodificação privada.

Passemos à maneira como a criptografia ElGamal funciona. Suponha que uma mensagem deve ser enviada para alguém que tem a chave pública (p, r, a) e a chave privada correspondente k.

A transmissão é uma sequência de números inteiros menores que p. Assim, a mensagem literal é primeiro convertida no seu equivalente numérico M por alguma convenção padrão tal como fazer $a = 00, b = 01, ..., z = 25$. Se $M \geq p$, então M é dividido em blocos sucessivos, cada bloco contendo o mesmo número de dígitos. Pode ser necessário acrescentar dígitos extras (por exemplo, $25 = z$), para preencher o último bloco.

Os blocos de dígitos são codificados separadamente. Se B indica o primeiro bloco, então o emissor — que está ciente da chave pública do destinatário — seleciona arbitrariamente um inteiro $2 \leq j \leq p - 2$ e calcula dois valores:

$$C_1 \equiv r^j \pmod{p} \quad \text{e} \quad C_2 \equiv Ba^j \pmod{p}, \quad 0 \leq C_1, C_2 \leq p - 1$$

O texto cifrado numérico associado ao bloco B é o par de inteiros (C_1, C_2). É possível, no caso de ser necessária maior segurança, que a escolha de j varie de bloco para bloco.

O receptor da mensagem cifrada pode recuperar o bloco B usando a chave secreta k. Tudo o que precisa ser feito primeiro é avaliar $C_1^{p-1-k} \pmod{p}$ e, em seguida, $P \equiv C_2 C_1^{p-1-k} \pmod{p}$; pois

$$P \equiv C_2 C_1^{p-1-k} \equiv (Ba^j)(r^j)^{p-1-k}$$
$$\equiv B(r^k)^j (r^{j(p-1)-jk})$$
$$\equiv B(r^{p-1})^j$$
$$\equiv B \pmod{p}$$

onde a congruência final resulta da identidade de Fermat $r^{p-1} \equiv 1 \pmod{p}$. O ponto principal é que a decodificação pode ser realizada por alguém que sabe o valor de k.

Vamos trabalhar os passos do algoritmo de criptografia, usando um número primo pequeno para simplificar.

Exemplo 10.9. Admita que o usuário deseje enviar a mensagem

SELL NOW

para uma pessoa que tem a chave privada $k = 15$ e chave pública de criptografia $(p, r, a) = (43, 3, 22)$, onde $22 \equiv 3^{15} \pmod{43}$. Primeiro o texto claro literal é convertido para a sequência de dígitos

$$M = 18041111131422$$

Para criar o texto cifrado, o emissor seleciona um inteiro j satisfazendo $2 \leq j \leq 41$, possivelmente $j = 23$, e, em seguida, calcula

$$r^j = 3^{23} \equiv 34 \pmod{43} \quad \text{e} \quad a^j = 22^{23} \equiv 32 \pmod{43}$$

Depois disso, o produto $a^j B \equiv 32B \pmod{43}$ é calculado para cada bloco de dois dígitos B de M. O bloco inicial, por exemplo, é criptografado como $32 \cdot 18 \equiv 17 \pmod{43}$. A mensagem digital M é transformada desta forma em uma nova sequência

$$M' = 17420808291816$$

O texto cifrado que vai adiante toma a forma

(34, 17) (34, 42) (34, 08) (34, 08) (34, 29) (34, 18) (34, 16)

Na chegada da mensagem, o receptor usa a chave privada para obter

$$(r^j)^{p-1-k} \equiv 34^{27} \equiv 39 \pmod{43}$$

Cada segunda entrada dos pares do texto cifrado é decodificada na multiplicação por este último valor. A primeira letra, S, na mensagem original do emissor seria recuperada através da congruência $18 \equiv 39 \cdot 17 \pmod{43}$, e assim por diante.

Um aspecto importante de um sistema de criptografia é a sua capacidade para confirmar a integridade de uma mensagem; como todo mundo sabe como enviar uma mensagem, o destinatário precisa ter certeza de que a criptografia foi realmente emitida por uma pessoa autorizada. O método usual de proteger contra possíveis falsificações de terceiros é a pessoa que envia a mensagem ter uma "assinatura" digital, o equivalente eletrônico a uma assinatura manuscrita. É necessário que seja difícil alterar a assinatura digital, mas reconhecer a sua autenticidade deve ser fácil. Ao contrário de uma assinatura manuscrita, deve ser possível variar uma assinatura digital de uma comunicação para outra.

Uma característica do sistema de criptografia ElGamal é um procedimento eficiente para a autenticação de mensagens. Vamos considerar um usuário do sistema que tem a chave pública (p, r, a), chave privada k, e a mensagem criptografada M. O primeiro passo para o fornecimento de uma assinatura é escolher um inteiro $1 \leq j \leq p - 1$, onde mdc $(j, p - 1) = 1$. Tomando uma parte da mensagem de texto claro M – por exemplo, o primeiro bloco B – o usuário calcula

$$c \equiv r^j \pmod{p}, \quad 0 \leq j \leq p - 1$$

e obtém, em seguida, uma solução da congruência linear

$$jd + kc \equiv B \pmod{p - 1}, \quad 0 \leq d \leq p - 2$$

A solução d pode ser encontrada usando o algoritmo de Euclides. O par de inteiros (c, d) é a assinatura digital desejada anexada à mensagem. Só pode ser criada por alguém ciente da chave privada k, do número inteiro aleatório j e da mensagem M.

O receptor utiliza a chave pública do emissor (p, r, a) para confirmar a assinatura pretendida. É simplesmente uma questão de calcular os dois valores

$$V_1 \equiv a^c c^d \pmod{p}, \quad V_2 \equiv r^B \pmod{p}, \quad 0 \leq V_1, V_2 \leq p - 1$$

A assinatura é considerada legítima quando $V_1 = V_2$. Esta igualdade decorre da congruência

$$\begin{aligned} V_1 &\equiv a^c c^d \equiv (r^k)^c (r^j)^d \\ &\equiv r^{kc+jd} \\ &\equiv r^B \equiv V_2 \pmod{p} \end{aligned}$$

Observe que a identificação pessoal não requer que o receptor conheça a chave privada k do emissor.

Exemplo 10.10. A pessoa que tem a chave pública $(43, 3, 22)$ e a chave privada $k = 15$ quer assinar e responder a mensagem SELL NOW. Isto é realizado primeiro pela escolha de um número inteiro $0 < j < 42$ com mdc$(j, 42) = 1$, digamos $j = 25$. Se o primeiro bloco da resposta codificada é $B = 13$, então a pessoa calcula

$$c \equiv 3^{25} \equiv 5 \pmod{43}$$

e depois disso resolve a congruência

$$25d \equiv 13 - 5 \cdot 15 \pmod{42}$$

para o valor $d \equiv 16 \pmod{42}$. A assinatura digital junto à resposta consiste no par $(5, 16)$. Na sua chegada, a assinatura é confirmada pela verificação da igualdade dos inteiros V_1 e V_2:

$$\begin{aligned} V_1 &\equiv 22^5 \cdot 5^{16} \equiv 39 \cdot 40 \equiv 12 \pmod{43} \\ V_2 &\equiv 3^{13} \equiv 12 \pmod{43} \end{aligned}$$

PROBLEMAS 10.3

1. A mensagem REPLY TODAY vai ser codificada no sistema de codificação ElGamal e encaminhada a um usuário com chave pública $(47, 5, 10)$ e chave privada $k = 19$.

(a) Se o inteiro aleatório escolhido para a codificação é $j = 13$, determine o texto codificado.

(b) Indique como o texto codificado pode ser decodificado usando a chave privada do destinatário.

2. Suponha que o texto codificado a seguir foi recebido por uma pessoa que tem a chave pública ElGamal (71, 7, 32) e a chave privada $k = 30$:

$$(56, 45) \quad (56, 38) \quad (56, 29) \quad (56, 03) \quad (56, 67)$$
$$(56, 05) \quad (56, 27) \quad (56, 31) \quad (56, 38) \quad (56, 29)$$

Obtenha a mensagem original.

3. A mensagem NOT NOW (numericamente 131419131422) vai ser enviada para um usuário do sistema ElGamal que tem chave pública (37, 2, 18) e chave privada $k = 17$. Se o inteiro j usado para construir o texto codificado for alterado ao longo dos sucessivos blocos de quatro dígitos de $j = 13$ para $j = 28$ para $j = 11$, qual é a mensagem codificada produzida?

4. Admita que uma pessoa possua a chave pública ElGamal (2633, 3, 1138) e a chave privada $k = 965$. Se a pessoa selecionar um inteiro aleatório $j = 583$ para codificar a mensagem BEWARE OF THEM, obtenha o resultado codificado.

[*Sugestão*: $3^{583} \equiv 1424 \pmod{2633}$, $1138^{583} \equiv 97 \pmod{2633}$.]

5. (a) Uma pessoa com chave pública (31, 2, 22) e chave privada $k = 17$ deseja assinar uma mensagem cujo primeiro bloco do texto original é $B = 14$. Se 13 é o inteiro escolhido para construir a assinatura, obtenha a assinatura produzida pelo algoritmo ElGamal.

(b) Confirme a validade desta assinatura.

CAPÍTULO 11

NÚMEROS DE FORMA ESPECIAL

Na maioria das ciências uma geração destrói o que a outra construiu e o que uma confirmou a outra desfaz. Apenas na matemática cada geração constrói uma nova história para a velha estrutura.

HERMANN HANKEL

11.1 MARIN MERSENNE

O primeiro exemplo que conhecemos de reuniões regulares de matemáticos é o grupo que se reunia com uma figura improvável — o padre francês Marin Mersenne (1588–1648). Filho de um modesto agricultor, Mersenne recebeu uma educação completa no Colégio Jesuíta de La Flèche. Em 1611, depois de dois anos estudando teologia na Sorbonne, ele se juntou à recém-fundada Ordem Franciscana dos Mínimos. Mersenne entrou no Convento dos Mínimos em Paris em 1619, onde, com exceção de viagens curtas, permaneceu pelo resto de sua vida.

Mersenne lamentava a ausência de qualquer tipo de organização formal a qual os estudiosos pudessem recorrer. Ele respondeu a essa necessidade, tornando seus próprios quartos no Convento dos Mínimos disponíveis como ponto de encontro para aqueles que possuíam interesses comuns, ansiosos por discutir as suas respectivas descobertas e ouvir sobre atividades semelhantes em outros lugares. O círculo de conhecidos que ele promoveu — composto principalmente por matemáticos e cientistas parisienses, mas incrementado por colegas de passagem pela cidade — parece ter se encontrado quase continuamente desde 1635 até a sua morte em 1648. Em um desses encontros, o precoce de 14 anos de idade, Blaise Pascal distribuiu seu folheto *Essay pour les coniques* que contém seu famoso teorema do "hexagrama místico"; Descartes só poderia reclamar que ele não poderia "fingir estar interessado no trabalho de um menino".

Marin Mersenne
(1588–1648)

(*David Eugene Smith Collection, Rare Book and Manuscript Library, Columbia University*)

Após a morte de Mersenne, as sessões continuaram a ser realizadas em casas particulares nos arredores de Paris, incluindo a de Pascal. Costuma-se considerar a Académie Royale des Sciences, fundada em 1666, como sucessora mais ou menos direta desses encontros casuais.

De 1625 em diante, Mersenne fez disso seu objetivo principal e começou a se familiarizar com todos os indivíduos notáveis do mundo intelectual europeu. Ele levou a cabo este plano através de uma elaborada rede de correspodências que durou mais de 20 anos. Em essência, ele se transformou num órgão individual de informações matemáticas e científicas, trocando notícias de avanços recentes por mais notícias. Por exemplo, em 1645 Mersenne visitou o físico Torricelli na Itália, e tornou largamente conhecido o uso que ele fazia de uma coluna de mercúrio em um tubo de vácuo para demonstrar a pressão atmosférica. As comunicações de Mersenne se dispersavam ao longo do continente, passando de mão em mão, e eram o elo vital entre membros isolados da comunidade científica emergente num momento em que a publicação de revistas científicas ainda não acontecia.

Após a morte de Mersenne, cartas de 78 correspondentes espalhados pela Europa Ocidental foram encontradas em seus aposentos parisienses. Entre seus correspondentes estavam Huygens na Holanda, Torricelli e Galileu na Itália, Pell e Hobbes, na Inglaterra, e os Pascal, pai e filho, na França. Ele também serviu como principal canal de comunicação entre os estudiosos franceses da teoria dos números Fermat, Frénicle e Descartes; as cartas que trocavam determinavam os tipos de problema que estes escolhiam para investigar.

O próprio Mersenne não contribuiu amplamente para o assunto, mas era uma pessoa interessada estimulando os outros mais notáveis com perguntas e conjecturas. Suas asserções tendem a ser enraizadas na preocupação dos gregos clássicos sobre divisibilidade. Por exemplo, em uma carta escrita em 1643, ele enviou o número 100895598169 para Fermat pedindo seus fatores. (Fermat respondeu quase imediatamente que o número em questão é o produto dos primos 898423 e 112303.) Em outra ocasião, ele pediu um número que tivesse exatamente 360 divisores. Mersenne também se interessou por saber se existe ou não um número perfeito com 20 ou 21 dígitos, sendo a questão subjacente descobrir se $2^{37} - 1$ é primo. Fermat descobriu que os únicos divisores primos de $2^{37} - 1$ são da forma $74k + 1$ e que 223 é um fator, fornecendo, assim, uma resposta negativa à Mersenne.

Mersenne foi o autor de várias obras que lidam com as ciências matemáticas, incluindo *Synopsis Mathematica* (1626), *Traité de l'Harmonie Universelle* (1636–1637), e *Universae Geometriae Synopsis* (1644). Fiel à recente teoria de Copérnico sobre o movimento da Terra, ele era praticamente o representante de Galileu na França. Ele trouxe (1634), sob o título de *Les Mécaniques Galilée*, uma versão das aulas de Galileu sobre mecânica; e, em 1639, um ano após a sua publicação original, traduziu para o francês o *Discorsi* de Galileu — um tratado que analisa o movimento de projéteis e a aceleração gravitacional. Como o italiano era pouco compreendido no exterior, Mersenne foi fundamental na popularização das investigações de Galileu. É admirável que ele tenha feito isso sendo um membro fiel de uma ordem religiosa católica, no auge da hostilidade da Igreja com Galileu e da condenação de seus escritos. Talvez a maior contribuição de Mersenne ao movimento científico estivesse em sua rejeição da interpretação tradicional dos fenômenos naturais, que destacava a ação dos poderes "ocultos", insistindo em explicações puramente racionais.

11.2 NÚMEROS PERFEITOS

A história da teoria dos números está repleta de conjecturas famosas e perguntas abertas. Este capítulo se concentra em algumas das conjecturas intrigantes associadas aos números perfeitos. Algumas delas foram respondidas satisfatoriamente, mas a maioria permanece sem solução; todas têm estimulado o desenvolvimento do assunto como um todo.

Os pitagóricos consideravam bastante notável que o número 6 é igual à soma dos seus divisores positivos, exceto ele próprio:

$$6 = 1 + 2 + 3$$

O próximo número depois de 6 que tem esta característica é o 28; pois os divisores positivos de 28 são 1, 2, 4, 7, 14, e 28, e

$$28 = 1 + 2 + 4 + 7 + 14$$

Em sintonia com a sua filosofia de atribuir qualidades místicas aos números, os pitagóricos chamaram tais números "perfeitos". Afirmamos isso precisamente na Definição 11.1.

Definição 11.1. Um número inteiro positivo n é *perfeito* se n for igual à soma de todos os seus divisores positivos, com exceção do próprio n.

A soma dos divisores positivos de um inteiro n, cada um deles sendo menor que n, é dada por $\sigma(n) - n$. Assim, a condição "n é perfeito" corresponde a $\sigma(n) - n = n$, ou de modo equivalente, a

$$\sigma(n) = 2n$$

Por exemplo, temos

$$\sigma(6) = 1 + 2 + 3 + 6 = 2 \cdot 6$$

e

$$\sigma(28) = 1 + 2 + 4 + 7 + 14 + 28 = 2 \cdot 28$$

de modo que 6 e 28 são números perfeitos.

Por muitos séculos, os filósofos estavam mais preocupados com o significado místico ou religioso de números perfeitos do que com as suas propriedades matemáticas. Santo Agostinho explica que, embora Deus pudesse ter criado o mundo de uma só vez, ele preferiu fazê-lo em 6 dias, porque a perfeição do trabalho é simbolizada pelo número (perfeito) 6. Comentaristas do Velho Testamento argumentavam que a perfeição do universo é representada por 28, o número de dias que a Lua leva para circundar a Terra. No mesmo sentido, o teólogo do século VIII Alcuíno de York observou que toda a raça humana descende das 8 almas da Arca de Noé e que esta segunda Criação é menos perfeita que a primeira, sendo 8 um número imperfeito.

Somente quatro números perfeitos eram conhecidos dos antigos gregos. Nicômaco em sua *Introductio Arithmeticae* (cerca de 100 d.C.) lista

$$P_1 = 6 \qquad P_2 = 28 \qquad P_3 = 496 \qquad P_4 = 8128$$

Ele diz que eles são formados de modo "ordenado", um entre as unidades, um entre as dezenas, um entre as centenas, e um entre os milhares (ou seja, menor que 10.000). Com base nessas evidências escassas, suspeitou-se de que

1. O n-ésimo número perfeito P_n contém exatamente n dígitos; e
2. Os números perfeitos pares terminam, alternadamente, em 6 e 8.

Ambas as afirmações estão erradas. Não existe um número perfeito, com 5 dígitos; o próximo número perfeito (primeiro dado correto em um manuscrito anônimo do século XV) é

$$P_5 = 33550336$$

Embora o último dígito de P_5 seja 6, o número perfeito sucessor, ou seja,

$$P_6 = 8589869056$$

também termina em 6, e não 8 como conjecturado. Para salvar alguma coisa no sentido positivo, mostraremos mais adiante que os números perfeitos pares sempre terminam em 6 ou 8 — mas não necessariamente de modo alternado.

Se nada convenceu até aqui, a magnitude de P_6 deve convencer o leitor da raridade de números perfeitos. Ainda não se sabe se existe um número finito ou infinito deles.

O problema de determinar a forma geral de todos os números perfeitos remonta quase o início dos tempos da matemática. Foi parcialmente resolvido por Euclides quando no Livro IX dos *Elementos*, ele provou que, se a soma

$$1 + 2 + 2^2 + 2^3 + \cdots + 2^{k-1} = p$$

for um número primo, então $2^{k-1}p$ é um número perfeito (necessariamente par). Por exemplo, $1 + 2 + 4 = 7$ é primo; daí, $4 \cdot 7 = 28$ é um número perfeito. O argumento de Euclides faz uso da fórmula para a soma de uma progressão geométrica

$$1 + 2 + 2^2 + 2^3 + \cdots + 2^{k-1} = 2^k - 1$$

que é encontrada em vários textos de Pitágoras. Nesta notação, o resultado é lido da seguinte maneira: Se $2^k - 1$ é primo ($k > 1$), então $n = 2^{k-1}(2^k - 1)$ é um número perfeito. Cerca de 2000 anos depois de Euclides, Euler deu um passo decisivo para provar que todos os números pares perfeitos devem ser deste tipo. Incorporamos estas declarações no nosso primeiro teorema.

Teorema 11.1. Se $2^k - 1$ é primo ($k > 1$), então $n = 2^{k-1}(2^k - 1)$ é um número perfeito e todo número perfeito par é dessa forma.

Demonstração. Seja $2^k - 1 = p$, um primo, e considere o inteiro $n = 2^{k-1}p$. Na medida em que mdc($2^{k-1}, p$) = 1, o fato de σ ser multiplicativa (como garante o Teorema 6.2) implica que

$$\begin{aligned}\sigma(n) &= \sigma(2^{k-1}p) = \sigma(2^{k-1})\sigma(p) \\ &= (2^k - 1)(p + 1) \\ &= (2^k - 1)2^k = 2n\end{aligned}$$

fazendo n um número perfeito.

Para a recíproca, assumimos que n é um número perfeito par. Podemos escrever n como $n = 2^{k-1}m$, onde m é um número inteiro ímpar e $k \geq 2$. Decorre do mdc($2^{k-1}, m$) = 1 que

$$\sigma(n) = \sigma(2^{k-1}m) = \sigma(2^{k-1})\sigma(m) = (2^k - 1)\sigma(m)$$

ao passo que a condição para um número ser perfeito dá

$$\sigma(n) = 2n = 2^k m$$

Juntas, essas relações produzem

$$2^k m = (2^k - 1)\sigma(m)$$

que é simplesmente dizer que $(2^k - 1) \mid 2^k m$. Mas $2^k - 1$ e 2^k são primos relativos, daí $(2^k - 1) \mid m$; digamos, $m = (2^k - 1)M$. Agora, o resultado de substituirmos este valor de m na última equação apresentada e cancelarmos $2^k - 1$ é que $\sigma(m) = 2^k M$. Como m e M são divisores de m (com $M < m$), temos

$$2^k M = \sigma(m) \geq m + M = 2^k M$$

levando a $\sigma(m) = m + M$. A implicação dessa igualdade é que m tem apenas dois divisores positivos, a saber, M e o próprio m. Obrigatoriamente m é primo e $M = 1$; em outras palavras, $m = (2^k - 1)M = 2^k - 1$ é um número primo, completando a presente demonstração.

Como o problema de encontrar números perfeitos pares é reduzido a buscar números primos da forma $(2^k - 1)$, um olhar mais atento para estes números inteiros pode ser frutífero. Uma coisa que pode ser provada é que se $2^k - 1$ é um número primo, então o expoente k deve ser primo. De modo mais geral, temos o seguinte lema.

Lema. Se $a^k - 1$ é primo $(a > 0, k \geq 2)$, então $a = 2$ e k também é primo.

Demonstração. Pode ser verificado sem dificuldade que

$$a^k - 1 = (a - 1)(a^{k-1} + a^{k-2} + \cdots + a + 1)$$

onde, no contexto atual,

$$a^{k-1} + a^{k-2} + \cdots + a + 1 \geq a + 1 > 1$$

Como por hipótese $a^k - 1$ é primo, o outro fator deve ser 1; isto é, $a - 1 = 1$, de modo que $a = 2$.

Se k fosse composto, então poderíamos escrever $k = rs$, com $1 < r$ e $1 < s$. Assim,

$$\begin{aligned} a^k - 1 &= (a^r)^s - 1 \\ &= (a^r - 1)(a^{r(s-1)} + a^{r(s-2)} + \cdots + a^r + 1) \end{aligned}$$

e cada fator da direita é claramente maior que 1. Mas isso nega o fato de $a^k - 1$ ser primo; de modo que por contradição k deve ser primo.

Para $p = 2, 3, 5, 7$, os valores de 3, 7, 31, 127 de $2^p - 1$ são números primos, de modo que

$$2(2^2 - 1) = 6$$
$$2^2(2^3 - 1) = 28$$
$$2^4(2^5 - 1) = 496$$
$$2^6(2^7 - 1) = 8128$$

são todos números perfeitos.

Muitos estudiosos erroneamente acreditavam que $2^p - 1$ fosse primo para toda escolha do número primo p. Mas, em 1536, Hudalrichus Regius em um trabalho intitulado *Utriusque Arithmetices* exibiu a fatoração correta

$$2^{11} - 1 = 2047 = 23 \cdot 89$$

Se isso parece uma pequena realização, deve-se perceber que os seus cálculos foram provavelmente realizados em algarismos romanos, com a ajuda de um ábaco (até o final do século XVI o sistema de numeração árabe ainda não havia tido ascendência completa sobre o romano). Regius também deu $p = 13$ como o próximo valor de p para o qual a expressão $2^p - 1$ é um número primo. A partir disso, obtemos o quinto número perfeito

$$2^{12}(2^{13} - 1) = 33550336$$

Uma das dificuldades para encontrar os próximos números perfeitos era a ausência de uma tabela de números primos. Em 1603, Pietro Cataldi, que é lembrado principalmente por sua invenção da notação para frações contínuas, publicou uma lista de todos os números primos menores que 5150. Pelo procedimento direto de dividir por todos os primos não superiores à raiz quadrada do número, Cataldi determinou que $2^{17} - 1$ era primo e, em consequência, que

$$2^{16}(2^{17} - 1) = 8589869056$$

é o sexto número perfeito.

A pergunta que imediatamente vem à mente é se existem infinitos números primos do tipo $2^p - 1$, com p um primo. Se a resposta fosse afirmativa, então existiria uma infinidade de números perfeitos. Infelizmente, este é mais um problema não resolvido famoso.

Este parece ser um bom momento para provarmos nosso teorema sobre os dígitos finais de números perfeitos pares.

Teorema 11.2. Um número perfeito par n termina no dígito 6 ou 8; de modo equivalente, ou $n \equiv 6 \pmod{10}$ ou $n \equiv 8 \pmod{10}$.

Demonstração. Sendo um número perfeito par, n pode ser representado como $n = 2^{k-1}(2^k - 1)$, onde $2^k - 1$ é primo. De acordo com o último lema, o expoente k também deve ser primo. Se $k = 2$, então $n = 6$, e o resultado afirmado é válido. Podemos, portanto, limitar a nossa atenção para o caso $k > 2$. A demonstração se divide em duas partes, de acordo com k tomar a forma $4m + 1$ ou $4m + 3$.

Se k é da forma $4m + 1$, então

$$n = 2^{4m}(2^{4m+1} - 1)$$
$$= 2^{8m+1} - 2^{4m} = 2 \cdot 16^{2m} - 16^m$$

Um argumento de indução simples mostra claramente que $16^t \equiv 6 \pmod{10}$ para qualquer inteiro positivo t. Utilizando essa congruência, obtemos

$$n \equiv 2 \cdot 6 - 6 \equiv 6 \pmod{10}$$

Agora, no caso em que $k = 4m + 3$,

$$n = 2^{4m+2}(2^{4m+3} - 1)$$
$$= 2^{8m+5} - 2^{4m+2} = 2 \cdot 16^{2m+1} - 4 \cdot 16^m$$

Voltando ao fato de que $16^t \equiv 6 \pmod{10}$, vemos que

$$n \equiv 2 \cdot 6 - 4 \cdot 6 \equiv -12 \equiv 8 \pmod{10}$$

Consequentemente, todo número perfeito par tem um último dígito igual a 6 ou a 8.

Com mais um pequeno argumento podemos provar um resultado mais específico, a saber, que qualquer número perfeito par $n = 2^{k-1}(2^k - 1)$ sempre termina nos dígitos 6 ou 28. Como um inteiro é congruente módulo 100 a seus dois últimos dígitos, é suficiente provar que, se k é da forma $4m + 3$, então $n \equiv 28 \pmod{100}$. Para ver isso, note que

$$2^{k-1} = 2^{4m+2} = 16^m \cdot 4 \equiv 6 \cdot 4 \equiv 4 \pmod{10}$$

Além disso, para $k > 2$, temos que $4 \mid 2^{k-1}$, e, portanto, o número formado pelos dois últimos dígitos de 2^{k-1} é divisível por 4. A situação é a seguinte: O último dígito de 2^{k-1} é 4 e 4 divide os dois últimos dígitos. Módulo 100, as várias possibilidades são

$$2^{k-1} \equiv 4, 24, 44, 64 \text{ ou } 84$$

Mas isto implica que

$$2^k - 1 = 2 \cdot 2^{k-1} - 1 \equiv 7, 47, 87, 27 \text{ ou } 67 \pmod{100}$$

de onde

$$n = 2^{k-1}(2^k - 1)$$
$$\equiv 4 \cdot 7, 24 \cdot 47, 44 \cdot 87, 64 \cdot 27 \text{ ou } 84 \cdot 67 \pmod{100}$$

É um exercício simples, que deixamos a cargo do leitor, para verificar que cada um dos produtos do lado direito da última congruência é congruente a 28 módulo 100.

PROBLEMAS 11.2

1. Prove que o inteiro $n = 2^{10}(2^{11} - 1)$ não é um número perfeito mostrando que $\sigma(n) \neq 2n$. [*Sugestão*: $2^{11} - 1 = 23 \cdot 89$.]
2. Verifique cada uma das seguintes afirmativas:
   (a) Nenhuma potência de um primo pode ser um número perfeito.
   (b) Um quadrado perfeito não pode ser um número perfeito.
   (c) O produto de dois primos ímpares nunca é um número perfeito.
   [*Sugestão*: Desenvolva a desigualdade $(p - 1)(q - 1) > 2$ para obter $pq > p + q + 1$.]
3. Se n é um número perfeito, prove que $\sum_{d \mid n} 1/d = 2$.
4. Prove que todo número perfeito par é um número triangular.
5. Dado que n é um número perfeito par, por exemplo, $n = 2^{k-1}(2^k - 1)$, mostre que o inteiro $n = 1 + 2 + 3 + \cdots + (2^k - 1)$ e também que $\phi(n) = 2^{k-1}(2^{k-1} - 1)$.
6. Para um número perfeito par $n > 6$, mostre o que segue:
   (a) A soma dos dígitos de n é congruente a 1 módulo 9.

[*Sugestão*: A congruência $2^6 \equiv 1 \pmod 9$ e o fato de que qualquer primo $p \geq 5$ é da forma $6k + 1$ ou $6k + 5$ implicam que $n = 2^{p-1}(2^p - 1) \equiv 1 \pmod 9$.]

(b) O inteiro n pode ser expresso como a soma de cubos ímpares consecutivos.

[*Sugestão*: Use Seção 1.1, Problema 1(e) para provar a identidade a seguir para todo $k \geq 1$:

$$1^3 + 3^3 + 5^3 + \cdots + (2^k - 1)^3 = 2^{2k-2}(2^{2k-1} - 1).]$$

7. Mostre que nenhum divisor próprio de um número perfeito pode ser perfeito.

   [*Sugestão*: Aplique o resultado do Problema 3.]

8. Encontre os dois últimos dígitos do número perfeito:

$$n = 2^{19936}(2^{19937} - 1)$$

9. Se $\sigma(n) = kn$, onde $k \geq 3$, então o inteiro positivo n é chamado um *número k-perfeito* (algumas vezes, *multiperfeitos*). Prove as seguintes afirmativas que se referem a números k-perfeitos:

   (a) $523776 = 2^9 \cdot 3 \cdot 11 \cdot 31$ é 3-perfeito.

          $30240 = 2^5 \cdot 3^3 \cdot 5 \cdot 7$ é 4-perfeito.

      $14182439040 = 2^7 \cdot 3^4 \cdot 5 \cdot 7 \cdot 11^2 \cdot 17 \cdot 19$ é 5-perfeito.

   (b) Se n é um número 3-perfeito e $3 \nmid n$, então $3n$ é 4-perfeito.

   (c) Se n é um número 5-perfeito e $5 \nmid n$, então $5n$ é 6-perfeito.

   (d) Se $3n$ é um número $4k$-perfeito e $3 \nmid n$, então n é $3k$-perfeito.

   Para cada k, conjectura-se que existe uma quantidade finita de números k-perfeitos. O maior descoberto tem 558 dígitos e é 9-perfeito.

10. Mostre que 120 e 672 são os únicos números 3-perfeitos da forma $n = 2^k \cdot 3 \cdot p$, onde p é um primo ímpar.

11. Um inteiro positivo n é *multiplicativamente perfeito* se n é igual ao produto de todos os seus divisores positivos, exceto o próprio n; em outras palavras, $n^2 = \prod_{d \mid n} d$. Encontre todos os números multiplicativamente perfeitos.

    [*Sugestão*: Note que $n^2 = n^{\tau(n)/2}$.]

12. (a) Se $n > 6$ é um número perfeito par, prove que $n \equiv 4 \pmod 6$.

    [*Sugestão*: $2^{p-1} \equiv 1 \pmod 3$ para algum primo ímpar p.]

    (b) Prove que se $n \neq 28$ é um número perfeito par, $n \equiv 1$ ou $-1 \pmod 7$.

13. Para qualquer número perfeito par $n = 2^{k-1}(2^k - 1)$, mostre que $2^k \mid \sigma(n^2) + 1$.

14. Números n tais que $\sigma(\sigma(n)) = 2n$ são chamados *números superperfeitos*.

    (a) Se $n = 2^k$ com $2^{k+1} - 1$ um primo, prove que n é superperfeito; consequentemente 16 e 64 são superperfeitos.

    (b) Encontre todos os números perfeitos pares $n = 2^{k-1}(2^k - 1)$ que também são superperfeitos.

    [*Sugestão*: Primeiramente prove a igualdade $\sigma(\sigma(n)) = 2^k(2^{k+1} - 1)$.]

15. A *média harmônica* $H(n)$ dos divisores de um inteiro positivo n é definida pela fórmula

$$\frac{1}{H(n)} = \frac{1}{\tau(n)} \sum_{d \mid n} \frac{1}{d}$$

   Mostre que se n é um número perfeito, então $H(n)$ deve ser um inteiro.

   [*Sugestão*: Observe que $H(n) = n\tau(n)/\sigma(n)$.]

16. Os primos gêmeos 5 e 7 são tais que metade da soma dos dois é um número perfeito. Existem outros primos gêmeos com esta propriedade?

    [*Sugestão*: Dados os primos gêmeos p e $p + 2$, com $p > 5$, $\frac{1}{2}(p + p + 2) = 6k$ para algum $k > 1$.]

17. Prove que se $2^k - 1$ é primo, então a soma

    $$2^{k-1} + 2^k + 2^{k+1} + \cdots + 2^{2k-2}$$

    fornecerá um número perfeito. Por exemplo, $2^3 - 1$ é primo e $2^2 + 2^3 + 2^4 = 28$, que é perfeito.

18. Admitindo que n é um número perfeito par, por exemplo $n = 2^{k-1}(2^k - 1)$, prove que o produto dos divisores positivos de n é igual a n^k; em símbolos,

    $$\prod_{d \mid n} d = n^k$$

19. Se $n_1, n_2, ..., n_r$ são números perfeitos pares distintos, prove que

    $$\phi(n_1 n_2 \cdots n_r) = 2^{r-1} \phi(n_1) \phi(n_2) \cdots \phi(n_r)$$

    [*Sugestão*: Veja o Problema 5.]

20. Dado o número perfeito par $n = 2^{k-1}(2^k - 1)$, mostre que

    $$\phi(n) = n - 2^{2k-2}$$

11.3 PRIMOS DE MERSENNE E NÚMEROS AMIGOS

Tornou-se tradicional chamar os números da forma

$$M_n = 2^n - 1 \qquad n \geq 1$$

Números de Mersenne em homenagem ao Padre Marin Mersenne, que fez uma afirmação incorreta, mas provocadora sobre a primalidade destes números. Os números de Mersenne que são primos são chamados *primos de Mersenne*. Pelo que provamos na Seção 11.2, a determinação de primos de Mersenne M_n — e, por sua vez, de números perfeito pares — ficou reduzida ao caso em que n é primo.

No prefácio da sua *Cogitata Physica-Mathematica* (1644), Mersenne afirmou que M_p é primo para $p = 2, 3, 5, 7, 13, 17, 19, 31, 67, 127, 257$ e composto para todos os outros primos $p < 257$. Era óbvio para os outros matemáticos que Mersenne não poderia ter testado a primalidade de todos os números que tinha anunciado; mas nem eles puderam. Euler verificou (1772) que M_{31} era primo, examinando todos os números primos até 46339 como possíveis divisores, mas M_{67}, M_{127} e M_{257} estavam além de sua técnica; em todo o caso, isto proporcionou o oitavo número perfeito

$$2^{30}(2^{31} - 1) = 2305843008139952128$$

Em 1947, depois de um tremendo trabalho causado por calculadoras de mesa não confiáveis, que o exame do caráter primo ou composto de M_p para os 55 primos $p \leq 257$ foi concluído. Sabemos agora que Mersenne cometeu cinco erros. Ele erroneamente concluiu que M_{67} e M_{257} são primos e excluiu M_{61}, M_{89} e M_{167} da sua lista de primos. É bastante surpreendente que mais de 300 anos foram necessários para se chegar a esses resultados.

Todos os números compostos de M_n, com $n \leq 257$, já foram completamente fatorados. A fatoração mais difícil, o de M_{251}, foi obtida em 1984, após uma busca de 32 horas em um supercomputador.

Uma curiosidade histórica é que, em 1876, Edouard Lucas desenvolveu um teste com o qual foi capaz de provar que o número de Mersenne M_{67} é composto; mas ele não poderia fornecer seus fatores.

Lucas foi o primeiro a elaborar um "teste de primalidade" eficiente; isto é, um processo que garante se um número é primo ou composto, sem revelar os seus fatores, se existirem. Seus critérios de primalidade para os números de Mersenne e de Fermat foram desenvolvidos em uma série de 13 artigos publicados entre janeiro de 1876 e janeiro de 1878. Apesar de sua pesquisa, Lucas nunca obteve uma posição acadêmica importante na sua França natal, em vez disso, passou a sua carreira em várias escolas secundárias. Um acidente infeliz levou Lucas à morte por uma infecção aos 49 anos: um pedaço de uma placa caído de um banquete voou e cortou seu rosto.

No encontro da Sociedade Americana de Matemática de outubro de 1903, o matemático americano Frank Nelson Cole apresentou um artigo sob o título um tanto despretensioso "A fatoração de números grandes". Quando chamado a falar, Cole caminhou até um quadro e, sem dizer nada, elevou o inteiro 2 à 67ª potência; em seguida, ele cuidadosamente subtraiu 1 do resultado e não apagou. Sem uma palavra, ele foi até a parte limpa do quadro e efetuou, à mão, o produto

$$193{,}707{,}721 \times 761{,}838{,}257{,}287$$

Os dois cálculos produziram o mesmo resultado. Diz a história que, pela primeira e única vez, esta venerável academia se ergueu para aplaudir de pé a apresentação de um artigo. Cole tomou o seu lugar, sem ter pronunciado uma palavra, e ninguém se preocupou em lhe fazer uma pergunta. (Mais tarde, ele confidenciou a um amigo que encontrar os fatores de M_{67} lhe tomou as tardes de domingo durante 20 anos.)

No estudo dos números de Mersenne, nos deparamos com um fato estranho: quando, na fórmula $2^n - 1$, foram substituídos por n cada um dos quatro primeiros primos de Mersenne (ou seja, 3, 7, 31 e 127), um número primo de Mersenne maior é obtido. Os matemáticos esperavam que este procedimento desse origem a um conjunto infinito de primos de Mersenne; em outras palavras, a conjectura é que se o número M_n é primo, então M_{M_n} também é primo. Infelizmente, em 1953, um computador de alta velocidade encontrou

$$M_{M_{13}} = 2^{M_{13}} - 1 = 2^{8191} - 1$$

(um número com 2466 dígitos) composto.

Existem vários métodos para determinar se certos tipos especiais de números de Mersenne são primos ou compostos. Um desses testes é apresentado a seguir.

Teorema 11.3. Se p e $q = 2p + 1$ são números primos, então ou $q \mid M_p$ ou $q \mid M_p + 2$, mas nunca ambos.

Demonstração. De acordo com o Teorema de Fermat, sabemos que

$$2^{q-1} - 1 \equiv 0 \pmod{q}$$

e, fatorando o lado esquerdo, que

$$(2^{(q-1)/2} - 1)(2^{(q-1)/2} + 1) = (2^p - 1)(2^p + 1)$$
$$\equiv 0 \pmod{q}$$

O que equivale à:

$$M_p(M_p + 2) \equiv 0 \pmod{q}$$

Agora segue diretamente do Teorema 3.1. que não podemos ter simultaneamente $q \mid M_p$ e $q \mid M_p + 2$. Se isso ocorresse, poderíamos afirmar que $q \mid 2$, o que é impossível.

Uma única aplicação é suficiente para ilustrar o Teorema 11.3: se $p = 23$, então $q = 2p + 1 = 47$ também é primo, de modo que podemos considerar o caso de M_{23}. A questão se reduz saber se $47 \mid M_{23}$ ou, dito de outra forma, se $2^{23} \equiv 1 \pmod{47}$. Agora, temos

$$2^{23} = 2^3 (2^5)^4 \equiv 2^3 (-15)^4 \pmod{47}$$

Mas

$$(-15)^4 = (225)^2 \equiv (-10)^2 \equiv 6 \pmod{47}$$

Juntando essas duas congruências, vemos que

$$2^{23} \equiv 2^3 \cdot 6 \equiv 48 \equiv 1 \pmod{47}$$

donde se conclui que M_{23} é composto.

Podemos salientar que o Teorema 11.3 não ajuda a testar a primalidade de M_{29}; neste caso, $59 \nmid M_{29}$, mas $59 \mid M_{29} + 2$.

Das duas possibilidades $q \mid M_p$ e $q \mid M_p + 2$, é razoável perguntar: Que condições sobre q garantirão que $q \mid M_p$? A resposta pode ser encontrada no Teorema 11.4.

Teorema 11.4. Se $q = 2n + 1$ é primo, então, segue que:

(a) $q \mid M_n$, desde que $q \equiv 1 \pmod 8$ ou $q \equiv 7 \pmod 8$.
(b) $q \mid M_n + 2$, desde que $q \equiv 3 \pmod 8$ ou $q \equiv 5 \pmod 8$.

Demonstração. Dizer que $q \mid M_n$ é equivalente a afirmar que

$$2^{(q-1)/2} = 2^n \equiv 1 \pmod q$$

Usando o símbolo de Legendre, esta última condição se torna a exigência de que $(2/q) = 1$. Mas, de acordo com o Teorema de 9.6, $(2/q) = 1$ quando temos $q \equiv 1 \pmod 8$ ou $q \equiv 7 \pmod 8$. A demonstração de (b) ocorre de modo semelhante.

Vamos considerar uma consequência imediata do Teorema 11.4.

Corolário. Se p e $q = 2p + 1$ são primos ímpares, com $p \equiv 3 \pmod 4$, então $q \mid M_p$.

Demonstração. Um primo ímpar p ou é da forma $4k + 1$ ou $4k + 3$. Se $p = 4k + 3$, então $q = 8k + 7$ e o Teorema 11.4 leva a $q \mid M_p$. No caso em que $p = 4k + 1$, $q = 8k + 3$ de modo que $q \nmid M_p$.

Apresentamos uma lista parcial dos números primos $p \equiv 3 \pmod 4$, onde $q = 2p + 1$ também é primo: $p = 11, 23, 83, 131, 179, 191, 239, 251$. Em cada caso, M_p é composto.

Explorando o assunto um pouco mais adiante, abordamos dois resultado de Fermat que limitam os divisores de M_p. O primeiro é o Teorema 11.5.

Teorema 11.5. Se p é um primo ímpar, então qualquer divisor primo de M_p é da forma $2kp + 1$.

Demonstração. Seja q um divisor primo de M_p, de modo que $2^p \equiv 1 \pmod{q}$. Se 2 tem ordem k módulo q (isto é, se k é o menor inteiro positivo que satisfaz $2^k \equiv 1 \pmod{q}$), então o Teorema 8.1 nos diz que $k \mid p$. Não podemos ter $k = 1$; pois isto implicaria que $q \mid 1$, o que é impossível. Portanto, como $k \mid p$ e $k > 1$, o fato de p ser primo força $k = p$.

De acordo com o teorema de Fermat, temos que $2^{q-1} \equiv 1 \pmod{q}$ e, portanto, graças ao Teorema 8.1 novamente, $k \mid q - 1$. Sabendo que $k = p$, o resultado é $p \mid q - 1$. Para sermos definidos, vamos considerar $q - 1 = pt$; então $q = pt + 1$. A demonstração fica completa pela observação de que, se t fosse um inteiro ímpar, então q seria par e teríamos uma contradição. Por isso, devemos ter $q = 2kp + 1$ para alguma escolha de k, o que dá a q a forma esperada.

Como mais uma peneira para filtrar os possíveis divisores de M_p, citamos o seguinte resultado.

Teorema 11.6. Se p é um primo ímpar, então qualquer divisor primo q de M_p é da forma $q \equiv \pm 1 \pmod{8}$.

Demonstração. Suponha que q seja um divisor primo de M_p, de modo que $2^p \equiv 1 \pmod{q}$. De acordo com o Teorema de 11.5, q é da forma $q = 2kp + 1$ para algum inteiro k. Assim, utilizando o critério de Euller, $(2/q) \equiv 2^{(q-1)/2} \equiv 1 \pmod{q}$, onde $(2/q) = 1$. Podemos agora empregar o Teorema 9.6 e concluir que $q \equiv \pm 1 \pmod{8}$.

Para uma ilustração de como estes teoremas podem ser usados, vamos observar M_{17}. Os números inteiros da forma $34k + 1$ que são menores que $362 < \sqrt{M_{17}}$ são

$$35, 69, 103, 137, 171, 205, 239, 273, 307, 341$$

Como o menor divisor (não trivial) de M_{17} deve ser primo, precisamos considerar apenas os números primos entre os 10 números anteriores; a saber,

$$103, 137, 239, 307$$

O trabalho pode ser reduzido um pouco pela observação de que $307 \not\equiv \pm 1 \pmod{8}$, e, portanto, podemos excluir 307 da nossa lista. Agora, ou M_{17} é primo ou uma dos três restantes o divide. Com um pouco de cálculo, podemos verificar que M_{17} não é divisível por nenhum deles; o resultado: M_{17} é primo.

Depois de fornecer o oitavo número perfeito $2^{30}(2^{31} - 1)$, Peter Barlow, em seu livro *Teoria dos Números* (publicado em 1811), conclui pelo seu tamanho que "jamais será descoberto outro maior, pois como eles são apenas números curiosos, sem serem úteis, é pouco provável que alguma pessoa vá tentar encontrar um além dele." O mínimo que se pode dizer é que Barlow subestimou a obstinação da curiosidade humana. Embora o avanço subsequente para números perfeitos maiores nos forneça um dos capítulos fascinantes da história da matemática, uma extensa discussão estaria fora de lugar aqui.

Vale ressaltar, entretanto, que os 12 primeiros números primos de Mersenne (daí, 12 números perfeitos) são conhecidos desde 1914, o 11º em ordem de descoberta, ou seja, M_{89}, foi o último primo de Mersenne obtido pelo cálculo manual; sua primalidade foi verificada por Powers e Cunningham em 1911, trabalhando de forma independente e usando técnicas diferentes. O primo M_{127} foi encontrado por Lucas em 1876 e, durante os 75 anos seguintes, foi o maior número primo conhecido.

Cálculos cujo tamanho e tédio afastam os matemáticos são combustíveis para a indústria de computadores. A partir de 1952, 22 primos de Mersenne adicionais (todos enormes) foram encontrados. O 25º primo de Mersenne, M_{21701}, foi descoberto em 1978 por dois estudantes do ensino médio de 18 anos de idade, Laura Níquel e Curt Noll, utilizando 440 horas em um grande computador. Poucos meses depois, Noll confirmou que M_{23209} também é primo. Com o advento dos computadores muito mais rápidos, este número primo recorde não resistiu por muito tempo.

Durante os últimos 10 anos, uma intensa atividade computacional confirmou a primalidade de mais oito números de Mersenne, cada um, por sua vez, sendo maior que o obtido imediatamente antes. (Na busca interminável de números primos cada vez maiores, o recorde tem sido, geralmente, um número de Mersenne). Quarenta e seis primos de Mersenne foram identificados. O maior descoberto mais recentemente é $M_{43112609}$, descoberto em 2008. Ele tem 12978189 dígitos decimais, quase três milhões a mais que o maior conhecido anteriormente, o $M_{32582657}$ com 9808358 dígitos. A pesquisa de dois anos para $M_{43112609}$ envolveu centenas de milhares de voluntários e seus computadores, cada um recebeu um conjunto de diferentes candidatos para testar a primalidade. O último primo recorde deu origem ao 41º número par perfeito

$$P_{45} = 2^{43112608}(2^{43112609} - 1)$$

um número imenso de 25956377 dígitos.

É pouco provável que se tenha testado a primalidade de M_p para cada primo na vasta extensão $p < 43112609$. Deve-se ter cuidado, pois, em 1989, uma pesquisa computacional sistemática encontrou o primo de Mersenne M_{110503} esquecido entre M_{86243} e M_{216091}. O que é bastante provável é que os entusiastas com o tempo tenham forjado valores mais altos para novos registros.

Um algoritmo frequentemente usado para testar a primalidade de M_p é o teste de Lucas-Lehmer. Baseia-se numa sequência definida indutivamente

$$S_1 = 4 \qquad S_{k+1} = S_k^2 - 2 \qquad k \geq 1$$

Assim, a sequência começa com os valores 4, 14, 194, 37634, ... O teorema básico, aperfeiçoado por Derrick Lehmer em 1930 a partir dos resultados pioneiros de Lucas, é: Para $p > 2$, M_p é primo se e somente se $S_{p-1} \equiv 0 \pmod{M_p}$. Uma formulação equivalente é que M_p é primo se e somente se $S_{p-2} \equiv \pm 2^{(p+1)/2} \pmod{M_p}$.

Um exemplo simples é dado pelo número de Mersenne $M_7 = 2^7 - 1 = 127$. Trabalhando módulo 127, o cálculo é executado como segue:

$$S_1 \equiv 4 \qquad S_2 \equiv 14 \qquad S_3 \equiv 67 \qquad S_4 \equiv 42 \qquad S_5 \equiv -16 \qquad S_6 \equiv 0$$

Isso prova que M_7 é primo.

O maior dos números na lista "original" de Mersenne, o número de 78 dígitos M_{257}, foi identificado composto em 1930, quando Lehmer mostrou que $S_{256} \not\equiv 0 \pmod{257}$; essa conquista aritmética foi anunciada por impresso, em 1930, embora nenhum fator do número tenha sido conhecido. Em 1952, o National Bureau of Standards Western Automatic Computer (CSAO) confirmou os esforços de Lehmer de 20 anos antes. O computador eletrônico realizou em 68 segundos o que tinha tomado de Lehmer mais de 700 horas, utilizando uma máquina de calcular. O menor fator primo de M_{257}, ou seja,

$$535006138814359$$

foi obtido em 1979 e os dois fatores restantes exibidos em 1980, 50 anos após o fato de ele ser composto ter sido revelado.

Temos listados na seção de Tabelas os 47 primos de Mersenne conhecidos até agora, com o número de dígitos de cada um e a data aproximada da sua descoberta.

A maioria dos matemáticos acredita que existem infinitos números primos de Mersenne, mas uma prova disso parece irremediavelmente fora de alcance. Os primos de Mersenne M_p se tornam claramente mais escassos conforme p cresce. Especula-se que devem ser esperados cerca de dois primos Mp para todos os primos p em um intervalo $x < p < 2x$; isto tende a se apoiar em evidências numéricas.

Um dos problemas célebres da teoria dos números é, se existem números perfeitos ímpares. Embora nenhum número perfeito ímpar tenha sido descoberto até hoje, é possível encontrarmos certas condições para a existência de números perfeitos ímpares. A mais antiga delas devemos a Euler, que provou que, se n é um número perfeito ímpar, então

$$n = p^\alpha q_1^{2\beta_1} q_2^{2\beta_2} \cdots q_r^{2\beta_r}$$

$p, q_1, ..., q_r$ são primos ímpares distintos e $p \equiv \alpha \equiv 1 \pmod 4$. Em 1937, Steuerwald mostrou que nem todos os β_i's podem ser iguais a 1; ou seja, se $n = p^\alpha q_1^2 q_2^2 ... q_r^2$ é um número ímpar com $p \equiv \alpha \equiv 1 \pmod 4$, então n não é perfeito. Quatro anos mais tarde, Kanold provou que nem todos os β_i's podem ser iguais a 2, e que nem é possível termos um β_i igual a 2 e todos os outros iguais a 1. Nos últimos anos houve mais progressos: Hagis e McDaniel (1972) descobriram que é impossível termos $\beta_i = 3$ para todo i.

Com esses comentários à parte, vamos provar o resultado de Euler.

Teorema 11.7. Euler. Se n é um número perfeito ímpar, então

$$n = p_1^{k_1} p_2^{2j_2} \cdots p_r^{2j_r}$$

onde os p_i's são primos ímpares distintos e $p_1 \equiv k_1 \equiv 1 \pmod 4$.

Demonstração. Seja $n = p_1^{k_1} p_2^{k_2} \cdots p_r^{k_r}$ a decomposição em fatores primos de n. Como n é perfeito, podemos escrever

$$2n = \sigma(n) = \sigma(p_1^{k_1})\sigma(p_2^{k_2}) \cdots \sigma(p_r^{k_r})$$

Sendo um inteiro ímpar, ou $n \equiv 1 \pmod 4$ ou $n \equiv 3 \pmod 4$; em qualquer caso, $2n \equiv 2 \pmod 4$. Assim, $\sigma(n) = 2n$ é divisível por 2, mas não é por 4. Isso implica que um dos $\sigma\left(p_i^{k_i}\right)$, digamos $\sigma\left(p_1^{k_1}\right)$, deve ser um número inteiro par (mas não divisível por 4), e todos os $\sigma\left(p_i^{k_i}\right)$'s restantes são inteiros ímpares.

Para um dado p_i, existem dois casos a considerar: $p_i \equiv 1 \pmod 4$ e $p_i \equiv 3 \pmod 4$. Se $p_i \equiv 3 \equiv -1 \pmod 4$, teríamos

$$\sigma(p_i^{k_i}) = 1 + p_i + p_i^2 + \cdots + p_i^{k_i}$$
$$\equiv 1 + (-1) + (-1)^2 + \cdots + (-1)^{k_i} \pmod 4$$
$$\equiv \begin{cases} 0 \pmod 4 & \text{se } k_i \text{ é ímpar} \\ 1 \pmod 4 & \text{se } k_i \text{ é par} \end{cases}$$

Como $\sigma\left(p_2^{k_2}\right) \equiv 2 \pmod 4$, isso nos diz que $p_1 \not\equiv 3 \pmod 4$ ou, para colocá-lo afirmativamente, $p_1 \equiv 1 \pmod 4$. Além disso, a congruência $\sigma\left(p_i^{k_i}\right) \equiv 0 \pmod 4$ significa que 4 divide $\sigma\left(p_i^{k_i}\right)$, o que não é possível. A conclusão: se $p_i \equiv 3 \pmod 4$, onde $i = 2, ..., r$, então seu expoente k_i é um inteiro par.

Se acontecer que $p_i \equiv 1 \pmod 4$ – o que é certamente verdadeiro para $i = 1$ – então

$$\sigma(p_i^{k_i}) = 1 + p_i + p_i^2 + \cdots + p_i^{k_i}$$
$$\equiv 1 + 1^1 + 1^2 + \cdots + 1^{k_i} \pmod 4$$
$$\equiv k_i + 1 \pmod 4$$

A condição $\sigma\left(p_2^{k_2}\right) \equiv 2 \pmod 4$ força $k_1 \equiv 1 \pmod 4$. Para os demais valores de i, sabemos que $\sigma\left(p_i^{k_i}\right) \equiv 1$ ou $3 \pmod 4$, e, por conseguinte, $k_i \equiv 0$ ou $2 \pmod 4$; em qualquer caso, k_i é um inteiro par. O ponto crucial é que, independentemente de $p_i \equiv 1 \pmod 4$ ou $p_i \equiv 3 \pmod 4$, k_i é sempre par para $i \neq 1$. Nossa demonstração está completa.

Em vista do teorema anterior, qualquer número perfeito ímpar n pode ser expresso como

$$\begin{aligned} n &= p_1^{k_1} p_2^{2j_2} \cdots p_r^{2j_r} \\ &= p_1^{k_1} (p_2^{j_2} \cdots p_r^{j_r})^2 \\ &= p_1^{k_1} m^2 \end{aligned}$$

Isto leva diretamente para o seguinte corolário.

Corolário. Se n é um número perfeito ímpar, então n é da forma

$$n = p^k m^2$$

onde p é um número primo, $p \nmid m$, e $p \equiv k \equiv 1 \pmod 4$; em particular, $n \equiv 1 \pmod 4$.

Demonstração. A última afirmação é a única que não é óbvia. Como $p \equiv 1 \pmod 4$, temos $p^k \equiv 1 \pmod 4$. Observe que m deve ser ímpar; daí, $m \equiv 1$ ou $3 \pmod 4$, e, por conseguinte, elevando ao quadrado, $m^2 \equiv 1 \pmod 4$. Daqui resulta

$$n = p^k m^2 \equiv 1 \cdot 1 \equiv 1 \pmod 4$$

provando o nosso corolário.

Outra linha de investigação envolve estimar o tamanho de um número perfeito ímpar n. O limite inferior clássico foi obtido por Turcaninov em 1908: n tem pelo menos quatro fatores primos distintos e é maior que $2 \cdot 10^6$. Com o advento dos computadores eletrônicos, o limite inferior foi melhorado para $n > 10^{300}$. Investigações recentes mostraram que n deve ser divisível por pelo menos nove primos distintos, sendo o maior deles superior a 10^8, e o segundo maior superior a 10^4; se $3 \nmid n$, então, n tem pelo menos 12 fatores primos distintos.

Apesar de tudo isso apoiar a crença de que não existem números perfeitos ímpares, apenas uma prova de sua inexistência seria conclusiva. Nós, então, estaríamos na curiosa posição de termos construído toda uma teoria para uma classe de números que não existem. "Deve-se sempre", escreveu o matemático Joseph Sylvester em 1888, "dar crédito aos geômetras gregos que conseguiram descobrir uma classe de números perfeitos onde provavelmente estão todos os números que são perfeitos."

Outro conceito numérico, com uma história que se estende desde os antigos gregos, é a *amigabilidade*. Dois números como 220 e 284 são chamados *amigos*, porque eles têm a propriedade notável de que cada número está "contido" no outro, no sentido em que um número é igual à soma de todos os divisores positivos do outro, com exceção do próprio número. Assim, no que diz respeito aos divisores de 220

$$1 + 2 + 4 + 5 + 10 + 11 + 20 + 22 + 44 + 55 + 110 = 284$$

e para 284,

$$1 + 2 + 4 + 71 + 142 = 220$$

Em termos da função σ, números amigos m e n (ou um *par amigável*) são definidos pelas equações

$$\sigma(m) - m = n \qquad \sigma(n) - n = m$$

ou o que equivale a:

$$\sigma(m) = m + n = \sigma(n)$$

Além de sua história singular, os números amigos têm importância na magia e na astrologia, na criação de talismãs e de poções de amor. Os gregos acreditavam que esses números tinham uma influência particular na criação de amizades entre os indivíduos. O filósofo Jâmblico de Cholcis (250 d.C. a 330 d.C.) atribuiu o conhecimento do par 220 e 284 aos pitagóricos. Ele escreveu:

> Eles [os pitagóricos] chamam certos números de números amigos, adotando virtudes e qualidades sociais para os números, como 284 e 220; pois as partes de cada um têm o poder de gerar o outro...

Comentaristas bíblicos encontraram 220, o menor do par clássico, em Gênesis 32:14 onde Jacó presenteou Esaú com 200 cabras e 20 bodes. Segundo um comentarista, Jacó sabiamente contou seu presente ("secretamente") para proteger sua amizade com Esaú. Um árabe do século XI, El Madschriti de Madrid, relatou que ele havia posto à prova o efeito erótico desses números dando a alguém uma poção na forma do menor, 220, para comer, enquanto ele comia a grande, 284. Ele não conseguiu, no entanto, descrever tudo o que o sucesso da cerimônia trouxe.

É uma marca do lento desenvolvimento da teoria dos números, que até a década de 1630, ninguém tenha sido capaz de encontrar outros pares de números amigos, além do par original descoberto pelos gregos. A primeira regra explícita descrita para encontrar certos tipos de números amigos é dada por Thabit ibn Qurra, um matemático árabe do século IX. Em um manuscrito composto na época, ele indicou:

> Se os três números $p = 3 \cdot 2^{n-1} - 1$, $q = 3 \cdot 2^n - 1$, e $r = 9 \cdot 2^{2n-1} - 1$ são primos e $n \geq 2$, então $2^n pq$ e $2^n r$ são números amigos.

Somente séculos mais tarde, a regra de Thabit, que foi redescoberta por Fermat e Descartes, produziu no segundo e terceiro pares de números amigos. Em uma carta a Mersenne em 1636, Fermat anunciou que 17296 e 18416 eram um par de amigos, e Descartes escreveu para Mersenne em 1638 que havia encontrado o par de 9363584 e 9437056. Fermat obteve seu par fazendo $n = 4$ na regra de Thabit ($p = 23$, $q = 47$, $r = 1151$ são todos primos) e Descartes fez $n = 7$ ($p = 191$, $q = 383$, $r = 73727$ são todos primos).

Em 1700, Euler elaborou um recorte com uma lista de 64 pares de amigos; dois destes novos pares foram ditos mais tarde "não amigos", um em 1909 e o outro em 1914. Adrien Marie Legendre, em 1830, encontrou outro par, 2172649216 e 2181168896.

Pesquisas computacionais amplas têm atualmente revelado mais de 50000 pares de amigos, alguns deles chegando a 320 dígitos; aí estão incluídos todos aqueles com valores inferiores a 10^{11}. Ainda não foi estabelecido se o número de pares de amigos é finito ou finito, nem se há algum par de amigos que sejam números primos relativos. O que se provou é que cada número inteiro de um par de números amigos primos relativos deve ser maior do que 10^{25}, e que o seu produto tem que ser divisível por pelo menos 22 primos distintos. Parte da dificuldade é que, em contraste com a fórmula única para a geração de números perfeitos (pares), não há uma regra conhecida para encontrar todos os pares de números amigos.

Outra questão inacessível, já considerada por Euler, é se há pares de amigos de paridade oposta — ou seja, com um número inteiro par e outro ímpar.

A "maioria" dos pares de amigos em que ambos os membros do par são pares têm sua soma divisível por 9. Um exemplo simples é $220 + 284 = 504 \equiv 0 \pmod 9$. O menor par de números amigos pares conhecido cuja soma não satisfaz esta propriedade é 666030256 e 696630544.

PROBLEMAS 11.3

1. Prove que o número de Mersenne M_{13} é primo; consequentemente, o inteiro $n = 2^{12}(2^{13} - 1)$ é perfeito.
   [*Sugestão*: Como $\sqrt{M_{13}} < 91$, o Teorema 11.5 implica que os únicos candidatos a divisores primos de M_{13} são 53 e 79.]

2. Prove que o número de Mersenne M_{19} é primo; consequentemente, o inteiro $2^{18}(2^{19} - 1)$ é perfeito.
   [*Sugestão*: Pelos Teoremas 11.5 e 11.6, os únicos divisores primos para testar são 191, 457, e 647.]

3. Prove que o número de Mersenne M_{29} é composto.

4. Um inteiro positivo n é dito um *número deficiente* se $\sigma(n) < 2n$ e um *número abundante* se $\sigma(n) > 2n$. Prove cada afirmativa que se segue:
   (a) Existem infinitos números deficientes.
   [*Sugestão*: Considere os inteiros $n = p^k$, onde p é um primo ímpar e $k \geq 1$.]
   (b) Existem infinitos números abundantes pares.
   [*Sugestão*: Considere os inteiros $n = 2^k \cdot 3$, onde $k > 1$.]
   (c) Existem infinitos números abundantes ímpares.
   [*Sugestão*: Considere os inteiros $n = 945 \cdot k$, onde k é um inteiro positivo não divisível por 2, 3, 5 ou 7. Como $945 = 3^3 \cdot 5 \cdot 7$, segue que mdc(945, k) = 1 e então $\sigma(n) = \sigma(945)\sigma(k)$.]

5. Admitindo que n é um número perfeito par e $d \mid n$, onde $1 < d < n$, mostre que d é deficiente.

6. Prove que qualquer múltiplo de um número perfeito é abundante.

7. Verifique que os pares de números listados a seguir são amigos:
   (a) $220 = 2^2 \cdot 5 \cdot 11$ e $284 = 2^2 \cdot 71$. (Pitágoras, 500 a.C.)
   (b) $17296 = 2^4 \cdot 23 \cdot 47$ e $18416 = 2^4 \cdot 1151$. (Fermat, 1636)
   (c) $9363584 = 2^7 \cdot 191 \cdot 383$ e $9437056 = 2^7 \cdot 73727$. (Descartes, 1638)

8. Para um par de números amigos m e n, prove que

$$\left(\sum_{d \mid m} 1/d\right)^{-1} + \left(\sum_{d \mid n} 1/d\right)^{-1} = 1$$

9. Prove as seguintes afirmativas sobre números amigos:
   (a) Um número primo não pode estar num par de números amigos.
   (b) O maior inteiro num par de números amigos é sempre um número deficiente.
   (c) Se m e n formam um par de números amigos, com m par e n ímpar, então n é um quadrado perfeito.
   [*Sugestão*: Se p é um primo ímpar, então $1 + p + p^2 + \cdots + p^k$ é ímpar apenas quando k é um inteiro par.]

10. Em 1886, um menino italiano de 16 anos anunciou que $1184 = 2^5 \cdot 37$ e $1210 = 2 \cdot 5 \cdot 11^2$ formam um par de números amigos, mas não deu indicações do método da descoberta. Verifique esta afirmativa.

11. Prove a "regra de Thabit" para pares de amigos: Se $p = 3 \cdot 2^{n-1} - 1$, $q = 3 \cdot 2^n - 1$, e $r = 9 \cdot 2^{2n-1} - 1$ são números primos, onde $n \geq 2$, então $2^n pq$ e $2^n r$ formam um par de números amigos. Esta regra produz números amigos para $n = 2, 4,$ e 7, mas para nenhum outro $n \leq 20000$.

12. Um *trio de números amigos* é formado por três inteiros tais que a soma de quaisquer dois é igual à soma dos divisores do inteiro restante, exceto ele próprio. Verifique que $2^5 \cdot 3 \cdot 13 \cdot 293 \cdot 337$, $2^5 \cdot 3 \cdot 5 \cdot 13 \cdot 16561$, e $2^5 \cdot 3 \cdot 13 \cdot 99371$ formam um trio de amigos.

13. Uma sequência finita de inteiros positivos é uma *cadeia sociável* se cada termo é a soma dos divisores positivos do seu termo precedente, exceto ele próprio (o último inteiro é considerado precedente do primeiro termo da cadeia). Mostre que os inteiros a seguir formam uma cadeia sociável:

$$14288, 15472, 14536, 14264, 12496$$

Apenas duas cadeias sociáveis eram conhecidas até 1970, quando nove cadeias de quatro inteiros cada foram encontradas.

14. Prove que

    (a) Qualquer número perfeito ímpar n pode ser representado na forma $n = pa^2$, onde p é um primo.

    (b) Se $n = pa^2$ é um número perfeito ímpar, então $n \equiv p \pmod{8}$.

15. Se n é um número perfeito ímpar, prove que n tem ao menos três fatores primos distintos.
    [*Sugestão*: Admita que $n = p^k q^{2j}$, onde $p \equiv k \equiv 1 \pmod 4$. Use a desigualdade $2 = \sigma(n)/n \leq [p/(p-1)][q/(q-1)]$ para chegar à contradição.]

16. Se o inteiro $n > 1$ é o produto de primos de Mersenne distintos, mostre que $\sigma(n) = 2^k$ para algum k.

11.4 NÚMEROS DE FERMAT

Para completar, vamos mencionar outra classe de números que fornece uma rica fonte de conjecturas, os números de Fermat. Estes podem ser considerados como um caso especial dos inteiros da forma $2^m + 1$. Observemos que se $2^m + 1$ é um primo ímpar, então $m = 2^n$ para algum $n \geq 0$. Suponha, contrariamente, que m tem um divisor ímpar $2k + 1 > 1$, digamos $m = (2k + 1)r$; então $2^m + 1$ admitiria a fatoração não trivial

$$\begin{aligned} 2^m + 1 &= 2^{(2k+1)r} + 1 = (2^r)^{2k+1} + 1 \\ &= (2^r + 1)(2^{2kr} - 2^{(2k-1)r} + \cdots + 2^{2r} - 2^r + 1) \end{aligned}$$

o que é impossível. Em resumo, $2^m + 1$ pode ser primo somente se m é uma potência de 2.

Definição 11.2. Um *número de Fermat* é um inteiro da forma

$$F_n = 2^{2^n} + 1 \qquad n \geq 0$$

Se F_n é primo, ele é chamado *primo de Fermat*.

Fermat, cuja intuição matemática era geralmente confiável, observou que todos os números inteiros

$$F_0 = 3 \quad F_1 = 5 \quad F_2 = 17 \quad F_3 = 257 \quad F_4 = 65537$$

são primos e expressou sua convicção de que F_n é primo para cada valor de n. Ao escrever a Mersenne, ele anunciou com confiança: "Eu descobri que os números da forma $2^{2^n} + 1$ são sempre primos e a verdade desse teorema tem muito significado para os analistas".

No entanto, Fermat lamentou sua incapacidade de chegar a uma demonstração e, em letras subsequentes, seu tom de crescente exasperação sugere que ele estava tentando continuamente fazê-lo. A questão foi resolvida de forma negativa por Euler em 1732, quando ele descobriu que

$$F_5 = 2^{2^5} + 1 = 4294967297$$

é divisível por 641. Para nós, esse número não parece muito grande; mas no tempo de Fermat, a investigação de sua primalidade era difícil, e, obviamente, ele não a realizou.

A seguir a demonstração elementar de que $641 \mid F_5$ que não envolve explicitamente divisão e foi feita por G. Bennett.

Teorema 11.8. O número de Fermat F_5 é divisível por 641.

Demonstração. Começamos fazendo $a = 2^7$ e $b = 5$, de modo que

$$1 + ab = 1 + 2^7 \cdot 5 = 641$$

Vê-se facilmente que

$$1 + ab - b^4 = 1 + (a - b^3)b = 1 + 3b = 2^4$$

Mas isto implica

$$\begin{aligned} F_5 = 2^{2^5} + 1 &= 2^{32} + 1 \\ &= 2^4 a^4 + 1 \\ &= (1 + ab - b^4)a^4 + 1 \\ &= (1 + ab)a^4 + (1 - a^4 b^4) \\ &= (1 + ab)[a^4 + (1 - ab)(1 + a^2 b^2)] \end{aligned}$$

o que dá $641 \mid F_5$.

Até hoje não se sabe se existem infinitos números primos de Fermat ou se há pelo menos um primo de Fermat além de F_4. A melhor "hipótese" é que todos os números de Fermat $F_n > F_4$ sejam compostos.

Parte do interesse em números primos de Fermat decorre da descoberta de que eles têm uma conexão notável com o antigo problema de determinar todos os polígonos regulares que podem ser construídos apenas com régua e compasso (onde o primeiro é usado apenas para desenhar linhas retas e o segundo apenas para desenhar arcos). Na sétima e última seção da *Disquisitiones Arithmeticae*, Gauss provou que um polígono regular de n lados é construtível se e somente se ou

$$n = 2^k \quad \text{ou} \quad n = 2^k p_1 p_2 \cdots p_r$$

onde $k \geq 0$ e $p_1, p_2, ..., p_r$ são primos de Fermat distintos. A construção de polígonos regulares de 2^k, $2^k \cdot 3$, $2^k \cdot 5$, $2^k \cdot 15$ lados é conhecido desde o tempo dos geômetras gregos. Em particular, eles poderiam construir polígonos regulares de n lados para $n = 3, 4, 5, 6, 8, 10, 12, 15$ e 16. O que ninguém suspeitava antes de Gauss é que um polígono regular de 17 lados também pudesse ser construído com régua e compasso. Gauss estava tão orgulhoso de sua descoberta que ele pediu que um polígono regular de 17 lados fosse gravado em sua lápide; por alguma razão, esse desejo nunca foi cumprido, mas tal polígono está inscrito no lado de um monumento a Gauss erguido em Brunswick, na Alemanha, sua terra natal.

Uma propriedade útil dos números de Fermat é que eles são primos relativos uns dos outros.

Teorema 11.9. Para números de Fermat F_n e F_m, onde $m > n \geq 0$, $\mathrm{mdc}(F_n, F_m) = 1$.

Demonstração. Considere $d = \mathrm{mdc}(F_n, F_m)$. Como os números de Fermat são inteiros ímpares, d deve ser ímpar. Se colocarmos $x = 2^{2^n}$ e $k = 2^{m-n}$, então

$$\frac{F_m - 2}{F_n} = \frac{(2^{2^n})^{2^{m-n}} - 1}{2^{2^n} + 1}$$

$$= \frac{x^k - 1}{x + 1} = x^{k-1} - x^{k-2} + \cdots - 1$$

onde $F_n \mid (F_m - 2)$. De $d \mid F_m$, segue-se que $d \mid (F_m - 2)$. Agora usando o fato de que $d \mid F_n$ obtemos $d \mid 2$. Mas d é um inteiro ímpar, e assim $d = 1$, estabelecendo o resultado desejado.

Isto leva a uma pequena demonstração da infinitude dos números primos. Sabemos que cada um dos números de Fermat $F_0, F_1, \ldots, F_n$ é divisível por um primo que, de acordo com o Teorema 11.9, não divide qualquer outro F_k. Assim, há pelo menos $n + 1$ primos distintos não superiores a F_n. Como há um número infinito de números de Fermat, o número de primos também é infinito.

Em 1877, o padre jesuíta T. Pepin inventou o teste prático (teste de Pepin) para determinar a primalidade de F_n que se apresenta no seguinte teorema.

Teorema 11.10. Teste de Pepin. Para $n \geq 1$, o número de Fermat $F_n = 2^{2^n} + 1$ é primo se e somente se

$$3^{(F_n - 1)/2} \equiv -1 \pmod{F_n}$$

Demonstração. Primeiro vamos supor que

$$3^{(F_n - 1)/2} \equiv -1 \pmod{F_n}$$

Após elevarmos ambos os lados ao quadrado, obtemos

$$3^{F_n - 1} \equiv 1 \pmod{F_n}$$

A mesma congruência vale para qualquer primo p que divide F_n:

$$3^{F_n - 1} \equiv 1 \pmod{p}$$

Agora seja k a ordem de 3 módulo p. O Teorema 8.1 indica que $k \mid F_n - 1$, ou seja, que $k \mid 2^{2^n}$; portanto, k deve ser uma potência de 2.

Não é possível que $k = 2^r$ para todo $r \leq 2^n - 1$. Se assim fosse, quadraturas repetidas da congruência $3^k \equiv 1 \pmod{p}$ renderia

$$3^{2^{2^n-1}} \equiv 1 \pmod{p}$$

ou, o que é o mesmo,

$$3^{(F_n-1)/2} \equiv 1 \pmod{p}$$

Nós, então, chegaríamos a $1 \equiv -1 \pmod{p}$, resultando em $p = 2$, o que é uma contradição. Assim, nossa única possibilidade é que

$$k = 2^{2^n} = F_n - 1$$

O Teorema de Fermat nos diz que $k \leq p - 1$, o que significa, por sua vez, que $F_n = k + 1 \leq p$. Como $p \mid F_n$, também temos $p \leq F_n$. Juntas, essas desigualdades significam que $F_n = p$, de modo que F_n é primo.

Por outro lado, suponha que F_n, $n \geq 1$, seja primo. A Lei de Reciprocidade Quadrática nos dá

$$(3/F_n) = (F_n/3) = (2/3) = -1$$

quando usamos o fato de que $F_n \equiv (-1)^{2^n} + 1 = 2 \pmod{3}$. Aplicando o critério de Euler, acabamos com

$$3^{(F_n-1)/2} \equiv -1 \pmod{F_n}$$

Vamos demonstrar a primalidade de $F_3 = 257$ pelo teste de Pepin. Trabalhando módulo 257, temos

$$\begin{aligned}
3^{(F_3-1)/2} &= 3^{128} = 3^3 (3^5)^{25} \\
&\equiv 27(-14)^{25} \\
&\equiv 27 \cdot 14^{24}(-14) \\
&\equiv 27(17)(-14) \\
&\equiv 27 \cdot 19 \equiv 513 \equiv -1 \pmod{257}
\end{aligned}$$

de modo que F_3 é primo.

Já observamos que Euler provou que o número de Fermat F_5 é composto, com a fatoração $F_5 = 2^{32} + 1 = 641 \cdot 6700417$. Quanto a F_6, em 1880, F. Landry anunciou que

$$\begin{aligned}
F_6 &= 2^{64} + 1 \\
&= 274177 \cdot 67280421310721
\end{aligned}$$

Esta realização é ainda mais notável quando se considera que Landry tinha 82 anos na época. Landry nunca publicou um relato de seu trabalho na fatoração de F_6, mas é pouco provável que ele tenha usado a divisão trivial. Na verdade, ele já havia estimado que a tentativa de mostrar a primalidade de F_6, testando números da forma $128k + 1$ poderia levar 3000 anos.

Em 1905, J. C. Morehead e A. E. Western realizaram independentemente o teste de Pepin em F_7 e comunicaram quase simultaneamente que ele é composto. Levou 66 anos, até 1971, quando Brilhart e Morrison descobriram a fatoração em primos

$$F_7 = 2^{128} + 1$$
$$= 59649589127497217 \cdot 5704689200685129054721$$

(A possibilidade de se chegar a tal fatoração, sem recorrer a computadores velozes com grandes memórias é remota.) Morehead e Western realizaram (em 1909) um cálculo semelhante para verificar se F_8 é composto, cada um fazendo a metade do trabalho; mas os fatores reais não foram encontrados até 1980, quando Brent e Pollard mostraram que o menor divisor primo de F_8 é

$$1238926361552897$$

O outro fator de F_8 tem 62 dígitos e é primo, fato que foi mostrado logo depois. O teste de Pepin foi aplicado ainda para F_{14}, um número de 4933 dígitos; Selfridge e Hurwitz em 1963 determinaram que este número de Fermat é composto, embora, atualmente, nenhum divisor dele seja conhecido.

Nosso teorema final, devido a Euler e Lucas, é uma ajuda valiosa na determinação dos divisores dos números de Fermat. Ainda em 1747, Euler provou que cada fator primo de F_n deve ser da forma $k \cdot 2^{n+1} + 1$. Mais de 100 anos depois, em 1879, o estudioso da teoria dos números francês Edouard Lucas melhorou esse resultado, mostrando que k pode ser par. A partir daí, temos o seguinte teorema.

Teorema 11.11. Qualquer divisor primo p do número de Fermat $F_n = 2^{2^n} + 1$, onde $n \geq 2$, é da forma $p = k \cdot 2^{n+2} + 1$.

Demonstração. Para um divisor primo p de F_n,

$$2^{2^n} \equiv -1 \pmod{p}$$

o que significa, mediante a quadratura, que

$$2^{2^{n+1}} \equiv 1 \pmod{p}$$

Se h é a ordem de 2 módulo p, esta congruência nos diz que

$$h \mid 2^{n+1}$$

Não podemos ter $h = 2^r$ onde $1 \leq r \leq n$, pois isso levaria a

$$2^{2^n} \equiv 1 \pmod{p}$$

e, por sua vez, à contradição que $p = 2$. Isso nos permite concluir que $h = 2^{n+1}$. Como a ordem de 2 módulo p divide $\phi(p) = p-1$, podemos concluir ainda que $2^{n+1} \mid p-1$. A questão é que para $n \geq 2$, $p \equiv 1 \pmod{8}$, e, portanto, pelo Teorema 9.6, o símbolo Legendre $(2/p) = 1$. Usando o critério de Euler, passamos imediatamente para

$$2^{(p-1)/2} \equiv (2/p) = 1 \pmod{p}$$

Um apelo ao Teorema 8.1 conclui a demonstração. Ele afirma que $h \mid (p-1)/2$, ou de modo equivale, $2^{n+1} \mid (p-1)/2$. Isso força $2^{n+2} \mid p-1$, e obtemos $p = k \cdot 2^{n+2} + 1$ para algum inteiro k.

O Teorema 11.11 permite deteminar rapidamente a natureza de $F_4 = 2^{16} + 1 = 65537$. Os divisores primos de F_4 devem tomar a forma $2^6 k + 1 = 64k + 1$. Existe apenas um primo deste tipo que é menor ou igual a $\sqrt{F_4}$, a saber, o primo 193. Como este divisor deixa de ser um fator de F_4, podemos concluir que F_4 é um número primo.

O aumento da potência e da disponibilidade de equipamentos de computação permitiu que a busca de fatores primos dos números de Fermat se ampliasse significativamente. Por exemplo, o primeiro fator primo de F_{28} foi encontrado em 1997. Sabemos agora que F_n é composto para $5 \leq n \leq 30$ e para outros cerca de 140 valores de n. O maior número de Fermat composto encontrado até o momento é F_{303088}, com divisor $3 \cdot 2^{303093} + 1$.

A decomposição em fatores primos completa de F_n foi obtida para $5 \leq n \leq 11$ e mais nenhum outro n. Após a fatoração de F_8, suspeitou-se que F_{11}, 629 dígitos, seria o próximo número de Fermat a ser completamente fatorado; mas isto foi realizado por Brent e Morain em 1988. A fatoração de F_9, com 155 dígitos, pelos esforços conjuntos de Lenstra, Manasse, e Pollard em 1990 foi notável por ter contado com cerca de 700 estações de trabalho em várias partes do mundo. A fatoração completa levou cerca de 4 meses. Não muito tempo depois (1996), Brent determinou os dois fatores primos de F_{10}, com 310 dígitos. A razão para se chegar à fatoração de F_{11} antes de F_9 e F_{10} foi que o tamanho do segundo maior fator primo de F_{11} tornou os cálculos muito mais fáceis. O segundo maior fator primo de F_{11} contém 22 dígitos, enquanto que os de F_9 e F_{10} têm de 49 e 40 dígitos, respectivamente.

Provou-se que o enorme F_{31}, com uma expansão decimal de mais de 600 milhões de dígitos, é composto em 2001. Foi uma sorte computacional dado que F_{31} teve um fator primo de apenas 23 dígitos. Para F_{33}, o desafio permanece: é o menor número de Fermat cuja primalidade ainda é dúvida. Considerando que F_{33} tem mais de dois trilhões de dígitos, o assunto não pode ser resolvido por algum tempo.

Um resumo do estado atual da primalidade para os números de Fermat F_n, onde $0 \leq n \leq 35$, é dado a seguir.

n	Caráter de F_n
0, 1, 2, 3, 4	primo
5, 6, 7, 8, 9, 10, 11	fatorado completamente
12, 13, 15, 16, 18, 19, 25, 27, 30	dois ou mais fatores primos conhecidos
17, 21, 23, 26, 28, 29, 31, 32	apenas um fator primo conhecido
14, 20, 22, 24	composto, mas sem fator conhecido
33, 34, 35	caráter desconhecido

O caso de F_{16} foi liquidado em 1953 e coloca de lado a conjectura tentadora de que todos os termos da sequência

$$2+1, \quad 2^2+1, \quad 2^{2^2}+1, \quad 2^{2^{2^2}}+1, \quad 2^{2^{2^{2^2}}}+1, \ldots$$

são números primos. O interessante é que nenhum dos fatores primos p conhecidos de um número de Fermat F_n dá origem ao fator quadrado p^2; de fato, especula-se que os números de Fermat são livres de quadrados. Isto está em contraste com os números de Mersenne onde, por exemplo, 9 divide M_{6n}.

Números da forma $k \cdot 2^n + 1$, que ocorrem na busca de fatores primos de números de Fermat, são de grande interesse. O menor n para o qual $k \cdot 2^n + 1$ é primo pode ser muito grande em alguns casos; por exemplo, a primeira vez em que $47 \cdot 2^n + 1$ é primo ocorre quando $n = 583$. Mas também existem valores de k tais que $k \cdot 2^n + 1$ é sempre composto. De fato, em 1960, provou-se que existem infinitos números inteiros ímpares k com $k \cdot 2^n + 1$ composto para todo $n \geq 1$. O problema de determinar o menor valor do referido k permanece sem solução. Até agora, $k = 78557$ é o menor k conhecido para o qual $k \cdot 2^n + 1$ nunca é primo qualquer que seja n.

PROBLEMAS 11.4

1. Tomando a quarta potência da congruência $5 \cdot 2^7 \equiv -1 \pmod{641}$, deduza que $2^{32} + 1 \equiv 0 \pmod{641}$; consequentemente, $641 \mid F_5$.

2. Gauss (1796) descobriu que um polígono regular com p lados, onde p é um primo, pode ser construído com régua e compasso se e somente se $p-1$ é uma potência de 2. Mostre que esta condição é equivalente à exigência de p ser um primo de Fermat.

3. Para $n > 0$, prove o que segue:

    (a) Existem infinitos números compostos da forma $2^{2^n} + 3$.
    [*Sugestão*: Use o fato de que $2^{2n} = 3k + 1$ para algum k para provar que $7 \mid 2^{2^{2n+1}} + 3$.]
    (b) Cada número da forma $2^{2^n} + 5$ é composto.

4. Inteiros compostos n para os quais $n \mid 2^n - 2$ são chamados *pseudoprimos*. Mostre que todo número de Fermat ou é primo ou é pseudoprimo.
    [*Sugestão*: Eleve a congruência $2^{2^n} \equiv -1 \pmod{F_n}$ à potência $2^{2^n - n}$.]

5. Para $n \geq 2$, mostre que o último dígito do número de Fermat $2^{2^n} + 1$ é 7.
    [*Sugestão*: Por indução sobre n, verifique que $2^{2^n} \equiv 6 \pmod{10}$ para $n \geq 2$.]

6. Mostre que $2^{2^n} - 1$ tem pelo menos n divisores primos distintos.
    [*Sugestão*: Use indução sobre n e o fato de que
    $$2^{2^n} - 1 = (2^{2^{n-1}} + 1)(2^{2^{n-1}} - 1).]$$

7. Em 1869, Landry escreveu: "Nenhuma das várias decomposições dos números $2^n \pm 1$ nos deu mais problema e trabalho que $2^{58} + 1$." Verifique que $2^{58} + 1$ pode ser decomposto facilmente usando a identidade
    $$4x^4 + 1 = (2x^2 - 2x + 1)(2x^2 + 2x + 1)$$

8. Do Problema 5, conclua o seguinte:

    (a) O número de Fermat F_n nunca é um quadrado perfeito.
    (b) Para $n > 0$, F_n nunca é um número triangular.

9. (a) Para todo inteiro ímpar n, mostre que $3 \mid 2^n + 1$.

    (b) Prove que se p e q são primos ímpares e $q \mid 2^p + 1$, então ou $q = 3$ ou $q = 2kp + 1$ para algum inteiro k.
    [*Sugestão*: Como $2^{2p} \equiv 1 \pmod{q}$, a ordem de 2 módulo q ou é 2 ou é $2p$; no último caso, $2p \mid \phi(q)$.]
    (c) Encontre o menor divisor primo $q > 3$ dos inteiros $2^{29} + 1$ e $2^{41} + 1$.

10. Determine o menor inteiro ímpar $n > 1$ tal que $2^n - 1$ é divisível pelo par de primos gêmeos p e q, onde $3 < p < q$.
    [*Sugestão*: Seja o primeiro elemento do par de primos gêmeos, $p \equiv -1 \pmod{6}$. Como $(2/p) = (2/q) = 1$, o Teorema 9.6 fornece $p \equiv q \equiv \pm 1 \pmod{8}$; consequentemente, $p \equiv -1 \pmod{24}$ e $q \equiv 1 \pmod{24}$. Agora use o fato de que as ordens de 2 módulo p e q devem dividir n.]

11. Encontre todos os números primos p tais que p divide $2^p + 1$; faça o mesmo para $2^p - 1$.

12. Seja $p = 3 \cdot 2^n + 1$ um número primo, onde $n \geq 1$. (Vinte e nove primos desta forma são conhecidos atualmente, o menor ocorre quando $n = 1$ e o maior quando $n = 303093$.)
    Prove cada uma das afirmativas:

    (a) A ordem de 2 módulo p ou é 3, 2^k ou $3 \cdot 2^k$ para algum $0 \leq k \leq n$.
    (b) Exceto quando $p = 13$, 2 não é raiz primitiva de p.
    [*Sugestão*: Se 2 é uma raiz primitiva de p, então $(2/p) = -1$.]

(c) A ordem de 2 módulo p não é divisível por 3 se e somente se p divide um número de Fermat F_k com $0 \leq k \leq n-1$.

[*Sugestão*: Use a identidade $2^{2^k} - 1 = F_0 F_1 F_2 \ldots F_{k-1}$.]

(d) Não existe número de Fermat que seja divisível por 7, 13 ou 97.

13. Para todo número de Fermat $F_n = 2^{2^n} + 1$ com $n > 0$, prove que $F_n \equiv 5$ ou $8 \pmod 9$ se n for, respectivamente, ímpar ou par.

[*Sugestão*: Use indução para mostrar, primeiro, que $2^{2^n} \equiv 2^{n-2} \pmod 9$ para $n \geq 3$.]

14. Use o fato de os divisores primos de F_5 serem da forma $2^7 k + 1 = 128k + 1$ para confirmar que $641 \mid F_5$.

15. Para todo primo $p > 3$, prove o que se segue:

    (a) $\frac{1}{3}(2^{19} + 1)$ não é divisível por 3. [*Sugestão*: Considere a identidade

    $$\frac{2^p + 1}{2 + 1} = 2^{p-1} - 2^{p-2} + \cdots - 2 + 1.]$$

    (b) $\frac{1}{3}(2^{19} + 1)$ tem um divisor primo maior que p. [*Sugestão*: Problema 9(b).]

    (c) Os inteiros $\frac{1}{3}(2^{19} + 1)$ e $\frac{1}{3}(2^{23} + 1)$ são primos

16. Do problema anterior, deduza que existem infinitos números primos.

17. (a) Prove que 3, 5 e 7 são não resíduos quadráticos de qualquer primo de Fermat F_n, onde $n \geq 2$.

[*Sugestão*: Teste de Pepin e Problema 15, Seção 9.3.]

(b) Mostre que todo não resíduo quadrático de um primo de Fermat F_n é uma raiz primitiva de F_n.

18. Prove que todo primo de Fermat F_n pode ser escrito como a diferença de dois quadrados, mas não de dois cubos. [*Sugestão*: Note que

$$F_n = 2^{2^n} + 1 = (2^{2^n-1} + 1)^2 - (2^{2^{n-1}})^2.]$$

19. Para $n \geq 1$, mostre que $\text{mdc}(F_n, n) = 1$.

[*Sugestão*: Teorema 11.11.]

20. Use os Teoremas 11.9 e 11.11 para deduzir que existem infinitos números primos da forma $4k + 1$.

CAPÍTULO 12

CERTAS EQUAÇÕES DIOFANTINAS NÃO LINEARES

Aquele que procura por métodos sem ter um problema definido em mente busca quase sempre em vão.
D. HILBERT

12.1 A EQUAÇÃO $x^2 + y^2 = z^2$

Fermat, a quem muitos consideram o pai da moderna teoria dos números, tinha, no entanto, um costume peculiar que não condizia com este papel. Ele publicava muito pouco, preferindo comunicar suas descobertas em cartas aos amigos (geralmente contendo apenas a declaração concisa de que ele possuía uma prova) ou mantê-las para si mesmo em notas. Parte destas anotações foram feitas nas margens de seu exemplar da tradução de Bachet da *Arithmetica* de Diofanto. De longe, a mais famosa dessas notas é aquela — presumivelmente escrita em 1637 — que afirma:

> É impossível escrever um cubo como uma soma de dois cubos, uma quarta potência como uma soma de duas quartas potências, e, em geral, qualquer potência além da segunda como uma soma de duas potências similares. Para isso, eu descobri uma prova verdadeiramente maravilhosa, mas a margem é muito pequena para contê-la.

Nesta nota, Fermat estava simplesmente afirmando que, se $n > 2$, então a equação diofantina

$$x^n + y^n = z^n$$

não tem nenhuma solução nos números inteiros, com exceção das soluções triviais, em que pelo menos uma das variáveis é zero.

A afirmação que acabamos de citar veio a ser conhecida como o Último Teorema de Fermat, ou, mais precisamente, a conjectura de Fermat. No século XIX, todas as afirmações que aparecem na margem da sua *Arithmetica* foram provadas ou refutadas — com a única exceção do Último Teorema (daí o nome). A busca tem fascinado muitas gerações de matemáticos, profissionais e amadores, porque ele é muito simples de se entender e, ao mesmo tempo, muito difícil de se provar. Se Fermat realmente tinha uma "prova verdadeiramente maravilhosa", ela nunca foi divulgada. Seja qual for a demonstração que ele pensou que possuía, muito provavelmente, continha falhas. De fato, Fermat pode ter, posteriormente, descoberto o erro, pois não há nenhuma referência à prova em sua correspondência com outros matemáticos.

Fermat, contudo, deixou uma prova de seu último teorema para o caso $n = 4$. Para argumentar, primeiro identificamos todas as soluções nos inteiros positivos da equação

$$x^2 + y^2 = z^2 \qquad (1)$$

Como o comprimento z da hipotenusa de um triângulo retângulo está relacionado com os comprimentos x e y dos catetos pela famosa equação pitagórica $x^2 + y^2 = z^2$, a busca de todos os inteiros positivos que satisfazem a Eq. (1) é equivalente ao problema de encontrar todos os triângulos retângulos cujas medidas dos lados são números inteiros. O último problema teve origem com os babilônios e era um dos favoritos dos antigos geômetras gregos. A Pitágoras tem sido creditada uma fórmula que fornece um número infinito de tais triângulos, ou seja,

$$x = 2n + 1 \qquad y = 2n^2 + 2n \qquad z = 2n^2 + 2n + 1$$

onde n é um número inteiro positivo arbitrário. Esta fórmula não leva em conta todos os triângulos retângulos com lados inteiros, e Euclides escreveu nos *Elementos* uma solução completa para o problema.

A definição a seguir nos dá uma maneira concisa de nos referirmos às soluções da Eq. (1).

Definição 12.1. Uma *terna pitagórica* é um conjunto de três números inteiros x, y, z tal que $x^2 + y^2 = z^2$; diz-se que a terna é primitiva se mdc(x, y, z) = 1.

Talvez os exemplos mais conhecidos de ternas pitagóricas primitivas sejam 3, 4, 5 e 5, 12, 13, enquanto um menos óbvio é 12, 35, 37.

Há vários pontos que precisam ser observados. Suponhamos que x, y, z seja uma terna pitagórica qualquer e $d = $ mdc(x, y, z). Se escrevermos $x = dx_1, y = dy_1, z = dz_1$, vemos facilmente que

$$x_1^2 + y_1^2 = \frac{x^2 + y^2}{d^2} = \frac{z^2}{d^2} = z_1^2$$

com mdc(x_1, y_1, z_1) = 1. Em suma, x_1, y_1, z_1 formam uma terna pitagórica primitiva. Assim, é suficiente encontrarmos todas as ternas pitagóricas primitivas; qualquer terna pitagórica pode ser obtida a partir de uma primitiva mediante a multiplicação por um número inteiro diferente de zero. A pesquisa pode limitar-se às ternas pitagóricas primitivas x, y, z, em que $x > 0, y > 0, z > 0$, na medida em que todas as outras podem ser obtidas a partir das positivas através de uma simples mudança de sinal.

O nosso desenvolvimento requer dois lemas, o primeiro dos quais estabelece um fato básico sobre ternas pitagóricas primitivas.

Lema 1. Se x, y, z é uma terna pitagórica primitiva, então um dos números inteiros x e y é par, enquanto o outro é ímpar.

Demonstração. Se x e y são ambos pares, então $2 \mid (x^2 + y^2)$ ou $2 \mid z^2$, de modo que $2 \mid z$. Isto implica que mdc$(x, y, z) \geq 2$, o que é falso. Se, por outro lado, x e y forem ímpares, então $x^2 \equiv 1 \pmod 4$ e $y^2 \equiv 1 \pmod 4$, levando a

$$z^2 = x^2 + y^2 \equiv 2 \pmod 4$$

Mas isso é igualmente impossível, porque o quadrado de qualquer número inteiro deve ser congruente a 0 ou 1 módulo 4.

Dada uma terna pitagórica primitiva x, y, z, exatamente um desses inteiros é par, sendo os outros dois ímpares (se x, y, z fossem todos ímpares, então $x^2 + y^2$ seria par, enquanto que z^2 é ímpar). Este lema indica que o número inteiro par ou é x ou é y; para ser definido, vamos escrever a seguir nossas ternas de pitagóricas, de modo que x seja par e y seja ímpar; então, é claro, z é ímpar.

Vale a pena notar (e vamos usar este fato) que cada par de inteiros x, y e z deve ser primo relativo. Se mdc$(x, y) = d > 1$, então existiria um primo p com $p \mid d$. Como $d \mid x$ e $d \mid y$, teríamos $p \mid x$ e $p \mid y$, daí $p \mid x^2$ e $p \mid y^2$. Mas então $p \mid (x^2 + y^2)$, ou $p \mid z^2$, dando $p \mid z$. Isso contrariaria a suposição de que mdc$(x, y, z) = 1$, e assim $d = 1$. Da mesma forma, pode-se verificar que mdc$(y, z) = $ mdc$(x, z) = 1$.

Em virtude do Lema 1, não existe nenhuma terna pitagórica primitiva x, y, z em que todos valores sejam números primos. Existem ternas pitagóricas primitivas em que z e x ou y é primo; por exemplo, 3, 4, 5; 11, 60, 61; e 19, 180, 181. Não se sabe se existe um número infinito de tais ternas.

O próximo obstáculo no nosso caminho é estabelecer que, se a e b são inteiros positivos primos relativos, que têm um quadrado como produto, então a e b são quadrados. Recorrendo ao Teorema Fundamental da Aritmética, podemos provar muito mais, a saber, o Lema 2.

Lema 2. Se $ab = c^n$, onde mdc$(a, b) = 1$, então a e b são potências enésimas; isto é, existem inteiros positivos a_1, b_1 para os quais $a = a_1^n$ e $b = b_1^n$.

Demonstração. Sem perda de generalidade, podemos assumir que $a > 1$ e $b > 1$. Se

$$a = p_1^{k_1} p_2^{k_2} \cdots p_r^{k_r} \qquad b = q_1^{j_1} q_2^{j_2} \cdots q_s^{j_s}$$

são as fatorações em primos de a e b, então, tendo em conta que mdc$(a, b) = 1$, não pode haver nenhum p_i entre os q_i. Como resultado, a fatoração em primos de ab é dada por

$$ab = p_1^{k_1} \cdots p_r^{k_r} q_1^{j_1} \cdots q_s^{j_s}$$

Vamos supor que c possa ser decomposto em fatores primos como $c = u_1^{l_1} u_2^{l_2} \cdots u_t^{l_t}$. Então a condição $ab = c^n$ se torna

$$p_1^{k_1} \cdots p_r^{k_r} q_1^{j_1} \cdots q_s^{j_s} = u_1^{nl_1} \cdots u_t^{nl_t}$$

Daí vemos que os primos $u_1, ..., u_t$ são $p_1, ..., p_r, q_1, ..., q_s$ (em alguma ordem) e $nl_1, ..., nl_t$ são os expoentes correspondentes $k_1, ..., k_r, j_1, ..., j_s$. Conclusão: cada um dos inteiros k_i e j_i deve ser divisível por n. Se agora fizermos

$$a_1 = p_1^{k_1/n} p_2^{k_2/n} \cdots p_r^{k_r/n}$$
$$b_1 = q_1^{j_1/n} q_2^{j_2/n} \cdots q_s^{j_s/n}$$

então, $a_1^n = a$, $b_1^n = b$, como desejado.

Feito isso, a caracterização de todas as ternas pitagóricas primitivas é bastante simples.

Teorema 12.1. Todas as soluções da equação pitagórica

$$x^2 + y^2 = z^2$$

que satisfazem as condições

$$\text{mdc}(x, y, z) = 1 \quad 2 \mid x \quad x > 0, y > 0, z > 0$$

são dadas pelas fórmulas

$$x = 2st \quad y = s^2 - t^2 \quad z = s^2 + t^2$$

para inteiros $s > t > 0$ tais que $\text{mdc}(s, t) = 1$ e $s \not\equiv t \pmod{2}$.

Demonstração. Para começarmos, seja x, y, z uma terna pitagórica primitiva (positiva). Como concordamos em tomar x par, e y e z ambos ímpares, $z - y$ e $z + y$ são inteiros pares; ou seja, $z - y = 2u$ e $z + y = 2v$. Agora, a equação $x^2 + y^2 = z^2$ pode ser reescrita como

$$x^2 = z^2 - y^2 = (z - y)(z + y)$$

de onde

$$\left(\frac{x}{2}\right)^2 = \left(\frac{z-y}{2}\right)\left(\frac{z+y}{2}\right) = uv$$

Observe que u e v são primos relativos; de fato, se $\text{mdc}(u, v) = d > 1$, então $d \mid (u - v)$ e $d \mid (u + v)$, ou o que é equivalente, $d \mid y$ e $d \mid z$, o que contraria o fato de $\text{mdc}(y, z) = 1$. Levando-se em consideração o Lema 2, podemos concluir que u e v são quadrados perfeitos; para ser mais específico, seja

$$u = t^2 \quad v = s^2$$

onde s e t são números inteiros positivos. O resultado da substituição destes valores de u e v é

$$z = v + u = s^2 + t^2$$
$$y = v - u = s^2 - t^2$$
$$x^2 = 4vu = 4s^2 t^2$$

ou, no último caso $x = 2st$. Como um fator comum de s e t divide y e z, a condição $\text{mdc}(y, z) = 1$ força $\text{mdc}(s, t) = 1$. Resta-nos observar que se s e t fossem ambos pares, ou ambos ímpares, então y e z seriam pares, o que é impossível. Portanto, exatamente um do par s, t é par, e o outro é ímpar; em símbolos, $s \not\equiv t \pmod 2$.

Reciprocamente, sejam s e t dois inteiros que satisfazem às condições descritas anteriormente. Que $x = 2st$, $y = s^2 - t^2$, $z = s^2 + t^2$ formam uma terna pitagórica segue da identidade que pode ser facilmente demonstrada

$$x^2 + y^2 = (2st)^2 + (s^2 - t^2)^2 = (s^2 + t^2)^2 = z^2$$

Para vermos que esta terna é primitiva, assumimos que mdc$(x, y, z) = d > 1$ e tomamos p um divisor primo de d. Observamos que $p \neq 2$, porque p divide o número inteiro ímpar z(um entre s e t é ímpar, e o outro é par, por conseguinte, $s^2 + t^2 = z$ deve ser ímpar). De $p \mid y$ e $p \mid z$, obtemos $p \mid (z + y)$ e $p \mid (z - y)$, ou colocado de outra forma, $p \mid 2s^2$ e $p \mid 2t^2$. Mas então $p \mid s$ e $p \mid t$, o que é incompatível com mdc$(s, t) = 1$. A implicação de tudo isso é que $d = 1$ e assim x, y, z constituem uma terna pitagórica primitiva. O Teorema 12.1 está assim provado.

A tabela a seguir lista algumas ternas pitagóricas primitivas decorrentes de pequenos valores de s e t. Para cada valor de $s = 2, 3, \ldots, 7$, tomamos valores de t que são primos relativos com s, menores que s, e pares quando s é ímpar.

s	t	x $(2st)$	y $(s^2 - t^2)$	z $(s^2 + t^2)$
2	1	4	3	5
3	2	12	5	13
4	1	8	15	17
4	3	24	7	25
5	2	20	21	29
5	4	40	9	41
6	1	12	35	37
6	5	60	11	61
7	2	28	45	53
7	4	56	33	65
7	6	84	13	85

A partir desta, ou a partir de uma tabela mais extensa, o leitor pode ser levado a suspeitar de que se x, y, z formam uma terna pitagórica primitiva, então exatamente um dos números inteiros x ou y é divisível por 3. Isto é, de fato, verdade. Pois, pelo Teorema 12.1, temos

$$x = 2st \qquad y = s^2 - t^2 \qquad z = s^2 + t^2$$

onde mdc$(s, t) = 1$. Se $3 \mid s$ ou $3 \mid t$, então evidentemente $3 \mid x$, e não precisamos ir mais longe. Suponhamos que $3 \nmid s$ e $3 \nmid t$. O Teorema de Fermat afirma que

$$s^2 \equiv 1 \pmod 3 \qquad t^2 \equiv 1 \pmod 3$$

e assim

$$y = s^2 - t^2 \equiv 0 \pmod 3$$

Em outras palavras, y é divisível por 3, que é o que pretendíamos mostrar.

Vamos definir um *triângulo pitagórico* como um triângulo retângulo cujos comprimentos dos lados são expressos por números inteiros. Nossos resultados levam a um fato geométrico interessante sobre triângulos pitagóricos, enunciado como Teorema 12.2.

Teorema 12.2. O raio do círculo inscrito em um triângulo pitagórico é sempre um número inteiro.

Demonstração. Seja r o raio do círculo inscrito num triângulo retângulo com a hipotenusa de comprimento z e catetos de comprimento x e y. A área do triângulo é igual à soma das áreas dos três triângulos com vértice comum no centro do círculo; assim,

$$\frac{1}{2}xy = \frac{1}{2}rx + \frac{1}{2}ry + \frac{1}{2}rz = \frac{1}{2}r(x+y+z)$$

A situação é ilustrada a seguir:

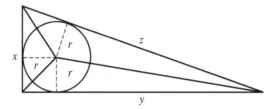

Agora $x^2 + y^2 = z^2$. Mas sabemos que as soluções inteiras positivas desta equação são dadas por

$$x = 2kst \qquad y = k(s^2 - t^2) \qquad z = k(s^2 + t^2)$$

para uma escolha adequada dos inteiros positivos k, s, t. Substituindo x, y, z na equação $xy = r(x+y+z)$ por esses valores e resolvendo para r, encontraremos que

$$r = \frac{2k^2 st(s^2 - t^2)}{k(2st + s^2 - t^2 + s^2 + t^2)}$$
$$= \frac{kt(s^2 - t^2)}{s + t}$$
$$= kt(s - t)$$

que é um número inteiro.

Aproveitamos a oportunidade para mencionar outro resultado relativo a triângulos pitagóricos. Note que é possível que diferentes triângulos pitagóricos tenham a mesma área; por exemplo, os triângulos retângulos associados às ternas pitagóricas primitivas 20, 21, 29 e 12, 35, 37 têm área igual a 210. Fermat provou que, para qualquer inteiro $n > 1$, existem n triângulos pitagóricos com hipotenusas diferentes e a mesma área. Os detalhes disso são omitidos.

PROBLEMAS 12.1

1. (a) Encontre três ternas pitagóricas, não necessariamente primitivas, da forma 16, y, z.
   (b) Obtenha todas as ternas pitagóricas x, y, z nas quais $x = 40$; faça o mesmo para $x = 60$.
2. Se x, y, z é uma terna pitagórica primitiva, prove que $x + y$ e $x - y$ são congruentes módulo 8 a 1 ou 7.
3. (a) Prove que se $n \not\equiv 2 \pmod 4$, então existe uma terna pitagórica primitiva x, y, z na qual x ou y é igual a n.

(b) Se $n \geq 3$ é arbitrário, encontre uma terna pitagórica (não necessariamente primitiva) tendo n como um de seus membros.

[*Sugestão*: Admitindo que n seja ímpar, considere a terna $n, \frac{1}{2}(n^2 - 1), \frac{1}{2}(n^2 + 1)$; para n par, considere a terna $n, (n^2 / 4) - 1, (n^2 / 4) + 1$.]

4. Prove que em uma terna pitagórica primitiva x, y, z, o produto xy é divisível por 12, por isso $60 \mid xyz$.

5. Para um dado inteiro positivo n, mostre que existem ao menos n ternas pitagóricas que têm o mesmo primeiro membro.

[*Sugestão*: Sejam $y_k = 2^k(2^{2n-2k} - 1)$ e $z_k = 2^k(2^{2n-2k} + 1)$ para $k = 0, 1, 2, ..., n - 1$. Então $2^{n+1}, y_k, z_k$ são ternas pitagóricas.]

6. Verifique que 3, 4, 5 é a única terna pitagórica primitiva que envolve inteiros positivos e consecutivos.

7. Mostre que $3n, 4n, 5n$ onde $n = 1, 2, ...$ são as únicas ternas pitagóricas cujos termos estão em progressão aritmética.

[*Sugestão*: Chame a terna em questão de $x - d, x, x + d$, e resolva para x em função de d.]

8. Encontre todos os triângulos pitagóricos cujas áreas são iguais aos perímetros.

[*Sugestão*: As equações $x^2 + y^2 = z^2$ e $x + y + z = \frac{1}{2}xy$ implicam que $(x - 4)(y - 4) = 8$.]

9. (a) Prove que se x, y, z é uma terna pitagórica primitiva na qual x e z são inteiros positivos consecutivos, então

$$x = 2t(t + 1) \qquad y = 2t + 1 \qquad z = 2t(t + 1) + 1$$

para algum $t > 0$.

[*Sugestão*: A equação $1 = z - x = s^2 + t^2 - 2st$ implica que $s - t = 1$.]

(b) Prove que se x, y, z é uma terna pitagórica primitiva na qual a diferença $z - y = 2$, então

$$x = 2t \qquad y = t^2 - 1 \qquad z = t^2 + 1$$

para algum $t > 1$.

10. Mostre que existem infinitas ternas pitagóricas primitivas x, y, z cujo membro par x é um quadrado perfeito.

[*Sugestão*: Considere a terna $4n^2, n^4 - 4, n^4 + 4$, onde n é um inteiro ímpar arbitrário.]

11. Para um inteiro positivo arbitrário n, mostre que existe um triângulo pitagórico cujo raio do círculo inscrito é n.

[*Sugestão*: Se r denota o raio do círculo inscrito no triângulo pitagórico que tem os lados a e b e hipotenusa c, então $r = \frac{1}{2}(a + b - c)$. Agora considere a terna $2n + 1, 2n^2 + 2n, 2n^2 + 2n + 1$.]

12. (a) Prove que existem infinitas ternas pitagóricas primitivas x, y, z nas quais x e y são inteiros positivos consecutivos. Exiba cinco destas.

[*Sugestão*: Se $x, x + 1, z$ formam uma terna pitagórica, então o mesmo acontece com a terna $3x + 2z + 1, 3x + 2z + 2, 4x + 3z + 2$.]

(b) Prove que existem infinitas ternas pitagóricas primitivas x, y, z nas quais x e y são números triangulares consecutivos. Exiba três destas.

[*Sugestão*: Se $x, x + 1, z$ formam uma terna pitagórica, então o mesmo acontece com $t_{2x}, t_{2x+1}, (2x + 1)z$.]

13. Use o Problema 12 para provar que existem infinitos números triangulares que são quadrados perfeitos. Exiba cinco destes números triangulares.

[*Sugestão*: Se $x, x+1, z$ formam uma terna pitagórica, então da definição $u = z - x - 1$, $v = x + \frac{1}{2}(1-z)$, obtém-se $u(u+1)/2 = v^2$.]

12.2 ÚLTIMO TEOREMA DE FERMAT

Com o nosso conhecimento das ternas pitagóricas, estamos agora preparados para assumir o caso em que o próprio Fermat teve uma prova de sua conjectura, o caso $n = 4$.

A técnica utilizada na prova é uma forma de indução, por vezes chamada de "método de descida infinita de Fermat". Resumidamente, o processo pode ser descrito da seguinte maneira: assumimos a existência de uma solução inteira e positiva para o problema em questão. A partir dela mostramos que podemos obter outra solução de valor inteiro e positivo menor que a anterior e assim por diante. Uma vez que os números inteiros positivos não podem ser reduzidos indefinidamente, segue-se que a solução admitida inicialmente deve ser falsa e, por conseguinte, não há solução.

Em vez de dar uma prova da conjectura de Fermat para $n = 4$, acaba sendo mais fácil provar um fato que é um pouco mais forte, ou seja, a impossibilidade de se resolver a equação $x^4 + y^4 = z^2$ nos números inteiros positivos.

Teorema 12.3 Fermat. *A equação diofantina $x^4 + y^4 = z^2$ não tem solução nos inteiros positivos.*

Demonstração. Com a ideia de deduzir uma contradição, vamos supor que existe uma solução positiva x_0, y_0, z_0 de $x^4 + y^4 = z^2$. Sem perda de generalidade, podemos supor também que mdc(x_0, y_0) = 1; caso contrário, faça mdc(x_0, y_0) = d, $x_0 = dx_1$, $y_0 = dy_1$, $z_0 = d^2 z_1$ para obter $x_1^4 + y_1^4 = z_1^2$, com mdc(x_1, y_1) = 1.

Expressando a suposta equação na forma $x_0^4 + y_0^4 = z_0^2$ na forma

$$(x_0^2)^2 + (y_0^2)^2 = z_0^2$$

vemos que x_0^2, y_0^2, z_0 cumprem todos os requisitos de uma terna pitagórica primitiva e, portanto, o Teorema 12.1 pode ser empregado. Em tais ternas, um dos inteiros x_0^2 ou y_0^2 é necessariamente par, enquanto o outro é ímpar. Tomando x_0^2 (e, portanto, x_0) para ser par, existem inteiros primos relativos $s > t > 0$ que satisfazem

$$x_0^2 = 2st$$
$$y_0^2 = s^2 - t^2$$
$$z_0 = s^2 + t^2$$

onde exatamente um de s e t é par. Se s for par, então temos

$$1 \equiv y_0^2 = s^2 - t^2 \equiv 0 - 1 \equiv 3 \pmod{4}$$

o que é impossível. Portanto, s deve ser um inteiro ímpar e, em consequência, t é par. Vamos fazer $t = 2r$. Então a equação $x_0^2 = 2st$ se torna $x_0^2 = 4sr$, que diz que

$$\left(\frac{x_0}{2}\right)^2 = sr$$

Mas o Lema 2 afirma que o produto de dois inteiros primos relativos [note que mdc(s, t) = 1 implica que mdc(s, r) = 1] é um quadrado somente se cada um dos inteiros for um quadrado; portanto, $s = z_1^2$, $r = w_1^2$ para inteiros positivos z_1, w_1.

Queremos aplicar o Teorema 12.1 novamente, desta vez na equação

$$t^2 + y_0^2 = s^2$$

Como mdc(s, t) = 1, segue-se que mdc(t, y_0, s) = 1, fazendo de t, y_0, s uma terna pitagórica primitiva. Com t par, obtemos

$$t = 2uv$$
$$y_0 = u^2 - v^2$$
$$s = u^2 + v^2$$

para inteiros primos relativos $u > v > 0$. Agora, a relação

$$uv = \frac{t}{2} = r = w_1^2$$

significa que u e v são quadrados (o Lema 2 se aplica mais uma vez); por exemplo, $u = x_1^2$ e $v = y_1^2$. Quando substituímos s na equação por estes valores, o resultado é

$$z_1^2 = s = u^2 + v^2 = x_1^4 + y_1^4$$

Um ponto crucial é que, sendo z_1 e t positivos, temos também a desigualdade

$$0 < z_1 \leq z_1^2 = s \leq s^2 < s^2 + t^2 = z_0$$

Assim, começando com uma solução x_0, y_0, z_0 de $x^4 + y^4 = z^2$, construímos outra solução x_1, y_1, z_1 tal que $0 < z_1 < z_0$. Repetindo o argumento, nossa segunda solução conduziria à terceira solução x_2, y_2, z_2, que, por sua vez, dá origem a uma quarta, $0 < z_2 < z_1$. Este processo pode ser realizado tantas vezes quanto desejado para produzir uma sequência infinita decrescente de inteiros positivos

$$z_0 > z_1 > z_2 > \cdots$$

Como a quantidade de inteiros positivos menores que z_0 é um número finito, temos uma contradição. Somos forçados a concluir que $x^4 + y^4 = z^2$, não possui solução nos inteiros positivos.

Como resultado imediato, obtém-se o seguinte corolário.

Corolário. A equação $x^4 + y^4 = z^4$, não possui solução nos inteiros positivos.

Demonstração. Se x_0, y_0, z_0 fosse uma solução positiva de $x^4 + y^4 = z^4$, então x_0, y_0, z_0^2 satisfaria a equação $x^4 + y^4 = z^2$, contrariando o Teorema 12.3.

Se $n > 2$, então ou n é uma potência de 2 ou é divisível por um primo ímpar p. No primeiro caso, $n = 4k$ para algum $k \geq 1$ e a equação de Fermat $x^n + y^n = z^n$ pode ser escrita como

$$(x^k)^4 + (y^k)^4 = (z^k)^4$$

Acabamos de ver que esta equação não possui solução nos inteiros positivos. Quando $n = pk$, a equação de Fermat é equivalente a

$$(x^k)^p + (y^k)^p = (z^k)^p$$

Se conseguíssemos demonstrar que a equação $u^p + v^p = w^p$ não tem solução, então, em particular, não haveria solução da forma $u = x^k$, $v = y^k$, $w = z^k$; portanto, $x^n + y^n = z^n$ não teria solução. Assim, a conjectura de Fermat se reduz a isto: Não há primo ímpar p para o qual a equação

$$x^p + y^p = z^p$$

admita solução nos inteiros positivos.

Embora o problema tenha desafiado os matemáticos mais importantes dos últimos 300 anos, os seus esforços tendem a produzir resultados parciais e demonstrações para casos particulares. Euler deu uma primeira demonstração da conjectura de Fermat para o primo $p = 3$, no ano de 1770. O raciocínio estava incompleto, mas Legendre mais tarde forneceu os passos que faltavam. Usando o método da descida infinita, Dirichlet e Legendre resolveram de forma independente o caso $p = 5$ por volta de 1825. Pouco tempo depois, em 1839, Lamé provou a conjectura para a sétima potência. Com a crescente complexidade dos argumentos constatou-se que uma resolução bem-sucedida do caso geral envolveria diferentes técnicas. A melhor esperança parecia estar em estender o significado de "inteiro" para incluir uma classe mais ampla de números e, ao atacar o problema dentro deste sistema alargado, obter mais informações do que era possível, utilizando apenas números inteiros.

O matemático alemão Kummer fez o grande avanço. Em 1843, ele submeteu a Dirichlet uma suposta demonstração da conjectura de Fermat com base em uma extensão dos números inteiros incluindo os chamados números algébricos (isto é, números complexos que satisfazem polinômios com coeficientes racionais). Depois de ter passado um tempo considerável sobre o problema, Dirichlet foi capaz de detectar a falha no raciocínio: Kummer tinha dado como certo que os números algébricos admitem uma fatoração única semelhante a dos inteiros, o que nem sempre é verdade.

Mas Kummer não desistiu diante disso e voltou para suas investigações com esforço redobrado. Para estabelecer a fatoração única para os números algébricos, ele foi levado a desenvolver o conceito de *números ideais*. Adicionando estas novas particularidades aos números algébricos, Kummer provou com sucesso a conjectura de Fermat para uma grande classe de primos que ele denominou *primos regulares* (isso representou uma grande conquista dado que os únicos números primos irregulares menores que 100 são 37, 59 e 67). Infelizmente, ainda não se sabe se há um número infinito de primos regulares. Jesen (1915) provou que existem infinitos primos irregulares. Quase todo o progresso subsequente do problema foi devido ao quadro sugerido por Kummer.

Em 1983, um matemático alemão de 29 anos, Gerd Faltings, mostrou que para cada expoente $n > 2$, a equação de Fermat $x^n + y^n = z^n$ pode ter um número finito máximo (em oposição a um número infinito) de soluções inteiras. À primeira vista, isso pode não parecer muito vantajoso; mas se pudéssemos mostrar que o número finito de soluções é zero em cada caso, a conjectura de Fermat estaria provada.

Outro resultado marcante, provado em 1987, foi o de que a afirmação de Fermat é verdadeira para "quase todos" os valores de n; isto é, conforme n aumenta, a porcentagem de casos em que a conjectura poderia falhar se aproxima de zero.

Com o advento dos computadores, vários testes numéricos foram concebidos para verificar a conjectura de Fermat para valores específicos de n. Em 1977, S. S. Wagstaff levou mais de dois anos, com quatro máquinas operando, inclusive, em fins de semana e férias, para mostrar que a conjectura é válida para todo $n \leq 125000$. Desde essa época, a quantidade de expoentes para os quais o resultado é verdadeiro tem aumentado. Em 1992, sabia-se que a conjectura de Fermat era verdadeira para expoentes até 4000000.

Por um momento, no verão de 1993, pareceu que a demonstração definitiva tinha sido obtida. No final de três dias de palestras em Cambridge, Inglaterra, Andrew Wiles, da Universidade de Princeton surpreendeu seus colegas ao anunciar que ele poderia resolver favoravelmente a conjectura de Fermat. A demonstração que ele propôs, que levou sete anos de preparo, foi uma mistura inteligente de muitas técnicas sofisticadas desenvolvidas por outros matemáticos na década anterior. A ideia central era relacionar equações do tipo proposto por Fermat com a estudada teoria da curvas elípticas; isto é, as curvas determinadas por polinômios cúbicos de forma $y^2 = x^3 + ax + b$, onde a e b são números inteiros.

A estrutura geral e a estratégia do argumento de Wiles foram tão convincentes que os matemáticos quase a consideraram correta. Mas quando o manuscrito imensamente complicado de 200 páginas foi cuidadosamente examinado, um obstáculo sutil foi identificado. Ninguém afirmou que a falha era fatal, e o argumento foi considerado viável. Mais de um ano depois, Wiles forneceu uma versão corrigida, refinada, e mais curta (125 páginas) da sua demonstração original aos revisores entusiasmados. O argumento revisado foi considerado válido e a afirmação aparentemente simples de Fermat foi finalmente resolvida.

O fracasso da tentativa inicial de Wiles não é surpreendente ou incomum na pesquisa matemática. Normalmente, as demonstrações propostas circulam de modo privado para o exame de possíveis falhas meses antes do seu anúncio formal. No caso do Wiles, a notoriedade de uma das conjecturas mais elusivas da teoria dos números trouxe publicidade prematura e decepção temporária para a comunidade matemática.

Para completar a nossa digressão histórica, podemos mencionar que, em 1908, um prêmio de 100000 marcos foi oferecido pela Academia de Ciências de Göttingen a quem propusesse a primeira prova completa da conjectura de Fermat. O resultado imediato foi uma avalanche de manifestações incorretas por matemáticos amadores. Como apenas as soluções impressas eram elegíveis, a conjectura de Fermat tem a fama de ser o problema matemático com o maior número de demonstrações falsas publicadas; de fato, entre 1908 e 1912, mais de mil demonstrações apareceram, principalmente impressas e tratadas de modo privado. Finalmente, o interesse diminuiu à medida que a inflação alemã dos anos 1920 reduziu o valor monetário do prêmio. (Com a introdução do Reichsmark e Deutsche Mark [DM] e dos consequentes reajustes cambiais, o prêmio foi reduzido a cerca de DM 75000 ou \$40000, quando foi apresentado a Wiles em 1997.)

De $x^4 + y^4 = z^2$, passamos para uma equação diofantina intimamente relacionada, a saber, $x^4 - y^4 = z^2$. A prova de que esta não possui solução se assemelha à do Teorema 12.3, mas fazemos uma pequena variação no método de descida infinita.

Teorema 12.4 Fermat. A equação diofantina $x^4 - y^4 = z^2$ não tem solução nos inteiros positivos.

Demonstração. A demonstração é por contradição. Vamos supor que a equação admita solução nos inteiros positivos e entre estas soluções x_0, y_0, z_0 seja a que apresenta o menor valor de x; em particular, esta suposição força x_0 a ser ímpar. (Por quê?) Se $\mathrm{mdc}(x_0, y_0) = d > 1$, então, fazendo $x_0 = dx_1, y_0 = dy_1$, teríamos $d^4\left(x_1^4 - y_1^4\right) = z_0^2$, daí $d^2 \mid z_0$ ou $z_0 = d^2 z_1$ para algum $z_1 > 0$. Daqui resulta que x_1, y_1, z_1 fornecem uma solução para a equação com $0 < x_1 < x_0$, o que é impossível. Assim, podemos assumir uma solução x_0, y_0, z_0 em que $\mathrm{mdc}(x_0, y_0) = 1$. O argumento que segue se divide em duas etapas, dependendo de y_0 ser par ou ímpar.

Primeiro, considere o caso de um inteiro ímpar y_0. Se a equação $x_0^4 - y_0^4 = z_0^2$ for escrita na forma $z_0^2 + \left(y_0^2\right)^2 = \left(x_0^2\right)^2$, vemos que z_0, y_0^2, x_0^2 constituem uma terna pitagórica primitiva. O Teorema 12.1 afirma a existência de inteiros primos relativos $s > t > 0$ para os quais

$$\begin{aligned} z_0 &= 2st \\ y_0^2 &= s^2 - t^2 \\ x_0^2 &= s^2 + t^2 \end{aligned}$$

Assim, obtém-se

$$s^4 - t^4 = (s^2 + t^2)(s^2 - t^2) = x_0^2 y_0^2 = (x_0 y_0)^2$$

tornando s, t, $x_0 y_0$ uma solução (positiva) para a equação $x^4 - y^4 = z^2$. Como

$$0 < s < \sqrt{s^2 + t^2} = x_0$$

chegamos a uma contradição para o fato de x_0 ser um valor mínimo.

Para a segunda parte da demonstração, vamos assumir que y_0 é um inteiro par. Usando as fórmulas para ternas pitagóricas primitivas, agora escrevemos

$$y_0^2 = 2st$$
$$z_0 = s^2 - t^2$$
$$x_0^2 = s^2 + t^2$$

onde s é par e t é ímpar. Então, na igualdade $y_0^2 = 2st$, temos mdc($2s$, t) = 1. A aplicação do Lema 2 nos diz que $2s$ e t são quadrados de inteiros positivos; ou, $2s = w^2$, $t = v^2$. Como w deve necessariamente ser um inteiro par, fixamos $w = 2u$ para obtermos $s = 2u^2$. Portanto,

$$x_0^2 = s^2 + t^2 = 4u^4 + v^4$$

e assim $2u^2$, v^2, x_0 formam uma terna pitagórica primitiva. Voltando ao Teorema 12.1, novamente, existem inteiros $a > b > 0$ para os quais

$$2u^2 = 2ab$$
$$v^2 = a^2 - b^2$$
$$x_0 = a^2 + b^2$$

onde mdc(a, b) = 1. A igualdade $u^2 = ab$ garante que a e b são quadrados perfeitos, de modo que $a = c^2$ e $b = d^2$. Sabendo disso, o resto da prova é fácil; pois, substituindo,

$$v^2 = a^2 - b^2 = c^4 - d^4$$

o resultado é uma nova solução c, d, v da equação dada $x^4 - y^4 = z^2$ e o que é mais, uma solução na qual

$$0 < c = \sqrt{a} < a^2 + b^2 = x_0$$

contraria nossa suposição a respeito de x_0.

Dessas contradições, concluímos que a equação $x^4 - y^4 = z^2$ não pode ter solução nos inteiros positivos.

Nas margens de sua cópia da *Arithmetica* de Diofanto, Fermat afirma e prova o seguinte: a área de um triângulo retângulo com lados racionais não pode ser o quadrado de um número racional. Eliminando as frações, isto se reduz a um teorema sobre triângulos pitagóricos, a saber, o Teorema 12.5.

Teorema 12.5. *A área de um triângulo pitagórico nunca pode ser igual a um quadrado perfeito (inteiro).*

Demonstração. Considere-se um triângulo pitagórico, cuja hipotenusa tem comprimento z e outros dois lados têm comprimentos x e y, de modo que $x^2 + y^2 = z^2$. A área do triângulo em questão é $\frac{1}{2}xy$, e se isso fosse um quadrado, digamos u^2, seguiria que $2xy = 4u^2$. Adicionando e subtraindo de $x^2 + y^2 = z^2$ a última equação escrita, chegamos a

$$(x + y)^2 = z^2 + 4u^2 \qquad \text{e} \qquad (x - y)^2 = z^2 - 4u^2$$

Quando estas duas últimas equações são multiplicadas, o resultado é que duas quartas potências têm como diferença um quadrado:

$$(x^2 - y^2)^2 = z^4 - 16u^4 = z^4 - (2u)^4$$

Como isso contraria o Teorema 12.4, não pode haver triângulo pitagórico cuja área seja um quadrado.

Há uma série de problemas simples relativos a triângulos pitagóricos, que ainda aguardam solução. O corolário do Teorema 12.3, pode ser expresso dizendo-se que não existem triângulos pitagóricos em que todos os lados são quadrados. No entanto, não é difícil produzir triângulos pitagóricos cujos lados, se aumentados em uma unidade, são quadrados; por exemplo, os triângulos associados com as ternas $13^2 - 1$, $10^2 - 1$, $14^2 - 1$ e $287^2 - 1$, $265^2 - 1$, $329^2 - 1$. Uma questão óbvia — e ainda não respondida — é se há um número infinito de tais triângulos. Podemos encontrar triângulos pitagóricos em que cada lado é um número triangular. [Um número triangular é um número inteiro de forma $t_n = n(n + 1)/2$.] Um exemplo disso é o triângulo correspondente à t_{132}, t_{143}, t_{164}. Não se sabe se existe um número infinito de triângulos pitagóricos deste tipo.

Como último comentário, devemos observar que todo o esforço despendido na tentativa de provar a conjectura de Fermat não foi desperdiçado. A nova matemática que foi desenvolvida como subproduto lançou as bases para a teoria dos números algébricos e da teoria dos ideais da álgebra abstrata moderna. Parece justo dizer que o valor destas teorias excede em muito o da própria conjectura.

Outro desafio para os estudiosos da teoria dos número, um pouco parecido com a conjectura de Fermat, diz respeito à equação de Catalan. Considere os quadrados e cubos dos inteiros positivos em ordem crescente

$$1, 4, 8, 9, 16, 25, 27, 36, 49, 64, 81, 100, \ldots$$

Notamos que 8 que 9 são inteiros consecutivos nesta sequência. O astrônomo medieval Levi ben Gershon (1288 – 1344) provou que não há nenhum outro par de potências consecutivas de 2 e 3; ou melhor, ele mostrou que se $3^m - 2^n = \pm 1$, com $m > 1$ e $n > 1$, então $m = 2$ e $n = 3$. Em 1738, Euler, usando o método da descida infinita de Fermat, lidou com a equação $x^3 - y^2 = \pm 1$, provando que $x = 2$ e $y = 3$. Catalan contribuiu um pouco mais para o problema das potências consecutivas com a afirmação (1844) de que a única solução da equação $x^m - y^n = 1$ nos inteiros x, y, m, n, todos maiores que 1, é $m = y = 2$, $n = x = 3$. Esta afirmação, agora conhecida como a conjectura de Catalan, foi provada em 2002.

Ao longo dos anos, tem-se demonstrado que a equação de Catalan $x^m - y^n = 1$ não possui solução para valores especiais de m e n. Por exemplo, em 1850, V. A. Lebesgue provou que $x^m - y^2 = 1$ não admite solução nos inteiros positivos para $m \neq 3$; mas, somente em 1964, mostrou-se que a equação mais difícil $x^2 - y^n = 1$ não tem solução para $n \neq 3$. Os casos $x^3 - y^n = 1$ e $x^m - y^3 = 1$, com $m \neq 2$, foram resolvidos com sucesso em 1921. O resultado mais surpreendente, obtido por R. Tijdeman em 1976, é que $x^m - y^n = 1$ possui apenas um número finito de soluções, todas menores que uma constante $C > 0$; ou seja, $x^m, y^n < C$.

Suponha que a equação de Catalan tenha uma solução que não seja $3^2 - 2^3 = 1$. Se p e q são primos que dividem m e n, respectivamente, então $x^{m/p}$ e $y^{n/q}$ seria uma solução para a equação $u^p - v^q = 1$. O que precisa ser mostrado é que esta equação não possui solução nos inteiros $u, v \geq 2$ e primos distintos $p, q \geq 5$. Uma abordagem da situação se baseia na obtenção de limites explícitos para os possíveis tamanhos dos expoentes. Uma série de investigações refinou continuamente as restrições até por volta do ano 2000, quando se soube que $3 \cdot 10^8 < p < (7,15) 10^{11}$ e $3 \cdot 10^8 < q < (7,75) 10^{16}$. Assim, a conjectura de Catalan, em princípio, poderia ser resolvida por meio de cálculos computacionais exaustivos; mas, até que o limite superior fosse reduzido, levaria muito tempo.

Em 2000, Preda Mihailescu provou que para existir uma solução de Catalan, p e q devem satisfazer as congruências simultâneas

$$p^{q-1} \equiv 1 (\mod q^2) \quad \text{e} \quad q^{p-1} \equiv 1 (\mod p^2)$$

Estes pares são conhecidos como primos de Wieferich, em homenagem a Artur Wieferich, que investigou (1909) a congruência $2^{p-1} \equiv 1 (\mod p^2)$. Tais pares de números primos são raros, tendo sido identificados apenas seis até o momento. Além disso, como estes 12 números primos são menores que $3 \cdot 10^8$, nenhum satisfez as limitações conhecidas. Aproveitando estes resultados sobre os primos de Wieferich, Mihailescu continuou a trabalhar sobre o problema. Ele finalmente respondeu a famosa pergunta no início do ano seguinte: as únicas potências consecutivas são 8 e 9.

Uma consequência interessante desses resultados é que nenhum número de Fermat $F_n = 2^{2^n} + 1$ pode ser uma potência de outro número inteiro, com o expoente maior que 1. Pois, se $F_n = a^m$, com $m \geq 2$, então $a^m - \left(2^{2^{n-1}}\right)^2 = 1$, o que implicaria na existência de solução para a equação $x^m - y^2 = 1$.

PROBLEMAS 12.2

1. Mostre que a equação $x^2 + y^2 = z^3$ possui infinitas soluções para x, y, z inteiros positivos.
   [*Sugestão*: Para todo $n \geq 2$, faça $x = n(n^2 - 3)$ e $y = 3n^2 - 1$.]

2. Prove o teorema: As únicas soluções no conjunto dos inteiros não negativos da equação $x^2 + 2y^2 = z^2$, com $\mathrm{mdc}(x, y, z) = 1$, são dadas por

$$x = \pm(2s^2 - t^2) \qquad y = 2st \qquad z = 2s^2 + t^2$$

   onde s, t são inteiros não negativos arbitrários.
   [*Sugestão*: Se u, v, w são tais que $y = 2w, z + x = 2u, z - x = 2v$, então a equação passa a ser $2w^2 = uv$.]

3. Prove que, em uma terna pitagórica x, y, z, apenas um entre x, y e z pode ser um quadrado perfeito.

4. Prove cada uma das seguintes afirmativas:
   (a) O sistema de equações simultâneas

$$x^2 + y^2 = z^2 - 1 \quad \text{e} \quad x^2 - y^2 = w^2 - 1$$

   possui infinitas soluções inteiras positivas x, y, z, w.
   [*Sugestão*: Para todo inteiro $n \geq 1$, faça $x = 2n^2$ e $y = 2n$.]
   (b) O sistema de equações simultâneas

$$x^2 + y^2 = z^2 \quad \text{e} \quad x^2 - y^2 = w^2$$

   não admite soluções inteiras positivas x, y, z, w.
   (c) O sistema de equações simultâneas

$$x^2 + y^2 = z^2 + 1 \quad \text{e} \quad x^2 - y^2 = w^2 + 1$$

possui infinitas soluções inteiras positivas x, y, z, w.

[*Sugestão*: Para todo inteiro $n \geq 1$, faça $x = 8n^4 + 1$ e $y = 8n^3$.]

5. Use o Problema 4 para provar que não existe solução nos inteiros positivos para as equações simultâneas

$$x^2 + y^2 = z^2 \quad \text{e} \quad x^2 + 2y^2 = w^2$$

[*Sugestão*: Qualquer solução do sistema dado também satisfaz $z^2 + y^2 = w^2$ e $z^2 - y^2 = x^2$.]

6. Mostre que não existe solução nos inteiros positivos para as equações simultâneas

$$x^2 + y^2 = z^2 \quad \text{e} \quad x^2 + z^2 = w^2$$

por isso, não existe nenhuma triângulo pitagórico cuja hipotenusa e um dos lados formem os lados de um outro triângulo pitagórico.

[*Sugestão*: Qualquer solução do sistema dado também satisfaz $x^4 + (wy)^2 = z^4$.]

7. Prove que a equação $x^4 - y^4 = 2z^2$ não possui soluções nos inteiros positivos x, y, z.

[*Sugestão*: Como x e y devem ser ambos ímpares ou ambos pares, $x^2 + y^2 = 2a^2$, $x + y = 2b^2$, $x - y = 2c^2$ para algum a, b, c; consequentemente $a^2 = b^4 + c^4$.]

8. Verifique que a única solução nos inteiros positivos primos relativos da equação $x^4 + y^4 = 2z^2$ é $x = y = z = 1$.

[*Sugestão*: Qualquer solução da equação dada também satisfaz a equação

$$z^4 - (xy)^4 = \left(\frac{x^4 - y^4}{2}\right)^2 .]$$

9. Prove que a equação diofantina $x^4 - 4y^4 = z^2$ não possui solução nos inteiros positivos x, y, z.

[*Sugestão*: Reescreva a equação dada na forma $(2y^2)^2 + z^2 = (x^2)^2$ e aplique o Teorema 12.1.]

10. Use o Problema 9 para provar que não existe triângulo pitagórico cuja área seja o dobro de um quadrado perfeito.

[*Sugestão*: Suponha contrariamente que $x^2 + y^2 = z^2$ e $\frac{1}{2}xy = 2w^2$. Então $(x + y)^2 = z^2 + 8w^2$, e $(x - y)^2 = z^2 - 8w^2$. Isto conduz a $z^4 - 4(2w)^4 = (x^2 - y^2)^2$.]

11. Prove o teorema: As únicas soluções nos inteiros positivos da equação

$$\frac{1}{x^2} + \frac{1}{y^2} = \frac{1}{z^2} \quad \text{mdc}(x, y, z) = 1$$

são dadas por

$$x = 2st(s^2 + t^2) \qquad y = s^4 - t^4 \qquad z = 2st(s^2 - t^2)$$

onde s, t são inteiros positivos primos relativos, sendo um deles par, com $s > t$.

12. Mostre que a equação $1/x^4 + 1/y^4 = 1/z^2$ não possui solução nos inteiros positivos.

CAPÍTULO 13

REPRESENTAÇÃO DOS INTEIROS COMO SOMA DE QUADRADOS

O objeto da Física pura é o desdobramento das leis do mundo inteligível; o objeto de Matemática pura é o desdobramento das leis da inteligência humana.

J. J. Sylvester

13.1 JOSEPH LOUIS LAGRANGE

Depois das mortes de Descartes, Pascal e Fermat, passou mais de um século e não apareceu nenhum matemático francês de estatura comparável. Na Inglaterra, por sua vez, a Matemática prosseguia com zelo incansável, primeiro por Newton, em seguida, por Taylor, Stirling, e Maclaurin, enquanto Leibniz entrava em cena na Alemanha. A atividade matemática na Suíça foi marcada pelo trabalho do Bernoulli e Euler. No final do século XVIII, Paris voltou a ser o centro dos estudos matemáticos, pois Lagrange, Laplace e Legendre trouxeram um novo frescor para a França.

Um italiano de nascimento, alemão por adoção e francês por opção, Joseph Louis Lagrange (1736–1813) foi, ao lado de Euler, o matemático mais importante do século XVIII. Quando ele entrou na Universidade de Turim, seu grande interesse estava na Física, mas, depois que calhou de ler um tratado sobre o Halley que envolvia cálculos de Newton, animou-se com a nova matemática, que foi transformando a mecânica celeste. Ele se dedicou com tanto afinco aos estudos matemáticos que, com 18 anos, foi nomeado professor de geometria na Escola Real de Artilharia, em Turim. A Academia Francesa de Ciências logo se acostumou a incluir Lagrange entre os concorrentes aos seus prêmios bienais: entre 1764 e 1788, ele ganhou cinco dos prêmios cobiçados por suas aplicações da matemática a problemas de astronomia.

Em 1766, quando Euler deixou Berlim por São Petersburgo, Frederico, o Grande, criou condições para que Lagrange preenchesse o cargo vago, e, acompanhando o convite, enviou uma mensagem modesta, que dizia: "É necessário que o maior geômetra da Europa viva

Joseph Louis Lagrange
(1736–1813)

(*Publicações Dover, Inc.*)

perto do maior dos Reis". (Para D'Alembert, que havia sugerido o nome de Lagrange, o rei escreveu: "Por seu cuidado e recomendação eu estou em débito por ter substituído um matemático meio cego por um matemático com os dois olhos, o que irá agradar especialmente aos membros anatômicos de minha academia.") Nos 20 anos seguintes, Lagrange foi diretor da seção de matemática da Academia de Berlim, produzindo trabalhos de alta distinção, que culminaram em seu tratado monumental, o *Mécanique Analytique* (publicado em 1788, em quatro volumes). Nesse trabalho ele unificou a mecânica geral e fez disso, como o matemático Hamilton disse mais tarde, "um tipo de poema científico". Defendendo que a mecânica era realmente um ramo da matemática pura, Lagrange baniu tão completamente as ideias geométricas do *Mécanique Analytique* que ele pôde se gabar no prefácio que nem um único diagrama aparecia em suas páginas.

Frederico, o Grande, morreu em 1786, e Lagrange, já não encontrando um ambiente simpático na corte prussiana, decidiu aceitar o convite de Luís XVI para se estabelecer em Paris, onde teve a cidadania francesa. Mas os anos de atividade constante tinham deixado as suas marcas: Lagrange caiu em uma depressão profunda que destruiu seu interesse pela matemática. Tão profunda era a sua aversão ao assunto que a primeira cópia impressa do *Mécanique Analytique* — obra de um quarto de século — permaneceu abandonada em sua mesa por mais de dois anos. É estranho dizer, foi a turbulência da Revolução Francesa que o ajudou a despertar de sua letargia. Após a abolição de todas as antigas universidades francesas (a Academia de Ciências também foi suprimida), em 1793, os revolucionários criaram duas novas escolas, com os títulos humildes de Escola Normal e Escola Politécnica, e Lagrange foi convidado para lecionar análise. Embora ele não tivesse lecionado desde seus primeiros dias em Turim, depois de ter estado sob patrocínio real nesse ínterim, ele parecia gostar da nomeação. Sujeitos à vigilância constante, os instrutores não podiam "nem ler nem repetir" e transcrições de suas aulas eram inspecionadas pelas autoridades. Apesar das perseguições mesquinhas, Lagrange ganhou uma reputação de professor inspirado. Suas aulas sobre cálculo diferencial foram a base de outro clássico na matemática, o *Théorie des Fonctions Analytique* (1797).

Embora a pesquisa de Lagrange fosse extraordinariamente ampla, ele possuía, tal como Diofanto e Fermat, um talento especial para a teoria dos números. Seu trabalho aqui incluiu: a primeira prova do teorema de Wilson que, se n é primo, então $(n-1)! \equiv -1 \pmod{n}$; a investigação das condições em que ± 2 e ± 5 são resíduos ou não resíduos quadráticos de um primo ímpar (-1 e ± 3 tendo sido discutido por Euler); a obtenção de todas as soluções inteiras da equação $x^2 - ay^2 = 1$; e a solução de certos problemas colocados por Fermat sobre o modo como alguns números primos podem ser representados (por exemplo, o resultado que afirma que cada primo $p \equiv 3 \pmod 8$ é da forma $p = a^2 + 2b^2$). Este capítulo centra-se na descoberta que conferiu a Lagrange seu maior renome na teoria dos números, a prova de que todo inteiro positivo pode ser expresso como a soma de quatro quadrados.

13.2 SOMAS DE DOIS QUADRADOS

Historicamente, um problema que tem recebido uma boa dose de atenção é o de representar números como somas de quadrados. No presente capítulo, desenvolvemos argumentos suficientes para responder completamente a seguinte pergunta: Qual é o menor valor n tal que todo inteiro positivo pode ser escrito como a soma de n quadrados? Ao examinar os primeiros números inteiros positivos, vemos que

$$1 = 1^2$$
$$2 = 1^2 + 1^2$$
$$3 = 1^2 + 1^2 + 1^2$$
$$4 = 2^2$$
$$5 = 2^2 + 1^2$$
$$6 = 2^2 + 1^2 + 1^2$$
$$7 = 2^2 + 1^2 + 1^2 + 1^2$$

Como são necessários quatro quadrados na representação do 7, uma resposta parcial à nossa questão é que $n \geq 4$. É desnecessário dizer que ainda há a possibilidade de que alguns inteiros possam exigir mais que quatro quadrados. O famoso teorema de Lagrange, provado em 1770, afirma que quatro quadrados são suficientes; isto é, cada número inteiro positivo pode ser representado como a soma de quatro números inteiros quadrados, alguns dos quais podem ser $0 = 0^2$. Isto é o nosso Teorema 13.7.

Para começar com o que é mais simples, primeiro vamos encontrar condições necessárias e suficientes para que um inteiro positivo possa ser representado como a soma de dois quadrados. O problema pode ser reduzido à consideração dos números primos pelo seguinte lema.

Lema. Se m e n são, cada um, a soma de dois quadrados, então o seu produto mn também é.

Demonstração. Se $m = a^2 + b^2$ e $n = c^2 + d^2$ para inteiros para a, b, c, d, então

$$mn = (a^2 + b^2)(c^2 + d^2) = (ac + bd)^2 + (ad - bc)^2$$

É evidente que nem todos os primos podem ser escritos como soma de dois quadrados; por exemplo, $3 = a^2 + b^2$ não tem solução nos inteiros. De modo mais geral, pode-se provar o Teorema 13.1.

Teorema 13.1. Nenhum primo p da forma $4k + 3$ é a soma de dois quadrados.

Demonstração. Módulo 4, temos $a \equiv 0, 1, 2, 3$ para qualquer inteiro a; consequentemente, $a^2 \equiv 0$ ou $1 \pmod 4$. Segue que, para inteiros arbitrários a e b,

$$a^2 + b^2 \equiv 0, 1, \text{ ou } 2 \pmod 4$$

Como $p \equiv 3 \pmod 4$, a equação $p = a^2 + b^2$ é impossível.

Por outro lado, qualquer primo que é congruente a 1 módulo 4 pode ser expresso como soma de dois inteiros quadrados. A demonstração que vamos apresentar emprega um teorema sobre congruências devido ao matemático norueguês Axel Thue. Este, por sua vez, baseia-se no famoso princípio da casa de pombo de Dirichlet.

Princípio da casa de pombo. Se n objetos são colocados em m gavetas e se $n > m$, então alguma gaveta conterá dois objetos.

Redigido em linguagem matemática, este princípio simples afirma que, se um conjunto com n elementos é a união de m de seus subconjuntos e se $n > m$, então algum subconjunto tem mais de um elemento.

Lema (Thue). Seja p um primo e $\mathrm{mdc}(a, p) = 1$. Então, a congruência

$$ax \equiv y \pmod{p}$$

admite uma solução x_0, y_0, em que

$$0 < |x_0| < \sqrt{p} \quad \text{e} \quad 0 < |y_0| < \sqrt{p}$$

Demonstração. Seja $k = \left[\sqrt{p}\right] + 1$, e considere o conjunto de inteiros

$$S = \{ax - y \mid 0 \le x \le k-1, 0 \le y \le k-1\}$$

Como $ax - y$ assume $k^2 > p$ valores possíveis, o princípio da casa de pombos garante que pelo menos dois elementos de S devem ser congruentes módulo p; vamos chamá-los $ax_1 - y_1$ e $ax_2 - y_2$, em que $x_1 \neq x_2$ e $y_1 \neq y_2$. Então escrevemos

$$a(x_1 - x_2) \equiv y_1 - y_2 \pmod{p}$$

Definindo $x_0 = x_1 - x_2$ e $y_0 = y_1 - y_2$, segue-se que x_0 e y_0 fornecem uma solução para a congruência $x \equiv y \pmod{p}$. Se um entre x_0 e y_0 for igual a zero, então podemos usar o fato de que $\mathrm{mdc}(a, p) = 1$ para mostrar que o outro também deve ser zero, o que contraria o que presumimos inicialmente. Assim, $0 < |x_0| \le k - 1 < \sqrt{p}$ e $0 < |y_0| \le k - 1 < \sqrt{p}$.

Agora estamos prontos para deduzir o teorema de Fermat que afirma que todo primo da forma $4k + 1$ pode ser expresso como a soma dos quadrados de dois inteiros. (Albert Girard reconheceu este fato há vários anos e, algumas vezes, o resultado é conhecido como teorema de Girard.) Fermat comunicou seu teorema em uma carta a Mersenne, datada de 25 de dezembro, 1640, declarando que ele possuía uma prova irrefutável. Contudo, a primeira prova publicada foi de Euler em 1754, que conseguiu mostrar que esta representação é única.

Teorema 13.2 Fermat. Um primo ímpar p pode ser expresso como a soma de dois quadrados se e somente se $p \equiv 1 \pmod{4}$.

Demonstração. Embora a parte do "somente se" já esteja provada no Teorema 13.1, vamos dar uma demonstração diferente aqui. Suponha que p possa ser escrito como a soma de dois quadrados, ou seja, $p = a^2 + b^2$. Como p é primo, temos que $p \nmid a$ e $p \nmid b$. (Se $p \mid a$, então $p \mid b^2$, e assim $p \mid b$, levando à contradição $p^2 \mid p$.) Assim, pelo teorema das congruências lineares, existe um número inteiro c para o qual $bc \equiv 1 \pmod{p}$. Módulo p, a relação $(ac)^2 + (bc)^2 = pc^2$ fica

$$(ac)^2 \equiv -1 \pmod{p}$$

tornando -1 um resíduo quadrático de p. Neste ponto, recorremos ao corolário do Teorema 9.2, pois $(-1/p) = 1$ somente quando $p \equiv 1 \pmod 4$.

Para a recíproca, suponha que $p \equiv 1 \pmod 4$. Como -1 é um resíduo quadrático de p, podemos encontrar um número inteiro a satisfazendo $a^2 \equiv -1 \pmod p$; de fato, pelo Teorema 5.4, $a = [(p-1)/2]!$ é um número inteiro deste tipo. Agora $\mathrm{mdc}(a, p) = 1$, de modo que a congruência

$$ax \equiv y \pmod p$$

admite uma solução x_0, y_0 para a qual o lema de Thue é válido. Como resultado,

$$-x_0^2 \equiv a^2 x_0^2 \equiv (ax_0)^2 \equiv y_0^2 \pmod p$$

ou $x_0^2 + y_0^2 \equiv 0 \pmod p$. Isto diz que

$$x_0^2 + y_0^2 = kp$$

para algum inteiro $k \geq 1$. Na medida em que $0 < |x_0| < \sqrt{p}$ e $0 < |y_0| < \sqrt{p}$, obtemos $0 < x_0^2 + y_0^2 < 2p$, o que implica $k = 1$. Consequentemente, $x_0^2 + y_0^2 = p$, e está acabado.

Considerando que a^2 é igual a $(-a)^2$, temos o seguinte corolário.

Corolário. Qualquer primo p da forma $4k + 1$ pode ser representado de maneira única (a menos da ordem das parcelas) como soma de dois quadrados.

Demonstração. Para provar a unicidade da afirmação, suponha que

$$p = a^2 + b^2 = c^2 + d^2$$

em que a, b, c, d são todos números inteiros positivos. Então

$$a^2 d^2 - b^2 c^2 = p(d^2 - b^2) \equiv 0 \pmod p$$

de que $ad \equiv bc \pmod p$ ou $ad \equiv -bc \pmod p$. Como a, b, c, d são todos menores que $\sqrt{p}$, estas relações implicam que

$$ad - bc = 0 \quad \text{ou} \quad ad + bc = p$$

Se a segunda igualdade fosse válida, então teríamos $ac = bd$; pois

$$p^2 = (a^2+b^2)(c^2+d^2) = (ad+bc)^2 + (ac-bd)^2$$
$$= p^2 + (ac-bd)^2$$

e assim $ac - bd = 0$. Segue-se que ou

$$ad = bc \quad \text{ou} \quad ac = bd$$

Suponha, por exemplo, que $ad = bc$. Então, $a \mid bc$, com mdc$(a, b) = 1$, o que nos obriga a dizer que $a \mid c$, ou seja, $c = ka$. A condição $ad = bc = b(ka)$ se reduz, então, a $d = bk$. Mas

$$p = c^2 + d^2 = k^2(a^2 + b^2)$$

implica que $k = 1$. Neste caso, temos $a = c$ e $b = d$. Por um argumento semelhante, a condição $ac = bd$ leva a $a = d$ e $b = c$. Importante é que, em qualquer caso, as duas representações do primo p são idênticas.

Vamos seguir os passos do Teorema 13.2, usando o primo $p = 13$. Uma escolha para o número inteiro a é $6! = 720$. Uma solução da congruência $720x \equiv y \pmod{13}$, ou, o que é equivalente,

$$5x \equiv y \pmod{13}$$

é obtida considerando-se o conjunto

$$S = \{5x - y \mid 0 \leq x, y < 4\}$$

Os elementos de S são apenas os números inteiros

0	5	10	15
−1	4	9	14
−2	3	8	13
−3	2	7	12

que, módulo 13, ficam

0	5	10	2
12	4	9	1
11	3	8	0
10	2	7	12

Dentre as várias possibilidades, temos

$$5 \cdot 1 - 3 \equiv 2 \equiv 5 \cdot 3 - 0 \pmod{13}$$

ou

$$5(1-3) \equiv 3 \pmod{13}$$

Assim, podemos tomar $x_0 = -2$ e $y_0 = 3$ para obter

$$13 = x_0^2 + y_0^2 = 2^2 + 3^2$$

Observação. Alguns autores afirmam que qualquer primo $p \equiv 1 \pmod 4$ pode ser escrito como uma soma de quadrados de oito maneiras. Por exemplo, com $p = 13$, temos

$$13 = 2^2 + 3^3 = 2^2 + (-3)^2 = (-2)^2 + 3^2 = (-2)^2 + (-3)^2$$
$$= 3^2 + 2^2 = 3^2 + (-2)^2 = (-3)^2 + 2^2 = (-3)^2 + (-2)^2$$

Como todas as oito representações podem ser obtidas a partir de qualquer uma delas trocando-se os sinais de 2 e 3 ou mudando-se a ordem das parcelas, existe "essencialmente" apenas uma maneira de fazer isso. Assim, do nosso ponto de vista, 13 pode ser representado de maneira única como soma de dois quadrados.

Mostramos que todo primo p tal que $p \equiv 1 \pmod 4$ pode ser expresso como a soma de dois quadrados. Mas outro inteiro também goza desta propriedade; por exemplo,

$$10 = 1^2 + 3^2$$

Nosso próximo passo é caracterizar explicitamente os números inteiros positivos que podem ser expressos como uma soma de dois quadrados.

Teorema 13.3. Seja o número inteiro positivo n escrito como $n = N^2 m$, em que m é livre de quadrados. Então n pode ser representado pela soma de dois quadrados se e somente se m não contém qualquer fator primo da forma $4k + 3$.

Demonstração. Para começar, vamos supor que m não tenha fator primo da forma $4k + 3$. Se $m = 1$, então $n = N^2 + 0^2$, e o enunciado já está provado. No caso em que $m > 1$, seja $m = p_1 p_2 \cdots p_r$ a decomposição de m em fatores primos distintos. Cada um destes números primos p_i, sendo igual a 2 ou da forma $4k + 1$, pode ser escrito como a soma de dois quadrados. Agora, a identidade

$$(a^2 + b^2)(c^2 + d^2) = (ac + bd)^2 + (ad - bc)^2$$

mostra que o produto de dois (e, por indução, de qualquer número finito) inteiros, em que cada um pode ser representado como uma soma de dois quadrados, é igualmente representável. Assim, existem inteiros x e y que satisfazem $m = x^2 + y^2$. Acabamos com

$$n = N^2 m = N^2(x^2 + y^2) = (Nx)^2 + (Ny)^2$$

uma soma de dois quadrados.

Agora para o sentido oposto. Suponha que n pode ser representado como a soma de dois quadrados

$$n = a^2 + b^2 = N^2 m$$

e seja p qualquer divisor primo ímpar de m (sem perda de generalidade, pode-se supor que $m > 1$). Se $d = \text{mdc}(a, b)$, então $a = rd$, $b = sd$, onde $\text{mdc}(r, s) = 1$. Obtemos

$$d^2(r^2 + s^2) = N^2 m$$

e assim, m sendo livre de quadrados, $d^2 \mid N^2$. Mas então

$$r^2 + s^2 = \left(\frac{N^2}{d^2}\right)m = tp$$

para algum inteiro t, o que leva a

$$r^2 + s^2 \equiv 0 \pmod{p}$$

Agora a condição mdc(r, s) = 1 implica que um entre r e s, por exemplo r, é primo relativo com p. Seja r' um número que satisfaz a congruência

$$rr' \equiv 1 \pmod{p}$$

Quando a equação $r^2 + s^2 \equiv 0 \pmod{p}$ é multiplicada por $(r')^2$, obtemos

$$(sr')^2 + 1 \equiv 0 \pmod{p}$$

ou, dito de outra forma, $(-1/p) = 1$. Como -1 é um resíduo quadrático de p, o Teorema 9.2 garante que $p \equiv 1 \pmod{4}$. Nosso raciocínio implica que não existe nenhum primo da forma $4k + 3$ que divide m.

A seguir temos um corolário da análise anterior.

Corolário. Um inteiro positivo n pode ser representado como a soma de dois quadrados se e somente se cada um de seus fatores primos da forma $4k + 3$ possui expoente par.

Exemplo 13.1. O inteiro 459 não pode ser escrito como a soma de dois quadrados, pois $459 = 3^3 \cdot 17$, com o primo 3 tendo expoente ímpar. Por outro lado, $153 = 3^2 \cdot 17$ admite a representação

$$153 = 3^2(4^2 + 1^2) = 12^2 + 3^2$$

Um pouco mais complicado é o exemplo $n = 5 \cdot 7^2 \cdot 13 \cdot 17$. Neste caso, temos

$$n = 7^2 \cdot 5 \cdot 13 \cdot 17 = 7^2(2^2 + 1^2)(3^2 + 2^2)(4^2 + 1^2)$$

Duas aplicações da identidade que aparece no Teorema 13.3 dão

$$(3^2 + 2^2)(4^2 + 1^2) = (12 + 2)^2 + (3 - 8)^2 = 14^2 + 5^2$$

e

$$(2^2 + 1^2)(14^2 + 5^2) = (28 + 5)^2 + (10 - 14)^2 = 33^2 + 4^2$$

Quando estas são combinadas, acabamos com

$$n = 7^2(33^2 + 4^2) = 231^2 + 28^2$$

Existem certos números inteiros positivos (que, obviamente, não são primos da forma $4k + 1$) que podem ser representados de mais de uma maneira como a soma de dois quadrados. O menor é

$$25 = 4^2 + 3^2 = 5^2 + 0^2$$

Se $a \equiv b \pmod{2}$, então a relação

$$ab = \left(\frac{a+b}{2}\right)^2 - \left(\frac{a-b}{2}\right)^2$$

nos permite obter uma grande variedade de tais exemplos. Tomemos $n = 153$ como uma ilustração; aqui,

$$153 = 17 \cdot 9 = \left(\frac{17+9}{2}\right)^2 - \left(\frac{17-9}{2}\right)^2 = 13^2 - 4^2$$

e

$$153 = 51 \cdot 3 = \left(\frac{51+3}{2}\right)^2 - \left(\frac{51-3}{2}\right)^2 = 27^2 - 24^2$$

de modo que

$$13^2 - 4^2 = 27^2 - 24^2$$

Isso gera as duas representações distintas

$$27^2 + 4^2 = 24^2 + 13^2 = 745$$

Nesta etapa, uma pergunta surge naturalmente: Quais inteiros positivos admitem uma representação como a diferença de dois quadrados? Nós respondemos esta pesgunta a seguir.

Teorema 13.4. *Um número inteiro positivo n pode ser representado como a diferença de dois quadrados se e somente se n não é da forma $4k + 2$.*

Demonstração. Como $a^2 \equiv 0$ ou $1 \pmod{4}$ para todo inteiro a, segue-se que

$$a^2 - b^2 \equiv 0, 1, \text{ou } 3 \pmod{4}$$

Assim, se $n \equiv 2 \pmod{4}$, não podemos ter $n = a^2 - b^2$ para nenhuma escolha de a e b.

Argumentando no sentido contrário, suponha que o inteiro n não seja da forma $4k + 2$; isto é, $n \equiv 0$, 1 ou $3 \pmod{4}$. Se $n \equiv 1$ ou $3 \pmod{4}$, então $n + 1$ e $n - 1$ são ambos inteiros pares; portanto n pode ser escrito como

$$n = \left(\frac{n+1}{2}\right)^2 - \left(\frac{n-1}{2}\right)^2$$

uma diferença de quadrados. Se $n \equiv 0 \pmod{4}$, então temos

$$n = \left(\frac{n}{4}+1\right)^2 - \left(\frac{n}{4}-1\right)^2$$

Corolário. Um primo ímpar é a diferença de dois quadrados sucessivos.

Exemplos deste último corolário são oferecidos por

$$11 = 6^2 - 5^2 \qquad 17 = 9^2 - 8^2 \qquad 29 = 15^2 - 14^2$$

Outro ponto que merece destaque é que a representação de um dado primo p como a diferença de dois quadrados é única. Para ver isso, suponha que

$$p = a^2 - b^2 = (a-b)(a+b)$$

em que $a > b > 0$. Como 1 e p são os únicos fatores de p, necessariamente temos

$$a - b = 1 \qquad \text{e} \qquad a + b = p$$

dos quais se pode inferir que

$$a = \frac{p+1}{2} \qquad \text{e} \qquad b = \frac{p-1}{2}$$

Assim, qualquer primo p pode ser escrito como a diferença dos quadrados de dois inteiros precisamente de uma maneira; ou seja, como

$$p = \left(\frac{p+1}{2}\right)^2 - \left(\frac{p-1}{2}\right)^2$$

Uma situação diferente ocorre quando passamos de números primos para inteiros arbitrários. Suponha que n seja um inteiro positivo que não é nem primo nem da forma $4k + 2$. Começando com um divisor d de n, dazemos $d' = n/d$ (não há prejuízos ao supormos que $d \geq d'$). Agora, se d e d' são ambos pares, ou ambos ímpares, então $(d + d')/2$ e $(d - d')/2$ são inteiros. Além disso, podemos escrever

$$n = dd' = \left(\frac{d+d'}{2}\right)^2 - \left(\frac{d-d'}{2}\right)^2$$

A título de ilustração, considere o inteiro $n = 24$. Aqui,

$$24 = 12 \cdot 2 = \left(\frac{12+2}{2}\right)^2 - \left(\frac{12-2}{2}\right)^2 = 7^2 - 5^2$$

e

$$24 = 6 \cdot 4 = \left(\frac{6+4}{2}\right)^2 - \left(\frac{6-4}{2}\right)^2 = 5^2 - 1^2$$

dando-nos duas representações para 24 como a diferença de quadrados.

PROBLEMAS 13.2

1. Represente cada um dos primos 113, 229 e 373 como soma de dois quadrados.
2. (a) Conjectura-se que existe uma infinidade de números primos p da forma $p = n^2 + (n+1)^2$ para algum inteiro positivo n; por exemplo, $5 = 1^2 + 2^2$ e $13 = 2^2 + 3^2$. Encontre mais cinco destes primos.

   (b) Outra conjectura é que existe uma infinidade de números primos p tais que $p = 2^2 + p_1^2$, em que p_1 é um primo. Encontre mais cinco destes primos.

3. Prove cada uma das seguintes afirmativas:

   (a) Todo inteiro 2^n, em que $n = 1, 2, 3, \ldots$, é a soma de dois quadrados.

   (b) Se $n \equiv 3$ ou $6 \pmod 9$, então n não pode ser representado como a soma de dois quadrados.

   (c) Se n é a soma de dois números triangulares, então $4n + 1$ é a soma de dois quadrados.

   (d) Todo número de Fermat $F_n = 2^{2^n} + 1$, em que $n \geq 1$, pode ser expresso como a soma de dois quadrados.

   (e) Todo número perfeito ímpar (se existe) é a soma de dois quadrados.

   [*Sugestão*: Veja o Corolário do Teorema 11.7.]

4. Prove que um primo p pode ser escrito como a soma de dois quadrados se e somente se a congruência $x^2 + 1 \equiv 0 \pmod{p}$ admite solução.

5. (a) Mostre que um inteiro positivo n é a soma de dois quadrados se e somente se $n = 2^m a^2 b$, em que $m \geq 0$, a é um inteiro ímpar, e todo divisor primo de b é da forma $4k + 1$.

   (b) Escreva cada um dos inteiros $3185 = 5 \cdot 7^2 \cdot 13$; $39690 = 2 \cdot 3^4 \cdot 5 \cdot 7^2$; e $62920 = 2^3 \cdot 5 \cdot 11^2 \cdot 13$ como a soma de dois quadrados.

6. Encontre um inteiro positivo que tenha ao menos três representações diferentes como soma de dois quadrados, desconsiderando-se os sinais e a ordem das parcelas.

   [*Sugestão*: Escolha um inteiro que tenha três fatores primos distintos, cada um da forma $4k + 1$.]

7. Se um inteiro positivo n não é a soma de dois quadrados, mostre que n não pode ser representado como a soma de dois quadrados de números racionais.

   [*Sugestão*: Pelo Teorema 13.3, existe um primo $p \equiv 3 \pmod 4$ e um inteiro ímpar k tal que $p^k \mid n$, enquanto $p \nmid n$. Se $n = (a/b)^2 + (c/d)^2$, então p ocorrerá para potências ímpares do lado esquerdo da equação $n(bd)^2 = (ad)^2 + (bc)^2$, mas não para o lado direito.]

8. Prove que um inteiro positivo n tem tantas representações como soma de dois quadrados quanto o inteiro $2n$.

   [*Sugestão*: Partindo da representação de n como soma de dois quadrados, obtenha uma representação semelhante para $2n$, e vice-versa.]

9. (a) Se n é um número triangular, mostre que cada um dos três inteiros consecutivos $8n^2$, $8n^2 + 1$, $8n^2 + 2$ pode ser escrito como soma de dois quadrados.

   (b) Prove que entre quaisquer quatro inteiros consecutivos, pelo menos um não pode ser representado como soma de dois quadrados.

10. Prove o que se segue:

    (a) Se um número primo é a soma de dois ou quatro quadrados de primos diferentes, então um destes primos deve ser igual a 2.

    (b) Se um número primo é a soma de três quadrados de primos diferentes, então um destes primos deve ser igual a 3.

11. (a) Seja p um primo ímpar. Se $p \mid a^2 + b^2$, em que $\mathrm{mdc}(a, b) = 1$, prove que $p \equiv 1 \pmod 4$. [*Sugestão*: Eleve a congruência $a^2 \equiv -b^2 \pmod p$ à potência $(p-1)/2$ e aplique o teorema de Fermat para concluir que $(-1)^{(p-1)/2} = 1$.]

    (b) Use o item (a) para mostrar que todo divisor positivo da soma de dois quadrados primos relativos é a soma de dois quadrados.

12. Prove que todo número primo p da forma $8k + 1$ ou $8k + 3$ pode ser escrito como $p = a^2 + 2b^2$ para alguma escolha de inteiros a e b.

    [*Sugestão*: Repita a demonstração do Teorema 13.2.]

13. Prove o que se segue:

(a) Um inteiro positivo pode ser representado como a soma de dois quadrados se e somente se é o produto de dois fatores em que ambos são pares ou ambos são ímpares.

(b) Um inteiro positivo par pode ser escrito como a diferença de dois quadrados se e somente se é divisível por 4.

14. Verifique que 45 é o menor inteiro positivo que admite três diferentes representações como a diferença de dois quadrados.

    [*Sugestão*: Veja o item (a) do problema anterior.]

15. Para todo $n > 0$, mostre que existe um inteiro positivo que pode ser expresso de n diferentes maneiras como a diferença de dois quadrados.

    [*Sugestão*: Note que, para $k = 1, 2, ..., n$,
    $$2^{2n+1} = (2^{2n-k} + 2^{k-1})^2 - (2^{2n-k} - 2^{k-1})^2.]$$

16. Mostre que todo primo $p \equiv 1 \pmod{4}$ divide a soma de dois quadrados primos relativos, em que cada quadrado é maior que 3.

    [*Sugestão*: Dada uma raiz primitiva ímpar r de p, temos $r^k \equiv 2 \pmod{p}$ para algum k; consequentemente $r^{2[k+(p-1)/4]} \equiv -4 \pmod{p}$.]

17. Para qualquer primo $p \equiv 1$ ou $3 \pmod{8}$, mostre que a equação $x^2 + 2y^2 = p$ possui solução.

18. O teórico dos números inglês G. H. Hardy relata a seguinte história sobre seu protegido Ramanujan: "Lembro-me de ter ido vê-lo quando ele estava deitado doente em Putney. Eu tinha tomado um táxi nº 1729, e comentado que o número me pareceu bastante sombrio, e que eu esperava que não fosse um mau presságio. 'Não', ele refletiu, 'é um número muito interessante; é o menor número que pode ser expresso como a soma de dois cubos de duas maneiras diferentes'." Verifique a afirmação de Ramanujan.

13.3 SOMAS DE MAIS DE DOIS QUADRADOS

Embora nem todo inteiro positivo possa ser escrito como a soma de dois quadrados, o que se pode dizer sobre a sua representação em função de três quadrados? Com um quadrado extra para adicionar, parece razoável que deve haver menos exceções. Por exemplo, quando apenas dois quadrados são permitidos, não temos representação para os inteiros 14, 33 e 67, mas

$$14 = 3^2 + 2^2 + 1^2 \qquad 33 = 5^2 + 2^2 + 2^2 \qquad 67 = 7^2 + 3^2 + 3^2$$

Ainda é possível encontrar números inteiros que não são expressos como a soma de três quadrados. O Teorema 13.5 toca neste ponto.

Teorema 13.5. *Nenhum inteiro positivo da forma $4^n(8m + 7)$ pode ser representado como a soma dos três quadrados.*

Demonstração. Para começar, vamos mostrar que o inteiro $8m + 7$ não pode ser expresso como a soma de três quadrados. Para todo inteiro a, temos $a^2 \equiv 0, 1$ ou $4 \pmod{8}$. Daqui resulta que

$$a^2 + b^2 + c^2 \equiv 0, 1, 2, 3, 4, 5, \text{ ou } 6 \pmod{8}$$

para quaisquer inteiros a, b, c. Como temos $8m + 7 \equiv 7 \pmod{8}$, a equação $a^2 + b^2 + c^2 = 8m + 7$ é impossível.

Em seguida, vamos supor que a $4^n(8m+7)$, onde $n \geq 1$, pode ser escrito como

$$4^n(8m+7) = a^2 + b^2 + c^2$$

Então cada um dos inteiros a, b, c deve ser par. Fazendo $a = 2a_1$, $b = 2b_1$, $c = 2c_1$, obtemos

$$4^{n-1}(8m+7) = a_1^2 + b_1^2 + c_1^2$$

Se $n - 1 \geq 1$, o argumento pode ser repetido até $8m + 7$ ser representado como a soma dos três inteiros quadrados; isto, é claro, contradiz o resultado do primeiro parágrafo desta demonstração.

Podemos provar que a condição do Teorema 13.5 também é suficiente para que um número inteiro positivo seja a soma de três quadrados; no entanto, o argumento é muito difícil para incluirmos aqui. Parte do problema é que, ao contrário do caso de dois (ou até quatro) quadrados, não há identidade algébrica que expresse o produto de somas de três quadrados como uma soma de três quadrados.

Passamos agora para algumas observações históricas. Diofanto conjecturou, com efeito, que nenhum número da forma $8m + 7$ é a soma de três quadrados, um fato facilmente verificado por Descartes em 1638. Parece justo admitir que Fermat foi o primeiro a afirmar na íntegra o critério de que um número pode ser escrito como uma soma de três inteiros quadrados se e somente se não for da forma $4^n(8m+7)$, em que m e n são inteiros não negativos. Isso foi provado de uma forma complicada por Legendre em 1798 e mais claramente (por meios mais fáceis) por Gauss em 1801.

Como indicado, existem inteiros positivos que não podem ser representados como a soma de dois ou três quadrados (7 e 15 são exemplos simples). As coisas mudam drasticamente quando nos voltamos para quatro quadrados: não há exceções!

A primeira referência explícita ao fato de que todo inteiro positivo pode ser escrito como a soma de quatro quadrados, contando com 0^2, foi feita por Bachet (em 1621) e ele verificou esta conjectura para todos os inteiros até 325. Quinze anos depois, Fermat afirmou que ele tinha uma prova usando seu método favorito da descida infinita. No entanto, como de costume, ele não deu detalhes. Ambos, Bachet e Fermat, perceberam que Diofanto devia saber o resultado; a evidência é inteiramente conjectural: Diofanto deu as condições necessárias para que um número seja a soma de dois ou três quadrados, ao mesmo tempo que não mencionou uma condição para uma representação como uma soma de quatro quadrados.

Uma medida da dificuldade do problema é o fato de Euler, apesar de suas brilhantes conquistas, ter lutado com ele por mais de 40 anos, sem sucesso. No entanto, a sua contribuição para a eventual solução foi substancial; Euler descobriu a identidade fundamental que permite expressar o produto de duas somas de quadrados como tal soma, e o resultado fundamental de que a congruência $x^2 + y^2 + 1 \equiv 0 \pmod{p}$ tem solução para qualquer primo p. A prova completa da conjectura de quatro quadrados foi publicada por Lagrange em 1772, que reconheceu sua dívida para com as ideias de Euler. No ano seguinte, Euler ofereceu uma demonstração muito mais simples, que é essencialmente a versão que apresentamos aqui.

É conveniente estabelecer dois lemas preparatórios, de modo a não interromper o argumento principal em uma fase embaraçosa. A demonstração do primeiro contém a identidade algébrica (identidade de Euler) que nos permite reduzir o problema de quatro quadrados à consideração de apenas números primos.

Lema 1 Euler. Se os inteiros m e n são, cada um, a soma de quatro quadrados, então mn também pode ser representado desta forma.

Demonstração. Se $m = a_1^2 + a_2^2 + a_3^2 + a_4^2$ e $n = b_1^2 + b_2^2 + b_3^2 + b_4^2$ para inteiros a_i, b_i, então

$$\begin{aligned}mn &= (a_1^2 + a_2^2 + a_3^2 + a_4^2)(b_1^2 + b_2^2 + b_3^2 + b_4^2) \\ &= (a_1b_1 + a_2b_2 + a_3b_3 + a_4b_4)^2 \\ &\quad + (a_1b_2 - a_2b_1 + a_3b_4 - a_4b_3)^2 \\ &\quad + (a_1b_3 - a_2b_4 - a_3b_1 + a_4b_2)^2 \\ &\quad + (a_1b_4 + a_2b_3 - a_3b_2 - a_4b_1)^2\end{aligned}$$

Podemos confirmar essa identidade complicada apenas multiplicando e comparando os termos. Os detalhes são extensos e não vamos expor aqui.

Outro ingrediente fundamental em nosso desenvolvimento é o Lema 2.

Lema 2. Se p é um primo ímpar, então a congruência

$$x^2 + y^2 + 1 \equiv 0 \pmod{p}$$

tem uma solução x_0, y_0, em que $0 \le x_0 \le (p-1)/2$ e $0 \le y_0 \le (p-1)/2$.

Demonstração. A ideia desta demonstração é considerar os dois conjuntos a seguir:

$$S_1 = \left\{1 + 0^2, 1 + 1^2, 1 + 2^2, \ldots, 1 + \left(\frac{p-1}{2}\right)^2\right\}$$

$$S_2 = \left\{-0^2, -1^2, -2^2, \ldots, -\left(\frac{p-1}{2}\right)^2\right\}$$

Nenhum par de elementos do conjunto S_1 é congruente módulo p. Pois, se $1 + x_1^2 \equiv 1 + x_2^2 \pmod{p}$, então ou $x_1 \equiv x_2 \pmod{p}$ ou $x_1 \equiv -x_2 \pmod{p}$. Mas a última consequência é impossível, porque $0 < x_1 + x_2 < p$ (a menos que $x_1 = x_2 = 0$), daí $x_1 \equiv x_2 \pmod{p}$, o que implica $x_1 = x_2$. Na mesma linha, não há dois elementos de S_2 que sejam congruentes módulo p.

Juntos, S_1 e S_2 contêm $2[1 + \frac{1}{2}(p-1)] = p + 1$ inteiros. Pelo princípio da casa de pombos, algum inteiro em S_1 deve ser congruente módulo p a algum inteiro em S_2; ou seja, existem x_0, y_0 tais que

$$1 + x_0^2 \equiv -y_0^2 \pmod{p}$$

em que $0 \le x_0 \le (p-1)/2$ e $0 \le y_0 \le (p-1)/2$.

Corolário. Dado um primo ímpar p, existe um inteiro $k < p$ tal que kp é a soma de quatro quadrados.

Demonstração. De acordo com o teorema, podemos encontrar inteiros x_0 e y_0,

$$0 \le x_0 < \frac{p}{2} \qquad 0 \le y_0 < \frac{p}{2}$$

tais que

$$x_0^2 + y_0^2 + 1^2 + 0^2 = kp$$

para uma escolha apropriada de k. As restrições quanto aos tamanhos de x_0 e y_0 implicam que

$$kp = x_0^2 + y_0^2 + 1 < \frac{p^2}{4} + \frac{p^2}{4} + 1 < p^2$$

e assim $k < p$, como afirmado no corolário.

Exemplo 13.2. Vamos observar um exemplo. Se tomarmos $p = 17$, então os conjuntos S_1 e S_2 passam a ser

$$S_1 = \{1, 2, 5, 10, 17, 26, 37, 50, 65\}$$

e

$$S_2 = \{0, -1, -4, -9, -16, -25, -36, -49, -64\}$$

Módulo 17, o conjunto S_1 contém os números inteiros 1, 2, 5, 10, 0, 9, 3, 16, 14, e os elementos de S_2 são 0, 16, 13, 8, 1, 9, 15, 2, 4. O Lema 2 nos diz que algum elemento $1 + x^2$ do primeiro conjunto é congruente a algum elemento $-y^2$ do segundo conjunto. Temos, entre as várias possibilidades,

$$1 + 5^2 \equiv 9 \equiv -5^2 \pmod{17}$$

ou $1 + 5^2 + 5^2 \equiv 0 \pmod{17}$. Daqui resulta que

$$3 \cdot 17 = 1^2 + 5^2 + 5^2 + 0^2$$

é um múltiplo de 17 escrito como uma soma de quatro quadrados.

O último lema é tão essencial para o nosso trabalho que vale a pena destacar outra abordagem, desta vez envolvendo a teoria dos resíduos quadráticos. Se $p \equiv 1 \pmod{4}$, podemos escolher uma solução x_0 de $x^2 \equiv -1 \pmod{p}$ (isto é admissível pelo corolário do Teorema 9.2) e $y_0 = 0$ para obter

$$x_0^2 + y_0^2 + 1 \equiv 0 \pmod{p}$$

Assim, basta que nos concentremos no caso $p \equiv 3 \pmod{4}$. Escolhemos primeiro o inteiro a para ser o menor não resíduo quadrático positivo de p (tenha em mente que $a \geq 2$, pois 1 é um resíduo quadrático). Então

$$(-a/p) = (-1/p)(a/p) = (-1)(-1) = 1$$

de modo que $-a$ é um resíduo quadrático de p. Assim, a congruência

$$x^2 \equiv -a \pmod{p}$$

admite uma solução x_0, com $0 < x_0 \leq (p-1)/2$. Agora, $a - 1$, sendo positivo e menor do que a, deve ser um resíduo quadrático de p. Assim, existe um inteiro y_0, no qual $0 < y_0 \leq (p-1)/2$, que satisfaz

$$y^2 \equiv a - 1 \pmod{p}$$

A conclusão é

$$x_0^2 + y_0^2 + 1 \equiv -a + (a-1) + 1 \equiv 0 \pmod{p}$$

Dispondo destes dois lemas, agora temos as informações necessárias para realizarmos a demonstração do fato de que qualquer primo pode ser escrito como a soma de quatro inteiros quadrados.

Teorema 13.6. Qualquer primo p pode ser escrito como a soma de quatro quadrados.

Demonstração. O teorema certamente é verdadeiro para $p = 2$, pois $2 = 1^2 + 1^2 + 0^2 + 0^2$. Assim, podemos seguir restringindo nossa atenção para primos ímpares. Seja k o menor inteiro positivo, tal que kp é a soma de quatro quadrados; ou seja,

$$kp = x^2 + y^2 + z^2 + w^2$$

Em virtude do corolário anterior, $k < p$. O cerne do argumento é que $k = 1$.

Começamos, mostrando que k é um inteiro ímpar. Para uma prova por contradição, suponha que k é par. Então x, y, z, w são todos pares; ou todos ímpares; ou ainda dois são pares e dois são ímpares. Em qualquer caso, podemos, reorganizá-los de modo que

$$x \equiv y \pmod{2} \quad \text{e} \quad z \equiv w \pmod{2}$$

Daqui resulta que

$$\frac{1}{2}(x-y) \quad \frac{1}{2}(x+y) \quad \frac{1}{2}(z-w) \quad \frac{1}{2}(z+w)$$

são todos inteiros e

$$\frac{1}{2}(kp) = \left(\frac{x-y}{2}\right)^2 + \left(\frac{x+y}{2}\right)^2 + \left(\frac{z-w}{2}\right)^2 + \left(\frac{z+w}{2}\right)^2$$

é uma representação de $(k/2)p$, como soma de quatro quadrados. Isso contraria a natureza mínima de k, dando-nos a nossa contradição.

Ainda resta o problema de mostrar que $k = 1$. Suponha que $k \neq 1$; então k, sendo um número inteiro ímpar, é, pelo menos, 3. Assim, é possível escolher inteiros a, b, c, d

$$a \equiv x \pmod{k} \quad b \equiv y \pmod{k} \quad c \equiv z \pmod{k} \quad d \equiv w \pmod{k}$$

e

$$|a| < \frac{k}{2} \quad |b| < \frac{k}{2} \quad |c| < \frac{k}{2} \quad |d| < \frac{k}{2}$$

(Para obtermos o número inteiro a, por exemplo, encontramos o resto r quando x é dividido por k; fazemos $a = r$ ou $a = r - k$ conforme $r < k/2$ ou $r > k/2$.) Então

$$a^2 + b^2 + c^2 + d^2 \equiv x^2 + y^2 + z^2 + w^2 \equiv 0 \pmod{k}$$

e, por conseguinte,

$$a^2 + b^2 + c^2 + d^2 = nk$$

para algum inteiro não negativo n. Devido às restrições de tamanho de a, b, c, d,

$$0 \leq nk = a^2 + b^2 + c^2 + d^2 < 4\left(\frac{k}{2}\right)^2 = k^2$$

Não podemos ter $n = 0$, pois isso significaria que $a = b = c = d = 0$ e, em consequência, que k divide cada um dos números inteiros x, y, z, w. Então $k^2 \mid kp$, ou $k \mid p$, o que é impossível à luz da desigualdade $1 < k < p$. A relação $nk < k^2$ também nos permite concluir que $n < k$. Em resumo: $0 < n < k$. Combinando as várias partes, obtemos

$$k^2 np = (kp)(kn) = (x^2 + y^2 + z^2 + w^2)(a^2 + b^2 + c^2 + d^2)$$
$$= r^2 + s^2 + t^2 + u^2$$

em que

$$r = xa + yb + zc + wd$$
$$s = xb - ya + zd - wc$$
$$t = xc - yd - za + wb$$
$$u = xd + yc - zb - wa$$

É importante observar que r, s, t, u são divisíveis por k. No caso do inteiro r, por exemplo, temos

$$r = xa + yb + zc + wd \equiv a^2 + b^2 + c^2 + d^2 \equiv 0 \pmod{k}$$

Da mesma forma, $s \equiv t \equiv u \equiv 0 \pmod{k}$. Isto leva à representação

$$np = \left(\frac{r}{k}\right)^2 + \left(\frac{s}{k}\right)^2 + \left(\frac{t}{k}\right)^2 + \left(\frac{u}{k}\right)^2$$

em que r/k, s/k, t/k, u/k são números inteiros. Como $0 < n < k$, chegamos a uma contradição para a escolha de k como o menor número inteiro positivo para o qual kp é a soma de quatro quadrados. Com esta contradição, $k = 1$, e a demonstração está finalmente completa.

Isso nos leva ao nosso objetivo final, o resultado clássico de Lagrange.

Teorema 13.7 Lagrange. Qualquer número inteiro positivo n pode ser escrito como a soma de quatro quadrados, alguns deles podendo ser zero.

Demonstração. Claramente, o inteiro 1 pode ser expresso como $1 = 1^2 + 0^2 + 0^2 + 0^2$, a soma de quatro quadrados. Suponha que $n > 1$ e seja $n = p_1 p_2 \ldots p_r$ a decomposição em fatores primos de n (não necessariamente distintos). Como cada p_i pode ser escrito como uma soma de quatro quadrados, a identidade de Euler nos permite expressar o produto de quaisquer números primos como uma soma de quatro quadrados. Isto, por indução, estende-se a qualquer número finito de fatores primos, de modo que aplicando a identidade $r - 1$ vezes, obtemos a representação desejada para n.

Exemplo 13.3. Para escrevermos o número inteiro $459 = 3^3 \cdot 17$ como a soma de quatro quadrados, usamos identidade de Euler como segue:

$$\begin{aligned}459 &= 3^2 \cdot 3 \cdot 17 \\ &= 3^2(1^2 + 1^2 + 1^2 + 0^2)(4^2 + 1^2 + 0^2 + 0^2) \\ &= 3^2[(4 + 1 + 0 + 0)^2 + (1 - 4 + 0 - 0)^2 \\ &\quad + (0 - 0 - 4 + 0)^2 + (0 + 0 - 1 - 0)^2] \\ &= 3^2[5^2 + 3^2 + 4^2 + 1^2] \\ &= 15^2 + 9^2 + 12^2 + 3^2\end{aligned}$$

O Teorema de Lagrange motivou o problema mais geral de representar cada inteiro positivo como expressões de quatro variáveis da forma

$$ax^2 + by^2 + cz^2 + dw^2$$

em que a, b, c, d são inteiros positivos dados. Em 1916, o famoso matemático indiano Srinivasa Ramanujan apresentou 53 tais "quadráticas universais", quatro das quais tinham sido previamente conhecidas. Por exemplo, a expressão $x^2 + 2y^2 + 3z^2 + 8w^2$ fornece todos os inteiros positivos: o inteiro 39, por exemplo, pode ser escrito como

$$39 = 2^2 + 2 \cdot 0^2 + 3 \cdot 3^2 + 8 \cdot 1^2$$

Em 2005, Manjul Bhargava provou que existem apenas 204 destas quadráticas. Finalmente, complementando a conclusão, Bhargava e Jonathan Hanke encontraram um determinado conjunto de 29 números inteiros positivos, que servem como um teste para qualquer expressão quadrática. Se a expressão quadrática puder representar cada um destes 29 números inteiros, ela pode representar todos os inteiros positivos.

Embora os quadrados tenham recebido toda a nossa atenção, até agora, muitas das ideias envolvidas podem ser generalizadas para potências superiores.

Em seu livro, *Meditationes Algebraicae* (1770), Edward Waring afirmou que cada inteiro positivo pode ser expresso como uma soma de no máximo 9 cubos, também como uma soma de, no máximo, 19 quartas potências, e assim por diante. Esta afirmação foi interpretada da seguinte maneira: Cada inteiro positivo pode ser escrito como a soma de não mais do que um número fixo $g(k)$ de k-ésimas potências, em que $g(k)$ depende apenas de k, e não do número inteiro que está sendo representado? Em outras palavras, para um dado k, é procurado um número $g(k)$ tal que cada $n > 0$ possa ser representado de, pelo menos, um modo como

$$n = a_1^k + a_2^k + \cdots + a_{g(k)}^k$$

em que os a_i são inteiros não negativos, não necessariamente distintos. O problema resultante foi o ponto de partida de um vasto corpo de pesquisa em teoria dos números que se tornou conhecido como "o problema de Waring". Parece haver pouca dúvida de que Waring tinha um escopo numérico limitado em favor de sua afirmação e nem sombra de uma demonstração.

Como já relatamos no Teorema 13.7, $g(2) = 4$. Exceto para quadrados, o primeiro caso de um teorema do tipo de Waring realmente provado é atribuído a Liouville (1859): Todo inteiro positivo é a soma de, no máximo, 53 quartas potências. Este limite para $g(4)$ é um pouco grande, e pelos anos foi sendo progressivamente reduzido. A existência de $g(k)$ para cada valor de k foi resolvida de forma afirmativa por Hilbert em 1909; infelizmente, sua demonstração depende de máquinas pesadas e não é construtiva.

Uma vez que sabemos que o problema de Waring admite uma solução, uma pergunta que se coloca naturalmente é "Quão grande é $g(k)$?" Há uma extensa literatura sobre este aspecto do problema, mas a questão ainda está aberta. Um resultado que nos dá um exemplo, devido a Leonard Dickson, é que $g(3) = 9$, enquanto

$$23 = 2^3 + 2^3 + 1^3 + 1^3 + 1^3 + 1^3 + 1^3 + 1^3 + 1^3$$

e

$$239 = 4^3 + 4^3 + 3^3 + 3^3 + 3^3 + 3^3 + 1^3 + 1^3 + 1^3$$

são os únicos números inteiros que realmente necessitam de 9 cubos em suas representações; cada número inteiro maior do que 239 pode ser escrito como a soma de, no máximo, oito cubos. Em 1942, Linnik provou que apenas um número finito de inteiros precisa de 8 cubos; de algum ponto em diante 7 são suficientes. Se 6 cubos também são suficientes para obter todos menos um número finito de inteiros positivos ainda é incerto.

Os casos $k = 4$ e $k = 5$ são os mais sutis. Por muitos anos, o resultado mais conhecido foi que $g(4)$ estava no intervalo $19 \leq g(4) \leq 35$, enquanto $g(5)$ satisfazia $37 \leq g(5) \leq 54$. Um trabalho subsequente (1964) mostrou que $g(5) = 37$. O limite superior de $g(4)$ diminuiu drasticamente durante a década de 1970, sendo a estimativa mais precisa $g(4) \leq 22$. Também foi provado que todo inteiro menor que 10^{140} ou superior a 10^{367} pode ser escrito como uma soma de, no máximo, 19 quartas potências; assim, em princípio, $g(4)$ pode ser calculado. O relativamente recente (1986) anúncio de que, de fato, 19 quartas potências bastam para representar todos os inteiros resolveu este caso completamente.

No que diz respeito a $k \geq 6$, foi provado que a fórmula

$$g(k) = [(3/2)^k] + 2^k - 2$$

é válida, exceto, possivelmente, para um número finito de valores de k. Há evidências que sugerem que esta expressão está correta para todo k.

Para $k \geq 3$, todos os inteiros suficientemente grandes requerem menos que $g(k)$ k-ésimas potências em suas representações. Isto sugere uma definição geral: Seja $G(k)$ o menor inteiro r com a propriedade de que cada número inteiro suficientemente grande é a soma de, no máximo, r k-ésimas potências. Claramente, $G(k) \leq g(k)$. Os valores exatos de $G(k)$ são conhecidos apenas em dois casos, que são $G(2) = 4$ e $G(4) = 16$. O resultado de Linnik para cubos indica que $G(3) \leq 7$, enquanto, em 1851, Jacobi conjecturou que $G(3) \leq 5$. Embora mais de meio século tenha se passado sem nenhuma melhoria no tamanho de $G(3)$, considera-se que $G(3) = 4$. Nos últimos anos, os limites $G(5) \leq 17$ e $G(6) \leq 24$ foram estabelecidos.

A seguir estão listados as estimativas e os valores conhecidos para os primeiros $g(k)$ e $G(k)$:

$$
\begin{array}{ll}
g(2) = 4 & G(2) = 4 \\
g(3) = 9 & 4 \leq G(3) \leq 7 \\
g(4) = 19 & G(4) = 16 \\
g(5) = 37 & 6 \leq G(5) \leq 17 \\
g(6) = 73 & 9 \leq G(6) \leq 24 \\
g(7) = 143 & 8 \leq G(7) \leq 33 \\
g(8) = 279 & 32 \leq G(8) \leq 42
\end{array}
$$

Outro problema que tem atraído considerável atenção é se uma enésima potência pode ser escrita como uma soma de n enésimas potências, com $n > 3$. Um progresso ocorreu pela primeira vez em 1911, com a descoberta da menor solução em quartas potências,

$$353^4 = 30^4 + 120^4 + 272^4 + 315^4$$

Na quinta potência, a menor solução é

$$72^5 = 19^5 + 43^5 + 46^5 + 47^5 + 67^5$$

No entanto, para sexta ou maiores potências nenhuma solução é conhecida.

Podemos ainda perguntar: "Pode uma enésima potência nunca ser a soma de menos de n enésimas potências?" Euler conjecturou que isso é impossível; no entanto, em 1968, Lander e Parkin trouxeram a representação

$$144^5 = 27^5 + 84^5 + 110^5 + 133^5$$

Com o aumento subsequente das potencialidades de cálculo, N. Elkies foi capaz de mostrar (1987) que para quartas potências existem infinitos contraexemplos para a conjectura de Euler. Aquela que tem o menor valor é

$$422481^4 = 95800^4 + 217519^4 + 414560^4$$

PROBLEMAS 13.3

1. Sem adicionar os quadrados, verifique que as seguintes relações são válidas:
   (a) $1^2 + 2^2 + 3^2 + \cdots + 23^2 + 24^2 = 70^2$.
   (b) $18^2 + 19^2 + 20^2 + \cdots + 27^2 + 28^2 = 77^2$.
   (c) $2^2 + 5^2 + 8^2 + \cdots + 23^2 + 26^2 = 48^2$.
   (d) $6^2 + 12^2 + 18^2 + \cdots + 42^2 + 48^2 = 95^2 - 41^2$.

2. Regiomontanus propôs o problema de encontrar 20 quadrados cuja soma é um quadrado maior que 300.000. Forneça duas soluções.
   [*Sugestão*: Considere a identidade
   $$\left(a_1^2 + a_2^2 + \cdots + a_n^2\right)^2 = \left(a_1^2 + a_2^2 + \cdots + a_{n-1}^2 - a_n^2\right)^2 + (2a_1 a_n)^2 + (2a_2 a_n)^2 + \cdots + (2a_{n-1} a_n)^2.]$$

3. Se $p = q_1^2 + q_2^2 + q_3^2$, em que p, q_1, q_2 e q_3 são primos, mostre que algum $q_i = 3$.

4. Mostre que a equação $a^2 + b^2 + c^2 + a + b + c = 1$ não possui solução nos inteiros.
   [*Sugestão*: A equação em questão é equivalente à equação
   $$(2a+1)^2 + (2b+1)^2 + (2c+1)^2 = 7.]$$

5. Para um dado inteiro positivo n, mostre que n ou $2n$ é a soma de três quadrados.

6. Uma questão ainda sem resposta é se existem infinitos números primos p tais que $p = n^2 + (n+1)^2 + (n+2)^2$ para algum $n > 0$. Encontre três destes primos.

7. Em nossas buscas para $n = 459$, nenhuma representação como a soma de dois quadrados foi encontrada. Expresse 459 como a soma de três quadrados.

8. Verifique cada uma das afirmativas a seguir:
   (a) Todo inteiro positivo ímpar é da forma $a^2 + b^2 + 2c^2$, em que a, b e c são inteiros.
   [*Sugestão*: Dado $n > 0$, $4n + 2$ pode ser escrito como $4n + 2 = x^2 + y^2 + z^2$, com x e y ímpares e z par. Então
   $$2n + 1 = \left(\frac{x+y}{2}\right)^2 + \left(\frac{x-y}{2}\right)^2 + 2\left(\frac{z}{2}\right)^2.]$$

(b) Todo inteiro positivo ou é da forma $a^2 + b^2 + c^2$ ou $a^2 + b^2 + 2c^2$, em que a, b e c são inteiros.

[*Sugestão*: Se $n > 0$ não pode ser escrito como a soma $a^2 + b^2 + c^2$, então ele é da forma $4^m(8k + 7)$. Empregue o item (a) para o inteiro ímpar $8k + 7$.]

(c) Todo inteiro positivo é da forma $a^2 + b^2 - c^2$, em que a, b e c são inteiros.

[*Sugestão*: Dado $n > 0$, escolha a tal que $n - a^2$ é um inteiro positivo ímpar e use o Teorema 13.4.]

9. Prove o que segue:

(a) Nenhum inteiro da forma $9k + 4$ ou $9k + 5$ pode ser a soma de três ou menos cubos.

[*Sugestão*: Note que $a^3 \equiv 0, 1$ ou $8 \pmod 9$ para qualquer inteiro a.]

(b) O único primo p que pode ser representado como a soma de dois cubos é $p = 2$.

[*Sugestão*: Use a identidade

$$a^3 + b^3 = (a + b)((a - b)^2 + ab).]$$

(c) Um primo p pode ser representado como a diferença de dois cubos se e somente for da forma $p = 3k(k + 1) + 1$, para algum k.

10. Expresse os primos 7, 19, 37, 61 e 127 como a diferença de dois cubos.

11. Prove que todo inteiro positivo pode ser representado como a soma de três ou menos números triangulares.

[*Sugestão*: Dado $n > 0$, expresse $8n + 3$ como a soma de três quadrados ímpares e então resolva para n.]

12. Mostre que existem infinitos primos p da forma $p = a^2 + b^2 + c^2 + 1$, em que a, b e c são inteiros.

[*Sugestão*: Pelo Teorema 9.8, existem infinitos primos da forma $p = 8k + 7$. Escreva $p - 1 = 8k + 6 = a^2 + b^2 + c^2$ para algum a, b, c.]

13. Expresse os inteiros $231 = 3 \cdot 7 \cdot 11$, $391 = 17 \cdot 23$, e $2109 = 37 \cdot 57$ como somas de quatro quadrados.

14. (a) Prove que todo inteiro $n \geq 170$ é a soma de cinco quadrados diferentes de zero.

[*Sugestão*: Escreva $n - 169 = a^2 + b^2 + c^2 + d^2$ para algum a, b, c, d e considere os casos em que um ou mais entre a, b, c é zero.]

(b) Prove que qualquer múltiplo positivo de 8 é a soma de oito quadrados ímpares.

[*Sugestão*: Admitindo que $n = a^2 + b^2 + c^2 + d^2$, então $8n + 8$ é a soma dos quadrados de $2a \pm 1$, $2b \pm 1$, $2c \pm 1$, e $2d \pm 1$.]

15. Do fato que $n^3 \equiv n \pmod 6$, conclua que todo inteiro n pode ser representado como a soma de cubos de cinco inteiros, sendo permitidos cubos negativos.

[*Sugestão*: Use a identidade

$$n^3 - 6k = n^3 - (k + 1)^3 - (k - 1)^3 + k^3 + k^3.]$$

16. Prove que todo inteiro ímpar é a soma de quatro quadrados, sendo dois deles consecutivos.

[*Sugestão*: Para $n > 0$, $4n + 1$ é a soma de três quadrados, sendo apenas um deles ímpar; note que $4n + 1 = (2a)^2 + (2b)^2 + (2c + 1)^2$ fornece

$$2n + 1 = (a + b)^2 + (a - b)^2 + c^2 + (c + 1)^2.]$$

17. Prove que existem infinitos números triangulares que são simultaneamente expressos pela soma de dois cubos e pela diferença de dois cubos. Mostre as representações para tal número triangular.

[*Sugestão*: Na identidade

$$(27k^6)^2 - 1 = (9k^4 - 3k)^3 + (9k^3 - 1)^3$$
$$= (9k^4 + 3k)^3 - (9k^3 + 1)^3$$

Faça k um inteiro ímpar para obter

$$(2n+1)^2 - 1 = (2a)^3 + (2b)^3 = (2c)^3 - (2d)^3$$

ou, de modo equivalente, $t_n = a^3 + b^3 = c^3 - d^3$.]

18. (a) Se $n-1$ e $n+1$ são primos, prove que o inteiro $2n^2 + 2$ pode ser representado pela soma de 2, 3, 4 e 5 quadrados.

    (b) Ilustre os resultados do item (a) nos casos em que $n = 4, 6$ e 12.

CAPÍTULO

14

NÚMEROS DE FIBONACCI

... o que é físico está sujeito às leis da matemática, e o que é espiritual, às leis de Deus; e as leis da matemática são a expressão dos pensamentos de Deus.
Thomas Hill

14.1 FIBONACCI

Talvez o maior matemático da Idade Média tenha sido Leonardo de Pisa (1180–1250), que escreveu sob o nome de Fibonacci, uma contração de "filius Bonacci", isto é, o filho de Bonacci. Fibonacci nasceu em Pisa e foi educado no norte da África, onde seu pai estava no comando de uma alfândega. Na expectativa de entrar no negócio mercantil, o jovem viajou pelo Mediterrâneo visitando a Espanha, o Egito, a Síria e a Grécia. O famoso *Liber Abaci*, composto no seu regresso à Itália, introduziu no ocidente latino a aritmética islâmica e as práticas matemáticas algébricas. Um breve trabalho de Fibonacci, o *Liber Quadratorum* (1225), é dedicado inteiramente aos problemas diofantinos de segundo grau. É considerado como a contribuição mais importante para a teoria dos números da Idade Média latina, antes das obras de Bachet e Fermat. Como seus antecessores, Fibonacci permite números reais (positivos) como soluções. Um problema, por exemplo, propõe encontrar um quadrado que permanece quadrado quando aumentado ou diminuído em 5 unidades; isto é, obter uma solução simultânea para o par de equações $x^2 + 5 = y^2$ e $x^2 - 5 = z^2$, em que x, y, z são desconhecidos. Fibonacci deu 41/12 como resposta, pois

$$(41/12)^2 + 5 = (49/12)^2, \quad (41/12)^2 - 5 = (31/12)^2$$

Também notável é a estimativa precisa em 1224 da única raiz real da equação cúbica $x^3 + 2x^2 + 10x = 20$. Seu valor, em notação decimal, de 1,3688081075 ..., é correto nove casas decimais.

Leonardo de Pisa (Fibonacci)
(1180–1250)

(*Coleção David Eugene Smith, Livros Raros e Manuscritos, Universidade de Columbia*)

A Europa cristã se familiarizou com os algarismos indo-arábicos através do *Liber Abaci*, que foi escrito em 1202, e teve uma edição revisada em 1228. (A palavra "Abaci" no título não se refere ao ábaco, mas significa contagem em geral.) Fibonacci procurava explicar as vantagens do sistema decimal do Oriente, com a sua notação posicional e um símbolo para o zero, "para que as provas latinas não fossem mais deficientes nesse conhecimento". O primeiro capítulo de seu livro começa com a seguinte setença:

Estas são as nove figuras dos indianos:

9 8 7 6 5 4 3 2 1

Com estas nove figuras, e com este símbolo 0 ... qualquer número pode ser escrito, como será demonstrado.

A aceitação geral dos novos numerais teve que esperar por mais dois séculos. Em 1299, a cidade de Florença emitiu um decreto proibindo os comerciantes de usar os símbolos árabes em contabilidade, ordenando-lhes que empregassem algarismos romanos ou que escrevessem as palavras numéricas por extenso. O decreto foi, provavelmente, devido à grande variação nas formas de certos dígitos — algumas bastante diferentes das utilizadas hoje, e a consequente oportunidade para ambiguidades, mal-entendidos e fraudes. Enquanto o símbolo do zero, por exemplo, pode ser alterado para um 6 ou um 9, não é tão fácil de falsificar algarismos romanos.

É irônico que, apesar de suas muitas realizações, Fibonacci seja lembrado principalmente porque o teórico dos números do século XIX Edouard Lucas ligou o seu nome a um determinado conjunto infinito de números inteiros positivos que surgiu em um problema trivial no *Liber Abaci*. Esta sequência célebre de inteiros

1, 1, 2, 3, 5, 8, 13, 21, 34, 55, 89, ...

ocorre na natureza em uma variedade de maneiras inesperadas. Por exemplo, os lírios têm 3 pétalas, botões-de-ouro 5, malmequeres 13, ásteres 21, enquanto a maioria das margaridas têm 34, 55, ou 89 pétalas. As sementes de uma cabeça de girassol irradiam de seu centro duas famílias de espirais entrelaçadas, uma no sentido horário e outra no sentido anti-horário. Há geralmente 34 espirais no sentido horário e 55 no sentido oposto, embora em algumas cabeças grandes tenham sido encontradas 55 e 89 espirais. O número de espirais na casca de um abacaxi ou de um cone abeto também oferecem excelentes exemplos de números que aparecem na sequência de Fibonacci.

14.2 A SEQUÊNCIA DE FIBONACCI

No *Liber Abaci*, Fibonacci colocou o seguinte problema que lida com o número de filhotes gerados por um par de coelhos imaginário:

Um homem colocou um par de coelhos em um determinado lugar cercado. Quantos pares de coelhos podem ser produzidos a partir desse par em um ano, se todo mês cada par tem um novo par que, a partir do segundo mês, torna-se fértil?

Supondo que nenhum dos coelhos morreu, então um par nasceu durante o primeiro mês, de modo que passamos a ter dois pares. Durante o segundo mês, o par inicial produziu outro par. Um mês mais tarde, os dois pares, o inicial e o primogênito, produziram novos pares, de modo que ficamos com três pares adultos jovens e dois pares jovens, e assim por diante. (Os números são tabulados no gráfico abaixo.) Deve-se ter em mente que, a cada mês, os pares jovens crescem e se tornam adultos, fazendo da nova quantidade de "adultos" a quantidade anterior mais a quantidade anterior de "jovens". Cada um dos pares que era adulto no mês anterior produz um par novo, de modo que a nova quantidade de "jovens" é igual à quantidade anterior de "adultos".

Quando segue indefinidamente, a sequência encontrada no problema dos coelhos

$$1, 1, 2, 3, 5, 8, 13, 21, 34, 55, 89, 144, 233, 377, \ldots$$

é chamada a *sequência de Fibonacci*, e seus termos, os números de Fibonacci. A posição de cada número nesta sequência é tradicionalmente indicada por um índice, de modo que $u_1 = 1$, $u_2 = 1$, $u_3 = 2$, e assim por diante, com u_n denotando o n-ésimo número de Fibonacci.

Crescimento da população de coelhos

Meses	Pares adultos	Pares jovens	Total
1	1	1	2
2	2	1	3
3	3	2	5
4	5	3	8
5	8	5	13
6	13	8	21
7	21	13	34
8	34	21	55
9	55	34	89
10	89	55	144
11	144	89	233
12	233	144	377

A sequência de Fibonacci possui uma propriedade interessante, a saber,

$$2 = 1 + 1 \quad \text{ou} \quad u_3 = u_2 + u_1$$
$$3 = 2 + 1 \quad \text{ou} \quad u_4 = u_3 + u_2$$
$$5 = 3 + 2 \quad \text{ou} \quad u_5 = u_4 + u_3$$
$$8 = 5 + 3 \quad \text{ou} \quad u_6 = u_5 + u_4$$

E a regra geral de formação é:

$$u_1 = u_2 = 1 \qquad u_n = u_{n-1} + u_{n-2} \qquad \text{para } n \geq 3$$

Ou seja, cada termo da sequência (depois do segundo) é a soma dos dois que o precedem imediatamente. Tais sequências em que a partir de certo ponto cada termo pode ser representado como uma combinação linear de termos anteriores, são chamadas *sequências recursivas*. A sequência de Fibonacci é a primeira sequência recursiva conhecida na matemática.

Fibonacci provavelmente era consciente da natureza recursiva desta sequência, mas não foi apenas em 1634 — quando a notação matemática havia progredido suficientemente — que a fórmula apareceu em um artigo publicado postumamente por Albert Girard.

Os números de Fibonacci crescem rapidamente. Um resultado que indica este comportamento é $u_{5n+2} > 10^n$ para $n \geq 1$, de modo que

$$u_7 > 10, \quad u_{12} > 100, \quad u_{17} > 1000, \quad u_{22} > 10000\ldots$$

A desigualdade pode ser provada por indução sobre n, o caso $n = 1$ é óbvio, porque $u_7 = 13 > 10$. Agora, vamos supor que a desigualdade seja válida para um inteiro arbitrário n; queremos mostrar que ela também é válida para $n + 1$. A regra de recursão $u_k = u_{k-1} + u_{k-2}$ pode ser usada várias vezes para expressar $u_{5(n-1)+2} = u_{5n+7}$ em função dos números de Fibonacci anteriores para chegarmos a

$$\begin{aligned} u_{5n+7} &= 8u_{5n+2} + 5u_{5n+1} \\ &> 8u_{5n+2} + 2(u_{5n+1} + u_{5n}) \\ &= 10u_{5n+2} > 10 \cdot 10^n = 10^{n+1} \end{aligned}$$

completando o passo de indução e o argumento.

Devemos atentar para o fato de que nas partes da sequência de Fibonacci que escrevemos, termos consecutivos são primos relativos. Isto não é um acidente, como provaremos agora.

Teorema 14.1. Na sequência de Fibonacci, $\mathrm{mdc}(u_n, u_{n+1}) = 1$ para todo $n \geq 1$.

Demonstração. Vamos supor que o número inteiro $d > 1$ divide u_n e u_{n+1}. Então, a diferença $u_{n+1} - u_n$, também é divisível por d. A partir disso e da relação $u_n - u_{n-1} = u_{n-2}$, podemos concluir que $d \mid u_{n-2}$. Voltando, o mesmo argumento mostra que $d \mid u_{n-3}, d \mid u_{n-4}, \ldots$, e finalmente que $d \mid u_1$. Mas $u_1 = 1$, o que certamente não é divisível por nenhum $d > 1$. Esta contradição conclui nossa demonstração.

Como $u_3 = 2$, $u_5 = 5$, $u_7 = 13$ e $u_{11} = 89$ são todos números primos, somos tentados a supor que u_n é primo sempre que o índice $n > 2$ for primo. Esta conjectura falha logo no início, pois

$$u_{19} = 4181 = 37 \cdot 113$$

Não só não se conhece nenhum dispositivo para prever quais u_n são primos, mas não é ainda certo se o número de números de Fibonacci primos é infinito. No entanto, há um resultado útil cuja prova complicada é omitida: para qualquer primo p, existem infinitos números de Fibonacci que são divisíveis por p e todos estes são igualmente espaçados na sequência de Fibonacci. Para ilustrar, 3 divide o quarto termo da sequência de Fibonacci, 5 divide o quinto e 7 divide o oitavo termo.

Com a exceção de u_1, u_2, u_6 e u_{12}, cada número de Fibonacci tem um "novo" fator primo, ou seja, um fator primo que não é fator de nenhum número de Fibonacci com um índice menor que o seu. Por exemplo, 29 divide $u_{14} = 377 = 13 \cdot 29$, mas não divide nenhum número de Fibonacci anterior.

Como sabemos, o máximo divisor comum de dois inteiros positivos pode ser encontrado a partir do Algoritmo de Euclides após um número finito de divisões. Dependendo dos números inteiros escolhidos, o número de divisões necessárias pode ser arbitrariamente grande. A afirmação precisa é: Dado $n > 0$, existem inteiros positivos a e b tais que para calcular $\mathrm{mdc}(a, b)$ por meio do algoritmo de Euclides são necessárias exatamente n divisões. Para provar isto, é suficiente considerar $a = u_{n+2}$ e $b = u_{n+1}$. O Algoritmo de Euclides para a obtenção do $\mathrm{mdc}(u_{n+2}, u_{n+1})$ leva ao sistema de equações

$$u_{n+2} = 1 \cdot u_{n+1} + u_n$$
$$u_{n+1} = 1 \cdot u_n + u_{n-1}$$
$$\vdots$$
$$u_4 = 1 \cdot u_3 + u_2$$
$$u_3 = 2 \cdot u_2 + 0$$

Evidentemente, o número de divisões necessárias aqui é n. O leitor, sem dúvida, deve lembrar que o último resto diferente de zero que aparece no algoritmo fornece o valor do mdc(u_{n+2}, u_{n+1}). Assim,

$$\mathrm{mdc}(u_{n+2}, u_{n+1}) = u_2 = 1$$

o que confirma mais uma vez que os números de Fibonacci consecutivos são primos relativos.

Suponhamos, por exemplo, que $n = 6$. Os seguintes cálculos mostram que precisamos de seis divisões para encontrar o máximo divisor comum dos inteiros $u_8 = 21$ e $u_7 = 13$:

$$21 = 1 \cdot 13 + 8$$
$$13 = 1 \cdot 8 + 5$$
$$8 = 1 \cdot 5 + 3$$
$$5 = 1 \cdot 3 + 2$$
$$3 = 1 \cdot 2 + 1$$
$$2 = 2 \cdot 1 + 0$$

Gabriel Lamé observou em 1844 que, se são necessárias n divisões no Algoritmo de Euclides para calcular mdc(a, b), onde $a > b > 0$, então $a \geq u_{n+2}$, $b \geq u_{n+1}$. Por isso, foi comum algumas vezes chamarem a sequência u_n de sequência Lamé. Lucas descobriu que Fibonacci tinha conhecimento desses números seis séculos antes; e, em um artigo publicado no volume inaugural (1878) do *American Journal of Mathematics*, ele a nomeou sequência de Fibonacci.

Uma das características marcantes da sequência de Fibonacci é que o máximo divisor comum de dois números de Fibonacci é também um número de Fibonacci. A identidade

$$u_{m+n} = u_{m-1}u_n + u_m u_{n+1} \tag{1}$$

é fundamental para se evidenciar este fato. Para um fixo $m \geq 2$, esta identidade é provada por indução em n. Quando $n = 1$, a Eq. (1) toma a forma

$$u_{m+1} = u_{m-1}u_1 + u_m u_2 = u_{m-1} + u_m$$

o que é obviamente verdadeiro. Vamos supor, por conseguinte, que a fórmula em questão seja válida, quando n é um dos números inteiros 1, 2, ..., k e tentar prová-la quando $n = k + 1$. Pela hipótese de indução,

$$u_{m+k} = u_{m-1}u_k + u_m u_{k+1}$$
$$u_{m+(k-1)} = u_{m-1}u_{k-1} + u_m u_k$$

A adição destas duas equações nos dá

$$u_{m+k} + u_{m+(k-1)} = u_{m-1}(u_k + u_{k-1}) + u_m(u_{k+1} + u_k)$$

Pela maneira como os números de Fibonacci são definidos, esta expressão é o mesmo que

$$u_{m+(k+1)} = u_{m-1}u_{k+1} + u_m u_{k+2}$$

que é precisamente a Eq. (1) com n substituído por $k + 1$. A etapa de indução está, portanto, completa e a Eq. (1) é válida para todo $m \geq 2$ e $n \geq 1$.

Um exemplo da Eq. (1) é suficiente:

$$u_9 = u_{6+3} = u_5 u_3 + u_6 u_4 = 5 \cdot 2 + 8 \cdot 3 = 34$$

O próximo teorema é interessante e também é importante para o resultado final que buscamos.

Teorema 14.2. Para $m \geq 1$, $n \geq 1$, u_{mn} é divisível por u_m.

Demonstração. Utilizando novamente a indução em n, o resultado é verdadeiro quando $n = 1$. Pela nossa hipótese de indução, vamos supor que u_{mn} é divisível por u_m para $n = 1$, 2, ..., k. A transição para o caso $u_{m(k+1)} = u_{mk+m}$ é feita usando a Eq. (1); de fato,

$$u_{m(k+1)} = u_{mk-1} u_m + u_{mk} u_{m+1}$$

Como u_m divide u_{mk} por hipótese, o lado direito da expressão (e, portanto, o lado esquerdo) deve ser divisível por u_m. Assim, $u_m \mid u_{m(k+1)}$, que é o que queríamos provar.

Para calcularmos mdc(u_m, u_n), dispomos de um lema técnico.

Lema. Se $m = qn + r$, então mdc(u_m, u_n) = mdc(u_r, u_n).

Demonstração. Para começar, a Eq. (1) nos permite escrever

$$\text{mdc}(u_m, u_n) = \text{mdc}(u_{qn+r}, u_n)$$
$$= \text{mdc}(u_{qn-1} u_r + u_{qn} u_{r+1}, u_n)$$

O Teorema 14.2 e o fato de que mdc($a + c$, b) = mdc(a, b), sempre que $b \mid c$, nos dão

$$\text{mdc}(u_{qn-1} u_r + u_{qn} u_{r+1}, u_n) = \text{mdc}(u_{qn-1} u_r, u_n)$$

Nossa afirmação é que mdc(u_{qn-1}, u_n) = 1. Para ver isso, defina $d = \text{mdc}(u_{qn-1}, u_n)$. As relações $d \mid u_n$ e $u_n \mid u_{qn}$ implicam que $d \mid u_{qn}$ e, portanto, d é um divisor comum (positivo) dos números de Fibonacci consecutivos u_{qn-1} e u_{qn}. Como os números de Fibonacci consecutivos são primos relativos, temos que $d = 1$.

Para terminar a demonstração, fica a cargo do leitor mostrar que se mdc(a, c) = 1, então mdc(a, bc) = mdc(a, b). Sabendo disso, podemos passar imediatamente para

$$\text{mdc}(u_m, u_n) = \text{mdc}(u_{qn-1} u_r, u_n) = \text{mdc}(u_r, u_n)$$

a igualdade desejada.

Com este lema só nos é necessário juntar as partes.

Teorema 14.3. O máximo divisor comum de dois números de Fibonacci é novamente um número de Fibonacci; especificamente,

$$\text{mdc}(u_m, u_n) = u_d \qquad \text{em que } d = \text{mdc}(m, n)$$

Demonstração. Suponha que $m \geq n$. Aplicando o Algoritmo de Euclides para m e n, ficamos com o seguinte sistema de equações:

$$m = q_1 n + r_1 \qquad 0 < r_1 < n$$
$$n = q_2 r_1 + r_2 \qquad 0 < r_2 < r_1$$
$$r_1 = q_3 r_2 + r_3 \qquad 0 < r_3 < r_2$$
$$\vdots$$
$$r_{n-2} = q_n r_{n-1} + r_n \qquad 0 < r_n < r_{n-1}$$
$$r_{n-1} = q_{n+1} r_n + 0$$

De acordo com o lema anterior,

$$\mathrm{mdc}(u_m, u_n) = \mathrm{mdc}(u_{r_1}, u_n) = \mathrm{mdc}(u_{r_1}, u_{r_2}) = \cdots = \mathrm{mdc}(u_{r_{n-1}}, u_{r_n})$$

Como $r_n \mid r_{n-1}$, o Teorema 14.2 nos diz que $u_{r_n} \mid u_{r_{n-1}}$, daí $\mathrm{mdc}\left(u_{r_{n-1}}, u_{r_n}\right) = u_{r_n}$. Mas r_n, sendo o último resto diferente de zero no Algoritmo de Euclides para m e n, é igual a $\mathrm{mdc}(m, n)$. Amarrando as ideias, obtemos

$$\mathrm{mdc}(u_m, u_n) = u_{\mathrm{mdc}(m,n)}$$

e, desta forma, o teorema está provado.

É interessante notar que a recíproca do Teorema 14.2 pode ser obtida a partir do teorema provado; em outras palavras, se u_n é divisível por u_m, então $\mathrm{mdc}(u_m, u_n) = u_m$. Mas, de acordo com o Teorema 14.3, o valor de $\mathrm{mdc}(u_m, u_n)$ deve ser igual a $u_{\mathrm{mdc}(m,n)}$. A implicação de tudo isto é que $\mathrm{mdc}(m, n) = m$, de que se segue que $m \mid n$. Resumimos estas observações no seguinte corolário.

Corolário. Na sequência de Fibonacci, $u_m \mid u_n$ se e somente se $m \mid n$ para $n \geq m \geq 3$.

Uma boa ilustração do Teorema 14.3 é dada pelo cálculo do $\mathrm{mdc}(u_{16}, u_{12}) = \mathrm{mdc}(987, 144)$. A partir do Algoritmo de Euclides,

$$987 = 6 \cdot 144 + 123$$
$$144 = 1 \cdot 123 + 21$$
$$123 = 5 \cdot 21 + 18$$
$$21 = 1 \cdot 18 + 3$$
$$18 = 6 \cdot 3 + 0$$

e, por conseguinte, $\mathrm{mdc}(987, 144) = 3$. O resultado é que

$$\mathrm{mdc}(u_{16}, u_{12}) = 3 = u_4 = u_{\mathrm{mdc}(16,12)}$$

como afirmado pelo Teorema 14.3.

Quando o índice $n > 4$ é composto, então u_n será composto. Pois, se $n = rs$, em que $r \geq s \geq 2$, o último corolário implica que $u_r \mid u_n$ e $u_s \mid u_n$. Para ilustrar: $u_4 \mid u_{20}$ e $u_5 \mid u_{20}$ ou, formulada de modo diferente, 3 e 5 dividem 6765. Assim, os primos podem ocorrer na sequência de Fibonacci apenas para índices primos — as exceções são $u_2 = 1$ e $u_4 = 3$. Mas quando p é primo, u_p pode muito bem ser composto, como vimos com $u_{19} = 31 \cdot 113$. Os números primos de Fibonacci são um pouco escassos; apenas 42 deles são atualmente conhecidos, sendo o maior deles o número de 126377 dígitos u_{604711}.

Vamos apresentar mais uma prova da infinitude dos números primos, esta envolvendo números de Fibonacci. Suponhamos que haja apenas um número finito de números primos, digamos r primos $2, 3, 5, \ldots, p_r$ dispostos em ordem crescente. Em seguida, considere os números de Fibonacci correspondentes $u_2, u_3, u_5, \ldots, u_{p_r}$. De acordo com o Teorema 14.3, se excluirmos $u_2 = 1$, estes são, tomados aos pares, primos relativos. Cada um dos $r - 1$ números restantes é divisível por um único primo com a possível exceção de um deles ter dois fatores primos (havendo apenas r primos no total). Chegamos a uma contradição pois $u_{37} = 73 \cdot 149 \cdot 2221$ tem três fatores primos.

PROBLEMAS 14.2

1. Dado um primo $p \neq 5$, sabe-se que ou u_{p-1} ou u_{p+1} é divisível por p. Verifique isto para os primos 7, 11, 13 e 17.
2. Para $n = 1, 2, \ldots, 10$, mostre que $5u_n^2 + 4(-1)^n$ é sempre um quadrado perfeito.
3. Prove que se $2 \mid u_n$, então $4 \mid (u_{n+1}^2 - u_{n-1}^2)$; e similarmente, se $3 \mid u_n$, então $9 \mid (u_{n+1}^3 - u_{n-1}^3)$.
4. Para a sequência de Fibonacci, prove o seguinte:
   (a) $u_{n+3} \equiv u_n \pmod{2}$, consequentemente $u_3, u_6, u_9, \ldots$ são inteiros pares.
   (b) $u_{n+5} \equiv 3u_n \pmod{5}$, consequentemente $u_5, u_{10}, u_{15}, \ldots$ são divisíveis por 5.
5. Mostre que a soma dos quadrados dos n primeiros números de Fibonacci é dada pela fórmula
$$u_1^2 + u_2^2 + u_3^2 + \cdots + u_n^2 = u_n u_{n+1}$$
[Sugestão: Para $n \geq 2$, $u_n^2 = u_n u_{n+1} - u_n u_{n-1}$.]
6. Utilize a identidade do Problema 5 para provar que para $n \geq 3$
$$u_{n+1}^2 = u_n^2 + 3u_{n-1}^2 + 2(u_{n-2}^2 + u_{n-3}^2 + \cdots + u_2^2 + u_1^2)$$
7. Calcule mdc(u_9, u_{12}), mdc(u_{15}, u_{20}) e mdc(u_{24}, u_{36}).
8. Encontre os números de Fibonacci que dividem u_{24} e u_{36}.
9. Use o fato de que $u_m \mid u_n$ se e somente se $m \mid n$ para provar cada uma das afirmativas a seguir:
   (a) $2 \mid u_n$ se e somente se $3 \mid n$.
   (b) $3 \mid u_n$ se e somente se $4 \mid n$.
   (c) $5 \mid u_n$ se e somente se $5 \mid n$.
   (d) $8 \mid u_n$ se e somente se $6 \mid n$.
10. Se mdc(m, n) = 1, prove que $u_m u_n$ divide u_{mn} para todo $m, n \geq 1$.
11. Pode-se mostrar que, quando u_n é dividido por u_m ($n > m$), então ou o resto r é um número de Fibonacci ou $u_m - r$ é um número de Fibonacci. Dê exemplos ilustrando os dois casos.
12. Foi provado em 1989 que existem apenas 5 números de Fibonacci que também são números triangulares. Encontre-os.
13. Para $n \geq 1$, prove que $2^{n-1} u_n \equiv n \pmod{5}$.
    [Sugestão: Use indução e o fato de que $2^n u_{n+1} = 2(2^{n-1} u_n) + 4(2^{n-2} u_{n-1})$.]
14. Se $u_n < a < u_{n+1} < b < u_{n+2}$ para algum $n \geq 4$, prove que a soma $a + b$ não pode ser um número de Fibonacci.
15. Prove que existe um inteiro positivo n para o qual
$$u_1 + u_2 + u_3 + \cdots + u_{3n} = 16!$$

[*Sugestão*: Pelo teorema de Wilson, a equação é equivalente a $u_{3n+2} \equiv 0 \pmod{17}$. Como $17 \mid u_9$, $17 \mid u_m$ se e somente se $9 \mid m$.]

16. Se $3 \mid m + n$, mostre que $u_{n-m-1}u_n + u_{n-m}u_{n+1}$ é um número par.
17. Para $n \geq 1$, prove que existem n números de Fibonacci consecutivos compostos.
18. Prove que $9 \mid u_{n+24}$ se e somente se $9 \mid u_n$.
    [*Sugestão*: Use a Eq. (1) para provar que $u_{n+24} \equiv u_n \pmod{9}$.]
19. Use indução para mostrar que $u_{2n} \equiv n(-1)^{n+1} \pmod{5}$ para $n \geq 1$.
20. Deduza a identidade

$$u_{n+3} = 3u_{n+1} - u_{n-1} \qquad n \geq 2$$

[*Sugestão*: Use a Eq. (1).]

14.3 CERTAS IDENTIDADES ENVOLVENDO NÚMEROS DE FIBONACCI

Vamos desenvolver várias identidades básicas envolvendo números de Fibonacci; estas são úteis para a realização dos problemas no fim da seção. Uma das mais simples afirma que a soma dos n primeiros números de Fibonacci é igual a $u_{n+2} - 1$. Por exemplo, quando os oito primeiros números de Fibonacci são somados, obtemos

$$1 + 1 + 2 + 3 + 5 + 8 + 13 + 21 = 54 = 55 - 1 = u_{10} - 1$$

Que isso pode ser generalizado segue da adição das relações

$$u_1 = u_3 - u_2$$
$$u_2 = u_4 - u_3$$
$$u_3 = u_5 - u_4$$
$$\vdots$$
$$u_{n-1} = u_{n+1} - u_n$$
$$u_n = u_{n+2} - u_{n+1}$$

Ao fazê-lo, o lado esquerdo produz a soma dos n primeiros números de Fibonacci, enquanto no lado direito os termos se cancelam deixando apenas $u_{n+2} - u_2$. Mas $u_2 = 1$. A consequência é que

$$u_1 + u_2 + u_3 + \cdots + u_n = u_{n+2} - 1 \qquad (2)$$

Outra propriedade da sequência de Fibonacci é a identidade

$$u_n^2 = u_{n+1}u_{n-1} + (-1)^{n-1} \qquad (3)$$

Isto pode ser ilustrado tomando-se, por exemplo, $n = 6$ e $n = 7$; então

$$u_6^2 = 8^2 = 13 \cdot 5 - 1 = u_7 u_5 - 1$$
$$u_7^2 = 13^2 = 21 \cdot 8 + 1 = u_8 u_6 + 1$$

A estratégia para a demonstração da Eq. (3) é iniciar com a equação

$$u_n^2 - u_{n+1}u_{n-1} = u_n(u_{n-1} + u_{n-2}) - u_{n+1}u_{n-1}$$
$$= (u_n - u_{n+1})u_{n-1} + u_n u_{n-2}$$

A partir da lei de formação da sequência de Fibonacci, temos $u_{n+1} = u_n + u_{n-1}$, e assim a expressão entre parênteses pode ser substituída pelo termo $-u_{n-1}$ para produzir

$$u_n^2 - u_{n+1}u_{n-1} = (-1)(u_{n-1}^2 - u_n u_{n-2})$$

O ponto importante é que o lado direito desta equação é igual ao lado esquerdo com todos os índices diminuídos em uma unidade e com o sinal invertido.

Repetindo o argumento podemos mostrar que $u_{n-1}^2 - u_n u_{n-2}$ é igual à expressão $(-1)(u_{n-2}^2 - u_{n-1}u_{n-3})$, donde

$$u_n^2 - u_{n+1}u_{n-1} = (-1)^2(u_{n-2}^2 - u_{n-1}u_{n-3})$$

Continuamos neste padrão e, depois de $n-2$ passos, chegamos a

$$u_n^2 - u_{n+1}u_{n-1} = (-1)^{n-2}(u_2^2 - u_3 u_1)$$
$$= (-1)^{n-2}(1^2 - 2 \cdot 1) = (-1)^{n-1}$$

o que queríamos provar.

Para $n = 2k$, a Eq. (3) fica

$$u_{2k}^2 = u_{2k+1}u_{2k-1} - 1 \tag{4}$$

Ainda neste assunto, podemos observar que esta última identidade é a base de um equívoco geométrico conhecido pelo qual um quadrado 8 por 8 pode ser dividido em partes que aparentemente se encaixam para formar um retângulo 5 por 13. Para isso, dividimos o quadrado em quatro partes, como mostrado abaixo à esquerda, e as reorganizamos como indicado no lado direito.

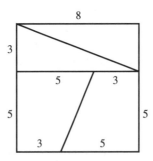 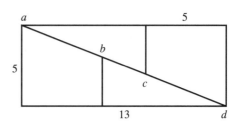

A área do quadrado é $8^2 = 64$, enquanto a do retângulo que parece ser constituído pelas mesmas partes é $5 \cdot 13 = 65$, e assim a área foi, aparentemente, aumentada em uma unidade. O quebra-cabeça é fácil de explicar: nem todos os pontos a, b, c, d ficam na diagonal do retângulo, mas, em vez disso, são os vértices de um paralelogramo cuja área, obviamente, é igual à unidade de área acrescida.

A construção anterior pode ser feita com qualquer quadrado cujos lados são iguais a um número de Fibonacci u_{2k}. Quando dividido na maneira indicada

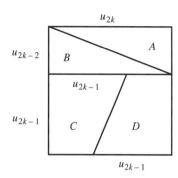

as peças podem ser rearrumadas para produzir um retângulo com uma fenda em forma de um paralelogramo (a figura está exagerada):

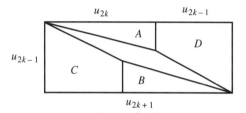

A identidade $u_{2k-1}u_{2k+1} - 1 = u_{2k}^2$ pode ser interpretada como a afirmação de que a área do retângulo menos a área do paralelogramo é precisamente igual à área do quadrado original. Pode-se mostrar que a altura do paralelogramo é:

$$\frac{1}{\sqrt{u_{2k}^2 + u_{2k-2}^2}}$$

Quando u_{2k} tem um valor relativamente grande (por exemplo, $u_{2k} = 144$, de modo que $u_{2k-2} = 55$), a fenda é tão estreita que é quase imperceptível a olho nu.

Existem apenas três números de Fibonacci que são quadrados ($u_1 = u_2 = 1$, $u_{12} = 12^2$) e apenas três que são cubos ($u_1 = u_2 = 1$, $u_6 = 2^3$). Cinco deles são números triangulares, ou seja, $u_1 = u_2 = 1$, $u_4 = 3$, $u_8 = 21$ e $u_{10} = 55$. Nenhum número de Fibonacci é perfeito.

O próximo resultado a ser provado é que todo inteiro positivo pode ser escrito como uma soma de números de Fibonacci distintos. Por exemplo, observando os primeiros números inteiros positivos:

$$\begin{aligned}
1 &= u_1 & 5 &= u_5 = u_4 + u_3 \\
2 &= u_3 & 6 &= u_5 + u_1 = u_4 + u_3 + u_1 \\
3 &= u_4 & 7 &= u_5 + u_3 = u_4 + u_3 + u_2 + u_1 \\
4 &= u_4 + u_1 & 8 &= u_6 = u_5 + u_4
\end{aligned}$$

É suficiente mostrar por indução em $n > 2$, que cada um dos inteiros $1, 2, 3, ..., u_n - 1$ é uma soma de elementos distintos do conjunto $\{u_1, u_2, ..., u_{n-2}\}$. Supondo que isto é válido para $n = k$, vamos considerar N tal que $u_k - 1 < N < u_{k+1}$. Como $N - u_{k-1} < u_{k+1} - u_{k-1} = u_k$, inferimos que o número inteiro $N - u_{k-1}$ pode ser representado como uma soma de números distintos de $\{u_1, u_2, ..., u_{k-2}\}$. Então N e, em consequência, cada um dos inteiros $1, 2, 3, ..., u_{k+1} - 1$ pode ser expresso como uma soma (sem repetições) de números do conjunto $\{u_1, u_2, ..., u_{k-2}, u_{k-1}\}$. Isso completa o passo de indução.

Como dois elementos consecutivos da sequência de Fibonacci podem ser combinados para fornecer o elemento seguinte, é desnecessário termos números de Fibonacci consecutivos em nossa representação de um inteiro. Assim, $u_k + u_{k-1}$ é substituído por u_{k+1} sempre que possível. Se a possibilidade de utilizar u_1 for desprezada (porque u_2 também vale 1), então o menor número de Fibonacci que aparece na representação é u_2 ou u_3. Chegamos ao que é conhecido como a representação Zeckendorf.

Os 50 primeiros números de Fibonacci			
u_1	1	u_{26}	121393
u_2	1	u_{27}	196418
u_3	2	u_{28}	317811
u_4	3	u_{29}	514229
u_5	5	u_{30}	832040
u_6	8	u_{31}	1346269
u_7	13	u_{32}	2178309
u_8	21	u_{33}	3524578
u_9	34	u_{34}	5702887
u_{10}	55	u_{35}	9227465
u_{11}	89	u_{36}	14930352
u_{12}	144	u_{37}	24157817
u_{13}	233	u_{38}	39088169
u_{14}	377	u_{39}	63245986
u_{15}	610	u_{40}	102334155
u_{16}	987	u_{41}	165580141
u_{17}	1597	u_{42}	267914296
u_{18}	2584	u_{43}	433494437
u_{19}	4181	u_{44}	701408733
u_{20}	6765	u_{45}	1134903170
u_{21}	10946	u_{46}	1836311903
u_{22}	17711	u_{47}	2971215073
u_{23}	28657	u_{48}	4807526976
u_{24}	46368	u_{49}	7778742049
u_{25}	75025	u_{50}	12586269025

Teorema 14.4. Qualquer inteiro positivo N pode ser expresso como uma soma de números de Fibonacci distintos, sem que haja dois consecutivos; isto é,

$$N = u_{k_1} + u_{k_2} + \cdots + u_{k_r}$$

em que $k_1 \geq 2$ e $k_{j+1} \geq k_j + 2$ para $j = 1, 2, ..., r - 1$.

Ao representarmos o número inteiro N, onde $u_r < N < u_{r+1}$, como uma soma de números de Fibonacci não consecutivos, o número u_r deve aparecer explicitamente. Se a representação não contivesse u_r, então, mesmo se fossem usados todos os números de Fibonacci admissíveis, sua soma não seria N. Pois quando r é par, digamos, $r = 2s$, temos a identidade facilmente provada

$$u_3 + u_5 + u_7 + \cdots + u_{2s-1} = u_{2s} - 1 = u_r - 1$$

Ao passo que se r for ímpar, digamos $r = 2s + 1$, então

$$u_2 + u_4 + u_6 + \cdots + u_{2s} = u_{2s-1} - 1 = u_r - 1$$

Em ambos os casos, a soma resultante é menor que N. Qualquer outra representação de Zeckendorf não teria uma soma que atingisse $u_r - 1$.

Para dar um exemplo simples, escolhemos $N = 50$. Aqui, $u_9 < 50 < u_{10}$ e a representação de Zeckendorf é

$$50 = u_4 + u_7 + u_9$$

Em 1843, o matemático francês Jacques-Philippe-Marie Binet (1786–1856) descobriu uma fórmula para expressar u_n em função do número inteiro n; a saber,

$$u_n = \frac{1}{\sqrt{5}} \left[\left(\frac{1+\sqrt{5}}{2} \right)^n - \left(\frac{1-\sqrt{5}}{2} \right)^n \right]$$

Esta fórmula pode ser obtida considerando-se as duas raízes

$$\alpha = \frac{1+\sqrt{5}}{2} \quad \text{e} \quad \beta = \frac{1-\sqrt{5}}{2}$$

da equação quadrática $x^2 - x - 1 = 0$. Como raízes desta equação, elas devem satisfazer

$$\alpha^2 = \alpha + 1 \quad \text{e} \quad \beta^2 = \beta + 1$$

Quando a primeira destas relações é multiplicada por α^n e a segunda por β^n, o resultado é

$$\alpha^{n+2} = \alpha^{n+1} + \alpha^n \quad \text{e} \quad \beta^{n+2} = \beta^{n+1} + \beta^n$$

Subtraindo a segunda equação da primeira e dividindo por $\alpha - \beta$, chegamos a

$$\frac{\alpha^{n+2} - \beta^{n+2}}{\alpha - \beta} = \frac{\alpha^{n+1} - \beta^{n+1}}{\alpha - \beta} + \frac{\alpha^n - \beta^n}{\alpha - \beta}$$

Se fizermos $H_n = (\alpha^n - \beta^n)/(\alpha - \beta)$, a equação anterior pode ser escrita de forma mais concisa como

$$H_{n+2} = H_{n+1} + H_n \quad n \geq 1$$

Agora, sobre α e β, observe:

$$\alpha + \beta = 1 \quad \alpha - \beta = \sqrt{5} \quad \alpha\beta = -1$$

Assim,

$$H_1 = \frac{\alpha - \beta}{\alpha - \beta} = 1 \quad H_2 = \frac{\alpha^2 - \beta^2}{\alpha - \beta} = \alpha + \beta = 1$$

Tudo isto significa que a sequência de $H_1, H_2, H_3, \ldots$ é precisamente a sequência de Fibonacci, o que dá

$$u_n = \frac{\alpha^n - \beta^n}{\alpha - \beta} \quad n \geq 1$$

Com a ajuda desta expressão para u_n conhecida como fórmula de Binet, é possível deduzir convenientemente muitos resultados relacionados com os números de Fibonacci. Vamos, por exemplo, mostrar que

$$u_{n+2}^2 - u_n^2 = u_{2n+2}$$

Do início, lembre-se que $\alpha\beta = -1$ que tem como consequência imediata que $(\alpha\beta)^{2k} = 1$ para $k \geq 1$. Então

$$u_{n+2}^2 - u_n^2 = \left(\frac{\alpha^{n+2} - \beta^{n+2}}{\alpha - \beta}\right)^2 - \left(\frac{\alpha^n - \beta^n}{\alpha - \beta}\right)^2$$

$$= \frac{\alpha^{2(n+2)} - 2 + \beta^{2(n+2)}}{(\alpha - \beta)^2} - \frac{\alpha^{2n} - 2 + \beta^{2n}}{(\alpha - \beta)^2}$$

$$= \frac{\alpha^{2(n+2)} + \beta^{2(n+2)} - \alpha^{2n} - \beta^{2n}}{(\alpha - \beta)^2}$$

Agora, a expressão no numerador pode ser reescrita como

$$\alpha^{2(n+2)} - (\alpha\beta)^2 \alpha^{2n} - (\alpha\beta)^2 \beta^{2n} + \beta^{2(n+2)} = (\alpha^2 - \beta^2)(\alpha^{2n+2} - \beta^{2n+2})$$

Ao fazê-lo, obtemos

$$u_{n+2}^2 - u_n^2 = \frac{(\alpha^2 - \beta^2)(\alpha^{2n+2} - \beta^{2n+2})}{(\alpha - \beta)^2}$$

$$= (\alpha + \beta)\left(\frac{\alpha^{2n+2} - \beta^{2n+2}}{\alpha - \beta}\right)$$

$$= 1 \cdot u_{2n+2} = u_{2n+2}$$

Para uma segunda ilustração da utilidade da fórmula de Binet, vamos mais uma vez deduzir a relação $u_{2n+1} u_{2n-1} - 1 = u_{2n}^2$. Primeiro, calculamos

$$u_{2n+1} u_{2n-1} - 1 = \left(\frac{\alpha^{2n+1} - \beta^{2n+1}}{\sqrt{5}}\right)\left(\frac{\alpha^{2n-1} - \beta^{2n-1}}{\sqrt{5}}\right) - 1$$

$$= \frac{1}{5}(\alpha^{4n} + \beta^{4n} - (\alpha\beta)^{2n-1}\alpha^2 - (\alpha\beta)^{2n-1}\beta^2 - 5)$$

$$= \frac{1}{5}(\alpha^{4n} + \beta^{4n} + (\alpha^2 + \beta^2) - 5)$$

Como $\alpha^2 + \beta^2 = 3$, esta última expressão fica

$$\frac{1}{5}(\alpha^{4n} + \beta^{4n} - 2) = \frac{1}{5}(\alpha^{4n} + \beta^{4n} - 2(\alpha\beta)^{2n})$$

$$= \left(\frac{\alpha^{2n} - \beta^{2n}}{\sqrt{5}}\right)^2 = u_{2n}^2$$

levando à identidade desejada.

A fórmula de Binet também pode ser usada para se obter os valores dos números de Fibonacci. A desigualdade $0 < |\beta| < 1$ implica que $|\beta^n| = |\beta|^n$ para $n \geq 1$. Assim

$$\left|u_n - \frac{\alpha^n}{\sqrt{5}}\right| = \left|\frac{\alpha^n - \beta^n}{\sqrt{5}} - \frac{\alpha^n}{\sqrt{5}}\right|$$

$$= \frac{|\beta^n|}{\sqrt{5}} < \frac{1}{\sqrt{5}} < \frac{1}{2}$$

o que indica que u_n é o número inteiro mais próximo de $\dfrac{\alpha^n}{\sqrt{5}}$. Por exemplo, $\dfrac{\alpha^{14}}{\sqrt{5}} \approx 377,005$ nos diz que o número de Fibonacci $u_{14} = 377$. Da mesma forma, $u_{15} = 610$ porque $\dfrac{\alpha^{15}}{\sqrt{5}} \approx 609,9996$.

Nosso resultado pode ser visto como uma afirmação de que u_n é o maior inteiro que não excede $\dfrac{\alpha^n}{\sqrt{5}} + \dfrac{1}{2}$, ou expressa em termos da função maior inteiro,

$$u_n = \left[\frac{\alpha^n}{\sqrt{5}} + \frac{1}{2} \right] \quad n \geq 1$$

Concluímos esta seção com dois teoremas sobre fatores primos de números de Fibonacci. O primeiro mostra que todo primo divide um número de Fibonacci. Como $2 \mid u_3$, $3 \mid u_4$ e $5 \mid u_5$, basta considerar os números primos $p > 5$.

Teorema 14.5. Para um primo $p > 5$, ou $p \mid u_{p-1}$ ou $p \mid u_{p+1}$, mas não ambos.

Demonstração. Pela fórmula de Binet, $u_p = (\alpha^p - \beta^p)/\sqrt{5}$. Quando as p-ésimas potências de α e β são expandidas pelo teorema binomial, obtemos

$$u_p = \frac{1}{2^p \sqrt{5}} \left[1 + \binom{p}{1}\sqrt{5} + \binom{p}{2} 5 + \binom{p}{3} 5\sqrt{5} + \cdots + \binom{p}{p} 5^{(p-1)/2}\sqrt{5} \right]$$

$$- \frac{1}{2^p \sqrt{5}} \left[1 - \binom{p}{1}\sqrt{5} + \binom{p}{2} 5 - \binom{p}{3} 5\sqrt{5} + \cdots - \binom{p}{p} 5^{(p-1)/2}\sqrt{5} \right]$$

$$= \frac{1}{2^{p-1}} \left[\binom{p}{1} + \binom{p}{3} 5 + \binom{p}{5} 5^2 + \cdots + \binom{p}{p} 5^{(p-1)/2} \right]$$

Lembre-se que $\binom{p}{k} \equiv 0 \pmod{p}$ para $1 \leq k \leq p-1$, e também que $2^{p-1} \equiv 1 \pmod{p}$. Esses fatos nos permitem escrever uma expressão mais simples para u_p como

$$u_p \equiv 2^{p-1} u_p \equiv \binom{p}{p} 5^{(p-1)/2} = 5^{(p-1)/2} \pmod{p}$$

O Teorema 9.2, então, produz $u_p \equiv (5/p) \equiv \pm 1 \pmod{p}$, de modo que $u_p^2 \equiv 1 \pmod{p}$. Para finalizar, basta tratarmos a identidade familiar $u_p^2 = u_{p-1} u_{p+1} + (-1)^{p-1}$ como uma congruência módulo p, reduzindo-a, assim, a $u_{p-1} u_{p+1} \equiv 0 \pmod{p}$. Isso, no entanto, é apenas a afirmação de que um dos u_{p-1} e u_{p+1} é divisível por p. Como mdc$(p-1, p+1) = 2$, o Teorema 14.3 nos diz que

$$\text{mdc}(u_{p-1}, u_{p+1}) = u_2 = 1$$

e as partes do teorema estão provadas.

Devemos salientar que $p-1$ ou $p+1$ não é necessariamente o menor índice de um número de Fibonacci divisível por p. Por exemplo, $13 \mid u_{14}$, mas também $13 \mid u_7$.

Tendo considerado uma característica da divisibilidade de u_{p-1} ou u_{p+1}, o próximo passo é considerar u_p, em que p é primo. Claramente u_p poderia ser primo como é o caso de $u_5 = 5$ e $u_7 = 13$. Há vários resultados que tratam da natureza composta de certos u_p. Concluímos a seção com um destes.

Teorema 14.6. Seja $p \geq 7$ um primo para o qual $p \equiv 2 \pmod{5}$, ou $p \equiv 4 \pmod{5}$. Se $2p-1$ também for primo, então $2p - 1 \mid u_p$.

Demonstração. Suponha que p tenha a forma $5k+2$ para algum k. O ponto de partida é elevar ao quadrado a fórmula $u_p = (\alpha^p - \beta^p)/\sqrt{5}$ e, em seguida, expandir α^{2p} e β^{2p} pelo teorema binomial para obter

$$5u_p^2 = \frac{1}{2^{2p-1}}\left[1 + \binom{2p}{2}5 + \binom{2p}{4}5^2 + \cdots + \binom{2p}{2p}5^p\right] + 2$$

Observe que $\binom{2p}{k} \equiv 0 \pmod{2p-1}$ para $2 \le k < 2p-1$, enquanto, como $2p-1$ é primo, $2^{2p-1} \equiv 2 \pmod{2p-1}$. Isso nos permite reduzir a expressão para u_p^2 a

$$2(5u_p)^2 \equiv (1 + 5^p) + 4 \pmod{2p-1}$$

ou simplesmente a $2u_p^2 \equiv 1 + 5^{p-1} \pmod{2p-1}$. Agora

$$5^{p-1} = 5^{(2p-2)/2} \equiv (5/2p-1) \pmod{2p-1}$$

Dos Teoremas 9.9 e 9.10, é fácil ver que

$$(5/2p-1) = (2p-1/5) = (10k+3/5) = (3/5) = -1$$

Por fim, chegamos a $2u_p^2 \equiv 1 + (-1) \equiv 0 \pmod{2p-1}$, a partir do que podemos concluir que $2p-1$ divide u_p. O caso $p \equiv 4 \pmod 5$ pode ser tratado da mesma maneira se observarmos que $(2/5) = -1$.

Como exemplos, podemos citar $u_{19} = 37 \cdot 113$, em que $19 \equiv 4 \pmod 5$; e $u_{37} = 73 \cdot 330929$, em que $37 \equiv 2 \pmod 5$.

Os números de Fibonacci são uma fonte contínua de questões para investigação. Aqui está um resultado recente: o maior número de Fibonacci, que é a soma de dois fatoriais, é $u_{12} = 144 = 4! + 5!$. Outra é que os únicos quadrados entre os números de Fibonacci são $u_1 = 1$ e $u_{12} = 12^2$, com a única outra potência sendo $u_6 = 2^3$.

PROBLEMAS 14.3

1. Usando indução sobre o inteiro positivo n, prove as seguintes fórmulas:
   (a) $u_1 + 2u_2 + 3u_3 + \cdots + nu_n = (n+1)u_{n+2} - u_{n+4} + 2$.
   (b) $u_2 + 2u_4 + 3u_6 + \cdots + nu_{2n} = nu_{2n+1} - u_{2n}$.

2. (a) Mostre que a soma dos n primeiros números de Fibonacci com índices ímpares é dada pela fórmula

$$u_1 + u_3 + u_5 + \cdots + u_{2n-1} = u_{2n}$$

[*Sugestão*: Adicione as igualdades $u_1 = u_2$, $u_3 = u_4 - u_2$, $u_5 = u_6 - u_4, \ldots$]

(b) Mostre que a soma dos n primeiros números de Fibonacci com índices pares é dada pela fórmula

$$u_2 + u_4 + u_6 + \cdots + u_{2n} = u_{2n+1} - 1$$

[*Sugestão*: Aplique o item (a) em conjunto com a identidade na Eq. (2).]

(c) Deduza a seguinte expressão para a soma alternada dos $n \geq 2$ primeiros números de Fibonacci:

$$u_1 - u_2 + u_3 - u_4 + \cdots + (-1)^{n+1}u_n = 1 + (-1)^{n+1}u_{n-1}$$

3. Da Eq. (1), deduza que

$$u_{2n-1} = u_n^2 + u_{n-1}^2 \qquad u_{2n} = u_{n+1}^2 - u_{n-1}^2 \qquad n \geq 2$$

4. Use os resultados do Problema (3) para obter as seguintes identidades:
   (a) $u_{n+1}^2 + u_{n-2}^2 = 2u_{2n-1}, n \geq 3$.
   (b) $u_{n+2}^2 + u_{n-1}^2 = 2(u_n^2 + u_{n+1}^2), n \geq 2$.

5. Prove que a fórmula

$$u_n u_{n-1} = u_n^2 - u_{n-1}^2 + (-1)^n$$

é válida para $n \geq 2$ e use este fato para concluir que números de Fibonacci consecutivos são primos relativos.

6. Sem recorrer à indução, deduza as seguintes identidades:
   (a) $u_{n+1}^2 - 4u_n u_{n-1} = u_{n-2}^2, n \geq 3$.
   [*Sugestão*: Comece elevando ao quadrado $u_{n-2} = u_n - u_{n-1}$ e $u_{n+1} = u_n + u_{n-1}$.]
   (b) $u_{n+1} u_{n-1} = u_{n+2} u_{n-2} = 2(-1)^n, n \geq 3$.
   [*Sugestão*: Faça $u_{n+2} = u_{n+1} + u_n$, $u_{n-2} = u_n - u_{n-1}$ e use a Eq. (3).]
   (c) $u_n^2 - u_{n+2} u_{n-2} = (-1)^n, n \geq 3$.
   [*Sugestão*: Use raciocínio análogo ao utilizado na demonstração da Eq. (3).]
   (d) $u_n^2 - u_{n+3} u_{n-3} = 4(-1)^{n+1}, n \geq 4$.
   (e) $u_n u_{n+1} u_{n+3} u_{n+4} = u_{n+2}^4 - 1, n \geq 1$.
   [*Sugestão*: Pelo item (c), $u_{n+4} u_n = u_{n+2}^2 + (-1)^{n+1}$, enquanto, pela Eq. (3), $u_{n+1} u_{n+3} = u_{n+2}^2 + (-1)^{n+2}$.]

7. Represente os inteiros 50, 75, 100 e 125 como soma de números de Fibonacci distintos.

8. Prove que todo inteiro positivo pode ser escrito como uma soma de termos distintos da sequência $u_2, u_3, u_4, \ldots$ (ou seja, a sequência de Fibonacci sem u_1).

9. Prove a identidade

$$(u_n u_{n+3})^2 + (2u_{n+1} u_{n+2})^2 = (u_{2n+3})^2 \qquad n \geq 1$$

e use este fato para gerar as cinco primeiras ternas pitagóricas.

10. Prove que o produto $u_n u_{n+1} u_{n+2} u_{n+3}$ de quaisquer quatro números de Fibonacci consecutivos é igual à área de um triângulo pitagórico.
    [*Sugestão*: Veja o problema anterior.]

11. Da fórmula de Binet para os números de Fibonacci, deduza a relação

$$u_{2n+2} u_{2n-1} - u_{2n} u_{2n+1} = 1 \qquad n \geq 1$$

12. Para $n \geq 1$, mostre que o produto $u_{2n-1} u_{2n+5}$ pode ser expresso como a soma de dois quadrados.
    [*Sugestão*: Problema 6(d)].

13. (a) Prove que se $p = 4k + 3$ é primo, então p não pode dividir um número de Fibonacci com um índice ímpar, isto é, $p \nmid u_{2n-1}$ para todo $n \geq 1$.

[*Sugestão*: Caso contrário, $u_n^2 + u_{n-1}^2 = u_{2n-1} \equiv 0 \pmod{p}$. Veja o Problema 12, Seção 5.3.]

(b) Do item (a) conclua que existem infinitos números primos da forma $4k + 1$.

[*Sugestão*: Considere a sequência $\{u_p\}$, na qual $p > 5$ é primo.]

14. Verifique que o produto $u_{2n}u_{2n+2}u_{2n+4}$ de três números de Fibonacci consecutivos com índices pares é o produto de três inteiros consecutivos; por exemplo, temos $u_4 u_6 u_8 = 504 = 7 \cdot 8 \cdot 9$.

    [*Sugestão*: Mostre primeiro que $u_{2n}u_{2n+4} = u_{2n+2}^2 - 1$.]

15. Use as Eqs. (1) e (2) para mostrar que a soma de quaisquer 20 números de Fibonacci consecutivos é divisível por u_{10}.

16. Para $n \geq 4$, prove que $u_n + 1$ não é primo.

    [*Sugestão*: É suficiente provar as identidades

    $$u_{4k} + 1 = u_{2k-1}(u_{2k} + u_{2k+2})$$
    $$u_{4k+1} + 1 = u_{2k+1}(u_{2k-1} + u_{2k+1})$$
    $$u_{4k+2} + 1 = u_{2k+2}(u_{2k+1} + u_{2k-1})$$
    $$u_{4k+3} + 1 = u_{2k+1}(u_{2k+1} + u_{2k+3}).]$$

17. Os *números de Lucas* são definidos pela mesma fórmula de recorrência que os números de Fibonacci,

    $$L_n = L_{n-1} + L_{n-2} \qquad n \geq 3$$

    mas, com $L_1 = 1$ e $L_2 = 3$; isto nos dá a sequência 1, 3, 4, 7, 11, 18, 29, 47, 76, 123, 199, 322, ... Para os números de Lucas, deduza cada identidade a seguir:
    (a) $L_1 + L_2 + L_3 + \cdots + L_n = L_{n+2} - 3, n \geq 1$.
    (b) $L_1 + L_3 + L_5 + \cdots + L_{2n-1} = L_{2n} - 2, n \geq 1$.
    (c) $L_2 + L_4 + L_6 + \cdots + L_{2n} = L_{2n+1} - 1, n \geq 1$.
    (d) $L_n^2 = L_{n+1}L_{n-1} + 5(-1)^n, n \geq 2$.
    (e) $L_1^2 + L_2^2 + L_3^2 + \cdots + L_n^2 = L_n L_{n+1} - 2, n \geq 1$.
    (f) $L_{n+1}^2 - L_n^2 = L_{n-1}L_{n+2}, n \geq 2$.

18. Prove as seguintes relações entre os números de Fibonacci e de Lucas:
    (a) $L_n = u_{n+1} + u_{n-1} = u_n + 2u_{n-1}, n \geq 2$.
    [*Sugestão*: Use indução sobre n.]
    (b) $L_n = u_{n+2} - u_{n-2}, n \geq 3$.
    (c) $u_{2n} = u_n L_n, n \geq 1$.
    (d) $L_{n+1} + L_{n-1} = 5u_n, n \geq 2$.
    (e) $L_n^2 = u_n^2 + 4u_{n+1}u_{n-1}, n \geq 2$.
    (f) $2u_{m+n} = u_m L_n + L_m u_n, m \geq 1, n \geq 1$.
    (g) $\mathrm{mdc}(u_n, L_n) = 1$ ou $2, n \geq 1$.

19. Se $\alpha = (1+\sqrt{5})/2$ e $\beta = (1-\sqrt{5})/2$, obtenha a fórmula de Binet para os números de Lucas

    $$L_n = \alpha^n + \beta^n \qquad n \geq 1$$

20. Para a sequência de Lucas, prove os seguintes resultados sem recorrer à indução:
    (a) $L_n^2 = L_{2n} + 2(-1)^n, n \geq 1$.
    (b) $L_n L_{n+1} - L_{2n+1} = (-1)^n, n \geq 1$.

(c) $L_n^2 - L_{n-1}L_{n+1} = 5(-1)^n, n \geq 2$.
(d) $L_{2n} + 7(-1)^n = L_{n-2}L_{n+2}, n \geq 3$.

21. Use as fórmulas de Binet para obter as seguintes relações:
    (a) $L_n^2 - 5u_n^2 = 4(-1)^n, n \geq 1$.
    (b) $L_{2n+1} = 5u_n u_{n+1} + (-1)^n, n \geq 1$.
    (c) $L_n^2 - u_n^2 = 4u_{n-1}u_{n+1}, n \geq 2$.
    (d) $L_m L_n + 5u_m u_n = 2L_{m+n}, m \geq 1, n \geq 1$.

22. Mostre que os números de Lucas $L_4, L_8, L_{16}, L_{32}, \ldots$ têm 7 no último dígito; isto é, $L_{2^n} \equiv 7 \pmod{10}$ para $n \geq 2$.
    [*Sugestão*: Use indução sobre n e recorra à fórmula $L_n^2 = L_{2n} + 2(-1)^n$.]

23. Em 1876, Lucas descobriu a seguinte fórmula em função de coeficientes binomiais para os números de Fibonacci:

$$u_n = \binom{n-1}{0} + \binom{n-2}{1} + \binom{n-3}{2} + \cdots + \binom{n-j}{j-1} + \binom{n-j-1}{j}$$

em que j é o maior inteiro menor ou igual a $(n-1)/2$. Deduza este resultado.
[*Sugestão*: Recorra à indução, usando a relação $u_n = u_{n-1} + u_{n-2}$; note também que

$$\binom{m}{k} = \binom{m-1}{k} + \binom{m-1}{k-1}.]$$

24. Prove que para $n \geq 1$,
    (a) $\binom{n}{1}u_1 + \binom{n}{2}u_2 + \binom{n}{3}u_3 + \cdots + \binom{n}{n}u_n = u_{2n}$,
    (b) $-\binom{n}{1}u_1 + \binom{n}{2}u_2 - \binom{n}{3}u_3 + \cdots + (-1)^n \binom{n}{n}u_n = -u_n$.

    [*Sugestão*: Use a fórmula de Binet para u_n, e em seguida o teorema binomial.]

25. Prove que 24 divide a soma de quaisquer 24 números de Fibonacci consecutivos.
    [*Sugestão*: Considere a identidade

$$u_n + u_{n+1} + \cdots + u_{n+k-1} = u_{n-1}(u_{k+1} - 1) + u_n(u_{k+2} - 1).]$$

26. Seja $n \geq 2$ e $m = n^{13} - n$. Mostre que u_m é divisível por 30290.
    [*Sugestão*: Veja o Problema 1(b) da Seção 7.3.]

27. Para $n \geq 1$, prove que a sequência de razões u_{n+1}/u_n se aproxima de α como um valor limite; isto é,

$$\lim_{n \to \infty} \frac{u_{n+1}}{u_n} = \alpha = \frac{1 + \sqrt{5}}{2}$$

[*Sugestão*: Empregue a relação $u_k = \frac{\alpha^k}{\sqrt{5}} + \delta_k$, em que $|\delta_k| < \frac{1}{2}$ para todo $k \geq 1$.]

28. Prove as duas afirmativas a seguir:
    (a) Se p é um primo da forma $5k \pm 2$, então $p \mid u_{p+1}$.
    [*Sugestão*: Empregue argumento semelhante ao do Teorema 14.5, substituindo u_p por u_{p+1}.]
    (b) Se p é um primo da forma $5k \pm 1$, então $p \mid u_{p-1}$.

CAPÍTULO 15

FRAÇÕES CONTÍNUAS

Um matemático, como um pintor ou um poeta, é um criador de padrões. Se os seus padrões são mais permanentes do que os deles, é porque eles são feitos com ideias.

G. H. HARDY

15.1 SRINIVASA RAMANUJAN

De tempos em tempos a Índia produziu matemáticos de poder notável, mas Srinivasa Ramanujan (1887–1920) é universalmente considerado o seu maior gênio. Ele nasceu na cidade de Erode no sul da Índia, perto de Madras, e era filho de um contador de uma loja de tecidos. Sua busca sincera na matemática teve início quando, com 15 ou 16 anos, ele pediu uma cópia da *Synopsis of Pure Mathematics* de Carr. Este livro incomum continha o enunciado de mais de 6000 teoremas, com muito poucas provas. Ramanujan empreendeu a tarefa de provar, sem qualquer ajuda, todas as fórmulas no livro. Em 1903, ele ganhou uma bolsa de estudos para a Universidade de Madras e a perdeu apenas um ano depois por negligenciar outros assuntos em favor da matemática. Ele abandonou a faculdade decepcionado e passou os anos seguintes pobre e desempregado. Compelido a procurar um meio de vida normal depois de se casar, Ramanujan ocupou (1912) um cargo administrativo no Porto de Madras, um trabalho que lhe dava tempo para continuar o seu trabalho em matemática. Depois de publicar o seu primeiro artigo em 1911, e mais dois no ano seguinte, gradualmente ganhou reconhecimento.

Por insistência de amigos influentes, Remanujan começou uma correspondência com o líder matemático britânico da época, G. H. Hardy. Anexas a suas cartas a Hardy seguiam listas de teoremas, 120 ao todo, alguns provados definitivamente e outros apenas conjecturados. Examinando-os com espanto, Hardy concluiu que "eles só poderiam ter sido escritos por um matemático da mais alta classe; eles devem ser verdadeiros porque se não fossem, ninguém teria imaginação para inventá-los". Hardy imediatamente convidou Ramanujan

Srinivasa Ramanujan
(1887–1920)

(*Master and Fellows of Trinity College, Cambridge*)

para vir para a Universidade de Cambridge para desenvolver o seu já grande, mas não treinado, talento matemático. Até aquela época. Ramanujan tinha trabalhado quase totalmente isolado dos matemáticos europeus modernos.

Apoiado por uma bolsa especial, Ramanujan chegou a Cambridge em abril de 1914. Lá, ele teve três anos de atividade ininterrupta, fazendo muito de seus melhores trabalhos em colaboração com Hardy. Hardy escreveu para a Universidade de Madras, dizendo: "Ele vai voltar para a Índia com um estatuto científico e reputação como nenhum indiano teve antes." No entanto, em 1917, Ramanujan adquiriu uma doença incurável. Sua doença foi diagnosticada na época como tuberculose, mas atualmente se admite a possibilidade de ter sido uma deficiência de vitamina grave. (Um vegetariano que cozinhava a própria comida, Ramanujan teve dificuldade em manter uma dieta adequada na Inglaterra que vivia um racionamento forçado pela guerra.) No início de 1919, quando os mares foram finalmente considerados seguros para viagem, ele voltou para a Índia. Com fortes dores, Ramanujan continuou a fazer matemática enquanto estava acamado. Ele morreu em abril seguinte, com 32 anos.

A teoria das partições é um dos exemplos marcantes do sucesso da parceria Hardy-Ramanujan. Uma *partição* de um inteiro positivo n é uma maneira de escrever n como uma soma de números inteiros positivos, sendo irrelevante a ordem das parcelas. O número inteiro 5, por exemplo, pode ser partido de sete maneiras:. $5, 4 + 1, 3 + 2, 3 + 1 + 1, 2 + 2 + 1, 2 + 1 + 1 + 1, 1 + 1 + 1 + 1 + 1$. Se $p(n)$ indica o número total de partições de n, então, os valores de $p(n)$ para os seis primeiros números inteiros positivos são $p(1) = 1$, $p(2) = 2$, $p(3) = 3$, $p(4) = 5$, $p(5) = 7$ e $p(6) = 11$. A computação atual demonstra que a função de partição $p(n)$ aumenta muito rapidamente conforme n aumenta; por exemplo, $p(200)$ tem o valor enorme

$$p(200) = 3972999029388$$

Embora não exista nenhuma fórmula simples para $p(n)$, pode-se procurar uma fórmula aproximada que forneça sua ordem de grandeza. Em 1918, Hardy e Ramanujan provaram o que é considerado uma das obras-primas na teoria dos números: a saber, que para n grande a função partição satisfaz a relação

$$p(n) \approx \frac{e^{c\sqrt{n}}}{4n\sqrt{3}}$$

onde a constante $c = \pi(2/3)^{1/2}$. Para $n = 200$, o lado direito da relação anterior é aproximadamente $4 \cdot 10^{12}$, o que é notavelmente próximo do valor real de $p(200)$.

Hardy e Ramanujan provaram consideravelmente mais. Eles obtiveram uma série infinita bastante complicada que pode ser usada para calcular $p(n)$ com precisão, para qualquer inteiro positivo n. Quando $n = 200$, o termo inicial desta série fornece a aproximação 3972998993185,896, concordando com os seis primeiros algarismos significativos de $p(200)$; truncada em cinco termos, a série se aproxima do valor exato com um erro de 0,004.

Ramanujan foi o primeiro a descobrir (em 1919) várias propriedades marcantes das congruências que envolvem a função de partição $p(n)$; a saber, ele provou que

$$p(5k+4) \equiv 0 \pmod{5} \qquad p(7k+5) \equiv 0 \pmod{7} \qquad p(11k+6) \equiv 0 \pmod{11}$$

bem como as relações de divisibilidade semelhantes para os módulos 5^2, 7^2 e 11^2, como $p(25k+24) \equiv 0 \pmod{5^2}$. Estes resultados foram incorporados a sua famosa conjectura: Para $q = 5$, 7 ou 11, se $24n \equiv 1 \pmod{q^k}$, então $p(n) \equiv 0 \pmod{q^k}$ para todo $k \geq 0$. Das extensas tabelas de valores para $p(n)$, notou-se mais tarde que a congruência conjecturada que se relaciona a potências de 7 é falsa para quando $k = 3$; isto é, quando $n = 243$, temos $24n = 5832 \equiv 1 \pmod{7^3}$, mas

$$p(243) = 133978259344888 \equiv 245 \not\equiv 0 \pmod{7^3}$$

No entanto os palpites inspirados de Ramanujan foram úteis mesmo quando incorretos, pois sabe-se agora que, se $24n \equiv 1 \pmod{7^{2k-2}}$, então $p(n) \equiv 0 \pmod{7^k}$ para $k \geq 2$. Foi provado por Ken Ono em 1999 que congruências de partição podem ser encontradas não só para 5, 7 e 11, mas também para todos os números primos maiores.

Em 1915, Ramanujan publicou um elaborado livro de memórias com 63 páginas sobre os números altamente compostos. Um inteiro $n > 1$ é denominado *altamente composto*, se tiver mais divisores que qualquer inteiro que o precede; em outras palavras, a função de divisor τ satisfaz $\tau(m) < \tau(n)$ para todo $m < n$. Os primeiros 10 números altamente compostos são 2, 4, 6, 12, 24, 36, 48, 60, 120, e 180. Ramanujan obteve algumas informações surpreendentemente precisas sobre a sua estrutura. Sabe-se que os números altamente compostos podem ser expressos como

$$n = 2^{k_1} 3^{k_2} 5^{k_3} \cdots p_r^{k_r} \qquad \text{onde } k_1 \geq k_2 \geq k_3 \geq \cdots \geq k_r$$

Ramanujan mostrou que os expoentes iniciais formam uma sequência estritamente decrescente $k_1 > k_2 > k_3 > \cdots$, mas que ocorrem os grupos posteriores de expoentes iguais; e que o expoente final $k_r = 1$, exceto quando $n = 4$ ou $n = 36$, caso em que $k_r = 2$. Como um exemplo,

$$6746328388800 = 2^6 \cdot 3^4 \cdot 5^2 \cdot 7^2 \cdot 11 \cdot 13 \cdot 17 \cdot 19 \cdot 23$$

Como exemplo final da criatividade de Ramanujan, podemos citar sua habilidade incomparável para chegar a representações de séries infinitas para π. Os cientistas da computação têm explorado sua série

$$\frac{1}{\pi} = \frac{\sqrt{8}}{9801} \sum_{n=0}^{\infty} \frac{(4n)!}{(n!)^4} \frac{[1103 + 26390n]}{396^{4n}}$$

para calcular o valor de π com milhões de casas decimais; cada termo sucessivo na série adiciona cerca de oito dígitos mais corretos ao anterior. Ramanujan descobriu 14 outras séries para $1/\pi$, mas ele não deu quase nenhuma explicação a respeito de sua origem. A mais notável delas é

$$\frac{1}{\pi} = \sum_{n=0}^{\infty} \binom{2n}{n}^3 \frac{42n+5}{2^{12n+4}}$$

Esta série pode ser usada para calcular o segundo bloco de k dígitos (binários) na expansão decimal de π sem calcular os primeiros k dígitos.

15.2 FRAÇÕES CONTÍNUAS FINITAS

Na parte do *Liber Abaci* que lida com a resolução de frações em frações unitárias, Fibonacci introduziu um tipo de "fração contínua". Por exemplo, ele empregou o símbolo $\frac{1\,1\,1}{3\,4\,5}$ como uma abreviação para

$$\frac{1 + \dfrac{1 + \frac{1}{5}}{4}}{3} = \frac{1}{3} + \frac{1}{3 \cdot 4} + \frac{1}{3 \cdot 4 \cdot 5}$$

Atualmente, no entanto, costuma-se escrever frações contínuas na forma descendente, como

$$2 + \cfrac{1}{4 + \cfrac{1}{1 + \cfrac{1}{3 + \frac{1}{2}}}}$$

Uma expressão deste tipo é uma fração contínua simples finita. Para colocarmos o assunto formalmente, damos Definição 15.1.

Definição 15.1. Uma *fração* contínua *finita* é uma fração da forma

$$a_0 + \cfrac{1}{a_1 + \cfrac{1}{a_2 + \cfrac{1}{a_3 + \cfrac{1}{\ddots \cfrac{}{a_{n-1} + \cfrac{1}{a_n}}}}}}$$

em que $a_0, a_1, \ldots, a_n$ são números reais, todos positivos, com possível exceção para a_0. Os números $a_1, a_2, \ldots, a_n$ são os *denominadores parciais* desta fração. Essa fração é chamada *simples* se todos os a_i forem inteiros.

Apesar de dar o devido crédito a Fibonacci, a maioria dos matemáticos concorda que a teoria das frações contínuas começa com Rafael Bombelli, o último dos grandes algebristas do Renascimento italiano. Em sua *L'Algebra Opera* (1572), Bombelli tentou encontrar raízes quadradas por meio de frações contínuas infinitas — método um tanto engenhoso. Ele mostrou essencialmente que $\sqrt{13}$ pode ser expressa como a fração contínua

$$\sqrt{13} = 3 + \cfrac{4}{6 + \cfrac{4}{6 + \cfrac{4}{6 + \ddots}}}$$

É interessante mencionar que Bombelli foi o primeiro a popularizar o trabalho de Diofanto no Ocidente latino. Ele traduziu inicialmente a cópia da Biblioteca do Vaticano da *Arithmetica* de Diofanto (provavelmente o mesmo manuscrito descoberto por Regiomontanus), mas, levado por outros trabalhos, nunca terminou o projeto. Em vez disso, ele incorporou problemas dos quatro primeiros livros a sua *Algebra*, intercalando-os com seus próprios problemas. Embora Bombelli não tenha feito distinção entre os problemas, ele reconheceu que os havia tomado emprestado livremente da *Arithmetica*.

Evidentemente, o valor de qualquer fração contínua simples finita será sempre um número racional. Por exemplo, a fração contínua

$$3 + \cfrac{1}{4 + \cfrac{1}{1 + \cfrac{1}{4 + \frac{1}{2}}}}$$

pode ser simplificada ao valor 170/53:

$$3 + \cfrac{1}{4 + \cfrac{1}{1 + \cfrac{1}{4 + \frac{1}{2}}}} = 3 + \cfrac{1}{4 + \cfrac{1}{1 + \frac{2}{9}}}$$

$$= 3 + \cfrac{1}{4 + \frac{9}{11}}$$

$$= 3 + \cfrac{11}{53}$$

$$= \frac{170}{53}$$

Teorema 15.1. Qualquer número racional pode ser escrito como uma fração contínua simples finita.

Demonstração. Seja a/b, em que $b > 0$, um número racional arbitrário. O Algoritmo de Euclides para encontrar o máximo divisor comum de a e b nos dá as equações

$$\begin{aligned} a &= ba_0 + r_1 & 0 < r_1 < b \\ b &= r_1 a_1 + r_2 & 0 < r_2 < r_1 \\ r_1 &= r_2 a_2 + r_3 & 0 < r_3 < r_2 \\ &\vdots \\ r_{n-2} &= r_{n-1} a_{n-1} + r_n & 0 < r_n < r_{n-1} \\ r_{n-1} &= r_n a_n + 0 \end{aligned}$$

Note que, como cada resto r_k é um número inteiro positivo, $a_1, a_2, \ldots, a_n$ são positivos. Reescreva as equações do algoritmo na forma:

$$\frac{a}{b} = a_0 + \frac{r_1}{b} = a_0 + \cfrac{1}{\frac{b}{r_1}}$$

$$\frac{b}{r_1} = a_1 + \frac{r_2}{r_1} = a_1 + \cfrac{1}{\frac{r_1}{r_2}}$$

$$\frac{r_1}{r_2} = a_2 + \frac{r_3}{r_2} = a_2 + \frac{1}{\frac{r_2}{r_3}}$$

$$\vdots$$

$$\frac{r_{n-1}}{r_n} = a_n$$

Se usarmos a segunda equação para eliminar b/r_1 da primeira equação, então

$$\frac{a}{b} = a_0 + \frac{1}{\frac{b}{r_1}} = a_0 + \frac{1}{a_1 + \frac{1}{\frac{r_1}{r_2}}}$$

Neste resultado, substitua o valor de r_1/r_2 como dado na terceira equação:

$$\frac{a}{b} = a_0 + \cfrac{1}{a_1 + \cfrac{1}{a_2 + \cfrac{1}{\frac{r_2}{r_3}}}}$$

Continuando desta maneira, podemos obter

$$\frac{a}{b} = a_0 + \cfrac{1}{a_1 + \cfrac{1}{a_2 + \cfrac{1}{a_3 + \cfrac{\ddots}{\quad \cfrac{1}{a_{n-1} + \cfrac{1}{a_n}}}}}}$$

concluindo, assim, a demonstração.

Para ilustrar o procedimento envolvido na demonstração do Teorema 15.1, vamos representar 19/51 como uma fração contínua. Uma aplicação do Algoritmo de Euclides para os inteiros 19 e 51 fornece as equações

$$\begin{aligned} 51 &= 2 \cdot 19 + 13 & \text{ou} & \quad 51/19 = 2 + 13/19 \\ 19 &= 1 \cdot 13 + 6 & \text{ou} & \quad 19/13 = 1 + 6/13 \\ 13 &= 2 \cdot 6 + 1 & \text{ou} & \quad 13/6 = 2 + 1/6 \\ 6 &= 6 \cdot 1 + 0 & \text{ou} & \quad 6/6 = 1 \end{aligned}$$

Fazendo as substituições apropriadas, vemos que

$$\frac{19}{51} = \frac{1}{\frac{51}{19}} = \frac{1}{2 + \frac{13}{19}}$$

$$= \cfrac{1}{2 + \cfrac{1}{\frac{19}{13}}}$$

$$= \cfrac{1}{2 + \cfrac{1}{1 + \frac{6}{13}}}$$

$$= \cfrac{1}{2+\cfrac{1}{1+\frac{6}{13}}}$$

$$= \cfrac{1}{2+\cfrac{1}{1+\cfrac{1}{\frac{13}{6}}}}$$

$$= \cfrac{1}{2+\cfrac{1}{1+\cfrac{1}{2+\frac{1}{6}}}}$$

que é a expansão em fração contínua para 19/51.

Como a escrita das frações contínuas não é simples, denotamos uma fração contínua por um símbolo que exibe seus quocientes parciais, ou seja, pelo símbolo $[a_0; a_1, \ldots, a_n]$. Neste formato, a expansão para 19/51 é indicada por

$$[0; 2, 1, 2, 6]$$

e para $172/51 = 3 + 19/51$ por

$$[3; 2, 1, 2, 6]$$

O inteiro inicial no símbolo $[a_0; a_1, \ldots, a_n]$ será zero quando o valor da fração for positivo, mas inferior à unidade.

A representação de um número racional como uma fração contínua simples finita não é única; uma vez que a representação tenha sido obtida, sempre podemos modificar o último termo. Pois, se $a_n > 1$, então

$$a_n = (a_n - 1) + 1 = (a_n - 1) + \frac{1}{1}$$

em que $a_n - 1$ é um número inteiro positivo; daqui

$$[a_0; a_1, \ldots, a_n] = [a_0; a_1, \ldots, a_n - 1, 1]$$

Por outro lado, se $a_n = 1$, então

$$a_{n-1} + \frac{1}{a_n} = a_{n-1} + \frac{1}{1} = a_{n-1} + 1$$

de modo que

$$[a_0; a_1, \ldots, a_{n-1}, a_n] = [a_0; a_1, \ldots, a_{n-2}, a_{n-1} + 1]$$

Todo número racional tem duas representações com fração contínua simples, uma com um número par de denominadores parciais e outra com um número ímpar (prova-se que estas são as duas únicas representações). No caso de 19/51,

$$19/51 = [0; 2, 1, 2, 6] = [0; 2, 1, 2, 5, 1]$$

Exemplo 15.1. Vamos voltar à sequência de Fibonacci e considerar o quociente de dois números de Fibonacci consecutivos (que é o número racional u_{n+1}/u_n) escrito como uma fração contínua simples. Como pontuamos anteriormente, o algoritmo de Euclides para o máximo divisor comum de u_n e u_{n+1} produz as $n-1$ equações

$$u_{n+1} = 1 \cdot u_n + u_{n-1}$$
$$u_n = 1 \cdot u_{n-1} + u_{n-2}$$
$$\vdots$$
$$u_4 = 1 \cdot u_3 + u_2$$
$$u_3 = 2 \cdot u_2 + 0$$

Uma vez que os quocientes gerados pelo algoritmo são os denominadores parciais da fração contínua, podemos escrever

$$\frac{u_{n+1}}{u_n} = [1; 1, 1, \ldots, 1, 2]$$

Mas u_{n+1}/u_n também é representada por uma fração contínua que tem um denominador parcial a mais que $[1; 1, 1, \ldots, 1, 2]$; a saber,

$$\frac{u_{n+1}}{u_n} = [1; 1, 1, \ldots, 1, 1, 1]$$

em que o inteiro 1 aparece n vezes. Assim, a fração u_{n+1}/u_n tem uma expansão em fração contínua muito fácil de se descrever: Há $n-1$ denominadores parciais iguais a 1.

Como um item final sobre esta parte do nosso programa, gostaríamos de indicar a forma como a teoria das frações contínuas pode ser aplicada para a solução de equações diofantinas lineares. Isto requer o conhecimento de alguns fatos pertinentes aos "convergentes" de uma fração contínua, por isso vamos começar provando-os a seguir.

Definição 15.2. A fração contínua obtida a partir de $[a_0; a_1, \ldots, a_n]$, pelo corte da expansão após o k-ésimo denominador parcial a_k é chamada de *convergente* da fração contínua e denotada por C_k; em símbolos,

$$C_k = [a_0; a_1, \ldots, a_k] \qquad 1 \leq k \leq n$$

Consideramos o convergente C_0 igual ao número a_0.

Um ponto que vale a pena chamar a atenção é que, para $k < n$ se a_k é substituído pelo valor $a_k + 1/a_{k+1}$, então o convergente C_k se torna o convergente C_{k+1};

$$\left[a_0; a_1, \ldots, a_{k-1}, a_k + \frac{1}{a_{k+1}} \right]$$
$$= [a_0; a_1, \ldots, a_{k-1}, a_k, a_{k+1}] = C_{k+1}$$

Não é preciso observar que o último convergente C_n sempre é igual ao número racional representado pela fração contínua original.

Voltando ao nosso exemplo, $19/51 = [0; 2, 1, 2, 6]$, os convergentes sucessivos são

$$C_0 = 0$$
$$C_1 = [0; 2] = 0 + \frac{1}{2} = \frac{1}{2}$$
$$C_2 = [0; 2, 1] = 0 + \frac{1}{2 + \frac{1}{1}} = \frac{1}{3}$$
$$C_3 = [0; 2, 1, 2] = 0 + \frac{1}{2 + \frac{1}{1 + \frac{1}{2}}} = \frac{3}{8}$$
$$C_4 = [0; 2, 1, 2, 6] = 19/51$$

Exceto para o último convergente C_4, estes são alternadamente menores ou maiores que 19/51, sendo cada convergente mais próximo do valor de 19/51 que o seu anterior.

Grande parte do trabalho no cálculo dos convergentes de uma fração contínua finita $[a_0; a_1, \ldots, a_n]$ pode ser evitado através da utilização de fórmulas para os seus numerador e denominador. Para isso, vamos definir números p_k e q_k ($k = 0, 1, \ldots, n$) da seguinte forma:

$$p_0 = a_0 \qquad\qquad q_0 = 1$$
$$p_1 = a_1 a_0 + 1 \qquad q_1 = a_1$$
$$p_k = a_k p_{k-1} + p_{k-2} \qquad q_k = a_k q_{k-1} + q_{k-2}$$

para $k = 2, 3, \ldots, n$.

Um cálculo direto mostra que os primeiros convergentes de $[a_0; a_1, \ldots, a_n]$ são

$$C_0 = a_0 = \frac{a_0}{1} = \frac{p_0}{q_0}$$

$$C_1 = a_0 + \frac{1}{a_1} = \frac{a_1 a_0 + 1}{a_1} = \frac{p_1}{q_1}$$

$$C_2 = a_0 + \cfrac{1}{a_1 + \cfrac{1}{a_2}} = \frac{a_2(a_1 a_0 + 1) + a_0}{a_2 a_1 + 1} = \frac{p_2}{q_2}$$

É necessário mostrar que essa relação é válida. Este é o conteúdo do Teorema 15.2.

Teorema 15.2. O k-ésimo convergente da fração contínua simples $[a_0; a_1, \ldots, a_n]$ tem o valor

$$C_k = \frac{p_k}{q_k} \qquad 0 \leq k \leq n$$

Demonstração. As observações anteriores indicam que o teorema é válido para $k = 0, 1, 2$. Vamos supor que ela é válida para $k = m$, em que $2 \leq m < n$.; isto é, para m,

$$C_m = \frac{p_m}{q_m} = \frac{a_m p_{m-1} + p_{m-2}}{a_m q_{m-1} + q_{m-2}} \tag{1}$$

Notemos que os inteiros $p_{m-1}, q_{m-1}, p_{m-2}, q_{m-2}$ dependem dos primeiros $m-1$ denominadores parciais $a_1, a_2, \ldots, a_{m-1}$ e, portanto, são independentes de a_m. Assim, a Eq. (1) permanece válida se a_m for substituído pelo valor $a_m + 1/a_{m+1}$:

$$\left[a_0; a_1, \ldots, a_{m-1}, a_m + \frac{1}{a_{m+1}}\right]$$
$$= \frac{\left(a_m + \dfrac{1}{a_{m+1}}\right) p_{m-1} + p_{m-2}}{\left(a_m + \dfrac{1}{a_{m+1}}\right) q_{m-1} + q_{m-2}}$$

Como já foi explicado anteriormente, o efeito desta substituição é transformar C_m no convergente C_{m+1}, de modo que

$$C_{m+1} = \frac{\left(a_m + \dfrac{1}{a_{m+1}}\right)p_{m-1} + p_{m-2}}{\left(a_m + \dfrac{1}{a_{m+1}}\right)q_{m-1} + q_{m-2}}$$

$$= \frac{a_{m+1}(a_m p_{m-1} + p_{m-2}) + p_{m-1}}{a_{m+1}(a_m q_{m-1} + q_{m-2}) + q_{m-1}}$$

$$= \frac{a_{m+1}p_m + p_{m-1}}{a_{m+1}q_m + q_{m-1}}$$

No entanto, esta é precisamente a forma que o teorema deve tomar no caso em que $k = m + 1$. Portanto, por indução, o teorema está provado.

Vamos ver como isso funciona em uma ocasião específica, por exemplo, $19/51 = [0; 2, 1, 2, 6]$:

$$\begin{aligned} p_0 &= 0 & & & q_0 &= 1 \\ p_1 &= 0 \cdot 2 + 1 = 1 & & & q_1 &= 2 \\ p_2 &= 1 \cdot 1 + 0 = 1 & & & q_2 &= 1 \cdot 2 + 1 = 3 \\ p_3 &= 2 \cdot 1 + 1 = 3 & & & q_3 &= 2 \cdot 3 + 2 = 8 \\ p_4 &= 6 \cdot 3 + 1 = 19 & & & q_4 &= 6 \cdot 8 + 3 = 51 \end{aligned}$$

Isto significa que os convergentes de $[0; 2, 1, 2, 6]$ são

$$C_0 = \frac{p_0}{q_0} = 0 \qquad C_1 = \frac{p_1}{q_1} = \frac{1}{2} \qquad C_2 = \frac{p_2}{q_2} = \frac{1}{3}$$

$$C_3 = \frac{p_3}{q_3} = \frac{3}{8} \qquad C_4 = \frac{p_4}{q_4} = \frac{19}{51}$$

como sabemos que eles deveriam ser.

Os inteiros p_k e q_k foram definidos de forma recursiva para $0 \le k \le n$. Poderíamos ter optado por colocar

$$p_{-2} = 0,\ p_{-1} = 1 \qquad \text{e} \qquad q_{-2} = 1,\ q_{-1} = 0$$

Uma das vantagens deste acordo é que as relações

$$p_k = a_k p_{k-1} + p_{k-2} \qquad \text{e} \qquad q_k = a_k q_{k-1} + q_{k-2} \qquad k = 0, 1, 2, \ldots, n$$

permitiriam que os convergentes sucessivos de uma fração contínua $[a_0; a_1, \ldots, a_n]$ fossem calculados facilmente. Não há mais a necessidade de tratar p_0/q_0 e p_1/q_1 separadamente, porque eles são obtidos diretamente dos dois primeiros valores de k. Muitas vezes é conveniente organizar os cálculos necessários em forma de tabela. Para ilustrar com a fração contínua $[2; 3, 1, 4, 2]$, o trabalho poderia ser organizado na tabela

k	−2	−1	0	1	2	3	4
a_k			2	3	1	4	2
p_k	0	1	2	7	9	43	95
q_k	1	0	1	3	4	19	42
C_k			2/1	7/3	9/4	43/19	95/42

Observe que $[2; 3, 1, 4, 2] = 95/42$.

Continuamos o nosso desenvolvimento das propriedades dos convergentes provando o Teorema 15.3.

Teorema 15.3. Se $C_k = p_k/q_k$ é o k-ésimo convergente da fração contínua simples finita $[a_0; a_1, \ldots, a_n]$, então

$$p_k q_{k-1} - q_k p_{k-1} = (-1)^{k-1} \qquad 1 \le k \le n$$

Demonstração. A indução sobre k funciona muito simplesmente, com a relação

$$p_1 q_0 - q_1 p_0 = (a_1 a_0 + 1) \cdot 1 - a_1 \cdot a_0 = 1 = (-1)^{1-1}$$

temos que o caso $k = 1$ é verdadeiro. Supomos que a fórmula em questão também é verdadeira para $k = m$, em que $1 \le m < n$. Então

$$\begin{aligned} p_{m+1} q_m - q_{m+1} p_m &= (a_{m+1} p_m + p_{m-1}) q_m \\ &\quad - (a_{m+1} q_m + q_{m-1}) p_m \\ &= -(p_m q_{m-1} - q_m p_{m-1}) \\ &= -(-1)^{m-1} = (-1)^m \end{aligned}$$

e por isso a fórmula vale para $m + 1$, sempre que for válida para m. Segue-se por indução que é válida para todo k com $1 \le k \le n$.

Uma consequência notável desse resultado é que o numerador e o denominador de qualquer convergente são primos relativos, de modo que os convergentes são sempre dados com os menores termos.

Corolário. Para $1 \le k \le n$, p_k e q_k são primos relativos.

Demonstração. Se $d = \text{mdc}(p_k, q_k)$, então do teorema, $d \mid (-1)^{k-1}$; como $d > 0$, isto nos obriga a concluir que $d = 1$.

Exemplo 15.2. Considere a fração contínua $[0; 1, 1, \ldots, 1]$, em que todos os denominadores parciais são iguais a 1. Aqui, os primeiros convergentes são

$$C_0 = 0/1 \qquad C_1 = 1/1 \qquad C_2 = 1/2 \qquad C_3 = 2/3 \qquad C_4 = 3/5, \ldots$$

Como o numerador do k-ésimo convergente C_k é

$$p_k = 1 \cdot p_{k-1} + p_{k-2} = p_{k-1} + p_{k-2}$$

e o denominador é

$$q_k = 1 \cdot q_{k-1} + q_{k-2} = q_{k-1} + q_{k-2}$$

é evidente que

$$C_k = \frac{u_k}{u_{k+1}} \qquad k \ge 2$$

em que o símbolo u_k denota o k-ésimo número de Fibonacci. No contexto presente, a identidade $p_k q_{k-1} - q_k p_{k-1} = (-1)^{k-1}$ do Teorema 15.3 assume a forma

$$u_k^2 - u_{k+1}u_{k-1} = (-1)^{k-1}$$

Esta é precisamente a Eq. (3). Seção 14.3.

Voltemo-nos agora para a equação diofantina linear

$$ax + by = c$$

em que a, b, c são números inteiros. Como não existe uma solução dessa equação se $d \nmid c$, sendo $d = \text{mdc}(a, b)$, não há mal nenhum em supor que $d \mid c$. Na verdade, só precisamos nos preocupar com a situação em que os coeficientes são primos relativos. Pois, se $\text{mdc}(a, b) = d > 1$, a equação pode ser dividida por d para produzir

$$\frac{a}{d}x + \frac{b}{d}y = \frac{c}{d}$$

Ambas as equações têm as mesmas soluções e, no último caso, sabemos que $\text{mdc}(a/d, b/d) = 1$.

Observe, também, que a solução da equação

$$ax + by = c \qquad \text{mdc}(a, b) = 1$$

pode ser obtida resolvendo-se primeiramente a equação diofantina

$$ax + by = 1 \qquad \text{mdc}(a, b) = 1$$

Com efeito, se podemos encontrar inteiros x_0 e y_0 para os quais $ax_0 + by_0 = 1$, então a multiplicação de ambos os lados por c dá

$$a(cx_0) + b(cy_0) = c$$

Assim, $x = cx_0$ e $y = cy_0$ é a solução desejada de $ax + by = c$.

Para garantir um par de inteiros x e y que satisfaz a equação $ax + by = 1$, expanda o número racional a/b como uma fração contínua simples; digamos,

$$\frac{a}{b} = [a_0; a_1, \ldots, a_n]$$

Agora, os dois últimos convergentes desta fração contínua são

$$C_{n-1} = \frac{p_{n-1}}{q_{n-1}} \qquad \text{e} \qquad C_n = \frac{p_n}{q_n} = \frac{a}{b}$$

Como $\text{mdc}(p_n, q_n) = \text{mdc}(a, b) = 1$, podemos concluir que

$$p_n = a \qquad \text{e} \qquad q_n = b$$

Em virtude do Teorema 15.3, temos

$$p_n q_{n-1} - q_n p_{n-1} = (-1)^{n-1}$$

ou, com uma mudança na notação,

$$aq_{n-1} - bp_{n-1} = (-1)^{n-1}$$

Assim, com $x = q_{n-1}$ e $y = -p_{n-1}$, temos

$$ax + by = (-1)^{n-1}$$

Se n é ímpar, então a equação $ax + by = 1$ tem a solução particular $x_0 = q_{n-1}$ e $y_0 = -p_{n-1}$; enquanto que se n é um número inteiro par, então uma solução é determinada por $x_0 = -q_{n-1}$ e $y_0 = p_{n-1}$. Nossa teoria anterior nos diz que a solução geral é

$$x = x_0 + bt \qquad y = y_0 - at \qquad t = 0, \pm 1, \pm 2, \ldots$$

Exemplo 15.3. Vamos resolver a equação diofantina linear

$$172x + 20y = 1000$$

por meio das frações contínuas simples. Como mdc(172, 20) = 4, esta equação pode ser substituída pela equação

$$43x + 5y = 250$$

O primeiro passo é encontrar uma solução particular para

$$43x + 5y = 1$$

Para conseguir isso, vamos começar escrevendo 43/5 (ou se preferirmos, 5/43) como uma fração contínua simples. A sequência de igualdades obtidas através da aplicação do algoritmo de Euclides para os números 43 e 5 é

$$43 = 8 \cdot 5 + 3$$
$$5 = 1 \cdot 3 + 2$$
$$3 = 1 \cdot 2 + 1$$
$$2 = 2 \cdot 1$$

de modo que

$$43/5 = [8; 1, 1, 2] = 8 + \cfrac{1}{1 + \cfrac{1}{1 + \frac{1}{2}}}$$

Os convergentes desta fração contínua são

$$C_0 = 8/1 \qquad C_1 = 9/1 \qquad C_2 = 17/2 \qquad C_3 = 43/5$$

do que resulta que $p_2 = 17$, $q_2 = 2$, $p_3 = 43$ e $q_3 = 5$. Voltando ao Teorema 15.3 novamente,

$$p_3 q_2 - q_3 p_2 = (-1)^{3-1}$$

ou o que é equivalente,

$$43 \cdot 2 - 5 \cdot 17 = 1$$

Quando esta relação é multiplicada por 250, obtemos

$$43 \cdot 500 + 5(-4250) = 250$$

Assim, uma solução particular da equação diofantina $43x + 5y = 250$ é

$$x_0 = 500 \qquad y_0 = -4250$$

A solução geral é dada pelas equações

$$x = 500 + 5t \qquad y = -4250 - 43t \qquad t = 0, \pm 1, \pm 2, \ldots$$

Antes de provarmos um teorema sobre o comportamento dos convergentes ímpares e pares de uma fração contínua simples, precisamos de um lema preliminar.

Lema. *Se q_k é o denominador do k-ésimo convergente da fração contínua simples $[a_0; a_1, \ldots, a_n]$, então $q_{k-1} \leq q_k$, para $1 \leq k \leq n$, ocorrendo a desigualdade estritamente quando $k > 1$.*

Demonstração. Vamos provar o lema por indução. Primeiramente, $q_0 = 1 \leq a_1 = q_1$ de modo que a igualdade afirmada é válida quando $k = 1$. Suponhamos, então, que ela seja verdadeira para $k = m$, onde $1 \leq m < n$, então

$$q_{m+1} = a_{m+1} q_m + q_{m-1} > a_{m+1} q_m \geq 1 \cdot q_m = q_m$$

de modo que a desigualdade também é verdadeira para $k = m + 1$.

Com essas informações disponíveis, é fácil provar o Teorema 15.4.

Teorema 15.4. (a) Os convergentes com índices pares formam uma sequência estritamente crescente; isto é,

$$C_0 < C_2 < C_4 < \cdots$$

(b) Os convergentes com índices ímpares formam uma sequência estritamente decrescente; isto é,

$$C_1 > C_3 > C_5 > \cdots$$

(c) Todo convergente com um índice ímpar é maior que todo convergente com índice par.

Demonstração. Com o auxílio do Teorema 15.3, vemos que

$$\begin{aligned} C_{k+2} - C_k &= (C_{k+2} - C_{k+1}) + (C_{k+1} - C_k) \\ &= \left(\frac{p_{k+2}}{q_{k+2}} - \frac{p_{k+1}}{q_{k+1}} \right) + \left(\frac{p_{k+1}}{q_{k+1}} - \frac{p_k}{q_k} \right) \\ &= \frac{(-1)^{k+1}}{q_{k+2} q_{k+1}} + \frac{(-1)^k}{q_{k+1} q_k} \\ &= \frac{(-1)^k (q_{k+2} - q_k)}{q_k q_{k+1} q_{k+2}} \end{aligned}$$

Lembrando que $q_i > 0$ para todo $i \geq 0$ e que $q_{k+2} - q_k > 0$ pelo lema, é evidente que $C_{k+2} - C_k$ tem o mesmo sinal que $(-1)^k$. Assim, se k é um inteiro par, isto é, $k = 2j$, então $C_{2j+2} > C_{2j}$; daí

$$C_0 < C_2 < C_4 < \cdots$$

De forma similar, se k é um inteiro ímpar, isto é, $k = 2j - 1$, então $C_{2j+1} < C_{2j-1}$; daí

$$C_1 > C_3 > C_5 > \cdots$$

Resta apenas mostrar que qualquer convergente de índice ímpar C_{2r-1} é maior do que qualquer convergente de índice par C_{2s}. Como $p_k q_{k-1} - q_k p_{k-1} = (-1)^{k-1}$, dividindo ambos os lados da equação por $q_k q_{k-1}$, obtemos

$$C_k - C_{k-1} = \frac{p_k}{q_k} - \frac{p_{k-1}}{q_{k-1}} = \frac{(-1)^{k-1}}{q_k q_{k-1}}$$

Isto significa que $C_{2j} < C_{2j-1}$. O efeito de tratar as diversas desigualdades em conjunto é que

$$C_{2s} < C_{2s+2r} < C_{2s+2r-1} < C_{2r-1}$$

como desejado.

Para dar um exemplo real, considere a fração contínua $[2; 3, 2, 5, 2, 4, 2]$. Calculando, obtemos os convergentes

$$C_0 = 2/1 \quad C_1 = 7/3 \quad C_2 = 16/7 \quad C_3 = 87/38$$
$$C_4 = 190/83 \quad C_5 = 847/370 \quad C_6 = 1884/823$$

De acordo com o Teorema 15.4, estes convergentes satisfazem a cadeia de desigualdades

$$2 < 16/7 < 190/83 < 1884/823 < 847/370 < 87/38 < 7/3$$

Isto é facilmente observável, quando os números são expressos em notação decimal:

$$2 < 2{,}28571\cdots < 2{,}28915\cdots < 2{,}28918\cdots < 2{,}28947\cdots < 2{,}33333\cdots$$

PROBLEMAS 15.2

1. Expresse os números racionais a seguir como frações contínuas finitas simples:
   (a) $-19/51$.
   (b) $187/57$.
   (c) $71/55$.
   (d) $118/303$.

2. Determine os números racionais representados pelas seguintes frações contínuas simples:
   (a) $[-2; 2, 4, 6, 8]$.
   (b) $[4; 2, 1, 3, 1, 2, 4]$.
   (c) $[0; 1, 2, 3, 4, 3, 2, 1]$.

3. Se $r = [a_0; a_1, a_2, \ldots, a_n]$, em que $r > 1$, mostre que

$$\frac{1}{r} = [0; a_0, a_1, \ldots, a_n]$$

4. Represente as seguintes frações contínuas simples numa forma equivalente, mas com um número ímpar de denominadores parciais:
   (a) [0; 3, 1, 2, 3].
   (b) [−1; 2, 1, 6, 1].
   (c) [2; 3, 1, 2, 1, 1, 1].

5. Calcule os convergentes das seguintes frações contínuas simples:
   (a) [1; 2, 3, 3, 2, 1].
   (b) [−3; 1, 1, 1, 1, 3].
   (c) [0; 2, 4, 1, 8, 2].

6. (a) Se $C_k = p_k/q_k$ é o k-ésimo convergente da fração contínua simples $[1; 2, 3, 4, \ldots, n, n+1]$, mostre que

$$p_n = np_{n-1} + np_{n-2} + (n-1)p_{n-3} + \cdots + 3p_1 + 2p_0 + (p_0 + 1)$$

[Sugestão: Adicione as relações $p_0 = 1$, $p_1 = 3$, $p_k = (k+1)p_{k-1} + p_{k-2}$ para $k = 2, \ldots, n$.]

(b) Ilustre o item (a) calculando o numerador p_4 para a fração [1; 2, 3, 4, 5].

7. Avalie p_k, q_k, e C_k ($k = 0, 1, \ldots, 8$) para as frações contínuas simples a seguir. Note que os convergentes fornecem uma aproximação para os números irracionais entre parênteses.
   (a) [1; 2, 2, 2, 2, 2, 2, 2, 2] ($\sqrt{2}$).
   (b) [1; 1, 2, 1, 2, 1, 2, 1, 2] ($\sqrt{3}$).
   (c) [2; 4, 4, 4, 4, 4, 4, 4, 4] ($\sqrt{5}$).
   (d) [2; 2, 4, 2, 4, 2, 4, 2, 4] ($\sqrt{6}$).
   (e) [2; 1, 1, 1, 4, 1, 1, 1, 4] ($\sqrt{7}$).

8. Se $C_k = p_k/q_k$ é o k-ésimo convergente da fração contínua simples $[a_0; a_1, \ldots, a_n]$, prove que

$$q_k \geq 2^{(k-1)/2} \qquad 2 \leq k \leq n$$

[Sugestão: Observe que $q_k = a_k q_{k-1} + q_{k-2} \geq 2q_{k-2}$.]

9. Encontre a representação da fração contínua simples de 3,1416 e de 3, 14159.

10. Se $C_k = p_k/q_k$ é o k-ésimo convergente da fração contínua simples $[a_0; a_1, \ldots, a_n]$ e $a_0 > 0$, mostre que

$$\frac{p_k}{p_{k-1}} = [a_k; a_{k-1}, \ldots, a_1, a_0]$$

e

$$\frac{q_k}{q_{k-1}} = [a_k; a_{k-1}, \ldots, a_2, a_1]$$

[Sugestão: No primeiro caso, note que

$$\frac{p_k}{p_{k-1}} = a_k + \frac{p_{k-2}}{p_{k-1}}$$

$$= a_k + \frac{1}{\frac{p_{k-1}}{p_{k-2}}}. \quad]$$

11. Por meio das frações contínuas encontre uma solução geral para cada uma das equações diofantinas a seguir:
    (a) $19x + 51y = 1$.
    (b) $364x + 227y = 1$.
    (c) $18x + 5y = 24$.
    (d) $158x - 57y = 1$.

12. Verifique o Teorema 15.4 para a fração contínua simples [1; 1, 1, 1, 1, 1, 1, 1].

15.3 FRAÇÕES CONTÍNUAS INFINITAS

Até este ponto, apenas frações contínuas finitas foram consideradas; e estas, quando simples, representam números racionais. Um dos principais usos da teoria de frações contínuas é encontrar valores aproximados de números irracionais. Para isso, a noção de uma fração contínua infinita é necessária.

Uma *fração contínua infinita* é uma expressão da forma

$$a_0 + \cfrac{b_1}{a_1 + \cfrac{b_2}{a_2 + \cfrac{b_3}{a_3 + \cdots}}}$$

onde $a_0, a_1, a_2, \ldots$ e $b_1, b_2, b_3, \ldots$ são números reais. Um dos primeiros exemplos de uma fração desse tipo é encontrada no trabalho de William Brouncker que converteu (em 1655), o famoso produto infinito de Wallis

$$\frac{4}{\pi} = \frac{3 \cdot 3 \cdot 5 \cdot 5 \cdot 7 \cdot 7 \cdots}{2 \cdot 4 \cdot 4 \cdot 6 \cdot 6 \cdot 8 \cdots}$$

na identidade

$$\frac{4}{\pi} = 1 + \cfrac{1^2}{2 + \cfrac{3^2}{2 + \cfrac{5^2}{2 + \cfrac{7^2}{2 + \cdots}}}}$$

As descobertas de Wallis e de Brouncker despertaram grande interesse, mas o seu uso direto no cálculo de aproximações para π é impraticável.

Na avaliação de frações contínuas infinitas e na expansão de funções em frações contínuas, Srinivasa Ramanujan não teve concorrente na história da matemática. Ele contribuiu com muitos problemas sobre frações contínuas para o *Journal of the Indian Mathematical Society*, e seus cadernos contêm cerca de 200 resultados sobre tais frações. G. H. Hardy, comentando sobre o trabalho de Ramanujan, disse que "Deste lado [da matemática] certamente nunca conheci iguais, e eu só posso compará-lo com Euler ou Jacobi". Talvez a mais célebre das expansões em fração de Ramanujan seja sua afirmação de que

$$e^{2\pi/5}\left(\sqrt{\frac{5+\sqrt{5}}{2}} - \frac{1+\sqrt{5}}{2}\right) = \cfrac{1}{1+\cfrac{e^{-2\pi}}{1+\cfrac{e^{-4\pi}}{1+\cfrac{e^{-6\pi}}{1+\cdots}}}}$$

Parte de sua fama se deve ao fato de Ramanujan tê-la incluído em sua primeira carta a Hardy em 1913. Hardy considerou a identidade surpreendente e foi incapaz de deduzi-la, confessando depois que foi "completamente derrotado" por uma demonstração. Embora a maioria das maravilhosas fórmulas de Ramanujan agora já esteja provada, ainda não se sabe que caminhos ele percorreu para descobri-las.

Nesta seção, nossa discussão será restrita às frações contínuas infinitas simples. Estas têm a forma

$$a_0 + \cfrac{1}{a_1 + \cfrac{1}{a_2 + \cfrac{1}{a_3 + \cdots}}}$$

em que $a_0, a_1, a_2, \ldots$ é uma sequência infinita de números inteiros, todos positivos, com possível exceção para a_0. Usaremos a notação compacta $[a_0; a_1, a_2, \ldots]$ para denotar tal fração. Para atribuirmos um significado matemático para esta expressão, observemos que cada uma das frações contínuas finitas

$$C_n = [a_0; a_1, a_2, \ldots, a_n] \qquad n \geq 0$$

fica definida. Parece razoável, portanto, definir o valor da fração contínua infinita $[a_0; a_1, a_2, \ldots]$ como o limite da sequência de números racionais C_n, desde que, é claro, este limite exista. Numa espécie de abuso da notação, usaremos $[a_0; a_1, a_2, \ldots]$ para indicar não apenas a fração contínua infinita, mas também o seu valor.

A questão da existência do limite mencionado é facilmente resolvida. Por isso, em nossa hipótese, o limite não só existe, mas é sempre um número irracional. Para vermos isto, basta observarmos que as fórmulas anteriormente obtidas para frações contínuas finitas não dependem da finitude da fração. Quando os limites superiores sobre os índices são retirados, o Teorema 15.4 nos diz que os convergentes C_n de $[a_0; a_1, a_2,$ satisfazem a cadeia infinita de desigualdades:

$$C_0 < C_2 < C_4 < \cdots < C_{2n} < \cdots < C_{2n+1} < \cdots < C_5 < C_3 < C_1$$

Como os convergentes com índices pares C_{2n} formam uma sequência monótona crescente, limitada acima por C_1, eles vão convergir para um limite α que é maior que cada C_{2n}. Da mesma forma, a sequência monótona decrescente de convergentes ímpares C_{2n+1} é limitada inferiormente por C_0 e por isso tem um limite α' que é menor que cada C_{2n+1}. Vamos mostrar que esses limites são iguais. Com base na relação $p_{2n+1}q_{2n} - q_{2n+1} = (-1)^{2n}$, vemos que

$$\alpha' - \alpha < C_{2n+1} - C_{2n} = \frac{p_{2n+1}}{q_{2n+1}} - \frac{p_{2n}}{q_{2n}} = \frac{1}{q_{2n}q_{2n+1}}$$

consequentemente

$$0 \leq |\alpha' - \alpha| < \frac{1}{q_{2n}q_{2n+1}} < \frac{1}{q_{2n}^2}$$

Como os q_i crescem sem limites conforme i aumenta, o lado direito da desigualdade pode ser arbitrariamente pequeno. Se α' e α não fossem iguais, então teríamos uma contradição (isto é, $1/q_{2n}^2$ poderia ser menor que $|\alpha - \alpha'|$). Assim, as duas sequências de convergentes de índices ímpares e pares têm o mesmo limite α, o que significa que a sequência de convergentes C_n tem o limite α.

A partir destas observações, fazemos a seguinte definição.

Definição 15.3. Se $a_0, a_1, a_2, \ldots$ é uma sequência infinita de números inteiros, todos positivos, com possível exceção para a_0, então a fração contínua simples infinita $[a_0; a_1, a_2, \ldots]$ tem o valor

$$\lim_{n \to \infty} [a_0; a_1, a_2, \ldots, a_n]$$

Deve-se enfatizar mais uma vez que o adjetivo "simples" indica que os denominadores parciais a_k são todos inteiros; como as únicas frações contínuas infinitas a serem consideradas são simples, vamos omitir muitas vezes este termo e chamá-las frações contínuas infinitas.

Talvez o exemplo mais elementar seja fração contínua infinita $[1; 1, 1, 1, \ldots]$. O argumento do Teorema 15.1 mostrou que o n-ésimo convergente $C_n = [1; 1, 1, \ldots, 1]$, em que o número inteiro 1 aparece n vezes, é igual

$$C_n = \frac{u_{n+1}}{u_n} \qquad n \geq 0$$

um quociente de números de Fibonacci consecutivos. Se x indica o valor da fração contínua $[1; 1, 1, 1, \ldots]$, então

$$x = \lim_{n \to \infty} C_n = \lim_{n \to \infty} \frac{u_{n+1}}{u_n} = \lim_{n \to \infty} \frac{u_n + u_{n-1}}{u_n}$$
$$= \lim_{n \to \infty} 1 + \frac{1}{\frac{u_n}{u_{n-1}}} = 1 + \frac{1}{\lim_{n \to \infty} \frac{u_n}{u_{n-1}}} = 1 + \frac{1}{x}$$

Isto dá origem à equação quadrática $x^2 - x - 1 = 0$, cuja única raiz positiva é $x = \left(1 + \sqrt{5}\right)/2$. Assim,

$$\frac{1 + \sqrt{5}}{2} = [1; 1, 1, 1, \ldots]$$

Há uma situação que ocorre com frequência suficiente para merecer uma terminologia especial. Se uma fração contínua infinita, tal como $[3; 1, 2, 1, 6, 1, 2, 1, 6, \ldots]$, contém um bloco de denominadores parciais $b_1, b_2, \ldots, b_n$ que se repete indefinidamente, a fração é chamada *periódica*. O costume é escrever uma fração contínua periódica

$$[a_0; a_1, \ldots, a_m, b_1, \ldots, b_n, b_1, \ldots, b_n, \ldots]$$

de modo mais compactado como

$$[a_0; a_1, \ldots, a_m, \overline{b_1, \ldots, b_n}]$$

em que a barra superior indica que esse bloco de inteiros repete. Se $b_1, b_2, \ldots, b_n$ é o menor bloco de números inteiros que se repete constantemente, dizemos que $b_1, b_2, \ldots, b_n$ é o *período* de expansão e que o *comprimento* do período é n. Assim, por exemplo, $\left[3; \overline{1, 2, 1, 6}\right]$ denota $[3; 1, 2, 1, 6, 1, 2, 1, 6, \ldots]$, uma fração contínua cujo período 1, 2, 1, 6 tem comprimento 4.

Vimos anteriormente que cada fração contínua finita é representada por um número racional. Vamos agora considerar o valor de uma fração contínua infinita.

Teorema 15.5. O valor de qualquer fração contínua infinita é um número irracional.

Demonstração. Suponhamos que x denote o valor da fração contínua infinita $[a_0; a_1, a_2, \ldots]$; isto é, x é o limite da sequência de convergentes

$$C_n = [a_0; a_1, a_2, \ldots, a_n] = \frac{p_n}{q_n}$$

Como x está estritamente entre os convergentes sucessivos C_n e C_{n+1}, temos

$$0 < |x - C_n| < |C_{n+1} - C_n| = \left|\frac{p_{n+1}}{q_{n+1}} - \frac{p_n}{q_n}\right| = \frac{1}{q_n q_{n+1}}$$

Para obter uma contradição, suponha que x é um número racional; por exemplo, $x = a/b$, em que a e $b > 0$ são números inteiros. Então

$$0 < \left|\frac{a}{b} - \frac{p_n}{q_n}\right| < \frac{1}{q_n q_{n+1}}$$

e assim, pela multiplicação pelo número positivo bq_n,

$$0 < |aq_n - bp_n| < \frac{b}{q_{n+1}}$$

Lembramos que os valores de q_i aumentam sem limites conforme i aumenta. Se n for escolhido tão grande de modo que $b < q_{n+1}$, o resultado é

$$0 < |aq_n - bp_n| < 1$$

Isto garante que não existe um inteiro positivo, a saber, $|aq_n - bp_n|$, entre 0 e 1 – uma impossibilidade óbvia.

Vamos agora verificar se duas frações contínuas infinitas diferentes podem representar o mesmo número irracional. Antes de darmos o resultado pertinente, vamos observar que as propriedades dos limites nos permitem escrever uma fração contínua infinita $[a_0; a_1, a_2, \ldots]$ como

$$[a_0; a_1, a_2, \ldots] = \lim_{n \to \infty} [a_0; a_1, \ldots, a_n]$$
$$= \lim_{n \to \infty} \left(a_0 + \frac{1}{[a_1; a_2, \ldots, a_n]}\right)$$
$$= a_0 + \frac{1}{\lim_{n \to \infty} [a_1; a_2, \ldots, a_n]}$$
$$= a_0 + \frac{1}{[a_1; a_2, a_3, \ldots]}$$

Nosso teorema é indicado como segue.

Teorema 15.6. Se as frações contínuas infinitas $[a_0; a_1, a_2, \ldots]$ e $[b_0; b_1, b_2, \ldots]$ são iguais, então $a_n = b_n$ para todo $n \geq 0$.

Demonstração. Se $x = [a_0; a_1, a_2, \ldots]$, então $C_0 < x < C_1$, que é o mesmo que dizer que $a_0 < x < a_0 + 1/a_1$. Sabendo que o número inteiro $a_1 \geq 1$, isto produz a desigualdade $a_0 < x < a_0 + 1$. Assim, $[x] = a_0$, em que $[x]$ é a notação tradicional para a função maior inteiro (Seção 6.3).

Agora vamos supor que $[a_0; a_1, a_2, \ldots] = x = [b_0; b_1, b_2, \ldots]$ ou, para colocar de uma forma diferente,

$$a_0 + \frac{1}{[a_1; a_2, \ldots]} = x = b_0 + \frac{1}{[b_1; b_2, \ldots]}$$

Pelo que concluímos no primeiro parágrafo, temos $[a_0] = x = [b_0]$, a partir do que podemos deduzir que, então, $[a_1; a_2, \ldots] = [b_1; b_2, \ldots]$. Quando o raciocínio é repetido, a próxima conclusão é que $a_1 = b_1$ e que $[a_2; a_3, \ldots] = [b_2; b_3, \ldots]$. O processo continua por indução matemática, dando assim $a_n = b_n$ para todo $n \geq 0$.

Corolário. Duas frações contínuas infinitas distintas representam dois números irracionais distintos.

Exemplo 15.4. Para determinar o único número irracional representado pela fração contínua infinita $x = [3; 6, \overline{1, 4}]$, vamos escrever $x = [3; 6, y]$, em que

$$y = [\overline{1; 4}] = [1; 4, y]$$

Então

$$y = 1 + \cfrac{1}{4 + \cfrac{1}{y}} = 1 + \frac{y}{4y+1} = \frac{5y+1}{4y+1}$$

o que leva à equação quadrática

$$4y^2 - 4y - 1 = 0$$

Na medida em que $y > 0$ e esta equação tem apenas uma raiz positiva, podemos inferir que

$$y = \frac{1 + \sqrt{2}}{2}$$

De $x = [3; 6, y]$, encontramos, então, que

$$x = 3 + \cfrac{1}{6 + \cfrac{1}{\frac{1+\sqrt{2}}{2}}} = \frac{25 + 19\sqrt{2}}{8 + 6\sqrt{2}}$$

$$= \frac{(25 + 19\sqrt{2})(8 - 6\sqrt{2})}{(8 + 6\sqrt{2})(8 - 6\sqrt{2})}$$

$$= \frac{14 - \sqrt{2}}{4}$$

ou seja,

$$[3; 6, \overline{1, 4}] = \frac{14 - \sqrt{2}}{4}$$

Nosso último teorema mostra que cada fração contínua infinita representa um número irracional único. Voltando a esta questão, nosso próximo passo é provar que um número irracional arbitrário x_0 pode ser expandido em uma fração contínua infinita $[a_0; a_1, a_2, \ldots]$ que converge para o valor x_0. A sequência de números inteiros $a_0, a_1, a_2, \ldots$ é definida da seguinte forma: Usando a função maior inteiro, primeiro fazemos

$$x_1 = \frac{1}{x_0 - [x_0]} \qquad x_2 = \frac{1}{x_1 - [x_1]} \qquad x_3 = \frac{1}{x_2 - [x_2]} \cdots$$

e em seguida, tomamos

$$a_0 = [x_0] \qquad a_1 = [x_1] \qquad a_2 = [x_2] \qquad a_3 = [x_3] \cdots$$

Em geral, os a_k são dados indutivamente por

$$a_k = [x_k] \qquad x_{k+1} = \frac{1}{x_k - a_k} \qquad k \geq 0$$

É evidente que x_{k+1} é irracional sempre que x_k é irracional: portanto, como nos restringimos ao caso em que x_0 é um número irracional, todos os x_k são irracionais por indução. Assim,

$$0 < x_k - a_k = x_k - [x_k] < 1$$

e vemos que

$$x_{k+1} = \frac{1}{x_k - a_k} > 1$$

de modo que o número inteiro $a_{k+1} = [x_{k+1}] \geq 1$ para todo $k \geq 0$. Esse processo, portanto, leva a uma sequência infinita de números inteiros $a_0, a_1, a_2, \ldots$ todos positivos, com possível exceção, apenas para a_0.

Empregando nossa definição indutiva na forma

$$x_k = a_k + \frac{1}{x_{k+1}} \qquad k \geq 0$$

por substituições sucessivas, obtém-se

$$\begin{aligned}
x_0 &= a_0 + \frac{1}{x_1} \\
&= a_0 + \cfrac{1}{a_1 + \cfrac{1}{x_2}} \\
&= a_0 + \cfrac{1}{a_1 + \cfrac{1}{a_2 + \cfrac{1}{x_3}}} \\
&\vdots \\
&= [a_0; a_1, a_2, \ldots, a_n, x_{n+1}]
\end{aligned}$$

para cada inteiro positivo n. Isso leva à suspeita — e é a nossa tarefa mostrar — de que x_0 é o valor da fração contínua infinita $[a_0; a_1, a_2, \ldots]$.

Para qualquer inteiro n fixo, os primeiros $n + 1$ convergentes $C_k = p_k/q_k$, em que $0 \leq k \leq n$, de $[a_0; a_1, a_2, \ldots]$, são iguais aos primeiros $n + 1$ convergentes da fração contínua finita $[a_0; a_1, a_2, \ldots, a_n, x_{n+1}]$. Se indicarmos o $(n + 2)$-ésimo convergente da última por C_{n+1}, então o argumento usado na demonstração do Teorema 15.2 para obter C_{n+1} de C_n substituindo-se a_n por $a_n + 1/a_{n+1}$ funciona igualmente bem no cenário atual; isso nos permite obter C'_{n+1} de C_{n+1} substituindo-se a_{n+1} por x_{n+1}:

$$x_0 = C'_{n+1} = [a_0; a_1, a_2, \ldots, a_n, x_{n+1}]$$

$$= \frac{x_{n+1} p_n + p_{n-1}}{x_{n+1} q_n + q_{n-1}}$$

Devido a isso,

$$x_0 - C_n = \frac{x_{n+1} p_n + p_{n-1}}{x_{n+1} q_n + q_{n-1}} - \frac{p_n}{q_n}$$

$$= \frac{(-1)(p_n q_{n-1} - q_n p_{n-1})}{(x_{n+1} q_n + q_{n-1}) q_n} = \frac{(-1)^n}{(x_{n+1} q_n + q_{n-1}) q_n}$$

onde a última igualdade se baseia no Teorema 15.3. Agora $x_{n+1} > a_{n+1}$, e, por conseguinte,

$$|x_0 - C_n| = \frac{1}{(x_{n+1} q_n + q_{n-1}) q_n} < \frac{1}{(a_{n+1} q_n + q_{n-1}) q_n} = \frac{1}{q_{n+1} q_n}$$

Porque os inteiros q_k estão crescendo, a implicação é que

$$x_0 = \lim_{n \to \infty} C_n = [a_0; a_1, a_2, \ldots]$$

Vamos resumir as nossas conclusões no Teorema 15.7.

Teorema 15.7. Todo número irracional tem uma representação única como uma fração contínua infinita, sendo a representação obtida a partir do algoritmo da fração contínua.

Aliás, o nosso argumento revela um fato digno de ser registrado separadamente.

Corolário. Se p_n/q_n é o n-ésimo convergente do número irracional x, então

$$\left| x - \frac{p_n}{q_n} \right| < \frac{1}{q_{n+1} q_n} \leq \frac{1}{q_n^2}$$

Damos dois exemplos para ilustrar o uso do algoritmo da fração contínua para descobrir a representação de um determinado número irracional como uma fração contínua infinita.

Exemplo 15.5. Para o nosso primeiro exemplo, considere $x = \sqrt{23} \approx 4{,}8$. Os números irracionais consecutivos x_k (e, portanto, os números inteiros $a_k = [x_k]$) podem ser obtidos facilmente com os cálculos exibidos a seguir:

$$x_0 = \sqrt{23} = 4 + (\sqrt{23} - 4) \qquad\qquad a_0 = 4$$

$$x_1 = \frac{1}{x_0 - [x_0]} = \frac{1}{\sqrt{23} - 4} = \frac{\sqrt{23} + 4}{7} = 1 + \frac{\sqrt{23} - 3}{7} \qquad a_1 = 1$$

$$x_2 = \frac{1}{x_1 - [x_1]} = \frac{7}{\sqrt{23} - 3} = \frac{\sqrt{23} + 3}{2} = 3 + \frac{\sqrt{23} - 3}{2} \qquad a_2 = 3$$

$$x_3 = \frac{1}{x_2 - [x_2]} = \frac{2}{\sqrt{23} - 3} = \frac{\sqrt{23} + 3}{7} = 1 + \frac{\sqrt{23} - 4}{7} \qquad a_3 = 1$$

$$x_4 = \frac{1}{x_3 - [x_3]} = \frac{7}{\sqrt{23} - 4} = \sqrt{23} + 4 = 8 + (\sqrt{23} - 4) \qquad a_4 = 8$$

Porque $x_5 = x_1$, também $x_6 = x_2, x_3 = x_7, x_8 = x_4$; então nós temos $x_9 = x_5 = x_1$, e assim por diante, o que significa que o bloco de números inteiros 1, 3, 1, 8 se repete indefinidamente. Concluímos que a expansão em fração contínua de $\sqrt{23}$ é periódica com a forma

$$\sqrt{23} = [4; 1, 3, 1, 8, 1, 3, 1, 8, \ldots]$$
$$= [4; \overline{1, 3, 1, 8}]$$

Exemplo 15.6. Para fornecer uma segunda ilustração, vamos obter vários convergentes da fração contínua do número

$$\pi = 3{,}141592653 \cdots$$

definido pelos gregos como a razão entre o comprimento de uma circunferência e o seu diâmetro. A letra π, da palavra grega *perimetros*, nunca foi empregada na Antiguidade para essa razão; foi a adoção deste símbolo por Euler em seus muitos livros populares que a tornou amplamente conhecida e utilizada.

Por cálculos simples, vemos que

$$x_0 = \pi = 3 + (\pi - 3) \qquad\qquad a_0 = 3$$

$$x_1 = \frac{1}{x_0 - [x_0]} = \frac{1}{0{,}14159265\cdots} = 7{,}06251330\cdots \qquad a_1 = 7$$

$$x_2 = \frac{1}{x_1 - [x_1]} = \frac{1}{0{,}06251330\cdots} = 15{,}99659440\cdots \qquad a_2 = 15$$

$$x_3 = \frac{1}{x_2 - [x_2]} = \frac{1}{0{,}99659440\cdots} = 1{,}00341723\cdots \qquad a_3 = 1$$

$$x_4 = \frac{1}{x_3 - [x_3]} = \frac{1}{0{,}00341723\cdots} = 292{,}63467\cdots \qquad a_4 = 292$$

$$\vdots$$

Assim, a fração contínua infinita para π começa como

$$\pi = [3; 7, 15, 1, 292, \ldots]$$

mas, ao contrário do caso da $\sqrt{23}$ em que todos os denominadores parciais a_n são explicitamente conhecidos, não há um padrão que forneça a sequência completa de a_n. Os cinco primeiros convergentes são

$$\frac{3}{1}, \frac{22}{7}, \frac{333}{106}, \frac{355}{113}, \frac{103993}{33102}$$

Como uma verificação do Corolário do Teorema 15.7, observe que devemos ter

$$\left|\pi - \frac{22}{7}\right| < \frac{1}{7^2}$$

Agora $314/100 < \pi < 22/7$, e, portanto,

$$\left|\pi - \frac{22}{7}\right| < \frac{22}{7} - \frac{314}{100} = \frac{1}{7 \cdot 50} < \frac{1}{7^2}$$

como esperado.

A menos que o número irracional x assuma uma forma muito especial, não será possível dar a sua expansão em fração contínua completa. Podemos provar, por exemplo, que a expansão para x torna-se periódica se e somente se x é uma raiz irracional de uma equação quadrática com coeficientes inteiros, isto é, se x tem a forma $r+s\sqrt{d}$, em que r e $s \neq 0$ são números racionais e d é um inteiro positivo que não é um quadrado perfeito. Mas, entre os números irracionais, há muito poucos cujas representações parecem exibir alguma regularidade. Uma exceção é outra constante positiva que tem ocupado os matemáticos por muitos séculos, a saber,

$$e = 2{,}718281828\cdots$$

a base do sistema de logaritmos naturais. Em 1737, Euler mostrou que

$$\frac{e-1}{e+1} = [0; 2, 6, 10, 14, 18, \ldots]$$

em que os denominadores parciais formam uma progressão aritmética, e que

$$\frac{e^2-1}{e^2+1} = [0; 1, 3, 5, 7, 9, \ldots]$$

A representação da fração contínua de e (também encontrada por Euler) é um pouco mais complicada, mas ainda tem um padrão:

$$e = [2; 1, 2, 1, 1, 4, 1, 1, 6, 1, 1, 8, \ldots]$$

com os números inteiros pares ocorrendo subsequentemente em ordem e separados por dois 1's. No que diz respeito ao símbolo e, a sua utilização também se deve a Euler: ele apareceu impresso, pela primeira vez, em um dos seus manuais.

Na introdução de análise, geralmente se demonstra que e pode ser definido pela série infinita

$$e = 1 + \frac{1}{1!} + \frac{1}{2!} + \frac{1}{3!} + \frac{1}{4!} + \cdots$$

Se o leitor estiver disposto a aceitar este fato, a demonstração de Euler da irracionalidade de e pode ser dada muito rapidamente. Suponha que, ao contrário, e seja racional, digamos, $e = a/b$, em que a e b são números inteiros positivos. Então, para $n > b$, o número

$$N = n!\left(e - \left(1 + \frac{1}{1!} + \frac{1}{2!} + \cdots + \frac{1}{n!}\right)\right)$$
$$= n!\left(\frac{a}{b} - 1 - \frac{1}{1!} - \frac{1}{2!} - \cdots - \frac{1}{n!}\right)$$

é um inteiro positivo, pois a multiplicação por $n!$ elimina todos os denominadores. Quando e é substituído por sua expansão em série, isto se torna

$$N = n!\left(\frac{1}{(n+1)!} + \frac{1}{(n+2)!} + \frac{1}{(n+3)!} + \cdots\right)$$
$$= \frac{1}{n+1} + \frac{1}{(n+1)(n+2)} + \frac{1}{(n+1)(n+2)(n+3)} + \cdots$$
$$< \frac{1}{n+1} + \frac{1}{(n+1)(n+2)} + \frac{1}{(n+2)(n+3)} + \cdots$$
$$= \frac{1}{n+1} + \left(\frac{1}{n+1} - \frac{1}{n+2}\right) + \left(\frac{1}{n+2} - \frac{1}{n+3}\right) + \cdots$$
$$= \frac{2}{n+1} < 1$$

Como a desigualdade $0 < N < 1$ é impossível para um inteiro, e deve ser irracional. A natureza exata do número π oferece maiores dificuldades; J. H. Lambert (1728–1777), em 1761, apresentou à Academia de Berlim uma demonstração essencialmente rigorosa da irracionalidade de π.

Dado um número irracional x, uma pergunta natural é quão perto, ou com que grau de precisão, ele pode ser aproximado por números racionais. Uma maneira de abordar o problema é considerar todos os números racionais com um denominador fixo $b > 0$. Como x se encontra entre esses dois números racionais, digamos $c/b < x < (c + 1)/b$, segue-se que

$$\left| x - \frac{c}{b} \right| < \frac{1}{b}$$

Melhor ainda, podemos escrever

$$\left| x - \frac{a}{b} \right| < \frac{1}{2b}$$

em que $a = c$ ou $a = c + 1$, conforme escolha apropriada. O processo da fração contínua nos permite provar um resultado que reforça consideravelmente a última desigualdade escrita, a saber: Dado qualquer número irracional x, existem infinitos números racionais a/b irredutíveis que satisfazem

$$\left| x - \frac{a}{b} \right| < \frac{1}{b^2}$$

De fato, pelo corolário do Teorema 15.7, todos os convergentes p_n/q_n da expansão em fração contínua de x podem desempenhar o papel do número racional a/b. O próximo teorema afirma que os convergentes p_n/q_n têm a propriedade de serem as melhores apoximações, no sentido de fornecer a melhor aproximação para x entre todos os números racionais a/b com denominadores menores ou iguais a q_n.

Para maior clareza, o conteúdo do teorema é colocado no seguinte lema.

Lema. Seja p_n/q_n o n-ésimo convergente da fração contínua que representa o número irracional x. Se a e b são números inteiros, com $1 \leq b \leq q_{n+1}$, então

$$|q_n x - p_n| \leq |bx - a|$$

Demonstração. Considere o sistema de equações

$$p_n \alpha + p_{n+1} \beta = a$$
$$q_n \alpha + q_{n+1} \beta = b$$

Como o determinante dos coeficientes é $p_n q_{n+1} - q_n p_{n+1} = (-1)^{n+1}$, o sistema tem a solução inteira única

$$\alpha = (-1)^{n+1}(a q_{n+1} - b p_{n+1})$$
$$\beta = (-1)^{n+1}(b p_n - a q_n)$$

É importante notar que $\alpha \neq 0$. Na verdade, $\alpha = 0$ conduz a $a q_{n+1} = b p_{n+1}$ e, como mdc(p_{n+1}, $q_{n+1}) = 1$, isto significa que $q_{n+1} \mid b$ ou $b \geq q_{n+1}$, o que contraria a hipótese inicial. No caso em que $\beta = 0$, a desigualdade afirmada no lema é claramente verdadeira. Pois $\beta = 0$ leva a $a = p_n \alpha$, $b = q_n \alpha$ e, como um resultado,

$$|bx - a| = |\alpha| \, |q_n x - p_n| \geq |q_n x - p_n|$$

Assim, não há mal nenhum em supormos futuramente que $\beta \neq 0$.

Quando $\beta \neq 0$, argumentamos que α e β devem ter sinais opostos. Se $\beta < 0$, então a equação $q_n\alpha = b - q_{n+1}\beta$ implica que $q_n\alpha > 0$ e, por sua vez, $\alpha > 0$. Por outro lado, se $\beta > 0$, então $b < q_{n+1}$ implica que $b < \beta q_{n+1}$ e, por conseguinte, $\alpha q_n = b - q_{n+1}\beta < 0$; isto faz $\alpha < 0$. Nós também inferimos que, como x está entre os convergentes consecutivos p_n/q_n e p_{n+1}/q_{n+1},

$$q_n x - p_n \quad \text{e} \quad q_{n+1} x - p_{n+1}$$

terão sinais opostos. A base deste raciocínio é que os números

$$\alpha(q_n x - p_n) \quad \text{e} \quad \beta(q_{n+1} x - p_{n+1})$$

devem ter mesmo sinal; em consequência, o valor absoluto da sua soma é igual à soma dos seus valores absolutos. É este fato crucial que nos permite completar a demonstração rapidamente:

$$\begin{aligned} |bx - a| &= |(q_n\alpha + q_{n+1}\beta)x - (p_n\alpha + p_{n+1}\beta)| \\ &= |\alpha(q_n x - p_n) + \beta(q_{n+1} x - p_{n+1})| \\ &= |\alpha||q_n x - p_n| + |\beta||q_{n+1} x - p_{n+1}| \\ &> |\alpha||q_n x - p_n| \\ &\geq |q_n x - p_n| \end{aligned}$$

que é a desigualdade desejada.

Os convergentes p_n/q_n são melhores aproximações para o número irracional x de modo que qualquer outro número racional com o denominador menor ou igual a q_n difere de x por um valor maior.

Teorema 15.8. Se $1 \leq b \leq q_n$, o número racional a/b satisfaz

$$\left| x - \frac{p_n}{q_n} \right| \leq \left| x - \frac{a}{b} \right|$$

Demonstração. Se acontecesse

$$\left| x - \frac{p_n}{q_n} \right| > \left| x - \frac{a}{b} \right|$$

então

$$|q_n x - p_n| = q_n \left| x - \frac{p_n}{q_n} \right| > b \left| x - \frac{a}{b} \right| = |bx - a|$$

o lema seria contrariado.

Os historiadores da matemática têm concentrado atenção considerável nas tentativas de se chegar a uma aproximação para π. Talvez porque o aumento da precisão dos resultados pareça oferecer uma medida das habilidades matemáticas de diferentes culturas. O primeiro esforço científico registrado para avaliar π apareceu na *Measurement of a Circle* do matemático grego da antiga Siracusa, Arquimedes (287–212 a.C.). Substancialmente, o método para encontrar o valor de π consistia em inscrever e circunscrever polígonos regulares sobre um círculo, determinar seus perímetros, e usá-los como limites inferior e superior da circunferência. Por este meio, e com um polígono de 96 lados, ele obteve as duas aproximações na desigualdade

$$223/71 < \pi < 22/7$$

O Teorema 15.8 esclarece por que 22/7, o chamado valor de Arquimedes, foi usado com tanta frequência no lugar de π; não há nenhuma fração irredutível, com um denominador menor que forneça uma aproximação melhor. Ao passo que

$$\left|\pi - \frac{22}{7}\right| \approx 0{,}0012645 \quad \text{e} \quad \left|\pi - \frac{223}{71}\right| \approx 0{,}0007476$$

o valor de Arquimedes de 223/71, que não é um convergente de π, tem um denominador superior a $q_1 = 7$. Nosso teorema nos diz que 333/106 (a razão para π empregada na Europa no século XVI) aproximará π mais precisamente do que qualquer número racional, com um denominador menor ou igual a 106; de fato,

$$\left|\pi - \frac{333}{106}\right| \approx 0{,}0000832$$

Como $q_4 = 33102$, o convergente $p_3/q_3 = 355/113$ permite aproximar π com um grau notável de precisão; do corolário para o Teorema 15.7, temos

$$\left|\pi - \frac{355}{113}\right| < \frac{1}{113 \cdot 33102} < \frac{3}{10^7}$$

A razão notável 355/113 era conhecida pelo matemático chinês Tsu Chung-chi (430–501); por alguma razão não esclarecida em suas obras, ele considerou 22/7 como um "valor impreciso" de π e 355/113 como o "valor exato". A precisão desta última razão não foi igualada na Europa até o final do século XVI, quando Adriaen Anthoniszoon (1527–1617) redescobriu o valor idêntico.

Este é um ponto conveniente para registrar um teorema que diz que qualquer aproximação racional "estreita" (num sentido adequado) para x deve ser um convergente para x. Haveria certo aprimoramento da teoria se

$$\left|x - \frac{a}{b}\right| < \frac{1}{b^2}$$

implicasse que $a/b = p_n/q_n$ para algum n; embora isto seja demais para se esperar, uma desigualdade mais acentuada garante a mesma conclusão.

Teorema 15.9. *Seja x um número irracional arbitrário. Se o número racional a/b, em que $b \geq 1$ e $\mathrm{mdc}(a, b) = 1$, satisfaz*

$$\left|x - \frac{a}{b}\right| < \frac{1}{2b^2}$$

então, a/b é um dos convergentes p_n/q_n da representação em fração contínua de x.

Demonstração. Suponhamos que a/b não seja um convergente de x. Sabendo-se que os números q_n formam uma sequência crescente, existe um único inteiro n para o qual $q_n \leq b < q_{n+1}$. Para este n, o último lema nos dá a primeira desigualdade da cadeia

$$|q_n x - p_n| \leq |bx - a| = b\left|x - \frac{a}{b}\right| < \frac{1}{2b}$$

o que pode ser reformulado como

$$\left| x - \frac{p_n}{q_n} \right| < \frac{1}{2bq_n}$$

Tendo em vista a suposição de que $a/b \neq p_n/q_n$, a diferença $bp_n - aq_n$ é um inteiro diferente de zero, em que $1 \leq |bp_n - aq_n|$. Podemos concluir ao mesmo tempo que

$$\frac{1}{bq_n} \leq \left| \frac{bp_n - aq_n}{bq_n} \right| = \left| \frac{p_n}{q_n} - \frac{a}{b} \right| \leq \left| \frac{p_n}{q_n} - x \right| + \left| x - \frac{a}{b} \right| < \frac{1}{2bq_n} + \frac{1}{2b^2}$$

Isso produz a contradição $b < q_n$, terminando a demonstração.

PROBLEMAS 15.3

1. Avalie cada uma das frações contínuas infinitas:
   (a) $[\overline{2;3}]$.
   (b) $[0; \overline{1, 2, 3}]$.
   (c) $[2; \overline{1, 2, 1}]$.

2. Prove que se o número irracional $x > 1$ é representado pela fração contínua infinita $[a_0; a_1, a_2, ...]$, então $1/x$ tem a expansão $[0; a_0, a_1, a_2, ...]$. Use este fato para encontrar os valores de $[0;1,1,1,...] = [0; \overline{1}]$.

3. Avalie $[1; 2, \overline{1}]$ e $[1; 2, 3, \overline{1}]$.

4. Determine a representação da fração contínua infinita de cada número irracional a seguir:
   (a) $\sqrt{5}$.
   (b) $\sqrt{7}$.
   (c) $\dfrac{1 + \sqrt{13}}{2}$.
   (d) $\dfrac{5 + \sqrt{37}}{4}$.
   (e) $\dfrac{11 + \sqrt{30}}{13}$.

5. (a) Para todo inteiro positivo n, mostre que $\sqrt{n^2+1} = [n; \overline{2n}]$, $\sqrt{n^2+2} = [n; \overline{n, 2n}]$ e $\sqrt{n^2+2n} = [n; \overline{1, 2n}]$.
   [*Sugestão*: Note que

   $$n + \sqrt{n^2+1} = 2n + (\sqrt{n^2+1} - n) = 2n + \frac{1}{n + \sqrt{n^2+1}}.]$$

   (b) Use o item (a) para obter as representações por frações contínuas de $\sqrt{2}$, $\sqrt{3}$, $\sqrt{15}$, e $\sqrt{37}$.

6. Entre os convergentes de $\sqrt{15}$, encontre um número racional que aproxime $\sqrt{15}$ com precisão de quatro casas decimais.

7. (a) Encontre uma aproximação racional para $e = [2; 1, 2, 1, 1, 4, 1, 1, 6, ...]$ correta para quatro casas decimais.
   (b) Se a e b são inteiros positivos, mostre que a desigualdade $e < a/b < 87/32$ implica que $b \geq 39$.

8. Prove que de quaisquer dois convergentes consecutivos de um número irracional x, ao menos um satisfaz a desigualdade

$$\left| x - \frac{a}{b} \right| < \frac{1}{2b^2}$$

[*Sugestão*: Como x está entre dois convergentes consecutivos,

$$\frac{1}{q_n q_{n+1}} = \left| \frac{p_{n+1}}{q_{n+1}} - \frac{p_n}{q_n} \right| = \left| x - \frac{p_{n+1}}{q_{n+1}} \right| + \left| x - \frac{p_n}{q_n} \right|$$

Agora argumente por contradição.]

9. Dada a fração contínua infinita $[1; 3, 1, 5, 1, 7, 1, 9, \ldots]$, encontre a melhor aproximação racional para a/b com
   (a) denominador $b < 25$.
   (b) denominador $b < 225$.

10. Primeiro mostre que $|(1+\sqrt{10})/3 - 18/13| < 1/(2 \cdot 13^2)$ e, em seguida, verifique que $18/13$ é um convergente de $(1+\sqrt{10})/3$.

11. Um famoso teorema de A. Hurwitz (1891) diz que para todo número irracional x, existem infinitos números racionais a/b tais que

$$\left| x - \frac{a}{b} \right| < \frac{1}{\sqrt{5} b^2}$$

Fazendo $x = \pi$, obtenha três números racionais que satisfaçam esta desigualdade.

12. Admita que a representação por fração contínua de um número irracional x a partir de certo ponto se torne periódica. Repita o método usado no Exemplo 15.4 para provar que x é da forma $r + s\sqrt{d}$, em que r e $s \neq 0$ são números racionais e $d > 0$ é um inteiro que não é quadrado.

13. Seja x um número irracional com convergentes p_n/q_n. Para todo $n \geq 0$, prove o seguinte:
    (a) $\dfrac{1}{2q_n q_{n+1}} < \left| x - \dfrac{p_n}{q_n} \right| < \dfrac{1}{q_n q_{n+1}}$.
    (b) As congruências são sucessivamente aproximadas de x no sentido de que

$$\left| x - \frac{p_n}{q_n} \right| < \left| x - \frac{p_{n-1}}{q_{n-1}} \right|$$

[*Sugestão*: Reescreva a relação

$$x = \frac{x_{n+1} p_n + p_{n-1}}{x_{n+1} q_n + q_{n-1}}$$

como $x_{n+1}(xq_n - p_n) = -q_{n-1}(x - p_{n-1}/q_{n-1})$.]

15.4 FRAÇÕES DE FAREY

Outra abordagem para aproximar números reais por racionais usa o que é conhecido como frações de Farey, ou sequência de Farey. Para um número inteiro positivo n, estas são definidas como se segue:

Definição 15.4. As frações de Farey de ordem n, denotadas F_n, são um conjunto de números racionais $\frac{r}{s}$ com $0 \leq r \leq s \leq n$ e $\mathrm{mdc}(r, s) = 1$. Eles são escritos em ordem crescente de tamanho. Os primeiros F_n são

$$F_1 = \left\{\frac{0}{1}, \frac{1}{1}\right\}$$

$$F_2 = \left\{\frac{0}{1}, \frac{1}{2}, \frac{1}{1}\right\}$$

$$F_3 = \left\{\frac{0}{1}, \frac{1}{3}, \frac{1}{2}, \frac{2}{3}, \frac{1}{1}\right\}$$

$$F_4 = \left\{\frac{0}{1}, \frac{1}{4}, \frac{1}{3}, \frac{1}{2}, \frac{2}{3}, \frac{3}{4}, \frac{1}{1}\right\}$$

$$F_5 = \left\{\frac{0}{1}, \frac{1}{5}, \frac{1}{4}, \frac{1}{3}, \frac{2}{5}, \frac{1}{2}, \frac{3}{5}, \frac{2}{3}, \frac{3}{4}, \frac{4}{5}, \frac{1}{1}\right\}$$

$$F_6 = \left\{\frac{0}{1}, \frac{1}{6}, \frac{1}{5}, \frac{1}{4}, \frac{1}{3}, \frac{2}{5}, \frac{1}{2}, \frac{3}{5}, \frac{2}{3}, \frac{3}{4}, \frac{4}{5}, \frac{5}{6}, \frac{1}{1}\right\}$$

Observe que as frações que ocorrem em qualquer F_n ocorrerão, posteriormente, em qualquer F_m, para $m \geq n$.

As frações de Farey têm uma história curiosa. O geólogo inglês John Farey (1766–1826) publicou, sem provas, várias propriedades desta série de frações na *Philosophical Magazine*, em 1816. O matemático Augustin Cauchy viu o artigo e forneceu as demonstrações no mesmo ano, nomeando as frações depois de Farey. Posteriormente, descobriu-se que C. H. Haros provou os resultados 14 anos antes, no *Journal de l'Ecole Polytechnique*. Farey, é claro, nunca alegou ter provado nada.

Começamos nossa investigação com um dos resultados enunciados por Farey mas provados anteriormente por Haros.

Teorema 15.10. Se $\frac{a}{b} < \frac{c}{d}$ são frações consecutivas na sequência Farey F_n, então, $bc - ad = 1$.

Demonstração. Como mdc(a, b) = 1, a equação linear $bx - ay = 1$ tem uma solução $x = x_0$, $y = y_0$. Além disso, $x = x_0 + at$ e $y = y_0 + bt$ também será uma solução para qualquer inteiro t. Escolha $t = t_0$ de modo que

$$0 \leq n - b < y_0 + bt_0 \leq n$$

e defina $x = x_0 + bt_0$ e $y = y_0 + bt_0$. Como $y \leq n$, $\frac{x}{y}$ será uma fração de F_n. Além disso,

$$\frac{x}{y} = \frac{a}{b} + \frac{1}{by} > \frac{a}{b}$$

de modo que $\frac{x}{y}$ ocorre depois de $\frac{a}{b}$ na sequência de Farey. Se $\frac{x}{y} \neq \frac{c}{d}$, então $\frac{x}{y} > \frac{c}{d}$ e obtemos

$$\frac{x}{y} - \frac{c}{d} = \frac{dx - cy}{dy} \geq \frac{1}{dy}$$

bem como

$$\frac{c}{d} - \frac{a}{b} = \frac{bc - ad}{bd} \geq \frac{1}{bd}$$

Somando as duas desigualdades chegamos a

$$\frac{x}{y} - \frac{a}{b} \geq \frac{1}{dy} - \frac{1}{bd} = \frac{b+y}{bdy}$$

Mas $b + y > n$ (lembre-se de que $n - b < y$) e $d \leq n$, resultando na contradição

$$\frac{1}{by} = \frac{bx - ay}{by} = \frac{x}{y} - \frac{a}{b} = \frac{b+y}{bdy} > \frac{n}{bdy} \geq \frac{1}{by}$$

Assim, $\frac{x}{y} = \frac{c}{d}$ e a equação $bx - ay = 1$ se transforma em $bc - ad = 1$.

Se $\frac{a}{b} < \frac{c}{d}$ são duas frações na sequência de Farey F_n, definimos sua fração mediante como a expressão $\frac{a+c}{b+d}$. O Teorema 15.10 nos permite concluir que a mediante situa-se entre as frações dadas. Pois as relações

$$a(b+d) - b(a+c) = ad - bc < 0$$
$$(a+c)d - (b+d)c = ad - bc < 0$$

em conjunto implicam que

$$\frac{a}{b} < \frac{a+c}{b+d} < \frac{c}{d}$$

Observe que, se $\frac{a}{b} < \frac{c}{d}$ são frações consecutivas em F_n, e $b + d \leq n$, então a mediante seria um membro de F_n que se encontra entre elas, uma contradição óbvia. Assim, por frações sucessivas, $b + d \geq n + 1$.

Pode ser mostrado que as frações que pertencem a F_{n+1} mas não pertencem a F_n são mediantes das frações de F_n. Na passagem de F_4 para F_5, por exemplo, os novos elementos são

$$\frac{1}{5} = \frac{0+1}{1+4}, \quad \frac{2}{5} = \frac{1+1}{3+2}, \quad \frac{3}{5} = \frac{1+2}{2+3}, \quad \frac{4}{5} = \frac{3+1}{4+1}.$$

Isto permite que se construa a sequência F_{n+1} a partir de F_n pelo acréscimo de mediantes com o denominador adequado.

Ao se utilizar a mediante de duas frações de F_n para se obter um novo elemento de F_{n+1}, as três frações não são necessariamente consecutivas em F_{n+1} (considere $\frac{1}{3} < \frac{3}{8} < \frac{2}{3}$ em F_8). Podemos dizer que se $\frac{a}{b} < \frac{c}{d} < \frac{e}{f}$ são três frações consecutivas numa sequência de Farey, então $\frac{c}{d}$ representa a mediante de $\frac{a}{b}$ e $\frac{e}{f}$. Pois, recorrendo mais uma vez ao Teorema 15.10, as equações

$$bc - ad = 1 \quad de - cf = 1$$

conduzem a $(a + e)d = c(b + f)$. Daqui resulta que

$$\frac{c}{d} = \frac{a+e}{b+f}$$

que é a mediante de $\frac{a}{b}$ e $\frac{e}{f}$. A título de ilustração, as três frações $\frac{3}{8} < \frac{2}{5} < \frac{3}{7}$ são consecutivas em F_8 com $\frac{2}{5} = \frac{3+3}{8+7}$.

Vamos aplicar estas ideias para mostrar como um número irracional pode ser aproximado, relativamente bem, por um número racional.

Teorema 15.11. Para quaisquer número irracional $0 < x < 1$ e número inteiro $n > 0$, existe uma fração $\frac{u}{v}$ em F_n tal que $\left|x - \frac{u}{v}\right| < \frac{1}{v(n+1)}$.

Demonstração. Na sequência de Farey F_n, há frações consecutivas $\frac{a}{b} < \frac{c}{d}$ de tal modo que

$$\frac{a}{b} < x < \frac{a+c}{b+d} \quad \text{ou} \quad \frac{a+c}{b+d} < x < \frac{c}{d}$$

em que $\frac{a+c}{b+d}$ é a mediante das duas frações. Como sabemos que $bc - ad = 1$ e $b + d \geq n + 1$, podemos ver que, ou

$$x - \frac{a}{b} < \frac{a+c}{b+d} - \frac{a}{b} = \frac{bc-ad}{b(b+d)} \leq \frac{1}{b(n+1)}$$

ou

$$\frac{c}{d} - x < \frac{c}{d} - \frac{a+c}{b+d} = \frac{bc-ad}{d(b+d)} < \frac{1}{d(n+1)}$$

Dependendo do caso, tomamos $\frac{u}{v} = \frac{a}{b}$ ou $\frac{u}{v} = \frac{c}{d}$.

Este resultado pode ser estendido para além do intervalo unitário com o seguinte corolário.

Corolário. Dado um número irracional positivo x e um inteiro $n > 0$, existe um número racional $\frac{a}{b}$ com $0 < b \leq n$ tal que $\left|x - \frac{a}{b}\right| < \frac{1}{b(n+1)}$.

Demonstração. A função maior inteiro nos permite escrever $x = [x] + r$, onde $0 < r < 1$. Pelo teorema há uma fração $\frac{u}{v}$ para a qual

$$\left|r - \frac{u}{v}\right| < \frac{1}{v(n+1)}$$

Tomando $a = [x]v + u$ e $b = v$, segue-se que

$$\left|x - \frac{a}{b}\right| = \left|x - \frac{[x]v + u}{v}\right| = \left|r - \frac{u}{v}\right| < \frac{1}{v(n+1)} = \frac{1}{b(n+1)}$$

Assim, o resultado está provado.

Terminamos com um exemplo que ilustra o corolário.

Exemplo 15.7. Vamos determinar uma fração $\frac{a}{b}$ com $0 < b \leq 5$ tal que $\left|\sqrt{7} - \frac{a}{b}\right| \leq \frac{1}{6b}$. A função maior inteiro fornece $\left[\sqrt{7}\right] - 2 = 0{,}64755$. Para a sequência de Farey F_5, o valor $0{,}64755\ldots$ está no intervalo entre as frações consecutivas $\frac{3}{5}$ e $\frac{2}{3}$. A mediante das duas frações é $\frac{5}{8} = 0{,}625$ de modo que $\frac{5}{8} < 0{,}64755$. Segue-se do Teorema 15.11 que

$$\left|0{,}64755\ldots - \frac{2}{3}\right| < \frac{1}{6 \cdot 3}$$

O argumento empregado no corolário transforma essa desigualdade em

$$\left|\sqrt{7} - \frac{8}{3}\right| < \frac{1}{6 \cdot 3}$$

de modo que $\frac{8}{3}$ é a fração procurada.

PROBLEMAS 15.4

1. Liste em ordem crescente as frações que aparecem nas sequências de Farey F_7 e F_8.
2. Usando a função ϕ de Euler, mostre que o número de frações da sequência de Farey F_n é $1+\phi(1)+\phi(2)+\cdots+\phi(n)$.
3. Se $\frac{a}{b} < \frac{c}{d}$ são frações consecutivas da sequência F_n, prove que ou $b > \frac{n}{2}$ ou $d > \frac{n}{2}$.
4. Verifique que se $\frac{a}{b} < \frac{c}{d}$ são duas frações em F_n adjacentes a $\frac{1}{2}$, então $\frac{a}{b} + \frac{c}{d} = 1$.
5. Obtenha o sucessor imediato da fração $\frac{5}{8}$ na sequência de Farey F_{11}.
6. Encontre a fração $\frac{a}{b}$, com $0 < b \leq 7$, tal que $\left|\sqrt{3} - \frac{a}{b}\right| \leq \frac{1}{8b}$.
7. Obtenha a fração $\frac{a}{b}$, com $0 < b \leq 8$, que satisfaz $\left|\pi - \frac{a}{b}\right| \leq \frac{1}{9b}$.

15.5 EQUAÇÃO DE PELL

Fermat divulgava suas descobertas sob a forma de desafios para outros matemáticos. Talvez, desta maneira, ele esperasse convencê-los de que valia a pena seu novo enfoque para a teoria dos números. Em janeiro de 1657, Fermat propôs como um desafio à comunidade matemática europeia – pensando provavelmente em John Wallis, praticante mais famoso da Inglaterra antes de Newton – um par de problemas:

1. Encontrar um cubo que, quando acrescido da soma de seus divisores próprios, torna-se um quadrado; por exemplo, $7^3 + (1 + 7 + 7^2) = 20^2$.
2. Encontrar um quadrado que, quando acrescido da soma de seus divisores próprios, torna-se um cubo.

Ao saber do desafio, o correspondente favorito de Fermat, Bernhard Frénicle de Bessy, rapidamente forneceu uma série de respostas para o primeiro problema; uma delas é $(2 \cdot 3 \cdot 5 \cdot 13 \cdot 41 \cdot 47)^3$, que quando acrescido da soma dos seus divisores próprios, torna-se $(2^7 \cdot 3^2 \cdot 5^2 \cdot 7 \cdot 13 \cdot 17 \cdot 29)^2$. Enquanto Frénicle avançou para soluções que envolvem grandes números compostos, Wallis dispensou os problemas como se não valessem seus esforços, escrevendo: "eu me acho muito absorvido por inúmeras ocupações para ser capaz de dedicar minha atenção a eles imediatamente, mas, neste momento, eu posso dar esta resposta: O número 1 satisfaz ambas as condições". Mal escondendo seu desapontamento, Frénicle expressou seu espanto pelo fato de que um matemático tão experiente como Wallis tivesse dado apenas a resposta trivial quando, tendo em vista a estatura de Fermat, ele deveria ter tratado o problema com maior profundidade.

O interesse de Fermat, na verdade, estava em métodos gerais, e não no cálculo cansativo de casos isolados. Frénicle e Wallis negligenciaram o aspecto teórico que os problemas do desafio poderiam revelar numa análise mais cuidadosa. Embora a frase não estivesse totalmente precisa, suspeita-se que Fermat tivesse a intenção inicial de que os desafios fossem resolvidos para cubos de números primos. Para colocá-lo de outra forma, o problema propõe encontrar todas as soluções inteiras da equação

$$1 + x + x^2 + x^3 = y^2$$

ou, o que é equivalente,

$$(1 + x)(1 + x^2) = y^2$$

em que x é um número inteiro ímpar. Como 2 é o único primo que divide ambos os fatores no lado esquerdo desta equação, ela pode ser escrita como

$$ab = \left(\frac{y}{2}\right)^2 \quad \mathrm{mdc}(a, b) = 1$$

Mas se o produto de dois inteiros primos relativos é um quadrado perfeito, então cada um deles deve ser um quadrado; assim, $a = u^2$, $b = v^2$ para algum u e v, de modo que

$$1 + x = 2a = 2u^2 \quad 1 + x^2 = 2b = 2v^2$$

Isto significa que qualquer número inteiro x que satisfaz o primeiro problema de Fermat deve ser uma solução para o par de equações

$$x = 2u^2 - 1 \quad x^2 = 2v^2 - 1$$

o segundo sendo um caso particular da equação $x^2 = dy^2 \pm 1$.

Em fevereiro de 1657, Fermat emitiu seu segundo desafio, que lida diretamente com a seguinte questão teórica: encontrar um número y que tornará $dy^2 + 1$ um quadrado perfeito, no qual d é um inteiro positivo que não é um quadrado; por exemplo, $3 \cdot 1^2 + 1 = 2^2$ e $5 \cdot 4^2 + 1 = 9^2$. Se, disse Fermat, regra geral não puder ser obtida, encontrar os menores valores de y que satisfarão as equações $61y^2 + 1 = x^2$; ou $109y^2 + 1 = x^2$. Frénicle começou a calcular as menores soluções positivas de $x^2 - dy^2 = 1$ para todos os valores possíveis de d até 150 e sugeriu que Wallis estendesse a tabela para $d = 200$ ou, pelo menos, resolvesse $x^2 - 151y^2 = 1$ e $x^2 - 313y^2 = 1$, dando a entender que a segunda equação estava além da capacidade de Wallis. Em resposta, patrono de Wallis, Lord William Brouncker da Irlanda, afirmou que ele só tinha levado uma hora ou um pouco mais para descobrir que

$$(126862368)^2 - 313(7170685)^2 = -1$$

e, portanto, $y = 2 \cdot 7170685 \cdot 126862368$ dá a solução desejada para $x^2 - 313y^2 = 1$; Wallis resolveu o outro caso, fornecendo

$$(1728148040)^2 - 151(140634693)^2 = 1$$

O tamanho desses números em comparação com aqueles que decorrem de outros valores de d sugere que Fermat possuía uma solução completa para o problema, mas isso nunca foi divulgado (mais tarde, ele afirmou que o seu método da descida infinita tinha sido usado com sucesso para mostrar a existência de uma infinidade de soluções para $x^2 - dy^2 = 1$). Brouncker, com a impressão equivocada de que eram permitidos valores racionais não necessariamente inteiros, não teve dificuldade em fornecer uma resposta; ele simplesmente dividiu a relação

$$(r^2 + d)^2 - d(2r)^2 = (r^2 - d)^2$$

por $(r^2 - d)^2$ para chegar à solução

$$x = \frac{r^2 + d}{r^2 - d} \quad y = \frac{2r}{r^2 - d}$$

na qual $r \neq \sqrt{d}$ é um número racional arbitrário. Isto, é desnecessário dizer, foi rejeitado por Fermat, que escreveu que "soluções em frações, que podem ser dadas de uma só vez a partir de meros elementos da aritmética, não me satisfazem." Agora informado de todas as condições do desafio, Brouncker e Wallis elaboraram conjuntamente um método experimental para resolver $x^2 - dy^2 = 1$ nos números inteiros, sem serem capazes de dar uma prova de que ele vai funcionar sempre. Aparentemente as honras foram para Brouncker, pois Wallis felicitou Brouncker com orgulho por ele ter "preservado imaculada a fama conquistada em épocas anteriores de que os ingleses ganhavam dos franceses".

Depois de tudo isso, devemos registrar que o esforço de Fermat para instituir uma nova tradição em aritmética através de um torneio matemático foi, em grande parte, um fracasso. Com exceção de Frénicle, que não tinha talento para competir no combate intelectual com Fermat, a teoria dos números não teve nenhum apelo especial para qualquer um de seus contemporâneos. O assunto caiu em desuso, até Euler, após o decurso de quase um século, retomá-lo de onde Fermat havia parado. Euler e Lagrange contribuíram para a resolução do problema célebre de 1657. Ao converter $\sqrt{d}$ numa fração contínua infinita, Euler (em 1759) inventou um procedimento para obter a menor solução inteira de $x^2 - dy^2 = 1$; no entanto, ele não conseguiu mostrar que o processo leva a uma solução diferente de $x = 1$, $y = 0$. Coube a Lagrange esclarecer este assunto. Completando a teoria deixada inacabada por Euler, Lagrange em 1768 publicou a primeira demonstração rigorosa de que todas as soluções surgem por meio da expansão em fração contínua de $\sqrt{d}$.

Como resultado de uma referência equivocada, o ponto central de discórdia, a equação $x^2 - dy^2 = 1$ entrou para a literatura com o título "equação de Pell". A atribuição errônea de sua solução ao matemático inglês John Pell (1611–1685), que teve pouco a ver com o problema, foi um descuido de Euler. Em uma leitura superficial da *Opera Mathematica* de Wallis (1693), na qual o método de Brouncker para resolver a equação é apresentado juntamente com informações do trabalho de Pell sobre análise diofantina, Euler deve ter confundido as suas contribuições. Com todos os direitos devemos chamar a equação $x^2 - dy^2 = 1$ "equação de Fermat", pois ele foi o primeiro a lidar com isso de forma sistemática. Embora o erro histórico já tenha sido reconhecido, o nome de Pell é que está ligado de forma indelével à equação.

Seja qual for o valor inteiro de d, a equação $x^2 - dy^2 = 1$ é satisfeita trivialmente por $x = \pm 1$, $y = 0$. Se $d < -1$, então $x^2 - dy^2 \geq 1$ (exceto quando $x = y = 0$), de modo que estas esgotam as soluções; quando $d = -1$, existem mais duas soluções, ou seja, $x = 0$, $y = \pm 1$. O caso em que d é um quadrado perfeito é facilmente descartado. Porque, se $d = n^2$ para algum n, então $x^2 - dy^2 = 1$ pode ser escrita na forma

$$(x + ny)(x - ny) = 1$$

o que é possível se e somente se $x + ny = x - ny = \pm 1$; segue-se que

$$x = \frac{(x + ny) + (x - ny)}{2} = \pm 1$$

e a equação não tem uma solução além das triviais $x = \pm 1$, $y = 0$.

A partir de agora, vamos restringir nossa investigação da equação de Pell $x^2 - dy^2 = 1$ à única situação interessante, que ocorre quando d é um inteiro positivo que não é quadrado. Digamos que uma solução x, y desta equação é uma *solução positiva* quando x e y são positivos. Como as soluções além daquelas com $y = 0$, podem ser dispostas em conjuntos de quatro por combinações de sinais $\pm x, \pm y$, é evidente que todas as soluções serão conhecidas uma vez todas as soluções positivas forem encontradas. Por esta razão, buscamos apenas as soluções positivas de $x^2 - dy^2 = 1$.

O resultado que nos dá um ponto de partida, afirma que qualquer par de números inteiros positivos que satisfaz à equação de Pell pode ser obtido a partir da fração contínua que representa o número irracional $\sqrt{d}$.

Teorema 15.12. Se p, q, é uma solução positiva de $x^2 - dy^2 = 1$, então p/q é um convergente da expansão em fração contínua de $\sqrt{d}$.

Demonstração. Pela hipótese de que $p^2 - dq^2 = 1$, temos

$$(p - q\sqrt{d})(p + q\sqrt{d}) = 1$$

o que implica que $p > q$, bem como que

$$\frac{p}{q} - \sqrt{d} = \frac{1}{q(p + q\sqrt{d})}$$

Como resultado,

$$0 < \frac{p}{q} - \sqrt{d} < \frac{\sqrt{d}}{q(q\sqrt{d} + q\sqrt{d})} = \frac{\sqrt{d}}{2q^2\sqrt{d}} = \frac{1}{2q^2}$$

Um apelo direto ao Teorema 15.9 indica que p/q deve ser um convergente de $\sqrt{d}$.

Em geral, a recíproca do teorema anterior é falsa: nem todos os convergentes p_n/q_n de $\sqrt{d}$ fornecem soluções para $x^2 - dy^2 = 1$. No entanto, podemos dizer algo sobre o tamanho dos valores assumidos pela sequência $p_n^2 - dq_n^2$.

Teorema 15.13. Se p/q é um convergente da expansão em fração contínua de $\sqrt{d}$, então $x = p$, $y = q$ é uma solução de uma das equações

$$x^2 - dy^2 = k$$

em que $|k| < 1 + 2\sqrt{d}$.

Demonstração. Se p/q é um convergente de $\sqrt{d}$, então o corolário do Teorema 15.7 garante que

$$\left| \sqrt{d} - \frac{p}{q} \right| < \frac{1}{q^2}$$

e, por conseguinte

$$| p - q\sqrt{d} | < \frac{1}{q}$$

Sendo assim, temos

$$|p + q\sqrt{d}| = |(p - q\sqrt{d}) + 2q\sqrt{d}|$$
$$\leq |p - q\sqrt{d}| + |2q\sqrt{d}|$$
$$< \frac{1}{q} + 2q\sqrt{d} \leq (1 + 2\sqrt{d})q$$

Estas duas inequações se combinam para produzir

$$|p^2 - dq^2| = |p - q\sqrt{d}||p + q\sqrt{d}|$$
$$< \frac{1}{q}(1 + 2\sqrt{d})q$$
$$= 1 + 2\sqrt{d}$$

que é precisamente o que queríamos provar.

Para ilustrar, tomemos o caso em que $d = 7$. Usando a expansão em fração contínua $\sqrt{7} = \left[2; \overline{1,1,1,4}\right]$, os primeiros convergentes de $\sqrt{7}$ são

$$2/1,\ 3/1,\ 5/2,\ 8/3, \ldots$$

Analisando os cálculos de $p_n^2 - 7q_n^2$, descobrimos que

$$2^2 - 7 \cdot 1^2 = -3 \quad 3^2 - 7 \cdot 1^2 = 2 \quad 5^2 - 7 \cdot 2^2 = -3 \quad 8^2 - 7 \cdot 3^2 = 1$$

em que $x = 8, y = 3$ fornece uma solução positiva da equação $x^2 - 7y^2 = 1$.

Embora um estudo bastante elaborado sobre frações contínuas periódicas possa ser feito, não é a nossa intenção explorar esta área. O leitor já pode ter notado que nos exemplos considerados até agora, todas as expansões em fração contínua de $\sqrt{d}$ tomaram a forma

$$\sqrt{d} = [a_0; \overline{a_1, a_2, \ldots, a_n}]$$

isto é, a parte periódica inicia-se após um termo, sendo este termo $\left[\sqrt{d}\right]$. Também é verdade que o último termo a_n do período é sempre igual a $2a_0$ e que o período, excluído-se o último termo, é simétrico (a parte simétrica pode ou não ter um termo médio). Isto pode ser generalizado. Sem entrar em detalhes sobre a demonstração, vamos simplesmente registrar o fato: se d é um inteiro positivo que não é um quadrado perfeito, então a expansão em fração contínua de $\left[\sqrt{d}\right]$ necessariamente tem a forma

$$\sqrt{d} = [a_0; \overline{a_1, a_2, a_3, \ldots, a_3, a_2, a_1, 2a_0}]$$

No caso em que $d = 19$, por exemplo, a expansão é

$$\sqrt{19} = [4; \overline{2, 1, 3, 1, 2, 8}]$$

Enquanto $d = 73$ dá

$$\sqrt{73} = [8; \overline{1, 1, 5, 5, 1, 1, 16}]$$

Entre todos os $d < 100$, o período mais longo é o de $\sqrt{94}$, que tem 16 termos:

$$\sqrt{94} = [9; \overline{1, 2, 3, 1, 1, 5, 1, 8, 1, 5, 1, 1, 3, 2, 1, 18}]$$

A seguir está uma lista das expansões em fração contínua, em que d é um inteiro não quadrado entre 2 e 40:

$$\sqrt{2} = [1;\overline{2}] \qquad \sqrt{22} = [4;\overline{1,2,4,2,1,8}]$$
$$\sqrt{3} = [1;\overline{1,2}] \qquad \sqrt{23} = [4;\overline{1,3,1,8}]$$
$$\sqrt{5} = [2;\overline{4}] \qquad \sqrt{24} = [4;\overline{1,8}]$$
$$\sqrt{6} = [2;\overline{2,4}] \qquad \sqrt{26} = [5;\overline{10}]$$
$$\sqrt{7} = [2;\overline{1,1,1,4}] \qquad \sqrt{27} = [5;\overline{5,10}]$$
$$\sqrt{8} = [2;\overline{1,4}] \qquad \sqrt{28} = [5;\overline{3,2,3,10}]$$
$$\sqrt{10} = [3;\overline{6}] \qquad \sqrt{29} = [5;\overline{2,1,1,2,10}]$$
$$\sqrt{11} = [3;\overline{3,6}] \qquad \sqrt{30} = [5;\overline{2,10}]$$
$$\sqrt{12} = [3;\overline{2,6}] \qquad \sqrt{31} = [5;\overline{1,1,3,5,3,1,1,10}]$$
$$\sqrt{13} = [3;\overline{1,1,1,1,6}] \qquad \sqrt{32} = [5;\overline{1,1,1,10}]$$
$$\sqrt{14} = [3;\overline{1,2,1,6}] \qquad \sqrt{33} = [5;\overline{1,2,1,10}]$$
$$\sqrt{15} = [3;\overline{1,6}] \qquad \sqrt{34} = [5;\overline{1,4,1,10}]$$
$$\sqrt{17} = [4;\overline{8}] \qquad \sqrt{35} = [5;\overline{1,10}]$$
$$\sqrt{18} = [4;\overline{4,8}] \qquad \sqrt{37} = [6;\overline{12}]$$
$$\sqrt{19} = [4;\overline{2,1,3,1,2,8}] \qquad \sqrt{38} = [6;\overline{6,12}]$$
$$\sqrt{20} = [4;\overline{2,8}] \qquad \sqrt{39} = [6;\overline{4,12}]$$
$$\sqrt{21} = [4;\overline{1,1,2,1,1,8}] \qquad \sqrt{40} = [6;\overline{3,12}]$$

O Teorema 15.12 indica que se a equação $x^2 - dy^2 = 1$ possui uma solução, então as suas soluções positivas são encontrados entre $x = p_k$, $y = q_k$, em que p_k/q_k são os convergentes $\sqrt{d}$. O período da expansão em fração contínua de $\sqrt{d}$ fornece as informações de que precisamos para mostrar que $x^2 - dy^2 = 1$ realmente tem uma solução nos inteiros; na verdade, há um número infinito de soluções, todas obtidas a partir dos convergentes de $\sqrt{d}$.

Um resultado essencial no nosso programa é que se n é o comprimento do período da expansão em fração contínua para $\sqrt{d}$, então o convergente p_{kn-1}/q_{kn-1} satisfaz

$$p_{kn-1}^2 - dq_{kn-1}^2 = (-1)^{kn} \qquad k = 1, 2, 3, \ldots$$

Antes de demonstrar isso, devemos lembrar que a expansão $\sqrt{d} = [a_0; a_1, a_2, \ldots]$ foi obtida, primeiramente, da definição

$$x_0 = \sqrt{d} \qquad \text{e} \qquad x_{k+1} = \frac{1}{x_k - [x_k]}$$

para $k = 1, 2, \ldots$ e, em seguida, da definição $a_k = [x_k]$ quando $k \geq 0$. Assim, todos os x_k são números irracionais, os a_k são inteiros e estes estão relacionados pela expressão

$$x_{k+1} = \frac{1}{x_k - a_k} \qquad k \geq 0$$

Outro pré-requisito é o seguinte lema.

Lema. Dada a expansão em fração contínua $\sqrt{d} = [a_0; a_1, a_2, \ldots]$, definindo s_k e t_k recursivamente pelas relações

$$s_0 = 0 \qquad t_0 = 1$$

$$s_{k+1} = a_k t_k - s_k \qquad t_{k+1} = \frac{d - s_{k+1}^2}{t_k} \qquad k = 0, 1, 2, \ldots$$

Então

(a) s_k e t_k são inteiros, com $t_k \neq 0$.
(b) $t_k | (d - s_k^2)$.
(c) $x_k = (s_k + \sqrt{d})/t_k$ for $k \geq 0$.

Demonstração. Procedemos por indução sobre k, observando que as três afirmações são válidas quando $k = 0$. Suponhamos que elas sejam verdadeiras para um inteiro positivo fixo k. Como a_k, s_k e t_k são números inteiros, $s_{k+1} = a_k t_k - s_k$ também será um número inteiro. Além disso, $t_{k+1} \neq 0$, pois se isso não acontecesse, teríamos $d = s_{k+1}^2$, o que contraria a suposição de que d não é um quadrado. A equação

$$t_{k+1} = \frac{d - s_{k+1}^2}{t_k} = \frac{d - s_k^2}{t_k} + (2a_k s_k - a_k^2 t_k)$$

em que $t_k | (d - s_k^2)$ pela hipótese de indução, implica que t_{k+1} é um número inteiro; enquanto que $t_k t_{k+1} = d - s_{k+1}^2$ conduz a $t_{k+1} | (d - s_{k+1}^2)$. Finalmente, obtemos

$$x_{k+1} = \frac{1}{x_k - a_k} = \frac{t_k}{(s_k + \sqrt{d}) - t_k a_k}$$

$$= \frac{t_k}{\sqrt{d} - s_{k+1}}$$

$$= \frac{t_k(s_{k+1} + \sqrt{d})}{d - s_{k+1}^2} = \frac{s_{k+1} + \sqrt{d}}{t_{k+1}}$$

e assim (a), (b), e (c) são válidas para $k + 1$ e, por conseguinte, para todos os números inteiros positivos.

Precisamos ainda de mais um resultado para retornarmos às soluções da equação de Pell. Aqui vamos relacionar os convergentes de $\sqrt{d}$ aos inteiros t_k do lema.

Teorema 15.14. Se p_k/q_k são os convergentes da expansão em fração contínua de $\sqrt{d}$, então

$$p_k^2 - dq_k^2 = (-1)^{k+1} t_{k+1} \quad \text{em que } t_{k+1} > 0 \quad k = 0, 1, 2, 3, \ldots$$

Demonstração. Para $\sqrt{d} = [a_0; a_1, a_2, \ldots, a_k, a_{k+1}]$, sabemos que

$$\sqrt{d} = \frac{x_{k+1} p_k + p_{k-1}}{x_{k+1} q_k + q_{k-1}}$$

Substituindo $x_{k+1} = (s_{k+1} + \sqrt{d})/t_{k+1}$ e simplificando, isto se reduz a

$$\sqrt{d}(s_{k+1} q_k + t_{k+1} q_{k-1} - p_k) = s_{k+1} p_k + t_{k+1} p_{k-1} - dq_k$$

Como o lado direito é racional e $\sqrt{d}$ é irracional, esta última equação força que

$$s_{k+1} q_k + t_{k+1} q_{k-1} = p_k \quad \text{e} \quad s_{k+1} p_k + t_{k+1} p_{k-1} = dq_k$$

O efeito de multiplicarmos a primeira dessas relações por p_k, a segunda por $-q_k$, e depois somarmos os resultados, é

$$p_k^2 - dq_k^2 = t_{k+1}(p_k q_{k-1} - p_{k-1} q_k)$$

Mas o Teorema 15.3 nos diz que

$$p_k q_{k-1} - p_{k-1} q_k = (-1)^{k-1} = (-1)^{k+1}$$

e então

$$p_k^2 - dq_k^2 = (-1)^{k+1} t_{k+1}$$

Agora recordamos a partir da discussão dos convergentes que

$$C_{2k} < \sqrt{d} < C_{2k+1} \qquad k \geq 0$$

Como $C_k = p_k/q_k$, deduzimos que $p_k^2 - dq_k^2 < 0$ para k par e $p_k^2 - dq_k^2 > 0$ para k ímpar. Assim, o lado esquerdo da equação

$$\frac{p_k^2 - dq_k^2}{p_{k-1}^2 - dq_{k-1}^2} = -\frac{t_{k+1}}{t_k} \qquad k \geq 1$$

é sempre negativo, o que torna t_{k+1}/t_k positivo. Começando com $t_1 = d - a_0^2 > 0$, elevamos os quocientes para chegarmos a $t_{k+1} > 0$.

Uma questão imediata é determinar quando o inteiro $t_j = 1$. Resolvemos esta questão a seguir.

Corolário. Se n é o comprimento da expansão de $\sqrt{d}$, então

$$t_j = 1 \quad \text{se e somente se} \quad n \mid j$$

Demonstração. Para $\sqrt{d} = \left[a_0; \overline{a_1, a_2, ..., a_n} \right]$, temos

$$x_{kn+1} = x_1 \qquad k = 0, 1, \ldots$$

Portanto,

$$\frac{s_{kn+1} + \sqrt{d}}{t_{kn+1}} = \frac{s_1 + \sqrt{d}}{t_1}$$

ou

$$\sqrt{d}(t_{kn+1} - t_1) = s_{kn+1} t_1 - s_1 t_{kn+1}$$

A irracionalidade de $\sqrt{d}$ implica que

$$t_{kn+1} = t_1 \qquad s_{kn+1} = s_1$$

Mas então

$$t_1 = d - s_1^2 = d - s_{kn+1}^2 = t_{kn}t_{kn+1} = t_{kn}t_1$$

e assim $t_{kn} = 1$ O próximo resultado é que $t_j = 1$ sempre que $n \mid j$.

Indo em outra direção, seja j um inteiro positivo para o qual $t_j = 1$. Então, unindo as partes, podemos escrever

$$[x_j] = s_j + [\sqrt{d}] = s_j + a_0$$

A definição de x_{j+1} agora conduz a

$$x_j = [x_j] + \frac{1}{x_{j+1}} = s_j + a_0 + \frac{1}{x_{j+1}}$$

Juntando as peças

$$a_0 + \frac{1}{x_1} = x_0 = \sqrt{d} = x_j - s_j = a_0 + \frac{1}{x_{j+1}}$$

portanto, $x_{j+1} = x_1$. Isso significa que o bloco $a_1, a_1, \ldots a_j$, de inteiros j fica se repetindo na expansão de $\sqrt{d}$. Consequentemente j deve ser um múltiplo do comprimento n do período.

Para uma breve ilustração, vamos tomar a expansão em fração contínua $\sqrt{15} = \left[3; \overline{1,6}\right]$. Seu período tem comprimento 2 e seus quatro primeiros convergentes são

$$3/1, 4/1, 27/7, 31/8$$

Um cálculo mostra que

$$3^2 - 15 \cdot 1^2 = 27^2 - 15 \cdot 7^2 = -6$$
$$4^2 - 15 \cdot 1^2 = 31^2 - 15 \cdot 8^2 = 1$$

Assim, $t_1 = t_3 = 6$ e $t_2 = t_4 = 1$.

Somos, finalmente, capazes de descrever todas as soluções positivas da equação de Pell $x^2 - dy^2 = 1$, na qual $d > 0$ é um número inteiro não quadrado. Nosso resultado é indicado como

Teorema 15.15. Seja p_k/q_k, o convergente da expansão em fração contínua de $\sqrt{d}$ e seja n o comprimento desta expansão.

(a) Se n for par, então todas as soluções positivas de $x^2 - dy^2 = 1$ são dadas por

$$x = p_{kn-1} \qquad y = q_{kn-1} \qquad k = 1, 2, 3, \ldots$$

(b) Se n for ímpar, então todas as soluções positivas de $x^2 - dy^2 = 1$ são dadas por

$$x = p_{2kn-1} \qquad y = q_{2kn-1} \qquad k = 1, 2, 3, \ldots$$

Demonstração. Já foi provado no Teorema 15.12 que qualquer solução x_0, y_0 de $x^2 - dy^2 = 1$ é da forma $x_0 = p_j$, $y_0 = q_j$ para algum convergente de $\sqrt{d}$. Pelo teorema anterior,

$$p_j^2 - dq_j^2 = (-1)^{j+1} t_{j+1}$$

o que implica que $j + 1$ é um número inteiro par e $t_{j+1} = 1$. O corolário nos diz que $n \mid (j + 1)$, ou seja, $j + 1 = nk$ para algum k. Se n é ímpar, então k deve ser par, enquanto que se n for par então k pode ser qualquer valor.

Exemplo 15.8. Como uma primeira aplicação do Teorema 15.15, vamos considerar novamente a equação $x^2 - 7y^2 = 1$. Como $\sqrt{7} = \left[2; \overline{1, 1, 1, 4}\right]$, os doze primeiros convergentes são

$$2/1, 3/1, 5/2, 8/3, 37/14, 45/17, 82/31, 127/48,$$
$$590/223, 717/271, 1307/494, 2024/765$$

Como a representação em fração contínua de $\sqrt{7}$ tem um período de comprimento 4, o numerador e denominador de qualquer um dos convergentes p_{4k-1}/q_{4k-1} formam uma solução de $x^2 - 7y^2 = 1$. Assim, por exemplo,

$$\frac{p_3}{q_3} = 8/3 \qquad \frac{p_7}{q_7} = 127/48 \qquad \frac{p_{11}}{q_{11}} = 2024/765$$

dá origem às primeiras três soluções positivas; estas soluções são $x_1 = 8$, $y_1 = 3$; $x_2 = 127$, $y_2 = 48$; $x_3 = 2024$, $y_3 = 765$.

Exemplo 15.9. Para encontrarmos a menor solução inteira e positiva de $x^2 - 13y^2 = 1$, constatamos que $\sqrt{13} = \left[2; \overline{1, 1, 1, 1, 6}\right]$ e que seu período tem comprimento 5. Os dez primeiros convergentes de $\sqrt{13}$ são

$$3/1, 4/1, 7/2, 11/3, 18/5, 119/33, 137/38, 256/71, 393/109, 649/180$$

Com base no iten (b) do Teorema 15.15, a menor solução positiva de $x^2 - 13y^2 = 1$ é obtida a partir do convergente $p_9/q_9 = 649/180$, sendo a solução $x_1 = 649$, $y_1 = 180$.

Existe uma maneira rápida de gerar outras soluções a partir de uma solução particular da equação de Pell. Antes de discutir isso, vamos definir a *solução fundamental* da equação $x^2 - dy^2 = 1$ como a sua menor solução positiva. Isto é, é a solução positiva x_0, y_0, com a propriedade de que $x_0 < x'$, $y_0 < y'$ para qualquer outra solução positiva x', y'. O Teorema 15.15 assegura que se o comprimento do período da expansão em fração contínua de $\sqrt{d}$

for n é, então a solução fundamental de $x^2 - dy^2 = 1$ é dada por $x = p_{n-1}, y = q_{n-1}$ quando n é par; e por $x = p_{2n-1}, y = q_{2n-1}$ quando n é ímpar. Assim, a equação $x^2 - dy^2 = 1$ pode ser resolvida em n ou $2n$ passos.

Encontrar a solução fundamental pode ser uma tarefa difícil, porque os números nesta solução podem ser inesperadamente grandes, mesmo para valores relativamente pequenos de d. Por exemplo, a equação aparentemente simples $x^2 - 991y^2 = 1$ tem a menor solução positiva

$$x = 379516400906811930638014896080$$
$$y = 12055735790331359447442538767$$

A situação é ainda pior com $x^2 - 1000099y^2 = 1$, em que o menor inteiro positivo x que satisfaz esta equação tem 1118 dígitos. É desnecessário dizer que tudo depende da expansão em fração contínua de $\sqrt{d}$ e, no caso de $\sqrt{1000099}$, o período é composto de 2174 termos.

Também pode acontecer de os inteiros necessários para resolver $x^2 - dy^2 = 1$ serem pequenos para um dado valor de d e muito grande para o valor seguinte. Um exemplo notável dessa variação é fornecida pela equação $x^2 - 61y^2 = 1$, cuja solução fundamental é dada por

$$x = 1766319049 \qquad y = 226153980$$

Estes números são enormes, quando comparados com o caso $d = 60$, onde a solução é $x = 31$, $y = 4$, ou com $d = 62$, onde a solução é $x = 63$, $y = 8$.

Com a ajuda da solução fundamental – que pode ser encontrada por meio de frações contínuas ou substituindo-se sucessivamente $y = 1, 2, 3, \ldots$ na expressão $1 + dy^2$ até que ela se torne um quadrado perfeito — somos capazes de construir todas as soluções positivas restantes.

Teorema 15.16. *Seja x_1, y_1 a solução fundamental de $x^2 - dy^2 = 1$. Então todo par de números inteiros x_n, y_n definidos pela condição*

$$x_n + y_n\sqrt{d} = (x_1 + y_1\sqrt{d})^n \qquad n = 1, 2, 3, \ldots$$

também é uma solução positiva.

Demonstração. É um exercício simples para o leitor verificar que

$$x_n - y_n\sqrt{d} = (x_1 - y_1\sqrt{d})^n$$

Além disso, como x_1 e y_1 são positivos, x_n e y_n são ambos inteiros positivos. Sabendo que x_1, y_1 é uma solução de $x^2 - dy^2 = 1$, obtemos

$$\begin{aligned}x_n^2 - dy_n^2 &= (x_n + y_n\sqrt{d})(x_n - y_n\sqrt{d}) \\ &= (x_1 + y_1\sqrt{d})^n(x_1 - y_1\sqrt{d})^n \\ &= (x_1^2 - dy_1^2)^n = 1^n = 1\end{aligned}$$

e, portanto, x_n, y_n é uma solução.

Detenhamo-nos por um momento para olhar um exemplo. Por teste, sabemos que $x_1 = 6$, $y_1 = 1$ constitui a solução fundamental de $x^2 - 35y^2 = 1$. Uma segunda solução positiva x_2, y_2 pode ser obtida a partir da fórmula

$$x_2 + y_2\sqrt{35} = (6 + \sqrt{35})^2 = 71 + 12\sqrt{35}$$

o que implica que $x_2 = 71$, $y_2 = 12$. Estes números inteiros satisfazem a equação $x^2 - 35y^2 = 1$, porque

$$71^2 - 35 \cdot 12^2 = 5041 - 5040 = 1$$

Uma terceira solução positiva decorre de

$$\begin{aligned}x_3 + y_3\sqrt{35} &= (6 + \sqrt{35})^3 \\ &= (71 + 12\sqrt{35})(6 + \sqrt{35}) = 846 + 143\sqrt{35}\end{aligned}$$

Isto dá $x_3 = 846$, $y_3 = 143$, e, de fato,

$$846^2 - 35 \cdot 143^2 = 715716 - 715715 = 1$$

de modo que estes valores constituem outra solução.

Voltando à equação $x^2 - dy^2 = 1$, nosso teorema final, nos diz que qualquer solução positiva pode ser calculada a partir da fórmula

$$x_n + y_n\sqrt{d} = (x_1 + y_1\sqrt{d})^n$$

em que n assume valores inteiros; isto é, se u, v é uma solução positiva de $x^2 - dy^2 = 1$, então $u = x_n$, $v = y_n$, para um inteiro n escolhido adequadamente. Afirmamos isso como Teorema 15.17.

Teorema 15.17. Se x_1, y_1 é a solução fundamental de $x^2 - dy^2 = 1$, então toda solução positiva da equação é dada por x_n, y_n, onde x_n e y_n são inteiros determinados a partir de

$$x_n + y_n\sqrt{d} = (x_1 + y_1\sqrt{d})^n \qquad n = 1, 2, 3, \ldots$$

Demonstração. Na expectativa de uma contradição, suponhamos que existe uma solução positiva u, v que não possa ser obtida pela fórmula $\left(x_1 + y_1\sqrt{d}\right)^n$. Como $x_1 + y_1\sqrt{d} > 1$, as potências de $x_1 + y_1\sqrt{d}$ se tornam arbitrariamente grandes; isso significa que $u + v\sqrt{d}$ deve situar-se entre duas potências consecutivas de $x_1 + y_1\sqrt{d}$, por exemplo,

$$(x_1 + y_1\sqrt{d})^n < u + v\sqrt{d} < (x_1 + y_1\sqrt{d})^{n+1}$$

ou, para escrever em termos diferentes,

$$x_n + y_n\sqrt{d} < u + v\sqrt{d} < (x_n + y_n\sqrt{d})(x_1 + y_1\sqrt{d})$$

Multiplicando esta desigualdade pelo número positivo $x_n + y_n\sqrt{d}$ e observando que $1/x_n^2 - dy_n^2 = 1$, somos levados a

$$1 < (x_n - y_n\sqrt{d})(u + v\sqrt{d}) < x_1 + y_1\sqrt{d}$$

Em seguida, defina o inteiros r e s por $r + s\sqrt{d} = \left(x_n - y_n\sqrt{d}\right)\left(u + v\sqrt{d}\right)$; isto é, considere

$$r = x_n u - y_n v d \qquad s = x_n v - y_n u$$

Um cálculo simples mostra que

$$r^2 - ds^2 = (x_n^2 - dy_n^2)(u^2 - dv^2) = 1$$

e, por conseguinte, r, s é uma solução de $x^2 - dy^2 = 1$ que satisfaz

$$1 < r + s\sqrt{d} < x_1 + y_1\sqrt{d}$$

Para concluir a prova, precisamos mostrar que o par r, s é uma solução positiva. Como $1 < r + s\sqrt{d}$ e $(r + s\sqrt{d})(r - s\sqrt{d}) = 1$, vemos que $0 < r - s\sqrt{d} < 1$. Em consequência,

$$2r = (r + s\sqrt{d}) + (r - s\sqrt{d}) > 1 + 0 > 0$$
$$2s\sqrt{d} = (r + s\sqrt{d}) - (r - s\sqrt{d}) > 1 - 1 = 0$$

que faz com que r e s sejam positivos. O resultado é que, como x_1, y_1 é a solução fundamental de $x^2 - dy^2 = 1$, temos que ter $x_1 < r$ e $y_1 < s$; mas então $x_1 + y_1\sqrt{d} < r + s\sqrt{d}$, contrariando uma desigualdade anterior. Esta contradição conclui o nosso argumento.

A equação de Pell atraiu matemáticos através dos tempos. Não há evidência histórica de que os métodos para resolver a equação eram conhecidos pelos gregos cerca de 400 anos antes do início da era cristã. Um famoso problema de análise indeterminado conhecido como o "problema do gado" está contido em um epigrama enviado por Arquimedes para Eratóstenes como um desafio para os estudiosos de Alexandria. Nele, pede-se para encontrar o número de touros e vacas de cada uma das quatro cores, sendo as oito incógnitas relacionadas por nove condições. Estas condições envolvem, em última instância, a solução da equação de Pell

$$x^2 - 4729494y^2 = 1$$

o que leva a um número enorme; uma das oito incógnitas é um número que tem 206545 dígitos (supondo-se que 15 dígitos impressos ocupam uma polegada de espaço, o número seria de mais de 1/5 de uma milha de comprimento). Embora geralmente seja consenso que o problema se originou com o célebre matemático de Siracusa, ninguém afirma que Arquimedes realmente tenha realizado todos os cálculos necessários.

Tais equações e regras dogmáticas, sem qualquer prova para calcular suas soluções, se espalhou pela Índia há mais de mil anos antes de aparecerem na Europa. No século VII, Brahmagupta disse que uma pessoa que pode em um ano resolver a equação $x^2 - 92y^2 = 1$ é um matemático; naquela época, ele teria que ser, pelo menos, um bom estudioso de aritmética, pois $x = 151, y = 120$ é a menor solução positiva. A tarefa computacionalmente mais difícil era encontrar inteiros que satisfazem $x^2 - 94y^2 = 1$, pois aqui a solução fundamental é dada por $x = 2143295, y = 221064$.

Fermat, portanto, não foi o primeiro a propor a solução de equações $x^2 - dy^2 = 1$ ou mesmo para conceber um método geral de solução. Ele foi talvez o primeiro a afirmar que a equação tem uma infinidade de soluções, independentemente do valor do inteiro não quadrado d. Além disso, seu esforço para obter soluções inteiras para este e outros problemas foi um divisor de águas na teoria dos números, rompendo com a tradição clássica da *Arithmetica* de Diofanto.

PROBLEMAS 15.5

1. Se x_0, y_0 é uma solução positiva da equação $x^2 - dy^2 = 1$, prove que $x_0 > y_0$.

2. Usando a técnica de substituir sucessivamente $y = 1, 2, 3, \ldots$ em $dy^2 + 1$, determine a menor solução positiva de $x^2 - dy^2 = 1$ quando d é
   (a) 7.
   (b) 11.
   (c) 18.
   (d) 30.
   (e) 39.

3. Encontre todas as soluções positivas das seguintes equações para as quais $y < 250$.
   (a) $x^2 - 2y^2 = 1$.
   (b) $x^2 - 3y^2 = 1$.
   (c) $x^2 - 5y^2 = 1$.

4. Mostre que existe uma infinidade de números pares n com a propriedade de que $n + 1$ e $n/2 + 1$ são quadrados perfeitos. Exiba dois destes inteiros.

5. Encontre duas soluções positivas para cada uma das seguintes equações:
   (a) $x^2 - 23y^2 = 1$.
   (b) $x^2 - 26y^2 = 1$.
   (c) $x^2 - 33y^2 = 1$.

6. Encontre as soluções fundamentais das equações:
   (a) $x^2 - 29y^2 = 1$.
   (b) $x^2 - 41y^2 = 1$.
   (c) $x^2 - 74y^2 = 1$.
   [*Sugestão*: $\sqrt{41} = [6; \overline{2, 2, 12}]$ e $\sqrt{74} = [8; \overline{1, 1, 1, 1, 16}]$.]

7. Exiba uma solução de cada equação a seguir:
   (a) $x^2 - 13y^2 = -1$
   (b) $x^2 - 29y^2 = -1$
   (c) $x^2 - 41y^2 = -1$

8. Prove que se x_0, y_0 é uma solução da equação $x^2 - dy^2 = -1$, então $x = 2dy_0^2 - 1$, $y = 2x_0 y_0$ satisfaz $x^2 - dy^2 = 1$. Broucker usou este fato na solução de $x^2 - 313y^2 = 1$.

9. Se d é divisível por um primo $p \equiv 3 \pmod 4$, mostre que a equação $x^2 - dy^2 = -1$ não possui solução.

10. Se x_1, y_1 é a solução fundamental da equação $x^2 - dy^2 = 1$ e
$$x_n + y_n\sqrt{d} = (x_1 + y_1\sqrt{d})^n \qquad n = 1, 2, 3, \ldots$$
prove que o par de inteiros x_n, y_n pode ser calculado pelas fórmulas:
$$x_n = \frac{1}{2}[(x_1 + y_1\sqrt{d})^n + (x_1 - y_1\sqrt{d})^n]$$
$$y_n = \frac{1}{2\sqrt{d}}[(x_1 + y_1\sqrt{d})^n - (x_1 - y_1\sqrt{d})^n]$$

11. Verifique que os inteiros x_n, y_n do problema anterior podem ser definidos por indução por
$$x_{n+1} = x_1 x_n + d y_1 y_n$$
$$y_{n+1} = x_1 y_n + x_n y_1$$
para $n = 1, 2, 3, \ldots$, ou por
$$x_{n+1} = 2x_1 x_n - x_{n-1}$$
$$y_{n+1} = 2x_1 y_n - y_{n-1}$$
para $n = 2, 3, \ldots$.

12. Sabendo que $x_1 = 15, y_1 = 2$ é a solução fundamental de $x^2 - 56y^2 = 1$, determine mais duas soluções positivas.
13. (a) Prove que, quando a equação $x^2 - dy^2 = c$ possui solução, ela tem infinitas soluções.
    [*Sugestão*: Se u e v satisfazem $x^2 - dy^2 = c$ e r e s satisfazem $x^2 - dy^2 = 1$, então
    $$(ur \pm dvs)^2 - d(us \pm vr)^2 = (u^2 - dv^2)(r^2 - ds^2) = c.]$$

    (b) Dado que $x = 16, y = 6$ é uma solução de $x^2 - 7y^2 = 4$, obtenha outras duas soluções positivas.

    (c) Dado que $x = 18, y = 3$ é uma solução de $x^2 - 35y^2 = 9$, obtenha outras duas soluções positivas.

14. Aplique o teorema desta seção para provar que existem infinitas ternas pitagóricas primitivas x, y, z nas quais x e y são inteiros consecutivos.
    [*Sugestão*: Considere a identidade $(s^2 - t^2) - 2st = (s - t)^2 - 2t^2$.]

15. Os *números de Pell* p_n e q_n são definidos por

    $$p_0 = 0 \quad p_1 = 1 \quad p_n = 2p_{n-1} + p_{n-2} \quad n \geq 2$$
    $$q_0 = 1 \quad q_1 = 1 \quad q_n = 2q_{n-1} + q_{n-2} \quad n \geq 2$$

    Isto nos dá as duas sequências

    $$0, 1, 2, 5, 12, 29, 70, 169, 408, \ldots$$
    $$1, 1, 3, 7, 17, 41, 99, 239, 577, \ldots$$

    Se $\alpha = 1 + \sqrt{2}$ e $\beta = 1 - \sqrt{2}$, mostre que os números de Pell podem ser expressos como

    $$p_n = \frac{\alpha^n - \beta^n}{2\sqrt{2}} \qquad q_n = \frac{\alpha^n + \beta^n}{2}$$

    para $n \geq 0$.
    [*Sugestão*: Repita o argumento do Teorema 14.4, observando que α e β são raízes da equação $x^2 - 2x - 1 = 0$.]

16. Para os números de Pell, deduza as relações a seguir, em que $n \geq 1$:
    (a) $p_{2n} = 2p_n q_n$.
    (b) $p_n + p_{n-1} = q_n$.
    (c) $2q_n^2 - q_{2n} = (-1)^n$.
    (d) $p_n + p_{n+1} + p_{n+3} = 3p_{n+2}$.
    (e) $q_n^2 - 2p_n^2 = (-1)^n$; assim, q_n/p_n são os convergentes de $\sqrt{2}$.

CAPÍTULO 16

ALGUNS DESENVOLVIMENTOS MODERNOS

Tal como em tudo, em uma teoria matemática: a beleza pode ser percebida, mas não explicada.

ARTHUR CAYLEY

16.1 HARDY, DICKSON E ERDÖS

A vitalidade de qualquer campo da matemática é mantida apenas enquanto seus praticantes continuam a perguntar (e encontrar respostas para) questões interessantes e que valem a pena. Até agora, nosso estudo da teoria dos números mostrou como esse processo tem acontecido desde os seus primórdios clássicos até os dias de hoje. O leitor adquiriu um conhecimento prático de como a teoria dos números se desenvolveu e viu que o campo ainda está muito vivo e crescente. Este breve capítulo final indica várias das direções mais promissoras que o desenvolvimento tomou no século XX.

Começamos olhando algumas contribuições de três proeminentes teóricos dos números do século passado, cada um de um país diferente: Godfrey H. Hardy, Leonard E. Dickson e Paul Erdös. Avançando consideravelmente nosso conhecimento matemático, eles são dignos sucessores dos grandes mestres do passado.

Por mais de um quarto de século, G. H. Hardy (1877–1947) dominou a matemática inglesa pela importância do seu trabalho e pela força de sua personalidade. Hardy entrou na Universidade de Cambridge em 1896 e integrou-se a sua faculdade em 1906 como professor de matemática, cargo que ocupou até 1919. Talvez o seu maior serviço à matemática, neste período inicial, tenha sido seu conhecido livro *A Course in Pure Mathematics*. A Inglaterra tinha uma grande tradição em matemática aplicada, começando com Newton, mas em 1900 a matemática estava em baixa por lá. *A Course in Pure Mathematics* foi planejado para dar

Godfrey Harold Hardy
(1877–1947)

(*Master and Fellows of Trinity College, Cambridge*)

ao aluno de graduação uma exposição rigorosa das ideias básicas de análise. Tendo numerosas edições e traduzido em várias línguas, transformou a tendência do ensino universitário em matemática.

O posicionamento antiguerra de Hardy despertou fortes sentimentos negativos em Cambridge, e em 1919 ele resolveu aceitar a cadeira de Savilian em geometria em Oxford. Ele foi sucedido na equipe de Cambridge por John E. Littlewood. Onze anos depois, Hardy voltou a Cambridge, onde permaneceu até sua aposentadoria em 1942.

O nome de Hardy está inevitavelmente ligado ao de Littlewood, com quem ele manteve a mais prolongada (35 anos), extensa e frutífera parceria na história da matemática. Eles escreveram cerca de 100 trabalhos em conjunto, o último publicado um ano depois da morte de Hardy. Frequentemente brincava-se dizendo que havia apenas três grandes matemáticos ingleses naquela época: Hardy, Littlewood e Hardy-Littlewood. (Um matemático, encontrando Littlewood pela primeira vez, exclamou: "Eu pensei que você fosse apenas um nome usado por Hardy naqueles artigos que ele não achava que era bom o suficiente para publicar em seu próprio nome.")

Há muito poucas áreas da teoria dos números em que Hardy não fez uma contribuição significativa. Um dos seus principais interesses foi o problema de Waring; isto é, a questão de representar um número inteiro positivo arbitrário como a soma de, no máximo, $g(k)$ k-ésimas potências (ver Seção 13.3). O teorema geral que $g(k)$ é finito para todo k foi provado pela primeira vez por Hilbert em 1909 usando um argumento que não esclarece quantas potências são necessárias. Em uma série de artigos publicados durante os anos 1920, Hardy e Littlewood obtiveram limites superiores para $G(k)$, definido como o número mínimo de k-ésimas potências necessárias para representar todos os números inteiros suficientemente grandes. Eles mostraram (1921) que $G(k) \leq (k-2) 2^{k-1} + 5$ para todo k, e, mais particularmente, que $G(4) \leq 19$, $G(5) \leq 41$, $G(6) \leq 87$ e $G(7) \leq 193$. Outro dos seus resultados (1925) é que para "quase todos" os inteiros positivos $g(4) \leq 15$, enquanto $g(k) \leq (1/2k - 1) 2^{k-1} + 3$, quando $k = 3$ ou $k \geq 5$. Como $79 = 4 \cdot 2^4 + 15 \cdot 1^4$ requer 19 quartas potências, $g(4) \geq 19$. Isto, juntamente com o limite $G(4) \leq 19$, sugeriu que $g(4) = 19$ e levantou a possibilidade de que o seu valor real poderia ser obtido por cálculo.

Outro tema que chamou a atenção dos dois colaboradores foi o clássico problema de três primos: Cada inteiro ímpar $n \geq 7$ pode ser escrito como a soma de três números primos? Em 1922, Hardy e Littlewood provaram que, se certas condições forem satisfeitas, então existe um número positivo N tal que todo inteiro ímpar $n \geq N$ é uma soma de três primos. Eles também descobriram uma fórmula aproximada para o número de tais representações de n. I. M. Vinogradov mais tarde obteve o resultado de Hardy-Littlewood sem recorrer a estas condições. Todos os artigos de Hardy-Littlewood estimularam uma grande quantidade de novas pesquisas por muitos matemáticos.

L. E. Dickson (1874–1954) foi proeminente em um pequeno círculo de indivíduos que influenciaram o rápido desenvolvimento da matemática americana na virada do século. Ele concluiu o primeiro doutorado em matemática pela recém-fundada Universidade de Chicago em 1896, tornou-se professor assistente lá em 1900 e permaneceu em Chicago até sua aposentadoria em 1939.

Refletindo os interesses abstratos do orientador de sua tese, o distinto E. H. Moore, Dickson inicialmente se dedicou ao estudo dos grupos finitos. Em 1906, a prodigiosa produção de Dickson já havia atingido 126 artigos. Brincando, ele observou que, apesar de sua lua de mel ter sido um sucesso, ele conseguiu escrever apenas dois artigos. Sua monumental *History of the Theory of Numbers* (1919), que foi publicada em três volumes, totalizando mais de 1.600 páginas, levou 9 anos para ser concluída; por si só, este teria sido o trabalho da vida para um homem comum. Um dos matemáticos mais prolíficos do século, Dickson escreveu 267 artigos e 18 livros convergindo uma ampla gama de tópicos em seu campo. Quase uma lenda é a sua farpa contra a matemática aplicada: "Graças a Deus que a teoria dos números não é maculada pelas aplicações." (Expressando a mesma ideia, Hardy comentou: "Aqui está a matemática pura! Que nunca tem qualquer utilidade.") Em reconhecimento ao seu trabalho, Dickson foi o primeiro ganhador do F. N. Cole Prize em Álgebra e teoria dos Números, concedido em 1928 pela Sociedade Americana de Matemática.

Dickson afirmou que sempre quis trabalhar na teoria dos números e que escreveu a *History of the Theory of Numbers* para que ele pudesse saber tudo o que havia sido feito no assunto. Ele foi particularmente interessado na existência de números perfeitos, números abundantes e deficientes, e no problema de Waring. Um resultado típico de suas investigações foi a lista (em 1914) de todos os números ímpares abundantes menores que 15000.

Em uma longa série de trabalhos iniciados em 1927, Dickson deu uma solução quase completa para a forma original do problema de Waring. Seu resultado final (em 1936) foi o de que, para quase todo k, $g(k)$ assume o valor $g(k) = 2^k + [(3/2)^k] - 2$, como foi conjecturado por Euler em 1772. Dickson obtêve uma condição aritmética simples para k garantindo que a fórmula anterior para $g(k)$ era válida, e mostrou que a condição foi satisfeita para k entre 7 e 400. Com o aumento drástico da potência dos computadores, sabe-se agora que a conjectura de Euler para $g(k)$ vale quando k está entre 2 e 471600000.

Paul Erdös (1913–1996), que é muitas vezes descrito como um dos maiores matemáticos modernos, é único no folclore matemático. Filho de dois professores do ensino médio de matemática, sua genialidade se tornou aparente em uma idade muito precoce. Erdös entrou na Universidade de Budapeste, quando tinha 17 anos e se formou quatro anos mais tarde, com um Ph.D. em matemática. Como estudante do primeiro ano da faculdade, ele publicou seu primeiro trabalho, que foi uma prova simples da conjectura de Bertrand de que, para qualquer $n > 1$, há sempre um primo entre n e $2n$.

Depois de uma comunhão de quatro anos na Universidade de Manchester, Inglaterra, Erdös adotou o estilo de vida de um estudioso errante, um "Professor do Universo". Ele viajou o mundo constantemente, chegou a visitar até 15 universidades e centros de pesquisa em um mês. (Enquanto o lema de Gauss era "Poucos, mas maduros", Erdös tomou como suas as palavras "Outro teto, mais uma demonstração".) Embora Erdös nunca tenha firmado um compromisso acadêmico regular, ele recebia propostas em diversas instituições onde poderia permanecer por períodos curtos. Em sua dedicação total à pesquisa matemática, Erdös dispensou os prazeres e posses da vida diária. Ele não tinha nem propriedade nem endereço fixo, não levava dinheiro e nunca cozinhou nada, nem mesmo água fervida para o chá; alguns amigos próximos cuidavam de seus assuntos financeiros, incluindo a apresentação de suas declarações de imposto de renda. Uma pessoa generosa, Erdös era capaz de dar os honorários que recebia de suas palestras, ou utilizá-los para financiar duas bolsas que ele criou para jovens matemáticos — uma na Hungria e outra em Israel.

O trabalho de Erdös na teoria dos números sempre foi substancial e frequentemente monumental. Uma façanha foi sua demonstração (1938) de que a soma dos inversos dos números primos é uma série divergente. Em 1949, ele e Atle Selberg publicaram de forma independente provas "elementares" — embora nada fáceis — do que é chamado Teorema do Número Primo. (Ele afirma que $\pi(x) \approx x/\log x$, em que $\pi(x)$ é o número de primos $p \leq x$). Esta verdadeira sensação entre os teóricos dos números ajudou Selberg a ganhar a Medalha Fields (1950) e Erdös o Prêmio Cole (1952). Erdös recebeu o prestigiado Prêmio Wolf em 1983 por sua realização proeminente em matemática; do prêmio de $50000, ele ficou com apenas $750.

Erdös publicou, quer isoladamente ou em conjunto, mais de 1200 artigos. Com mais de 300 coautores, ele colaborou com mais pessoas do que qualquer outro matemático. Como um estímulo para os seus colaboradores, Erdös oferecia recompensas monetárias para os problemas que ele tivesse sido incapaz de resolver. As recompensas geralmente variavam entre $10 e $10000, dependendo de sua avaliação da dificuldade do problema. O incentivo para se obter uma solução não era tanto financeiro, mas de prestígio, pois havia uma certa notoriedade associada àqueles que recebessem um cheque com o nome de Erdös. A seguir, temos uma gama de perguntas que ele gostaria de ter tido resposta:

1. Existe um número inteiro ímpar que não seja da forma $2^k + n$, com n livre de quadrados?
2. Existem infinitos números primos p (como $p = 101$) para o qual $p - k!$ é composto sempre que $1 \leq k! < p$?
3. É verdade que, para todo $k > 8$, 2^k não pode ser escrito como a soma de potências distintas de 3? [Notemos que $2^8 = 3^5 + 3^2 + 3 + 1$.]
4. Se $p(n)$ é o maior fator primo de n, a desigualdade $p(n) > p(n+1) > p(n+2)$ tem um número infinito de soluções?
5. Dada uma sequência infinita de números inteiros, cuja soma dos inversos diverge, a sequência contém progressões aritméticas arbitrariamente longas? ($3000 oferecidos por uma resposta)

Por meio de uma série de problemas e conjecturas como estas, Paul Erdös estimulou duas gerações de teóricos dos números.

A computação sempre foi um importante instrumento de investigação na teoria dos números. Portanto, não é surpreendente que os teóricos dos números estivessem entre os primeiros matemáticos a explorar o potencial dos modernos computadores eletrônicos para a pesquisa. A disponibilidade geral de máquinas de computação deu origem a um novo ramo da nossa disciplina, chamado Teoria dos Números Computacional. Entre seu amplo espectro de atividades, este ramo tem se preocupado com o teste de primalidade de inteiros, encontrando limites inferiores para números perfeitos ímpares, descobrindo novos pares de primos gêmeos e números amigáveis, e obtendo soluções numéricas para certas equações diofantinas (como $x^2 + 999 = y^3$). Outra linha frutífera do trabalho é verificar casos especiais de conjecturas, ou produzir contraexemplos para elas: por exemplo, no que se refere à conjectura de que existem pseudoprimos da forma $2^n - 2$, uma pesquisa de computador encontrou o pseudoprimo $2^{465794} - 2$. O problema da fatoração de números compostos grandes continua sendo de interesse computacional. O resultado mais drástico deste tipo foi a determinação recente de um fator primo do vigésimo oitavo número de Fermat F_{28}, um número inteiro com mais de 8 milhões de dígitos. Anteriormente, sabia-se apenas que F_{28} é composto. Os cálculos extensos forneceram o fator de 22 dígitos $25709319373 \cdot 2^{36} + 1$. Sem dúvida registros da teoria dos números vão continuar a cair com o desenvolvimento de novos algoritmos e equipamentos.

A teoria dos números tem muitos exemplos de conjecturas que são plausíveis, sustentadas por evidências numéricas, que ainda virão a ser falsas. Nesses casos, uma pesquisa direta e de muitos casos no computador pode ajudar. Uma conjectura de longa data deveu-se a George Pólya (1888–1985). Em 1914, ele supôs que para qualquer $n \geq 2$, o número de inteiros positivos até n que têm um número ímpar de divisores primos nunca é menor que o número dos que têm um número par de divisores primos. Seja λ a função Liouville, definida pela equação $\lambda(n) = (-1)^{\Omega(n)}$, em que o símbolo $\Omega(n)$ representa o número total de fatores primos de $n \geq 2$ contados de acordo com suas multiplicidades ($\lambda(1) = 1$). Com esta notação, a conjectura de Pólya pode ser escrita como uma afirmação de que a função

$$L(n) = \sum_{x \leq n} \lambda(x)$$

nunca é positiva para todo $n \geq 2$. Os cálculos do próprio Pólya confirmaram isso até $n = 1500$, e acreditou-se que a conjectura fosse verdadeira nos 40 anos seguintes. Em 1958, C. B. Haselgrove provou que a conjectura é falsa, mostrando que existe um número infinito de inteiros n para os quais $L(n) > 0$. No entanto, seu método não apresentou qualquer n específico que contrariasse a conjectura. Pouco depois (1960), R. S. Lehman chamou a atenção para o fato de que

$$L(9906180359) = 1$$

O menor valor de n que satisfaz $L(n) > 0$ foi descoberto em 1980; é 906150257.

Outra questão que não poderia ter sido atingida sem a ajuda de computadores é se a sequência de dígitos 123456789 ocorre em algum lugar na expansão decimal de π. Em 1991, quando o valor de π foi estendido até um bilhão de dígitos decimais, verificou-se que o referido bloco aparece pouco depois do meio bilionésimo dígito.

16.2 TESTE DE PRIMALIDADE E FATORAÇÃO

Nos últimos anos, o teste de primalidade tornou-se uma das áreas de investigação mais ativas na teoria dos números. As melhorias em potência e sofisticação dos equipamentos de computação reacenderam o interesse pelos cálculos em grande escala, levando ao desenvolvimento de novos algoritmos para reconhecer primos rapidamente e fatorar inteiros compostos; alguns desses procedimentos exigem tantos cálculos que a sua implementação teria sido inviável em gerações anteriores. Esses algoritmos são de extrema importância para indivíduos da indústria ou do governo preocupados em preservar a transmissão de dados: vários sistemas criptográficos atuais são baseados na dificuldade inerente de fatorar números com várias centenas de dígitos. Esta seção descreve algumas das inovações mais recentes na fatoração de inteiros e no teste de primalidade. Os dois problemas computacionais realmente se complementam, porque para obter a fatoração completa de um número inteiro em um produto de números primos devemos ser capazes de garantir — ou assegurar sem dúvidas — que os fatores envolvidos na representação são de fato primos.

O problema de distinguir números primos de números compostos ocupou os matemáticos através dos séculos. Em sua *Disquisitiones Arithmeticae*, Gauss o tratou como "o mais importante e útil na aritmética". Dado um número inteiro $n > 1$, exatamente como se faz para testar sua primalidade? O método mais antigo e mais direto é o teste da divisão: verificar se cada número inteiro de 2 a $\sqrt{n}$ é um fator de n. Se algum deles for um fator de n, então n é composto; se não for, então podemos ter certeza de que n é primo. A principal desvantagem desta abordagem é que, mesmo com um computador capaz de executar um milhão de testes de divisão a cada segundo, isto pode ser impraticável e irremediavelmente demorado. Não basta simplesmente ter um algoritmo para determinar o caráter primo ou composto de um número inteiro razoavelmente grande; o que nós realmente precisamos é de um algoritmo *eficiente*.

O teste rápido há muito procurado para determinar se um número inteiro positivo é primo foi criado em 2002 por três cientistas da computação da Índia (M. Agrawal, N. Kayal, e N. Saxena). Seu algoritmo surpreendentemente simples fornece uma resposta definitiva em "tempo polinomial", ou seja, em cerca de d^6 passos, em que d é o número de dígitos binários do inteiro dado.

Em 1974, John Pollard propôs um método que é extremamente bem-sucedido para encontrar fatores de tamanho médio (até cerca de 20 dígitos) de números anteriormente intratáveis. Vamos considerar um número inteiro ímpar grande n que sabemos que é composto. O primeiro passo no método de fatoração de Pollard é escolher um polinômio bastante simples, de grau pelo menos 2 com coeficientes inteiros, como um polinômio quadrático

$$f(x) = x^2 + a \qquad a \neq 0, -2$$

Então, começando com um valor inicial x_0, uma sequência "aleatória" $x_1, x_2, x_3,\ldots$ é criada a partir da relação recursiva

$$x_{k+1} \equiv f(x_k) \pmod{n} \qquad k = 0, 1, 2, \ldots$$

isto é, as sucessivas iterações $x_1 = f(x_0)$, $x_2 = f(f(x_0))$, $x_3 = f(f(f(x_0))),\ldots$ são computados módulo n.

Seja d um divisor não trivial de n, em que d é pequeno se comparado com n, uma vez que existam relativamente poucas classes de congruência módulo d (ou seja, d delas), provavelmente existirão inteiros x_j e x_k que se encontrem na mesma classe de congruência módulo d, mas pertençam a diferentes classes módulo n, em suma, teremos $x_k \equiv x_j \pmod{d}$ e $x_k \not\equiv x_j \pmod{n}$. Como d divide $x_k - x_j$ e n não, segue-se que $\mathrm{mdc}(x_k - x_j, n)$ é divisor não trivial de n. Na prática, um divisor d de n não é conhecido antecipadamente. Mas é mais provável que ele seja detectado em uma lista de inteiros x_k, o que nós conhecemos. Basta comparar x_k com x_j anteriormente, calculando $\mathrm{mdc}(x_k - x_j, n)$ até um máximo divisor comum não trivial ocorrer. O divisor obtido desta forma não é necessariamente o menor fator de n, e de fato não pode mesmo ser primo. Existe a possibilidade de que, quando um máximo divisor comum maior que 1 for encontrado, ele possa ser igual a n; ou seja, $x_k \equiv x_j \pmod{n}$. Embora isso só aconteça raramente, uma solução é repetir o cálculo ou com um novo valor de x_0 ou com um polinômio $f(x)$ diferente.

Um exemplo bastante simples é oferecido pelo inteiro $n = 2189$. Se escolhermos $x_0 = 1$ e $f(x) = x^2 + 1$, a sequência recursiva será

$$x_1 = 2, \quad x_2 = 5, \quad x_3 = 26, \quad x_4 = 677, \quad x_5 = 829, \ldots$$

Comparando x_k diferentes, descobrimos que

$$\mathrm{mdc}(x_5 - x_3, 2189) = \mathrm{mdc}(803, 2189) = 11$$

e assim 11 é um divisor de 2189.

Conforme k aumenta, a tarefa de calcular $\mathrm{mdc}(x_k - x_j, n)$ para cada $j < k$ se torna muito demorada. Veremos que muitas vezes é mais eficiente, para reduzir o número de passos, olhar para os casos em que $k = 2j$. Seja d algum (ainda desconhecido) divisor não trivial de n. Se $x_k \equiv x_j \pmod{d}$, com $j < k$, então, pela forma como $f(x)$ foi selecionado

$$x_{j+1} = f(x_j) \equiv f(x_k) = x_{k+1} \pmod{d}$$

Daqui resulta que, quando a sequência $\{x_k\}$ é reduzida módulo d, um bloco de $k - j$ inteiros é repetido infinitas vezes. Ou seja, se $r \equiv s \pmod{k - j}$, onde $r \geq j$ e $s \geq j$, então $x_r \equiv x_s \pmod{d}$; e, em particular, $x_{2t} \equiv x_t \pmod{d}$ quando t é um múltiplo de $k - j$ maior do que j. É razoável, portanto, esperar que exista um inteiro k para o qual $1 < \mathrm{mdc}(x_{2k} - x_k, n) < n$. A desvantagem no cálculo de apenas um máximo divisor comum para cada valor de k é que podemos não detectar inicialmente que $\mathrm{mdc}(x_i - x_j, n)$ é um divisor não trivial de n.

Um exemplo específico esclarecerá este assunto.

Exemplo 16.1. Para fatorar $n = 30623$ usando esta variante do método de Pollard, vamos tomar $x_0 = 3$ como o valor inicial e $f(x) = x^2 - 1$ como o polinômio. A sequência de números inteiros que x_k gera é

$$8, 63, 3968, 4801, 21104, 28526, 18319, 18926, \ldots$$

Comparando x_{2k} com x_k, obtemos

$$x_2 - x_1 = 63 - 8 = 55 \qquad \text{mdc}(55, n) = 1$$
$$x_4 - x_2 = 4801 - 63 = 4738 \qquad \text{mdc}(4738, n) = 1$$
$$x_6 - x_3 = 28526 - 3968 = 24558 \qquad \text{mdc}(24558, n) = 1$$
$$x_8 - x_4 = 18926 - 4801 = 14125 \qquad \text{mdc}(14125, n) = 113$$

A fatoração desejada é $30623 = 113 \cdot 271$.

Quando os x_k são reduzidos módulo 113, a nova sequência

$$8, 63, 13, 55, 86, 50, 13, 55, \ldots$$

é obtida. Esta sequência é, em última análise, periódica com os quatro inteiros 13, 55, 86, 50 se repetindo. Também vale a pena observar que, como $x_8 \equiv x_4 \pmod{113}$, o comprimento do período é $8 - 4 = 4$. A situação pode ser representada graficamente como

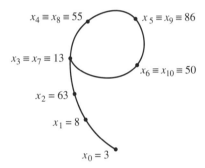

Como a figura se assemelha à letra grega ρ (rô), este método de fatoração é popularmente conhecido como método rô de Pollard. O próprio Pollard o tinha chamado de método de Monte Carlo, tendo em vista a sua natureza aleatória.

Um triunfo notável do método rô é a fatoração do número de Fermat F_8 por Brent e Pollard em 1980. Anteriormente sabia-se que F_8 era composto, mas seus fatores não estavam determinados. Usando $f(x) = x^{2^{10}} + 1$ e $x_0 = 3$ no algoritmo, Brent e Pollard foram capazes de encontrar o fator primo 1238926361552897 de F_8 em apenas 2 horas no computador. Embora eles tenham conseguido verificar que o outro fator de 62 dígitos era primo, H. C. Williams conseguiu a façanha logo em seguida.

O teorema de Fermat está por trás de um segundo sistema de fatoração desenvolvido por John Pollard em 1974, conhecido como o método $p - 1$. Suponhamos que o inteiro composto ímpar n a ser fatorado tenha um divisor primo desconhecido p com a propriedade de que $p - 1$ é um produto de primos relativamente pequenos. Seja q um inteiro tal que $(p - 1) \mid q$. Por exemplo, q pode ser $k!$ ou o mínimo múltiplo comum dos k primeiros números inteiros positivos, em que k é tomado suficientemente grande. Em seguida, escolha um número inteiro a, com $1 < a < p - 1$, e calcule $a^p \equiv m \pmod{n}$. Como $q = (p - 1)j$ para algum j, a congruência de Fermat leva a

$$m \equiv a^q \equiv (a^{p-1})^j \equiv 1^j = 1 \pmod{p}$$

o que implica que $p \mid (m - 1)$. Isto força $\text{mdc}(m - 1, n) > 1$, o que dá origem a um divisor não trivial de n, desde que $m \not\equiv 1 \pmod{n}$.

É importante notar que $\text{mdc}(m - 1, n)$ pode ser calculado sem que p seja conhecido. Se $\text{mdc}(m - 1, n) = 1$, então deve-se voltar e selecionar um valor diferente de a. O método também pode falhar se q não for grande o suficiente; isto é, se $p - 1$ tiver um fator primo grande ou um primo pequeno que ocorre a uma grande potência.

Exemplo 16.2. Vamos obter um divisor não trivial de $n = 2987$, tomando $a = 2$ e $q = 7!$ no método $p - 1$ de Pollard. Para encontrar $2^{7!} \pmod{2987}$, calculamos

$$(((((2^2)^3)^4)^5)^6)^7 \pmod{2987}$$

sendo a sequência de cálculos

$$2^2 \equiv 4 \pmod{2987}$$
$$4^3 \equiv 64 \pmod{2987}$$
$$64^4 \equiv 2224 \pmod{2987}$$
$$2224^5 \equiv 1039 \pmod{2987}$$
$$1039^6 \equiv 2227 \pmod{2987}$$
$$2227^7 \equiv 755 \pmod{2987}$$

Como mdc(754, 2987) = 29, descobrimos que 29 é um divisor de 2987.

O algoritmo da fração contínua também desempenhou um papel de destaque durante meados dos anos 1970. Este procedimento iterativo estava na *Théorie des Nombres* de Legendre de 1798, mas ao longo dos anos seguintes caiu em desuso devido aos seus cálculos complicados. Com o advento dos computadores, não houve mais razão prática para ignorar o método. Os cálculos podem agora ser feitos com rapidez e precisão. Seu primeiro sucesso impressionante foi a fatoração do número de Fermat F_7 de 39 dígitos, realizada por Morrison e Brillhart em 1970 e publicada em 1975.

Antes de considerar este método, vamos relembrar a notação de frações contínuas. Para um número inteiro não quadrado positivo n, a expansão em fração contínua de $\sqrt{n}$ é

$$\sqrt{n} = [a_0; a_1, a_2, a_3, \ldots]$$

em que os números inteiros a_k são definidos de forma recursiva através de

$$a_0 = [x_0], \quad x_0 = \sqrt{n}$$
$$a_{k+1} = [x_{k+1}], \quad x_{k+1} = \frac{1}{x_k - a_k} \quad \text{para } k \geq 0$$

O k-ésimo convergente C_k de $\sqrt{n}$ é

$$C_k = [a_0; a_1, a_2, \ldots, a_k] = p_k/q_k$$

Os p_k e q_k podem ser calculados a partir das relações

$$p_{-2} = q_{-1} = 0, \quad p_{-1} = q_{-2} = 1$$

e

$$p_k = a_k p_{k-1} + p_{k-2}$$
$$q_k = a_k q_{k-1} + q_{k-2} \quad \text{para } k \geq 0$$

Agora os valores $a_0, a_1, a_2, \ldots$ são usados para definir os inteiros s_k e t_k da seguinte forma:

$$s_0 = 0, \quad t_0 = 1$$
$$s_{k+1} = a_k t_k - s_k, \quad t_{k+1} = (n - s_{k+1}^2)/t_k \quad \text{para } k \geq 0$$

A equação de que precisamos aparece no Teorema 15.12; a saber,

$$p_{k-1}^2 - n q_{k-1}^2 = (-1)^k t_k \quad (k \geq 1)$$

ou, expresso em congruência módulo n,

$$p_{k-1}^2 \equiv (-1)^k t_k \pmod{n}$$

O sucesso deste método de fatoração depende de t_k ser um quadrado perfeito para algum k inteiro par, ou seja, $t_k = y^2$. Isto nos daria

$$p_{k-1}^2 \equiv y^2 \pmod{n}$$

e uma chance de uma fatoração de n. Se $p_{k-1} \not\equiv \pm y \pmod{n}$, então mdc($p_{k-1} + y$, n) e mdc($p_{k-1} - y$, n) são divisores não triviais de n, pois n dividiria o produto de $p_{k-1} + y$ e $p_{k-1} - y$ sem dividir os fatores. No caso em que $p_{k-1} \equiv \pm y \pmod{n}$, localizamos outro quadrado t_k e tentamos novamente.

Exemplo 16.3. Vamos fatorar 3427 usando o método de fatoração por fração contínua. Inicialmente $\sqrt{3427}$ tem a expansão em fração contínua

$$\sqrt{3427} = [58; 1, 1, 5, 1, 1, 1, 16, 12, \ldots]$$

Os resultados dos cálculos de s_k, t_k e p_k estão listados na tabela a seguir com alguns valores de p_k reduzidos módulo 3427:

k	0	1	2	3	4	5	6	7	8
a_k	58	1	1	5	1	1	1	16	12
s_k	0	45	23	22	13	41	43	17	42
t_k	1	63	54	19	69	42	73	7	9
p_k	58	59	117	644	761	1405	2166	1791	3096

O primeiro t_k, com um índice par, que é quadrado, é t_8. Assim, consideramos a congruência

$$p_7^2 \equiv (-1)^8 t_8 \pmod{3427}$$

que corresponde à congruência

$$1791^2 \equiv 3^2 \pmod{3427}$$

Aqui, determina-se que

$$\text{mdc}(1791 + 3, 3427) = \text{mdc}(1794, 3427) = 23$$
$$\text{mdc}(1791 - 3, 3427) = \text{mdc}(1788, 3427) = 149$$

e assim 23 e 149 são fatores de 3427. De fato, $3427 = 23 \cdot 149$.

Um quadrado t_{2k} não conduz necessariamente a um divisor não trivial de n. Tomemos $n = 1121$, por exemplo. De $\sqrt{1121} = [33; 2, 12, 1, 8, 1, 1, \ldots]$, obtemos a tabela de valores

k	0	1	2	3	4	5	6
a_k	33	2	12	1	8	1	1
s_k	0	33	31	29	27	29	11
t_k	1	32	5	56	7	40	25
p_k	33	67	837	904	8069	8973	17042

Agora t_6 é um quadrado. A congruência associada $p_5^2 \equiv (-1)^6 t_6 \pmod{1121}$ fica

$$8973^2 \equiv 5^2 \pmod{1121}$$

Mas o método falha neste ponto para identificar um fator não trivial de 1121, pois

$$\text{mdc}(8973 + 5, 1121) = \text{mdc}(8978, 1121) = 1$$

$$\text{mdc}(8973 - 5, 1121) = \text{mdc}(8968, 1121) = 1121$$

Quando o algoritmo de fatoração não produziu um quadrado t_{2k} depois de ter passado por muitos valores de k, há maneiras de modificar o procedimento. Uma variação é encontrar um conjunto de t_k's cujo produto, com o sinal apropriado, é um quadrado. Nosso próximo exemplo ilustra essa técnica.

Exemplo 16.4. Considere o número inteiro $n = 2059$. A tabela relativa à expansão em fração contínua de $\sqrt{2059}$ é

k	0	1	2	3	4	5	6	7	8
a_k	45	2	1	1	1	12	2	1	17
s_k	0	45	23	22	13	41	43	17	42
t_k	1	34	45	35	54	7	30	59	5
p_k	45	91	136	227	363	465	1293	1758	294

Em busca de um t_k promissor, notamos que $t_2 t_8 = 45 \cdot 5 = (3 \cdot 5)^2$. As duas congruências associadas são

$$p_1^2 \equiv (-1)^2 t_2 \pmod{2059}, \quad p_7^2 \equiv (-1)^8 t_8 \pmod{2059}$$

expressas de outra maneira,

$$91^2 \equiv 45 \pmod{2059}, \quad 1758^2 \equiv 5 \pmod{2059}$$

A multiplicação destas produz

$$(91 \cdot 1758)^2 \equiv 15^2 \pmod{2059}$$

e, reduzida módulo 2059, $1435^2 \equiv 15^2 \pmod{2059}$. Isto leva a

$$\text{mdc}(1435 + 15, 2059) = \text{mdc}(1450, 2059) = 29$$

e a um divisor de 2059, o 29. A fatoração completa é $2059 = 29 \cdot 71$.

Outra modificação do algoritmo é fatorar n observando a expansão em fração contínua de $\sqrt{mn}$, em que m é muitas vezes um primo ou o produto dos primeiros números primos. Isto equivale a buscar números inteiros x e y em que $x^2 \equiv y^2 \pmod{mn}$ e depois calcular $\text{mdc}(x + y, mn)$, na esperança de produzir um divisor não trivial de n.

Como exemplo, seja $n = 713$. Vejamos o número inteiro $4278 = 6 \cdot 713$ com expansão $\sqrt{4278} = [65; 2, 2, 5, 1, ...]$. Um quadrado t_k surge quase imediatamente nos cálculos, uma vez que $t_2 = 49$. Assim, vamos examinar a congruência $p_1^2 \equiv (-1)^2 t_2$, que quer dizer

$$131^2 \equiv (-1)^2 7^2 \pmod{4278}$$

É visto que

$$\text{mdc}(131 + 7, 4278) = \text{mdc}(138, 4278) = \text{mdc}(6 \cdot 23, 6 \cdot 713) = 23$$

o que dá 23 como um fator de 713. De fato, $713 = 23 \cdot 31$.

Esta abordagem é, essencialmente, a feita por Morrison e Brillhart na fatoração de F_7. Dos primeiros 1300000 de t_k's que ocorrem na expansão de $\sqrt{257 F_7}$, alguns 2059 deles foram completamente fatorados para encontrar um produto que seja um quadrado.

No final do século XX, o algoritmo de peneira quadrática foi o método escolhido para fatorar números compostos muito grandes — incluindo o número de 129 dígitos do Desafio RSA. Ele sistematizava o esquema de fatoração publicado por Kraitchik em 1926 (página 100). Este método anterior se baseava na observação de que um número composto n pode ser fatorado sempre que os inteiros x e y que satisfazem

$$x^2 \equiv y^2 \pmod{n} \qquad x \not\equiv \pm y \pmod{n}$$

puderem ser encontrados, pois assim $\text{mdc}(x - y, n)$ e $\text{mdc}(x + y, n)$ são divisores não triviais de n. Kraitchik produziu o par x e y procurando um conjunto de congruências

$$x_i^2 \equiv y_i \pmod{n} \qquad i = 1, 2, \ldots, r$$

em que o produto y_i é um quadrado perfeito. Segue-se que

$$(x_1 x_2 \cdots x_r)^2 \equiv y_1 y_2 \cdots y_r = c^2 \pmod{n}$$

dando uma solução da equação $x^2 \equiv y^2 \pmod{n}$ e, possivelmente, um fator de n. A desvantagem desta técnica é que a determinação de um conjunto promissor de y_i é um processo de tentativa e erro.

Em 1970, John Brillhart e Michael Morrison desenvolveram uma estratégia eficiente para a identificação de congruências $x_i^2 \equiv y_i \pmod{n}$ cujo produto produz um quadrado. O primeiro passo é a seleção de uma *base de fator* $\{-1, p_1, p_2, \ldots, p_r\}$ consistindo em $p_1 = 2$ e primos ímpares pequenos p_i tais que n seja um resíduo quadrático de cada p_i; ou seja, o valor do símbolo de *Legendre* $(n/p_i) = 1$. Geralmente, a base de fator é constituída por todos esses primos até um limite fixo. Em seguida, o polinômio quadrático

$$f(x) = x^2 - n$$

é avaliado para inteiros x "próximo" de $\left[\sqrt{n}\right]$, o maior inteiro menor que $\sqrt{n}$. Mais explicitamente, tomamos $x = \left[\sqrt{n}\right], \pm 1 + \left[\sqrt{n}\right], \pm 2 + \left[\sqrt{n}\right], \ldots$. A base de fator é adaptada a n de modo que cada primo nela divide, pelo menos, um valor de $f(x)$, com -1 incluído para permitir os valores negativos de $f(x)$.

Estamos interessados apenas naqueles $f(x)$ cujos fatores são os primos da base de fator, excluindo-se todos os outros valores.

Se

$$f(x) = (-1)^{k_0} p_1^{k_1} p_2^{k_2} \cdots p_r^{k_r} \qquad k_0 = 0 \text{ ou } 1 \qquad k_i \geq 0 \quad \text{para } i = 1, 2, \ldots, r$$

então a fatoração pode ser registrada num vetor expoente com $(r + 1)$ componentes definidos por

$$v(x) = (k_0, j_1, j_2, \ldots, j_r) \qquad j_i \equiv k_i \pmod{2} \quad \text{para } i = 1, 2, \ldots, r$$

Os componentes do vetor são 0 ou 1, dependendo se o primo p_i ocorre em $f(x)$ com uma potência par ou ímpar. Note-se que o vetor expoente de um produto de $f(x)$'s é a soma dos seus respectivos vetores expoentes módulo 2. Assim que o número de vetores expoentes encontrados desta maneira exceder o número de elementos de base de fator, uma dependência linear ocorrerá entre os vetores, embora tal relação muitas vezes seja descoberta mais cedo. Em outras palavras, existirá um subconjunto $x_1, x_2, \ldots, x_s$ para o qual

$$v(x_1) + v(x_2) + \cdots + v(x_s) \equiv (0, 0, \cdots, 0) \pmod{2}$$

Isto significa que o produto das $f(x)$ correspondentes é um quadrado perfeito, digamos y^2, resultando em uma expressão da forma

$$(x_1 x_2 \cdots x_s)^2 \equiv f(x_1) f(x_2) \cdots f(x_s) \equiv y^2 \pmod{n}$$

Há uma chance razoável de que $(x_1 x_2 \ldots x_s) \not\equiv \pm y \pmod{n}$, caso em que $\mathrm{mdc}(x_1 x_2 \ldots x_s - y, n)$ é um divisor não trivial de n. Caso contrário, novas dependências lineares são procuradas até que n esteja fatorado.

Exemplo 16.5. Como exemplo do algoritmo de peneira quadrática, vamos tomar $n = 9487$. Aqui $\left[\sqrt{n}\right] = 97$. A base de fator selecionada é $\{-1, 2, 3, 7, 11, 13, 17, 19, 29\}$ que contém -1 e os oito números primos menores que 30 para os quais 9487 é um resíduo quadrático. Examinamos o polinômio quadrático $f(x) = x^2 - 9487$ para $x = i + 97$ ($i = 0, \pm 1, \pm 16$). Os valores de $f(x)$ cujos fatores são os primos da base de fator estão listados na tabela, juntamente com os componentes dos seus vetores expoentes.

x		0	−1	2	3	7	11	13	17	19	29
81	$-2926 = -2 \cdot 7 \cdot 11 \cdot 19$		1	1	0	1	1	0	0	1	0
84	$-2431 = -11 \cdot 13 \cdot 17$		1	0	0	0	1	1	1	0	0
85	$-2262 = -2 \cdot 3 \cdot 13 \cdot 29$		1	1	1	0	0	1	0	0	1
89	$-1566 = -2 \cdot 3^3 \cdot 29$		1	1	1	0	0	0	0	0	1
95	$-462 = -2 \cdot 3 \cdot 7 \cdot 11$		1	1	1	1	1	0	0	0	0
97	$-78 = -2 \cdot 3 \cdot 13$		1	1	1	0	0	1	0	0	0
98	$117 = 3^2 \cdot 13$		0	0	0	0	0	1	0	0	0
100	$513 = 3^3 \cdot 19$		0	0	1	0	0	0	0	1	0
101	$714 = 2 \cdot 3 \cdot 7 \cdot 17$		0	1	1	1	0	0	1	0	0
103	$1122 = 2 \cdot 3 \cdot 11 \cdot 17$		0	1	1	0	1	0	1	0	0
109	$2394 = 2 \cdot 3^2 \cdot 7 \cdot 19$		0	1	0	1	0	0	0	1	0

Nossa tabela indica que os vetores expoentes para $f(85)$, $f(89)$ e $f(98)$ são linearmente dependentes módulo 2; isto é,

$$v(85) + v(89) + v(98) \equiv (0, 0, \ldots, 0) \pmod{2}$$

As congruências correspondentes a estes vetores são

$$f(85) \equiv 85^2 \equiv -2 \cdot 3 \cdot 13 \cdot 29 \pmod{9487}$$
$$f(89) \equiv 89^2 \equiv -2 \cdot 3^3 \cdot 29 \pmod{9487}$$
$$f(98) \equiv 98^2 \equiv 3^2 \cdot 13 \pmod{9487}$$

que, quando multiplicados, produzem

$$(85 \cdot 89 \cdot 98)^2 \equiv (2 \cdot 3^3 \cdot 13 \cdot 29)^2 \pmod{9487}$$

Infelizmente, $741370 \equiv 20358 \pmod{9487}$ e nenhuma fatorização não trivial de 9487 será encontrada.

Uma escolha mais frutífera é empregar a relação de dependência

$$v(81) + v(95) + v(100) \equiv (0, 0, \ldots, 0) \pmod{2}$$

Isso nos levará à congruência

$$(81 \cdot 95 \cdot 100)^2 \equiv (2 \cdot 3^2 \cdot 7 \cdot 11 \cdot 19)^2 \pmod{9487}$$

ou

$$769500^2 \equiv 26334^2 \pmod{9487}$$

Reduzindo os valores módulo 9487, chegamos a

$$1053^2 \equiv 7360^2 \pmod{9487}$$

com $1053 \not\equiv 7360 \pmod{9487}$. Então,

$$\mathrm{mdc}(1053 + 7360, 9487) = \mathrm{mdc}(8413, 9487) = 179$$

e 9487 é fatorado como $9487 = 179 \cdot 53$.

É útil perceber que, uma vez que o valor de x para o qual o primo p divide $f(x)$ é encontrado, então o p-ésimo valor também é divisível por p; isto ocorre porque

$$f(x + kp) = (x + kp)^2 - n \equiv x^2 - n = f(x) \pmod{p}$$

para $k = 0, \pm 1, \pm 2, \ldots$. O algoritmo "peneira" os inteiros x para localizar os múltiplos de p de modo semelhante ao crivo de Eratóstenes. No último exemplo, por exemplo, 7 divide $f(81)$ bem como $f(88), f(95), f(102),\ldots$. Obter valores de $f(x)$ cujos fatores pertencem à base de fator pode ser feito empregando-se este processo de peneirar para cada um dos primos da base.

O teorema de Fermat fornece uma forma de reconhecer a maioria dos números compostos. Suponhamos que se queira determinar se um número ímpar $n > 1$ é primo ou composto. Se podemos encontrar um número a com $1 < a < n$ e $a^{n-1} \not\equiv 1 \pmod{n}$, então n é composto.

Isto é conhecido como o teste de Fermat para não primalidade. É bastante eficiente — dado que sabemos qual a escolher —, mas tem a desvantagem de não dar nenhuma pista sobre quais podem ser os fatores de n. Por outro lado, o que acontece se a congruência de Fermat $a^{n-1} \equiv 1 \pmod{n}$ for válida? Aqui, é "bastante provável" que n seja primo, embora possamos não estar matematicamente certos. O problema é que para um dado valor de a existe uma infinidade de números compostos n para os quais $a^{n-1} \equiv 1 \pmod{n}$. Estes números n são chamados pseudoprimos relativos à base a. Para ter uma ideia de sua escassez, note que abaixo de 1010 há apenas 14.882 pseudoprimos relativos à base 2, em comparação com 455052511 primos. Para piorar, existem n que são pseudoprimos para qualquer base, os chamados pseudoprimos absolutos ou números de Carmichael. Eles são um tipo extremamente raro de número, embora haja uma infinidade deles.

Impondo-se mais restrições à base a na congruência de Fermat $a^{n-1} \equiv 1 \pmod{n}$, é possível obter uma garantia definitiva da primalidade de n. Típico do tipo de resultado a ser encontrado é a conhecida recíproca de Lucas para o teorema de Fermat. Ele foi dado pela primeira vez pelo teórico dos números francês Edouard Lucas em 1876 e aparece em sua *Théorie des Nombres* (1891).

Teorema 16.1 Lucas. Se existir um número inteiro a tal que $a^{n-1} \equiv 1 \pmod{n}$ e $a^{(n-1)p} \not\equiv 1 \pmod{n}$ para todos os primos p que dividem $n-1$, então n é primo.

Demonstração. Suponha que a tem a ordem k módulo n. De acordo com o Teorema 8.1, a condição $a^{n-1} \equiv 1 \pmod{n}$ implica que $k \mid n-1$; digamos, $n-1 = kj$ para algum j. Se $j > 1$, então j terá um divisor primo q. Assim, há um inteiro h que satisfaz $j = qh$. Como resultado,

$$a^{(n-1)/q} = (a^k)^h \equiv 1^h = 1 \pmod{n}$$

o que contradiz a nossa hipótese. A implicação de tudo isto é que $j = 1$. Mas nós já sabemos que a ordem de a não excede $\phi(n)$. Portanto, $n-1 = k \leq \phi(n) \leq n-1$, de modo que $\phi(n) = n-1$, que mostra que $n-1$ é primo.

Ilustramos o teorema em uma situação específica.

Exemplo 16.6. Tomemos $n = 997$. Então, para a base $a = 7$, $7^{996} \equiv 1 \pmod{997}$. Como $n - 1 = 996 = 2^2 \cdot 3 \cdot 83$, calculamos

$$7^{996/2} = 7^{498} \equiv -1 \pmod{997}$$
$$7^{996/3} = 7^{332} \equiv 304 \pmod{997}$$
$$7^{996/83} = 7^{12} \equiv 9 \pmod{997}$$

Pelo Teorema 16.1, 997 deve ser primo.

O Teorema 16.1 foi aprimorado no final dos anos 1960 de modo que não fosse mais necessário encontrar um único a para o qual todas as hipóteses sejam satisfeitas. Em vez disso, permite-se uma base adequada para cada fator primo de $n-1$. Enunciamos este resultado no Teorema 16.2.

Teorema 16.2. Se, para cada primo p_i que divide $n-1$ existe um inteiro a_i tal que $a_i^{n-1} \equiv 1 \pmod{n}$, mas $a_i^{(n-1)p_i} \not\equiv 1 \pmod{n}$, então n é primo.

Demonstração. Suponha que $n-1 = p_1^{k_1} p_2^{k_2} \ldots p_r^{k_r}$, com os p_i primos distintos. Seja também h a ordem de a_i módulo n. A combinação de $h_i \mid n-1$ e $h_i \nmid (n-1)$ implica que $p_i^{k_i} \mid h$ (os detalhes são deixados para o leitor). Mas, para cada i, temos $h_i \mid \phi(n)$, e, por conseguinte, $p_i^{k_i} \mid \phi(n)$. Isto dá $n-1 \mid \phi(n)$, consequentemente n é primo.

Para dar um exemplo, vamos retornar a $n = 997$. Sabendo-se que os divisores primos de $n-1 = 996$ são 2, 3 e 83, encontramos para as diferentes bases 3, 5 e 7, que

$$3^{996/83} = 3^{12} \equiv 40 \pmod{997}$$
$$5^{996/2} = 5^{498} \equiv -1 \pmod{997}$$
$$7^{996/3} = 7^{332} \equiv 304 \pmod{997}$$

Usando o Teorema 16.2, podemos concluir que 997 é um número primo.

Pode haver graves dificuldades na implementação dos dois últimos teoremas, pois eles reduzem o problema de provar a primalidade de n para o de encontrar a fatoração completa de seu antecessor $n-1$. Em muitos casos, fatorar $n-1$ não é mais fácil do que fatorar n. Além disso, pode-se ter que tentar uma grande quantidade de primos p para mostrar que a segunda parte da hipótese é satisfeita.

Em 1914, Henry Pocklington mostrou que não é necessário conhecer todos os divisores primos de $n-1$. A investigação da primalidade de n pode ser realizada assim que, na fatoração de $n-1$, a parte fatorada exceder a parte não fatorada. No entanto, o tempo economizado é compensado pelos cálculos auxiliares necessários para encontrar certos máximos divisores comuns.

Teorema 16.3. Seja $n-1 = mj$, em que $m = p_1^{k_1} p_2^{k_2} \cdots p_s^{k_s}$, $m \geq \sqrt{n}$ e $\mathrm{mdc}(m, j) = 1$. Se para cada primo p_i ($1 \leq i \leq s$) existe um inteiro a_i com $a_i^{n-1} \equiv 1 \pmod{n}$ e $\mathrm{mdc}\left(a_i^{(n-1)/p_i} - 1, n\right) = 1$, então n é primo.

Demonstração. Nosso argumento é semelhante ao utilizado no Teorema 16.2. Seja p um divisor primo qualquer de n e faça h_i a ordem de a_i módulo p. Então $h_i \mid p-1$. Da congruência $a_i^{n-1} \equiv 1 \pmod{p}$, também obtemos $h_i \mid n-1$. Agora a hipótese $\mathrm{mdc}\left(a_i^{(n-1)/p_i} - 1, n\right) = 1$ indica que $a_i^{(n-1)/p_i} \not\equiv 1 \pmod{p}$ e, por conseguinte, $h_i \nmid (n-1)/p_i$. Inferimos que $p_i^{k_i} \mid h_i$, o que, por sua vez, leva-nos a $p_i^{k_i} \mid p-1$. Como isto é válido para cada i, $m \mid p-1$. Chegamos à contradição de que qualquer divisor primo de n deve ser maior que $m \geq \sqrt{n}$, tornando, assim, n um primo.

Comparando o Teorema 16.3 com o Teorema 16.2, podemos ver que o teorema mais antigo exige que, para cada divisor primo p de $n-1$, $a^{(n-1)/p} - 1$ não seja um múltiplo de n; enquanto o segundo impõe a condição mais rigorosa de que este número e n sejam primos relativos, mas para valores menores de p. A vantagem mais marcante do Teorema 16.3 sobre o Teorema 16.2 é que ele não exige uma fatoração completa, apenas uma fatoração parcial que seja grande o suficiente. A principal desvantagem é que não sabemos de antemão se a quantidade de fatores de $n-1$ suficiente para se ter um teste bem-sucedido pode ser obtida.

Pode ser esclarecedor verificar a primalidade de $n = 997$, mais uma vez, desta vez usando o teorema de Pocklington para fornecer as provas. Novamente $n - 1 = 996 = 12 \cdot 83$, em que $83 > \sqrt{997}$. Assim, precisamos apenas escolher uma base adequada para 83, digamos $a = 2$. Agora $2^{996} \equiv 1 \pmod{997}$ e

$$\mathrm{mdc}(2^{996/83} - 1, 997) = \mathrm{mdc}(4095, 997) = 1$$

levando à conclusão de que 997 é primo.

O teorema de Fermat nos permite determinar se um inteiro ímpar grande $n > 1$ é composto sem exibir explicitamente um divisor não trivial. Há outro teste direto para verificar se um número é composto, que é chamado o teste de Miller-Rabin. Escolhemos um inteiro aleatório, que utilizamos para realizar este teste, e concluímos que n é definitivamente composto ou que sua natureza ainda não está decidida. O algoritmo pode ser descrito como se segue: primeiro escreva $n - 1 = 2^h m$, em que m é ímpar. Em seguida, escolha um número $1 < a < n - 1$ e forme, módulo n, a sequência

$$a^m, a^{2m}, a^{4m}, \ldots, a^{2^{h-1}m}, a^{2^h m} = a^{n-1}$$

em que cada termo é o quadrado de seu antecessor. Então diz-se que n passa no teste para a base particular a se a primeira ocorrência do 1 é no primeiro termo ou é precedida por -1.

O próximo teorema indica que um primo ímpar vai passar no teste acima para todas as bases a. Para revelar se um inteiro ímpar é composto, é suficiente encontrar um valor de a para o qual o teste falha. Tal a é uma *testemunha* do caráter composto de n. Para cada número composto ímpar n, no mínimo, três quartos dos números a com $1 < a < n - 1$ serão testemunhas para n.

Teorema 16.4. Seja p um primo ímpar e $p - 1 = 2^h m$, com m ímpar e $h \geq 1$. Então todo inteiro a ($1 < a < p - 1$) satisfaz $a^m \equiv 1 \pmod{p}$ ou $a^{2^j m} \equiv -1 \pmod{p}$ para algum $j = 1, 2, \ldots h - 1$.

Demonstração. Suponha que a tem ordem k módulo p. Pelo Teorema 8.1, k deve dividir $p - 1 = 2^h m$. Quando k é ímpar, o lema de Euclides nos diz que $k \mid m$; ou seja, $m = kr$ para algum inteiro r. O resultado é que

$$a^m = (a^k)^r \equiv 1^r = 1 \pmod{p}$$

Agora, considere k um número par. Neste caso, podemos escrever $k = 2^{j+1}d$, em que $j \geq 0$ e d é um número inteiro ímpar. A relação $2^{j+1}d \mid 2^h m$ fornece $j + 1 \leq h$ e $d \mid m$. Além disso, da congruência $a^{2^{j+1}d} \equiv 1 \pmod{p}$ obtemos $a^{2^j d} \equiv \pm 1 \pmod{p}$. Como a tem ordem k, $a^{2^j d} \equiv 1 \pmod{p}$ não é possível. Em consequência, $a^{2^j d} \equiv -1 \pmod{p}$. Agora $m = dt$ para um número inteiro ímpar t. Isto conduz imediatamente a

$$a^{2^j m} = (a^{2^j d})^t \equiv (-1)^t = -1 \pmod{p}$$

o que comprova o teorema.

Antes de continuar, vamos usar o Teorema 16.4 para testar se $n = 2201$ é composto. Agora $n - 1 = 2^3 \cdot 275$. Trabalhando módulo 2201, verifica-se que

$$2^{275} \equiv 1582 \quad 2^{550} \equiv 187 \quad 2^{1100} \equiv 1954 \quad 2^{2200} \equiv 1582$$

e, portanto, 2201 não passa no teste de Miller-Rabin para $a = 2$. Assim, 2201 é confirmadamente composto, com 2 servindo como testemunha.

Deve-se enfatizar que o teste de sobrevivência para um único valor de a não garante que n seja primo. Por exemplo, se $n = 2047 = 23 \cdot 89$, então, $n - 1 = 2 \cdot 1023$. Por meio de cálculos, chega-se a $2^{1023} \equiv 1 \pmod{2047}$, de modo que 2047 passa no teste.

O teste de Miller-Rabin é muitas vezes chamado teste de primalidade probabilística, porque usa uma entrada aleatória para detectar números primos maiores. Suponha que queremos decidir se um dado inteiro ímpar n é primo. Escolha k inteiros $a_1, a_2, \ldots, a_k$ de forma aleatória, com $0 < a_i < n$. Se n não passar no teste de Miller-Rabin para algum dos a_i, então n é composto. Apesar de passar no teste para todos a_i, não há garantia real da primalidade de n, isto leva apenas a fortes suspeitas de que ele seja primo. Nesta situação, n é comumente descrito como um primo provável (o que parece um equívoco, dado que ou n é primo ou não é). Pode-se demonstrar que a probabilidade de um número inteiro composto sobreviver a uma série de k testes de Miller-Rabin é, no máximo, $\left(\dfrac{1}{4}\right)^k$. Com confiança razoável na correção da resposta, somos capazes de declarar que n é primo sem ter sido dada qualquer prova formal. Os computadores modernos fazem $k = 100$, no procedimento de base aleatória perfeitamente realista, caso em que a probabilidade de que n seja realmente primo é, pelo menos, $1 - \left(\dfrac{1}{4}\right)^k$.

Uma consequência do teste de Miller-Rabin foi a determinação (1999) de que a repunidade R_{49081} é um primo provável.

PROBLEMAS 16.2

1. Use o método rô de Pollard para fatorar os seguintes inteiros:
   (a) 299.
   (b) 1003.
   (c) 8051.

2. Encontre um fator não trivial de 4087 pelo método rô empregando x_0 e $f(x)$ indicados:
   (a) $x_0 = 2$, $f(x) = x^2 - 1$.
   (b) $x_0 = 3$, $f(x) = x^2 + 1$.
   (c) $x_0 = 2$, $f(x) = x^2 + x + 1$.

3. Aplicando $p - 1$ método de Pollard, obtenha a fatoração de
   (a) 1711.
   (b) 4847.
   (c) 9943.

4. Use o algoritmo de fatoração das frações contínuas para fatorar cada um dos seguintes inteiros:
   (a) 1241
   [*Sugestão*: $\sqrt{1241} = [35; 4, 2, 1, 1 ...]$.]
   (b) 2173
   (c) 949
   [*Sugestão*: O inteiro $t_1 t_3$ é um quadrado.]
   (d) 7811
   [*Sugestão*: $\sqrt{7811} = [88; 2, 1, 1, 1, 2, 1, 1, 2...]$ conduz a $t_2 t_6 = 85^2$.]

5. Fatorar 1189 aplicando o algoritmo de fatoração das frações contínuas para $7134 = 6 \cdot 1189$.

6. Use o método do crivo quadrático para fatorar cada um dos seguintes inteiros:
   (a) 8131
   [*Sugestão*: Tome $-1, 2, 3, 5, 7$ como base de fator.]
   (b) 13199
   [*Sugestão*: Use a base de fator $-1, 2, 5, 7, 13, 29$.]
   (c) 17873
   [*Sugestão*: Use a base de fator $-1, 2, 7, 11, 13$.]

7. Use o teste de primalidade de Lucas para a base a para deduzir que os inteiros a seguir são primos:
   (a) 907, $a = 2$.
   (b) 1301, $a = 2$.
   (c) 1709, $a = 3$.

8. Verifique a primalidade dos seguintes inteiros usando o teorema de Pocklington:
   (a) 917.
   (b) 5023.
   (c) 7057.

9. Mostre que o teorema de Pocklington conduz ao seguinte resultado de E. Proth (1878). Seja $n = k \cdot 2^m + 1$, em que k é ímpar e $1 \leq k < 2^m$, se $a^{(n-1)/2} \equiv -1 \pmod{n}$ para algum inteiro a, então n é primo.

10. Use o resultado de Proth para definir a primalidade do que segue:
    (a) $97 = 3 \cdot 2^5 + 1$.
    (b) $449 = 7 \cdot 2^6 + 1$.
    (c) $3329 = 13 \cdot 2^8 + 1$.

11. Um inteiro composto ímpar que passa pelo teste de Miller-Rabin para a base a é chamado um *pseudoprimo forte* para a base a. Prove as afirmações a seguir:
    (a) O inteiro 2047 não é um pseudoprimo forte para a base 3.
    (b) 25 é um pseudoprimo forte para a base 7.
    (c) 65 é um pseudoprimo forte para a base 8 e para a base 18.
    (d) 341 é um pseudoprimo, mas não é um pseudoprimo forte para a base 2.

12. Prove que existem infinitos pseudoprimos forte para a base 2.

[*Sugestão*: Se n é um pseudoprimo (base 2), mostre que $M_n = 2^n - 1$ é um pseudoprimo forte para a base 2.]

13. Para todo número de Fermat composto $F_n = 2^{2^n} + 1$, prove que F_n é um pseudoprimo forte para a base 2.

16.3 UMA APLICAÇÃO PARA A FATORAÇÃO: LANÇAMENTO ALEATÓRIO DE UMA MOEDA

Suponha que duas pessoas, Alice e Bob, desejam lançar uma moeda enquanto estão conversando por telefone. Cada um detém uma dúvida: será que a pessoa que virar a moeda vai enganar, dizendo o resultado errado — sem se importar com a face da moeda que ficou virada para cima? Sem recorrer a testemunhas confiáveis, existe algum procedimento que não possa ser influenciado por Alice ou Bob?

Em 1982, Manuel Blum concebeu um esquema de Teoria dos Números, um protocolo de duas partes, que atende às especificações de um sorteio: ou seja, a probabilidade de adivinhar corretamente o resultado é 1/2. A segurança do jogo contra a duplicidade depende da dificuldade de fatorar números inteiros que são os produtos de dois números primos grandes de aproximadamente o mesmo tamanho.

Em um determinado estágio no jogo de Blum, é necessário que um dos jogadores resolva a congruência quadrática $x^2 \equiv a \pmod{n}$. Dizemos que uma solução é uma raiz quadrada do número inteiro a módulo n. Quando $n = pq$, com p e q primos ímpares distintos, há exatamente quatro raízes quadradas incongruentes de a módulo n. Para ver isto, observe que $x^2 \equiv a \pmod{n}$ admite uma solução se e somente se as duas congruências

$$x^2 \equiv a \pmod{p} \quad \text{e} \quad x^2 \equiv a \pmod{q}$$

possuem solução. As soluções destas duas congruências – supondo que elas existam — se dividem em dois pares $\pm x_1 \pmod{p}$ e $\pm x_2 \pmod{q}$, que podem ser combinadas de modo a formar quatro conjuntos de congruências simultâneas:

$$x \equiv x_1 \pmod{p}$$
$$x \equiv x_2 \pmod{q}$$

$$x \equiv -x_1 \pmod{p}$$
$$x \equiv -x_2 \pmod{q}$$

$$x \equiv x_1 \pmod{p}$$
$$x \equiv -x_2 \pmod{q}$$

$$x \equiv -x_1 \pmod{p}$$
$$x \equiv x_2 \pmod{q}$$

Encontramos quatro raízes quadradas de a módulo n quando resolvemos esses sistemas usando o Teorema Chinês do Resto. Antes de prosseguir, vamos fazer uma pausa para um exemplo.

Exemplo 16.7. Vamos determinar as soluções da congruência

$$x^2 \equiv 324 \pmod{391}$$

em que $391 = 17 \cdot 23$; em outras palavras, encontrar as quatro raízes quadradas de 324 módulo 391.

Agora

$$x^2 \equiv 324 \equiv 1 \pmod{17} \qquad \text{e} \qquad x^2 \equiv 324 \equiv 2 \pmod{23}$$

têm as respectivas soluções

$$x \equiv \pm 1 \pmod{17} \qquad \text{e} \qquad x \equiv \pm 5 \pmod{23}$$

Nós, portanto, obtemos quatro pares de congruências lineares simultâneas:

$$x \equiv 1 \pmod{17}$$
$$x \equiv -5 \pmod{23}$$

$$x \equiv -1 \pmod{17}$$
$$x \equiv 5 \pmod{23}$$

$$x \equiv 1 \pmod{17}$$
$$x \equiv 5 \pmod{23}$$

$$x \equiv -1 \pmod{17}$$
$$x \equiv -5 \pmod{23}$$

As soluções dos dois primeiros pares de congruências são $x \equiv 18 \pmod{391}$ e $x \equiv -18 \pmod{391}$; as soluções dos dois últimos pares são $x \equiv 120 \pmod{391}$ e $x \equiv -120 \pmod{391}$. Assim, as quatro raízes quadradas de 324 módulo 391 são $x \equiv \pm 18, \pm 120 \pmod{391}$ ou, usando números inteiros positivos,

$$x \equiv 18, 120, 271, 373 \pmod{391}$$

Nós destacamos os números da forma $n = pq$, em que $p \equiv q \equiv 3 \pmod{4}$ que são primos distintos, referindo-nos a eles como *inteiros de Blum*. Para inteiros deste tipo, o trabalho de encontrar raízes quadradas módulo n (como indicado no Exemplo 16.7) é simplificado, observando-se que as duas soluções de $x^2 \equiv a \pmod{n}$ são dadas por

$$x \equiv \pm a^{(p+1)/4} \pmod{p}$$

Isto é visto a partir de

$$(\pm a^{(p+1)/4})^2 \equiv a^{(p+1)/2} \equiv a^{(p-1)/2} \cdot a \equiv 1 \cdot a \equiv a \pmod{p}$$

com $a^{(p-1)/2} \equiv 1 \pmod{p}$ pelo critério de Euler. Tomemos, como um caso particular, a congruência $x^2 \equiv 2 \pmod{23}$. Ela admite o par de soluções

$$\pm 2^{(23+1)/4} \equiv \pm 2^6 \equiv \pm 64 \equiv \mp 5 \pmod{23}$$

Com este breve desvio, vamos retornar ao protocolo de Blum para a manipulação do lançamento de moedas a longa distância. Supõe-se que cada jogador tenha um computador ligado para a realização de cálculos durante o jogo. O procedimento é:

1. Alice começa por escolher dois números primos grandes p e q, congruentes a 3 módulo 4. Ela informa apenas o seu produto $n = pq$ para Bob.
2. Bob responde escolhendo aleatoriamente um número inteiro $0 < x < n$ com mdc$(x, n) = 1$. Ele envia o seu quadrado, $a \equiv x^2 \pmod{n}$, a Alice. (Isto corresponde à moeda lançada.)

3. Conhecendo p e q, Alice calcula as quatro raízes quadradas x, $-x$, y, $-y$ de a módulo n. Ela escolhe uma delas para enviar para Bob. (Isto é, Alice chama o lance.)

4. Se Bob recebe $\pm x$, ele informa que Alice adivinhou corretamente. Caso contrário, Bob ganha, pois ele é capaz de fatorar n. (Chega-se a um vencedor.)

Notemos que cada uma das partes conhece um segredo diferente durante o curso do jogo. Os fatores primos de n são informações ocultas de Alice, e o segredo pessoal de Bob é a sua escolha do número inteiro x. Alice não tem como descobrir x, de modo que seu palpite $\pm x$ entre as possíveis raízes quadradas de a é real, com uma chance de 50% de sucesso: ela não pode fazer nada melhor do que jogar uma moeda para fazer sua seleção.

Se Bob recebe y ou $-y$ de Alice, então ele possui duas raízes quadradas diferentes de a módulo n. Ele será capaz de convencer Alice de que ela adivinhou incorretamente enviando de volta para ela os fatores p e q de n. Para fazer isso, Bob simplesmente precisa calcular $\mathrm{mdc}(x \pm y, n)$. A ideia subjacente é que a congruência

$$x^2 \equiv a \equiv y^2 \pmod{n} \qquad x \not\equiv \pm y \pmod{n}$$

leva a $pq \mid (x+y)(x-y)$. Isto, por sua vez, implica que cada primo divide $x+y$ ou $x-y$, embora ambos não possam dividir o mesmo fator. Assim, $\mathrm{mdc}(x+y, n)$ é p ou q, e $\mathrm{mdc}(x-y, n)$ fornece o outro fator primo.

Por outro lado, se Bob recebe x ou $-x$, ele não descobre nada de novo e não é capaz de fatorar n em um tempo razoável. Sua incapacidade de fazê-lo torna Alice a vencedora do jogo. Depois que o jogo acaba, ela pode garantir a Bob que usou um inteiro de Blum fornecendo os seus fatores. Bob deve verificar se os fatores divulgados são de fato primos.

Fechamos com um exemplo do jogo de Blum usando números primos pequenos, embora os computadores modernos permitam primos com cem ou mais dígitos.

Exemplo 16.8. Alice começa escolhendo os primos $p = 43$ e $q = 71$ e dizendo a Bob seu produto, $3053 = 43 \cdot 71$. Ele responde selecionando aleatoriamente 192 como seu número secreto; então Bob calcula

$$192^2 = 36864 \equiv 228 \pmod{3053}$$

e devolve o valor 228.

Para obter as quatro raízes quadradas de 228 módulo 3053, Alice primeiro resolve as congruências quadráticas

$$x^2 \equiv 228 \equiv 13 \pmod{43} \qquad \text{e} \qquad x^2 \equiv 228 \equiv 15 \pmod{71}$$

Como $43 \equiv 71 \equiv 3 \pmod{4}$, as suas soluções são

$$x \equiv \pm 13^{(43+1)/4} \equiv \pm 13^{11} \equiv \mp 20 \pmod{43}$$
$$x \equiv \pm 15^{(71+1)/4} \equiv \pm 15^{18} \equiv \mp 21 \pmod{71}$$

respectivamente. Em seguida, Alice resolve os quatro sistemas de congruências lineares determinados por $x \equiv \pm 20 \pmod{43}$ e $x \equiv \pm 21 \pmod{71}$. A partir do Teorema Chinês do Resto, ela encontra $x \equiv \pm 192 \pmod{3053}$ ou $x \equiv \pm 1399 \pmod{3053}$. Expressos em números positivos,

$$x \equiv 192, 2861, 1399, 1654 \pmod{3053}$$

Destes quatro números, dois são equivalentes módulo 3053 ao número secreto de Bob e as outras duas não o são. Apesar de Alice ainda ter uma chance de escolher um número "correto", suponhamos que ela faça uma escolha não vencedora ao adivinhar 1399. Isso significa que Bob ganhou o sorteio, mas Alice prudentemente o desafia a provar isso. Então Bob determina a fatoração de 3053 por meio dos cálculos.

$$\text{mdc}(192 + 1399, 3053) = \text{mdc}(1591, 3053) = 43$$
$$\text{mdc}(192 - 1399, 3053) = \text{mdc}(-1207, 3053) = 71$$

Ele envia esses fatores para Alice para confirmar que ela escolheu incorretamente.

PROBLEMAS 16.3

1. Determine se 12 tem uma raiz quadrada módulo 85; isto é, se $x^2 \equiv 12 \pmod{85}$ possui solução.
2. Encontre as quatro soluções incongruentes para cada uma das congruências quadráticas a seguir:
   (a) $x^2 \equiv 15 \pmod{77}$.
   (b) $x^2 \equiv 100 \pmod{209}$.
   (c) $x^2 \equiv 58 \pmod{69}$.
3. Mostre os detalhes do lançamento de uma moeda a longa distância no qual Alice seleciona $p = 23$, $q = 31$ e Bob escolhe $x = 73$.
4. Para o lançamento de uma moeda pelo telefone, Alice seleciona $p = 47$, $q = 79$ e Bob escolhe $x = 123$. Dos quatro números que Alice calcula, dois representam chamadas desperdiçadas. Quais são eles?
5. Aqui está outro procedimento para lançamento de moedas a distância:
   (a) Alice e Bob combinam um número primo p tal que $p - 1$ contém pelo menos um fator primo grande.
   (b) Bob escolhe duas raízes primitivas r e s de p. Ele envia as duas raízes para Alice.
   (c) Alice agora pega um inteiro x, no qual mdc $(x, p - 1) = 1$. Ela volta para Bob um dos valores $y \equiv r^x \pmod{p}$ e $y \equiv s^x \pmod{p}$. (Isto corresponde ao lançamento.)
   (d) Bob "identifica o lançamento", adivinhando se r ou s foi usado para calcular y. Trabalhe com os detalhes de um lançamento, no qual $p = 173$, $r = 2$, $s = 3$ e $x = 42$.

16.4 O TEOREMA DO NÚMERO PRIMO E A FUNÇÃO ZETA

Embora a sequência dos números primos apresente grandes irregularidades quando observada detalhadamente, "no geral" observa-se uma tendência aparente. O célebre Teorema do Número Primo nos permite prever, pelo menos em linhas gerais, quantos números primos menores que um determinado número existem. Ele afirma que, se o número é n, então existem cerca de n dividido por $\log n$ (aqui, $\log n$ denota o logaritmo natural de n) antes dele. Assim, o Teorema do Número Primo nos diz como os números primos estão distribuídos.

Uma medida da distribuição dos números primos é a função $\pi(x)$, que, para qualquer número real x, representa o número de números primos que não excedem x: em símbolos, $\pi(x) = \sum_{p \leq x} 1$. No Capítulo 3, provamos que existem infinitos números primos, que é simplesmente uma expressão do fato de que $\lim_{x \to \infty} \pi(x)/x = 0$. Indo em outra direção, é claro que os números primos se tornam, em média, mais espaçados na medida em que os números de toda a tabela dos números primos crescem; informalmente, pode-se dizer que quase todos os números inteiros positivos são compostos.

A título de justificar a nossa última afirmação, vamos mostrar que $\lim_{x\to\infty} \pi(x)/x = 0$. Como $\pi(x)/x \geq 0$ para todo $x \geq 0$, o problema fica reduzido a provar que $\pi(x)/x$ pode ser arbitrariamente pequeno, escolhendo-se x suficientemente grande. Mais precisamente, o que devemos provar é que se $\varepsilon \geq 0$ é um número qualquer, então deve existir algum inteiro positivo N tal que $\pi(x)/x < \varepsilon$ quando $x \geq N$.

Para começar, considere n um inteiro positivo e use a conjectura de Bertrand para escolher um primo p com $2^{n-1} < p \leq 2^n$. Então $p \mid (2^n)!$, mas $p \nmid (2^{n-1})!$, de modo que o coeficiente binomial $\binom{2^n}{2^{n-1}}$ é divisível por p. Isto leva às desigualdades

$$2^{2^n} \geq \binom{2^n}{2^{n-1}} \geq \prod_{2^{n-1} < p \leq 2^n} p \geq (2^{n-1})^{\pi(2^n) - \pi(2^{n-1})}$$

e, ao considerarmos os expoentes de 2 de cada lado, a desigualdade subsequente

$$\pi(2^n) - \pi(2^{n-1}) \leq \frac{2^n}{n-1} \qquad (1)$$

Se fizermos sucessivamente $n = 2k, 2k-1, 2k-2,\ldots, 3$ na desigualdade (1) e adicionarmos as desigualdades resultantes, obtemos

$$\pi(2^{2k}) - \pi(2^2) \leq \sum_{r=3}^{2k} \frac{2^r}{r-1}$$

Mas $\pi(2^2) < 2^2$, de modo que

$$\pi(2^{2k}) < \sum_{r=2}^{2k} \frac{2^r}{r-1} = \sum_{r=2}^{k} \frac{2^r}{r-1} + \sum_{r=k+1}^{2k} \frac{2^r}{r-1}$$

Nas duas últimas somas, vamos substituir os denominadores $r-1$ por 1 e k, respectivamente, para chegarmos a

$$\pi(2^{2k}) < \sum_{r=2}^{k} 2^r + \sum_{r=k+1}^{2k} \frac{2^r}{k} < 2^{k+1} + \frac{2^{2k+1}}{k}$$

Como $k < 2^k$, temos $2^{k+1} < 2^{2k+1}/k$ para $k \geq 2$, e por conseguinte,

$$\pi(2^{2k}) < 2\left(\frac{2^{2k+1}}{k}\right) = 4\left(\frac{2^{2k}}{k}\right)$$

o qual pode ser escrito como

$$\frac{\pi(2^{2k})}{2^{2k}} < \frac{4}{k} \qquad (2)$$

Com essa desigualdade disponível, o nosso argumento funciona rapidamente para a sua conclusão. Dado qualquer número real $x > 4$, existe um único inteiro k que satisfaz $2^{2k-2} < x < 2^{2k}$. Da desigualdade (2), segue-se que

$$\frac{\pi(x)}{x} < \frac{\pi(2^{2k})}{x} < \frac{\pi(2^{2k})}{2^{2k-2}} = 4\left(\frac{\pi(2^{2k})}{2^{2k}}\right) < \frac{16}{k}$$

Se tomarmos agora $x \geq N = 2^{2(\lfloor 16/\varepsilon \rfloor + 1)}$, então $k \geq \lfloor 16/\varepsilon \rfloor + 1$. Assim,

$$\frac{\pi(x)}{x} < \frac{16}{([16/\epsilon]+1)} < \epsilon$$

como desejado.

A conhecida conjectura de Hardy e Littlewood, que data de 1923, nos diz que

$$\pi(x+y) \leq \pi(x) + \pi(y)$$

para todos os inteiros x, y com $2 \leq y \leq x$. Escrita como $\pi(x+y) - \pi(y) \leq \pi(x)$, a desigualdade afirma que nenhum intervalo $y < k \leq x + y$ de comprimento x pode conter tantos números primos quanto o intervalo $0 < k \leq x$. Embora a conjectura tenha sido verificada para $x + y \leq 100000$, parece provável haver exceções que, embora raras, vão mostrar que a conjectura é falsa. Os cálculos simplesmente não foram longe o suficiente para produzir o primeiro contraexemplo. Curiosamente, não há contraexemplo, quando $x = y$, porque foi demonstrado (1975) que a desigualdade $\pi(2x) < 2\pi(x)$ é válida para todo $x \geq 11$.

Foi Euler (provavelmente em 1740) quem introduziu na análise a *função zeta*

$$\zeta(s) = \sum_{n=1}^{\infty} \frac{1}{n^s} = 1^{-s} + 2^{-s} + 3^{-s} + \cdots$$

a função cujas propriedades auxiliam na demonstração do Teorema do Número Primo. A contribuição fundamental de Euler para o assunto é a fórmula que representa $\zeta(s)$ como um produto infinito convergente; a saber,

$$\zeta(s) = \prod_p \left(1 - \frac{1}{p^s}\right)^{-1} \qquad s > 1$$

em que p assume todos os primos. Sua importância decorre do fato de que ela afirma a igualdade de duas expressões em que uma contém os números primos explicitamente e a outra não. Euler considerou $\zeta(s)$ como uma função de apenas uma variável real, mas sua fórmula indica, no entanto, a existência de uma conexão profunda entre a teoria dos números primos e as propriedades analíticas da função zeta.

A expressão de Euler para $\zeta(s)$ resulta da expansão de cada um dos fatores do membro direito como

$$\frac{1}{1 - 1/p^s} = 1 + \frac{1}{p^s} + \left(\frac{1}{p^s}\right)^2 + \left(\frac{1}{p^s}\right)^3 + \cdots$$

e observando-se que o seu produto é a soma de todos os termos da forma

$$\frac{1}{\left(p_1^{k_1} p_2^{k_2} \cdots p_r^{k_r}\right)^s}$$

em que $p_1, \ldots, p_r$ são primos distintos. Como cada inteiro positivo n pode ser escrito de forma única como um produto de potências de primos, cada termo $1/n^s$ aparece uma vez e apenas uma vez nesta soma; isto é, a soma é simplesmente $\sum_{n=1}^{\infty} 1/n^s$.

Acontece que a fórmula de Euler para a função zeta leva a uma demonstração enganosamente curta da infinitude dos números primos: a ocorrência de um produto finito do lado direito contrariaria o fato de que $\lim_{s \to 1} \zeta(s) = \infty$.

Um problema que continua a despertar interesse refere-se ao valor de $\zeta(n)$, quando $n > 1$ é um número inteiro. Euler mostrou durante a década de 1730 que $\zeta(2n)$ é um múltiplo racional de p^{2n}, o que faz com que ele seja um número irracional:

$$\zeta(2) = \pi^2/6, \quad \zeta(4) = \pi^4/90, \quad \zeta(6) = \pi^6/945, \quad \zeta(8) = \pi^8/9450, \ldots$$

A questão permanece sem solução para inteiros ímpares. Só em 1978 é que o matemático francês Roger Apéry provou que $\zeta(3)$ é irracional; embora a demonstração tenha sido considerada "milagrosa e magnífica", quando apareceu pela primeira vez, ela não se estendeu de nenhuma maneira óbvia para $\zeta(2n+1)$ para $n > 1$. No entanto, em 2000, provou-se que existem infinitos valores deste tipo que são irracionais.

Os valores de $\zeta(2n)$ podem ser expressos em termos dos chamados números de Bernoulli B_n, denominados por James Bernoulli (1654–1705). Hoje, estes são em geral definidos indutivamente tomando-se $B_0 = 1$ e, para $n \geq 1$,

$$(n+1)B_n = -\sum_{k=0}^{n-1} \binom{n+1}{k} B_k$$

Um pequeno cálculo mostra que os primeiros B_n são

$$\begin{array}{ll} B_0 = 1 & B_1 = -1/2 \\ B_2 = 1/6 & B_3 = 0 \\ B_4 = -1/30 & B_5 = 0 \\ B_6 = 1/42 & B_7 = 0 \\ B_8 = -1/30 & B_9 = 0 \end{array}$$

Por exemplo,

$$5B_4 = B_0 - 5B_1 - 10B_2 - 10B_3$$

de modo que $B_4 = -1/30$.

Os números de Bernoulli B_{2n+1} para além do primeiro são todos iguais a zero, enquanto todos os B_{2n} são números racionais, que, após o primeiro, alternam o sinal. Em 1734, Euler calculou seus valores até

$$B_{30} = \frac{8615841276005}{14322}$$

Pouco tempo depois, ele deduziu a fórmula

$$\zeta(2n) = \frac{(-1)^{n+1}(2\pi)^{2n} B_{2n}}{(2n)!}, \quad n \geq 1$$

Legendre foi o primeiro a fazer uma conjectura significativa sobre as funções que dão uma boa aproximação para $\pi(x)$ para valores grandes de x. No seu livro *Essai sur la Théorie des Nombres* (1798), Legendre arriscou que $\pi(x)$ é aproximadamente igual à função

$$\frac{x}{\log x - 1{,}08366}$$

Ao compilar tabelas extensas sobre como os números primos se distribuem em blocos de mil inteiros consecutivos, Gauss chegou à conclusão de que $\pi(x)$ aumenta aproximadamente no mesmo ritmo que cada uma das funções de $x/\log x$ e

$$\text{Li}(x) = \int_2^x \frac{du}{\log u}$$

com a integral logarítmica Li(x) proporcionando uma aproximação numérica muito mais estreita. A observação de Gauss foi comunicada em carta ao famoso astrônomo Johann Encke, em 1849, e publicada pela primeira vez em 1863, mas parece ter começado cedo, em 1791, quando Gauss tinha 14 anos, bem antes de o tratado de Legendre ter sido escrito.

É interessante comparar estas observações com as evidências das tabelas:

x	$\pi(x)$	$\dfrac{x}{\log x - 1{,}08366}$	$\dfrac{x}{\log x}$	Li (x)	$\dfrac{\pi(x)}{(x/\log x)}$
1000	168	172	145	178	1,159
10.000	1.229	1.231	1086	1246	1,132
100.000	9.592	9.588	8.686	9.630	1,104
1.000.000	78.498	78.543	72.382	78.628	1,084
10.000.000	664.579	665.140	620.420	664.918	1,071
100.000.000	5.761.455	5.768.004	5.428.681	5.762.209	1,061

O primeiro progresso comprovado para comparar $\pi(x)$ com $x/\log x$ foi feito pelo matemático russo P. L. Tchebycheff. Em 1850, ele mostrou que existem constantes positivas a e b, $a < 1 < b$, tais que

$$a\left(\frac{x}{\log x}\right) < \pi(x) < b\left(\frac{x}{\log x}\right)$$

para x suficientemente grande. Tchebycheff também mostrou que, se o quociente $\pi(x)/(x/\log x)$ tem um limite quando x cresce, então o seu valor deve ser 1. O trabalho de Tchebycheff, bem como está, é o registro de um fracasso: não foi possível provar que o limite anterior de fato existe, e, porque ele não conseguiu fazer isso, ele não conseguiu provar o Teorema do Número Primo. Somente cerca de 45 anos mais tarde a diferença final foi preenchida.

Podemos observar neste ponto que o resultado de Tchebycheff implica que a série $\sum_p 1/p$, estendida por todos os primos, diverge. Para ver isto, seja p_n o n-ésimo primo, de modo que $\pi(p_n) = n$. Como temos

$$\pi(x) > a\left(\frac{x}{\log x}\right)$$

para x suficientemente grandes, segue-se que a desigualdade

$$n = \pi(p_n) > a\left(\frac{p_n}{\log p_n}\right) > \sqrt{p_n}$$

é válida, se n for suficientemente grande. Mas $n^2 > p_n$ leva a $\log p_n < 2 \log n$, e, portanto, temos

$$ap_n < n \log p_n < 2n \log n$$

quando n é grande. Em consequência, a série $\sum_{n=1}^{\infty} 1/p_n$ irá divergir em comparação com a série divergente conhecida $\sum_{n=2}^{\infty} (1/n \log n)$.

Um resultado semelhante ao anterior é válido para números primos em progressão aritmética. Sabemos que, se mdc$(a, b) = 1$, então existem infinitos números primos da forma $p = an + b$. Dirichlet provou que a soma de $1/p$, tomados tais primos, diverge. Por exemplo, isto se aplica a primos da forma $4n + 1$:

$$\sum_{p=4n+1} \frac{1}{p} = \frac{1}{5} + \frac{1}{13} + \frac{1}{17} + \frac{1}{29} + \frac{1}{37} + \cdots$$

é uma série divergente.

A mudança drástica acontece quando são considerados apenas os números primos gêmeos. Em 1919, o matemático norueguês Viggo Brun mostrou que a série formada pelos inversos de primos gêmeos converge. Os primos gêmeos (mesmo sendo infinitos) são "suficientemente escassos" na sequência de todos os números primos para provocar a convergência.

A soma

$$B = \left(\frac{1}{3} + \frac{1}{5}\right) + \left(\frac{1}{5} + \frac{1}{7}\right) + \left(\frac{1}{11} + \frac{1}{13}\right) + \cdots$$

que é chamada *constante de Brun* seja igual a $1{,}9021604 \pm 5 \cdot 10^{-7}$. Observe que o primo 5 aparece nos dois pares de gêmeos 3,5 e 5,7; nenhum outro número primo goza desta propriedade.

Seja $\pi_2(x)$ denota o número de primos gêmeos que não excedem x; isto é, o número de primos p para os quais $p + 2 \leq x$ também é um primo. Uma famosa conjectura de Hardy e Littlewood (1923) é que $\pi_2(x)$ aumenta de forma muito semelhante a função

$$L_2(x) = 2C \int_2^x \frac{du}{(\log u)^2}$$

em que $C = 0{,}661618158\ldots$ é conhecido como a constante primo gêmeo. A tabela a seguir dá uma ideia de como π_2 é aproximado por $L_2(x)$.

As ideias radicalmente novas que forneceram a chave para a demonstração do Teorema do Número Primo foram introduzidas por Bernhard Riemann em seu livro de memórias *Über die Anzahl der Primzahlen unter einer gegebenen Grösse* de 1859 (seu único trabalho sobre a teoria dos números). Onde Euler restringiu a função zeta $\zeta(s)$ a valores reais de s, Riemann reconheceu a ligação entre a distribuição dos números primos e o comportamento de $\zeta(s)$ como uma função de uma variável complexa $s = a + bi$. Ele enunciou várias das propriedades da função de zeta, em conjunto com uma identidade notável, conhecida como fórmula explícita de Riemann, relacionando $\pi(x)$ aos zeros de $\zeta(s)$ no plano s. O resultado tem estimulado a imaginação da maioria dos matemáticos, pois de modo inesperado ele liga duas áreas aparentemente não relacionados da matemática; ou seja, a teoria dos números, que é o estudo do discreto, e a análise complexa, que trata dos processos contínuos.

x	$\pi_2(x)$	$L_2(x) - \pi_2(x)$
10^3	35	11
10^4	205	9
10^5	1.224	25
10^6	8.169	79
10^7	58.980	−226
10^8	440.312	56
10^9	3.424.506	802
10^{10}	27.412.679	−1262
10^{11}	224.376.048	−7183

Em seu livro de memórias, Riemann fez uma série de conjecturas sobre a distribuição dos zeros da função zeta. A mais famosa é a chamada hipótese de Riemann, que afirma que todos os zeros não reais de $\zeta(s)$ estão em pontos $\frac{1}{2} + bi$ do plano complexo; ou seja, eles ficam na "linha crítica" $Re(s) = \frac{1}{2}$. Em 1914, G. H. Hardy forneceu o primeiro resultado concreto provando que há uma infinidade de zeros na linha crítica. Grandes cálculos foram feitos, culminando com a recente verificação de que a hipótese de Riemann é válida para todos os primeiros $(1{,}5)10^{10}$ zeros, um esforço que envolveu mais de mil horas em um moderno supercomputador. Esta famosa conjectura nunca foi provada ou refutada, e é, sem dúvida, o problema não resolvido mais importante em matemática hoje.

As investigações de Riemann foram exploradas por Jacques Hadamard e Charles de la Vallée Poussin, que, em 1896, de forma independente um do outro e quase simultaneamente, conseguiram provar que

$$\lim_{x \to \infty} \frac{\pi(x)}{x/\log x} = 1$$

O resultado expresso nesta fórmula desde então se tornou conhecido como o Teorema do Número Primo. De la Vallée Poussin foi consideravelmente mais longe em sua pesquisa. Ele mostrou que, para valores suficientemente grandes de x, $\pi(x)$ é mais exatamente representada pela integral logarítmica Li(x) do que pela função

$$\frac{x}{\log x - A}$$

não importando o valor que é atribuído à constante A, e que a escolha mais favorável de A na função de Legendre seja 1. Isto está em desacordo com a afirmação original de Legendre de que $A = 1,08366$, mas sua estimativa (com base em tabelas que se estendem até $x = 400000$) foi reconhecida historicamente.

Hoje, sabe-se bem mais sobre a relação entre $\pi(x)$ e Li(x). Mencionamos apenas um teorema de Littlewood que garante que a diferença $\pi(x) - \text{Li}(x)$ assume valores positivos e negativos infinitamente enquanto x passa por todos os inteiros positivos. O resultado de Littlewood é simplesmente um "teorema da existência", nenhum valor numérico para x para o qual $\pi(x) - \text{Li}(x)$ é positiva foi encontrado. É um fato curioso que um limite superior para o tamanho do primeiro x que satisfaz $\pi(x) > \text{Li}(x)$ esteja disponível; tal x deve ocorrer antes de

$$e^{e^{e^{79}}} \approx 10^{10^{10^{34}}}$$

um número de magnitude incompreensível. Hardy alegou que era o maior número que já teve uma finalidade prática. Este limite superior, obtido por S. Skewes em 1933, entrou para a literatura com o nome de *número Skewes*. Algum tempo depois (1955), Skewes diminuiu o topo do expoente do seu número de 34 para 3. Em 1997, este limite foi consideravelmente reduzido quando foi demonstrado que existem mais de 10^{311} números inteiros sucessivos x na vizinhança de $(1,398) \, 10^{316}$ para os quais $\pi(x) > \text{Li}(x)$. No entanto, um valor numérico explícito de x está ainda fora do alcance de qualquer computador. O que talvez seja notável é que $\pi(x) < \text{Li}(x)$ para todos os x nos quais $\pi(x)$ foi calculado, isto é, para todo x no intervalo $x < 2 \cdot 10^{18}$. Alguns valores são dados na tabela:

x	$\pi(x)$	$\text{Li}(x) - \pi(x)$
10^9	50.847.534	1701
10^{10}	455.052.511	3104
10^{11}	4.118.054.813	11.588
10^{12}	37.607.912.018	38.263
10^{13}	346.065.536.839	108.971
10^{14}	3.204.941.750.802	314.890
10^{15}	29.844.570.422.669	1.052.619
10^{16}	279.238.341.033.925	3.214.632
10^{17}	2.623.557.157.654.233	7.956.589
10^{18}	24.739.954.287.740.860	21.949.555

Embora este quadro cause a impressão de que Li(x) − $\pi(x)$ seja sempre positiva e se torna maior quando x aumenta, os valores negativos acabarão por dominar os positivos.

Um dado útil para o Teorema do Número Primo merece a nossa atenção; a saber,

$$\lim_{n \to \infty} \frac{n \log n}{p_n} = 1$$

Pois, a partir da relação

$$\lim_{x \to \infty} \frac{\pi(x) \log x}{x} = 1$$

podemos chegar aos logaritmos e utilizar o fato de que a função logarítmica é contínua para obter

$$\lim_{x \to \infty} [\log \pi(x) + \log(\log x) - \log x] = 0$$

ou o que é equivalente,

$$\lim_{x \to \infty} \frac{\log \pi(x)}{\log x} = 1 - \lim_{x \to \infty} \frac{\log(\log x)}{\log x}$$

Mas $\lim_{x \to \infty} \log(\log x) / \log x = 0$, o que leva a

$$\lim_{x \to \infty} \frac{\log \pi(x)}{\log x} = 1$$

Então obtemos

$$\begin{aligned}
1 &= \lim_{x \to \infty} \frac{\pi(x) \log x}{x} \\
&= \lim_{x \to \infty} \frac{\pi(x) \log \pi(x)}{x} \cdot \frac{\log x}{\log \pi(x)} \\
&= \lim_{x \to \infty} \frac{\pi(x) \log \pi(x)}{x}
\end{aligned}$$

Fazendo $x = p_n$, de modo que $\pi(p_n) = n$, o resultado

$$\lim_{n \to \infty} \frac{n \log n}{p_n} = 1$$

segue. Isto pode ser interpretado como a afirmação de que se existem n primos em um intervalo, então o comprimento do intervalo é aproximadamente $n \log n$.

Até recentemente, prevaleceu a ideia de que o Teorema do Número Primo não poderia ser provado sem a ajuda das propriedades da função zeta e sem se recorrer à teoria da função complexa. Foi uma grande surpresa quando, em 1949, o matemático norueguês Atle Selberg descobriu uma demonstração puramente aritmética. Seu artigo *An Elementary Proof of the Prime Number Theorem* é "fundamental" no sentido técnico de evitar os métodos de análise moderna; de fato, o seu conteúdo é extremamente difícil. Selberg foi condecorado com a Medalha Fields no Congresso Internacional de Matemáticos de 1950 por seu trabalho nesta área. A Medalha Fields é considerada o Prêmio Nobel da matemática. (A ideia de que a matemática deve estar incluída em suas áreas de reconhecimento parece nunca ter ocorrido a Alfred Nobel.) Oferecida a cada quatro anos para uma pessoa com menos de 40 anos, a medalha é o mais distinto prêmio da comunidade matemática.

Precisaremos de mais um milhão de anos, pelo menos, para entendermos os números primos.
PAUL ERDÖS

PROBLEMAS DIVERSOS

Os números inteiros positivos permanecem um desafio contínuo e inevitável para a curiosidade de cada mente saudável.

G. H. Hardy

1. Use indução para provar o que segue:
   (a) $1 \cdot 2 \cdot 3 + 2 \cdot 3 \cdot 4 + \cdots + n(n+1)(n+2) = \dfrac{n(n+1)(n+2)(n+3)}{4}.$
   (b) $\dfrac{1}{1 \cdot 5} + \dfrac{1}{5 \cdot 9} + \cdots \dfrac{1}{(4n-3)(4n+1)} = \dfrac{n}{4n+1}.$
   (c) $1 + \dfrac{1}{\sqrt{2}} + \dfrac{1}{\sqrt{3}} + \cdots + \dfrac{1}{\sqrt{n}} \geq \sqrt{n}.$

2. Prove que
$$\frac{n^3}{3} - \frac{n^2}{2} + \frac{n}{6}$$
é um inteiro para $n \geq 1$.

3. Se $n \geq 1$, prove as afirmativas sobre divisibilidade abaixo:
   (a) $7 \mid 2^{3n+1} + 4^{3n+1} + 1$
   (b) $133 \mid 11^{n+2} + 12^{2n+1}$
   (c) $11 \mid 3^{5n} + 4^{5n+2} + 5^{5n+1}$

4. Prove que $\mathrm{mdc}\left(n!+1, (n+1)!+1\right) = 1$.

5. Para todo $n \geq 1$, prove que $8 \cdot 2^{2^n} + 1$ é composto.

6. Encontre todos os primos p para os quais $29p + 1$ é um quadrado perfeito.

7. Se $n^2 + 2$ é primo, mostre que $3 \mid n$.

8. Mostre que se $p > 3$ e $q = p + 2$ são primos gêmeos, então $pq \equiv -1 \pmod{9}$.

9. Prove o que segue:
   (a) Se $7 \mid a^3 + b^3 + c^3$, então $7 \mid a$ ou $7 \mid b$ ou $7 \mid c$.
   (b) $9 \mid (n-1)^3 + n^3 + (n+1)^3$ para todo $n \geq 1$.

10. Para inteiros positivos n e m, prove que $3^n + 3^m + 1$ nunca é um quadrado perfeito.
    [*Sugestão*: Trabalhe módulo 8.]

11. Encontre o menor valor positivo de n para o qual
    (a) A equação $301x + 77y = 2000 + n$ possui solução.
    (b) A equação $5x + 7y = n$ possui exatamente três soluções positivas.

12. Para $n \geq 1$, considere 2^n e 2^{n+1} escritos na forma decimal. Se N é o número formado quando estas representações decimais são colocadas lado a lado, mostre que $3 \mid N$. Por exemplo, quando $n = 6$, temos $N = 64128$ e $3 \mid 64128$ e $3 \mid 12864$.

13. Para quais dígitos X $242628X91715131$ é divisível por 3?

14. Encontre o último dígito de 1999^{1999} e os dois últimos dígitos de 3^{4321}.

15. Três crianças de uma família têm pés com 5, 7 e 9 polegadas de comprimento. Cada criança mede a largura da sala de jantar de casa usando seu pé, e cada uma verifica que em sua medida sempre sobram 3 polegadas. Qual é a largura da sala de jantar?

16. Na sequência de números triangulares, suponha que

    $$t_n(t_{n-1} + t_{n+1}) = t_k$$

    Determine k em função de n.

17. Prove que uma repunidade R_n não pode ser expressa como a soma de dois quadrados.

18. Encontre o resto da divisão de $70!/18$ por 71.

19. Enuncie e prove o resultado geral ilustrado por

    $$4^2 = 16 \quad 34^2 = 1156 \quad 334^2 = 111556 \quad 3334^2 = 11115556, \ldots$$

20. Se p é primo, mostre que $p \mid \bigl(\tau(p)\phi(p)+2\bigr)$ e $p \mid \bigl(\tau(p)\rho(p)-2\bigr)$.

21. Prove a fórmula $\sum_{d \mid n} \mu(d) 2^{\omega(n/d)} = |\mu(n)|$.

22. Prove que n é um inteiro par se e somente se $\sum_{d \mid n} \phi(d)\mu(d) = 0$.

23. Se $\tau(n)$ é divisível por um primo ímpar, mostre que $\mu(n) = 0$.

24. Determine se 97 divide $n^2 - 85$ para algum $n \geq 1$.

25. Encontre todos os inteiros n que satisfazem a equação

    $$(n-1)^3 + n^3 + (n+1)^3 = (n+2)^3$$

    [*Sugestão*: Trabalhe com a equação obtida pela substituição de n por $k + 4$.]

26. Prove que os números de Fermat são tais que

    $$F_n + F_{n+1} \equiv 1 \pmod{7}$$

27. Verifique que 6 é o único número perfeito par livre de quadrados.

28. Dados quaisquer quatro inteiros positivos consecutivos, mostre que ao menos um deles não pode ser escrito como a soma de dois quadrados.

29. Mostre que os termos da sequência de Lucas satisfazem a congruência

    $$2^n L_n \equiv 2 \pmod{10}$$

30. Mostre que uma infinidade de números de Fibonacci é divisível por 5, mas nenhum número de Lucas tem esta propriedade.

31. Para os números de Fibonacci, prove que 18 divide

    $$u_{n+11} + u_{n+7} + 8u_{n+5} + u_{n+3} + 2u_n \qquad n \geq 1$$

32. Prove que existe uma infinidade de números inteiros positivos n tais que n e $3n - 2$ são quadrados perfeitos.
33. Se $n \equiv 5 \pmod{10}$, mostre que n divide a soma

$$12^n + 9^n + 8^n + 6^n$$

34. Prove o que segue:
    (a) 7 não divide nenhum número da forma $2^n + 1$, $n \geq 0$.
    (b) 7 divide uma infinidade de números da forma $10^n + 3$, $n \geq 0$.
35. Para $n \equiv \pm 4 \pmod{9}$, mostre que a equação $n = a^3 + b^3 + c^3$ não possui solução inteira.
36. Prove que se o primo ímpar p divide $a^2 + b^2$, em que mdc$(a, b) = 1$, então $p = 1 \pmod 4$.
37. Encontre um inteiro n para o qual o produto $9999 \cdot n$ é uma repunidade.
    [*Sugestão*: Trabalhe com a equação $9999 \cdot n = R_{4k}$.]
38. Verifique que 10 é o único número triangular que pode ser escrito como a soma de dois quadrados ímpares consecutivos.
39. Determine se existe um número euclidiano

$$p^{\#} + 1 = 2 \cdot 3 \cdot 5 \cdot 7 \cdots p + 1$$

que é um quadrado perfeito.

40. Considere um primo $p \equiv 1 \pmod{60}$. Mostre que existem inteiros positivos a e b com $p = a^2 + b^2$, em que 3 divide a ou b e 5 divide a ou b.
41. Prove que a soma

$$299 + 2999 + 29999 + \cdots + 29999999999999$$

é divisível por 12.

42. Use a equação de Pell para mostrar que existe uma infinidade de números inteiros que são simultaneamente números triangulares e quadrados perfeitos.
43. Dado $n > 0$, mostre que existe uma infinidade de k para os quais $(2k+1)2^n + 1$ é primo.
44. Mostre que cada termo da sequência

$$16, 1156, 111556, 11115556, 1111155556, \ldots$$

é um quadrado perfeito.

45. Encontre todos os primos da forma $p^2 + 2^p$, em que p é um primo.
46. Os primos 37, 67, 73, 79, ... são da forma $p = 36ab + 6a - 6b + 1$, com $a \geq 1$, $b \geq 1$. Mostre que nenhum par de primos gêmeos pode conter um primo desta forma.
47. Prove que $n!$ não é um quadrado perfeito para $n > 1$.
    [*Sugestão*: Use a conjectura de Bertrand.]
48. Uma repunidade próxima é um inteiro $_kR_n$ que tem $n - 1$ dígitos iguais a 1, e um 0 na posição $k + 1$ à direita; ou seja,

$$_kR_n = R_{n-k-1}10^{k+1} + R_k = 111\cdots11011\cdots111$$

Mostre que se mdc$(n - 1, 3k) > 1$, então $_kR_n$ é composto.

49. Sejam $p_1, p_2, \ldots, p_n$ os n primeiros primos na ordem natural. Mostre que existem ao menos dois novos primos no intervalo $p_n < x \leq p_1 p_2 \cdots p_n + 1$ para $n \geq 2$.
50. Prove que não existem primos p e q que satisfaçam a condição $p^2 = 10^q - 999$.
    [*Sugestão*: Trabalhe módulo 7.]

APÊNDICES

REFERÊNCIAS GERAIS

Adams, W., and L. Goldstein. 1976. *Introduction to Number Theory*. Englewood Cliffs, N.J.: Prentice-Hall.
Adler, Andrew, and Cloury, John. 1995. *The Theory of Numbers: A Text and Source Book of Problems*. Boston: Jones and Bartlett.
Allenby, B. J., and J. Redfern. 1989. *Introduction to Number Theory with Computing*. London: Edward Arnold.
Andrews, George. 1971. *Number Theory*. Philadelphia: W. B. Saunders.
Archibald, Ralph. 1970. *An Introduction to the Theory of Numbers*. Columbus, Ohio: Charles E. Merrill.
Baker, Alan. 1984. *A Concise Introduction to the Theory of Numbers*. Cambridge, England: Cambridge University Press.
Barbeau, Edward. 2003. *Pell's Equation*. New York: Springer-Verlag.
Barnett, I. A. 1972. *Elements of Number Theory*. Rev. ed. Boston: Prindle, Weber & Schmidt.
Beck, A., M. Bleicher, and D. Crowe. 1969. *Excursions into Mathematics*. New York: Worth.
Beiler, A. H. 1966. *Recreations in the Theory of Numbers*. 2d ed. New York: Dover.
Bressoud, David. 1989. *Factorization and Primality Testing*. New York: Springer-Verlag.
Brown, Ezra. "The First Proof of the Quadratic Reciprocity Law, Revisited." *American Mathematical Monthly* 88(1981): 257–64.
Burton, David. 2007. *The History of Mathematics: An Introduction*. 6th ed. New York: McGraw-Hill.
Clawson, Calvin. 1996. *Mathematical Mysteries: The Beauty and Magic of Numbers*. NewYork: Plenum Press.
Cohen, Henri. 1993. *A Course in Computational Algebraic Number Theory*. NewYork: Springer-Verlag.
Crandall, Richard, and Pomerance, Carl. 2001. *Prime Numbers: A Computational Perspective*. New York: Springer-Verlag.
Dickson, Leonard. 1920. *History of the Theory of Numbers*. Vols. 1, 2, 3. Washington, D.C.: Carnegie Institute of Washington. (Reprinted, New York: Chelsea, 1952.)
Dirichlet, P. G. L. 1999. *Lectures on Number Theory*. Translated by J. Stillwell. Providence, R.I.: American Mathematical Society.
Dudley, Underwood. 1978. *Elementary Number Theory*, 2d ed. New York: W. H. Freeman.
Edwards, Harold. 1977. *Fermat's Last Theorem*. New York: Springer-Verlag.
Erdös, Paul, and Suryáni, János. 2003. *Topics in the Theory of Numbers*. New York: Springer-Verlag.
Everest, G., and Ward, T. 2005. *An Introduction to Number Theory*. New York: Springer-Verlag.
Eves, Howard. 1990. *An Introduction to the History of Mathematics*. 6th ed. Philadelphia: Saunders College Publishing.
Goldman, Jay. 1998. *The Queen of Mathematics: A Historically Motivated Guide to Number Theory*. Wellesley, Natick, Mass.: A. K. Peters.
Guy, Richard. 1994. *Unsolved Problems in Number Theory*. 2d ed. New York: Springer-Verlag.
Hardy, G. H., and E. M. Wright. 1992. *An Introduction to the Theory of Numbers*. 5th ed. London: Oxford University Press.
Heath, Thomas. 1910. *Diophantus of Alexandria*. Cambridge, England: Cambridge University Press. (Reprinted, New York: Dover, 1964.)
Hoggatt, V. E. Jr., and E. Verner. 1969. *Fibonacci and Lucas Numbers*. Boston: Houghton Mifflin.
Ireland, K., and M. Rosen. 1990. *A Classical Introduction to Modern Number Theory*. 2d ed. New York: Springer-Verlag.
Koblitz, Neal. 1994. *A Course in Number Theory and Cryptography*, 2d ed. New York: Springer-Verlag.
Koshy, Thomas. 2001. *Fibonacci and Lucas Numbers with Applications*. New York: John Wiley and Sons.
Landau, E. 1952. *Elementary Number Theory*. Translated by J. Goodman. New York: Chelsea.
Le Veque, William. 1977. *Fundamentals of Number Theory*. Reading, Mass.: Addison-Wesley. (Reprinted, New York: Dover, 1990.)
Long, Calvin. 1972. *Elementary Introduction to Number Theory*. 2d ed. Lexington, Mass.: D. C. Heath.
Loweke, George. 1982. *The Lore of Prime Numbers*. New York: Vantage Press.
Maxfield, J., and M. Maxfield. 1972. *Discovering Number Theory*. Philadelphia: W. B. Saunders.

Mollin, Richard. 1998. *Fundamental Number Theory with Applications*. Boca Raton, Fla.: CRC Press.
———. 2001. *An Introduction to Cryptography*. Boca Raton, Fla.: CRA Press.
———. 2002. *RSA and Public-Key Cryptography*. Boca Raton, Fla.: CRA Press.
Nagell, Trygve. 1964. *Introduction to Number Theory*. 2d ed. New York: Chelsea.
Nathanson, Melvyn. 2000. *Elementary Methods in Number Theory*. New York: Springer-Verlag.
Niven, I., H. Zuckerman, and H. Montgomery. 1991. *An Introduction to the Theory of Numbers*. 5th ed. New York: John Wiley and Sons.
Ogilvy, C. S., and J. Anderson. 1966. *Excursions in Number Theory*. New York: Oxford University Press.
Olds, Carl D. 1963. *Continued Fractions*. New York: Random House.
Ore, Oystein. 1948. *Number Theory and Its History*. New York: McGraw-Hill. (Reprinted, New York: Dover, 1988).
———. 1967. *Invitation to Number Theory*. New York: Random House.
Parshin, A., and I. Shafarevich. 1995. *Number Theory I: Fundamental Problems, Ideas, and Theories*. New York: Springer-Verlag.
Pomerance, Carl, ed., 1990. *Cryptology and Computational Number Theory*. Providence, R. I.: American Mathematical Society.
Posamentier, A., and Lehmann, I. 2007. *The Fabulous Fibonacci Numbers*. Amherst, N.Y.: Prometheus Books.
Redmond, Don. 1996. *Number Theory, An Introduction*. New York: Marcel Dekker.
Ribenboim, Paulo. 1979. *13 Lectures on Fermat's Last Theorem*. New York: Springer-Verlag.
———. 1988. *The Book of Prime Number Records*. New York: Springer-Verlag.
———. 1991. *The Little Book of Big Primes*. New York: Springer-Verlag.
———. 1994. *Catalan's Conjecture*. Boston: Academic Press.
———. 1995. *The New Book of Prime Number Records*. New York: Springer-Verlag.
———. 1999. *Fermat's Last Theorem for Amateurs*. New York: Springer-Verlag.
———. 2000. *My Numbers My Friends: Popular Lectures in Number Theory*. New York: Springer-Verlag.
———. 2004. *The Little Book of Bigger Numbers*. New York: Springer-Verlag.
———. "Galimatias Arithmeticae." *Mathematics Magazine* 71(1998): 331–40.
———. "Prime Number Records." *College Mathematics Journal* 25(1994): 280–90.
———. "Selling Primes." *Mathematics Magazine* 68(1995): 175–82.
Riesel, Hans. 1994. *Prime Numbers and Computer Methods for Factorization*. 2d ed. Boston: Birkhauser.
Robbins, Neville. 1993. *Beginning Number Theory*. Dubuque, Iowa: Wm. C. Brown.
Roberts, Joe. 1977. *Elementary Number Theory*. Cambridge, Mass.: MIT Press.
Rose, H. E. 1994. *A Course in Number Theory*. 2d ed. New York: Oxford University Press.
Rosen, Kenneth. 2005. *Elementary Number Theory and Its Applications*. 5th ed. Reading, Mass.: Addison-Wesley.
Salomaa, Arto. 1996. *Public-Key Cryptography*. 2d ed. New York: Springer-Verlag.
du Sautoy, Marcus. 2004. *The Music of the Primes*. New York: Harper Collins.
Scharlau, W., and H. Opolka. 1984. *From Fermat to Minkowski*. New York: Springer-Verlag.
Schroeder, Manfred. 1987. *Number Theory in Science and Communication*. 2d ed. New York: Springer-Verlag.
Schumer, Peter. 1996. *Introduction to Number Theory*. Boston: PWS-Kent.
Shanks, Daniel. 1985. *Solved and Unsolved Problems in Number Theory*. 3d ed. New York: Chelsea.
Shapiro, Harold. 1983. *Introduction to the Theory of Numbers*. New York: John Wiley and Sons.
Shoemaker, Richard. 1973. *Perfect Numbers*. Washington, D.C.: National Council of Teachers of Mathematics.
Sierpinski, Waclaw. 1988. *Elementary Theory of Numbers*. Translated by A. Hulaniki. 2d ed. Amsterdam: North-Holland.
———. 1962. *Pythagorean Triangles*. Translated by A. Sharma. New York: Academic Press.
Singh, Simon. 1997. *Fermat's Enigma: The Epic Quest to Solve the World's Greatest Mathematical Problem*. New York: Walker and Company.
Starke, Harold. 1970. *An Introduction to Number Theory*. Chicago: Markham.
Struik, Dirk. 1969. *A Source Book in Mathematics 1200–1800*. Cambridge: Harvard University Press.
Tattersall, James. 1999. *Elementary Number Theory in Nine Lectures*. Cambridge, England: Cambridge University Press.
———. 2006. *Elementary Number Theory in Nine Chapters*. 2d ed. Cambridge, England: Cambridge University Press.
Tenenbaum, Gerald, and Michel, France. 2000. *Prime Numbers and Their Distribution*. Providence, R.I.: American Mathematical Society.
Uspensky, J., and M. A. Heaslet. 1939. *Elementary Number Theory*. New York: McGraw-Hill.
Vajda, S. 1989. *Fibonacci and Lucas Numbers and the Golden Section: Theory and Applications*. Chichester, England: Ellis Horwood.
Van der Poorten, Alf. 1996. *Notes on Fermat's Last Theorem*. New York: John Wiley and Sons.
Vanden Eynden, Charles. 1987. *Elementary Number Theory*. 2d ed. New York: Random House.
Vorobyov, N. 1963. *The Fibonacci Numbers*. Boston: D. C. Heath.
Weil, Andre. 1984. *Number Theory: An Approach through History*. Boston: Birkhauser.
Wells, David. 2005. *Prime Numbers: The Most Mysterious Figures in Math*. New York: JohnWiley and Sons.
Welsh, Dominic. 1988. *Codes and Cryptography*. New York: Oxford University Press.
Williams, Hugh. 1998. *Edouard Lucas and Primality Testing*. New York: John Wiley and Sons.

LEITURAS SUGERIDAS

Adaz, J. M., and Bravo, A. "Euclid's Argument on the Infinitude of Primes." *American Mathematical Monthly* 110(2003): 141–42.
Apostol, Tom. "A Primer on Bernoulli Numbers and Polynomials." *Mathematics Magazine* 81 (2008): 178–190.
Bateman, Paul, and Diamond, Harold. "A Hundred Years of Prime Numbers." *American Mathematical Monthly* 103(1996): 729–41.
Bauer, Friedrich. "Why Legendre Made a Wrong Guess about $\pi(x)$." *The Mathematical Intelligencer* 25, No. 3(2003): 7–11.
Berndt, Bruce. "Ramanujan—100 Years Old (Fashioned) or 100 Years New (Fangled)?" *The Mathematical Intelligencer* 10, No. 3(1988): 24–29.
Berndt, Bruce, and Bhargava, S. "Ramanujan—For Lowbrows." *American Mathematical Monthly* 100(1993): 644–56.
Bezuska, Stanley. "Even Perfect Numbers—An Update." *Mathematics Teacher* 74(1981): 460–63.
Bollabás, Béla. "To Prove and Conjecture: Paul Erdös and His Mathematics." *American Mathematical Monthly* 105(1998): 209–37.
Boston, Nigel, and Greenwood, Marshall. "Quadratics Representing Primes." *American Mathematical Monthly* 102(1995): 595–99.
Brown, Ezra. "Three Connections to Continued Fractions." *Pi Mu Epsilon Journal* 11, No. 7(2002): 353–62.
Collison, Mary Joan. "The Unique Factorization Theorem: From Euclid to Gauss." *Mathematics Magazine* 53(1980): 96–100.
Cox, David. "Quadratic Reciprocity: Its Conjecture and Application." *American Mathematical Monthly* 95(1988): 442–48.
———. "Introduction to Fermat's Last Theorem." *American Mathematical Monthly* 101(1994): 3–14.
Crandall, Richard. "The Challenge of Large Numbers." *Scientific American* 276(Feb. 1997): 74–78.
Dalezman, Michael. "From 30 to 60 is Not Twice as Hard." *Mathematics Magazine* 73(Feb. 2000): 151–53.
Devlin, Keith. "Factoring Fermat Numbers." *New Scientist* 111, No. 1527(1986): 41–44.
Dixon, John. "Factorization and Primality Tests." *American Mathematical Monthly* 91(1984): 333–51.
Dudley, Underwood. "Formulas for Primes." *Mathematics Magazine* 56(1983): 17–22.
Edwards, Harold. "Euler and Quadratic Reciprocity." *Mathematics Magazine* 56(1983): 285–91.
Erdös, Paul. "Some Unconventional Problems in Number Theory." *Mathematics Magazine* 52(1979): 67–70.
———. "On Some of My Problems in Number Theory I Would Most Like to See Solved." In *Lecture Notes in Mathematics* 1122. New York: Springer-Verlag, 1985: 74–84.
———. "Some Remarks and Problems in Number Theory Related to theWork of Euler." *Mathematics Magazine* 56(1983): 292–98.
Feistel, Horst. "Cryptography and Computer Security." *Scientific American* 228(May 1973): 15–23.
Francis, Richard. "Mathematical Haystacks: Another Look at Repunit Numbers." *College Mathematics Journal* 19(1988): 240–46.
Gallian, Joseph. "The Mathematics of Identification Numbers." *College Mathematics Journal* 22(1991): 194–202.
Gardner, Martin. "Simple Proofs of the Pythagorean Theorem, and Sundry Other Matters." *Scientific American* 211(Oct. 1964): 118–26.
———. "A Short Treatise on the Useless Elegance of Perfect Numbers and Amicable Pairs." *Scientific American* 218(March 1968): 121–26.
———. "The Fascination of the Fibonacci Sequence." *Scientific American* 220(March 1969): 116–20.
———. "Diophantine Analysis and the Problem of Fermat's Legendary 'Last Theorem'." *Scientific American* 223(July 1970): 117–19.
———."On Expressing Integers as the Sums of Cubes and Other Unsolved Number-Theory Problems." *Scientific American* 229(Dec. 1973): 118–21.
———. "A New Kind of Cipher That Would Take Millions of Years to Break." *Scientific American* 237(Aug. 1977): 120–24.
———. "Patterns in Primes Are a Clue to the Strong Law of Small Numbers." *Scientific American* 243(Dec. 1980): 18–28.
Goldstein, Larry. "A History of the Prime Number Theorem." *American Mathematical Monthly* 80(1973): 599–615.

Granville, Andrew, and Greg, Martin. "Prime Number Races." *American Mathematical Monthly* 113 (2006): 1–33.
Guy, Richard. "The Strong Law of Small Numbers." *American Mathematical Monthly* 95(1988): 697–712.
———. "The Second Strong Law of Small Numbers." *Mathematics Magazine* 63(1990): 1–20.
Higgins, John, and Campbell, Douglas. "Mathematical Certificates." *Mathematics Magazine* 67(1994): 21–28.
Hodges, Laurent. "A Lesser-Known Goldbach Conjecture." *Mathematics Magazine* 66(1993): 45–47.
Hoffman, Paul. "The Man Who Loved Numbers." *The Atlantic* 260(Nov. 1987): 60–74.
Holdener, Judy. "A Theorem of Touchard on the Form of Odd Perfect Numbers." *American Mathematical Monthly* 109(2002): 661–63.
Honsberger, Ross. "An Elementary Gem Concerning $\pi(n)$, the Number of Primes $< n$." *Two-Year College Mathematics Journal* 11(1980): 305–11.
Kleiner, Israel. "Fermat: The Founder of Modern Number Theory." *Mathematics Magazine* 78(2005): 3–14.
Koshy, Thomas. "The Ends of a Mersenne Prime and an Even Perfect Number." *Journal of Recreational Mathematics* 3(1998): 196–202.
Laubenbacher, Reinhard, and Pengelley, David. "Eisenstein's Misunderstood Geometric Proof of the Quadratic Reciprocity Theorem." *College Mathematics Journal* 25(1994): 29–34.
Lee, Elvin, and Madachy, Joseph. "The History and Discovery of Amicable Numbers—Part I." *Journal of Recreational Mathematics* 5(1972): 77–93.
Lenstra, H. W. "Solving the Pell Equation." *Notices of the American Mathematical Society* 49, No. 2(2002): 182–92.
Luca, Florian. "The Anti-Social Fermat Number." *American Mathematical Monthly* 107(2000): 171–73.
Luciano, Dennis, and Prichett, Gordon. "Cryptography: From Caesar Ciphers to Public-Key Cryptosystems." *College Mathematics Journal* 18(1987): 2–17.
Mackenzie, Dana. "Hardy's Prime Problem Solved." *New Scientist* 2446 (May 8, 2004): 13.
Mahoney, Michael. "Fermat's Mathematics: Proofs and Conjectures." *Science* 178(Oct. 1972): 30–36.
Matkovic, David. "The Chinese Remainder Theorem: An Historical Account." *Pi Mu Epsilon Journal* 8(1988): 493–502.
McCarthy, Paul. "Odd Perfect Numbers." *Scripta Mathematica* 23(1957): 43–47.
McCartin, Brian. "e: The Master of All." *The Mathematical Intelligencer* 28 (2006): 10–26.
Mollin, Richard. "A Brief History of Factoring and Primality Testing B. C. (Before Computers)." *Mathematics Magzine* 75(2002): 18–29.
Ondrejka, Rudolf. "Ten Extraordinary Primes." *Journal of Recreational Mathematics* 18(1985–86): 87–92.
Ondrejka, Rudolf, and Dauber, Harvey. "Primer on Palindromes." *Journal of Recreational Mathematics* 26(1994): 256–67.
Pomerance, Carl. "Recent Developments in Primality Testing." *The Mathematical Intelligencer* 3(1981): 97–105.
———. "The Search for Prime Numbers." *Scientific American* 247(Dec. 1982): 122–30.
———. "A Tale of Two Sieves." *Notices of the American Mathematical Society* 43(1996): 1473–85.
Reid, Constance. "Perfect Numbers." *Scientific American* 88(March 1953): 84–86.
Ribenboim, Paulo. "Lecture: Recent Results on Fermat's Last Theorem." *Canadian Mathematical Bulletin* 20(1977): 229–42.
Sander, Jürgen. "A Story of Binomial Coefficients and Primes." *American Mathematical Monthly* 102(1995): 802–7.
Schroeder, Manfred. "Where Is the Next Mersenne Prime Hiding?" *The Mathematical Intelligencer* 5, No. 3(1983): 31–33.
Sierpinski, Waclaw. "On Some Unsolved Problems of Arithmetic." *Scripta Mathematica* 25(1960): 125–36.
Silverman, Robert. "A Perspective on Computation in Number Theory." *Notices of the American Mathematical Society* 38(1991): 562–568.
Singh, Simon, and Ribet, Kenneth. "Fermat's Last Stand." *Scientific American* 277(Nov. 1997): 68–73.
Slowinski, David. "Searching for the 27th Mersenne Prime." *Journal of Recreational Mathematics* 11(1978–79): 258–61.
Small, Charles. "Waring's Problems." *Mathematics Magazine* 50(1977): 12–16.
Stewart, Ian. "The Formula Man." *New Scientist* 1591(Dec. 17, 1987): 24–28.
———. "Shifting Sands of Factorland." *Scientific American* 276(June 1997): 134–37.
———. "Proof and Beauty." *New Scientist* 2192(June 26, 1999): 29–32.
———. "Prime Time." *New Scientist* 2511(August 6, 2005): 40–43.
Uhler, Horace. "A Brief History of the Investigations on Mersenne Numbers and the Latest Immense Primes." *Scripta Mathematica* 18(1952): 122–31.
Vanden Eynden, Charles. "Flipping a Coin over the Telephone." *Mathematics Magazine* 62(1989): 167–72.
Vandiver, H. S. "Fermat's Last Theorem." *American Mathematical Monthly* 53(1946): 555–78.
Vardi, Ilan. "Archimedes' Cattle Problem." *American Mathematical Monthly* 105(1998): 305–19.
Wagon, Stan. "Fermat's Last Theorem." *The Mathematical Intelligencer* 8, No. 1(1986): 59–61.
———. "Carmichael's 'Empirical Theorem'." *The Mathematical Intelligencer* 8, No. 2(1986): 61–63.
Yates, Samuel. "Peculiar Properties of Repunits." *Journal of Recreational Mathematics* 2(1969): 139–46.
———. "The Mystique of Repunits." *Mathematics Magazine* 51(1978): 22–28.

TABELAS

TABELA 1

A menor raiz primitiva r de cada primo p, em que 2 ≤ p < 1000.

p	r	p	r	p	r	p	r	p	r	p	r
2	1	127	3	283	3	467	2	661	2	877	2
3	2	131	2	293	2	479	13	673	5	881	3
5	2	137	3	307	5	487	3	677	2	883	2
7	3	139	2	311	17	491	2	683	5	887	5
11	2	149	2	313	10	499	7	691	3	907	2
13	2	151	6	317	2	503	5	701	2	911	17
17	3	157	5	331	3	509	2	709	2	919	7
19	2	163	2	337	10	521	3	719	11	929	3
23	5	167	5	347	2	523	2	727	5	937	5
29	2	173	2	349	2	541	2	733	6	941	2
31	3	179	2	353	3	547	2	739	3	947	2
37	2	181	2	359	7	557	2	743	5	953	3
41	6	191	19	367	6	563	2	751	3	967	5
43	3	193	5	373	2	569	3	757	2	971	6
47	5	197	2	379	2	571	3	761	6	977	3
53	2	199	3	383	5	577	5	769	11	983	5
59	2	211	2	389	2	587	2	773	2	991	6
61	2	223	3	397	5	593	3	787	2	997	7
67	2	227	2	401	3	599	7	797	2		
71	7	229	6	409	21	601	7	809	3		
73	5	233	3	419	2	607	3	811	3		
79	3	239	7	421	2	613	2	821	2		
83	2	241	7	431	7	617	3	823	3		
89	3	251	6	433	5	619	2	827	2		
97	5	257	3	439	15	631	3	829	2		
101	2	263	5	443	2	641	3	839	11		
103	5	269	2	449	3	643	11	853	2		
107	2	271	6	457	13	647	5	857	3		
109	6	277	5	461	2	653	2	859	2		
113	3	281	3	463	3	659	2	863	5		

TABELA 2

O menor fator primo de cada inteiro ímpar n, 3 ≤ n ≤ 4999, não divisível por 5; um traço na tabela indica que n é primo.

1		101	—	201	3	301	7	401	—
3	—	103	—	203	7	303	3	403	13
7	—	107	—	207	3	307	—	407	11
9	3	109	—	209	11	309	3	409W	—
11	—	111	3	211	—	311	—	411	3
13	—	113	—	213	3	313	—	413	7
17	—	117	3	217	7	317	—	417	3
19	—	119	7	219	3	319	11	419	—
21	3	121	11	221	13	321	3	421	—
23	—	123	3	223	—	323	17	423	3
27	3	127	—	227	—	327	3	427	7
29	—	129	3	229	—	329	7	429	3
31	—	131	—	231	3	331	—	431	—
33	3	133	7	233	—	333	3	433	—
37	—	137	—	237	3	337	—	437	19
39	3	139	—	239	—	339	3	439	—
41	—	141	3	241	—	341	11	441	3
43	—	143	11	243	3	343	7	443	—
47	—	147	3	247	13	347	—	447	3
49	7	149	—	249	3	349	—	449	—
51	3	151	—	251	—	351	3	451	11
53	—	153	3	253	11	353	—	453	3
57	3	157	—	257	—	357	3	457	—
59	—	159	3	259	7	359	—	459	3
61	—	161	7	261	3	361	19	461	—
63	3	163	—	263	—	363	3	463	—
67	—	167	—	267	3	367	—	467	—
69	3	169	13	269	—	369	3	469	7
71	—	171	3	271	—	371	7	471	3
73	—	173	—	273	3	373	—	473	11
77	7	177	3	277	—	377	13	477	3
79	—	179	—	279	3	379	—	479	—
81	3	181	—	281	—	381	3	481	13
83	—	183	3	283	—	383	—	483	3
87	3	187	11	287	7	387	3	487	—
89	—	189	3	289	17	389	—	489	3
91	7	191	—	291	3	391	17	491	—
93	3	193	—	293	—	393	3	493	17
97	—	197	—	297	3	397	—	497	7
99	3	199	—	299	13	399	3	499	—

TABELA 2 (*continuação*)

501	3	601	—	701	—	801	3	901	17
503	—	603	3	703	19	803	11	903	3
507	3	607	—	707	7	807	3	907	—
509	—	609	3	709	—	809	—	909	3
511	7	611	13	711	3	811	—	911	—
513	3	613	—	713	23	813	3	913	11
517	11	617	—	717	3	817	19	917	7
519	3	619	—	719	—	819	3	919	—
521	—	621	3	721	7	821	—	921	3
523	—	623	7	723	3	823	—	923	13
527	17	627	3	727	—	827	—	927	3
529	23	629	17	729	3	829	—	929	—
531	3	631	—	731	—	831	3	931	7
533	13	633	3	733	—	833	7	933	3
537	3	637	7	737	11	837	3	937	—
539	7	639	3	739	—	839	—	939	3
541	—	641	—	741	3	841	29	941	—
543	3	643	—	743	—	843	3	943	23
547	—	647	—	747	3	847	7	947	—
549	3	649	11	749	7	849	3	949	13
551	19	651	3	751	—	851	23	951	3
553	7	653	—	753	3	853	—	953	—
557	—	657	3	757	—	857	—	957	3
559	13	659	—	759	3	859	—	959	7
561	3	661	—	761	—	861	3	961	31
563	—	663	3	763	7	863	—	963	3
567	3	667	23	767	13	867	3	967	—
569	—	669	3	769	—	869	11	969	3
571	—	671	11	771	3	871	13	971	—
573	3	673	—	773	—	873	3	973	7
577	—	677	—	777	3	877	—	977	—
579	3	679	7	779	19	879	3	979	11
581	7	681	3	781	11	881	—	981	
583	1 1	683	—	783	3	883	—	983	—
587	—	687	3	787	—	887	—	987	3
589	19	689	13	789	3	889	7	989	23
591	3	691	—	791	7	891	3	991	—
593	—	693	3	793	13	893	19	993	3
597	3	697	17	797	—	897	3	997	—
599	—	699	3	799	17	899	29	999	3

TABELA 2 (*continuação*)

1001	7	1101	3	1201	—	1301	—	1401	3
1003	17	1103	—	1203	3	1303	—	1403	23
1007	19	1107	3	1207	17	1307	—	1407	3
1009	—	1109	—	1209	3	1309	7	1409	—
1011	3	1111	11	1211	7	1311	3	1411	17
1013	—	1113	3	1213	—	1313	13	1413	3
1017	3	1117	—	1217	—	1317	3	1417	13
1019	—	1119	3	1219	23	1319	—	1419	3
1021	—	1121	19	1221	3	1321	—	1421	7
1023	3	1123	—	1223	—	1323	3	1423	—
1027	13	1127	7	1227	3	1327	—	1427	—
1029	3	1129	—	1229	—	1329	3	1429	—
1031	—	1131	3	1231	—	1331	11	1431	3
1033	—	1133	11	1233	3	1333	31	1433	—
1037	17	1137	3	1237	—	1337	7	1437	3
1039	—	1139	17	1239	3	1339	13	1439	—
1041	3	1141	7	1241	17	1341	3	1441	11
1043	7	1143	3	1243	11	1343	17	1443	3
1047	3	1147	31	1247	29	1347	3	1447	—
1049	—	1149	3	1249	—	1349	19	1449	3
1051	—	1151	—	1251	3	1351	7	1451	—
1053	3	1153	—	1253	7	1353	3	1453	—
1057	7	1157	13	1257	3	1357	23	1457	31
1059	3	1159	19	1259	—	1359	3	1459	—
1061	—	1161	3	1261	13	1361	—	1461	3
1063	—	1163	—	1263	3	1363	29	1463	7
1067	11	1167	3	1267	7	1367	—	1467	3
1069	—	1169	7	1269	3	1369	37	1469	13
1071	3	1171	—	1271	31	1371	3	1471	—
1073	29	1173	3	1273	19	1373	—	1473	3
1077	3	1177	11	1277	—	1377	3	1477	7
1079	13	1179	3	1279	—	1379	7	1479	3
1081	23	1181	—	1281	3	1381	—	1481	—
1083	3	1183	7	1283	—	1383	3	1483	—
1087	—	1187	—	1287	3	1387	19	1487	—
1089	3	1189	29	1289	—	1389	3	1489	—
1091	—	1191	3	1291	—	1391	13	1491	3
1093	—	1193	—	1293	3	1393	7	1493	—
1097	—	1197	3	1297	—	1397	11	1497	3
1099	7	1199	11	1299	3	1399	—	1499	—

TABELA 2 (*continuação*)

1501	19	1601	—	1701	3	1801	—	1901	—
1503	3	1603	7	1703	13	1803	3	1903	11
1507	11	1607	—	1707	3	1807	13	1907	—
1509	3	1609	—	1709	—	1809	3	1909	23
1511	—	1611	3	1711	29	1811	—	1911	3
1513	17	1613	—	1713	3	1813	7	1913	—
1517	37	1617	3	1717	17	1817	23	1917	3
1519	7	1619	—	1719	3	1819	17	1919	19
1521	3	1621	—	1721	—	1821	3	1921	17
1523	—	1623	3	1723	—	1823	—	1923	3
1527	3	1627	—	1727	1 1	1827	3	1927	41
1529	11	1629	3	1729	7	1829	31	1929	3
1531	—	1631	7	1731	3	1831	—	1931	—
1533	3	1633	23	1733	—	1833	3	1933	—
1537	29	1637	—	1737	3	1837	11	1937	13
1539	3	1639	11	1739	37	1839	3	1939	7
1541	23	1641	3	1741	—	1841	7	1941	3
1543	—	1643	31	1743	3	1843	19	1943	29
1547	7	1647	3	1747	—	1847	—	1947	3
1549	—	1649	17	1749	3	1849	43	1949	—
1551	3	1651	13	1751	17	1851	3	1951	—
1553	—	1653	3	1753	—	1853	17	1953	3
1557	3	1657	—	1757	7	1857	3	1957	19
1559	—	1659	3	1759	—	1859	11	1959	3
1561	7	1661	11	1761	3	1861	—	1961	37
1563	3	1663	—	1763	41	1863	3	1963	13
1567	—	1667	—	1767	3	1867	—	1967	7
1569	3	1669	—	1769	29	1869	3	1969	11
1571	—	1671	3	1771	7	1871	—	1971	3
1573	11	1673	7	1773	3	1873	—	1973	—
1577	19	1677	3	1777	—	1877	—	1977	3
1579	—	1679	23	1779	3	1879	—	1979	—
1581	3	1681	41	1781	13	1881	3	1981	7
1583	—	1683	3	1783	—	1883	7	1983	3
1587	3	1687	7	1787	—	1887	3	1987	—
1589	7	1689	3	1789	—	1889	—	1989	3
1591	37	1691	19	1791	3	1891	31	1991	11
1593	3	1693	—	1793	11	1893	3	1993	—
1597	—	1697	—	1797	3	1897	7	1997	—
1599	3	1699	—	1799	7	1899	3	1999	—

TABELA 2 (*continuação*)

2001	3	2101	11	2201	31	2301	3	2401	7
2003	—	2103	3	2203	—	2303	7	2403	3
2007	3	2107	7	2207	—	2307	3	2407	29
2009	7	2109	3	2209	47	2309	—	2409	3
2011	—	2111	—	2211	3	2311	—	2411	—
2013	3	2113	—	2213	—	2313	3	2413	19
2017	—	2117	29	2217	3	2317	7	2417	—
2019	3	2119	13	2219	7	2319	3	2419	41
2021	43	2121	3	2221	—	2321	11	2421	3
2023	7	2123	11	2223	3	2323	23	2423	—
2027	—	2127	3	2227	17	2327	13	2427	3
2029	—	2129	—	2229	3	2329	17	2429	7
2031	3	2131	—	2231	23	2331	3	2431	11
2033	19	2133	3	2233	7	2333	—	2433	3
2037	3	2137	—	2237	—	2337	3	2437	—
2039	—	2139	3	2239	—	2339	—	2439	3
2041	13	2141	—	2241	3	2341	—	2441	—
2043	3	2143	—	2243	—	2343	3	2443	7
2047	23	2147	19	2247	3	2347	—	2447	—
2049	3	2149	7	2249	13	2349	3	2449	31
2051	7	2151	3	2251	—	2351	—	2451	3
2053	—	2153	—	2253	3	2353	13	2453	11
2057	11	2157	3	2257	37	2357	—	2457	3
2059	29	2159	17	2559	3	2359	7	2459	—
2061	3	2161	—	2261	7	2361	3	2461	23
2063	—	2163	3	2263	31	2363	17	2463	3
2067	3	2167	11	2267	—	2367	3	2467	—
2069	—	2169	3	2269	—	2369	23	2469	3
2071	19	2171	13	2271	3	2371	—	2471	7
2073	3	2173	41	2273	—	2373	3	2473	—
2077	31	2177	7	2277	3	2377	—	2477	—
2079	3	2179	—	2279	43	2379	3	2479	37
2081	—	2181	3	2281	—	2381	—	2481	3
2083	—	2183	37	2283	3	2383	—	2483	13
2087	—	2187	3	2287	—	2387	7	2487	3
2089	—	2189	11	2289	3	2389	—	2489	19
2091	3	2191	7	2291	29	2391	3	2491	47
2093	7	2193	3	2293	—	2393	—	2493	3
2097	3	2197	13	2297	—	2397	3	2497	11
2099	—	2199	3	2299	11	2399	—	2499	3

TABELA 2 (*continuação*)

2501	41	2601	3	2701	37	2801	—	2901	3
2503	—	2603	19	2703	3	2803	—	2903	—
2507	23	2607	3	2707	—	2807	7	2907	3
2509	13	2609	—	2709	3	2809	53	2909	—
2511	3	2611	7	2711	—	2811	3	2911	41
2513	7	2613	3	2713	—	2813	29	2913	3
2517	3	2617	—	2717	11	2817	3	2917	—
2519	11	2619	3	2719	—	2819	—	2919	3
2521	—	2621	—	2721	3	2821	7	2921	23
2523	3	2623	43	2723	7	2823	3	2923	37
2527	7	2627	37	2727	3	2827	11	2927	—
2529	3	2629	11	2729	—	2829	3	2929	29
2531	—	2631	3	2731	—	2831	19	2931	3
2533	17	2633	—	2733	3	2833	—	2933	7
2537	43	2637	3	2737	7	2837	—	2937	3
2539	—	2639	7	2739	3	2839	17	2939	—
2541	3	2641	19	2741	—	2841	3	2941	17
2543	—	2643	3	2743	13	2843	—	2943	3
2547	3	2647	—	2747	41	2847	3	2947	7
2549	—	2649	3	2749	—	2849	7	2949	3
2551	—	2651	11	2751	3	2851	—	2951	13
2553	3	2653	7	2753	—	2853	3	2953	—
2557	—	2657	—	2757	3	2857	—	2957	—
2559	3	2659	—	2759	31	2859	3	2959	11
2561	13	2661	3	2761	11	2861	—	2961	3
2563	11	2663	—	2763	3	2863	7	2963	—
2567	17	2667	3	2767	—	2867	47	2967	3
2569	7	2669	17	2769	3	2869	19	2969	—
2571	3	2671	—	2771	17	2871	3	2971	—
2573	31	2673	3	2773	47	2873	13	2973	3
2577	3	2677	—	2777	—	2877	3	2977	13
2579	—	2679	3	2779	7	2879	—	2979	3
2581	29	2681	7	2781	3	2881	43	2981	11
2583	3	2683	—	2783	11	2883	3	2983	19
2587	13	2687	—	2787	3	2887	—	2987	29
2589	3	2689	—	2789	—	2889	3	2989	7
2591	—	2691	3	2791	—	2891	7	2991	3
2593	—	2693	—	2793	3	2893	11	2993	41
2597	7	2697	3	2797	—	2897	—	2997	3
2599	23	2699	—	2799	3	2899	13	2999	—

TABELA 2 (*continuação*)

3001	—	3101	7	3201	3	3301	—	3401	19
3003	3	3103	29	3203	—	3303	3	3403	41
3007	31	3107	13	3207	3	3307	—	3407	—
3009	3	3109	—	3209	—	3309	3	3409	7
3011	—	3111	3	3211	13	3311	7	3411	3
3013	23	3113	11	3213	3	3313	—	3413	—
3017	7	3117	3	3217	—	3317	31	3417	3
3019	—	3119	—	3219	3	3319	—	3419	13
3021	3	3121	—	3221	—	3321	3	3421	11
3023	—	3123	3	3223	11	3323	—	3423	3
3027	3	3127	53	3227	7	3327	3	3427	23
3029	13	3129	3	3229	—	3329	—	3429	3
3031	7	3131	31	3231	3	3331	—	3431	47
3033	3	3133	13	3233	53	3333	3	3433	—
3037	—	3137	—	3237	3	3337	47	3437	7
3039	3	3139	43	3239	41	3339	3	3439	19
3041	—	3141	3	3241	7	3341	13	3441	3
3043	17	3143	7	3243	3	3343	—	3443	11
3047	11	3147	3	3247	17	3347	—	3447	3
3049	—	3149	47	3249	3	3349	17	3449	—
3051	3	3151	23	3251	—	3351	3	3451	7
3053	43	3153	3	3253	—	3353	7	3453	3
3057	3	3157	7	3257	—	3357	3	3457	—
3059	7	3159	3	3259	—	3359	—	3459	3
3061	—	3161	29	3261	3	3361	—	3461	—
3063	3	3163	—	3263	13	3363	3	3463	—
3067	—	3167	—	3267	3	3367	7	3467	—
3069	3	3169	—	3269	7	3369	3	3469	—
3071	37	3171	3	3271	—	3371	—	3471	3
3073	7	3173	19	3273	3	3373	—	3473	23
3077	17	3177	3	3277	29	3377	11	3477	3
3079	—	3179	11	3279	3	3379	31	3479	7
3081	3	3181	—	3281	17	3381	3	3481	59
3083	—	3183	3	3283	7	3383	17	3483	3
3087	3	3187	—	3287	19	3387	3	3487	11
3089	—	3189	3	3289	11	3389	—	3489	3
3091	11	3191	—	3291	3	3391	—	3491	—
3093	3	3193	31	3293	37	3393	3	3493	7
3097	19	3197	23	3297	3	3397	43	3497	13
3099	3	3199	7	3299	—	3399	3	3499	—

TABELA 2 (*continuação*)

3501	3	3601	13	3701	—	3801	3	3901	47
3503	31	3603	3	3703	7	3803	—	3903	3
3507	3	3607	—	3707	11	3807	3	3907	—
3509	11	3609	3	3709	—	3809	13	3909	3
3511	—	3611	23	3711	3	3811	37	3911	—
3513	3	3613	—	3713	47	3813	3	3913	7
3517	—	3617	—	3717	3	3817	11	3917	—
3519	3	3619	7	3719	—	3819	3	3919	—
3521	7	3621	3	3721	61	3821	—	3921	3
3523	13	3623	—	3723	3	3823	—	3923	—
3527	—	3627	3	3727	—	3827	43	3927	3
3529	—	3629	19	3729	3	3829	7	3929	—
3531	3	3631	—	3731	7	3831	3	3931	—
3533	—	3633	3	3733	—	3833	—	3933	3
3537	3	3637	—	3737	37	3837	3	3937	31
3539	—	3639	3	3739	—	3839	11	3939	3
3541	—	3641	11	3741	3	3841	23	3941	7
3543	3	3643	—	3743	19	3843	3	3943	—
3547	—	3647	7	3747	3	3847	—	3947	—
3549	3	3649	41	3749	23	3849	3	3949	11
3551	53	3651	3	3751	11	3851	—	3951	3
3553	11	3653	13	3753	3	3853	—	3953	59
3557	—	3657	3	3757	13	3857	7	3957	3
3559	—	3659	—	3759	3	3859	17	3959	37
3561	3	3661	7	3761	—	3861	3	3961	17
3563	7	3663	3	3763	53	3863	—	3963	3
3567	3	3667	19	3767	—	3867	3	3967	—
3569	43	3669	3	3769	—	3869	53	3969	3
3571	—	3671	—	3771	3	3871	7	3971	11
3573	3	3673	—	3773	7	3873	3	3973	29
3577	7	3677	—	3777	3	3877	—	3977	41
3579	3	3679	13	3779	—	3879	3	3979	23
3581	—	3681	3	3781	19	3881	—	3981	3
3583	—	3683	29	3783	3	3883	11	3983	7
3587	17	3687	3	3787	7	3887	13	3987	3
3589	37	3689	7	3789	3	3889	—	3989	—
3591	3	3691	—	3791	17	3891	3	3991	13
3593	—	3693	3	3793	—	3893	17	3993	3
3597	3	3697	—	3797	—	3897	3	3997	7
3599	59	3699	3	3799	29	3899	7	3999	3

TABELA 2 (*continuação*)

4001	—	4101	3	4201	—	4301	11	4401	3
4003	—	4103	11	4203	3	4303	13	4403	7
4007	—	4107	3	4207	7	4307	59	4407	3
4009	19	4109	7	4209	3	4309	31	4409	—
4011	3	4111	—	4211	—	4311	3	4411	11
4013	—	4113	3	4213	11	4313	19	4413	3
4017	3	4117	23	4217	—	4317	3	4417	7
4019	—	4119	3	4219	—	4319	7	4419	3
4021	—	4121	13	4221	3	4321	29	4421	—
4023	3	4123	7	4223	41	4323	3	4423	—
4027	—	4127	—	4227	3	4327	—	4427	19
4029	3	4129	—	4229	—	4329	3	4429	43
4031	29	4131	3	4231	—	4331	61	4431	3
4033	37	4133	—	4233	3	4333	7	4433	11
4037	11	4137	3	4237	19	4337	—	4437	3
4039	7	4139	—	4239	3	4339	—	4439	23
4041	3	4141	41	4241	—	4341	3	4441	—
4043	13	4143	3	4243	—	4343	43	4443	3
4047	3	4147	11	4247	31	4347	3	4447	—
4049	—	4149	3	4249	7	4349	—	4449	3
4051	—	4151	7	4251	3	4351	19	4451	—
4053	3	4153	—	4253	—	4353	3	4453	61
4057	—	4157	—	4257	3	4357	—	4457	—
4059	3	4159	—	4259	—	4359	3	4459	7
4061	31	4161	3	4261	—	4361	7	4461	3
4063	17	4163	23	4263	3	4363	—	4463	—
4067	7	4167	3	4267	17	4367	11	4467	3
4069	13	4169	11	4269	3	4369	17	4469	41
4071	3	4171	43	4271	—	4371	3	4471	17
4073	—	4173	3	4273	—	4373	—	4473	3
4077	3	4177	—	4277	7	4377	3	4477	11
4079	—	4179	3	4279	11	4379	29	4479	3
4081	7	4181	37	4281	3	4381	13	4481	—
4083	3	4183	47	4283	—	4383	3	4483	—
4087	61	4187	53	4287	3	4387	41	4487	7
4089	3	4189	59	4289	—	4389	3	4489	67
4091	—	4191	3	4291	7	4391	—	4491	3
4093	—	4193	7	4293	3	4393	23	4493	—
4097	17	4197	3	4297	—	4397	—	4497	3
4099	—	4199	13	4299	3	4399	53	4499	11

TABELA 2 (*continuação*)

4501	7	4601	43	4701	3	4801	—	4901	13
4503	3	4603	—	4703	—	4803	3	4903	—
4507	—	4607	17	4707	3	4807	11	4907	7
4509	3	4609	11	4709	17	4809	3	4909	—
4511	13	4611	3	4711	7	4811	17	4911	3
4513	—	4613	7	4713	3	4813	—	4913	17
4517	—	4617	3	4717	53	4817	—	4917	3
4519	—	4619	31	4719	3	4819	61	4919	—
4521	3	4621	—	4721	—	4821	3	4921	7
4523	—	4623	.	4723	—	4823	7	4923	3
4527	3	4627	7	4727	29	4827	3	4927	13
4529	7	4629	3	4729	—	4829	11	4929	3
4531	23	4631	11	4731	3	4831	—	4931	—
4533	3	4633	41	4733	—	4833	3	4933	—
4537	13	4637	—	4737	3	4837	7	4937	—
4539	3	4639	—	4739	7	4839	3	4939	11
4541	19	4641	3	4741	11	4841	47	4941	3
4543	7	4643	—	4743	3	4843	29	4943	—
4547	—	4647	3	4747	47	4847	37	4947	3
4549	—	4649	—	4749	3	4849	13	4949	7
4551	3	4651	—	4751	—	4851	3	4951	—
4553	29	4653	3	4753	7	4853	23	4953	3
4557	3	4657	—	4757	67	4857	3	4957	—
4559	47	4659	3	4759	—	4859	43	4959	3
4561	—	4661	59	4761	3	4861	—	4961	11
4563	3	4663	—	4763	11	4863	3	4963	7
4567	—	4667	13	4767	3	4867	31	4967	—
4569	3	4669	7	4769	19	4869	3	4969	—
4571	7	4671	3	4771	13	4871	—	4971	3
4573	17	4673	—	4773	3	4873	11	4973	—
4577	23	4677	3	4777	17	4877	—	4977	3
4579	19	4679	—	4779	3	4879	7	4979	13
4581	3	4681	31	4781	7	4881	3	4981	17
4583	—	4683	3	4783	—	4883	19	4983	3
4587	3	4687	43	4787	—	4887	3	4987	—
4589	13	4689	3	4789	—	4889	—	4989	3
4591	—	4691	—	4791	3	4891	67	4991	7
4593	3	4693	13	4793	—	4893	3	4993	—
4597	—	4697	7	4797	3	4897	59	4997	19
4599	3	4699	37	4799	—	4899	3	4999	—

TABELA 3

Os números primos entre 5000 e 10.000.

5003	5387	5693	6053	6367	6761	7103
5009	5393	5701	6067	6373	6763	7109
5011	5399	5711	6073	6379	6779	7121
5021	5407	5717	6079	6389	6781	7127
5023	5413	5737	6089	6397	6791	7129
5039	5417	5741	6091	6421	6793	7151
5051	5419	57A3	6101	6427	6803	7159
5059	5431	5749	6113	6449	6823	7177
5077	5437	5779	6121	6451	6827	7187
5081	5441	5783	6131	6469	6829	7193
5087	5443	5791	6133	6473	6833	7207
5099	5449	5801	6143	6481	6841	7211
5101	5471	5807	6151	6491	6857	7213
5107	5477	5813	6163	6521	6863	7219
5113	5479	5821	6173	6529	6869	7229
5119	5483	5827	6197	6547	6871	7237
5147	5501	5839	6199	6551	6883	7243
5153	5503	5843	6203	6553	6899	7247
5167	5507	5849	6211	6563	6907	7253
5171	5519	5851	6217	6569	6911	7283
5179	5521	5857	6221	6571	6917	7297
5189	5527	5861	6229	6577	6947	7307
5197	5531	5867	6247	6581	6949	7309
5209	5557	5869	6257	6599	6959	7321
5227	5563	5879	6263	6607	6961	7331
5231	5569	5881	6269	6619	6967	7333
5233	5573	5891	6271	6637	6971	7349
5237	5581	5903	6277	6653	6977	7351
5261	5591	5923	6287	6659	6983	7369
5273	5623	5927	6299	6661	6991	7393
5279	5639	5939	6301	6673	6997	7411
5281	5641	5953	6311	6679	7001	7417
5297	5647	5981	6317	6689	7013	7433
5303	5651	5987	6323	6691	7019	7451
5309	5653	6007	6329	6701	7027	7457
5323	5657	6011	6337	6703	7039	7459
5333	5659	6029	6343	6709	7043	7477
5347	5669	6037	6353	6719	7057	7481
5351	5683	6043	6359	6733	7069	7487
5381	5689	6047	6361	6737	7079	7489

TABELA 3 (*continuação*)

7499	7759	8111	8431	8741	9049	9377	9679
7507	7789	8117	8443	8747	9059	9391	9689
7517	7793	8123	8447	8753	9067	9397	9697
7523	7817	8147	8461	8761	9091	9403	9719
7529	7823	8161	8467	8779	9103	9413	9721
7537	7829	8167	8501	8783	9109	9419	9733
7541	7841	8171	8513	8803	9127	9421	9739
7547	7853	8179	8521	8807	9133	9431	9743
7549	7867	8191	8527	8819	9137	9433	9749
7559	7873	8209	8537	8821	9151	9437	9767
7561	7877	8219	8539	8831	9157	9439	9769
7573	7879	8221	8543	8837	9161	9461	9781
7577	7883	8231	8563	8839	9173	9463	9787
7583	7901	8233	8573	8849	9181	9467	9791
7589	7907	8237	8581	8861	9187	9473	9803
7591	7919	8243	8597	8863	9199	9479	9811
7603	7927	8263	8599	8867	9203	9491	9817
7607	7933	8269	8609	8887	9209	9497	9829
7621	7937	8273	862.	8893	9221	9511	9833
7639	7949	8287	8627	8923	9227	9521	9839
7643	7951	8291	8629	8929	9239	9533	9851
7649	7963	8293	8641	8933	9241	9539	9857
7669	7993	8297	8647	8941	9257	9547	9859
7673	8009	8311	8663	8951	9277	9551	9871
7681	8011	8317	8669	8963	9281	9587	9883
7687	8017	8329	8677	8969	9283	9601	9887
7691	8039	8353	86R1	8971	9293	9613	9901
7699	8053	8363	8689	8999	9311	9619	9907
7703	8059	8369	8693	9001	9319	9623	9923
7717	8069	8377	8699	9007	9323	9629	9929
7723	8081	8387	8707	9011	9337	9631	9931
7727	8087	8389	8713	9013	9341	9643	9941
7741	8089	8419	8719	9029	9343	9649	9949
7753	8093	8423	8731	9041	9349	9661	9967
7757	8101	8429	8737	9043	9371	9677	9973

TABELA 4

O número de primos e o número de pares de primos gêmeos em cada intervalo indicado.

Intervalo	Número de primos	Número de pares de primos gêmeos
1-100	25	8
101-200	21	7
201-300	16	4
301-400	16	2
401-500	17	3
501-600	14	2
601-700	16	3
701-800	14	0
801-900	15	5
901-1000	14	0
2501-2600	11	2
2601-2700	15	2
2701-2800	14	3
2801-2900	12	1
2901-3000	11	1
10001-10100	11	4
10101-10200	12	1
10201-10300	10	1
10301-10400	12	2
10401-10500	10	2
29501-29600	10	1
29601-29700	8	1
29701-29800	7	1
29801-29900	10	1
29901-30000	7	0
100001-100100	6	0
100101-100200	9	1
100201-100300	8	0
100301-100400	9	2
100401-100500	8	0
299501-299600	7	1
299601-299700	8	1
299701-299800	8	0
299801-299900	6	0
299901-300000	9	0

TABELA 5

Valores de τ(n), σ(n), φ(n) e μ(n), em que 1 ≤ n ≤ 100.

n	τ(n)	σ(n)	φ(n)	μ(n)	n	τ(n)	σ(n)	φ(n)	μ(n)
1	1	1	1	1	41	2	42	40	−1
2	2	3	1	−1	42	8	96	12	−1
3	2	4	2	−1	43	2	44	42	−1
4	3	7	2	0	44	6	84	20	0
5	2	6	4	−1	45	6	78	24	0
6	4	12	2	1	46	4	72	22	1
7	2	8	6	−1	47	2	48	46	−1
8	4	15	4	0	48	10	124	16	0
9	3	13	6	0	49	3	57	42	0
10	4	18	4	1	50	6	93	20	0
11	2	12	10	−1	51	4	72	32	1
12	6	28	4	0	52	6	98	24	0
13	2	14	12	−1	53	2	54	52	−1
14	4	24	6	1	54	8	120	18	0
15	4	24	8	1	55	4	72	40	1
16	5	31	8	0	56	8	120	24	0
17	2	18	16	−1	57	4	80	36	1
18	6	39	6	0	58	4	90	28	1
19	2	20	18	−1	59	2	60	58	−1
20	6	42	8	0	60	12	168	16	0
21	4	32	12	1	61	2	62	60	−1
22	4	36	10	1	62	4	96	30	1
23	2	24	22	−1	63	6	104	36	0
24	8	60	8	0	64	7	127	32	0
25	3	31	20	0	65	4	84	48	1
26	4	42	12	1	66	8	144	20	−1
27	4	40	18	0	67	2	68	66	−1
28	6	56	12	0	68	6	126	32	0
29	2	30	28	−1	69	4	96	44	1
30	8	72	8	−1	70	8	144	24	−1
31	2	32	30	−1	71	2	72	70	−1
32	6	63	16	0	72	12	195	24	0
33	4	48	20	1	73	2	74	72	−1
34	4	54	16	1	74	4	114	36	1
35	4	48	24	1	75	6	124	40	0
36	9	91	12	0	76	6	140	36	0
37	2	38	36	−1	77	4	96	60	1
38	4	60	18	1	78	8	168	24	−1
39	4	56	24	1	79	2	80	78	−1
40	8	90	16	0	80	10	186	32	0

TABELA 5 (*continuação*)

n	τ(n)	σ(n)	φ(n)	μ(n)	n	τ(n)	σ(n)	φ(n)	μ(n)
81	5	121	54	0	91	4	112	72	1
82	4	126	40	1	92	6	168	44	0
83	2	84	82	−1	93	4	128	60	1
84	12	224	24	0	94	4	144	46	1
85	4	108	64	1	95	4	120	72	1
86	4	132	42	1	96	12	252	32	0
87	4	120	56	1	97	2	98	96	−1
88	8	180	40	0	98	6	171	42	0
89	2	90	88	−1	99	6	156	60	0
90	12	234	24	0	100	9	217	40	0

TABELA 6

Primos de Mersenne conhecidos.

	Número de Mersenne	Número de dígitos	Data da descoberta
1	$2^2 - 1$	1	desconhecida
2	$2^3 - 1$	1	desconhecida
3	$2^5 - 1$	2	desconhecida
4	$2^7 - 1$	3	desconhecida
5	$2^{13} - 1$	4	1456
6	$2^{17} - 1$	6	1588
7	$2^{19} - 1$	6	1588
8	$2^{31} - 1$	10	1772
9	$2^{61} - 1$	19	1883
10	$2^{89} - 1$	27	1911
11	$2^{107} - 1$	33	1914
12	$2^{127} - 1$	39	1876
13	$2^{521} - 1$	157	1952
14	$2^{607} - 1$	183	1952
15	$2^{1279} - 1$	386	1952
16	$2^{2203} - 1$	664	1952
17	$2^{2281} - 1$	687	1952
18	$2^{3217} - 1$	969	1957
19	$2^{4253} - 1$	1281	1961
20	$2^{4423} - 1$	1332	1961
21	$2^{9689} - 1$	2917	1963
22	$2^{9941} - 1$	2993	1963
23	$2^{11213} - 1$	3376	1963
24	$2^{19937} - 1$	6002	1971
25	$2^{21701} - 1$	6533	1978
26	$2^{23209} - 1$	6987	1978
27	$2^{44497} - 1$	13395	1979
28	$2^{86243} - 1$	25962	1983
29	$2^{110503} - 1$	33265	1989
30	$2^{132049} - 1$	39751	1983
31	$2^{216091} - 1$	65050	1985
32	$2^{756839} - 1$	227832	1992
33	$2^{859433} - 1$	258716	1994
34	$2^{1257787} - 1$	378632	1996
35	$2^{1398269} - 1$	420921	1996
36	$2^{2976221} - 1$	895932	1996
37	$2^{3021377} - 1$	909526	1998
38	$2^{6972593} - 1$	2098960	1999
39	$2^{13466917} - 1$	4059346	2001
40	$2^{20996011} - 1$	6320430	2003
41	$2^{24036583} - 1$	7235733	2004
42	$2^{25964951} - 1$	7816230	2005
43	$2^{30402457} - 1$	9152052	2005
44	$2^{32582657} - 1$	9808358	2006
45	$2^{43112609} - 1$	12978189	2008
46	$2^{37156667} - 1$	11185272	2008
47	$2^{42643801} - 1$	12837064	2009

RESPOSTAS DE PROBLEMAS SELECIONADOS

SEÇÃO 1.1

5. (a) 4, 5 e 7.
(b) $(3 \cdot 2)! \neq 3!2!,\quad (3+2)! \neq 3! + 2!$.

SEÇÃO 2.1

5. (a) $t_6 = 21$ e $t_5 = 15$.
6. (b) $1^2 = t_1,\quad 6^2 = t_8,\ 204^2 = t_{288}$.
9. (b) Os dois exemplos são $t_6 = t_3 + t_5$, $t_{10} = t_4 + t_9$.

SEÇÃO 2.4

1. 1, 9 e 17.
2. (a) $x = 4,\quad y = -3$.
(b) $x = 6,\quad y = -1$.
(c) $x = 7,\quad y = -3$.
(d) $x = 39,\quad y = -29$.
8. 32.461, 22.338 e 23.664.
12. $x = 171,\quad y = -114,\quad z = -2$.

SEÇÃO 2.5

2. (a) $x = 20 + 9t,\quad y = -15 - 7t$.
(b) $x = 18 + 23t,\quad y = -3 - 4t$.
(c) $x = 176 + 35t,\quad y = -1111 - 221t$.
3. (a) $x = 1,\quad y = 6$.
(b) $x = 2,\quad y = 38;\ x = 9,\quad y = 20;\ x = 16,\quad y = 2$.
(c) Não há solução.
(d) $x = 17 - 57t,\quad y = 47 - 158t,\quad$ em que $t \leq 0$.
5. (a) O menor número de moedas é 3 de dez centavos e 17 de vinte e cinco centavos, enquanto 43 moedas de dez centavos e uma de vinte e cinco centavos nos dão o maior número de moedas. É possível ter 13 de dez centavos e 13 de vinte e cinco centavos.
(b) Podem haver 40 adultos e 24 crianças, ou 45 adultos e 12 crianças, ou 50 adultos.
(c) Seis 6's e dez 9's.

6. Pode haver 5 bezerros, 41 cordeiros e 54 leitões; ou 10 bezerros, 22 cordeiros e 68 leitões; ou 15 bezerros, 3 cordeiros e 82 leitões.
7. $10,21
8. (b) 28 peças por pilha é uma resposta.
   (d) Uma resposta é 1 homem, 5 mulheres e 14 crianças.
   (e) 56 e 44.

SEÇÃO 3.1

2. 25 é um contraexemplo.
7. Todos os primos ≤ 47.
11. (a) Um exemplo: $2^{13} - 1$ é primo.

SEÇÃO 3.2

11. Duas soluções são $59 - 53 = 53 - 47$, $157 - 151 = 163 - 157$.
14. $R_{10} = 11 \cdot 41 \cdot 271 \cdot 9091$.

SEÇÃO 3.3

3. 2 e 5.
11. $h(22) = 23 \cdot 67$.
14. 71, 13859
16. $37 = -1 + 2 + 3 + 5 + 7 + 11 - 13 + 17 - 19 + 23 - 29 + 31$,
    $31 = -1 + 2 - 3 + 5 - 7 - 11 + 13 + 17 - 19 - 23 + 2(29)$.
19. $81 = 3 + 5 + 73$, $125 = 5 + 13 + 107$.
28. (b) $n = 1$.

SEÇÃO 4.2

4. (a) 4 e 6
   (b) 0

SEÇÃO 4.3

1. $141^{47} \equiv 658 \pmod{1537}$
   $19^{53} \equiv 406 \pmod{503}$
3. 89
6. (a) 9
   (b) 4
   (c) 5
   (d) 9
9. 7
11. $x = 7$, $y = 8$.
12. 143.
15. $n = 1, 3$.
21. $R_6 = 3 \cdot 7 \cdot 11 \cdot 13 \cdot 37$
23. $x = 3$, $y = 2$.

24. $x = 8$, $y = 0$, $z = 6$.
26. (a) Os dígitos de verificação são 7; 5.
(b) $a_4 = 9$.
27. (b) Errado.

SEÇÃO 4.4

1. (a) $x \equiv 18 \pmod{29}$.
(b) $x \equiv 16 \pmod{26}$.
(c) $x \equiv 6,\ 13\ \text{e}\ 20 \pmod{21}$.
(d) Não há solução.
(e) $x \equiv 45\ \text{e}\ 94 \pmod{98}$.
(f) $x \equiv 16,\ 59,\ 102,\ 145,\ 188,\ 231\ \text{e}\ 274 \pmod{301}$.
2. (a) $x = 15 + 51t$, $y = -1 - 4t$.
(b) $x = 13 + 25t$, $y = 7 - 12t$.
(c) $x = 14 + 53t$, $y = 1 + 5t$.
3. $x \equiv 11 + t \pmod{13}$, $y \equiv 5 + 6t \pmod{13}$.
4. (a) $x \equiv 52 \pmod{105}$.
(b) $x \equiv 4944 \pmod{9889}$.
(c) $x \equiv 785 \pmod{1122}$.
(d) $x \equiv 653 \pmod{770}$.
5. $x \equiv 99 \pmod{210}$.
6. 62
7. (a) 548, 549, 550
(b) $5^2 \mid 350$, $3^3 \mid 351$, $2^4 \mid 352$
8. 119
9. 301
10. 3930
14. 838
15. (a) 17
(b) 59
(c) 1103
16. $n \equiv 1,\ 7,\ 13 \pmod{15}$.
17. $x \equiv 7,\ y \equiv 9 \pmod{13}$.
18. $x \equiv 59,\ 164 \pmod{210}$.
19. $x \equiv 7,\ y \equiv 0;\ x \equiv 3,\ y \equiv 1;\ x \equiv 7,\ y \equiv 2;\ x \equiv 3,\ y \equiv 3;$
$x \equiv 7,\ y \equiv 4;\ x \equiv 3,\ y \equiv 5;\ x \equiv 7,\ y \equiv 6;\ x \equiv 3,\ y \equiv 7$.
20. (a) $x \equiv 4 \pmod{7},\ y \equiv 3 \pmod{7}$.
(b) $x \equiv 9 \pmod{11},\ y \equiv 3 \pmod{11}$.
(c) $x \equiv 7 \pmod{20},\ y \equiv 2 \pmod{20}$.

SEÇÃO 5.2

6. (a) 1
9. (b) $x \equiv 16 \pmod{31}$, $x \equiv 10 \pmod{11}$, $x \equiv 25 \pmod{29}$.

SEÇÃO 5.3

8. 5, 13
11. 12, 17; 6, 31

SEÇÃO 5.4

1. (b) $127 \cdot 83$
(c) $691 \cdot 29 \cdot 17$
3. $89 \cdot 23$
4. $29 \cdot 17$, $3^2 \cdot 5^2 \cdot 13^2$
5. (a) $2911 = 71 \cdot 41$.
(b) $4573 = 17 \cdot 269$.
(c) $6923 = 23 \cdot 301$.
6. (a) $13561 = 71 \cdot 191$
7. (a) $4537 = 13 \cdot 349$.
(b) $14429 = 47 \cdot 307$.
8. $20437 = 107 \cdot 191$.

SEÇÃO 6.1

2. 6; 6.300.402
12. (a) p^9 e p^4q; $48 = 2^4 \cdot 3$.

SEÇÃO 6.3

3. 249, 330
5. (b) 150, 151, 152, 153, 154
8. (b) 36, 396
9. 405

SEÇÃO 6.4

1. (a) 54
(b) 84
(c) 115
3. (a) quinta-feira
(b) quarta-feira
(c) segunda-feira
(d) quinta-feira
(e) terça-feira
(f) terça-feira
5. (a) 1, 8, 15, 22, 29
(b) agosto
6. 2009

SEÇÃO 7.2

1. 720, 1152, 9600

18. $\phi(n) = 16$ quando $n = 17, 32, 34, 40, 48$ e 60.
$\phi(n) = 24$ quando $n = 35, 39, 45, 52, 56, 70, 72, 78, 84$ e 90.

SEÇÃO 7.3

7. 1
8. (b) $x \equiv 19 \pmod{26}$, $x \equiv 34 \pmod{40}$, $x \equiv 7 \pmod{49}$.

SEÇÃO 7.4

10. (b) 29348, 29349, 29350, 29351

SEÇÃO 8.1

1. (a) 8, 16, 16
  (b) 18, 18, 9
  (c) 11, 11, 22
8. (c) $2^{17} - 1$ é primo; $233 \mid 2^{29} - 1$.
11. (a) 3, 7
  (b) 3, 5, 6, 7, 10, 11, 12, 14
12. (b) 41, 239

SEÇÃO 8.2

2. 1, 4, 11, 14;   8, 18, 47, 57;   8, 14, 19, 25
3. 2, $6 \equiv 2^9$, $7 \equiv 2^7$, $8 \equiv 2^3$;
  2, $3 \equiv 2^{13}$, $10 \equiv 2^{17}$, $13 \equiv 2^5$, $14 \equiv 2^7$, $15 \equiv 2^{11}$
  5, $7 \equiv 5^{19}$, $10 \equiv 5^3$, $11 \equiv 5^9$, $14 \equiv 5^{21}$, $15 \equiv 5^{17}$, $17 \equiv 5^7$, $19 \equiv 5^{15}$, $20 \equiv 5^5$, $21 \equiv 5^{13}$
4. (a) 7, 37
  (b) 9, 10, 13, 14, 15, 17, 23, 24, 25, 31, 38, 40
5. 11,   50

SEÇÃO 8.3

1. (a) 7, 11, 15, 19;   2, 3, 8, 12, 13, 17, 22, 23
  (b) 2, 5;
    2, 5, 11, 14, 20, 23;
    2, 5, 11, 14, 20, 23, 29, 32, 38, 41, 47, 50, 56, 59, 65, 68, 74, 77
4. (b) 3
5. 6, 7, 11, 12, 13, 15, 17, 19, 22, 24, 26, 28, 29, 30, 34, 35;
  7, 11, 13, 15, 17, 19, 29, 35, 47, 53, 63, 65, 67, 69, 71, 75
11. (b) $x \equiv 34 \pmod{40}$ $x \equiv 30 \pmod{77}$.

SEÇÃO 8.4

1. $\text{ind}_2 5 = 9$, $\text{ind}_6 5 = 9$, $\text{ind}_7 5 = 3$, $\text{ind}_{11} 5 = 3$.
2. (a) $x \equiv 7 \pmod{11}$.
  (b) $x \equiv 5, 6 \pmod{11}$.
  (c) Sem solução.

3. (a) $x \equiv 6, 7, 10, 11 \pmod{17}$.
   (b) $x \equiv 5 \pmod{17}$.
   (c) $x \equiv 3, 5, 6, 7, 10, 11, 12, 14 \pmod{17}$.
   (d) $x \equiv 1 \pmod{16}$.
4. 14
8. (a) Em cada caso, $a = 2, 5, 6$.
   (b) 1, 2, 4;   1, 3, 4, 5, 9;   1, 3, 9
12. Apenas a primeira congruência possui solução.
16. (b) $x \equiv 3, 7, 11, 15 \pmod{16}$; $x \equiv 8, 17 \pmod{18}$.
17. $b \equiv 1, 3, 9 \pmod{13}$.

SEÇÃO 9.1

1. (a) $x \equiv 6, 9 \pmod{11}$.
   (b) $x \equiv 4, 6 \pmod{13}$.
   (c) $x \equiv 9, 22 \pmod{23}$.
8. (b) $x \equiv 6, 11 \pmod{17}$; $x \equiv 17, 24 \pmod{41}$
11. (a) 1, 4, 5, 6, 7, 9, 11, 16, 17
    (b) 1, 4, 5, 6, 7, 9, 13, 16, 20, 22, 23, 24, 25, 28;
        1, 2, 4, 5, 7, 8, 9, 10, 14, 16, 18, 19, 20, 25, 28

SEÇÃO 9.2

1. (a) -1
   (b) 1
   (c) 1
   (d) -1
   (e) 1
2. (a) $(-1)^3$
   (b) $(-1)^3$
   (c) $(-1)^4$
   (d) $(-1)^5$
   (e) $(-1)^9$

SEÇÃO 9.3

1. (a) 1
   (b) -1
   (c) -1
   (d) 1
   (e) 1
3. (a) Possui solução
   (b) Não possui solução
   (c) Possui solução
6. $p = 2$ ou $p \equiv 1 \pmod{4}$; $p = 2$ ou $p \equiv 1$ ou $3 \pmod{8}$;
   $p = 2$, $p = 3$ ou $p \equiv 1 \pmod{6}$.
8. 73

14. $x \equiv 9, 16, 19, 26 \pmod{35}$.
16. $-1, \ -1, \ 1$
20. Não possui solução

SEÇÃO 9.4

1. (b) $x \equiv 57, 68 \pmod{5^3}$.
2. (a) $x \equiv 13, 14 \pmod{3^3}$.
   (b) $x \equiv 42, 83 \pmod{5^3}$.
   (c) $x \equiv 108, 235 \pmod{7^3}$.
3. $x \equiv 5008, 9633 \pmod{11^4}$.
4. $x \equiv 122, 123 \pmod{5^3}$; $x \equiv 11, 15 \pmod{3^3}$.
6. $x \equiv 41, 87, 105 \pmod{2^7}$.
7. (a) Quando $a = 1$, $x \equiv 1, 7, 9, 15 \pmod{2^4}$.
      Quando $a = 9$, $x \equiv 3, 5, 11, 13 \pmod{2^4}$.
   (b) Quando $a = 1$, $x \equiv 1, 15, 17, 31 \pmod{2^5}$.
      Quando $a = 9$, $x \equiv 3, 13, 19, 29 \pmod{2^5}$.
      Quando $a = 17$, $x \equiv 7, 9, 23, 25 \pmod{2^5}$.
      Quando $a = 25$, $x \equiv 5, 11, 21, 27 \pmod{2^5}$.
   (c) Quando $a = 1$, $x \equiv 1, 31, 36, 63 \pmod{2^6}$.
      Quando $a = 9$, $x \equiv 3, 29, 35, 61 \pmod{2^6}$.
      Quando $a = 17$, $x \equiv 9, 23, 41, 55 \pmod{2^6}$.
      Quando $a = 25$, $x \equiv 5, 27, 37, 59 \pmod{2^6}$.
      Quando $a = 33$, $x \equiv 15, 17, 47, 49 \pmod{2^6}$.
      Quando $a = 41$, $x \equiv 13, 19, 45, 51 \pmod{2^6}$.
      Quando $a = 49$, $x \equiv 7, 25, 39, 57 \pmod{2^6}$.
      Quando $a = 57$, $x \equiv 11, 21, 43, 53 \pmod{2^6}$.
9. (a) 4, 8
   (b) $x \equiv 3, 147, 153, 297, 303, 447, 453, 597 \pmod{2^3 \cdot 3 \cdot 5^2}$.
10. (b) $x \equiv 51, 70 \pmod{11^2}$.

SEÇÃO 10.1

4. (a) $C \equiv 3P + 4 \pmod{26}$.
   (b) GIVE THEM UP.
5. (a) TAOL M NBJQ TKPB.
   (b) DO NOT SHOOT FIRST.
6. (b) KEEP THIS SECRET.
7. (a) UYJB FHSI HLQA.
   (b) RIGHT CHOICEX.
8. (a) $C_1 \equiv P_1 + 2P_2 \pmod{26}$, $C_2 \equiv 3P_1 + 5P_2 \pmod{26}$.
   (b) HEAR THE BELLS.

9. HS TZM
10. FRIDAY
11. 1747, 157
12. 253
13. 2014 1231 1263 0508 1106 1541 1331
14. REPLY NOW
15. SELL SHORT

SEÇÃO 10.2

1. $x_2 = x_4 = x_6 = 1$, $x_1 = x_3 = x_5 = 0$.
   $x_3 = x_4 = x_5 = 1$, $x_1 = x_2 = x_6 = 0$.
   $x_1 = x_2 = x_4 = x_5 = 1$, $x_3 = x_6 = 0$.
   $x_1 = x_2 = x_3 = x_6 = 1$, $x_4 = x_5 = 0$.
2. (a) e (c) são superaumentadas.
3. (a) $x_1 = x_2 = x_3 = x_6 = 1$, $x_4 = x_5 = 0$.
   (b) $x_2 = x_3 = x_5 = 1$, $x_1 = x_4 = 0$.
   (c) $x_3 = x_4 = x_6 = 1$, $x_1 = x_2 = x_5 = 0$.
5. 3, 4, 10, 21.
6. CIPHER.
7. (a) 14, 21, 49, 31, 9
   (b) 45 49 79 40 70 101 79 49 35

SEÇÃO 10.3

1. (a) (43, 35) (43, 11) (43, 06) (43, 42) (43, 19)
       (43, 17) (43, 15) (43, 20) (43, 00) (43, 19)
2. BEST WISHES
3. (23, 20) (23, 01) (12, 17) (12, 35) (13, 16) (13, 04)
4. (1424, 2189) (1424, 127) (1424, 2042)
   (1424, 2002) (1424, 669) (1424, 469)

SEÇÃO 11.2

1. $\sigma(n) = 2160(2^{11} - 1) \neq 2048(2^{11} - 1)$.
8. 56
11. p^3, pq
14. Não há.
16. Não.

SEÇÃO 11.3

3. $233 \mid M_{29}$.

SEÇÃO 11.4

3. (b) $3 \mid 2^{2^n} + 5$.
7. $2^{58} + 1 = (2^{29} - 2^{15} + 1)(2^{29} + 2^{15} + 1) = 5 \cdot 107367629 \cdot 536903681$.

9. (c) $83 \mid 2^{41} + 1$ e $59 \mid 2^{29} + 1$.
10. $n = 315$, $p = 71$ e $q = 73$.
11. $3 \mid 2^3 + 1$.

SEÇÃO 12.1

1. (a) (16, 12, 20),   (16, 63, 65),   (16, 30, 34)
   (b) (40, 9, 41),   (40, 399, 401);   (60, 11, 61),   (60, 91, 109),
       (60, 221, 229),   (60, 899, 901)
8. (12, 5, 13),   (8, 6, 10)
12. (a) (3, 4, 5), (20, 21, 29), (119, 120, 169), (696, 697, 985), (4059, 4060, 5741)
    (b) $(t_6, t_7, 35)$, $(t_{40}, t_{41}, 1189)$, $(t_{238}, t_{239}, 40391)$
13. $t_1 = 1^2$, $t_8 = 6^2$, $t_{49} = 35^2$, $t_{288} = 204^2$, $t_{1681} = 1189^2$.

SEÇÃO 13.2

1. $113 = 7^2 + 8^2$, $229 = 2^2 + 15^2$, $373 = 7^2 + 18^2$.
2. (a) $17^2 + 18^2 = 613$, $4^2 + 5^2 = 41$, $5^2 + 6^2 = 61$, $9^2 + 10^2 = 181$,
   $12^2 + 13^2 = 313$.
5. (b) $3185 = 56^2 + 7^2$, $39690 = 189^2 + 63^2$, $62920 = 242^2 + 66^2$.
6. $1105 = 5 \cdot 13 \cdot 17 = 9^2 + 32^2 = 12^2 + 31^2 = 23^2 + 24^2$;
   Note que $325 = 5^2 \cdot 13 = 1^2 + 18^2 = 6^2 + 17^2 = 10^2 + 15^2$.
14. $45 = 7^2 - 2^2 = 9^2 - 6^2 = 23^2 - 22^2$.
18. $1729 = 1^3 + 12^3 = 9^3 + 10^3$.

SEÇÃO 13.3

2. $(2870)^2 = (1^2 + 2^2 + 3^2 + \cdots + 20^2)^2$ conduz a $574^2 = 414^2 + 8^2 + 16^2 + 24^2 + 32^2 + \cdots + 152^2$, que é uma solução.
6. Um exemplo é $509 = 12^2 + 13^2 + 14^2$.
7. $459 = 15^2 + 15^2 + 3^2$.
10. $61 = 5^3 - 4^3$, $127 = 7^3 - 6^3$.
13. $231 = 15^2 + 2^2 + 1^2 + 1^2$, $391 = 15^2 + 9^2 + 9^2 + 2^2$, $2109 = 44^2 + 12^2 + 5^2 + 2^2$.
17. $t_{13} = 3^3 + 4^3 = 6^3 - 5^3$.
18. (b) Quando $n = 12$, $290 = 13^2 + 11^2 = 16^2 + 5^2 + 3^2 = 14^2 + 9^2 + 3^2 + 2^2$
    $= 15^2 + 6^2 + 4^2 + 3^2 + 2^2$.

SEÇÃO 14.2

7. 2,   5,   144
8. $u_1, u_2, u_3, u_4, u_6, u_{12}$
11. $u_{11} = 2u_9 + u_8$, $u_{12} = 6u_8 + (u_8 - u_4)$.
12. $u_1, u_2, u_4, u_8, u_{10}$

SEÇÃO 14.3

7. $50 = u_4 + u_7 + u_9$, $75 = u_3 + u_5 + u_7 + u_{10}$, $100 = u_1 + u_3 + u_6 + u_{11}$, $125 = u_3 + u_9 + u_{11}$.
9. (3, 4, 5),   (5, 12, 13),   (8, 15, 17),   (39, 80, 89),   (105, 208, 233)

SEÇÃO 15.2

1. (a) [−1; 1, 1, 1, 2, 6]
   (b) [3; 3, 1, 1, 3, 2]
   (c) [1; 3, 2, 3, 2]
   (d) [0; 2, 1, 1, 3, 5, 3]
2. (a) − 710/457
   (b) 741/170
   (c) 321/460
4. (a) [0; 3, 1, 2, 2, 1]
   (b) [−1; 2, 1, 7]
   (c) [2; 3, 1, 2, 1, 2]
5. (a) 1, 3/2, 10/7, 33/23, 76/53, 109/76
   (b) − 3, − 2, − 5/2, − 7/3, − 12/5, − 43/18
   (c) 0, 1/2, 4/9, 5/11, 44/97, 93/205
6. (b) 225 = 4 · 43 + 4 · 10 + 3 · 3 + 2 · 1 + 2.
7. (a) 1, 3/2, 7/5, 17/12, 41/29, 99/70, 239/169, 577/408, 1393/985
   (b) 1, 2, 5/3, 7/4, 19/11, 26/15, 71/41, 97/56, 265/153
   (c) 2, 9/4, 38/17, 161/72, 682/305, 2889/1292, 12238/5473, 51841/23184, 219602/98209
   (d) 2, 5/2, 22/9, 49/20, 218/89, 485/198, 2158/881, 4801/1960, 21362/8721
   (e) 2, 3, 5/2, 8/3, 37/14, 45/17, 82/31, 127/48, 590/223
9. [3; 7, 16, 11]; [3; 7, 15, 1, 25, 1, 7, 4]
11. (a) $x = -8 + 51t$, $y = 3 - 19t$.
    (b) $x = 58 + 227t$, $y = -93 - 364t$.
    (c) $x = 48 + 5t$, $y = -168 - 18t$.
    (d) $x = -22 - 57t$, $y = -61 - 158t$.

SEÇÃO 15.3

1. (a) $\dfrac{3+\sqrt{15}}{3}$
   (b) $\dfrac{-4+\sqrt{37}}{3}$
   (c) $\dfrac{5+\sqrt{10}}{3}$
   (d) $\dfrac{19-\sqrt{21}}{10}$
   (e) $\dfrac{314+\sqrt{37}}{233}$
2. $\dfrac{\sqrt{5}-1}{2}$
3. $\dfrac{5-\sqrt{5}}{2}$, $\dfrac{87+\sqrt{5}}{62}$
4. (a) $[2; \overline{4}]$

(b) $\left[2; \overline{1,1,1,4}\right]$

(c) $\left[2; \overline{3}\right]$

(d) $\left[2; \overline{1,3}\right]$

(e) $\left[1; 3, \overline{1,2,1,4}\right]$

5. (b) $\left[1; \overline{2}\right], \left[1; \overline{1,2}\right], \left[3; \overline{1,6}\right], \left[6; \overline{12}\right]$

6. 1677/433

7. (a) 1264/465

9. (a) 29/23
   (b) 267/212

11. 3, 22/7, 355/113

SEÇÃO 15.4

5. O sucessor imediato de 5/8 em F_{11} é 7/11.

6. $\left|\sqrt{3} - \dfrac{7}{4}\right| < \dfrac{1}{4 \cdot 8}$

7. $\left|\pi - \dfrac{22}{7}\right| < \dfrac{1}{7 \cdot 9}$

SEÇÃO 15.5

2. (a) $x = 8$, $y = 3$.
   (b) $x = 10$, $y = 3$.
   (c) $x = 17$, $y = 4$.
   (d) $x = 11$, $y = 2$.
   (e) $x = 25$, $y = 4$.

3. (a) $x = 3$, $y = 2$; $x = 17$, $y = 12$; $x = 99$, $y = 70$.
   (b) $x = 2$, $y = 1$; $x = 7$, $y = 4$; $x = 26$, $y = 15$; $x = 97$, $y = 56$; $x = 362$, $y = 209$.
   (c) $x = 9$, $y = 4$; $x = 161$, $y = 72$.

4. 48, 1680

5. (a) $x = 24$, $y = 5$; $x = 1151$, $y = 240$.
   (b) $x = 51$, $y = 10$; $x = 5201$, $y = 1020$.
   (c) $x = 23$, $y = 4$; $x = 1057$, $y = 184$.

6. (a) $x = 9801$, $y = 1820$.
   (b) $x = 2049$, $y = 320$.
   (c) $x = 3699$, $y = 430$.

7. (a) $x = 18$, $y = 5$.
   (b) $x = 70$, $y = 13$.
   (c) $x = 32$, $y = 5$.

12. $x = 449$, $y = 60$; $x = 13455$, $y = 1798$.

13. (b) $x = 254$, $y = 96$; $x = 4048$, $y = 1530$.
    (c) $x = 213$, $y = 36$; $x = 2538$, $y = 429$.

SEÇÃO 16.2

1. (a) $299 = 13 \cdot 23$.
   (b) $1003 = 17 \cdot 59$.
   (c) $8051 = 83 \cdot 97$.
2. $4087 = 61 \cdot 67$.
3. (a) $1711 = 29 \cdot 59$.
   (b) $4847 = 37 \cdot 131$.
   (c) $9943 = 61 \cdot 163$.
4. (a) $1241 = 17 \cdot 73$.
   (b) $2173 = 41 \cdot 53$.
   (c) $949 = 13 \cdot 73$.
   (d) $7811 = 73 \cdot 107$.
5. $1189 = 29 \cdot 41$.
6. (a) $8131 = 47 \cdot 173$.
   (b) $13199 = 67 \cdot 197$.
   (c) $17873 = 61 \cdot 293$.

SEÇÃO 16.3

2. (a) $x \equiv 13, 20, 57, 64 \pmod{77}$.
   (b) $x \equiv 10, 67, 142, 199 \pmod{209}$.
   (c) $x \equiv 14, 32, 37, 55 \pmod{69}$.
3. Alice ganha se escolher $x \equiv \pm 73 \pmod{713}$.
4. Alice perde se escolher $x \equiv \pm 676 \pmod{3713}$.

ÍNDICE

A Course in Pure Mathematics, 349
Academia
   de Berlim, 128, 260, 326
   de Ciências, 127, 218, 260
      de Göttingen, 253
   St. Petersburg, 130, 131
Adi Shamir, 205, 213
Adriaen Anthoniszoon, 328
Albert Girard, 62, 262, 284
Alcuíno de York, 219
Alex Thue, 262
Alexander Hurwitz, 239, 330
Alexandria, museu de, 14, 15
Alfred E. Western, 238
Algoritmo(s)
   da divisão, 16, 18
   da fração contínua, 323, 356
   de crivo quadrático, 365
   de Euclides, 25, 29
      e resto, 26, 29
   de peneira quadrática, 359, 360
   eficiente para teste de
      primalidade, 353
   exponencial binário, 70
   indo-arábicos, 282
Alphonse de Polignac, 58
American Journal of Mathematics, 285
An Elementary Proof of the Prime
   Number Theorem, 376
Análise complexa, 374
Andrew Odlyzko, 115
Andrez Wiles, 252, 253
Ano(s)
   bissexto, 122, 123
   do século, 123
Antigo problema chinês, 82
Aplicação(ões)
   ao calendário, 122, 125

   da fórmula de inversão de Möbius,
      116, 141
   da função phi de Euler, 139, 142
   da generalização de Euler do teorema
      de Fermat, 127, 143
   do algoritmo de divisão, 16, 18
Aproximação(ões)
   da fração de Farey, 328, 334
   de Littlewood para π, 327, 328
   de π, 372, 373
   históricas de π, 372, 373
   para números
      irracionais, 316, 326, 329
      racionais, 326, 330, 331
Área de triângulos pitagóricos, 248,
   254, 255
Aritmética
   Bombelli e, 304, 305
   de Diofanto, 31
      e Fermat, 31
   Fermat e, 31, 86, 218, 232, 244, 255,
      262, 334
   história da, 13, 14, 39, 43
   na escola de Pitágoras, 15
Arquimedes, 62, 327, 328
   valor de, 328
Artes liberais, 13, 14
Arthur Wieferich, 256
Aryabhata, 15
Assinatura(s)
   digital, 214, 215
   para mensagens criptografadas,
      217, 218
Astrologia na escola de Pitágoras,
   13, 14
Astronomia, Gauss e, 63
Atle Selberg, 356, 383
Augustin Cauchy, 331
Autenticação de mensagens, 214, 215
Autochave, 197, 198

Base
   de fator, 359
   para a indução matemática, 4
Bernhard, Frénicle de Bessy, 87, 334
Beta, 45
Bhaskara, 83
Blaise de Vigenère, 197, 198
Bloco de uma só vez, 200
Brahmagupta, 82, 346
Busca por maior número, 46, 228

Cadeia(s)
   de desigualdades, 315
   sociáveis, 234, 237
Cálculo
   de dia da semana, 122, 125
   de dias úteis, 122, 125
Calendário, 122, 126
   gregoriano, 122
   juliano, 122
Cancelamento de termos em
   congruências, 66
Carl Friedrich Gauss, 61, 63
Carl Gustav Jacobi, 167, 277
Caso
   $4x + y = 2z4$, 250, 256
   $4x + y = 4z4$, 251
   $x^4 \ 4y = z^2$, 253, 256
Ceres, 63
CH Haros, 331
Chang Ch'iu chien, 35
Charles Jean de la Vallée Poussin, 375
Chave(s)
   automática para sistemas de
      criptografia, 198
   para sistemas de criptografia
      ElGamal, 212, 215

416 ÍNDICE

execução de, 200
    Verman, 200
Christian Goldbach, 128
Christian Huygens, 218
Christoff Rudolff, 38
Cifra
    de autochave, 198, 205
    de chave, executando, 200
    de Hill, 199, 206
    de Vigenère, 197, 198, 205
    monoalfabética, 196, 197
    polialfabética, 196, 198
Clássico Aritmético, 35
Classificação de números pitagóricos, 42
Claude Bachet, 86, 271, 281
Código Baudot, 200
Coeficiente(s)
    binomial(is), 7, 9
        como inteiros, 118
        identidades de, 8
    nas equações diofantinas de números relativamente primos, 34, 56
Cogitata Physica-Mathematica, 225
Colaboração
    Hardy e Littlewood, 51, 56, 350, 371, 374
    Littlewood e Hardy, 350, 351, 371, 374
    Remanujan, 270, 301, 302
Colin Brian Haselgrove, 353
Combinação linear, 20, 22
Cometa Halley, 92
Comprimento de intervalo de números primos, 376, 377
Computadores e testes de primalidade, 353, 364
Condições de solvabilidade em equações diofantinas, 167, 168
Congresso Internacional de Matemáticos, 376
Congruência(s), 61, 84
    binomial, 162
    criptografia em, 195, 216
    dígitos de verificação em, 72
    e resto, 64, 66
    e testes de divisibilidade, 61, 68, 71
    em números compostos, 66
    exponenciais, 166
    Gauss e, 61, 63
    linear(es), 75
        de duas variáveis, 81, 84, 199
        de uma variável, 78, 82, 137, 142
        em equações diofantinas, 75, 81
        simultânea, 75, 81, 162, 168, 367
    notação e símbolos de, 63, 64
    para Gauss, 63
    polinomiais, 150, 153

propriedades básicas das, 63, 67
quadrática, 94
    com módulos compostos, 190, 194
    em jogo aleatório de moeda, 366, 369
Congruente(s), módulo n, 63, 131, 134, 145
Conjectura
    de Artin, 155
    de Bertrand, 48, 351, 370
    de Carmichael, 133
    de Catalan, 256
    de Goldbach, 50, 56
        declaração equivalente da, 51
        e Hardy, 51
        e números
            ímpares, 50, 56
            pares, 50, 56
        função *phi* de Euler e, 128
        para Littlewood, 51
        soma de divisores da, 219
    de Mertens, 115
        na função Möbius, 115, 116
        na teoria dos números, 115
    de Polya, 353
    Hardy e Littlewood, 51, 350, 351, 371, 374
    sobre números primos, 57
Conjuntos de resíduos de módulo n
    completo, 64, 68
    reduzido, 141, 169
Constante
    de Brun, 374
    dos primos gêmeos, 374
Construção
    com régua e compasso, 235
    de polígonos, 62, 153
Contribuições matemáticas de Legendre, 173
Convergentes ímpares, 314, 318
Corolário
    de generalização de Euler, 135
    de Fermat, 135
Correspondência de Mersenne
    a Descartes, 232
    a Fermat, 97, 232, 234, 235, 262
Criptografia
    e computadores na teoria dos números, 195, 216
Cristóvão Clavius, 122
Critério(s)
    de Euler, 167, 171, 178
        e não resíduo quadrático, 169, 170, 171
        para resíduos quadráticos, 169, 171

de solvabilidade
    dos índices de a relativo a r, 167
    para congruência quadrática, 167, 168
Crivo de Eratóstenes, 44, 49, 361
Cubos de números primos, 335

Daniel Bernoulli, 128
David Hilbert, 243, 276, 350
Decimal de expansão, 325
Decodificação, 195
Definição indutiva, 5
Denominador(es)
    de frações contínuas, 304, 315
    do símbolo de Legendre, 173
    parcial, 304
Derrick Lehmer, 229
Desafio
    da equação de Pell, 334, 336
    de Fermat, 335, 336
    de números RSA, 207, 364
Descoberta
    de números amigáveis, 352
    de par amigável
        para Legendre, 231, 232
        para Leonhard Euler, 232
        para Pierre de Fermat, 231, 232
        para Pitágoras, 231, 232
        para René Descartes, 231, 232
Descritografia, 195
Desigualdade
    de Bernoulli, 7
    de Bonse, 47
    de Littlewood, 52
Diferença de dois quadrados, 267, 268, 270
Dígito(s)
    de verificação, 72, 73
    do número dado, 71
    finais de números
        perfeitos, 222
        quadrados, 102
Diofanto de Alexandria, 31
Discorsi, 218, 219
Disquisitiones Arithmeticae, 61, 63
    como obra de referência, 173
Divisão de Pitágoras, 14
Divisível, 19
Divisor(es)
    comum, 19, 23
Duração do período de exposição da fração contínua, 319, 320, 339

e (log base natural), 325, 326
E. Proth, 365

Edgar Allan Poe, 196
Edmund Halley, 259
Edmund Landau, 52
Edward Waring, 93, 276
El Madschriti de Madrid, 232
Elemento(s) de Euclides, 32, 39, 42, 173
   equações diofantinas e, 32
   história de, 39, 40
Éléments de géométrie, 173
Eliaquim Hastings Moore, 351
Emil Artin, 154, 155
Equação(ões)
   $ax + by = c$, 31, 35, 312
   de Catalan, 255
   de Pell, 334, 346
      história da, 334, 346
      para frações contínuas, 334, 346
   diofantina, 31, 37
      história da, 31, 32
      linear, em duas incógnitas, 32
   polinomial de Euler, 62
   $x^2 + y^2 = z^2$, 243, 248
   $x^4 + y^4 = z^2$, 253, 256
   $x^4 + y^4 = z^2$, 250, 256
   $x^4 + y^4 = z^4$, 251
   $x^n + y^n = z^n$, 251, 252
Eratóstenes de Cirene, 45, 361
Ernst Eduard Kummer, 252
Esquadro e compasso de construções, 62, 63, 238, 239, 243
Essai
   pour les coniques, 217
   sur la Théorie des Nombres, 173, 184, 372
Étienne Pascal, 218
Euclides, 14, 244
   algoritmo de, 25, 29
Eugène Catalan, 11
Euler em números triangulares, 15, 16
Evangelista Torricelli, 218
Expansão em fração contínua, 306, 308, 317
Expoente(s)
   no algoritmo exponencial binário, 70, 71
   problema do logaritmo discreto e, 212, 213
   universal, 160, 161

Fator(es)
   primos dos números de Fibonacci, 295
   de trabalho, 204

Fatoração
   de n como produto de números primos, 130
   em primos
      de números
         de Fermat, 234, 239
         de Fibonacci, 281, 287
         de Mersenne, 225
      na teoria dos números, 41, 54, 105, 108, 131, 238, 245
   para Mersenne, 97
Fatorial encerrado em zero, 108, 118
Ferdinand Eisenstein, 167, 184
Fermat
   e aritmética, 31, 86, 218, 232, 244, 255, 262, 334
   e Mersenne, 217, 219
   e Pascal, 86
Fibonacci, 281, 282
Fim de um módulo n, 147, 150
Forma
   canônica, 42
      de fatoração em primos, 42
   geral, de dígitos perfeitos, 219, 225
Fórmula(s)
   algébrica para equação de Pell, 345, 346
   de Binet, 293, 294, 297
   de função zeta, 371
   de inversão
      como função multiplicativa, 130, 139
      de função *phi* de Euler, 141
      de Möbius, 112, 115
   de Legendre, 118
   do triângulo de Pitágoras, 244
   explícita de Riemann, 380
   para números de Fibonacci, 299
   triângulo de Pitágoras, 244
Fortune Landry, 237, 240
Fração(ões)
   contínuas, 301, 303
      de Fibonacci, 304
      finitas, 304, 315
         convergentes, 308, 310
         simples, 321, 322
      infinitas, 317, 329
         simples, 321, 322
      método de fatoração das, 354, 355, 357
      para Ramanujan, 317, 318
      periódicas, 319, 324, 338
   de Farey, 330, 334
   mediante, 332, 333
François Morain, 239
Frank Nelson Cole, 352
Franz Mertens, 115

Frederico, o Grande, 259, 260
Função(ões)
   aritméticas, 103, 126
   colchete, 117, 121
   contínuas
      infinitas, 317, 319
         propriedades de, 319, 321
   de contagem, 369, 376
   de Liouville, 116, 352, 353
   de Mangoldt, 116
   de partição, 303
   Liouville, 116, 352, 353
   maior inteiro, 56, 117, 120
      e número de divisores, 117, 120
   Möbius, 112, 115
      como função multiplicativa, 112
      propriedades básicas da, 112, 113
   multiplicativas, 107, 109
      propriedades básicas da, 107, 108, 111, 112
   números perfeitos, 225
   phi de Euler, 129
      como número inteiro, 131
      e número de divisores, 130, 132
      para Möbius, 141
   produtoras de primos, 56
   zeta, 369, 376
      de Euler, 371
      no teorema de números primos, 369, 376

G. Bennett, 235
Gabriel Lamé, 27, 252, 285
Galileu Galilei, 218, 219
Gauss e astronomia, 63
Generalização de Euler do pequeno teorema de Fermat, 127, 143
Geometria, 13
Georg Riemann, 380, 381
George Polya, 352
George Shoobridge Carr, 301
George Washington, 122
Gerd Faltings, 252
Gilbert S. Verman, 199, 200
Giuseppi Piazzi, 63
Godfrey Harold Harby, 349, 350
Gottfried Wilhelm Leibniz, 86, 87, 93
Gregório XIII, 122
Guilielmus Xylander, 86
GW Kulp, 197

Hâmblico de Chalcis, 232
Hans Joachim Kanold, 230
Harmonia, 13
HC Williams, 355

Henry Pocklington, 362, 363
Herman te Riele, 115
Hipótese(s)
   de Riemann, 374, 380, 381
   generalizada, 51, 52
   de indução, 9
História
   da Aritmética, 13, 14, 39, 43
   de Jacó e Esaú, 232
History of the Theory of Numbers, 351
Hudalrichus Regius, 222

Identidade
   de Euler, 271, 275, 276
   de Newton, 9
Ilustração
   de Gauss, 62
   de Hardy, 350
   de Joseph Louis Lagrange, 260
   de Mersenne, 218
   de Ramanujan, 302
Incongruente módulo n, 63
Índice(s) de a relativo a r, 161
   para resolver congruências, 162, 165
   propriedades dos, 162
Indução matemática, 1, 6
Infinitude dos números primos
   da forma $4k + 1$, 94, 95, 149, 153, 175, 192
   da forma $8k + 1$, 180
Integral logarítmica, 372, 373
Inteiro(s)
   consecutivos, 24
   de Blum, 367
   positivos, 1, 2
International Standard Book Number (ISBN), 75
Intervalos entre números primos, 50, 51
Introductio Arthmeticae, 78, 219
Inverso
   de um módulo n, 77
   multiplicativo de um módulo n, 77
Ivan M.Vinogradov, 51, 52, 350, 351

Jacques Philippe Marie Binet, 293
Jacques Salomon Hadamard, 375
James Bernoulli, 372
James Joseph Sylvester, 56, 231
JC Morehead, 238
Jean Le Rond d'Alambert, 62, 260
Jean Maurice'Emile Baudot, 200
Joseph Allen Cunningham, 228
Johann Bernoulli, 127
Johann Franz Encke, 372

Johann Friedrich Pfaff, 63
Johann Heinrich Lambert, 326
Johann Muller Regiomontanus, 83, 85, 304, 305
John Brillhart, 356, 359
John Farey, 331
John M. Pollard, 238, 239, 353 355
John Pell, 218, 336
John Selfridge, 241
John Wallis, 86, 334, 335
John Wilson, 92
Jonathan Hanke, 276
Joseph Bertrand, 48
Joseph Liouville, 276
Joseph Louis Lagrange, 259, 261
Journal de l'Ecole Polytechnique, 331
Journal of the Indian Mathematical Society, 317
Jr. Lenstra W. Hendrick, 239

Ken Ono, 303
KG Borozdkin, 53
KL Jensen, 252

L'Algebra Opera, 304, 305
Lançamento
   aleatório de moeda de Blum, 366, 369
   de moedas a longa distância, 366, 369
Landon Curt Noll, 228
Laura Níquel, 228
Lei da reciprocidade quadrática, 167, 168, 184
   de aplicações, 172, 173, 184
   e Gauss, 167, 184
   em Euler, 184, 186
   generalizada, 190
   história da, 184, 189
   na congruência quadrática, 167, 184
   para Legendre, 167, 184, 186
Lema
   de Euclides, 23
   de Gauss, 176, 178, 180, 181
      e primos ímpares, 154, 155
      e resíduos quadráticos, 154, 155
      para lei da reciprocidade quadrática, 176, 180
   de Thue, 262
Leonard Adleman, 203
Leonard Eugene Dickson, 277, 349, 351
Leonhard Euler, 31, 127, 128
Leopold Kronecker, 1, 61
Les Mécaniques Galillée, 218
Lester Hill, 199

Levi ben Gershon, 255
Liber Abaci, 283, 285, 306
Liber quadratorum, 281, 282
LJ Lander, 278
Luís XVI, 260

Mahaviracarya, 36
Manindra Agrawal, 353
Manjul Bhargava, 276
Manuel Blum, 367
Marcus Cicero, 195, 196
Marin Mersenne, 217, 219
Martin Hellman, 203, 208
Matemática pura de Hardy, 351
Mathemata, 13
Maurice Kraitchik, 99, 359
Máximo divisor comum, 19, 23, 25, 284
   de mais de dois inteiros, 29
   de números de Fibonacci, 285, 286
Measurement of a Circle, 327
Mécanique Analytique, 260
Medalha Fields, 352, 376
Média harmônica, 224
Meditationes Algebraicae, 93, 276
Menor(es)
   raízes primitivas positivas, 156, 393
   resíduos não negativos de módulo n, 64
   valor absoluto, 27
Mersenne e Pascal, 217, 218
Método(s)
   da fatoração de Fermat, 97, 98
   de descida infinita, 250, 252, 253, 255
      de Fermat, 250, 252, 253, 255
   de fatoração
      de fração contínua, de Legendre, 357
      de rô, 358, 360
      Fermat e Kraitchik, 97, 100
      Kraitchik, 97, 100
      p, 1, 355
   de Fermat para fatoração em primos, 97, 98, 101
   de fração contínua para fatoração em primos, 357
   de Monte Carlo, 355
   Kraitchik para fatoração em primos, 97, 100
   p, 1, 355
   p de fatoração, 355, 356
   para pequeno teorema de Fermat, 226, 353
   rô, para fatoração em primos, 355
   teorema
      de Pocklington, 363, 365
      de Wilson, 93

Michael A. Morrison, 238, 356, 359
Mínimo múltiplo comum, 29, 355
Misticismo numérico, 14
MS Manasse, 239
Multiplicar números perfeitos, 224
Múltiplo comum, 28
Museu de Alexandria, 14, 15

Não resíduo quadrático, 169
National Bureal of Standards Western Automatic Computer, 229
Neeraj Kayal, 353
Nicolaus Bernoulli, 128
Nicômaco de Gerasa, 15, 219
Nitin Saxena, 358
Noam Elkies, 278
Notação
   Σ, 104, 109, 110
   e símbolos
      de congruências, 63, 64
      de frações contínuas infinitas, 317, 320
      de π, 324
      fatoriais, 5
   valor lugar, 69, 70
      na base b, 69, 70
   Π, 106, 107
Notationes vs. Notiones, 93
Novas direções da criptografia, 203
Numeração árabe, 85, 222, 282
Numerador(es)
   de fração contínua, 304, 315
      e denominadores, 311
   do símbolo de Legendre, 172, 182
Número(s)
   abundantes, 233
   algébricos, 252, 255
   altamente compostos, 303
   amigáveis
      e pitagóricos, 232
      e soma dos divisores, 234
   amigos, 225, 234
      trio de, 234
   compostos, 39, 45, 90, 156, 160, 334
   de Bernoulli, 372
   de Blum, 367
   de Carmichael, 90, 361
   de Catalan, 11
   de divisores, 103, 110, 116
      como função multiplicativa, 108, 110
      propriedades básicas do, 103, 110
   de Fermat, 234, 239
      como soma de dois quadrados, 262, 265

      em Euler, 234, 235, 238
      na teoria dos números, 234, 239
   de Fibonacci, 281, 299
      na infinitude dos números primos, 291
   de identificação, 72
   de Lucas, 298
   de Marsenne, 225, 232
      propriedades dos, 230, 231, 236
   de Pell, 348
   de raízes primitivas, 149
   de Skewes, 375
   deficientes, 233
   euclidianos, 46
   Fermat
      na infinitude dos números primos, 234, 239
      para Edouard, 361
   Fibonacci para Edouard, 285
   ideais, 252
   ímpares, 14
      perfeitos, 230, 234
   inteiros positivos, Hardy e, 369, 370
   irracionais, 317, 321, 325, 339
   $k$perfeito, 224
   livre de quadrados, 44, 91, 110, 112
      como pseudoprimo, 91, 92
      propriedades de, 44
   Mersenne
      em Euler, 225, 226
      para Edouard, 226
   multiplicativamente perfeito, 224
   naturais, 1, 13
   palíndromo, 74
   pares, 14, 220
      perfeitos, 220
   pentagonais, 16
   perfeitos, 219
      e elementos de Euclides, 220
      ímpares, 230, 231, 352
      multiplicativamente perfeitos, 224
   poderosos, 39
   primos, 39, 59
      como números de Fibonacci, 287, 289
      como soma de quatro quadrados, 274
      consecutivos, 50, 51, 54
      da forma
         $2k + 1$, 222, 223, 225
         $3n + 1$, 52
         $4n + 1$, 52, 53, 269, 279, 373
         $4n + 3$, 52, 53, 57
         $8k + 1$, 179
         $n^2 + 1$, 56, 57
         $p\# + 1$, 46

      de Fermat, 234
      em progressão aritmética, 53, 173
      Germain e, 180
      irregular, 252
      Mersenne e, 225, 226
      relativos, 22, 23
   pseudoprimo, 87, 93, 240, 361
      absoluto, 90, 91, 240, 361, 365
      como números Fermat, 239
      forte, 365
      propriedades de, 87, 91
   quadrado, 15, 16, 18, 24
      como média de primos gêmeos, 59
      completo, 44
      propriedades de, 15, 16
   racional, 42, 305, 307, 308, 320, 327
      em frações contínuas finitas, 317, 325, 326
   relativamente primos
      como números de Fermat, 239
      em ternas pitagóricas, 244
   Skewes, 374, 381
   superperfeitos, 224
   triangular, 15, 16, 25, 58, 255

O Escaravelho de Ouro, 196
Opera Mathematica de Wallis, 336
Ordem(ns) de módulo n, 145, 146

Pafnuty L. Tchebycheff, 48, 52, 373
Palíndromo(s), 74
Par(es)
   convergentes, 314
   de amigos, 231
Passo de indução, 4
Paul Erdös, 349, 353
Pedro, o Grande, 128
Pequeno teorema de Fermat
   e testes de divisibilidade, 87, 93
   em Euler, 87, 93
Peter Barlow, 228
Peter Hagis, 230
Philosophical Magazine, 331
Π da forma $p = na + b$, 52, 373
Pierre de Fermat, 85, 87
Pierre Simon de Laplace, 63, 259
Pietro Cataldi, 222
Pitágoras
   e elementos de Euclides, 42
   em números
      perfeitos, 219
      triangulares, 15
   história de, 14
   sobre números irracionais, 42

Plutarco, 15
Polígonos regulares, 62, 63, 235, 327
Preda Mihailescu, 256
Prêmio Wolf, 352
Primeiro princípio de indução finita, 2, 4
Primo(s)
  como somas de quadrados, 261, 268
  consecutivos, 50, 54
  da forma $n^2 + 1$, 43
  de Fermat, 234, 235, 240
  de Germain, 180
  de Mersenne, 225, 232
    na teoria dos números, 225, 232
  de Wieferich, 256
  gêmeos, 50, 58, 225
    da série convergente, 380
    propriedade, 50, 58, 225
  ímpares
    como diferença de dois quadrados, 241, 267, 268
    como somas de inteiros, 51, 53, 57, 58
    propriedades dos, 43, 90, 92, 138, 154, 155, 167
  irregulares, 252
  regulares, 252
Princípio
  da boa ordenação, 1, 2, 17
  da casa dos pombos, 262
Problema(s)
  da cesta de ovos, 82
  da Mochila, 203, 207, 208, 211
  das cem aves, 35
  de soma de quatro quadrados, 274, 275
  de Waring, 276, 277, 350
  do coelho, 282, 283
  do gado, 346, 350
  do logaritmo discreto, 212
  dos três primos, 350, 351
  pirata, 82
Procurar números maiores, 226, 227
Produção
  de números primos, 55
  de polinômios, 55, 56
Progressão(ões) aritméticas
  de infinitude dos números primos, 53, 54
  de números primos, 53, 54, 184
Proposição de Elementos de Euclides, 39, 40
Propriedade(s)
  Arquimediana, 2
  da função phi de Euler, 139, 142
  dos números de Fermat, 234, 239
Prova(s)
  complexo de, 363

de aritmética, 352, 376
de critério de Euler, 167, 171
de Euler, do pequeno teorema de Fermat, 87
usando indução matemática, 1, 6

Quadrado(s) de números, 18, 19
Quadrática(s) universais, 276
Quadrivium, 13
Quociente(s), 17, 307
  parciais, 307

R. Tijedeam, 255
Rafael Bombelli, 304, 305
Raio de círculos inscritos em triângulos pitagóricos, 248
Raiz(es)
  primitivas, 145, 154, 155
    da função phi de Euler, 148, 149
    para Gauss, 154, 160
    para números
      compostos, 156, 161
      primos, 150, 161
        em Legendre, 150, 155
        ímpares, 157, 179, 183
    para símbolos de Legendre, 150, 155
    para sistemas ElGamal, 212, 213
    propriedades de, 150, 155
  quadradas
    como frações contínuas infinitas, 304
    e frações contínuas, 307
Ralph Merkle, 208
Ramanujan no número 17, 29, 270
RE Powers, 228
Recherches d'Analyse Indéterminée, 173
Recíproca de Lucas para o teorema de Fermat, 361, 362
Regra de Pascal, 7, 8
Régua e compasso de construções, 62, 63, 235, 240
Relação(ões) de divisibilidade, 23
  do máximo divisor comum, 19, 22, 23
  para números quadrados, 19, 25
René Descartes e Mersenne, 218, 219
Representação
  da fração contínua
    de e, 325, 328
    finita, 304
    infinita, 317, 318
  de números, 259, 280
    com frações contínuas, 304, 315

  como diferença de dois quadrados, 267, 268, 270
  como soma
    de cubos, 224, 279
    de dois quadrados, 264, 272
    de potências superiores, 276
    de quarta potência, 243
    de quatro quadrados, 271, 273, 275
    de quinta potência, 277, 278
    de três quadrados, 172, 173, 269, 271
  e, 325, 326
  irracionais, 317, 321, 325
  de π, 317, 324, 326
  em fração contínua, 303
  decimal, 71
  e, 325, 328
  Zeckendorf, 292, 293
Repunidade, 48
Resíduo(s) quadráticos, 169
Resto, 17
Retângulo
  engano geométrico, 293, 294
  geométrico quadrado, 290, 291
Revolução Francesa, 260
Richard Brent, 238, 239, 255
Robert Daniel Carmichael, 90, 133
Roger Apery, 372
Ronald Rivest, 205
RS Lehman, 353

Samuel S. Wagstaff, 252
Santo Agostinho, 219
Scientific American, 200, 207
Segundo princípio de indução finita, 5, 7
Sequência(s)
  de Fibonacci, 282, 288
  de Lucas, 5, 6, 298
  de números de Fibonacci, 282, 288
  definidas indutivamente, 5
  recursiva, 283, 284
  superaumentadas, 208
Série divergente, 352, 373
Sexta-feira treze, 125
Símbolo
  de Jacobi, 190
  de Legendre, 173
    e Lema de Gauss, 176, 180
    e números ímpares, 183
    e primos ímpares, 184, 186, 359
    e resíduos quadráticos, 178, 179
    para não resíduo quadrático, 175, 176
    propriedades dos, 172, 182

Sistema(s)
  autochave, 198, 205
  binário, 70
  criptográficos
    de exponenciação modular, 200
    exponenciais, 200, 201
  de César, 195, 196
  de chave
    executando, 198
    pública, 202, 204
  de cifra de Julio César, 195, 196
  de criptografia
    de origem, 202
    de Verman, 200, 206
    ElGamal, 212, 215
    Merkle-Hellman, 211
    RSA, 203, 205, 212, 213
  de exponenciação modular, 200
  de Merkle-Hellman baseado em mochila, 208, 211
  de notação valor lugar, 69, 70
  de numeração binária, 70
  de Pohling Hellman, 202
  de uma só vez, 200
  de Vigenère, 197, 198
  decimal, 71
  ElGamal, 212, 215
  exponenciais, 200
  RSA, 203, 205, 212, 213
Sociedade
  Americana de Matemática, 226, 351
  Suíça de Ciências Naturais, 128
Solução(ões)
  da fração contínua, 304, 317
  de equação
    de Pell, 334, 346
      para Lagrange, 336
    linear diofantinas, 32, 331
  de fração contínua para equação de Pell, 334, 336
  de substituição sucessiva, 322
  e congruências de números relativamente primos, 75, 81
  fundamental para equação de Pell, 342, 344
  positivas para equação de Pell, 335, 337, 339
Soma
  de cubos, 272, 278
  de subjconjunto, 209, 211
  de três quadrados, 172, 173, 270, 271
  dos divisores, 103
    propriedades da, 103, 107, 111
  dos números inteiros, 140
Sophia Dorothea, 130
Sophie Germain, 180

Srinivasa Aaiyangar Ramanujan, 301, 304
Stanley Skewes, 381
Sun Tsu, 78, 79
Synopsism of pure mathematics de Carr, 301

Tabela
  de índices de a relativo a r, 163, 165
  de números de Fibonacci, 292
Taher ElGamal, 212
Téon de Alexandria, 232
Teorema
  binomial, 7, 9
  Chinês, do resto, 75, 83, 137, 188
  de congruência polinomial, 151, 152
  de Dirichlet, 53, 54
  de Euclides, 46, 48, 132
    e função phi de Euler, 46, 132
  de Gauss, 139
  de Lucas do pequeno teorema de Fermat, 362
  de número primo, 352
    e π, 352, 353
  de Pocklington, 363, 365
  de quatro quadrados, 261, 271, 275
  de Wilson, 93, 95
    e congruência quadrática, 93
    e primos ímpares, 93
  fundamental
    da álgebra, 62
    da aritmética, 39, 43
Teoria
  da divisibilidade, 17, 32
  de partição, 302, 303
  dos números
    computacionais, 352
    de Barlow, 228
    origem da, 13, 15
Terna(s) pitagóricas, 244, 247, 249
  primitiva, 244, 247, 250, 254
Teste(s)
  de divisibilidade, 68, 71, 72
  de Fermat, para não primalidade, 361
  de Lucas Lehmer, 229
  de Miller Rabin, 363, 364
  de Pepin, 236, 238, 241
  de primalidade
    de Edouard, 365
    de Mersenne, 226
    de Miller Rabin, 363, 364
    de números de Fermat, 204, 226, 353, 364
  do pequeno teorema de Fermat, 226, 353

em tempo polinomial, 353, 354
  importância dos, 353, 364
  na teoria dos números, 204, 226, 353, 364
  para Gauss, 358
  para números
    de Fermat, 204, 226, 353, 364
    de Mersenne, 226
  probabilística, 364
  rápido de primalidade, 353, 354
Testemunha(s), 363
τ e σ, como funções multiplicativas, 108, 110
Texto
  cifrado, 195
  claro, 195
Théophile Pepin, 236
Théorie
  de Alexandria, 15
  des Fonctions, 260
  des Nombres
    (Legendre), 173, 184, 256
    (Lucas), 361
Thomas Carlyle, 173
Thomas Hobbes, 218
Thomas Parkin, 278
Trabalho da indução matemática de Pascal, 9
Traicté
  des Chiffres, 197
  du triangle arithmétique, 9
Três primos relativos, 29
Triângulo
  de Pascal, 8
  de Pitágoras, 244, 247, 248, 254, 255
  pitagórico, 244, 247, 248, 254, 255
Trivium, 13
Tsu Chung Chi, 328
Tudo é número, 14
Turcaninov, 231

Uber die Anzahl der Primzahlen unter einer gegebenen Grösse, 374
Último teorema de Fermat, 250, 356
  e Legendre, 250, 356
  em Euler, 250, 356
  história de, 250, 256
  na teoria dos números, 250, 356
Unicidade
  da fatoração em primos, 41
  de representação de números inteiros, 263
Universidade de Basileia, 127, 128
Utriusque Arithmetices, 222

VA Lebesgue, 255
Valor(es)
    da função zeta, 374
    de Arquimedes, 328
    de π, 303, 327, 328, 353
Viggo Brun, 373
Visualizações de Pitágoras, 14

Wayne McDaniel, 230
WH Mills, 56
Whitfield Bailey Diffie, 203
Wiefrich, 256
Wilhelm Holzmann, 86
William Brouncker, 317, 335, 336
William Rowan Hamilton, 260

Yen Kung, 37
Yih-hing, 83
YV Linnik, 277

Zero
    congruente, 67
    da função zeta, 374

Pré-impressão, impressão e acabamento

grafica@editorasantuario.com.br
www.editorasantuario.com.br
Aparecida-SP